光 盘 说 明

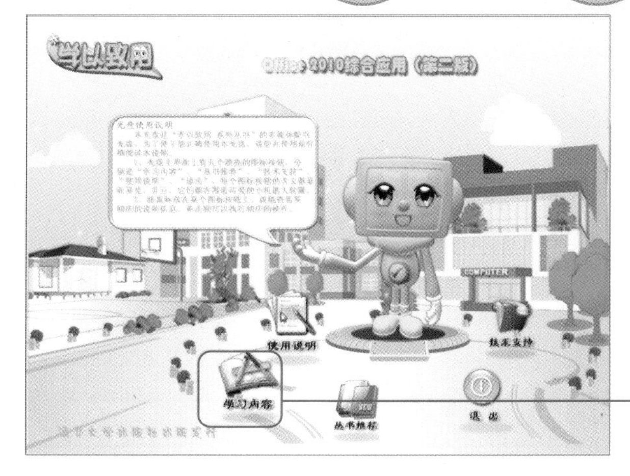

一．打开光盘

1. 将光盘放入光驱中，几秒钟后光盘会自动运行。如果没有自动运行，可通过打开【计算机】窗口，右击光驱所在盘符，在弹出的快捷菜单中选择 【自动播放】命令来运行光盘。

2. 光盘主界面中有几个功能图标按钮，将鼠标放在某个图标按钮上可以查看相应的说明信息，单击则可以执行相应的操作。

二．学习内容

1. 单击主界面中的【学习内容】图标按钮后，会显示出本书配套光盘中学习内容的主菜单。

2. 单击主菜单中的任意一项，会弹出该项的一个子菜单，显示该章各小节内容。

3. 单击子菜单中的任一项，可进入光盘的播放界面并自动播放该节的内容。

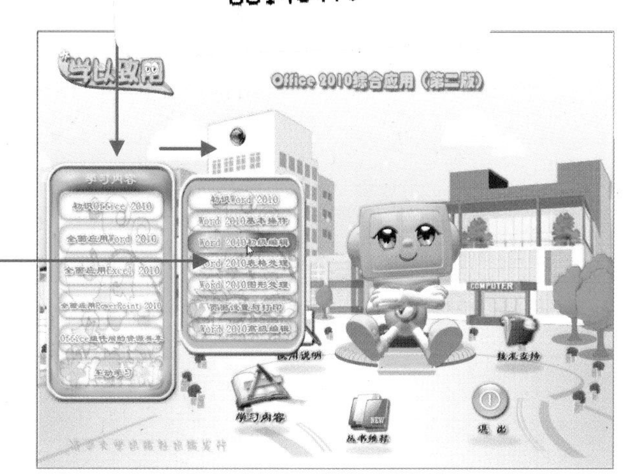

三．进入播放界面

1. 在内容演示区域中，将以聪聪老师和慧慧同学的对话结合实例演示的形式，生动地讲解各章节的学习内容。

2. 选中此区域中的按钮可自行控制播放，读者可以反复观看、模拟操作过程。单击【返回】按钮可返回到主界面。

3. 像电视节目一样，此处字幕同步显示解说词。

四．跟我学

单击【跟我学】按钮，会弹出一个子菜单，列出本章所有小节的内容。单击子菜单中的任一选项后，可以在播放界面中自动播放该节的内容。

该播放界面与单击主界面中各节子菜单项后进入的播放界面作用相同。【跟我学】的特点就是在学习当前章节内容的情况下，可直接选择本章的其他小节进行学习，而不必再返回到主界面中选择本章的其他小节。

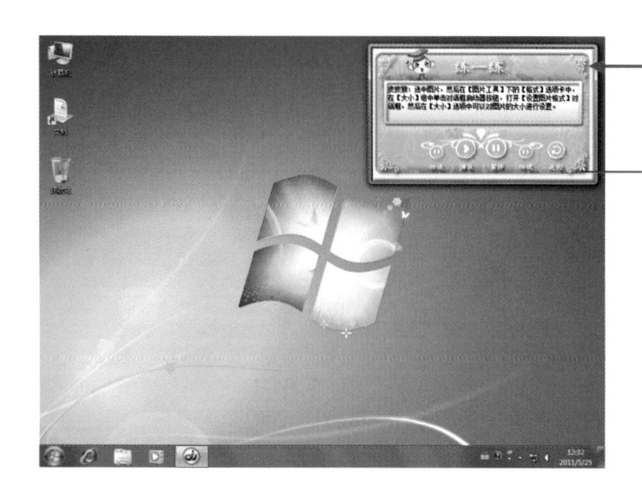

五．练一练

单击播放界面中的【练一练】按钮，播放界面将被隐藏，同时弹出一个【练一练】对话框。读者可以参照其中的讲解内容，在自己的电脑中进行同步练习。另外，还可以通过对话框中的播放控制按钮实现快进、快退、暂停等功能，单击【返回】按钮则可返回到播放窗口。

六．互动学

1. 单击【互动学】按钮后，会弹出一个子菜单，显示详细的互动内容。

2. 单击子菜单中的任一项，可以在互动界面中进行相应模拟练习的操作。

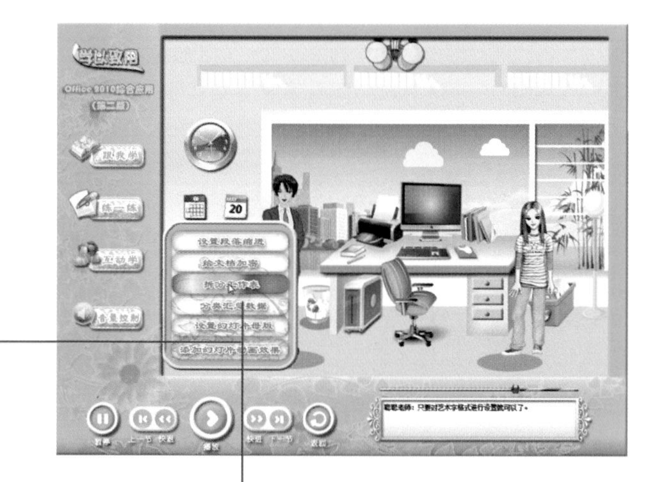

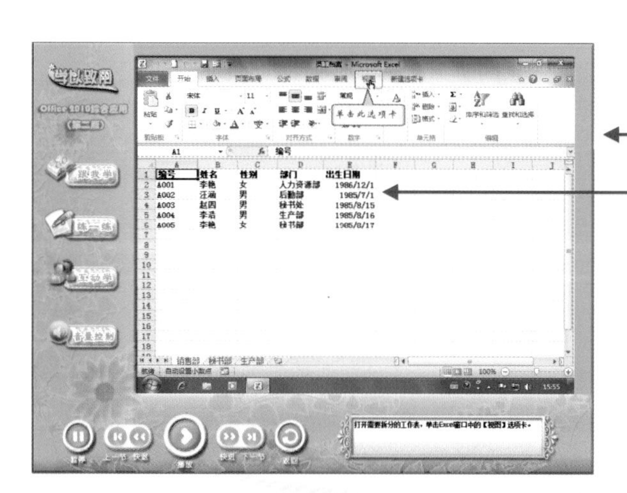

3. 在互动学交互操作环节，必须根据给出的提示用鼠标或键盘执行相应的操作，方可进入下一步操作。

学以致用系列丛书

Office 2010 综合应用

(第二版)

科教工作室　编著

清华大学出版社
北　京

内 容 简 介

本书的内容是在仔细分析和认真总结初、中级用户学用电脑的需求和困惑的基础上确定的。本书基于"快速掌握、即查即用、学以致用"的原则，根据日常工作和娱乐中的需要取材谋篇，以应用为目的，用任务来驱动，并配以大量实例。通过学习本书，读者可以轻松、快速地掌握 Office 2010 的实际应用技能，得心应手地使用 Office 2010。

本书共分 20 章，详尽地介绍了初识 Office 2010，初识 Word 2010，Word 2010 基本操作，Word 2010 的初级编辑，Word 2010 表格处理，Word 2010 图形处理，Word 2010 的页面设置与打印，Word 2010 的高级编辑，初识 Excel 2010，Excel 2010 编辑与美化，Excel 2010 公式与函数，Excel 2010 数据处理与分析，Excel 2010 图表编辑与打印，初识 PowerPoint 2010，PowerPoint 2010 多媒体应用，PowerPoint 2010 动画应用，放映、打印和打包幻灯片，Office 2010 组件间的资源共享，Office 2010 常见问题及解决办法，精通 Office 2010 技巧集锦等内容。本书内容丰富，包括了 Office 应用的方方面面，使用户能够真正用好 Office 2010，充分挖掘其优点和技巧。

本书及配套的多媒体光盘面向初级和中级电脑用户，适用于希望能够快速掌握 Office 2010 并应用于工作和生活中的各类人员，也可以作为大、中专院校师生学习的教材和培训用书。

图书在版编目(CIP)数据

Office 2010 综合应用/科教工作室编著. --2 版. --北京：清华大学出版社，2011.6
(学以致用系列丛书)
ISBN 978-7-302-25579-6

Ⅰ. ①O…　Ⅱ. ①科…　Ⅲ. ①办公自动化—应用软件，Office 2010　Ⅳ. ①TP317.1

中国版本图书馆 CIP 数据核字(2011)第 090517 号

责任编辑：章忆文　郑期彤
封面设计：杨玉兰
版式设计：北京东方人华科技有限公司
责任校对：王　晖
责任印制：杨　艳
出版发行：清华大学出版社　　**地　址**：北京清华大学学研大厦 A 座
http://www.tup.com.cn　　**邮　编**：100084
社　总　机：010-62770175　　**邮　购**：010-62786544
投稿与读者服务：010-62776969，c-service@tup.tsinghua.edu.cn
质　量　反　馈：010-62772015，zhiliang@tup.tsinghua.edu.cn
印 装 者：清华大学印刷厂
经　销：全国新华书店
开　本：210×285　**印　张**：22.5　**插　页**：1　**字　数**：872 千字
附 DVD 1 张
版　次：2011 年 6 月第 2 版　**印　次**：2011 年 6 月第 1 次印刷
印　数：1～4000
定　价：49.00 元

产品编号：041228-01

出版者的话

第二版言★

首先，感谢您阅读本丛书！正因为有了您的支持和鼓励，“学以致用”系列丛书第二版问世了。

臧克家曾经说过：读过一本好书，就像交了一个益友。对于初学者而言，选择一本好书则显得尤为重要。“学以致用”是一套专门为电脑爱好者量身打造的系列丛书。翻看它，您将不虚此“行”，因为它将带给您真正“色、香、味”俱全、营养丰富的电脑知识的“豪华盛宴”！

本系列丛书的内容是在仔细分析和认真总结初、中级用户学用电脑的需求和困惑的基础上确定的。它基于“快速掌握、即查即用、学以致用”的原则，根据日常工作和娱乐中的需要取材谋篇，以应用为目的，用任务来驱动，并配以大量实例。学习本丛书，您可以轻松快速地掌握计算机的实际应用技能、得心应手地使用电脑。

丛书书目★

本系列丛书第二版首批推出 13 本，书目如下：

(1) Access 2010 数据库应用

(2) Dreamweaver CS5 网页制作

(3) ***Office 2010 综合应用***

(4) Photoshop CS5 基础与应用

(5) Word/Excel/PowerPoint 2010 应用三合一

(6) 电脑轻松入门

(7) 电脑组装与维护

(8) 局域网组建与维护

(9) 实用工具软件

(10) 五笔飞速打字与 Word 美化排版

(11) 笔记本电脑选购、使用与维护

(12) 网上开店、装修与推广

(13) 数码摄影轻松上手

丛书特点★

本套丛书基于“快速掌握、即查即用、学以致用”的原则，具有以下特点。

一、内容上注重“实用为先”

本系列丛书在内容上注重“实用为先”，精选最需要的知识、介绍最实用的操作技巧和最典型的应用案例。例如，①在《Office 2010 综合应用》一书中以处理有用的操作为例(例如：编制员工信息表)，来介绍如何使用 Excel，让您在掌握 Excel 的同时，也学会如何处理办公上的事务；②在《电脑组装与维护》一书中除介绍如何组装和维护电脑外，还介绍了如何选购和整合当前最主流的电脑硬件，让 Money 花在刀刃上。真正将电脑使用者的技巧和心得完完全全地传授给读者，教会您生活和工作中真正能用到的东西。

二、方法上注重“活学活用”

本系列丛书在方法上注重“活学活用”，用任务来驱动，根据用户实际使用的需要取材谋篇，以应用为目的，将软件的功能完全发掘给读者，教会读者更多、更好的应用方法。如《电脑轻松入门》一书在介绍卸载软件时，除了介绍一般卸载软件的方法外，还介绍了如何使用特定的软件(如优化大师)来卸载一些不容易卸载的软件，解决您遇到的实际问题。同时，也提醒您学无止境，除了学习书面上的知识外，自己还应该善于发现和学习。

三、讲解上注重“丰富有趣”

本系列丛书在讲解上注重“丰富有趣”，风趣幽默的语言搭配生动有趣的实例，采用全程图解的方式，细致地进行分步讲解，并采用鲜艳的喷云图将重点在图上进行标注，您翻看时会感到兴趣盎然，回味无穷。

在讲解时还提供了大量“提示”、“注意”、“技巧”的精彩点滴，让您在学习过程中随时认真思考，对初、中级用户在用电脑过程中随时进行贴心的技术指导，迅速将“新手”打造成为“高手”。

四、信息上注重“见多识广”

本系列丛书在信息上注重“见多识广”，每页底部都有知识丰富的“长见识”一栏，增广见闻似地扩充您的电脑知识，让您在学习正文的过程中，对其他的一些信息和技巧也了如指掌，方便更好地使用电脑来为自己服务。

五、布局上注重“科学分类”

本系列丛书在布局上注重“科学分类”，采用分类式的组织形式，交互式的表述方式，翻到哪儿学到哪儿，不仅适合系统学习，更加方便即查即用。同时采用由易到难、由基础到应用技巧的科学方式来讲解软件，逐步提高应用水平。

图书每章最后附“思考与练习”或“拓展与提高”小节，让您能够针对本章内容温故而知新，利用实例得到新的提高，真正做到举一反三。

光盘特点★

本系列丛书配有精心制作的多媒体互动学习光盘，情景制作细腻，具有以下特点。

一、情景互动的教学方式

通过“聪聪老师”、“慧慧同学”和俏皮的“皮皮猴”3 个卡通人物互动于光盘之中，将会像讲故事一样来讲解所有的知识，让您犹如置身于电影与游戏之中，乐学而忘返。

二、人性化的界面安排

根据人们的操作习惯合理地设计播放控制按钮和菜单的摆放，让人一目了然，方便读者更轻松地操作。例如，在进入章节学习时，有些系列光盘的“内容选择”还是全书的内容，这样会使初学者眼花缭乱、摸不着头脑。而本系列光盘中的“内容选择”是本章节的内容，方便初学者的使用，是真正从初学者的角度出发来设计的。

三、超值精彩的教学内容

光盘具有超大容量，每张播放时间达 8 小时以上。光盘内容以图书结构为基础，并对它进行了一定的延伸。除了基础知识的介绍外，更以实例的形式来进行精彩讲解，而不是一个劲地、简单地说个不停。

读者对象★

本系列丛书及配套的多媒体光盘面向初、中级电脑用户，适用于电脑入门者、电脑爱好者、电脑培训人员、退休人员和各行各业需要学习电脑的人员，也可以作为大中专院校师生学习的辅导和培训用书。

互动交流★

为了更好地服务于广大读者和电脑爱好者，如果您在使用本丛书时有任何疑难问题，可以通过 xueyizy@126.com 邮箱与我们联系，我们将尽全力解答您所提出的问题。

作者团队★

本系列丛书的作者和编委会成员均是有着丰富电脑使用经验和教学经验的 IT 精英。他们长期从事计算机的研究和教学工作，这些作品都是他们多年的感悟和经验之谈。

本系列丛书在编写和创作的过程中，得到了清华大学出版社第三事业部总经理章忆文女士的大力支持和帮助，在此深表感谢！本书由科教工作室组织编写，陈迪飞、陈胜尧、崔浩、费容容、冯健、黄纬、蒋鑫、李青山、罗晔、倪震、谭彩燕、汤文飞、王佳、王经谊、杨章静、于金彬、张蓓蓓、张魁、周慧慧、邹晔等人(按姓名拼音顺序)参与了创作和编排等事务。

关于本书★

Office 是由微软公司出品的办公自动化软件，Office 2010 是其最新版本。自 1989 年第一版到现在，它已由当初仅有一个 WordForDos 软件，发展成为集 Word 图文编排、Excel 电子表格制作、PowerPoint 幻灯片制作、Outlook 电子邮件处理等软件于一体的套件。由于 Office 操作简单方便，并且“十八般武艺”样样精通，目前 Office 已逐渐成为最受欢迎的办公自动化软件。

为了让大家能够在较短的时间内就能掌握 Office 2010 综合应用技能，我们编写了《Office 2010 综合应用》一书。全书共 20 章，内容新颖、实例强大，详尽地介绍了 Office 的基础知识和实例应用，包罗了 Office 2010 新增功能，例如：Word 2010 中的“屏幕截图”、更丰富的“主题”和“样式”；Excel 2010 中的“迷你图”和“切片器”；PowerPoint 2010 中的“多媒体”和“对图片进行特殊编辑”功能等。本书内容丰富，包括 Office 应用的方方面面，并用实例讲解的方式教会读者最实用的知识和操作。

除此之外，本书还介绍了 Office 常用问题的解决方案和一些高效有用的技巧，可让读者真正用好 Office 2010，充分挖掘 Office 的优点和技巧，做一名出色的职场办公人员。

科教工作室

目　录

学以致用系列丛书

第 1 章 初识 Office 2010

熟练掌握办公软件，已经成为办公人员必备的能力，如果您现在对 Office 2010 还一窍不通或不甚了解，那么请跟随我们，一起与它来一次亲密接触吧！

学习要点

- ❖ 了解 Microsoft Office 的发展历程。
- ❖ 了解 Office 2010 的三大组件。
- ❖ 学会自定义安装 Office 2010。
- ❖ 掌握如何修复 Office 2010。
- ❖ 了解 Office 2010 的帮助功能。

学习目标

通过本章的学习，读者会对 Microsoft Office 的发展有一定的了解，并对新版 Office 2010 的各组件有基本的认识，学会如何自定义安装 Office 2010；如果在使用过程中，Office 2010 的组件发生了异常，知道如何对其进行修复。

1.1 Office 2010 简介

Microsoft Office 是最受欢迎的办公套件之一。提到它,大家肯定会想到 Word、Excel 等常见软件,其实 Office 系统并不是一开始就具有这样的规模,下面让我们一起来了解 Office 的发展进程吧!

Microsoft Office 第一版本出现于 1989 年,那时的 Microsoft Office 只是一个个人软件而已,最早只有 WordForDos 一个成员。到了 20 世纪 90 年代,微软公司为了增强产品的竞争力,将 Word 和自主开发的 Excel 等集成起来,这个集成套装就是 Office 套装软件。当时,这些软件只是能够相互调用、兼容而已,并不能互通。

从 Microsoft Office 2003 开始,Office 不断集成了 Word 2003、FrontPage 2003、Excel 2003、InfoPath 2003、PowerPoint 2003、Publisher 2003、PictureLibrary 2003、OneNote 2003、Outlook 2003 等桌面应用程序,从而形成了 Office 办公系统。

Microsoft Office 2007 的推出,更强化了办公系统,同时微软还开发了 OfficeLive 平台,可见 Microsoft Office 2007 的各组件功能可谓是有了一个质的飞跃。从文档编辑,到表格处理,到数据表单开发,再到幻灯片管理,Office 2007 都能满足您的愿望。

如今,软件更新换代的速度可谓是神速,2010 年微软公司又推出最新办公软件版本——Microsoft Office 2010。它在 Office 2007 的基础上又新增了许多人性化的功能,使用起来更得心应手。要用“满汉全席”来形容现在的 Office 2010,可一点也不为过!一定非常期待吧!让我们快点去了解它吧。

1.2 Word、Excel、PowerPoint 2010 新看点

Office 2010 主要包含 8 个组件,它们分别是:Word 2010、Excel 2010、PowerPoint 2010、InfoPath 2010、Publisher 2010、OneNote 2010、Outlook 2010、Access 2010。其中 Word 2010、Excel 2010、PowerPoint 2010 是日常办公中最常用的三大王牌组件,下面就让我们一一来揭开它们的庐山真面目吧。

1.2.1 Word 2010 新看点

如今,用纸和笔来进行文字处理早已是过去式,Word 可谓是众多文字处理软件中的佼佼者,使用它可以使您的文字处理工作变得易如反掌。

Word 2010 的工作界面与 Office 2007 无太大区别,只在局部有些调整,如 Word 2007 中的 Office 图标在 Office 2010 中换成了【文件】选项卡。Word 2010 的快捷图标在 Word 2007 的基础上颜色更明亮,效果更简洁,如下图所示。

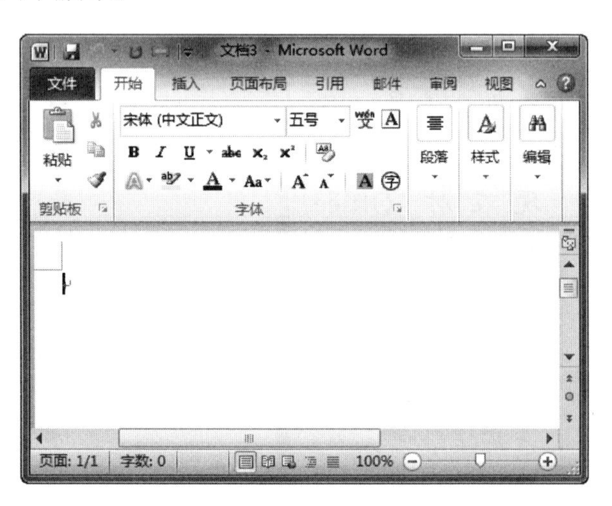

Word 2010 增添了许多新功能,制作出来的文档也更五彩缤纷。如与旧版本相比,现在的 Word 更能制作出具有专业水准且多样化的图表类文档。SmartArt 中大量的图形带给您更多选择的余地,使创建令人印象深刻的图形与键入项目符号列表一样简单。SmartArt 图形自动与所选的文档主题协调一致,只需几次单击即可获得所有文档内容的精美外观格式。

在 Word 2010 中使用新增的“文档导航”窗格和搜索功能可以让您迅速、轻松地处理长文档。例如通过拖放标题而不是通过复制和粘贴,就可以轻松地重新组织文档;还可以使用渐进式搜索功能查找内容,因此无需确切地知道要搜索的内容即可找到它;或者通过单击文档结构图的各个部分,在文档中的标题之间移动。

当然,Word 2010 的优点不仅仅局限于这些,更多更方便的功能让我们一起去体会吧!

1.2.2 Excel 2010 新看点

Word 的精彩或许已经让您意犹未尽,但新的冲击马上就要开始了,它来自 Office 的另一强悍组件——Excel。

Excel 是一款非常优秀的电子制表软件,不仅广泛应

在 Word 2010 中的【插入】选项卡下新增了【屏幕截图】功能,利用此功能可以得到当前打开的窗口图片,这是 Word 2007 所做不到的。

用于财务部门，很多其他用户也使用Excel来处理和分析他们的业务信息。从1992年Microsoft Office问世至今，Excel已经经历了多个版本，每一次版本的升级都在用户界面和功能上有了很大的改进。下图所示为Excel 2011的工作界面。

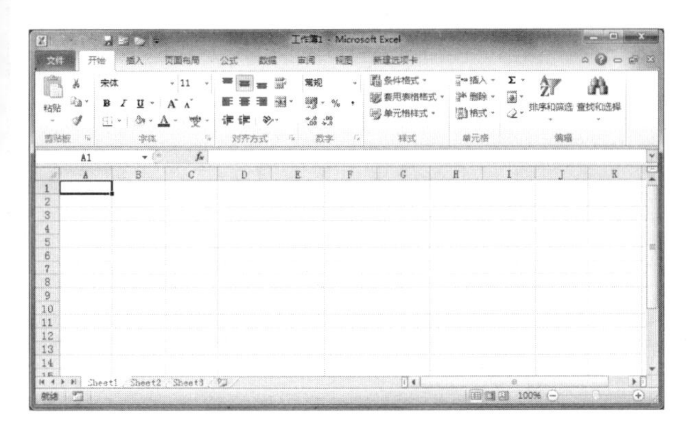

新版Excel在界面上传承了老版本的优点，但细节处也有新的调整，如新版中清新的草绿色【文件】按钮替代了旧版本的Office图标，使人眼前一亮。

在Excel 2010中新增和改进的功能也让人折服。Backstage视图是Microsoft Office 2010程序中的新增功能，它是Microsoft Office Fluent用户界面的最新创新技术，并且是功能区的配套功能。单击【文件】菜单即可访问Backstage视图，您可在此打开、保存、打印、共享和管理文件以及设置程序选项。

在Excel 2010中，迷你图和切片器等新增功能以及对数据透视表和其他现有功能的改进可帮助您了解数据中的模式或趋势，从而使您做出更明智的决策。

若您还觉得不够强大，Excel 2010提供的新增分析工具和改进分析工具可帮助您实现速度和质量的完美结合。如果需要分析大量数据，可以在Excel工作簿中使用加载项对数据进行分析和计算，无论您是使用上百行数据还是上百万行数据，响应时间都非常快。

在Excel 2010中，您可以使用比以前更多的主题和样式。选择主题之后，Excel 2010便会立即开始设计工作。文本、图表、图形、表格和绘图对象均会发生相应更改以反映所选主题，从而使工作簿中的所有元素在外观上相互辉映。还可以截取屏幕快照，然后通过改进的图片工具编辑和修改快照。

Excel 2010的优点远不止如此，就让我们从这本书起航，一起开始学习之旅吧！

1.2.3 PowerPoint 2010新看点

当您要向观众表达某一个想法，或介绍某一种产品，或向上司说明您的投资计划时，您是否在为如何更好、更形象、更生动地表达而烦恼，现在使用PowerPoint 2010就可以轻松地做到这一点。PowerPoint是一个演示文稿图形程序，其界面如下图所示。它可以制作出丰富多彩的幻灯片，并使其带有各种特殊效果，使您所要展现的信息可以更漂亮地Show出来，吸引观众的眼球。

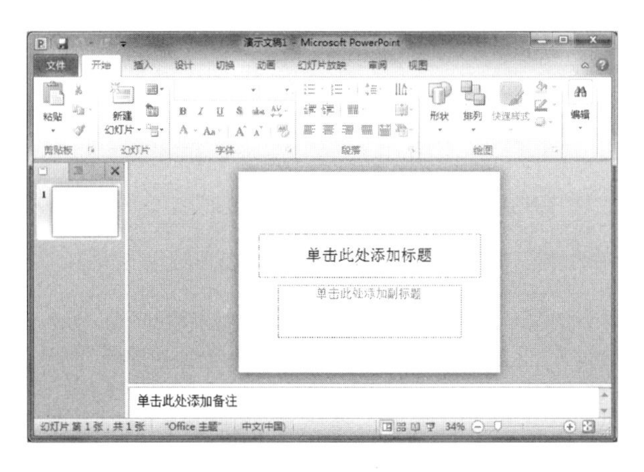

PowerPoint 2010中增加了更多的特性。新增的视频和图片编辑功能以及增强功能是PowerPoint 2010的新亮点。此版本提供了许多与同事一起轻松处理演示文稿的新方式。此外，在幻灯片切换效果设置上，新版本增加了图例展示列表，让用户在使用时可以更加容易进行选择。许多新增的SmartArt图形版式(包括一些基于照片的版式)可能会给您带来意外惊喜。现在，此版本提供了多种使您可以更加轻松地广播和共享演示文稿的方式。

1.3 Office 2010的安装

下面我们以在Windows 7中安装Office 2010为例，讲解安装的方法。

1.3.1 自定义安装Office 2010

Office提供了两种不同的安装模式：立即安装和自定义安装。立即安装模式将把常用选项安装到默认目录中，并且只安装最常用的组件。自定义安装模式则允许用户自己选择安装的位置及指定要安装的选项。下面我们介绍自定义安装模式。

Office 2010开创了设计选项的时代，这些设计选项可以帮助您通过更具视觉冲击力的形式表达您的创意。新增和改进的图片格式工具(如颜色饱和度和艺术效果)使您可以增加视觉图形的艺术性。

操作步骤

❶ 在安装 Office 2010 之前，最好将其他正在运行的应用程序关闭。双击 Office 安装程序，在弹出的对话框中输入产品密钥，安装程序开始验证输入的密钥。当密钥验证成功后，单击【继续】按钮。如下图所示。

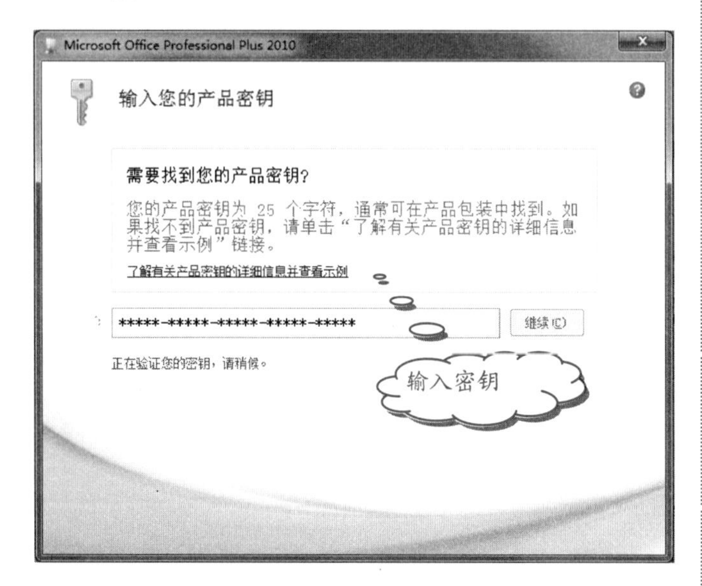

❷ 进入【阅读 Microsoft 软件许可证条款】页面，阅读许可协议，然后选中【我接受此协议的条款】复选框，再单击【继续】按钮，如下图所示。

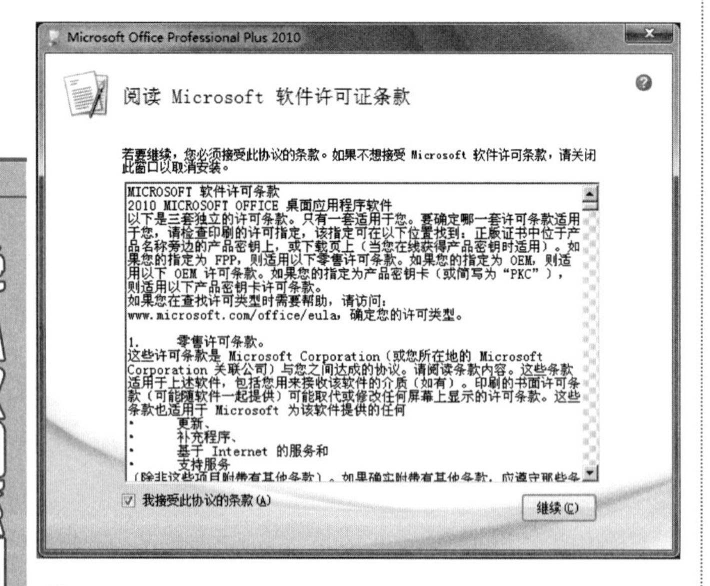

❸ 进入【选择所需的安装】页面，选择安装类型，这里单击【自定义】按钮，如右上图所示。

❹ 接着在弹出的对话框中单击【安装选项】选项卡，自定义 Microsoft Office 程序的运行方式，如下图所示。

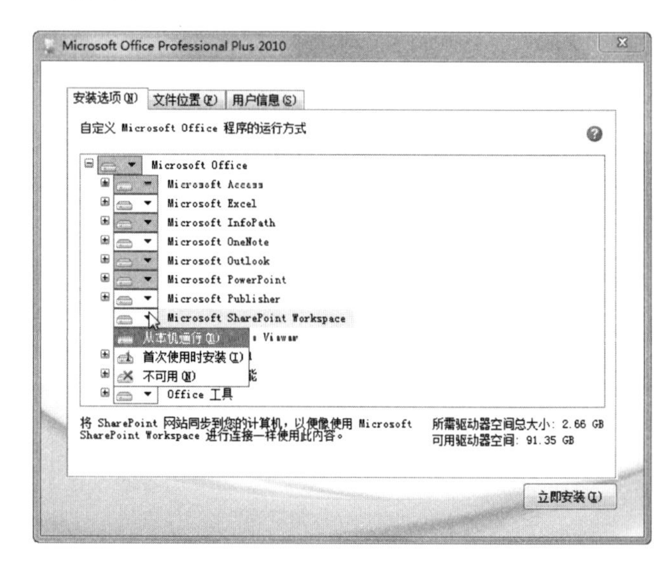

提示

单击图标旁的下拉箭头，可以看到 4 个选项，如下图所示。

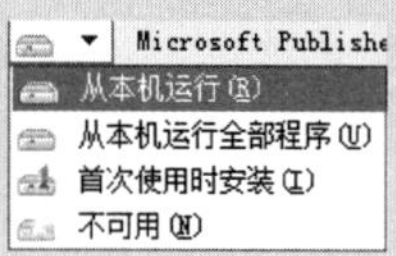

- 【从本机运行】：将该组件及其子组件的程序文件按设置复制到用户计算机的硬盘上。
- 【从本机运行全部程序】：将该组件及其所有子组件的所有程序都复制到用户计算机硬盘上。
- 【首次使用时安装】：只复制必要的系统文件，在需要时才将其他程序文件复制到计算机中。
- 【不可用】：选择此选项，则不安装这个组件。

❺ 单击【文件位置】选项卡，然后单击【浏览】按钮，

Microsoft Office Small Business Edition 2010 适用于小型企业。借助这组集成的、简便易用的程序可以更为有效地管理客户和把握销售机会。Microsoft Office Home and Student 2010 是专门为家庭用户和学生设计的基本办公软件套件。

选择文件的安装位置，这里使用默认安装位置，如下图所示。

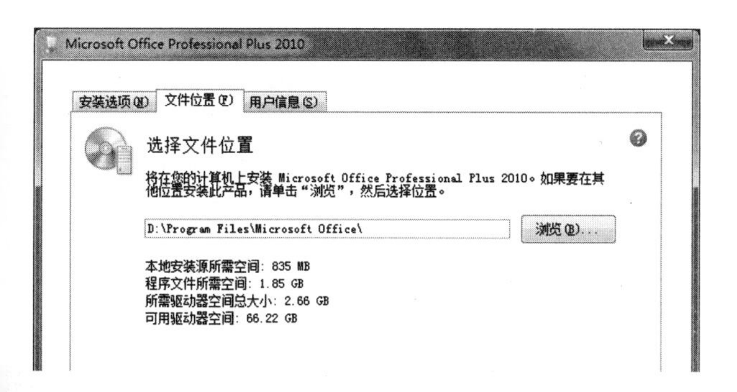

❻ 单击【用户信息】选项卡，键入您的全名、缩写和组织等信息，再单击【立即安装】按钮，如下图所示。

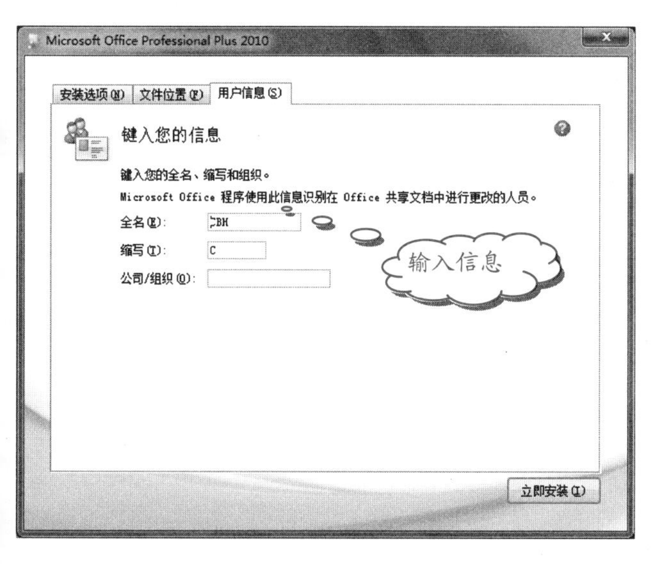

❼ 开始安装程序，并进入如下图所示的【安装进度】页面，稍等片刻。

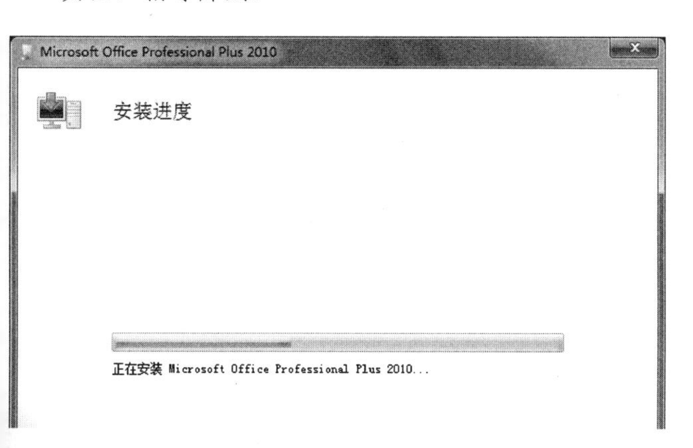

❽ 程序安装完成后，将会进入如右上图所示的页面，单击【关闭】按钮，重新启动计算机即可使其生效。

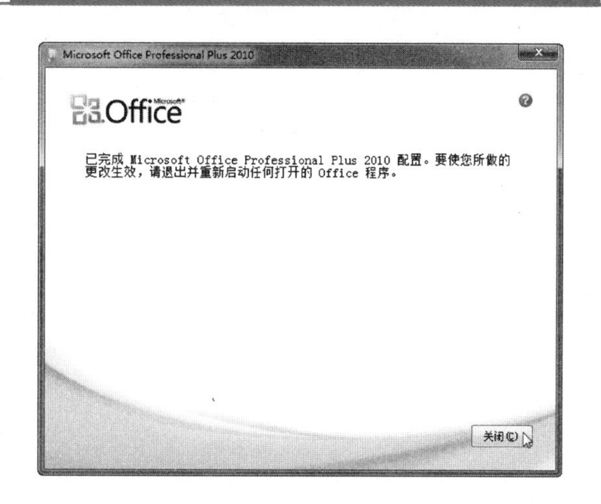

1.3.2 修复 Office 2010

如果 Office 2010 出现了异常情况，我们可以对其进行修复，具体操作如下。

操作步骤

❶ 单击【开始】按钮，从展开的列表中选择【控制面板】命令，如下图所示。

❷ 在打开的【控制面板】窗口中单击【卸载程序】文字链接，打开【卸载或更改程序】页面，如下图所示，找到 Office 2010 的程序，单击【更改】按钮。

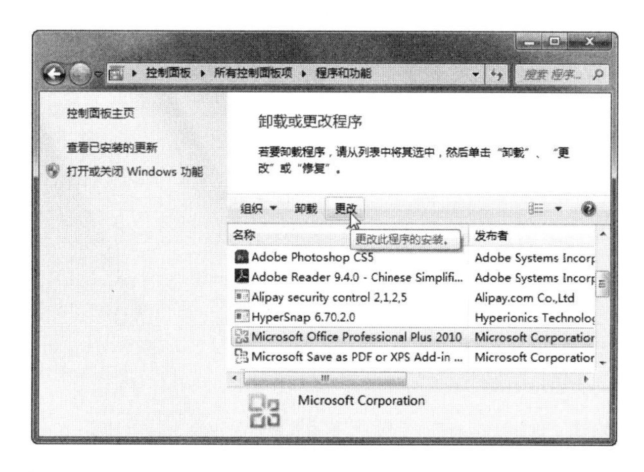

❸ 系统弹出如下图所示的对话框，选中【修复】单选按钮，再单击【继续】按钮。

Microsoft Office Professional Plus 2010 提供了一系列强大的新型工具，用于创建、管理、分析和共享信息，帮助您和您的组织有效地提高工作效率。

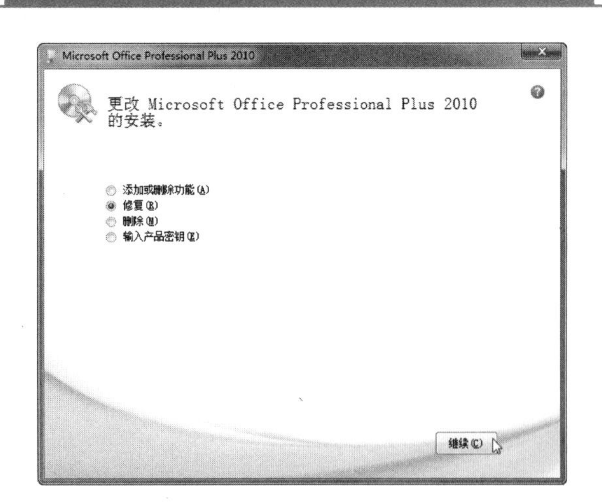

4 开始修复 Office 2010 程序，并进入如下图所示的【配置进度】页面。稍等片刻，修复的过程会需要一些时间，但这相对于重新安装所要消耗的时间来说，是微不足道的。

5 修复完成后，安装程序会报告结果，如下图所示。单击【关闭】按钮，完成修复操作。

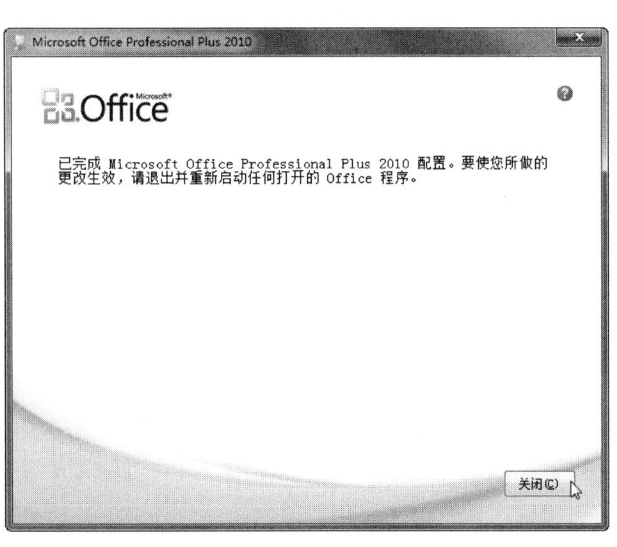

6 为了使刚才所做的设置生效，系统提示您重新启动计算机，如下图所示。单击【是】按钮，就可以重新启动计算机了。

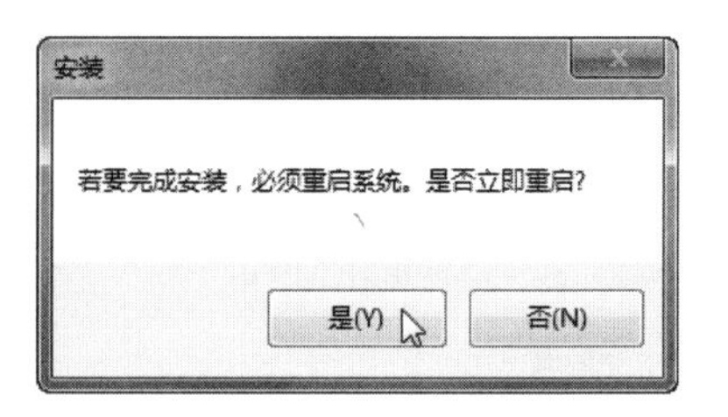

1.4 Office 2010 的帮助服务

在 Office 2010 中若遇到难以弄懂的问题，可以求助它的帮助功能，它就像 Office 的军师，可以帮您排忧解难。下面我们来认识一下！

1.4.1 使用 Office 2010 帮助服务

下面就以 Word 2010 为例，讲解帮助功能的作用。单击【帮助】按钮即可打开【Word 帮助】窗口，如下图所示，其中列出了一系列内容，单击某个文字链接即可打开相应的帮助信息。或者您也可以在【搜索】文本框中输入要搜索的内容，然后单击【搜索】按钮，即可向 Word 2010 寻求帮助。

1.4.2 通过 Internet 获得技术支持

若此时您的电脑已联网，还可以通过强大的网络搜寻到更多的 Office 2010 信息，具体操作如下。

Microsoft Office Standard 2010 是家庭和小型企业不可或缺的办公软件套件，可以快速、轻松地创建外观精美的文档、电子表格和演示文稿，还可以管理电子邮件。

操作步骤

1. 单击【帮助】按钮，打开【Word帮助】窗口，再单击【下载】文字链接，如下图所示。

2. 在打开的 Office 网页中单击任一条文字链接，就可以搜索到更多的信息，如下图所示。

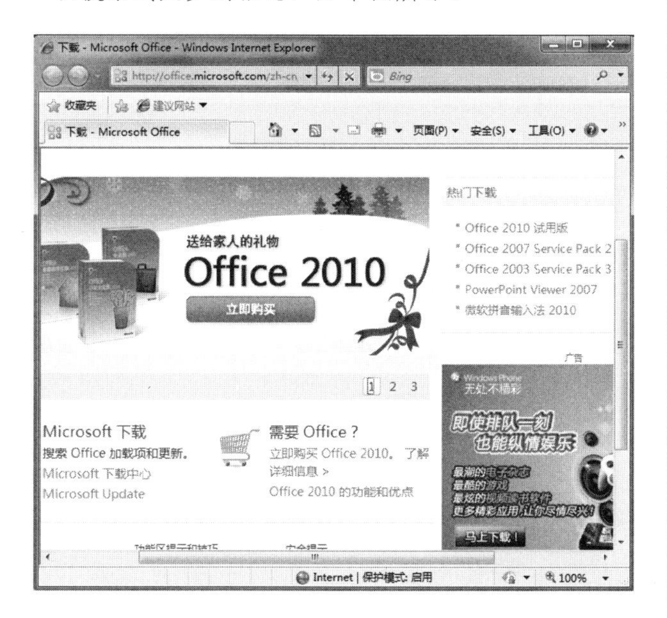

1.5 思考与练习

选择题

1. Microsoft Office 第一版本出现于________。

   A. 1992 年　　B. 1989 年

   C. 1986 年　　D. 1997 年

2. 下面不是 Word 2010 新增功能的是________。

   A. 添加签名行

   B. 插入屏幕截图

   C. 在文档中使用“翻译屏幕提示”功能

   D. 在文档中插入 SmartArt 图形图片

3. 在安装方式的各选项中，对【首次使用时安装】选项的效果描述正确的是________。

   A. 按设置复制到用户计算机的硬盘上

   B. 所有程序都复制到用户计算机硬盘上

   C. 只复制必要的系统文件，在需要时才将其他程序文件复制到计算机中

   D. 只复制必要的系统文件，其他文件则在运行时从安装盘上获取

操作题

1. 自定义安装 Office 2010，只安装微软公司 Word 2010、Excel 2010、PowerPoint 2010 三大强势组件。

2. 安装好 Office 2010 后，如果临时想要用 Office 2010 的其他组件，如 Outlook 2010，应该怎么办？除了重新安装外还有其他更好的办法吗？

Microsoft Office 2010 和 Microsoft Office 2007 在打印预览上有一定的区别，新版的 Office 2010 没有单独的【打印预览】选项卡，而是包含在【打印】面板中。

长见识

第 2 章 初识 Word 2010——新建“学习计划”

本章将引领大家熟悉素有“电脑文书”之称的 Word 2010，由启动与退出 Word 文档、新建一个“学习计划”到浏览和控制文档。现在就步入 Word 2010 的新世界，开始我们的初次旅程吧！

学习要点

- ❖ 启动和关闭 Word 2010。
- ❖ 认识 Word 文档的界面。
- ❖ 新建文档，保存并关闭文档。
- ❖ 打开已保存的文档。
- ❖ 在不同的视图模式下浏览文档。
- ❖ 控制文档的显示比例。

学习目标

通过本章的学习，读者应该学会如何启动和关闭 Word 2010，如何使用 Word 2010 的菜单和对话框，如何控制 Word 2010 应用程序及其文档；能够新建文档，保存并关闭文档，打开一个已有文件并在最方便的视图模式下浏览文档。

需要注意的是：如果直接保存 Word 2010，文件将被默认保存为扩展名为.doc 的文档，这种文档用其他的 Word 版本打开时会显示为乱码。

2.1 启动和退出 Word 2010

启动和退出 Word 文档是使用 Word 最基本的两项操作。那就让我们从“启动”和“退出”开始，揭开 Word 2010 的盖头来……

2.1.1 利用【开始】菜单启动 Word 2010

安装了 Word 2010 后，系统一般会将其列在【程序】菜单中。启动的步骤如下。

操作步骤

1. 单击【开始】按钮，然后在弹出的【开始】菜单中选择【所有程序】命令，接着在展开的菜单中选择 Microsoft Officc 命令，最后从子菜单中选择 Microsoft Word 2010 命令，如下图所示。

提示

为了书写方便，我们将上述叙述内容简化为：“选择【开始】|【所有程序】| Microsoft Office | Microsoft Word 2010 命令。在后面的章节中，与其相似的内容也采用相同的表达方式。

2. 打开后的 Word 2010 窗口如下图所示。

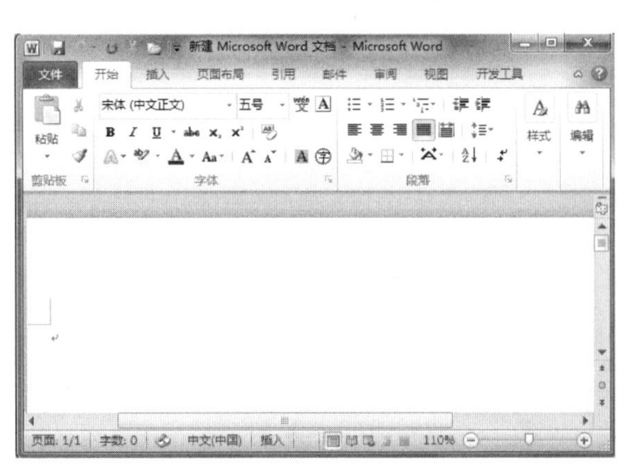

2.1.2 通过快捷方式启动 Word 2010

另一种启动 Word 2010 的方法是双击桌面快捷图标。但是，新安装的 Office 软件并不会在桌面上自动创建快捷图标，这就需要用户自己创建了。具体的步骤如下。

操作步骤

1. 选择【开始】|【所有程序】| Microsoft Office 命令，展开 Microsoft Office 命令的子菜单，然后在 Microsoft Word 2010 命令上右击，从弹出的快捷菜单中选择【发送到】|【桌面快捷方式】命令，如下图所示。

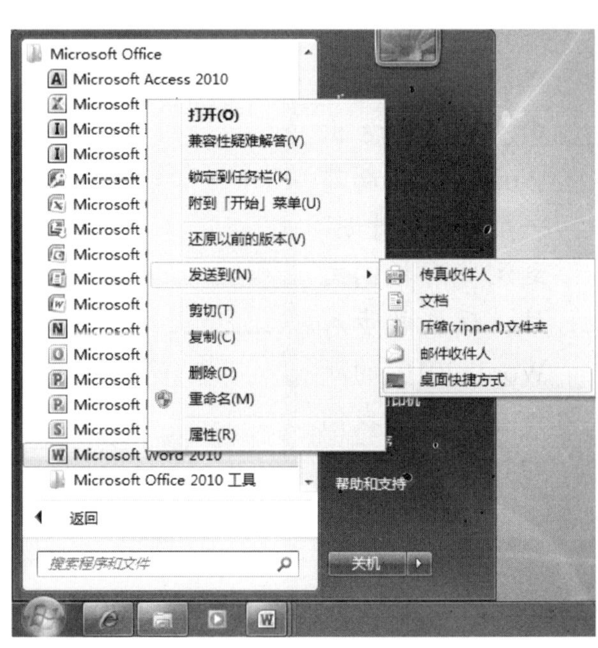

2. 这时桌面上就会出现 Word 2010 的快捷图标了，如下图所示。双击该快捷图标，即可启动 Word 2010。

技巧

您还可以通过直接双击已保存的 Word 文档，启动 Word 2010。

2.1.3 退出 Word 2010 程序

退出 Word 的方法也有很多，这里介绍两种比较简单易行的方法。

长见识 Word 是由 Microsoft 公司推出的一个文字处理应用程序。它最初是由 Richard Brodie 为了运行 DOS 的 IBM 计算机而在 1983 年编写的。随后的版本可运行于 Apple Macintosh (1984 年)、SCO UNIX 和 Microsoft Windows (1989 年)，并成为了 Microsoft Office 的一部分，目前 Word 的最新版本是 Word 2010，于 2010 年 6 月 18 日上市。

1. 使用【文件】按钮退出程序

完成工作后，要退出 Word 环境，可以进行如下操作。在菜单栏中选择【文件】|【关闭】命令即可退出程序，如下图所示。

提示

如果对文档进行了退出操作但没有保存，屏幕上会出现如下图所示的提示框。可根据需要选择相应的选项。

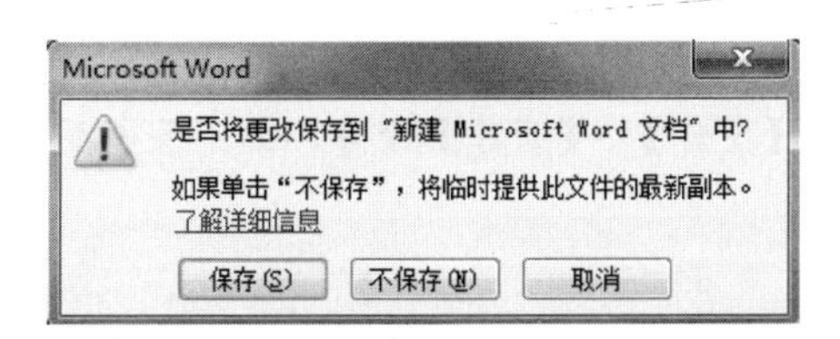

2. 单击窗口的【关闭】按钮退出程序

您也可通过单击窗口右上角的【关闭】按钮退出程序。

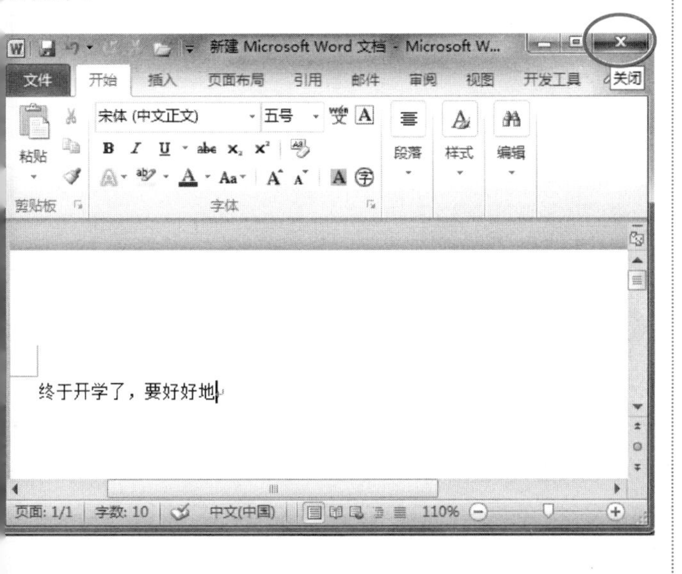

技巧

您还可以通过按 Alt+F4 组合键来关闭 Word 文档。

2.2 认识 Word 2010 界面

Word 2010 具有人性化的操作界面，使用起来很方便！启动 Word 2010 后，将出现它的标准界面。下面就来向大家一一介绍 Word 文档窗口中的各组成部分及其功能。

1. 【文件】菜单

单击窗口左上方的【文件】菜单，在展开的下拉菜单中选择相应的命令，可对文档执行打开、保存、打印、预览以及查看文档属性等操作，如下图所示。

2. 标题栏

标题栏位于窗口最上方，它主要有以下 4 个作用。

❖ 显示文档的名称和程序名。
❖ 标题栏最右侧是控制按钮，包括窗口的【最小化】按钮、【还原】按钮和【关闭】按钮。单击【还原】按钮，再拖动标题栏就可以移动整个窗口。
❖ 标题栏左侧是快速访问工具栏。通过单击快速访问工具栏中的按钮，就可以实现相应的操作。单击快速访问工具栏右侧的按钮，在其下拉菜单中选择任一命令就可以设置其为快速访问工具，并使其出现在快速访问工具栏中。
❖ 显示窗口的状态。如果标题栏是蓝色的，表明该窗口是活动窗口，如果是灰色的，则不是活动窗口。

Word 是微软公司的 Office 系列办公组件之一，是目前世界上最流行的文字编辑软件。使用它我们可以编排出精美的文档，方便地编辑和发送电子邮件，编辑和处理网页等。

3. 选项卡

选项卡位于标题栏下方，是各种命令的集合。它将各种命令分门别类地放在一起，只要单击上方的标签，对应的选项卡中所有的选项就会显示出来。例如，单击【开始】标签，就可以看到【开始】选项卡中的各组及其所包含的选项，如下图所示。

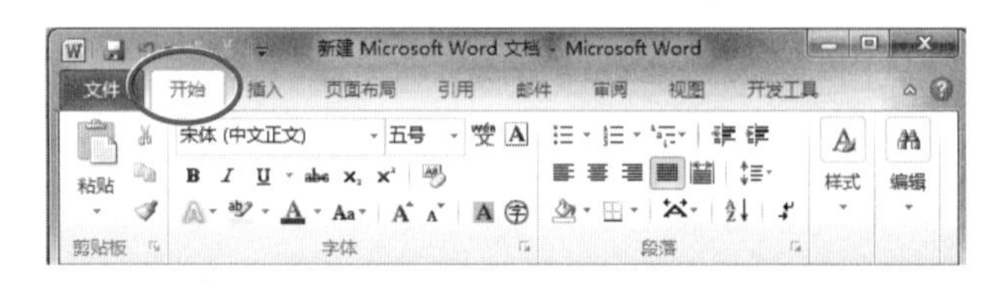

4. 组

每个选项卡中都包含若干组，组中列出了一系列图标按钮，每个图标按钮代表一个命令，这些命令都是选项卡所具有的功能。想要使用哪个工具时，只需先切换到对应的选项卡状态下，然后单击该工具对应的图标按钮即可。

5. 状态栏

窗口底部是状态栏，如下图所示。其左边是光标位置显示区，表明当前光标所在页面、文档字数、Word 2010下一步准备要做的工作以及当前的工作状态等。右边是视图按钮、显示比例按钮等。

6. 标尺

标尺的作用是设置制表位、缩进选定的段落，如下图所示。水平标尺上提供了首行缩进、悬挂缩进/左缩进、右缩进三个不同的滑块，选中其中的某个滑块，然后拖动鼠标，就可以快速实现相应的缩进操作。单击“标尺”按钮就可以在文档中显示或隐藏标尺。

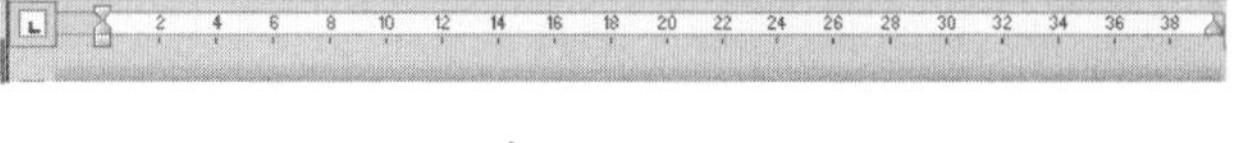

提示

默认情况下，Word 2010 窗口中的标尺是不显示的。用户可以通过选中【视图】选项卡的【显示】组中的【标尺】复选框来显示标尺，如右上图所示。

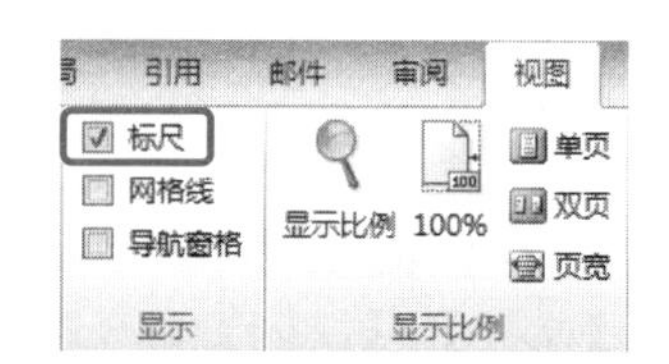

2.3 新建一个“学习计划”

下面我们通过一个实例——新建“学习计划”，来学习新建文档、保存文档及关闭文档等操作。

2.3.1 新建文档

新学期开学了，我们一起来制定一个“学习计划”吧。用 Word 2010 来编写，在方便制订计划的同时还能提高我们对 Word 2010 的熟练操作呢！

1. 新建空白的 Word 文档

启动 Word 2010，就会自动打开一个空白的 Word 文档。如果想再新建一个空白文档，则可以进行如下操作。

操作步骤

1. 选择【文件】|【新建】命令，如下图所示。

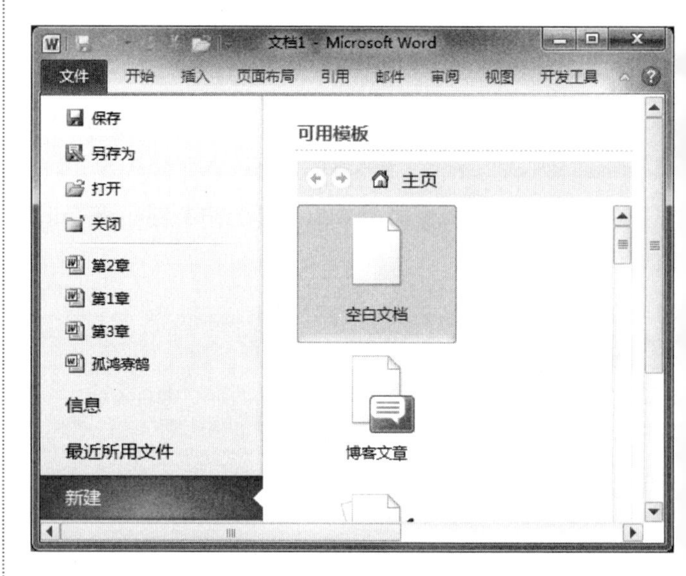

2. 中间窗格中列出许多 Word 2010 自带的文档模板，可以在其中单击选择您需要的模板类型。这里选择【空白文档】模板，并在最右侧窗格中单击【创建】按钮，即可新建一篇新文档，如下图所示。

长见识

如果您在 Microsoft Office Word 2010 中打开由 Microsoft Office Word 2007、Word 2003 或 Word 2000 创建的文档，则会开启兼容模式，而且您会在文档窗口的标题栏中看到“兼容模式”的字样。

技巧

除了使用以上方法外，还可以通过按 Ctrl+N 组合键来新建文档。

2. 新建基于模板的文档

模板是一种文档类型，它具有预定义页面版式、字体、边距和样式等功能。这样就不必重新创建文档的结构，而只需打开一个模板，然后填充相应的文本和信息即可。下面我们新建一个“博客”文档来发表一下新学期的感想。

操作步骤

1. 选择【文件】|【新建】命令，在中间窗格的【可用模板】组中选择【博客文章】选项，再在最右侧窗格中单击【创建】按钮，如下图所示。

2. 弹出【注册博客账号】对话框，可以单击“以后注册”按钮，如右上图所示。

3. 博客文档已经建好了，您可以在其中编写文档了，如下图所示。

技巧

除了利用系统已经构建的模板新建文档以外，读者还可以把自己制作的文档模板导入 Word 2010，然后选用自己的模板新建文档，这样更加方便快捷。

2.3.2 保存文档

对于输入的内容，只有将其保存起来，才可以再次对它进行查看或修改。而且，在编辑文档的过程中，养成随时保存文档的习惯，可以避免因电脑故障而丢失信息。

1. 通过【文件】菜单保存文档

这种方法比较适用于新建的没有经过保存的文档。

操作步骤

1. 完成文档编辑工作后，选择【文件】|【保存】命令，如下图所示。

长见识 想同时查看一个文件中的两个地方吗？看见滚动条上面那个小粗条了吗？就是它了，按住拖下来，看到了什么？出现了两个滚动条，这样就可以查看一篇文章的两个地方了。

❷ 如果当前文档是新文档，将弹出【另存为】对话框。在其中选择文档的保存位置，然后在【文件名】文本框中输入文档的名称，最后单击【保存】按钮，如下图所示。

技巧

除了上述方法外，还可以通过下面两种方法打开【另存为】对话框。

❖ 直接在标题栏中单击【保存】按钮。
❖ 按 Ctrl+S 组合键。

提示

如果当前文件已保存过，则只需执行第一步操作，系统将不会出现如上图所示的对话框，而直接在原来位置上保存。

2. 另存 Word 文档

如果您想另外保存一个文档，可以选择【文件】|【另存为】命令，这时也会弹出【另存为】对话框，可在其中设置文档的名称、保存位置和保存类型，以上的步骤前面已经讲过，这里不再详述。

注意

在文档编辑过程中，应养成随时保存的好习惯，以免发生突然停电或电脑死机等意外而使工作成果付之东流。

2.3.3 保护文档

文档编辑好之后，可以对其进行密码保护，以防止他人查看或修改重要内容，具体操作如下。

操作步骤

❶ 在文档窗口中选择【文件】|【信息】命令，然后在中间窗格中单击【保护文档】选项，从打开的菜单中选择【用密码进行加密】命令，如下图所示。

❷ 弹出【加密文档】对话框，输入密码，再单击【确认】按钮，如下图所示。

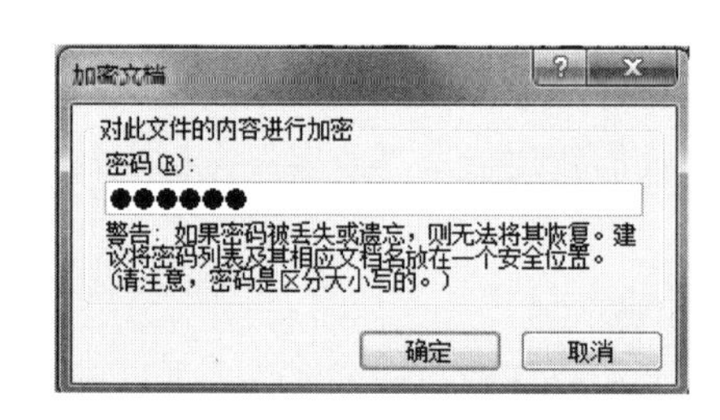

❸ 弹出【确认密码】对话框，再次输入密码，并单击【确定】按钮即可，如下图所示。

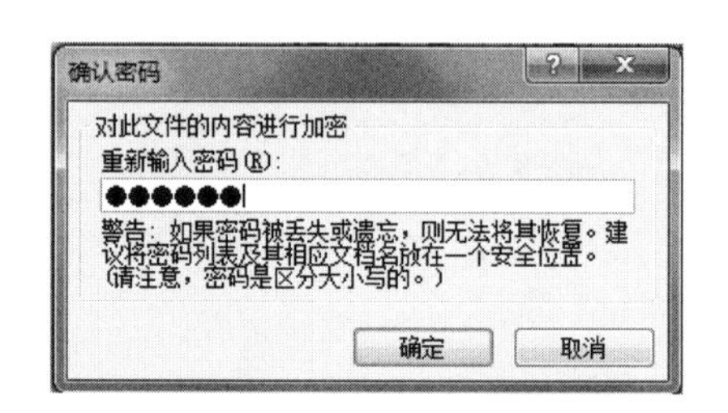

2.3.4 关闭文档

当文档编辑完毕后，您可以通过单击窗口右上角的【关闭】按钮来关闭文档。除此之外，还可以使用下述方法关闭 Word 文档。

❖ 按 Alt+F4 组合键，即可将当前文档关闭。
❖ 选择【文件】|【关闭】命令，就能关闭当前的 Word 文档，如下图所示。

首次打开 Microsoft Office Word 2010 时，您将注意到它的外观发生了一些变化。这是因为此软件已经过重新设计，以使您的工作更加轻松、快速、高效。

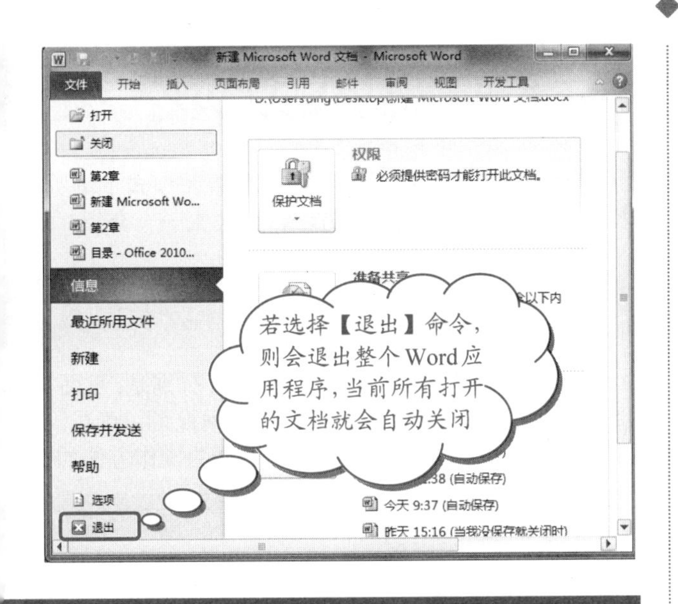

2.3.5　打开文档

关闭文档后，如果想再次查看文档中的内容，可以使用以下方法将其打开。

1. 通过【文件】菜单打开

要对已有的文档进行浏览或者编辑等操作时，需要先将该文档打开。

操作步骤

❶ 选择【文件】|【打开】命令，如下图所示。

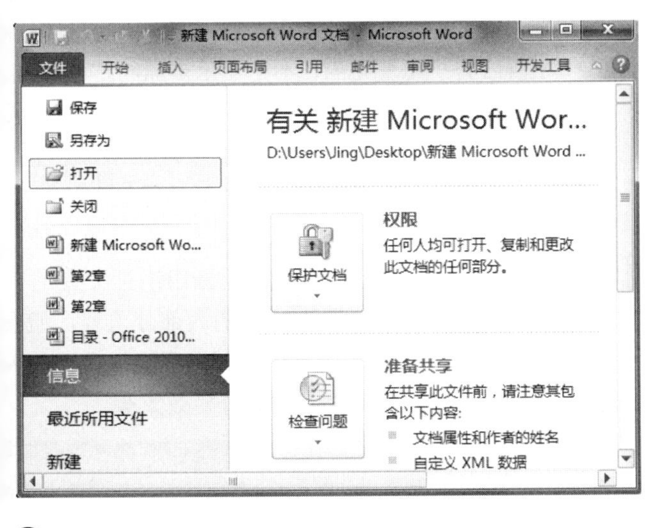

❷ 在弹出的【打开】对话框中，选择需要打开的文档，再单击【打开】按钮，如右上图所示。

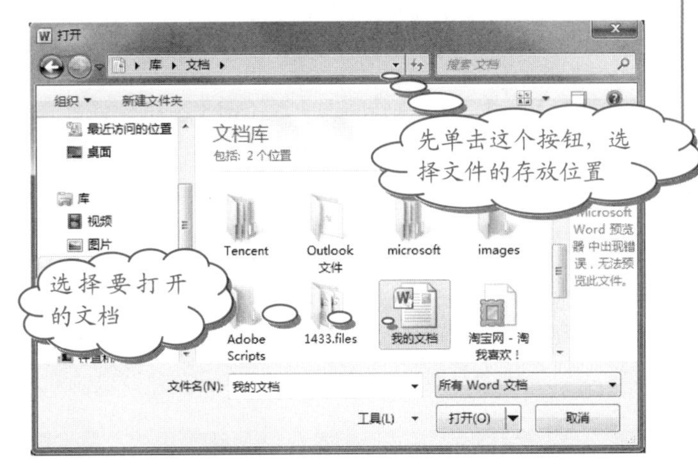

2. 使用快捷方式打开

除了用上面的方法可以打开文档外，还可以通过快捷方式打开文档，具体操作如下。

操作步骤

❶ 单击【自定义快速访问工具栏】按钮，在下拉列表中选择【打开】选项，如下图所示。

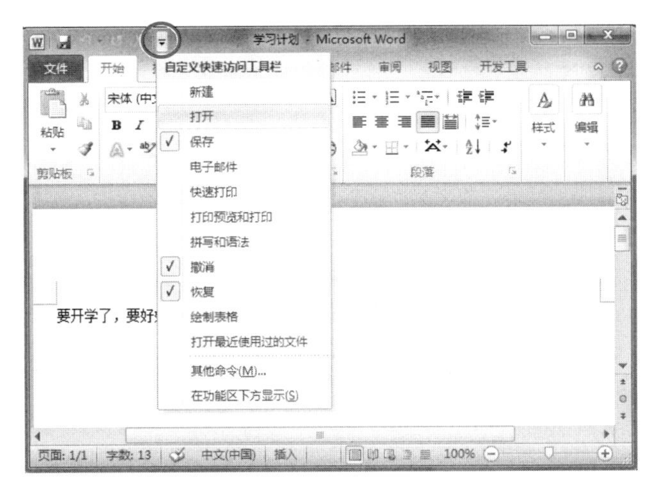

❷ 这时，【打开】按钮就被添加到快速访问工具栏中了，如下图所示。

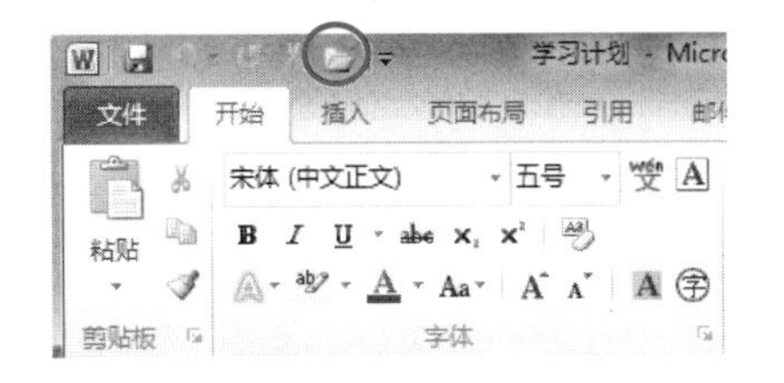

❸ 单击快速访问工具栏中的【打开】按钮，将会出现【打开】对话框。按照前面的方法选择需要的文档，再单击【打开】按钮即可。

您知道吗？当您编辑完一篇文档之后，要想了解文档的字数，是否需要一个字一个字的数吗？完全不用，教您一个快速的好办法，只需单击状态栏中的【字数】按钮，即可打开【字数统计】对话框，在其中即可查看。自己试试吧！

提示

在 Word 2010 操作界面中按 Ctrl + N 组合键可快速打开【打开】对话框。

技巧

您还可以通过下面的方法打开文档：在电脑中找到所需打开文档的保存位置，然后直接双击文档图标即可打开该文档。

2.3.6 设置自动保存文档

如果您没有随时保存文档的好习惯，那就让电脑替您自动保存吧！操作步骤如下。

操作步骤

1. 选择【文件】|【选项】命令，如下图所示。

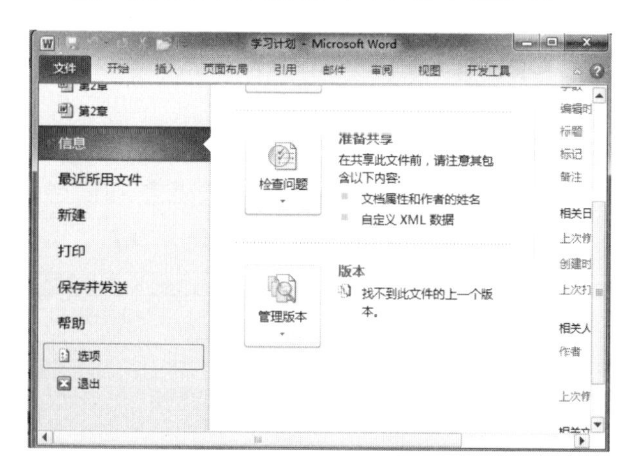

2. 弹出【Word 选项】对话框，在左侧窗格中单击【保存】选项，接着在右侧窗格中设置文档自动保存的时间间隔，再单击【确定】按钮，如下图所示。

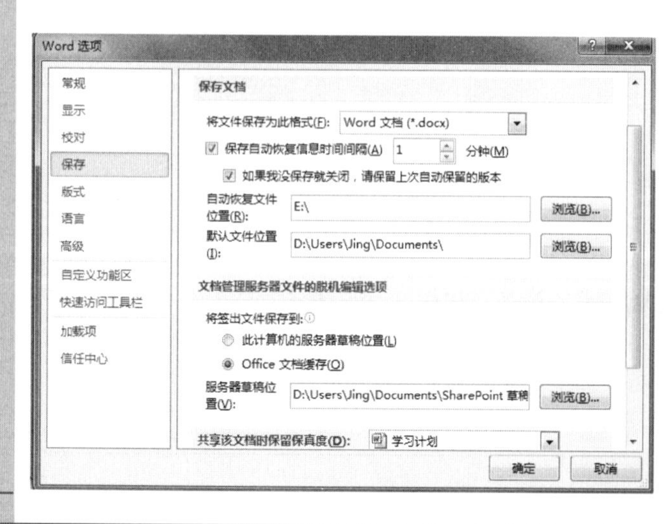

2.4 浏览和显示文档

我们将在本节中学习在不同的视图模式下浏览文档和控制文档的显示比例的方法，下面来一一介绍！

2.4.1 在不同视图模式下浏览文档

Word 2010 提供了五种视图模式，分别是：页面视图、阅读版式视图、Web 版面视图、大纲视图、草图。我们可以根据实际需要来选择使用，选择的操作方法如下。

1. 通过【视图】选项卡改变视图模式

单击【视图】标签切换到【视图】选项卡，然后在【文档视图】组中单击需要的视图按钮，如下图所示。

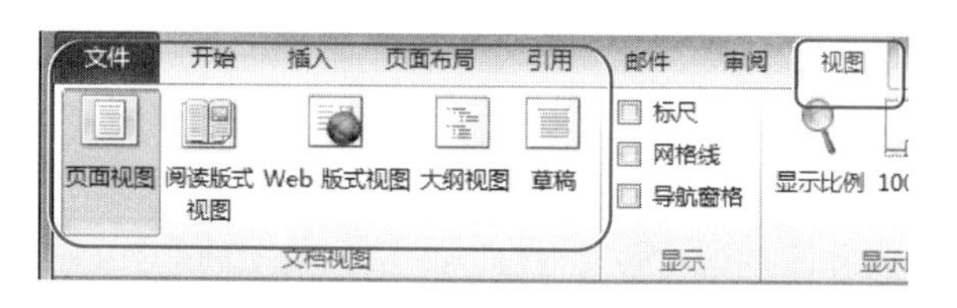

五种视图模式的具体说明如下。

- 在页面视图中，可以查看到与打印效果一致的文档，同时还可以看到设置的页眉、页脚、页边距等。在编辑文档时一般我们都会在这个页面视图中进行。
- 在阅读版式视图中，正文显得更大，换行是随窗口大小而变化的，不是显示实际的打印效果。
- Web 版式视图是为浏览以网页为主的内容而设计的，例如您可以复制一个网页到 Word 里查看，而且阅读时有很方便的标签导航。
- 大纲视图一般用于查看文档的结构，可以通过拖动标题来移动、复制或重新组织正文。
- 在草稿中，可以看到文档的大部分内容，但看不见页眉、页脚、页码等，也不能编辑这些内容，不能显示图文内容、分栏效果等。

2. 直接单击视图按钮切换视图模式

在 Word 2010 标准界面的右下方有五个视图按钮，通过单击这些视图按钮就可以方便地在各种视图模式间进行转换，如下图所示。

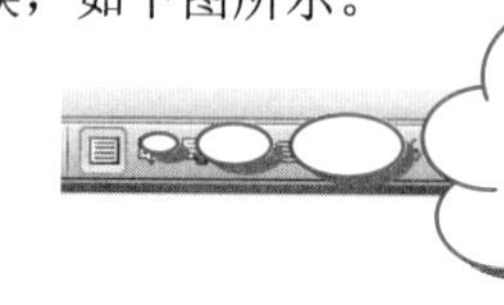

按钮的底色为浅黄色状态时，表示对应的视图模式为所打开文档的当前视图模式

长见识：您无法删除功能区或将早期版本的 Microsoft Office 中的工具栏和菜单替换为功能区。但是，您可以通过最小化功能区来增大屏幕中可用的空间。方法是在功能区右击，在弹出的快捷菜单中选择【功能区最小化】命令即可。

2.4.2　文档的排列方式

如果在操作过程中打开了多个文档窗口，可以对窗口进行有序的排列，使查看文档更方便。Word 2010 中提供了三种窗口排列方式，即层叠窗口、堆叠显示窗口和并排显示窗口。在任务栏上右击，并在弹出的快捷菜单中选择相应的命令，即可对文档窗口进行排列，如下图所示。

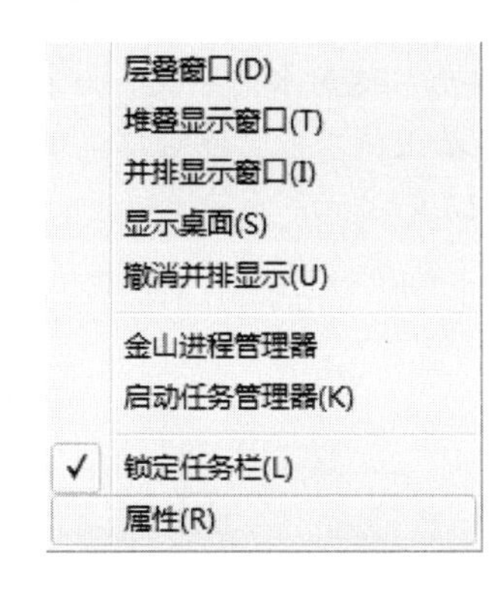

2.4.3　控制文档的显示比例

输入文字时，如果觉得屏幕上的文字太小看得不舒服，可以使用下面的方法来调整文字显示比例(注意：调整显示比例并不改变文字的实际大小，仅改变屏幕视觉大小)。操作方法有如下两种。

1. 通过【视图】选项卡改变显示比例

切换到【视图】选项卡，然后在【显示比例】组中选择所需要的比例即可，具体操作如下。

操作步骤

❶ 单击【视图】选项卡的【显示比例】组中的【显示比例】命令，如下图所示。

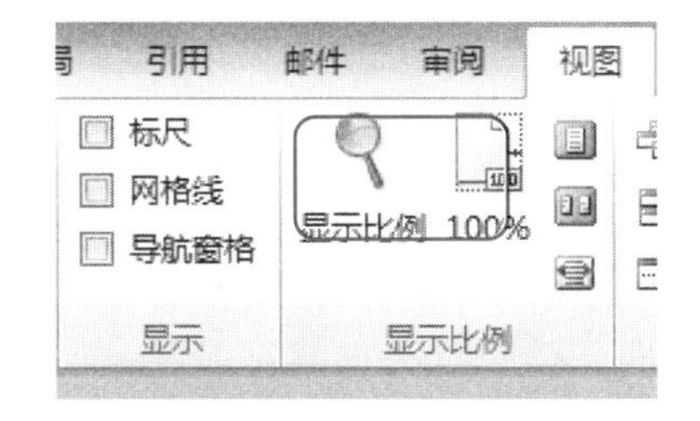

❷ 弹出【显示比例】对话框，在其中可以根据实际需要设置文档的显示比例，再单击【确定】按钮即可，如右上图所示。

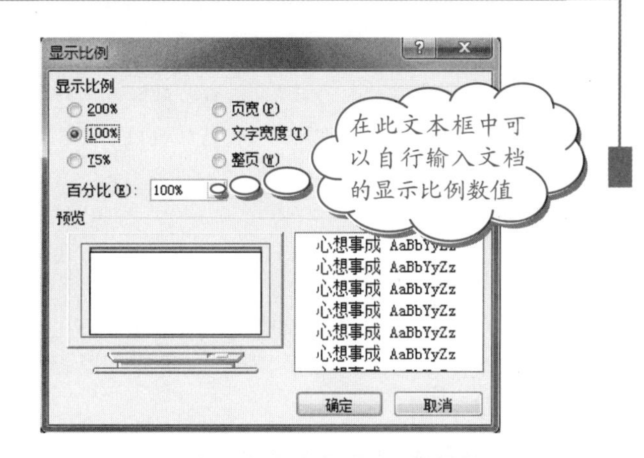

2. 通过状态栏改变显示比例

除了可以通过【视图】选项卡改变显示比例外，还可以通过单击状态栏中的显示比例按钮或显示比例数值来实现这一操作。

操作步骤

单击状态栏中的【放大】按钮或【缩小】按钮，即可控制文档的显示比例，如下图所示。

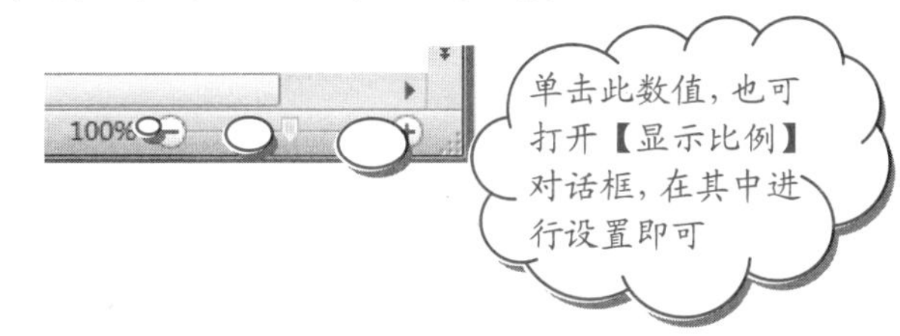

2.5　思考与练习

选择题

1. 下面______操作能关闭 Word 的应用程序。
   A. 单击应用程序窗口中的【关闭】按钮
   B. 选择【文件】|【退出】命令
   C. 按 Alt+F4 组合键
   D. 选择【文件】|【关闭】命令
2. 我们一般采用______来编辑文档。
   A. 页面视图　　B. 草稿
   C. 大纲视图　　D. 阅读版式视图
3. 以下______方式不可以实现文档的保存。
   A. 按 Ctrl +S 组合键
   B. 直接单击【保存】按钮
   C. 选择【文件】|【保存】命令
   D. 按 Ctrl+X 组合键

您想在同一窗口中快速显示多个文档吗？只需要在【视图】选项卡的【窗口】组中，单击【全部重排】按钮就会将所有打开但未被最小化的文档显示在屏幕上。每个文档存在于一个小窗口中，且只有标题高亮显示的窗口中的文档被激活。

4. 菜单栏中不包含的选项是________。

A. 开始　　　　B. 插入

C. 引用　　　　D. 粘贴

操作题

1. 分别尝试用本章介绍的各种方法启动和退出Word应用程序，并比较哪种方式更简单。

2. 如果桌面上并没有Word快捷方式图标，您知道如何设置吗?

3. Word 2010的界面非常人性化，只要把箭头移动到按钮上，就会出现一个解释该按钮的文本框。动手移动鼠标看看吧，熟悉各种按钮的用途对以后更加熟练地使用Word 2010是非常有利的。

4. 新建一个名为“Word 2010我的朋友”的文档，输入文字后，把它保存到D盘，然后退出Word 2010。再通过【文件】菜单打开它，把它另存为“我的朋友”，放在桌面上。

5. 打开“Word 2010我的朋友”文档，在不同的视图模式下查看文档的视图效果。

6. 我们常常会遇到这种情况，由于长时间对着屏幕看文档，眼睛很容易疲劳，产生厌烦的心理，越看越觉得字像蚂蚁一样小，这时要是字大一点多好呀！不用急，Word 2010的显示比例功能可以帮您实现这个愿望，还等什么，试试看吧！

长见识

有时写完一篇文章后，如写日记，觉得有必要在文章的末尾插入日期或时间，这里有个小窍门，只要我们按Alt+Shift+D组合键，Word就会自动插入当前系统日期，而按Alt+Shift+T组合键则插入系统当前时间，很快吧！

第3章 Word 2010 基本操作——修改“学习计划”

在上一章中我们学习了如何在 Word 2010 中新建学习计划。在这一章中我们将继续学习如何编辑文档，对学习计划进行进一步的修改，使之达到更理想的效果，更好地满足需要！

学习要点

- ❖ 输入文本。
- ❖ 选定、复制、移动、删除文本。
- ❖ 查找和替换文本。
- ❖ 撤销和恢复操作。
- ❖ 掌握自动更正功能。
- ❖ 使用翻译屏幕提示功能。

学习目标

通过本章的学习，读者应该学会如何输入各种类型的文本，如何更快、更准确地选取文本；学会编辑文本的一些基本操作，如复制、移动文本、查找和替换文本；了解撤销和恢复操作之间的关系，更好地利用自动更正功能和翻译屏幕提示功能。

掌握这些操作是进行文本编辑的基础，对以后进一步认识和学习 Word 2010 是非常重要的。

3.1 输入文本

下面我们来学习如何在 Word 中输入汉字、英文、标点符号、特殊符号以及时间和日期，具体操作如下。

3.1.1 输入汉字/英文

在 Word 文档窗口中单击鼠标左键，插入光标，然后切换到中文输入法状态，即可开始输入汉字了，如下图所示。

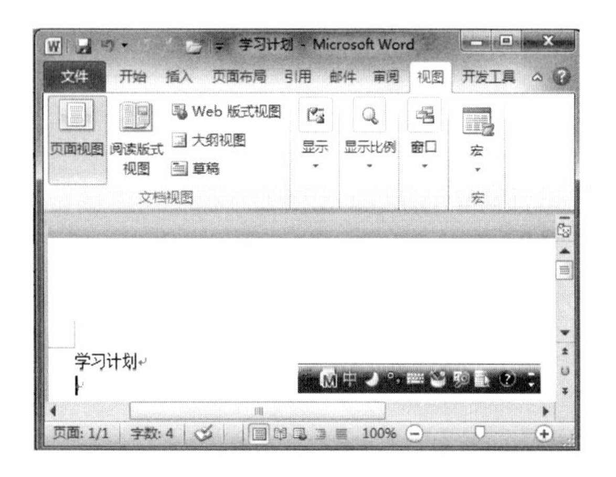

若要输入英文，可以单击输入法工具栏中的【中】按钮，转换为英文输入状态，或者按 Shift 键也可进行中、英文输入切换。如下图所示，即可输入英文内容了。

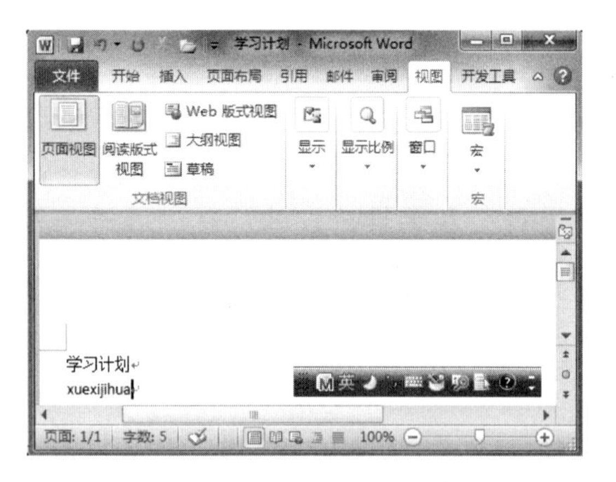

3.1.2 输入日期/时间

传统手动输入时间日期的时代早已过去了。现在只需将光标定位在需要插入日期/时间处，在【插入】选项卡下的【文本】组中，单击【日期和时间】按钮，在弹出的【日期和时间】对话框中选择日期和时间的格式，再单击【确定】按钮即可，如右上图所示。

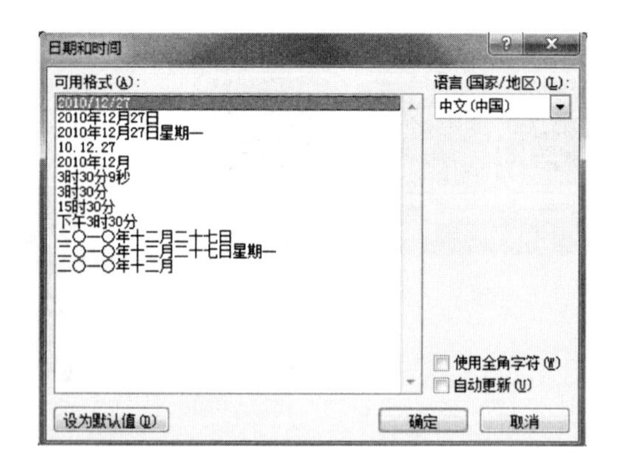

3.1.3 输入标点符号

一篇文章若没有标点符号，后果是不堪设想的。在 Word 中有些标点符号在键盘上是可以找到的，输入这些标点符号很容易，但有些标点符号在键盘上是找不到的，下面我们就来针对这些在键盘上找不到的标点符号进行讲解，具体操作如下。

操作步骤

1. 以微软拼音一新体验 2010 版输入法为例，单击输入法工具栏上的【软键盘】按钮，从弹出的菜单中选择【标点符号】命令，如下图所示。

2. 打开如下图所示的软键盘，然后单击选择需要的标点符号即可。

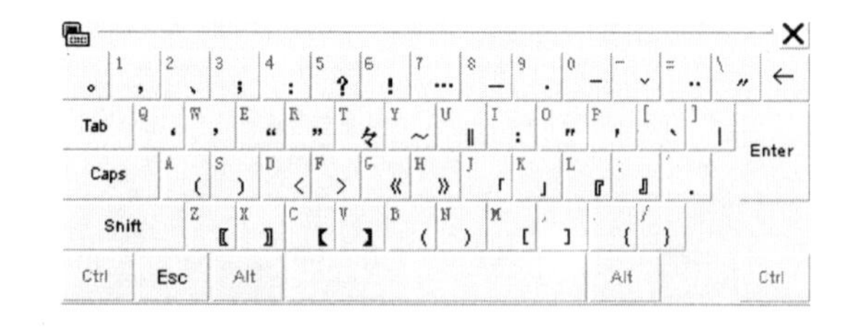

3.1.4 输入特殊符号

在编辑的过程中有时需要输入一些特殊符号，其中符号在键盘上也找不到，下面我们来学习如何输入这些特殊符号，具体操作如下。

长见识：选择【数学符号】命令后，软键盘中会出现很多不常见的数学符号，单击选择你需要的符号即可。

操作步骤

1. 在【插入】选项卡下的【符号】组中，单击【符号】按钮 Ω，从打开的下拉列表中选择【其他符号】选项，如下图所示。

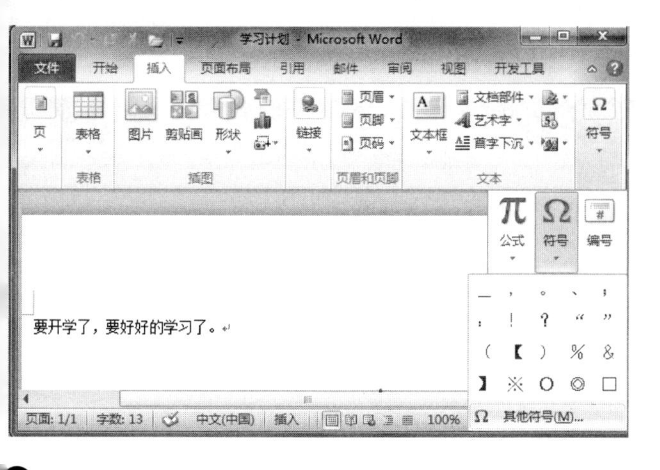

2. 在打开的【符号】对话框中选中需要的符号，再单击【插入】按钮即可，如下图所示。

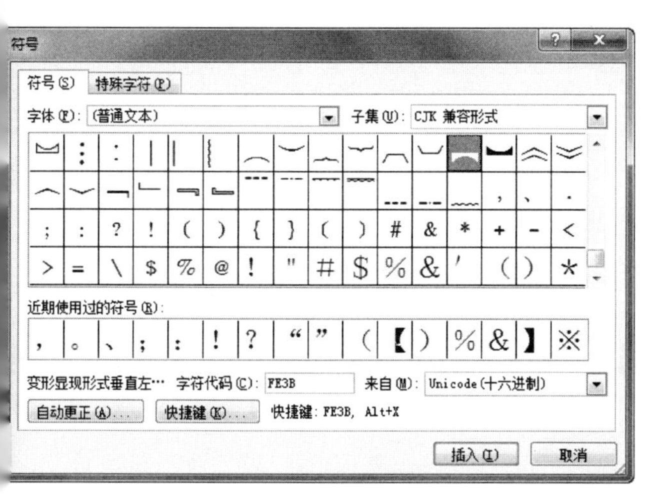

3.1.5 输入拼音

在编辑文档的过程中有时会遇到不认识的汉字或者需要特别注明的地方，这时可以使用 Word 自带的拼音指南功能给字符标注拼音，具体操作如下。

操作步骤

1. 选中要标注拼音的文字，然后在【开始】选项卡下的【字体】组中，单击【拼音指南】按钮，如右上图所示。

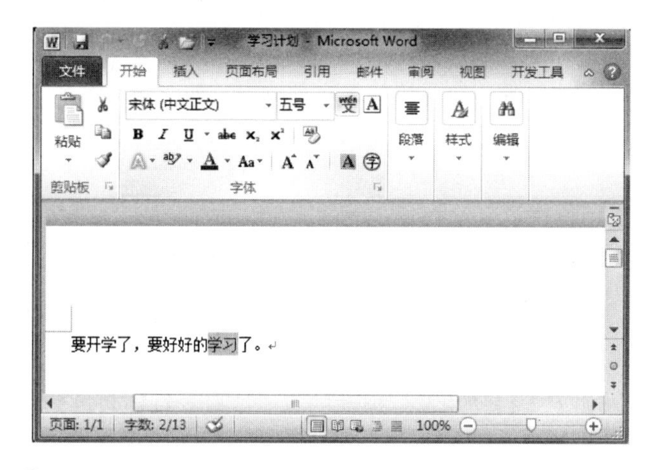

2. 弹出【拼音指南】对话框，在其中可以进行设置，再单击【确定】按钮，如下图所示。

3. 返回 Word 文档，刚才所选的文字已经被标注上了拼音，如下图所示。

3.2 选取文本

要编辑和修改文档，首先要学会如何选取文本。在 Word 中选取文本的方法很多而且也非常灵活，您可以根据需要和喜好选择下面介绍的几种方法。下面是一篇已经编辑好的"学习计划"文档，我们就以此为例来演示文本的选取。

3.2.1 通过鼠标选取文本

将光标定位到要选取文本的开始位置，然后按住鼠标左键并拖动到要选取文本的结束位置后松开；或者按住 Shift 键，在要选取文本的结束位置处单击，就可以选

在一个英文单词中双击，可以选中这个单词。按住 Ctrl 键的同时，在文本的任意位置单击，可选中单击处所在的整个句子。

中光标与鼠标指针之间所有连续的文本了。这个方法对连续的字、句、行、段的选取都适用，如下图所示。

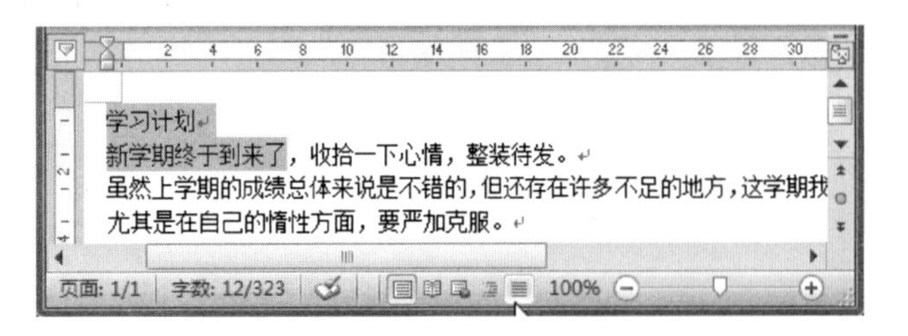

如果觉得使用鼠标拖动的方法选取一行比较麻烦，那就把鼠标移动到要选取行的左侧选定区，当鼠标变成了一个斜向右上方的箭头时，单击鼠标左键即可选中这一行，如下图所示。如果要选取的是连续多行文本，那就在单击选取首行(或末行)文本时，按下鼠标左键不放，并向下或向上拖动就可以实现了。

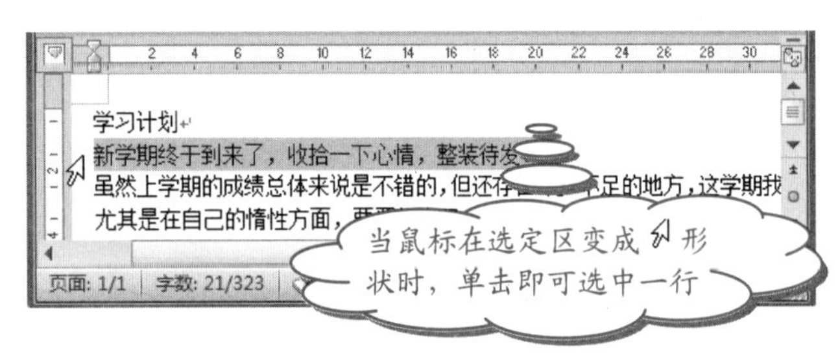

如果要选取的文本是段落，该如何操作呢？当然，您可以用鼠标拖动的方法来选取它。要是选取不连续的段落该怎么实现呢？针对不同的情况，下面介绍不同的操作方法。

- ❖ 选取一段：在要选取的段落中的任意位置处连续三次单击鼠标左键，就可以选取整个段落；或者在要选取的段落左侧双击也可选中该段落。
- ❖ 选取连续的段落：把光标定位到要选取段落的最前面，按 Shift 键，然后在最后一个段落的末尾处单击即可。
- ❖ 选取不连续的段落：按 Ctrl 键，然后用鼠标拖动的方法选取需要的段落即可。

3.2.2 通过键盘选取文本

前面我们学习了使用鼠标选取文本的方法，其实使用快捷键也可以轻松地选取文本。把光标定位到一行的任意位置处，按 Shift+End 组合键，可以选取从光标到行末的文本；如果按 Shift+Home 组合键，可以选取从这行开始到光标位置处的文本，如右上图所示。您还可以试试用 Shift 键配合其他键进行选取，说不定有很多意想不到的发现！

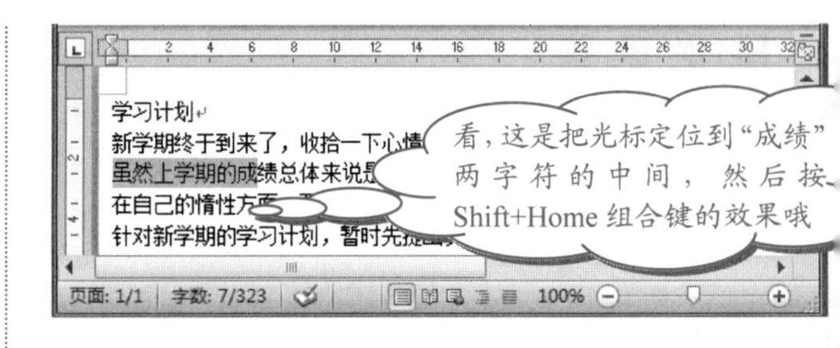

3.2.3 选取文本块

能否选取一个矩形的文本块呢？当然可以！按住Alt键不放，在要选取的开始位置按下左键，拖动鼠标拉出一个矩形的选择区域即可，如下图所示。

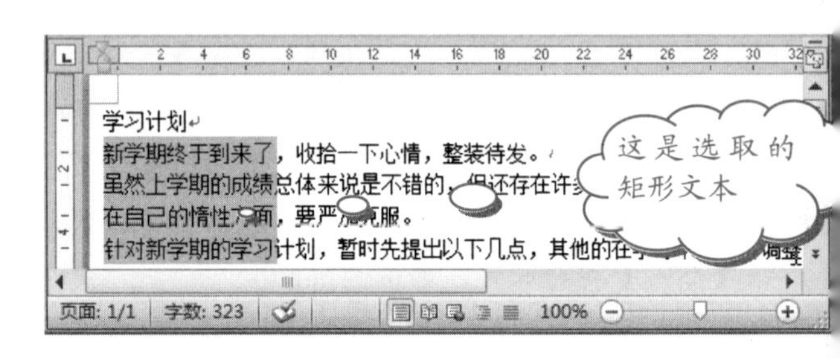

3.2.4 选取全文

在编辑文档的过程中，我们常常要对整个文档的文本进行相同的操作，如把文本的字号设置为“四号”等，这时我们就要选取全文。

操作步骤

❶ 单击【开始】选项卡下【编辑】组中的【选择】按钮，并在其下拉列表中选择【全选】选项，如下图所示。

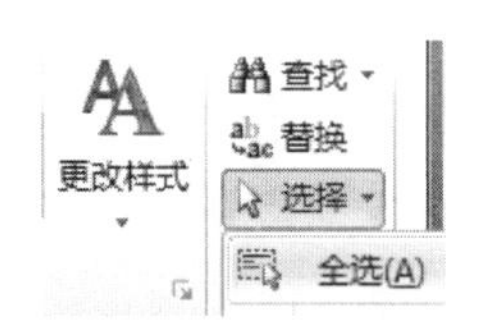

❷ 全文选取的效果如下图所示。

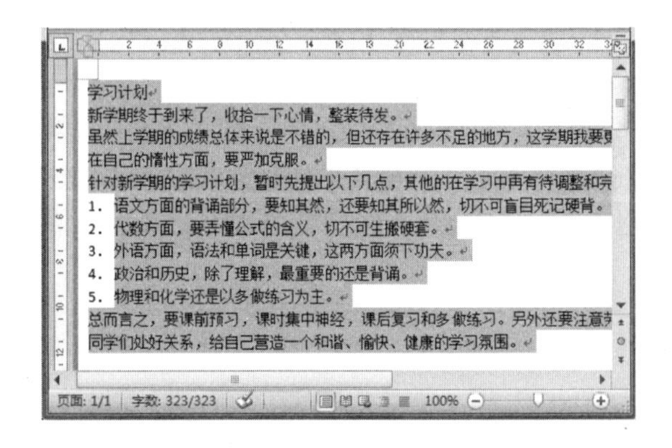

许多应用程序都有一定的互通性，例如在绝大多数应用程序中，都可以通过拖放的方式移动和复制对象。

学以致用系列丛书

技巧

- 选取整篇文档最方便、快捷的方法是按Ctrl+A组合键。
- 把鼠标移动到编辑区左侧的区域，连续三次单击鼠标左键也可选中全文。

技巧

Word还有一种扩展选取状态，只要按F8键，系统就进入了扩展状态；再按一下F8键，则选取了光标所在位置的一个词；再按一下，选区就扩展到了整句；再按一下，就选取了一段；再按一下，就选取了全文；按Esc键或单击鼠标左键，系统即可退出扩展状态。

3.3 复制/移动文本

在编辑文本时，我们常常需要重复输入一些相同的内容，这时我们可以利用复制的方法来提高工作效率。但如果我们只是想把某些内容从一个位置移动到另一个位置，这时可以选择移动操作而不是复制。

3.3.1 复制文本

复制的方法多种多样，下面我们就介绍一些常用的方法。以“学习计划”这个文档为例，来感受一次复制所带来的快捷、方便吧！

1. 使用【复制】命令实现快捷复制

我们在编辑文档时，常常要用到复制这个功能，一般情况下我们都是通过使用【复制】命令来实现的。

操作步骤

❶ 选定要重复输入的文字，然后单击【开始】选项卡下的【剪贴板】中的【复制】按钮，或在选定区域上右击，在弹出的快捷菜单中选择【复制】命令，或按Ctrl+C组合键对文字进行复制，如右上图所示。

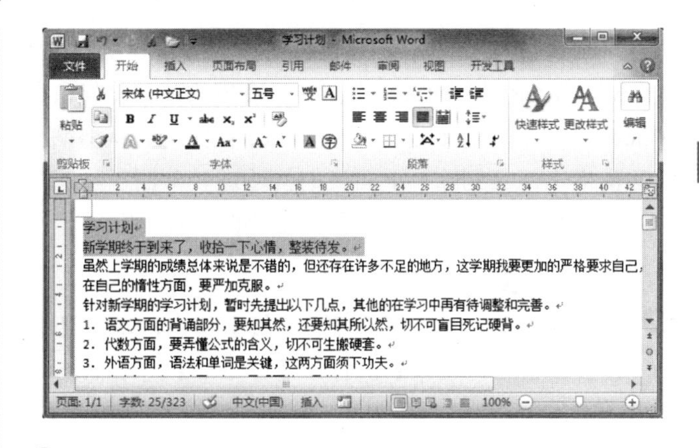

❷ 在要输入的地方插入光标，再单击【开始】选项卡下的【剪贴板】组中的【粘贴】按钮，或在存放文本的位置右击，在弹出的快捷菜单中选择【粘贴】命令，或按Ctrl+V组合键实现粘贴，这样可以免去再次输入的麻烦。其效果如下图所示。

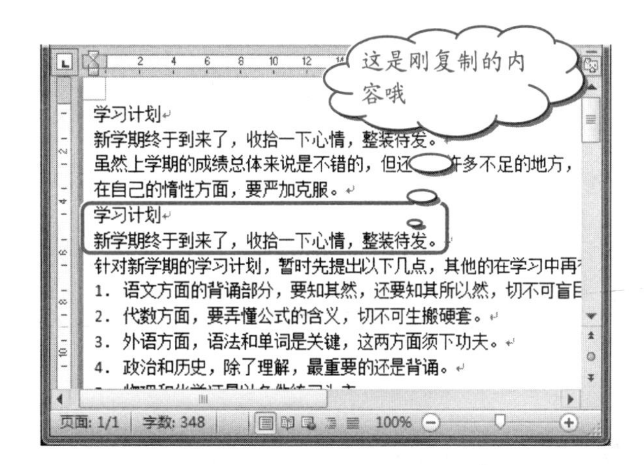

提示

不管用哪种方式复制文本后，都将在目标位置出现一个【粘贴选项】按钮(Ctrl)，单击该按钮，弹出下拉列表如下图所示，其中包含三个按钮。

- 【保留源格式】按钮：保留文本原来的格式。
- 【合并格式】按钮：使文本与当前文档的格式保持一致。
- 【只保留文本】按钮A：单击此按钮可以去除要复制内容中的图片和其他对象，只保留纯文本内容。

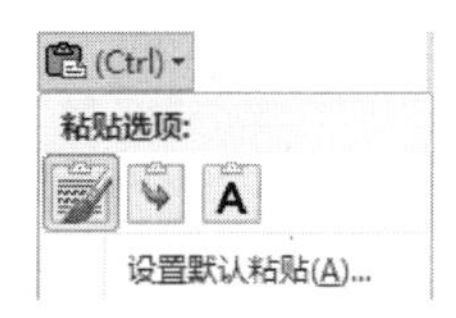

2. 使用Office剪贴板实现多次复制

Office剪贴板使用标准的复制和粘贴命令。您只需将

项目复制到 Office 剪贴板，然后就可以随时将其从 Office 剪贴板粘贴到任何 Office 文档中。收集的项目将保留在 Office 剪贴板中，直到退出所有 Office 程序或者从剪贴板任务窗格中将其删除。下面我们就通过一个例子一起来学习使用 Office 剪贴板实现多次复制的方法吧！

操作步骤

1 在【开始】选项卡下的【剪贴板】组中，单击【剪贴板对话框启动器】，打开【剪贴板】对话框，如下图所示。

2 打开“学习计划”文档，选中其标题“学习计划”。在【开始】选项卡下的【剪贴板】组中，单击【复制】按钮，这时你会发现在【剪贴板】对话框中的【粘贴】项目列表中出现了“学习计划”选项，如下图所示。

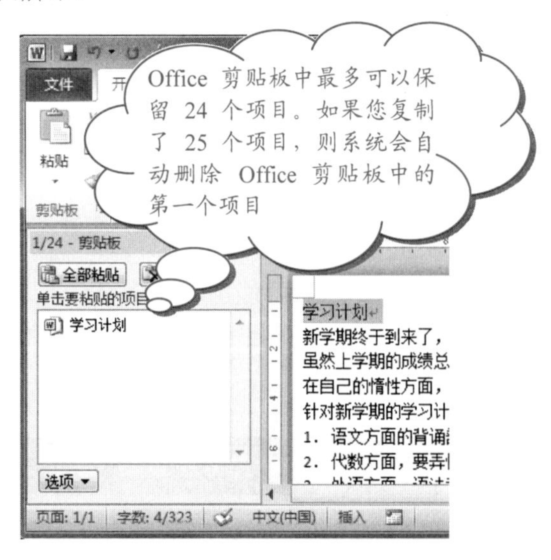

3 复制“学习计划”文档的第一段，效果如下图所示。

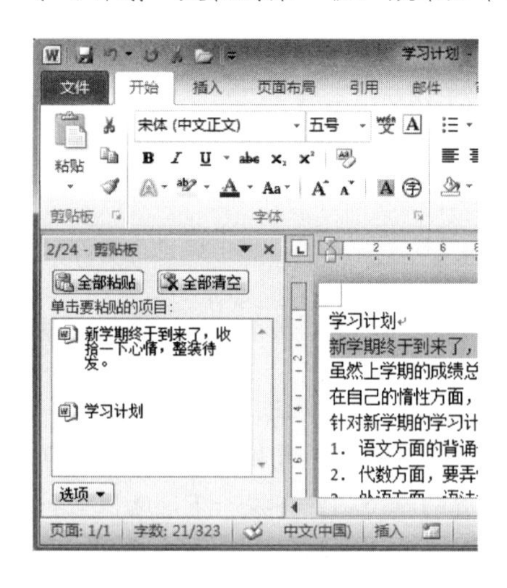

4 再把“学习计划”的第二段剪切掉，如下图所示。

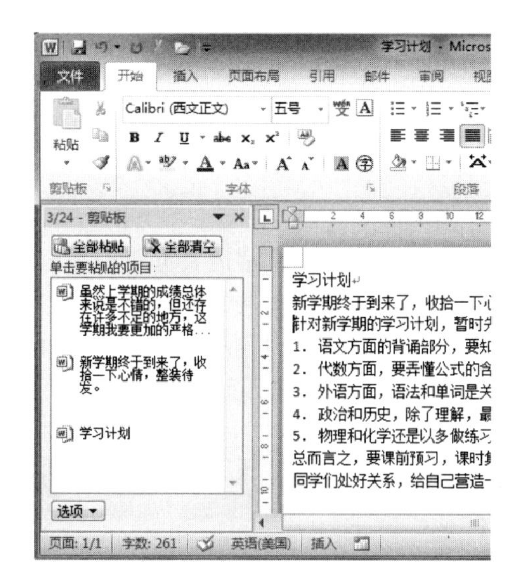

5 单击要将项目粘贴到的位置。然后在【剪贴板】对话框中单击某个项目右侧的下三角按钮，从弹出的下拉列表中选择【粘贴】选项即可，如下图所示。

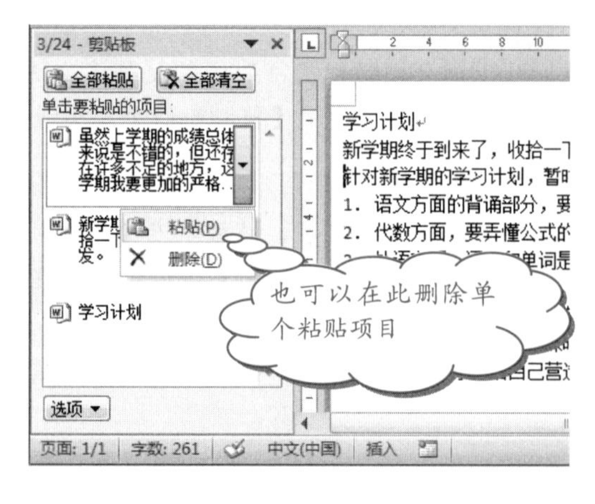

6 如果要粘贴、复制所有项目，则在【剪贴板】对话框

长见识 在任一段落中三次单击鼠标左键，可以选中整个段落；但如果在该段落的最左边空白处即选定区三次单击鼠标左键，则可以选中整篇文章。

框中，单击【全部粘贴】按钮，如下图所示。

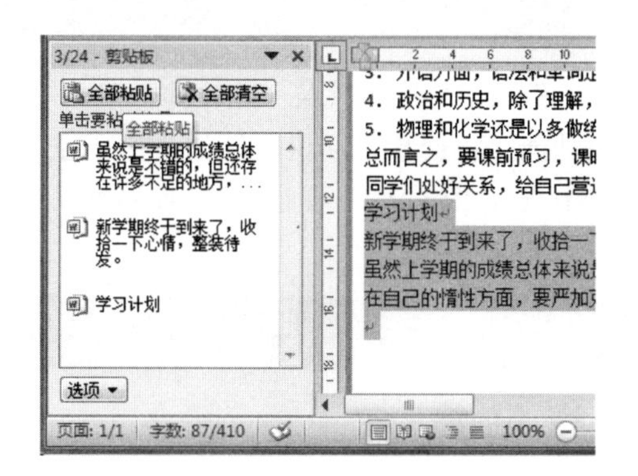

❼ 如果要清空 Office 剪贴板中所有的粘贴项目，只要单击【全部清空】按钮就可以了，如下图所示。

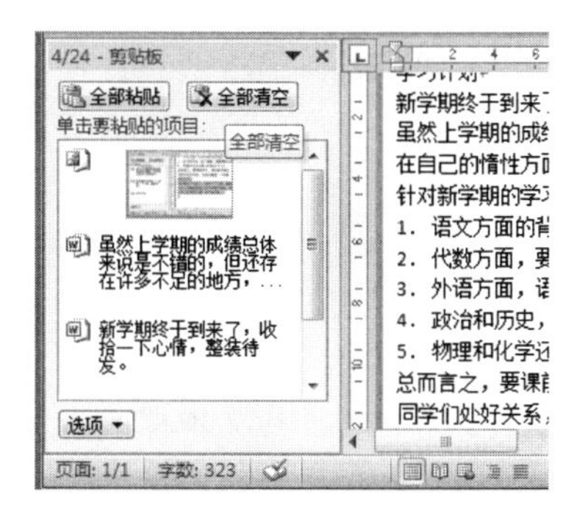

❽ 最后的效果如下图所示。

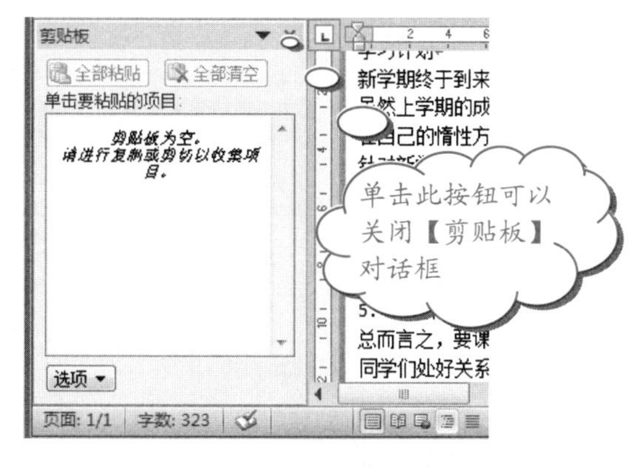

技巧

说到复制功能就不得不提到剪切功能。剪切与复制差不多，所不同的是复制只将选定的部分复制到剪贴板中，而剪切在复制到剪贴板的同时还会将原来选中的部分从原位置删除。

3.3.2 移动文本

当你在编辑学习计划时，发现计划中的第一点放在了第二点的后面，这时不必着急，可以通过移动功能进行修改。

操作步骤

❶ 选中要移动的文字，即学习计划的第一点；然后在选中的文字上按下鼠标左键后拖动鼠标，如下图所示。

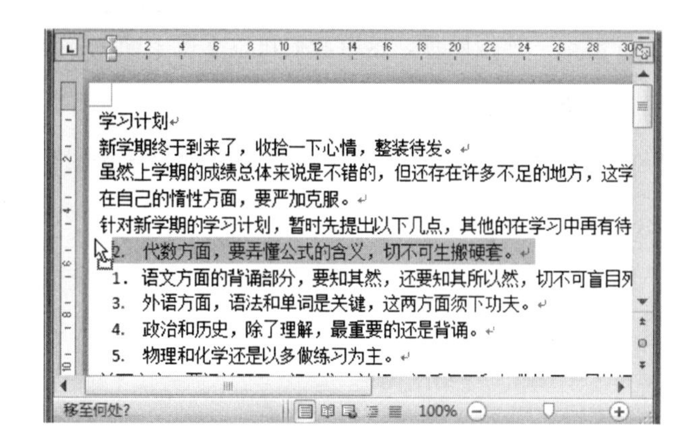

❷ 拖动到要插入的位置后松开，第一点的文字就移到第二点的文字前面了，如下图所示。

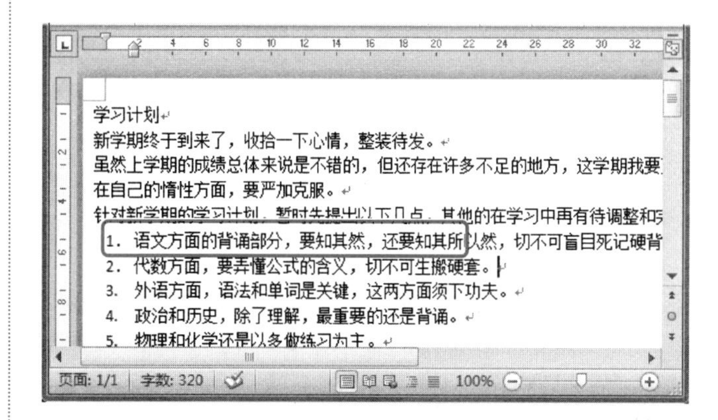

技巧

要移动文本，你也可以按以下方法做。

❖ 先选取要移动的文字，然后按 F2 键，用键盘把光标定位到要插入文字的位置，按 Enter 键，文字就移过来了。

❖ 通过【剪切】按钮实现移动。首先选中要移动的文字，单击【开始】选项卡中的【剪切】按钮 ，把鼠标指针移到目标位置，再单击【开始】选项卡中的【粘贴】按钮，这样就可以移动文本了。

❖ 按 Ctrl+X 组合键进行剪切，再按 Ctrl + V 组合键进行粘贴，这样也可以实现文本的移动。

如果要实现跨页的文本移动，使用后面两种方法会非常简单哦！

3.4 删除文本

在编辑文档时，我们经常要删除一些不需要的文本。如果要删除的文字很多，无论是用 BackSpace 键还是用 Delete 键都一样很麻烦。这时我们可以采取下面的方法。

操作步骤

❶ 选中要删除的文本，例如我们要删除多段文本内容，如下图所示。

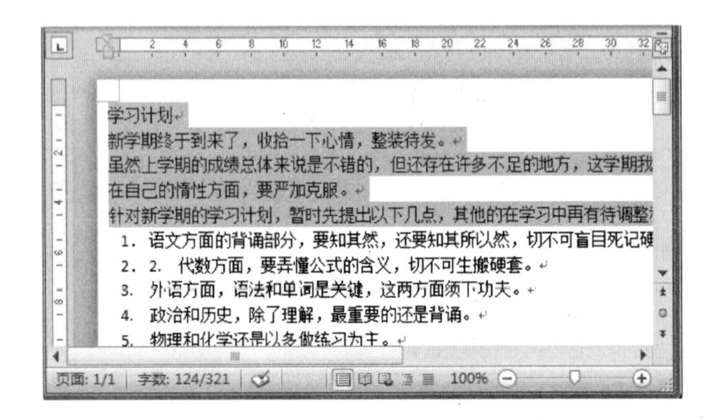

❷ 按 Delete 键或 BackSpace 键，就可把选中的文本全部删除掉，如下图所示。

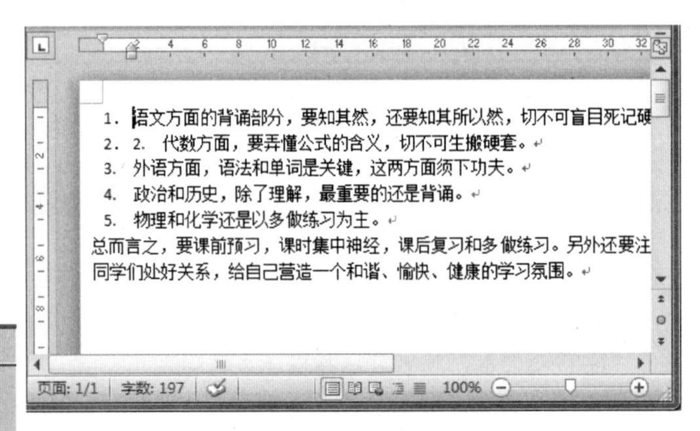

技巧

如果是删除个别字或词的话，按 BackSpace 键或 Delete 键即可。但要注意的是 BackSpace 键删除的是光标前面的字符，而 Delete 键删除的是光标后面的字符。

3.5 查找/替换文本

在编辑文档的过程中，特别是在长文档中，我们经常需要查找某个文本或者要更正文档中多次出现的某个文本，此时使用查找和替换功能可以快速实现。

3.5.1 查找文本

要在一份长文档中查找某一个文本，利用 Word 提供的查找功能，将会事半功倍。例如我们要在“学习计划”文档中查找“学习”一词，这时我们可以使用下面的两种方法进行操作。

1. 使用【导航】对话框查找文本

操作步骤

❶ 把光标定位在文档中，在【开始】选项卡下的【编辑】组中单击【查找】按钮，在其下拉列表中选择【查找】选项。

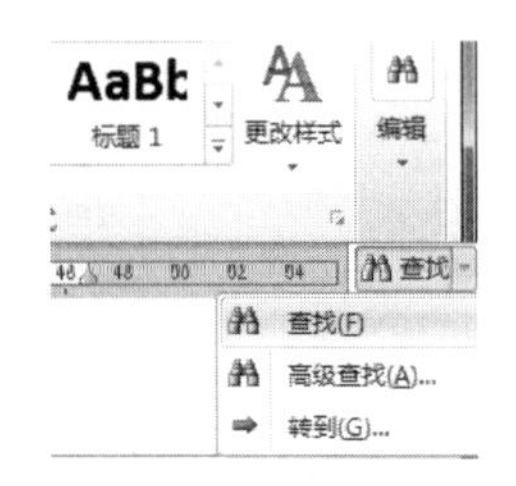

❷ 打开【导航】对话框，在文本框中输入搜索文本，如输入“学习”，程序开始自动搜索，搜索的结果会在文档中以黄色底纹突出显示出来，如下图所示。

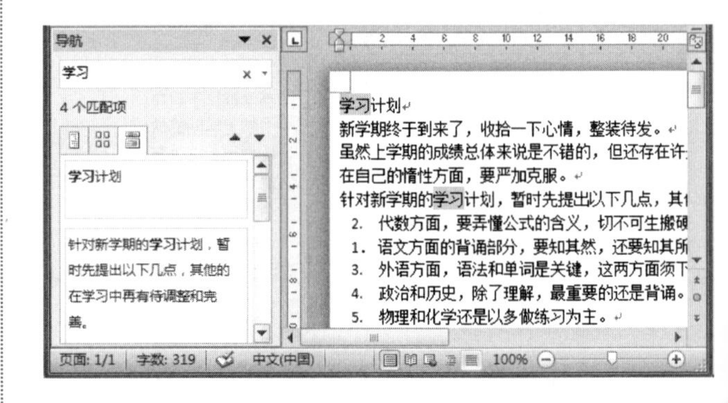

2. 高级查找文本

操作步骤

❶ 把光标定位在文档中，在【开始】选项卡下的【编辑】组中单击【查找】按钮，在其下拉列表中选择【高级查找】选项。

学以致用系列丛书

长见识：在编辑文档时，如果自动更正功能作出了不需要的更正，您可以通过按 Ctrl+Z 组合键将其撤销。还可以对程序进行设置，以便在您撤销对自动更正的更改时，自动将该单词添加到例外项列表中。执行此操作后，自动更正将停止更改该单词。

❷ 这时会打开【查找和替换】对话框，如下图所示。

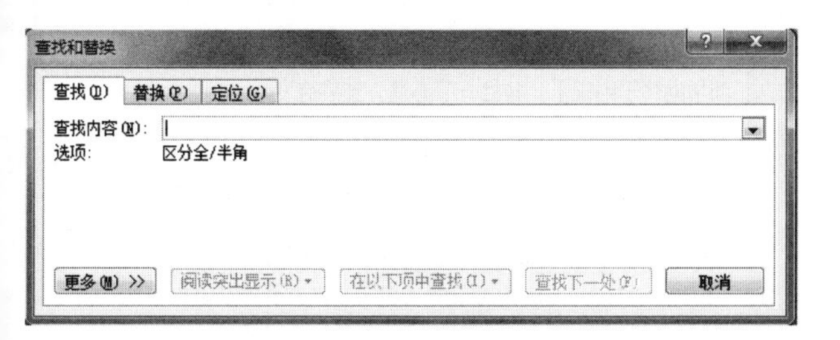

❸ 切换至【查找】选项卡下，在【查找内容】文本框中输入“学习”，再单击【查找下一处】按钮，如下图所示。

❹ 这时在文档中符合条件的字符会用蓝色底纹突出显示出来。继续单击【查找下一处】按钮，系统将会继续查找符合条件的字符，如下图所示。

3.5.2　替换文本

如果想把“学习计划”文档中所有出现的“学习”替换成“新学期”时，不必一个一个去替换。采用替换功能就可以一次性完成任务。

操作步骤

❶ 如下图所示，单击【开始】选项卡下的【编辑】组中的【替换】按钮，弹出【查找和替换】对话框。

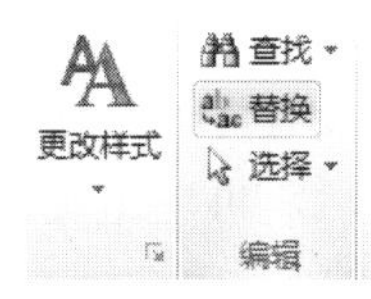

❷ 切换到【替换】选项卡，在【查找内容】文本框中输入“学习”，在【替换为】文本框中输入“新学期”，如下图所示。

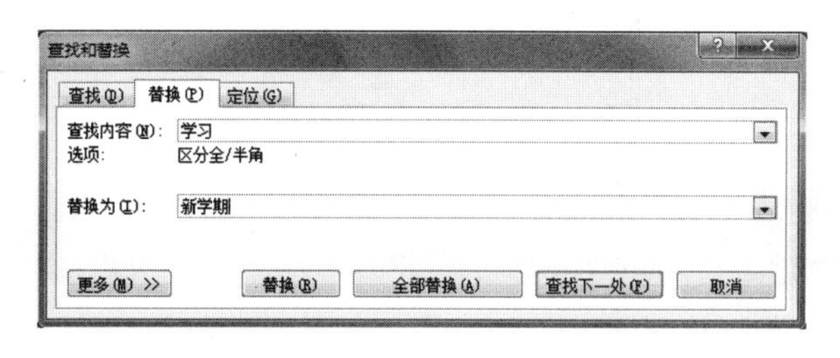

❸ 单击【替换】按钮，系统将会查找到第一个符合条件的文本，如果想替换，可再次单击【替换】按钮，查找到的文本就被替换，然后继续查找。如果不想替换，单击【查找下一处】按钮，则将继续查找下一处符合条件的文本，如下图所示。

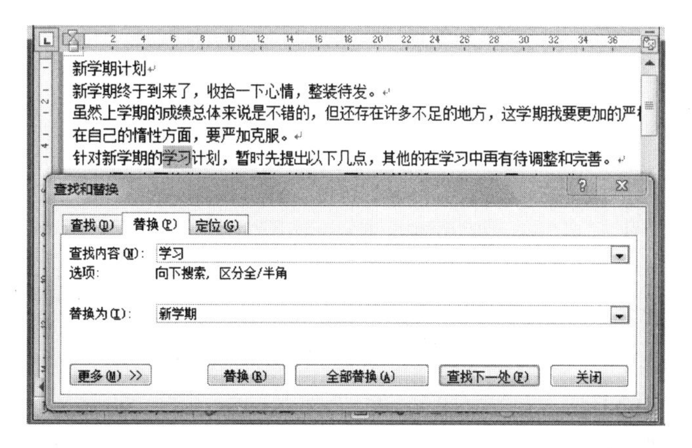

技巧

如果单击【查找和替换】对话框中的【全部替换】按钮，则文档中所有的“学习”都将替换成“新学期”，并弹出如下图所示的提示框，单击【确定】按钮即可。

3.6　撤销和恢复操作

撤销和恢复是相对应的，撤销是取消上一步的操作，而恢复就是把撤销的操作再恢复。这两个命令按钮位于标题栏的左边，如下图所示。

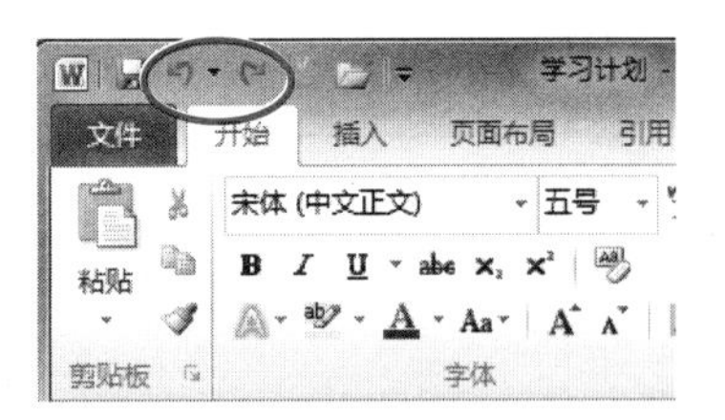

3.6.1 撤销操作

我们常说天下没有后悔药可吃，但在 Word 中却可以轻而易举地将编辑过的文档恢复到原来的状态。

操作步骤

❶ 在编辑“学习计划”文档时，如果不小心把计划的第二点删除了，如下图所示。

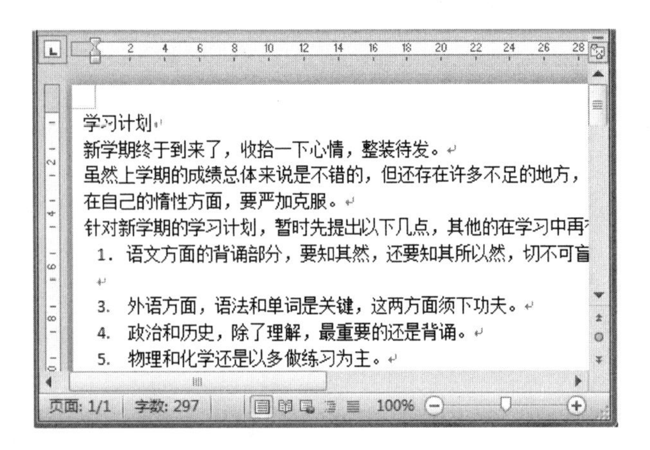

❷ 这时可以单击【撤销】按钮恢复删除的文本，如下图所示。

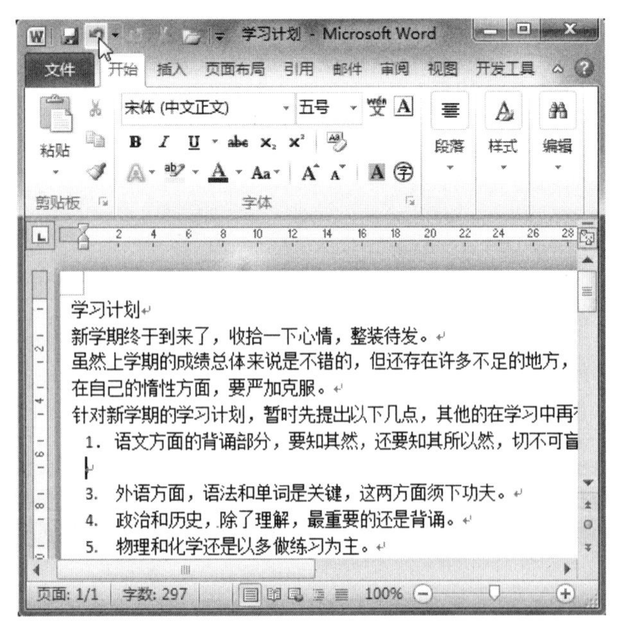

❸ 第二点的文本又出现了，如右上图所示。

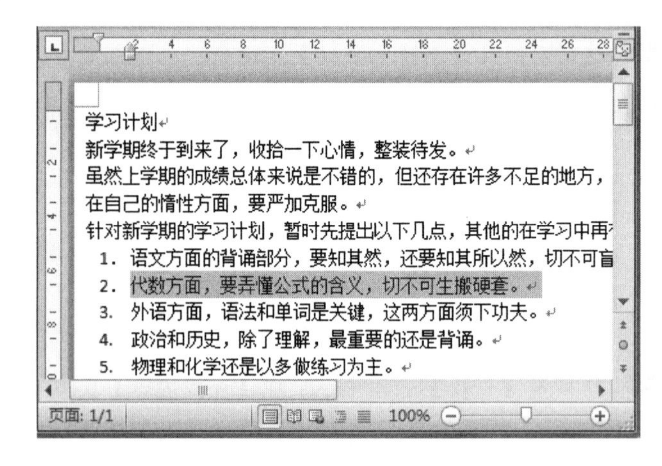

❹ 再用鼠标单击【恢复】按钮，刚才出现的文本就会再一次删除。

技巧

可以一次撤销一个操作，也可以一次撤销多个操作。单击【撤销】按钮右侧的下三角按钮，会弹出一个列表框，列表框中列出了目前能撤销的所有操作，如下图所示。

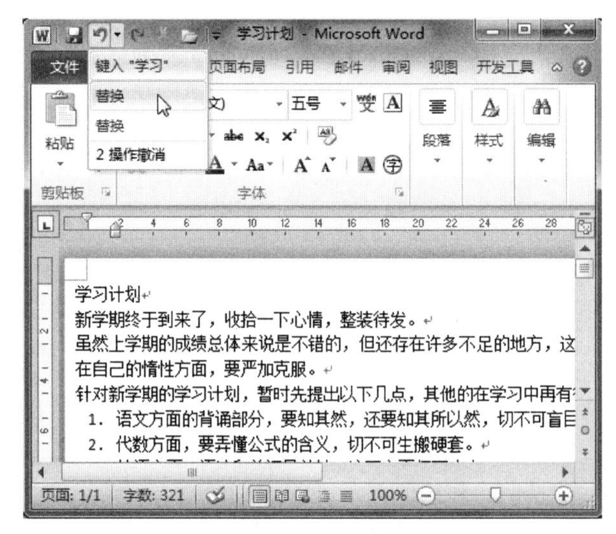

注意

在如上图所示的列表框中可以撤销一些连续操作，但是不能跳跃性地选择以前的操作来撤销。

3.6.2 恢复操作

恢复不能像撤销那样一次性还原多个操作，所以在【恢复】按钮右侧也没有可展开列表框的下三角按钮。当一次撤销多个操作后，再单击【恢复】按钮时，最先恢复的是第一次撤销的操作。

通过使用自动更正功能，您可以更正拼写错误的单词，还可以插入符号及其他文本片断。默认情况下，自动更正功能使用一个典型错误拼写和符号的列表进行设置，但是您可以修改该列表。

3.7　使用“自动更正”功能

我们知道 Word 有自动更正功能，但在编辑文档的过程中很少甚至几乎不会用到此功能。其实，自动更正功能的作用很大，下面让我们一起来体验自动更正的奥妙之处吧！

例如在编辑完文档后，都要在文档的末尾处签上自己的名字或插入自己的照片等，但是每一次都要重复操作，显得特别麻烦。这时您可以利用自动更正功能来处理，具体操作如下。

操作步骤

❶ 在文档末尾处输入您的签名，并选中它，如下图所示。

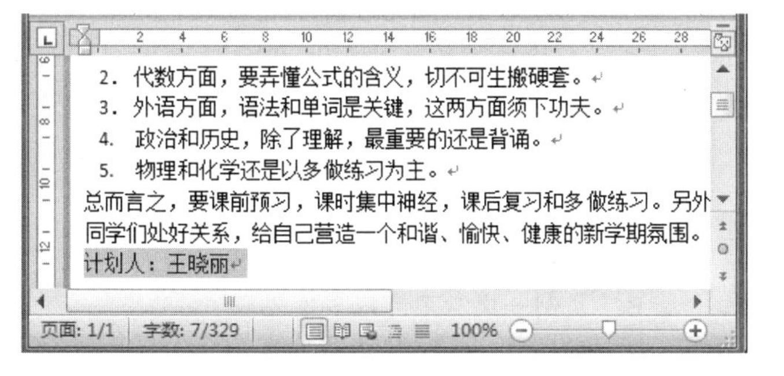

❷ 选择【文件】|【选项】命令，如下图所示。

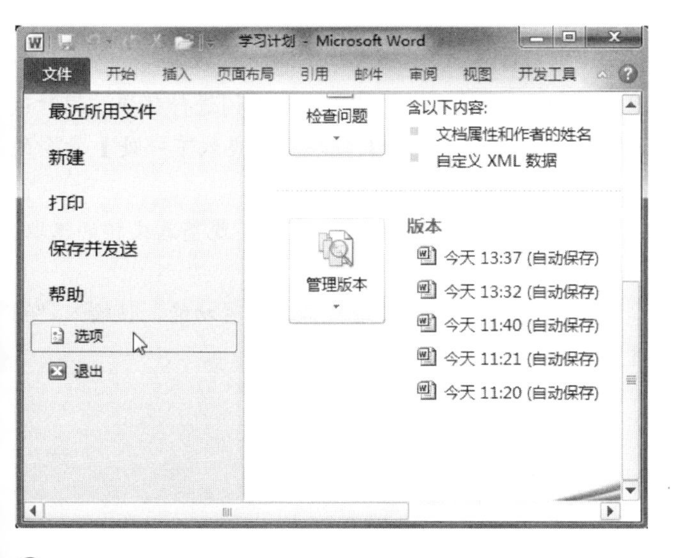

❸ 打开【Word 选项】对话框，在左侧窗格中选择【校对】选项，然后在右侧窗格中单击【自动更正选项】按钮，如右上图所示。

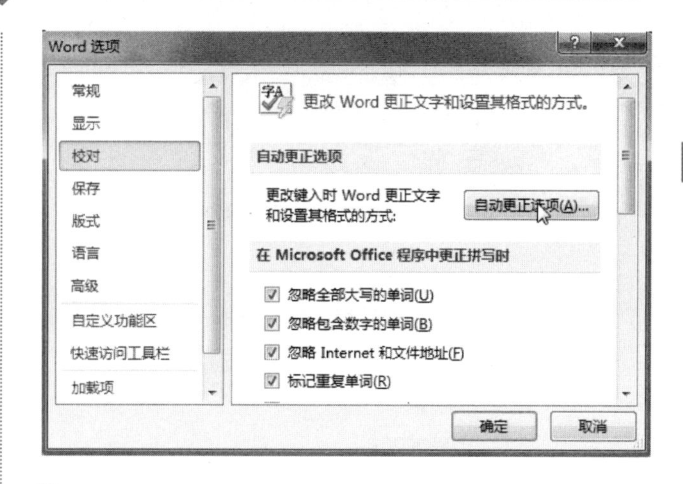

❹ 弹出【自动更正】对话框，切换至【自动更正】选项卡下，刚才选中的内容已经存在于【替换为】文本框中了，在【替换】文本框中输入替换内容，然后依次单击【添加】和【确定】按钮即可，如下图所示。

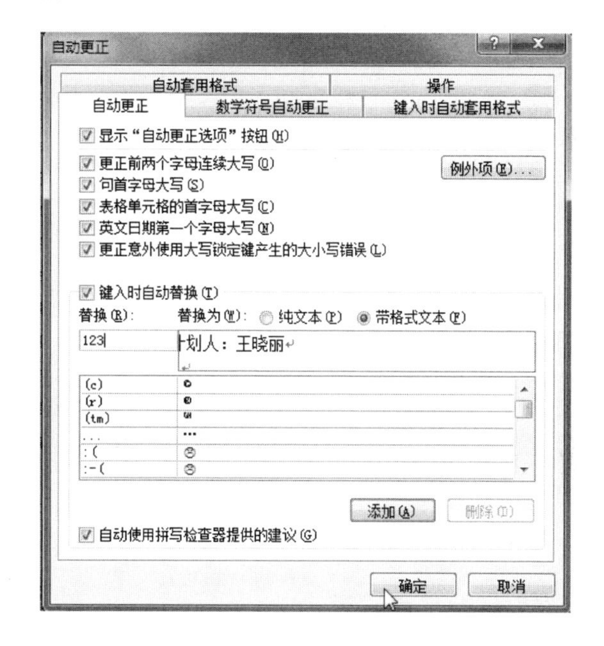

3.8　巧用“翻译屏幕提示”功能

在阅读过程中遇到不理解的文字，该怎么办呢？在 Word 2010 中可以使用翻译屏幕提示功能帮你快速了解其中的含义，下面我们一起来看看吧！

操作步骤

❶ 在【审阅】选项卡下的【语言】组中单击【翻译】按钮 a中，右其下拉列表中选择【翻译屏幕提示】选项，以此激活该功能。

除了使用自动更正功能可以快速插入符号及其他文本片断外，用户还可以使用自定义自动图文集功能来快速插入符号及其他文本片段。

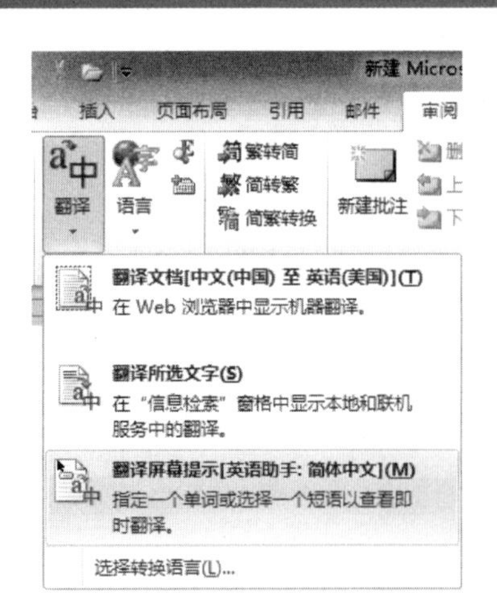

❷ 在文档中选中要翻译的文字，如选中“收拾”一词，就会在文档中出现提示框，单击【复制】按钮即可对翻译的文字进行复制操作，若单击【播放】按钮，则可以对翻译的文字进行播放操作，如下图所示。

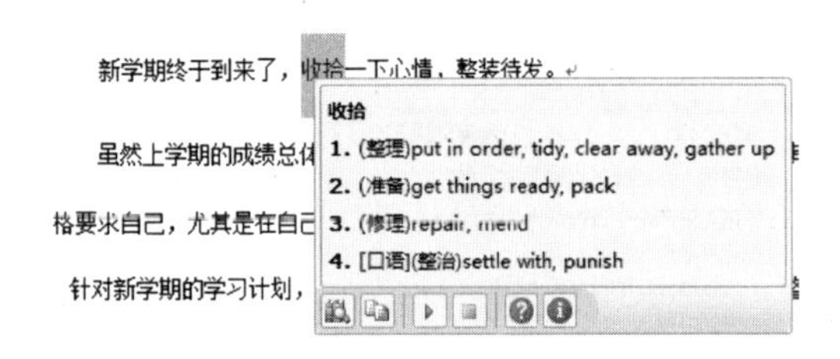

❸ 如下图所示在下拉列表中选择【选择转换语言】选项，则可以打开【翻译语言选项】对话框。

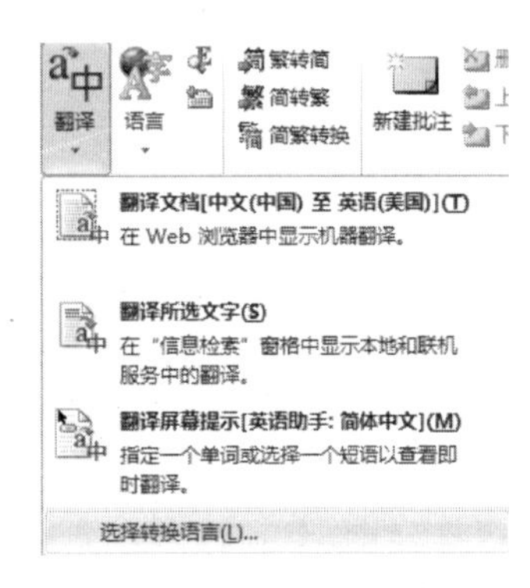

❹ 在【翻译语言选项】对话框中可以设置翻译文字的语种，如这里选择的是【英语(美国)】选项，如右上图所示。

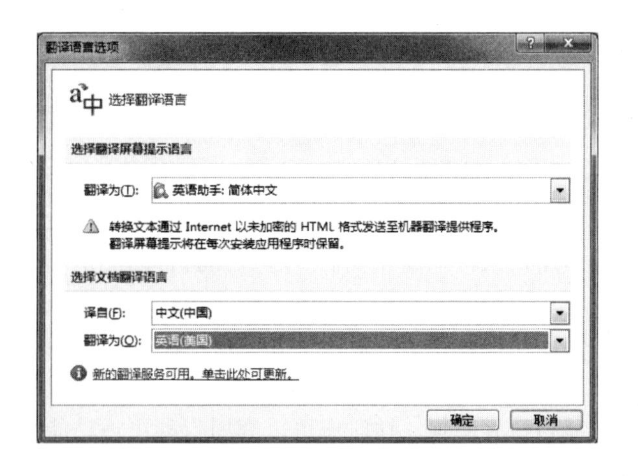

3.9 思考与练习

选择题

1. 要进入扩展状态应该按下________键。

   A. F2　　B. F5

   C. F7　　D. F8

2. 对复制和剪切说法正确的是________。

   A. 复制和剪切的效果完全一样

   B. 复制一次后不可以多次粘贴

   C. 剪切可以达到移动的效果

   D. 剪切和复制一样不可以实现多次粘贴

操作题

1. 打开一篇文档，试着对某个词进行替换，同时试着比较使用【全部替换】命令和【查找下一处】命令的区别。

2. 试试看，有多少种方法可以实现整篇文档的选取，比较一下哪种方法最快捷方便。

3. 试着对一张图片进行自动设置功能，使输入“图片”字样后，图片就会自动插入。

长见识　除了在状态栏中可以查看文档的字数之外，在【审阅】选项卡的【校对】组中单击【字数统计】按钮，也可以打开【字数统计】对话框，在其中也可以查看相关信息。

第4章 Word 2010 的初级编辑——编排“学习计划”

在这一章我们将继续学习 Word 2010 的一些基本的编辑方法，为以后的深入学习打好基础。那么，现在就一起步入 Word 2010 的美妙世界，继续我们的旅程吧！

学习要点

- ❖ 设置字体格式。
- ❖ 设置段落格式。
- ❖ 使用格式刷和自动套用格式。
- ❖ 给段落添加边框和底纹。
- ❖ 添加项目符号和编号。
- ❖ 分栏。

学习目标

通过本章的学习，读者应该学会如何设置字体格式，使字体更加美观，更能吸引人；学会设置段落格式，使结构更为清晰；学会使用“格式刷”和自动套用格式，让编辑更高效；学会给段落添加边框和底纹，突出文档的重点；学会添加项目符号和编号、分栏等，让文档更具有条理性。

4.1 设置标题字体格式

在Word文档中输入的文字，其格式系统默认为五号宋体，如果不对字体的格式进行设置，则既不能突出重点，也毫无美观可言。在编辑好文档后，为了突出其标题可以对其字体进行一些格式设置，如字体、字号、字形、字符间距和文字效果等。

4.1.1 设置字体、字号和字形

当我们在文档中输入内容时，会发现文档中所有的字体格式都一样。在这一节中，我们将对文档标题的字体、字号、字形进行格式设置，以使其更加美观。

操作步骤

1. 选取要设置格式的字符，如文档的标题，如下图所示。

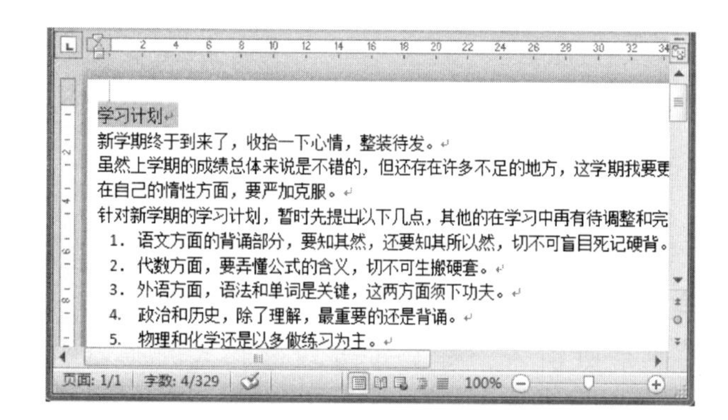

2. 切换到【开始】选项卡，在【字体】组中可以看到【字体】、【字号】及【字形】等设置按钮。下面就让我们来一起试试它们的设置效果吧！首先单击【字号】下拉列表框右侧的下三角按钮，选择字体大小，这里选择【二号】选项，如下图所示。

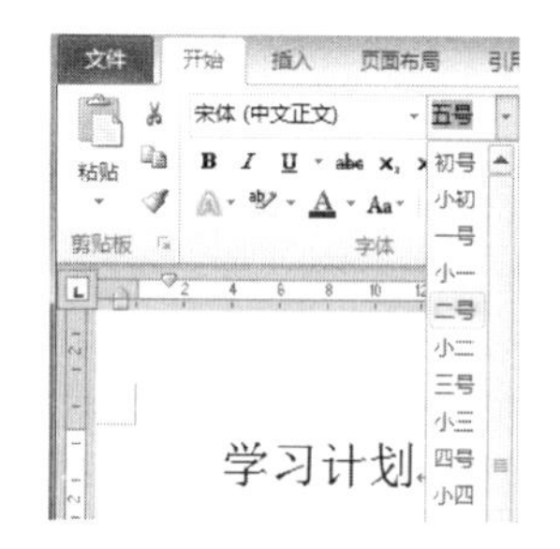

3. 这时选中的文本字体就突出显示了。单击【字体】下拉列表框右侧的下三角按钮，选择字体类型，这里选择【楷体_GB2312】选项，如右上图所示。

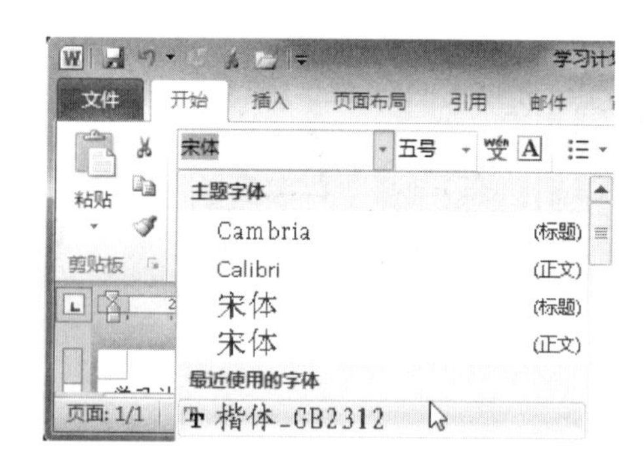

4. 这时文本字体发生变化，如下图所示。单击【加粗】按钮 B 。

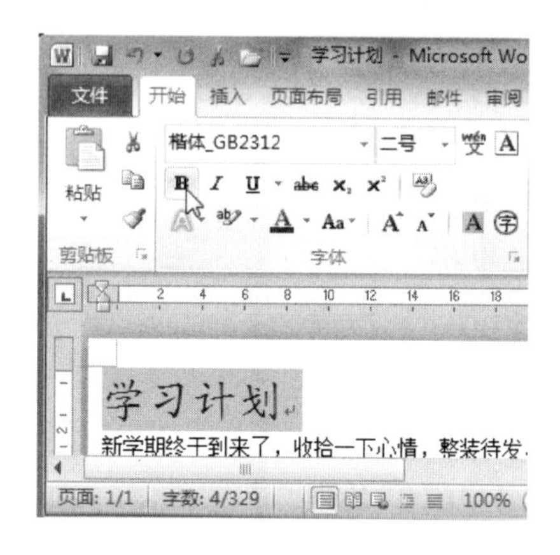

5. 这时文本线条变粗了，如下图所示。单击【倾斜】按钮 I 。

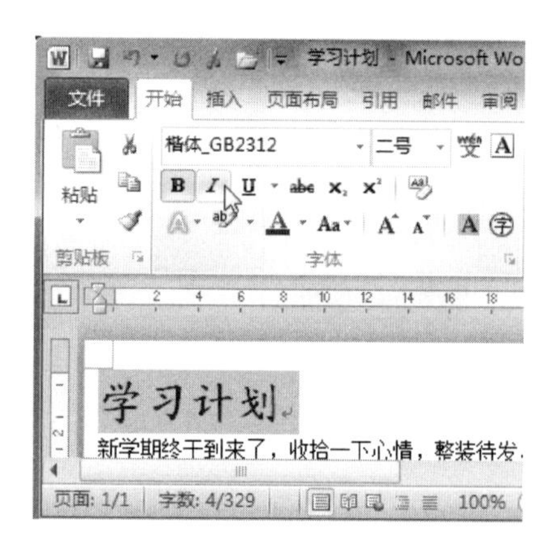

6. 文本标题设置后的最终效果如下图所示。

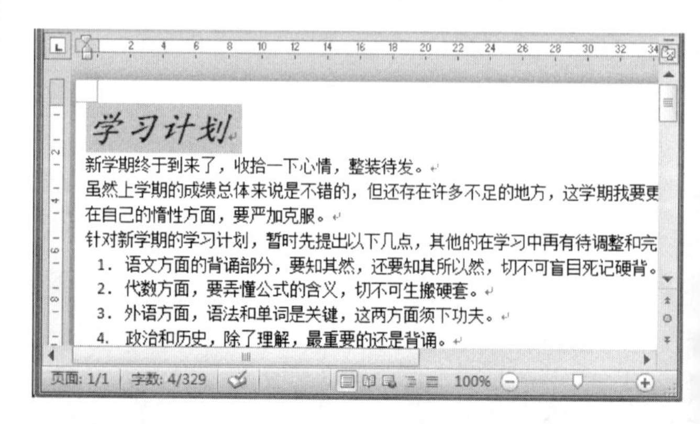

学以致用系列丛书

长见识：在Microsoft Office Word 2010中，可以通过应用文档主题快速、轻松地设置整个文档的格式，使之具有专业的现代化外观。文档主题是一组格式选择，其中包括颜色主题、字体主题和效果主题。

7 这时看起来还是不太好看，我们可以将它设置为"居中"显示，效果如下图所示。

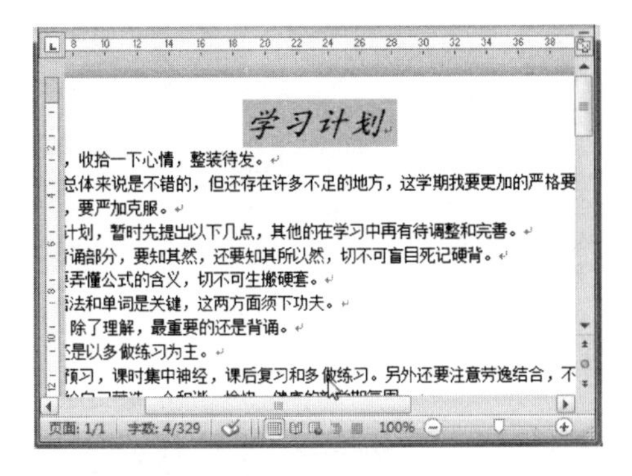

技巧

需要对字体进行设置时，也可以在选中的文字上右击，在弹出的快捷菜单中选择【字体】命令，这时将弹出【字体】对话框。在对话框中，可以对文字的字体、字号、字形、字符间距及文字效果等进行综合设置，如下图所示。

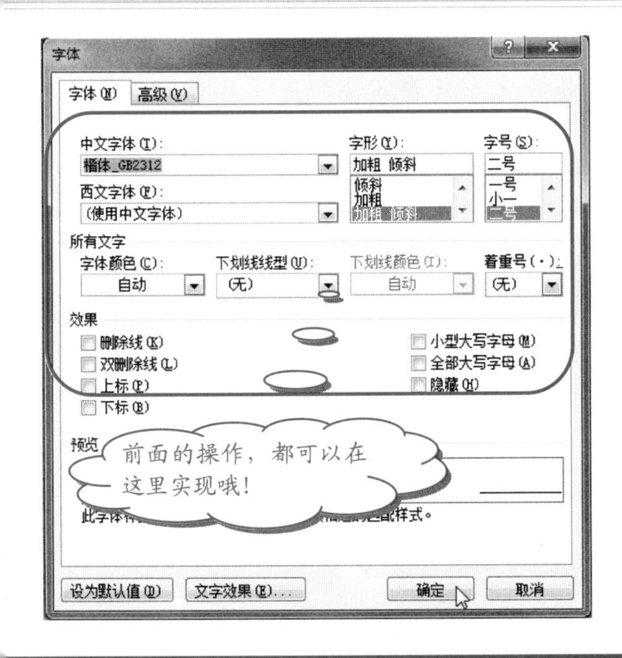

4.1.2 设置字符间距和文字效果

设置了文档标题的字体、字号和字形后，我们发现标题字符间太紧凑，这时可以对标题的字符间距进行调整，同时还可为标题添加一些文字效果使之更醒目。

操作步骤

1 选取要设置格式的字符，还是以文档标题为例。

2 在【开始】选项卡中单击【字体对话框启动器】按钮，如下图所示。

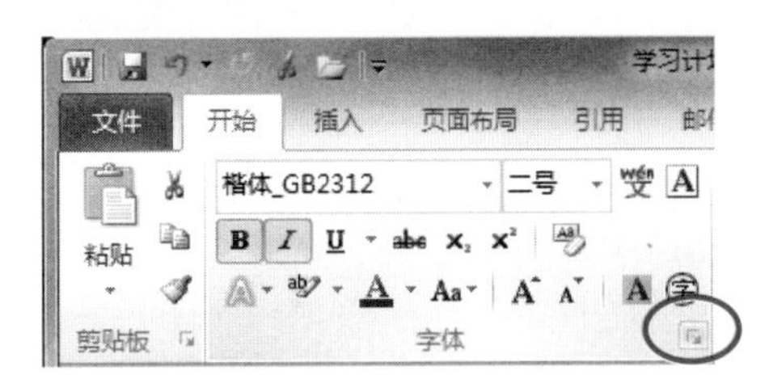

3 在弹出的【字体】对话框中，切换到【高级】选项卡，在【间距】下拉列表框中选择【加宽】选项，并在其右侧的【磅值】下拉列表框中选择【8磅】选项，如下图所示。

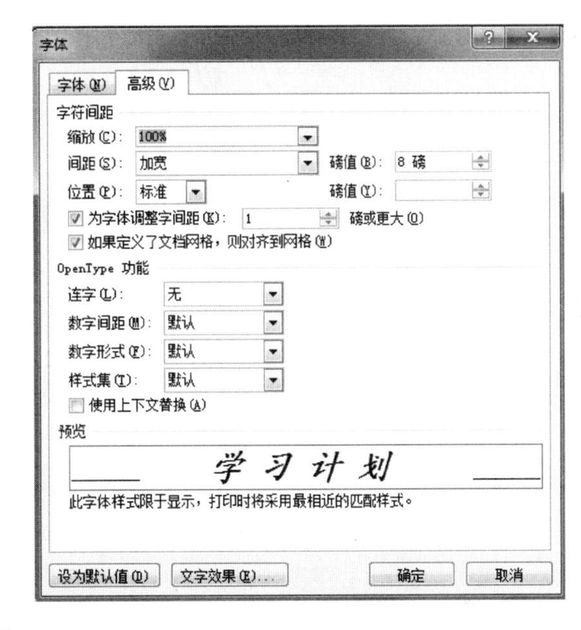

4 单击【确定】按钮，效果如下图所示。

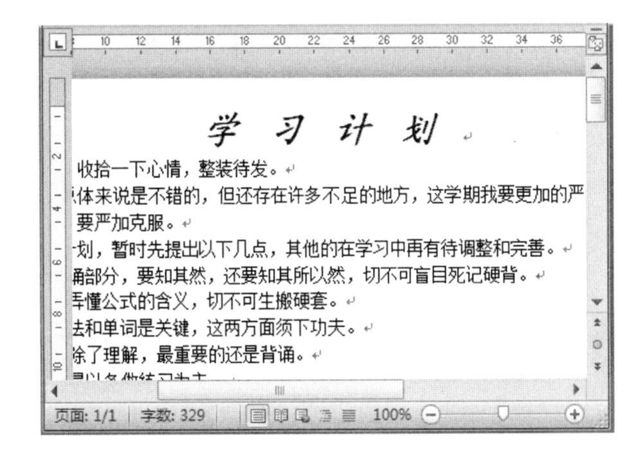

5 在【字体】对话框中单击【文字效果】按钮，如下图所示。

学以致用系列丛书

在【字体】对话框的【效果】选项组中可以为选中的文字添加动态效果，使文档更美观。但这些动态效果只能在屏幕上显示，不能打印出来。

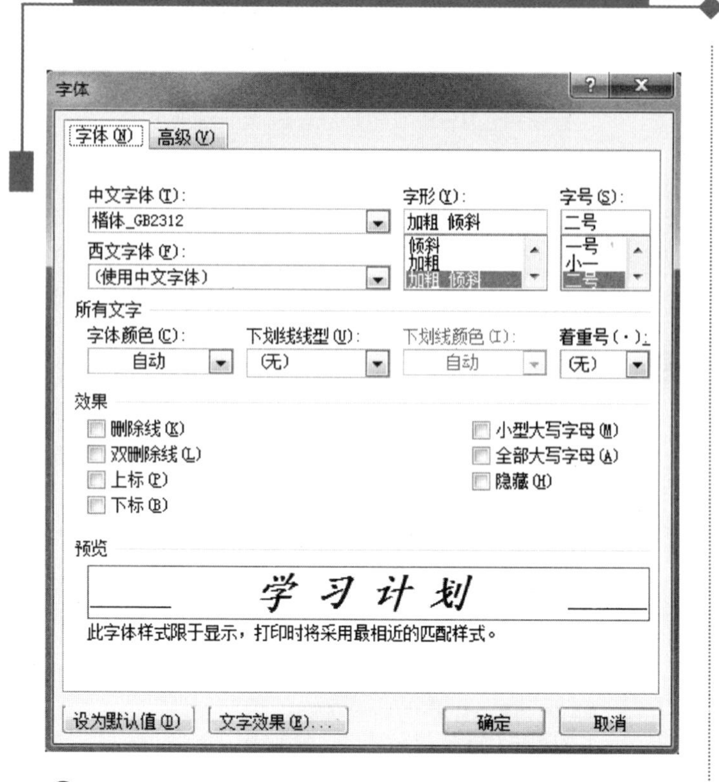

❻ 弹出【设置文本效果格式】对话框，选择【文本填充】选项，然后在右侧窗格中单击【颜色】按钮，从下拉列表中选择【紫色】选项，再单击【关闭】按钮，如下图所示。

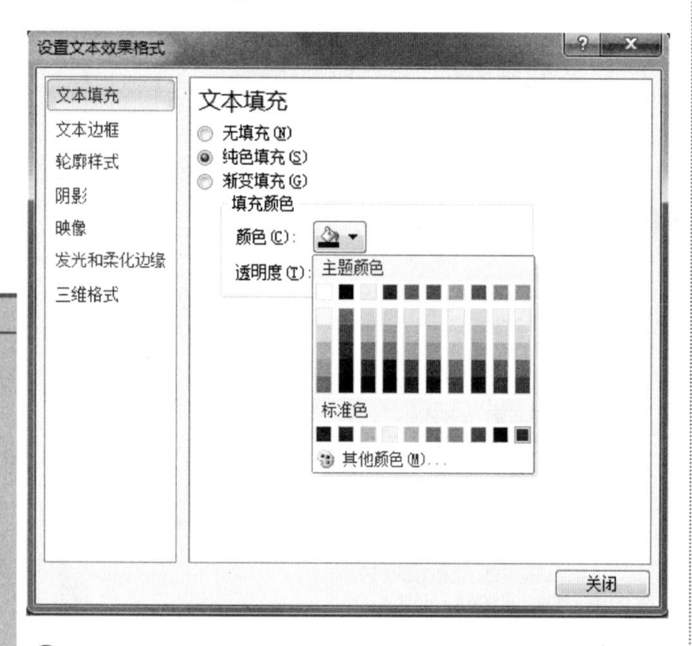

❼ 返回到【字体】对话框，再单击【确定】按钮，效果如右上图所示。

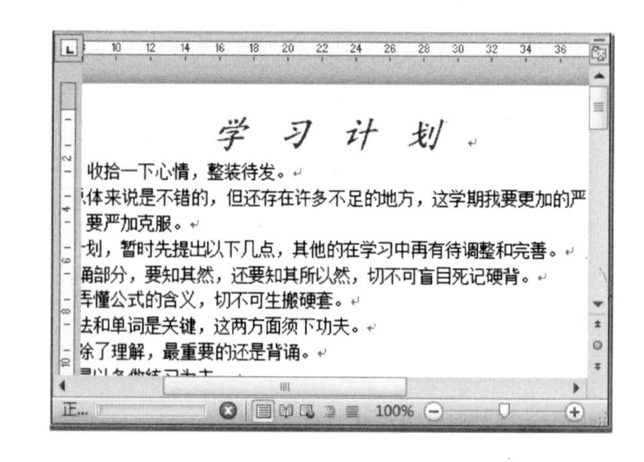

4.2 设置正文段落格式

设置好文档的标题后，现在我们来对文档的正文段落格式进行设置，使文档结构更加清晰，层次更加分明。

4.2.1 设置段落的缩进

设置段落缩进可以通过水平标尺来实现，也可以通过【段落】对话框来进行。下面分别介绍这两种方法。

1. 通过水平标尺设置段落缩进

通过水平标尺可以快速设置段落缩进。水平标尺中有首行缩进、左缩进、右缩进和悬挂缩进 4 种标记，如下图所示。

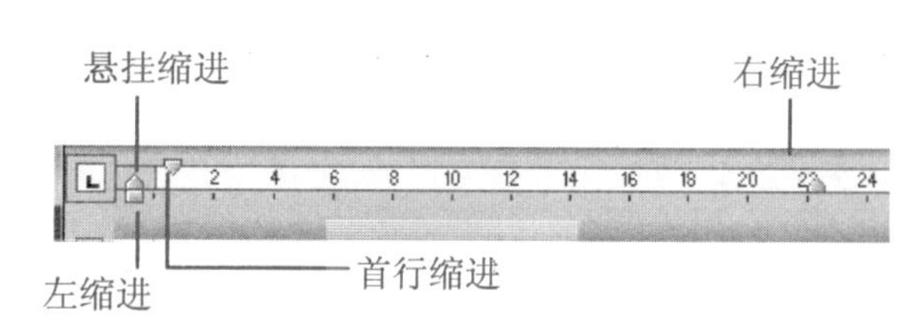

这 4 种标记的作用分别如下。

- 首行缩进：拖动该标记，可以设置段落首行第一个字的位置，在中文段落中一般采用这种缩进方式，默认缩进两个字符。
- 悬挂缩进：拖动该标记，可以设置段落中除第一行以外的其他行左边的起始位置。
- 左缩进：设置左缩进时，首行缩进标记和悬挂缩进标记会同时移动。左缩进可以设置整个段落左边的起始位置。
- 右缩进：拖动该标记，可以设置段落右边的缩进位置。

长见识 在【段落】对话框的【行距】下拉列表框中，【多倍行距】选项是指按指定的百分比增大或减小行距。例如，将行距设置为 1.2，就会在单倍行距的基础上再增加 20%。

下面通过对文档设置首行缩进来讲解如何通过水平标尺进行段落缩进设置。

操作步骤

1. 把光标定位到要设置段落缩进的段首，如下图所示。

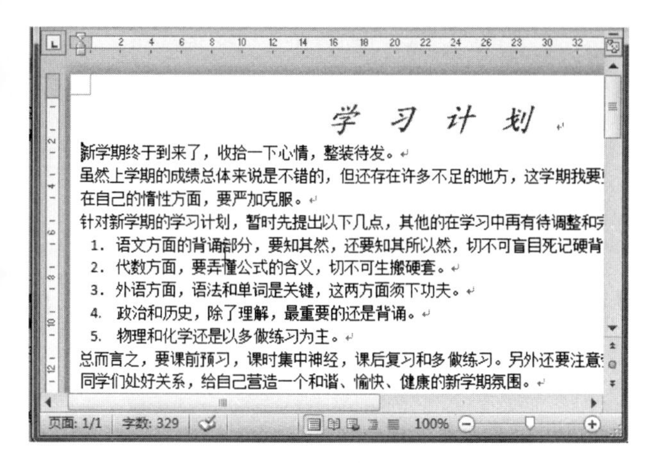

2. 拖动首行缩进标记，如我们把它拖到数字“2”的位置，如下图所示。

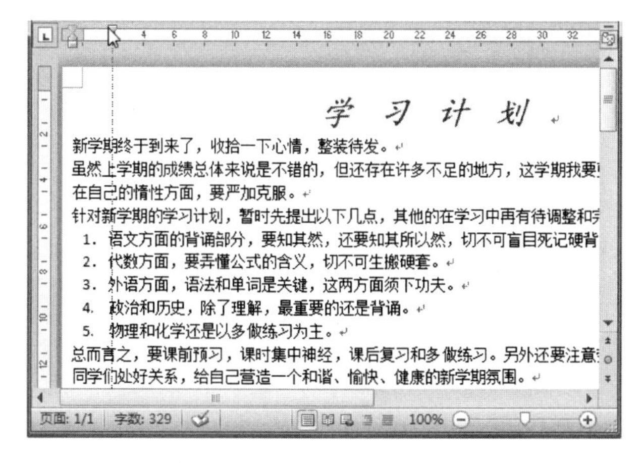

3. 设置后其效果如下图所示。

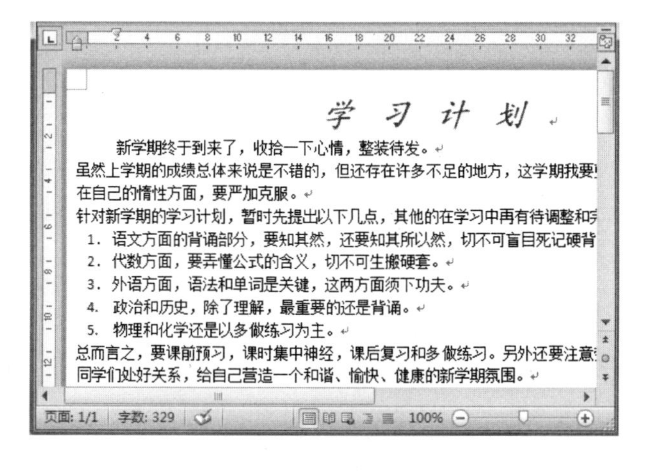

2. 通过【段落】对话框设置段落缩进

如果要进行比较精确的设置，可以通过【段落】对话框进行段落缩进的设置。

操作步骤

1. 选取要设置缩进的段落，如我们对文档的第一段和第二段进行设置，然后在【开始】选项卡下的【段落】组中单击【段落对话框启动器】按钮，如下图所示。

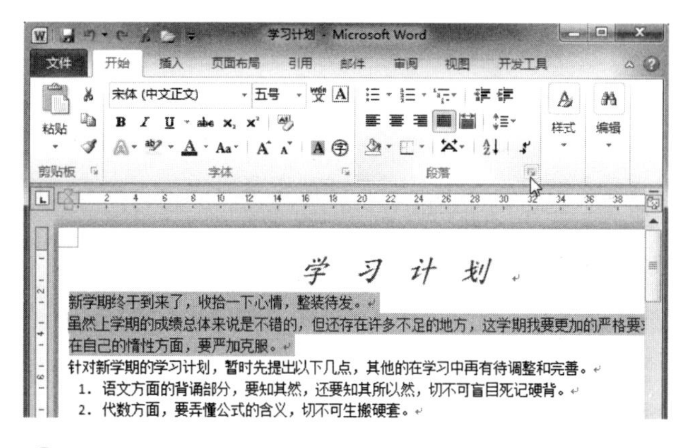

2. 弹出【段落】对话框，并切换到【缩进和间距】选项卡，在【缩进】选项组的【特殊格式】下拉列表框中选择【首行缩进】选项，如下图所示。

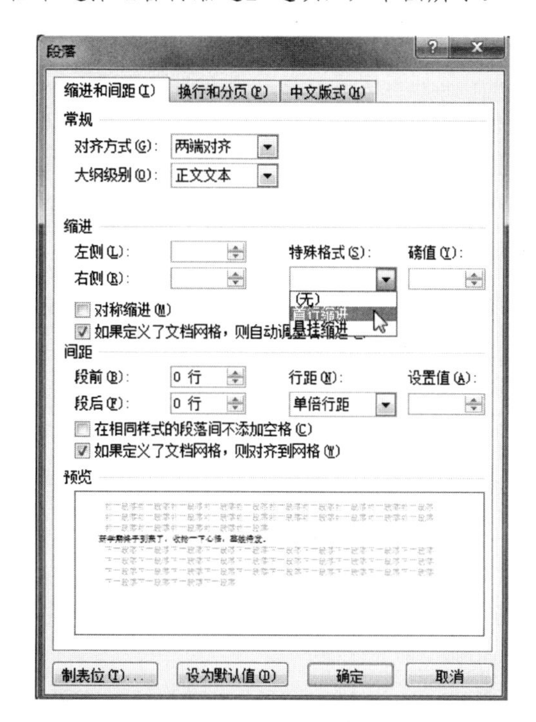

3. 单击【确定】按钮，其效果如下图所示。

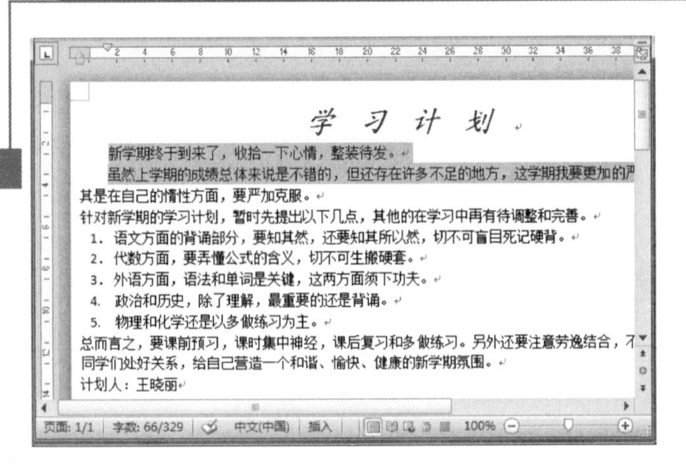

技巧

您还可以通过【减少缩进量】按钮和【增加缩进量】按钮来实现段落的缩进设置。

4.2.2　设置段落的间距

行距就是行和行之间的距离，而段间距是段落与段落之间的距离。行距一般系统默认是1.0，也可以根据需要进行调整。

操作步骤

1. 选中文档的正文或将光标插入文档中，单击【开始】选项卡下的【段落】组中的【行和段落间距】按钮。在其下拉列表中有一些具体的间距数值，如果有需要的数值，只要单击它即可，这里单击“2.0”，如下图所示。另外在这个列表中还有【增加段前间距】和【增加段后间距】选项，通过这两个选项可以对段间距进行设置。

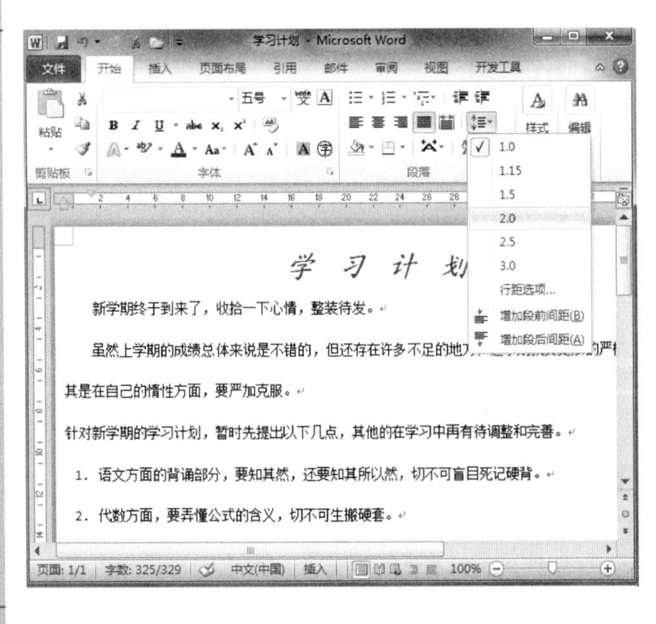

2. 如果没有合适的行距，可选择【行距选项】选项，打开【段落】对话框进行设置，如下图所示。

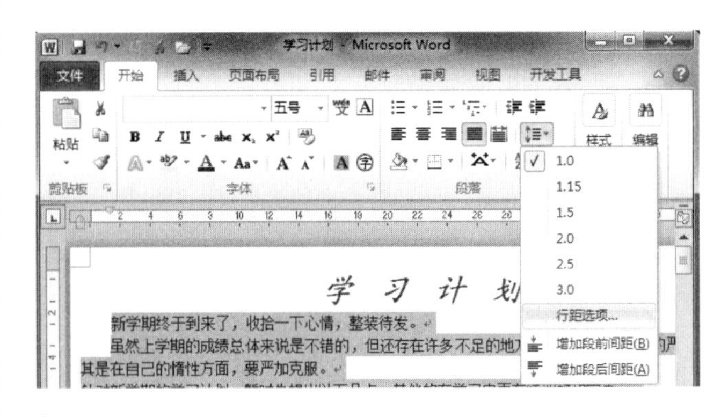

3. 在【段落】对话框的【行距】下拉列表框中选择【多倍行距】选项，如下图所示。

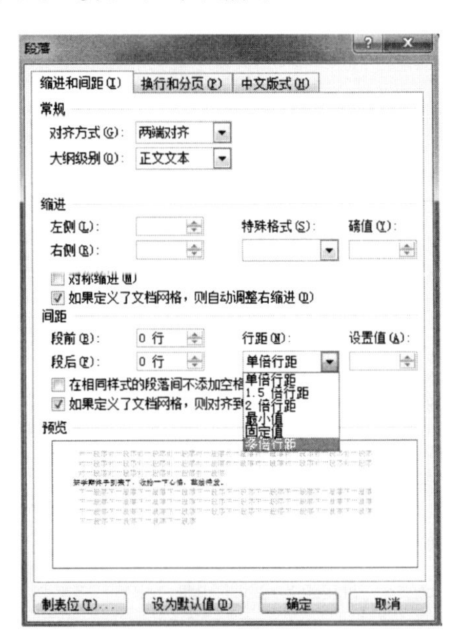

4. 单击【确定】按钮，其效果如下图所示。

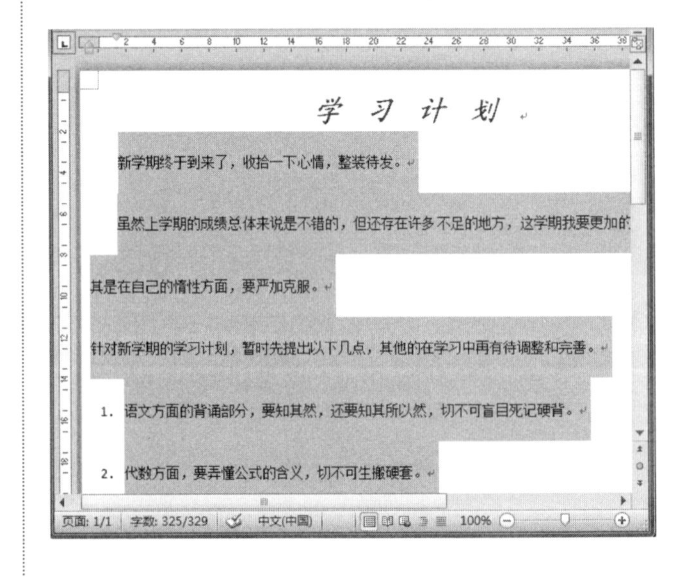

学以致用系列丛书

长见识 缩进决定了段落到左右页边距的距离。在页边距内，可以增加或减少一个段落或一组段落的缩进。还可以创建反向缩进，使段落超出左边的页边距。此外，还可以创建悬挂缩进，即段落中的首行文本不缩进，但下面的行缩进。

4.2.3 设置段落的对齐格式

在 Word 里常用的段落对齐方式有五种，分别是左对齐、居中、右对齐、两端对齐和分散对齐。

1. 通过按钮设置段落对齐格式

通过按钮设置段落对齐格式很简单。一般我们都采用这种方法来进行设置。

操作步骤

1. 选中要设置对齐格式的段落。为了使各种对齐方式的效果更明显，我们以文档的标题进行说明。
2. 单击【开始】选项卡中的【右对齐】按钮，就可以使标题呈右对齐显示，如下图所示。

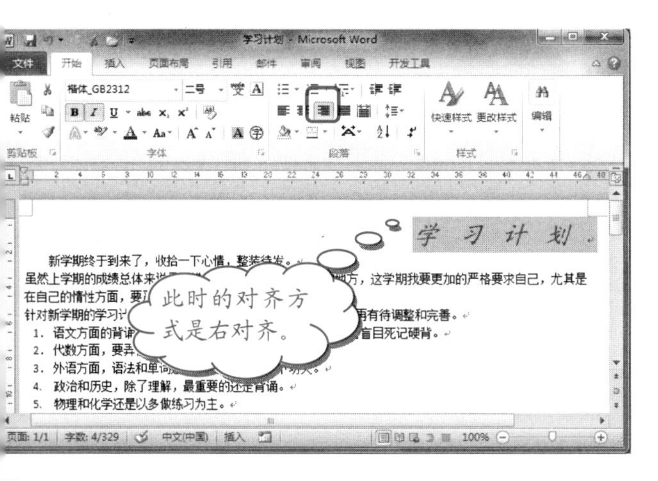

3. 如果单击【两端对齐】按钮，其效果如下图所示。

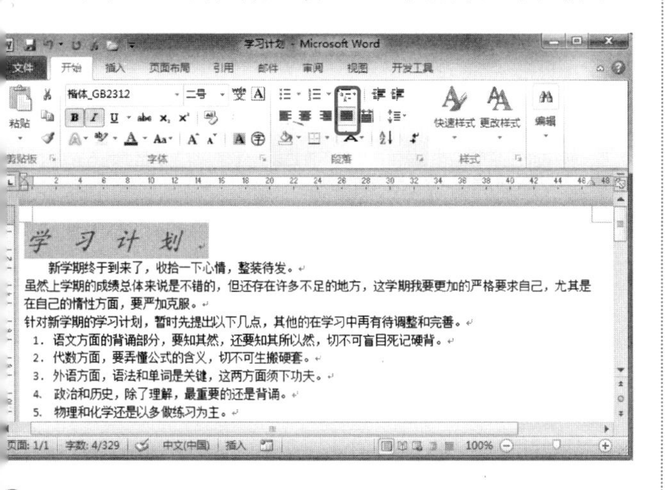

4. 如果单击【分散对齐】按钮，其效果如右上图所示。

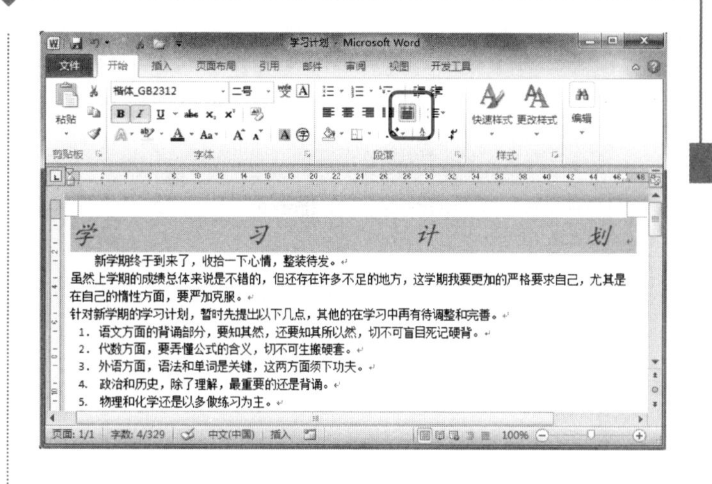

注意

Word 的“左对齐”格式用得比较少，通常都是用两端对齐代替左对齐。实际上，左对齐段落的最右边是不整齐的，会有一些不规则的空，而两端对齐的段落则没有这个问题。

技巧

如果只设置一个段落的格式，只要把光标插入点移到该段落内即可；如果是多个段落，则可先选中各段落再一起设置。

2. 通过【段落】对话框设置段落对齐格式

除了上面介绍的方法外，我们还可以在【段落】对话框中对段落对齐格式进行设置。

操作步骤

1. 选中要设置对齐格式的段落，这里我们还以文档的标题为例。然后右击，在弹出的快捷菜单中选择【段落】命令，如下图所示。

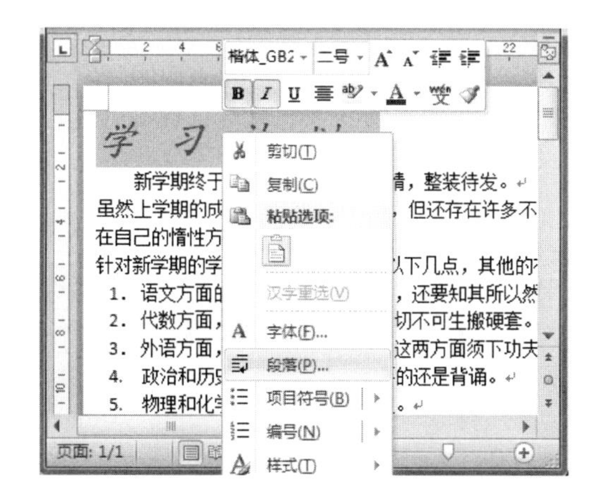

学以致用系列丛书

长见识：行距决定了段落中各行文字之间的垂直距离。段落间距决定了段落上方和下方的间距。默认情况下，各行之间是单倍行距，每个段落后的间距会略微大一些。

2 在弹出的【段落】对话框的【对齐方式】下拉列表框中，选择需要设置的对齐格式，如下图所示。

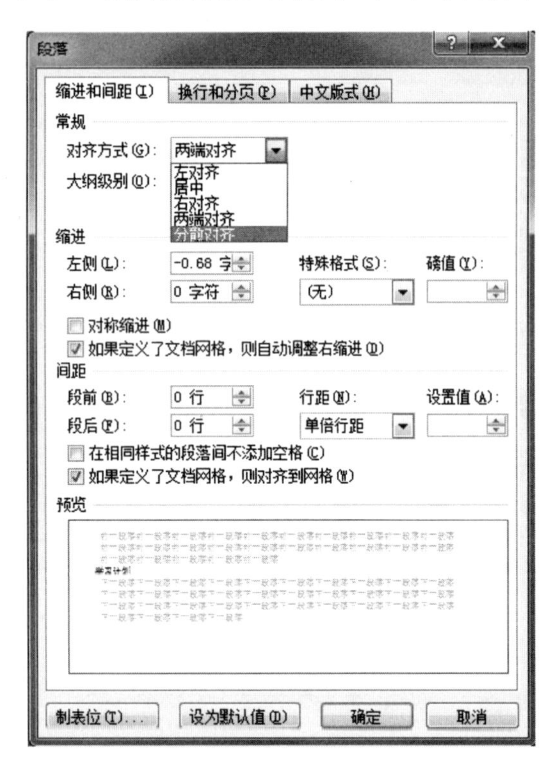

3 单击【确定】按钮即可。

4.3 使用格式刷和自动套用格式

我们在编辑文档时，总是对一些经常需要重复的操作感到厌烦，有没有一种更简便的方法呢？格式刷和自动套用格式功能可以为您实现。

4.3.1 格式刷

格式刷是快速编辑文字的好助手，当需要设置的格式和已有的格式相同时，不必再重复进行格式设置，而是直接用格式刷刷一下就好了。

操作步骤

1 选中已设置好格式的文本，在【开始】选项卡下的【剪贴板】组中单击【格式刷】按钮，如右上图所示。

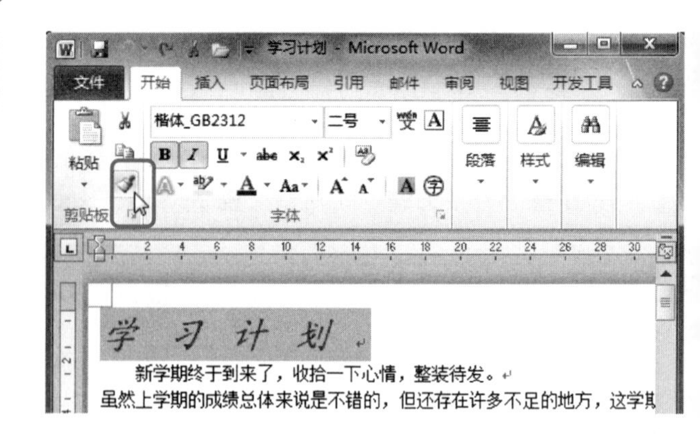

2 把鼠标指针移到编辑区，这时鼠标指针变成刷子的形状。

3 找到要设置格式的文本，拖动鼠标刷过文本即可，如下图所示。

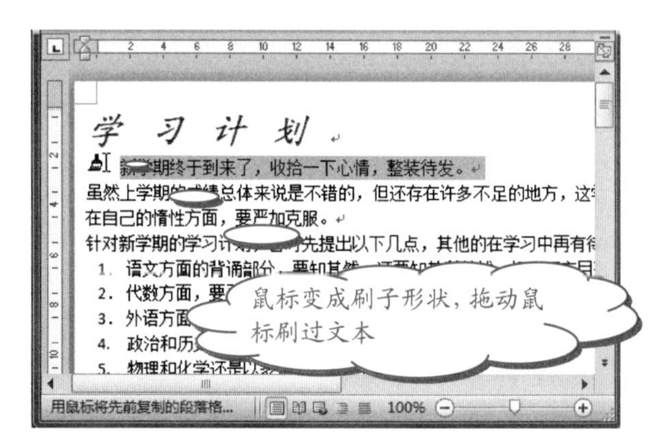

4 其效果如下图所示。

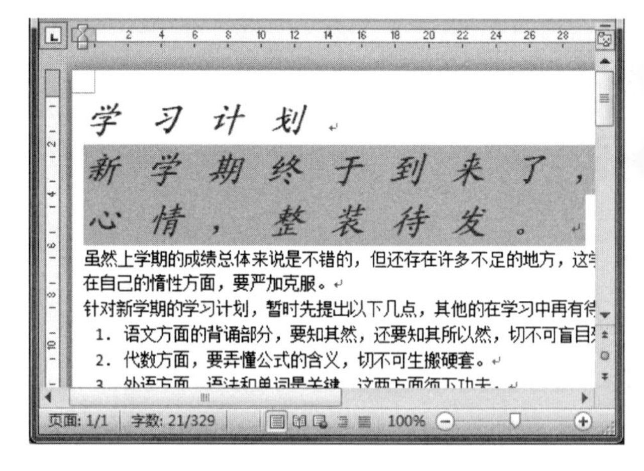

提示

单击【格式刷】按钮复制一次格式后，系统会自动退出复制状态。如果是双击而不是单击时，则可以多次复制格式。要退出格式复制状态，可以再次单击【格式刷】按钮或按Esc键。

长见识 在Office Word 2010中，可以使用【浮动】工具栏上的【格式设置】选项快速设置文本格式。当您选择文本时，【浮动】工具栏会自动出现，当在选中文本上右击时，它还会与快捷菜单一起出现。

4.3.2　自动套用格式

自动套用格式功能可以自动为 Word 文档中的文字套用模板格式，从而简化了整个文档的编排过程。下面让我们来认识一下它吧。

操作步骤

1. 选中要套用格式的文本，选择【文件】|【选项】命令，以此来打开【Word 选项】对话框，如下图所示。

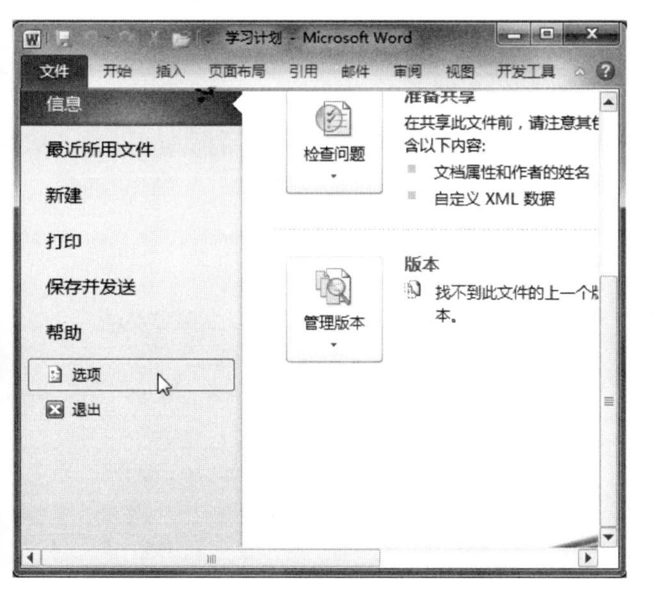

2. 弹出【Word 选项】对话框，选择左侧窗格中的【校对】选项，在右侧窗格中单击【自动更正选项】按钮，如下图所示。

3. 弹出【自动更正】对话框，切换到【自动套用格式】选项卡，进行相关设置，然后单击【确定】按钮，如下图所示。

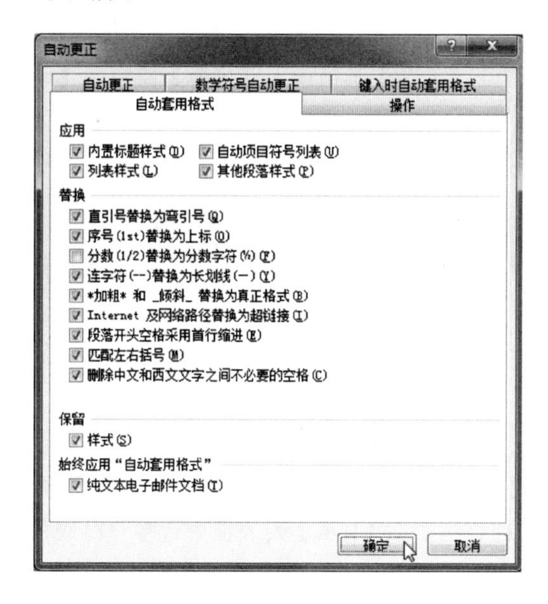

4. 返回到【Word 选项】对话框，再单击【确定】按钮即可，如下图所示。

4.4　添加边框和底纹

在 Word 中可以为选中的文本、段落或整个页面进行边框和底纹的设置，以突出显示某个部分。下面让我们一起来学习如何为文档添加边框和底纹吧！

4.4.1　添加边框

首先让我们来尝试如何为所选文本添加边框，以此来达到美化的效果。

在使用格式刷进行格式复制时，最好先复制段落格式，再复制文字格式。因为如果一个段落中包含有不同的文字格式时，在应用段落格式时会将文字格式设置为段落格式。

操作步骤

1. 选取要添加边框的段落，这里选择文档的标题，然后单击【开始】选项卡下【段落】组中的【下框线】按钮，在其下拉菜单中选择【边框和底纹】命令，如下图所示。

2. 弹出【边框和底纹】对话框。在【边框】选项卡下的【设置】选项组中选择要应用的边框类型(例如【方框】)；然后在【样式】列表框中选择边框线的样式；接着在【颜色】下拉列表框中选择边框线的颜色；在【宽度】下拉列表框中选择边框线的粗细；最后在【应用于】下拉列表框中选择应用边框的范围，再单击【确定】按钮，如下图所示。

3. 添加边框后的效果如下图所示。

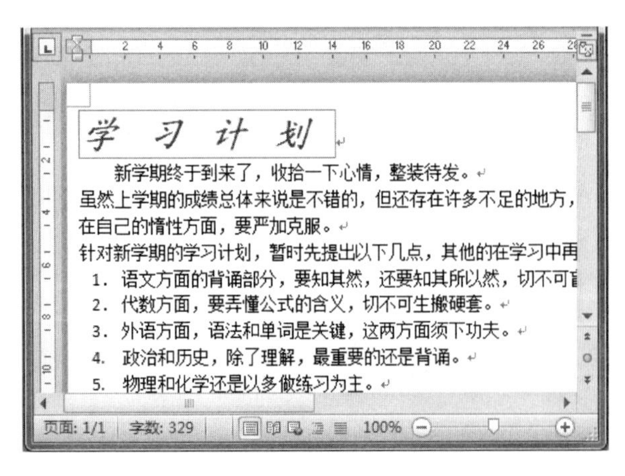

4.4.2 添加底纹

添加底纹的方法与添加边框的方法基本一样，都是先选取对象，然后在【边框和底纹】对话框中进行设置，不过要记得切换到【底纹】选择卡。

操作步骤

1. 选取要添加底纹的文本，我们还是选择文档的标题。
2. 单击【边框和底纹】按钮，弹出【边框和底纹】对话框。切换到【底纹】选项卡，进行底纹的设置，如下图所示。

3. 单击【确定】按钮，其效果如下图所示。

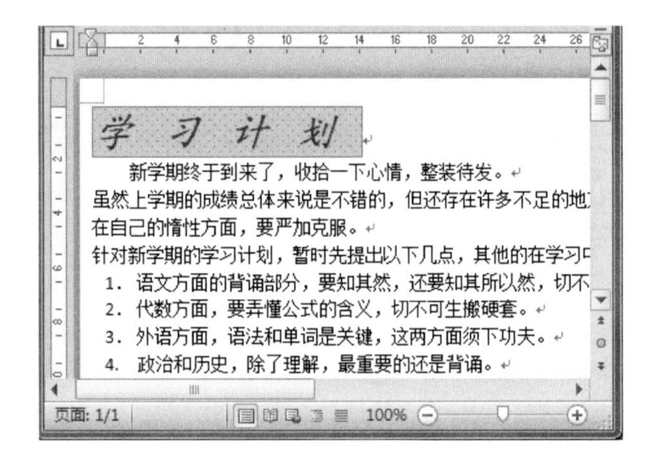

技巧

当然您还可以通过单击【开始】选项卡下的【字体组中的【字符边框】按钮A和【字符底纹】按钮A直接进行字符设置，既方便又快捷。

项目符号或符号可以给列表增添视觉效果。在Microsoft Office Word 2010中，如果别人发来的文档中有您特别喜欢的项目符号样式，则可将该样式添加到项目符号库中，供以后反复使用。

4.5 添加项目符号和编号

Word 的编号功能是很强大的，可以轻松地设置多种格式的项目符号及多级编号等，能为工作带来很多方便，所以掌握它是非常有必要的。

4.5.1 添加项目符号

项目符号用于一些较为特殊的段落格式，例如有几个并列的项目时，就可以使用它。但如果这几个项目不是并列关系而是有先后之分或层级的，则一般用编号。

下面我们还以"学习计划"文档为例讲解如何添加项目符号。

操作步骤

1. 打开"学习计划"文档，选取要添加项目符号的文本，然后单击【开始】选项卡下【段落】组中的【项目符号】按钮 ☰，如下图所示。

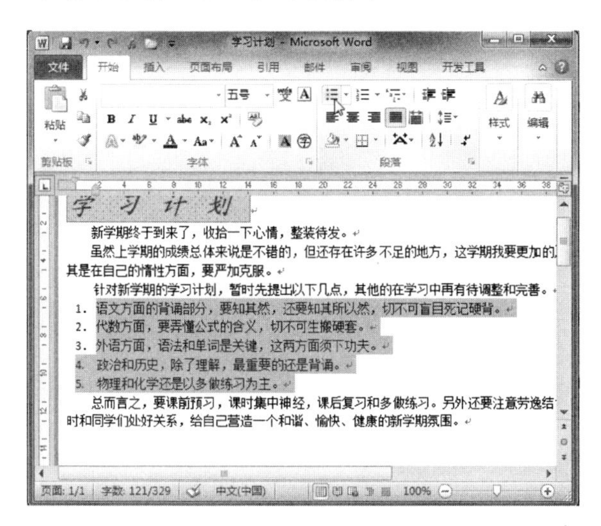

2. 这时 Word 将以悬挂缩进方式排列选中的段落，并在段落前面添加●符号，如下图所示。

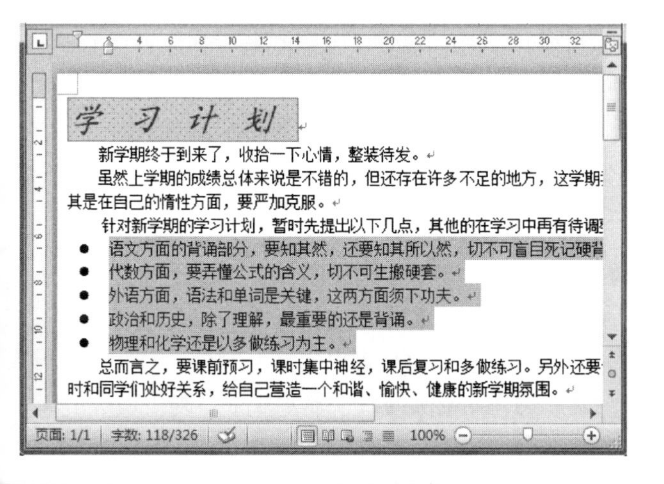

3. 如果希望使用其他形式的项目符号，则可单击【项目符号】按钮 ☰ 右侧的下三角按钮，在其下拉列表中有各种各样的符号样式，可以根据需要选用，效果如下图所示。

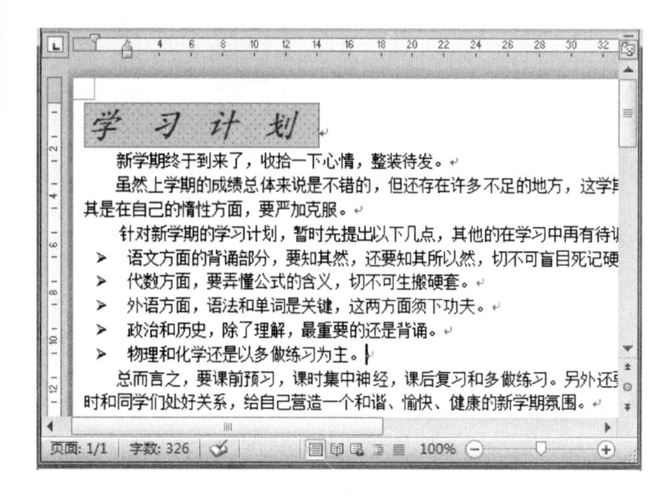

4. 如果对上面列出的符号样式都不满意，则可以在下拉列表中选择【定义新项目符号】选项，如下图所示。

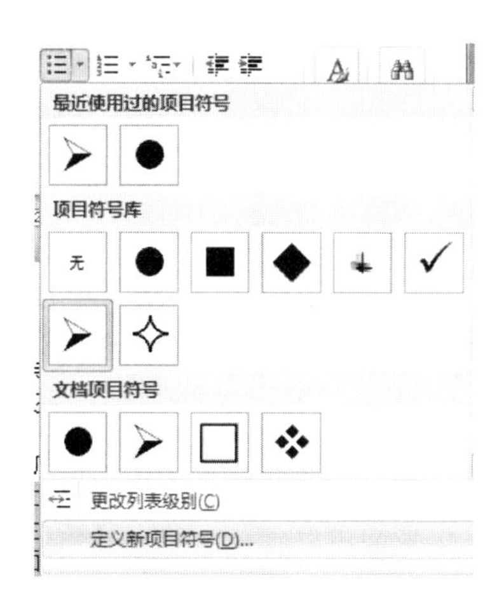

5. 弹出【定义新项目符号】对话框，可以选择系统原有的符号样式，也可以从自己的图片库中选取。现在我们单击【符号】按钮，如下图所示。

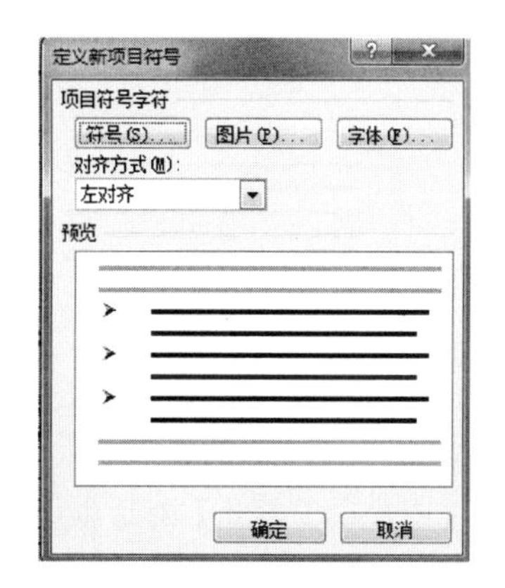

如果要复制文本格式，则选择段落的一部分。如果要复制文本和段落的格式，则选择整个段落，包括段落标记。格式刷不能复制艺术字文本的字体和字号。

长见识

❻ 在打开的【符号】对话框中选择项目符号 ，如下图所示，然后单击【确定】按钮。

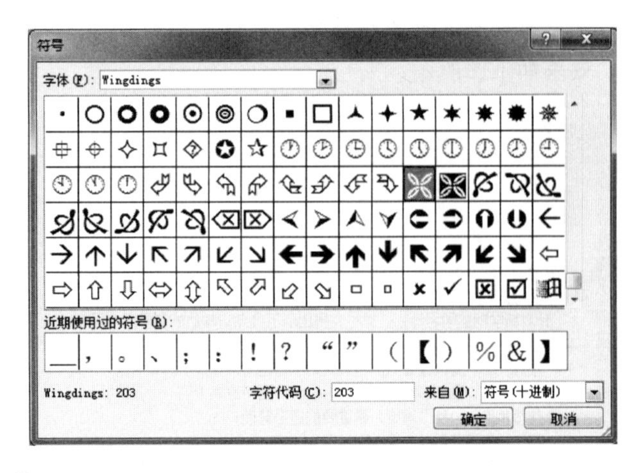

❼ 返回【定义新项目符号】对话框，再单击【确定】按钮，效果如下图所示。

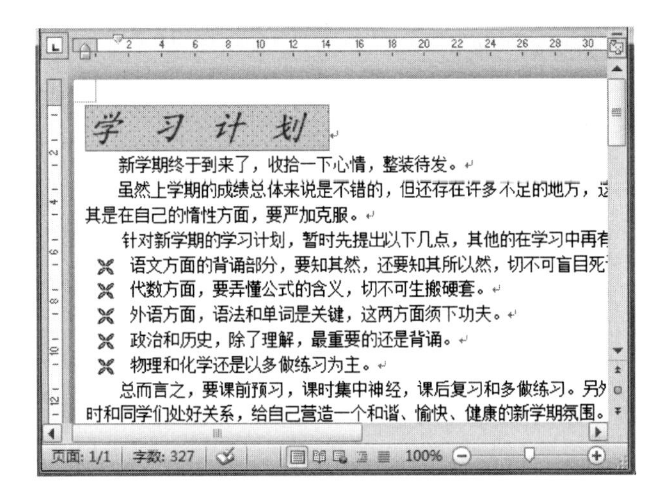

❽ 再次打开【定义新项目符号】对话框，我们为文本换个图片效果的项目符号，单击【图片】按钮，如下图所示。

定义新项目符号
项目符号字符
符号(S)... 图片(P)... 字体(F)...
对齐方式(M):
左对齐
预览
确定 取消

❾ 在打开的【图片项目符号】对话框中有很多图片符号的样式，选择一个满意的样式再单击【确定】按钮即可。也可以在【搜索文字】文本框中输入关键字来搜索更多的图片符号样式，如下图所示。

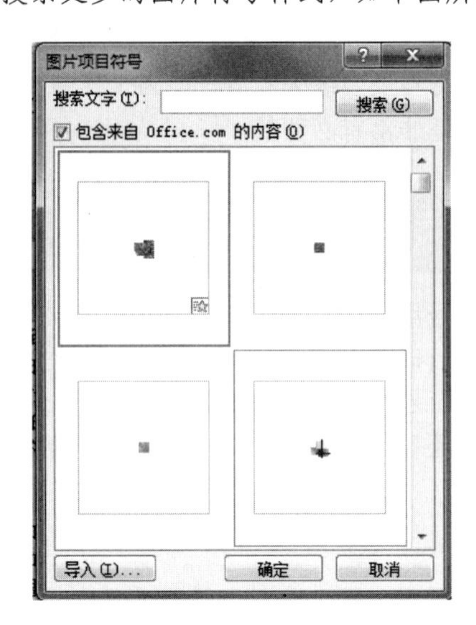

❿ 返回【定义新项目符号】对话框，再单击【确定】按钮，其效果如下图所示。

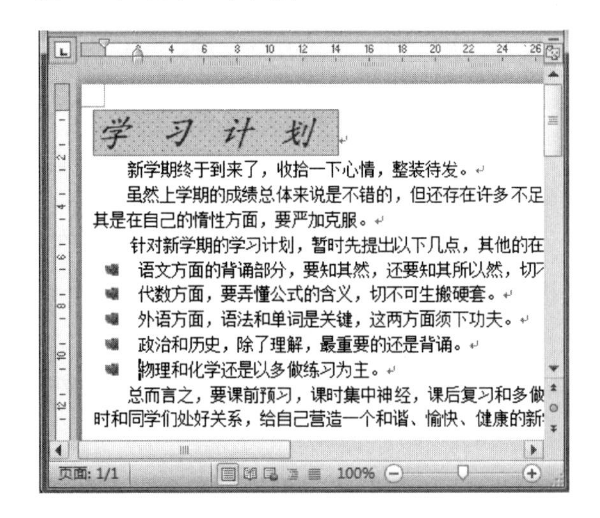

4.5.2 添加项目编号

当你在文档中输入“第一”作为段落的开头时，按 Enter 键，在下一段落中系统将自动输入“第二”，后面依此类推，这就是自动编号功能。下面我们在“学习计划”文档中演示一下如何添加编号。

操作步骤

❶ 还是选中和前面一样的文本，然在单击【开始】选项卡下【段落】组中【编号】按钮 右侧的下三角按钮，从下拉列表中选择一种编号样式，这时在选中的文本前面将自动添加编号，如下图所示。

在 Word 2010 窗口中选择【文件】|【选项】命令，会弹出【Word 选项】对话框，单击【常规】选项，接着在右侧窗格中可以对电脑进行个性设置，如修改【用户名】和【缩写】等，有兴趣的用户可以自己试试！

❷ 如果希望得到其他形式的编号，则要在【定义新编号格式】对话框中进行设置。单击【编号】按钮 右侧的下三角按钮，在下拉列表中选择【定义新编号格式】选项即可打开相应的对话框，如下图所示。

❸ 在【定义新编号格式】对话框中，我们可以设置编号的样式，如下图所示。

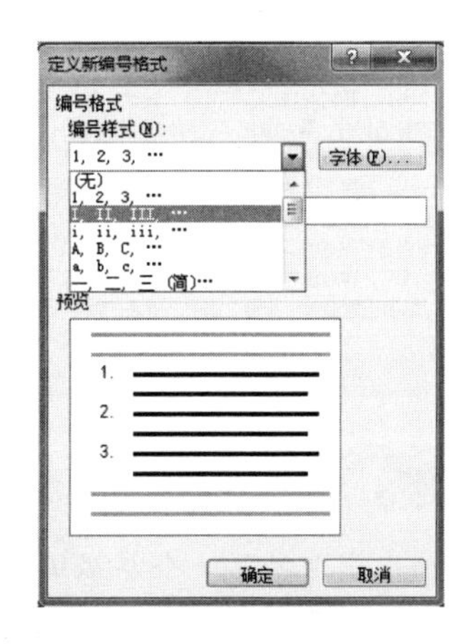

❹ 单击【字体】按钮，即可打开【字体】对话框，在这里可以设置编号的字体、字形、字号以及字体颜色等，再单击【确定】按钮，如下图所示。

❺ 返回到【定义新编号样式】对话框，再【单击】确定按钮即可，如下图所示。

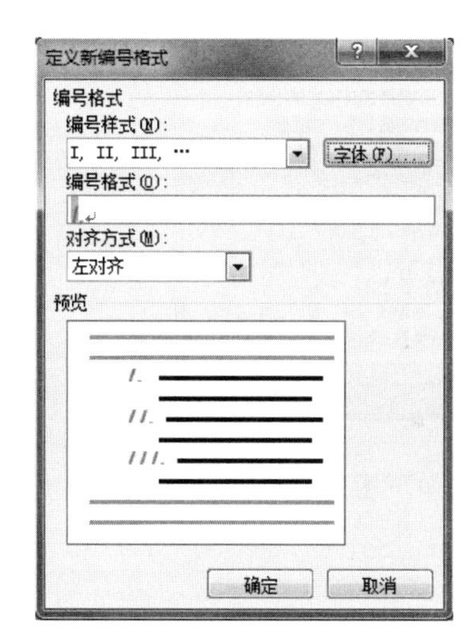

❻ 设置完成以后，效果如下图所示。

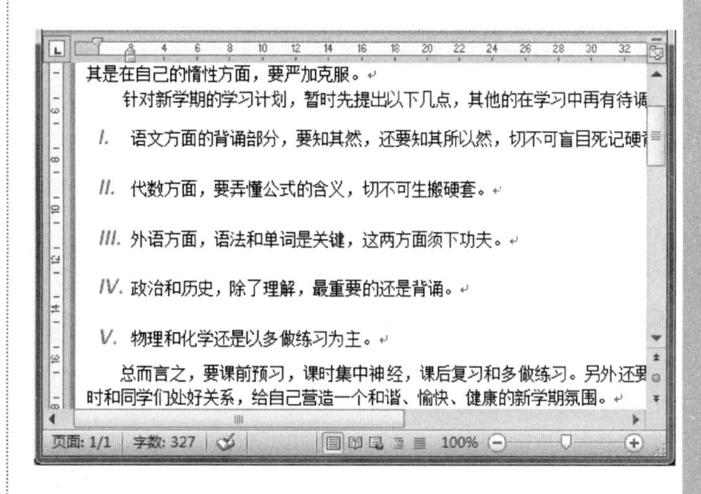

学以致用系列丛书

长见识：项目编号和符号的默认对齐方式是【左对齐】，除此之外，还有【居中对齐】和【右对齐】，效果如何您可以自己去体验。

4.5.3 应用多级列表

在某些文档中，我们经常要用不同形式的编号来体现标题或段落的层次，此时，就可以应用到多级符号列表。它最多可以有 9 个层级，每一层级都可以根据需要设置不同的格式和形式。

操作步骤

❶ 在文档中选取要设置的段落，然后单击【多级列表】按钮，在列表库中选择一种样式，如下图所示。

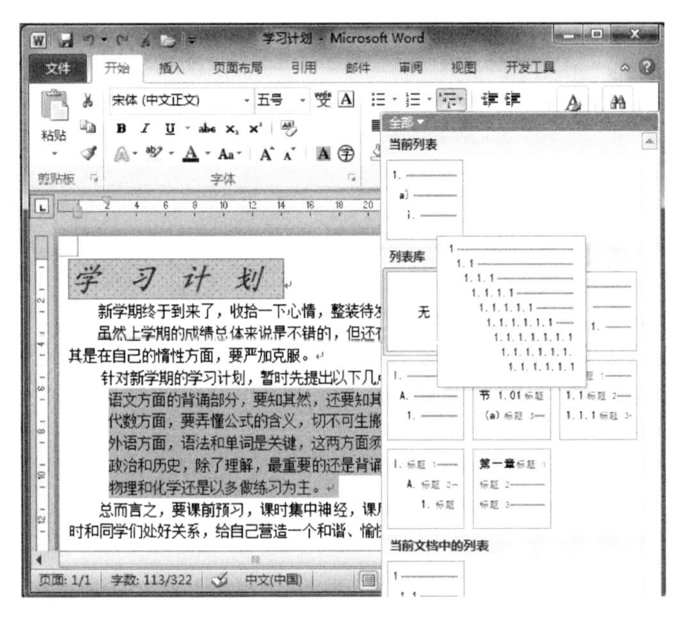

❷ 其效果如下图所示。

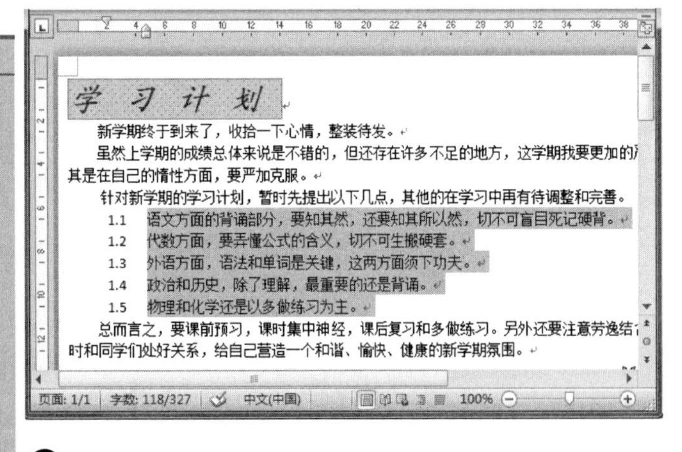

❸ 选取要设置为下一级的段落，单击【增加缩进量】按钮，如右上图所示。

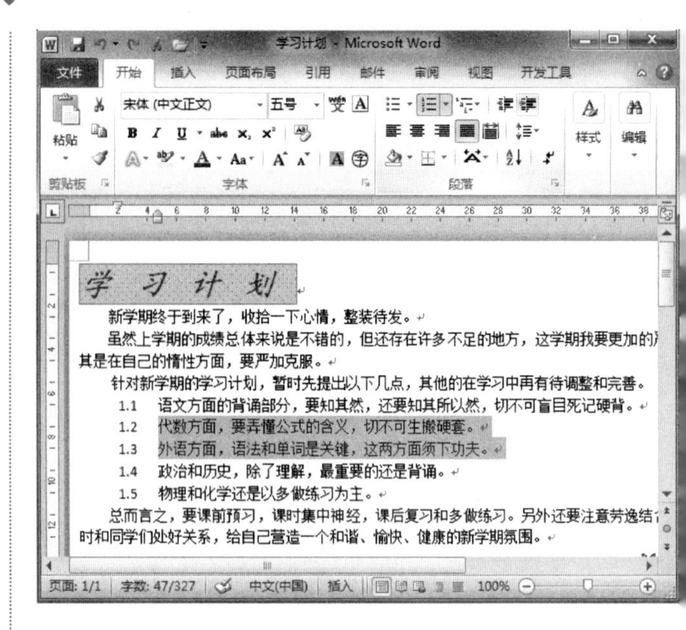

❹ 其效果如下图所示。

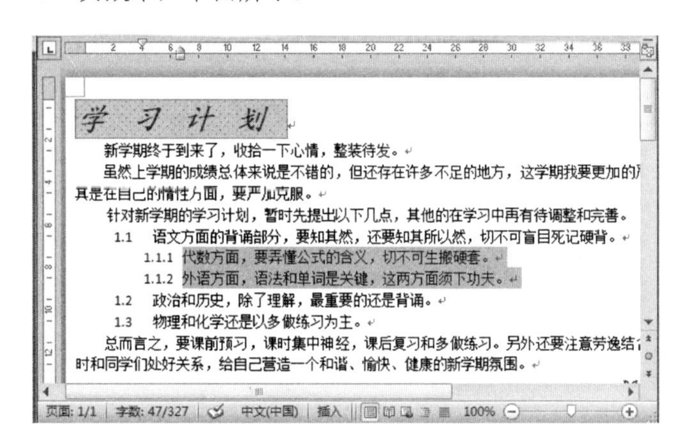

❺ 若要继续设置下一级段落，可以参照步骤 3，其效果如下图所示。

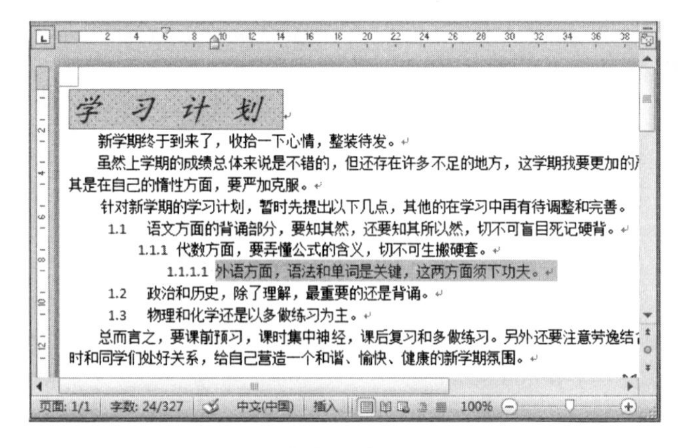

注意

不能对文档中出现的第一个层级编号使用【增加缩进量】按钮来降低其层级，只能产生缩进效果。

创建带项目符号的项目后，每次按 Enter 键时，系统都会自动添加带项目符号的项目，直到按两次 Enter 键为止。

4.6　设置分栏

在报刊、杂志上经常会见到分栏效果，分栏既可以美化页面，又可以方便阅读。下面我们也对“学习计划”文档进行分栏吧！

4.6.1　设置宽度相等的栏

如果分栏后每一栏的宽度不一样，将会影响文档的美观，并给阅读带来极大的不便，因此我们要学会如何设置宽度相等的栏。

操作步骤

❶ 在文档中选取要分栏的文本。这里选取文档中的所有文本。在【页面布局】选项卡下的【页面设置】组中，单击【分栏】按钮 ▦，如下图所示。

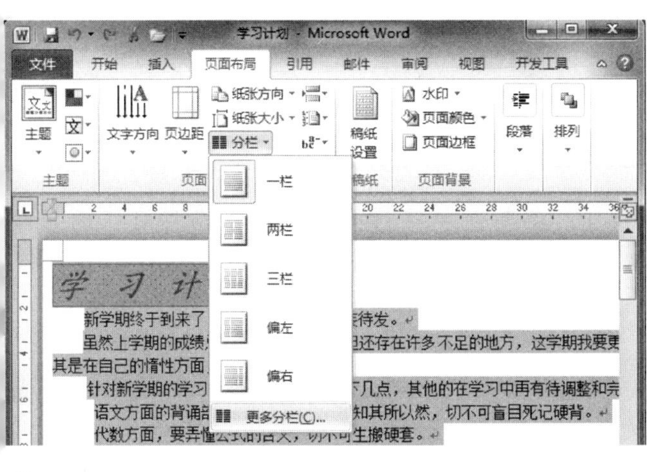

❷ 在【分栏】下拉列表中，可以从中快速选择预置的分栏样式，如果选择【更多分栏】选项，则会弹出【分栏】对话框，如下图所示。

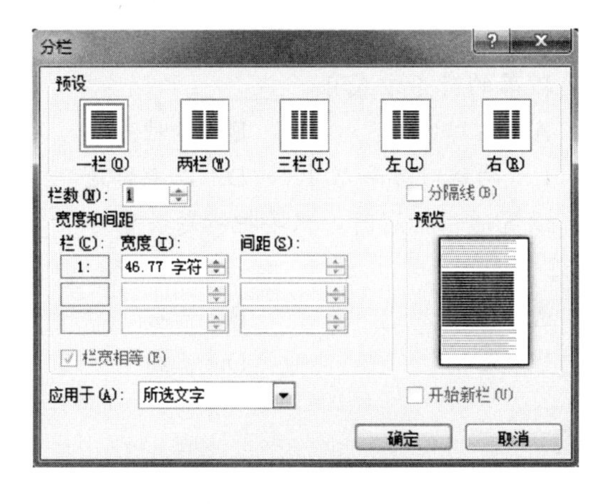

❸ 我们对文档进行如下设置：分为两栏，栏宽相等，应用于所选文字，不设置分隔线，然后单击【确定】按钮即可，如下图所示。

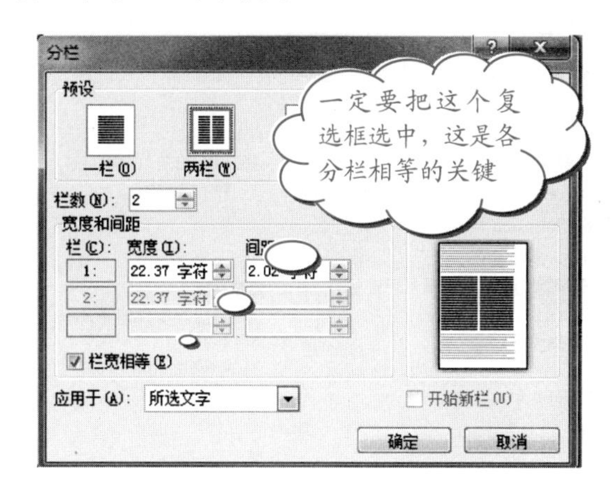

4.6.2　设置通栏标题

对文档的正文设置分栏后，我们还可以将其标题设置为跨越多栏的通栏标题，这样看起来比较舒适、美观。

操作步骤

❶ 选取要设置成通栏标题的文本，如“学习计划”。

❷ 单击【分栏】按钮，在下拉列表中选择【一栏】选项，如下图所示。

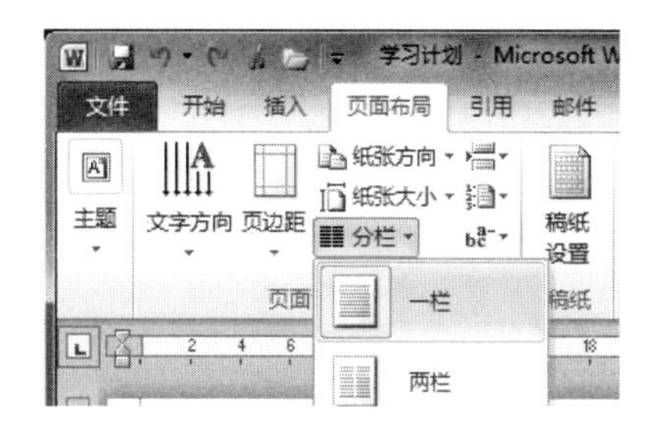

❸ 再把标题的对齐方式设置为“居中对齐”，就可以完成通栏标题的效果了，自己试试吧。

4.7　设置显示/隐藏格式标记

在【开始】选项卡下的【段落】组中，单击【显示/隐藏】按钮 ↵，即可显示或隐藏文档中的格式标记，如下图所示。

如果选中【分栏】对话框中的【分隔线】复选框，则分栏之间将会添加分隔线。如果要对整篇文章进行分栏设置，不需要进行选取，可以直接进行分栏设置。

长见识

操作步骤

❶ 选择【文件】|【选项】命令，如下图所示。

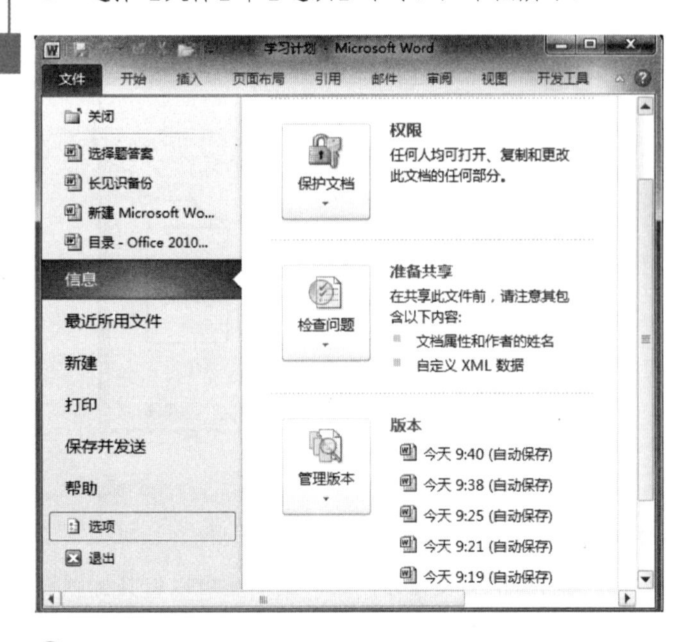

❷ 弹出【Word 选项】对话框，选择【显示】选项，在右侧窗格中的【始终在屏幕上显示这些格式标记】选项组中，取消选中不希望在文档中始终显示的任何格式标记的复选框，再单击【确定】按钮即可，如下图所示。

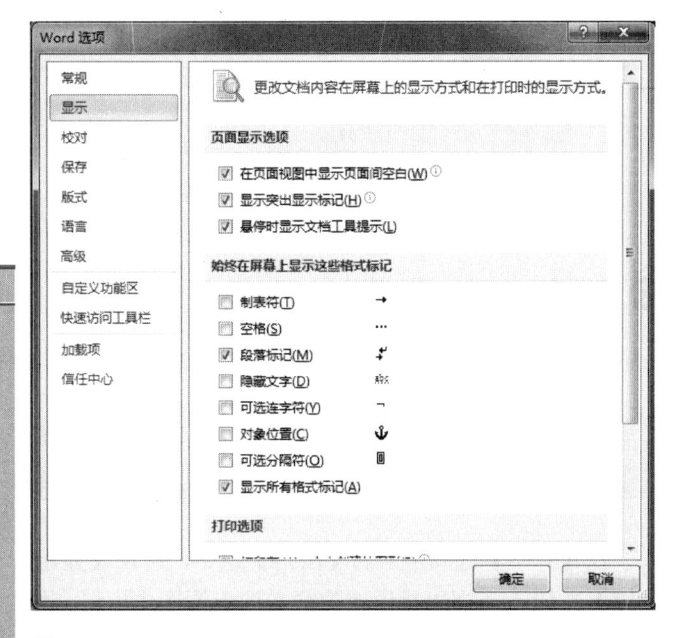

❸ 文档中出现红色、绿色和蓝色弯曲线，表示可能是拼写和语法出现了错误，如何关闭或打开这些弯曲线呢，和前面一样选择【文件】|【选项】命令，再在【Word 选项】对话框中选择【校对】选项，在右侧窗格中的【在 Word 中更正拼写和语法时】选项组中，选中或取消选中某复选框即可，如下图所示。

4.8 思考与练习

选择题

1. 要复制字符格式而不复制字符时，需用使用______。

A. 格式刷　　B. 【复制】命令

C. 【剪切】命令　　D. 【粘贴】命令

2. 在文档中要体现出文档的不同级别和层次，需要使用________。

A. 项目符号　　B. 项目编号

C. 多级列表　　D. 以上都可以

3. 下面属于段落缩进方式的是________。

A. 悬挂缩进　　B. 左缩进和首行缩进

C. 右缩进　　D. 以上都是

4. 段落的对齐方式有________。

A. 左对齐　　B. 右对齐

C. 两端对齐和居中　　D. 以上都是

5. 设置通栏标题时，只要把标题设置为________就可以了。

A. 两栏　　B. 一栏

C. 无　　D. 三栏

操作题

请将下面的内容输入到 Word 文档里，然后回答问题。

若在编辑文档过程中出现标记〰，则有可能是语句不通顺或语法错误，应及时进行查改。

学习计划

新学期终于到来了，收拾一下心情，整装待发。

虽然上学期的成绩总体来说是不错的，但还存在许多不足的地方，这学期我要更加的严格要求自己，尤其是在自己的惰性方面，要严加克服。

针对新学期的学习计划，暂时先提出以下几点，其他的在学习中再有待调整和完善。

语文方面的背诵部分，要知其然，还要知其所以然，切不可盲目死记硬背。

代数方面，要弄懂公式的含义，切不可生搬硬套。

外语方面，语法和单词是关键，这两方面须下工夫。

政治和历史，除了理解，最重要的还是背诵。

物理和化学还是以多做练习为主。

总而言之，要课前预习，课时集中神经，课后复习和多做练习。另外还要注意劳逸结合，不能偏科。同时和同学们处好关系，给自己营造一个和谐、愉快、健康的新学期氛围。

计划人：王晓丽

要求：

(1) 设置文档的标题：字体为楷体，字形为粗体，字号为二号，字体颜色设置为红色。

(2) 为文档正文设置底纹。

(3) 为整个文档设置外边框，边框线宽度为 1 磅，黑色。

(4) 给文档进行分栏设置，分为三栏，有分隔线，每一栏的宽度要相同。

(5) 对第六、七、八段进行多级编号的设置，使其逐段下降。

如果从项目符号库中删除了某个项目符号，但该项目符号仍在文档项目符号区域内可用，则可以轻松地将它添加回项目符号库。

第5章 Word 2010表格处理——制作“问卷调查”表单

在Word文档中，我们经常要用到表格。表格具有简单明了、条理性强等特点，是我们日常办公的好帮手。在这一章中，我们将学习如何在Word文档中创建和编辑表格，使我们的文档更加丰富多彩！

学习要点

- 创建“问卷调查”表单。
- 选取操作表单。
- 表单中的插入与删除操作。
- 表格中的合并与拆分操作。
- 设置表格的格式。
- 文本和表格的相互转换。
- 表格的美化。

学习目标

通过本章的学习，读者应该学会如何创建表格，并对其进行选定、插入与删除等操作；熟练掌握表格的合并与拆分、设置表格的格式以及文本和表格的相互转换等操作。

表格是我们在编辑文本时一个强有力的手段，它可以使文本更具有条理性、更清晰，使读者一目了然。还等什么，快快加入到创建表格的行列中来吧！

5.1 绘制“问卷调查”表单

在日常工作和生活中，我们都会遇到或用到各式各样的表格，如课程表、财务报表、银行账单等。因此学会创建表格是十分必要的。在这一节中，我们将通过绘制一份“问卷调查”表单，介绍几种创建表格的方法。

5.1.1 用【表格】按钮创建表格

利用【表格】按钮可以快速插入一个最大为8行10列的表格。现在以创建“问卷调查”表单为例，创建一个7行7列的表格。

操作步骤

1. 在【插入】选项卡的【表格】组中单击【表格】按钮，然后在弹出的下拉列表中，将鼠标移到制表选择框中，这时鼠标拖动过的区域变为桔红色，如下图所示。

2. 当制表选择框顶部显示7×7表格时，单击鼠标左键，这时在光标位置插入一个7行7列的表格，如下图所示。

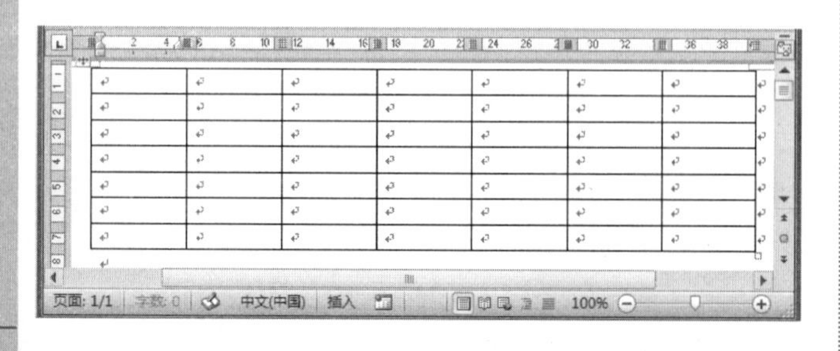

注意

通过【表格】按钮创建表格虽然很方便，但是这种方法一次最多只能插入8行10列的表格。所以这种方法只适用于创建行、列数较少的表格。

5.1.2 用【插入表格】对话框创建表格

如果想插入行、列数较多的表格，则可以使用【插入表格】对话框进行。

操作步骤

1. 单击【插入】选项卡中的【表格】按钮，在其下拉列表中选择【插入表格】选项，如下图所示。

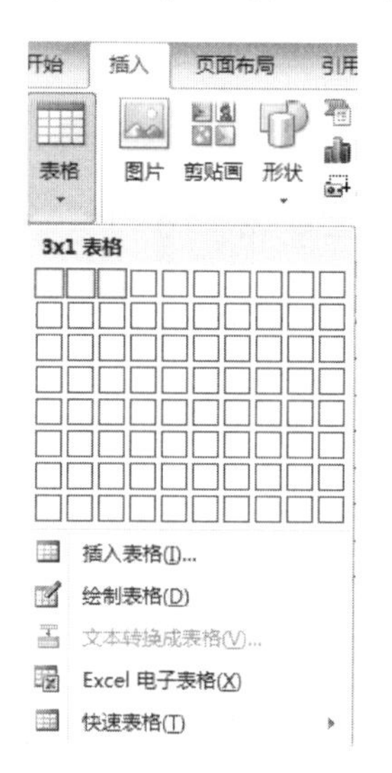

2. 弹出【插入表格】对话框，在【列数】微调框中输入“7”，在【行数】微调框中输入“7”，在【“自动调整”操作】选项组中选中【固定列宽】单选按钮，如下图所示。

3. 单击【确定】按钮。这时在光标位置处也会出现一个7行7列的表格。

长见识 在Word中创建的表格最多可达63列，如果需要编辑更大的表格，最好在Excel中进行。

5.1.3 手动绘制表格

利用以上两种方法创建的表格中规中矩，其所包含的单元格都是等高等宽的。如果想创建一个不规则的表格，可以对表格和边框进行绘制。

操作步骤

1. 单击【插入】选项卡中的【表格】按钮，在其下拉列表中选择【绘制表格】命令。
2. 这时把鼠标移至编辑区，鼠标指针将会变成铅笔的形状即✎，同时在标题栏上将出现"表格工具"字样，在菜单栏将出现【表格工具】选项卡它包含【设计】和【布局】两个选项卡，如下图所示。

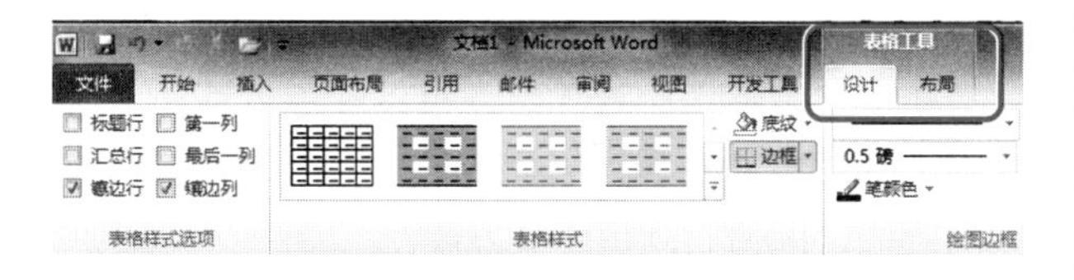

3. 按住鼠标左键不放，在文档的空白处进行拖动就可以绘制出整个表格的外边框，如下图所示。

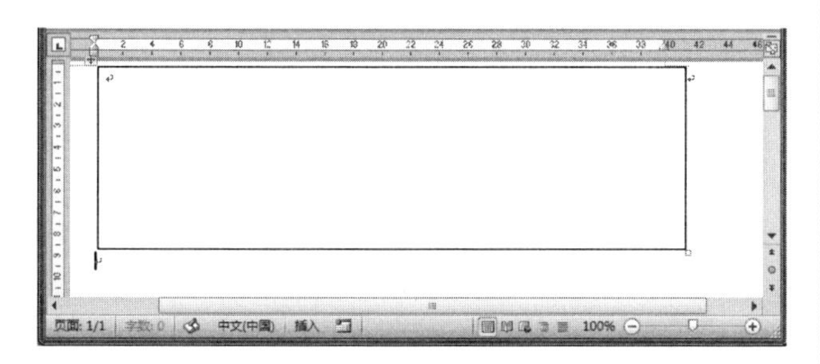

4. 按住鼠标左键不放，从起点到终点以水平方向拖动鼠标，在表格中绘制出横线，即行，如下图所示。

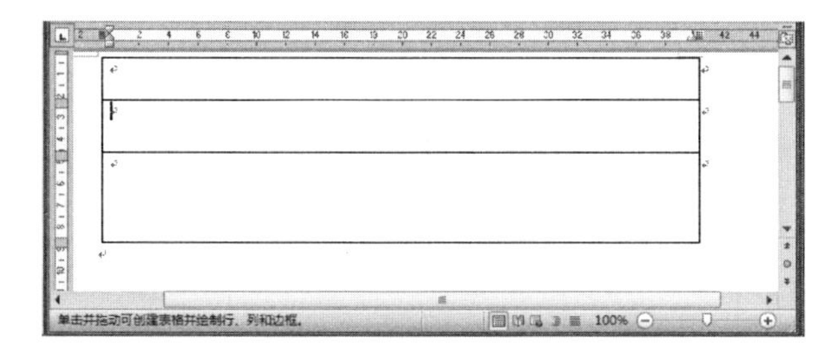

5. 按住鼠标左键不放，从起点到终点以垂直方向拖动鼠标，在表格中绘制出竖线，即列，如右上图所示。

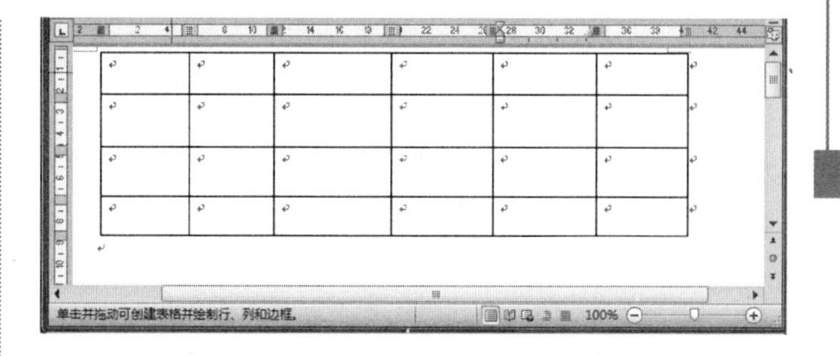

6. 将光标定位到单元格的一角，然后按住鼠标左键不放，沿其对角线的方向拖动鼠标，可绘制出表格的斜线，如下图所示。

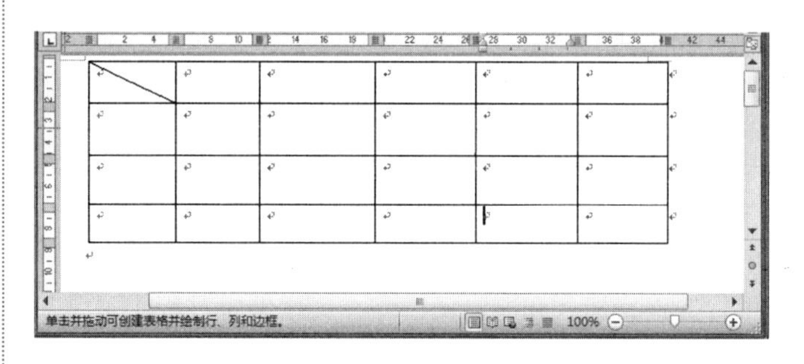

5.1.4 插入带有格式的表格

除了上面介绍的几种创建表格的方法外，下面我们来学习如何创建快速表格，快速表格具有特定的样式，无须自己设置，只要在其中修改数据即可，非常方便。

操作步骤

1. 单击【插入】选项卡中的【表格】按钮，在其下拉列表中选择【快速表格】命令，如下图所示。

2. 这时表格便创建好了，只要在其中修改数据即可，如下图所示。

学以致用系列丛书

在【插入表格】对话框中，如果选中【根据内容调整表格】单选按钮，则当在单元格中输入过长的文本时，系统将会自动调整表格的宽度。

长见识

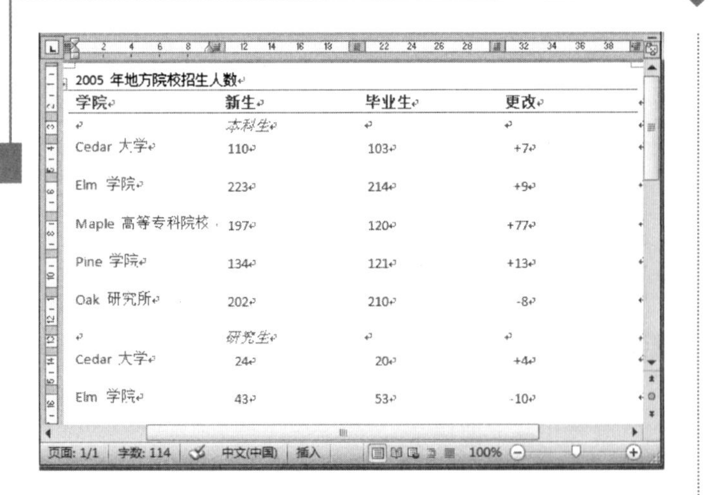

2005 年地方院校招生人数			
学院	新生	毕业生	更改
	本科生		
Cedar 大学	110	103	+7
Elm 学院	223	214	+9
Maple 高等专科院校	197	120	+77
Pine 学院	134	121	+13
Oak 研究所	202	210	-8
	研究生		
Cedar 大学	24	20	+4
Elm 学院	43	53	-10

5.2 选定、插入和删除操作

表格创建好之后，下面我们来对表格进行基本的操作。选定、插入和删除操作是在表格编辑过程中最常见也是必须学会的操作。

5.2.1 输入数据

创建好表格之后，就可以向表格中输入文本了。输入文本的方法很简单，只要把光标定位到单元格中，就可以输入文本了。例如我们可以在前面创建好的“问卷调查”表单中输入文本，具体的做法如下。

操作步骤

1. 把光标定位到单元格中，选择一种输入方式，在表格中输入文本，如下图所示。

	非常严重	比较严重	一般	不太严重	无所谓	不知道

2. 将所有表格都输入文本，如右上图所示。

	非常严重	比较严重	一般	不太严重	无所谓	不知道
下岗失业问题						
社会环境问题						
国民素质问题						
官员腐败问题						
基本收入问题						
教育普及问题						

5.2.2 选定表格/列/行/单元格

对输入的文字也可以进行各种格式设置，但在此之前必须先要掌握如何选定单元格。下面我们将通过“市场调查”表单来介绍。

在进行表格选定操作时，可以使用鼠标和【布局】选项卡两种方式选取。下面我们先来学习用鼠标进行选取的方法，因为它既快捷又方便。

1. 使用鼠标选定表格/行和列/单元格

单击表格左上角的⊞图标即可选定表格，如下图所示。

	非常严重	比较严重	一般	不太严重	无所谓	不知道
下岗失业问题						
社会环境问题						
国民素质问题						
官员腐败问题						
基本收入问题						
教育普及问题						

将光标定位在欲选取列的上方，这时指针变成向下的箭头⬇，单击鼠标左键即可选中该列，如下图所示。

	非常严重	比较严重	一般	不太严重	无所谓
下岗失业问题					
社会环境问题					
国民素质问题					
官员腐败问题					
基本收入问题					

长见识：在 Microsoft Office Word 2010 中，可以通过从一组预先设置好格式的表格(包括示例数据)中选择，或通过选择需要的行数和列数来插入表格。您可以将表格插入到文档中或将一个表格插入到其他表格中，以创建更复杂的表格。

将光标定位在欲选取行的左侧，这时指针变成指向右上方的箭头，单击鼠标左键即可选中该行，如下图所示。

将光标定位在欲选取单元格的左侧，这时指针变成指向右上方的箭头，单击鼠标左键即可选中该单元格，如下图所示。

2. 使用【布局】选项卡选定表格/行/列/单元格

除了用鼠标进行选定外，也可以用【布局】选项卡、实现对表格、行、列、单元格的选定，例如我们要在“问卷调查”表单中选取第二行，具体操作如下。

操作步骤

1. 将光标定位到表格第二行的任一单元格中，如“下岗失业问题”这一单元格中。
2. 在【布局】选项卡的【表】组中单击【选择】按钮，并在弹出的下拉列表中选择【选择行】选项，如下图所示。

3. 表格的第二行即被选中，如右上图所示。

提示

要选定表格、行、列或单元格时，在【选择】下拉列表中选择相应的选项即可。

5.2.3 在表格中插入列/行/单元格

创建好表格后，我们常常会因为情况变化或其他原因需要再插入一些新的列、行或单元格。

1. 在表格中插入列和行

如果要在“问卷调查”表单上的最后一行下再插入一行，可以进行如下操作。

操作步骤

1. 将光标定位在表格最后一行的任一单元格中；然后在【布局】选项卡的【行和列】组中单击【在下方插入】按钮，如下图所示。

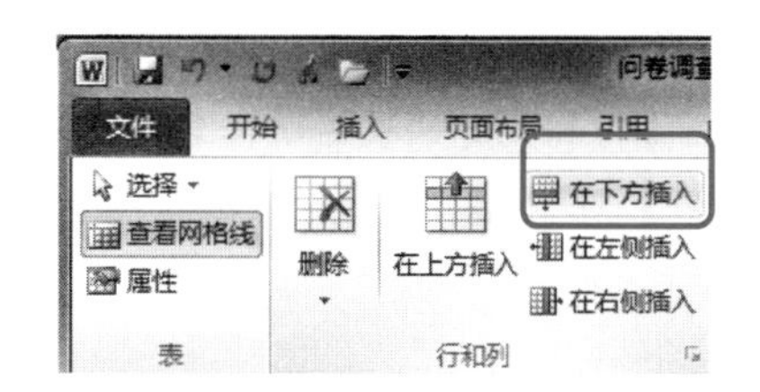

2. 在“问卷调查”表单下方将增加一行，如下图所示。

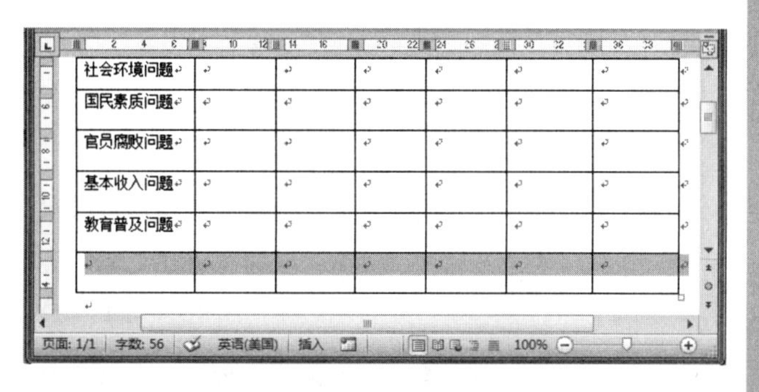

学以致用系列丛书

选定整个或部分表格，右击，在弹出的快捷菜单中选择【边框和底纹】命令，然后在弹出的【边框和底纹】对话框中切换到【边框】选项卡，接着在【设置】选项组中选择【无】选项，再单击【确定】按钮即可隐藏表格线。

长见识

提示

如要在表格中插入新列，其操作方法与插入行的操作相似，只是不是单击【在上方插入】按钮或【在下方插入】按钮，而是单击【在左侧插入】按钮或【在右侧插入】按钮。

2. 在表格中插入单元格

除了可以在表格中插入列和行以外，我们还可以在表格中插入单元格，具体操作如下。

操作步骤

1. 把光标定位到要插入单元格处的右侧或上方的单元格内，如我们在第2列、第2行插入单元格，如下图所示。

	非常严重	比较严重	一般	不太严重	无所谓	不知道
下岗失业问题						
社会环境问题						
国民素质问题						
官员腐败问题						
基本收入问题						
教育普及问题						

2. 在【表格工具】的【布局】选项卡的【行和列】组中，单击【行和列对话框启动器】按钮，弹出【插入单元格】对话框，如下图所示。

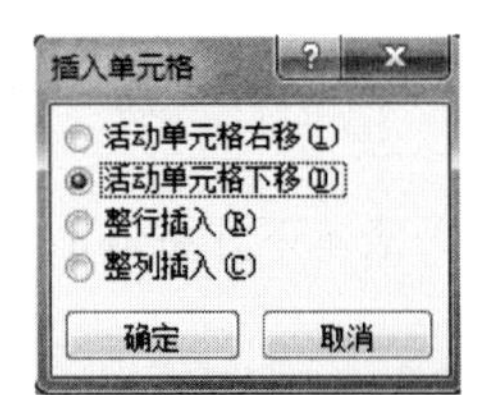

提示

在【插入单元格】对话框中，其他单选按钮的含义如下。

❖ 【活动单元格右移】：选中该单选按钮，可插入单元格，并将该行中所有其他的单元格右移。

❖ 【整行插入】：选中该单选按钮，表格将在您单击的单元格上方插入一行。

❖ 【整列插入】：选中该单选按钮，表格将在您单击的单元格左侧插入一列。

3. 选中【活动单元格下移】单选按钮，再单击【确定】按钮，效果如下图所示。

5.2.4 删除列/行/单元格

我们可以在表格中插入列、行和单元格，当然也可以在不需要某列、行或单元格时删除它们。

1. 在表格中删除列和行

我们在“问卷调查”表单中插入一行后，发现没有合适的项目可以列入，且项目的数量也刚好合适时，可以再把插入的行删除掉。

操作步骤

1. 将光标定位在要删除的行的任一单元格中，即“问卷调查”表单的空行中的任一单元格。

2. 在【布局】选项卡中单击【删除】按钮，在其下拉列表中选择【删除行】选项，如下图所示。

包含在其他表格内的表格称为嵌套表格，常用于设计网页。如果将网页看作一个包含其他表格的大表格，用户可以设计页面不同部分的布局。

3. 这时，“问卷调查”表单中的空白行将被删除，如下图所示。

	非常严重	比较严重	一般	不太严重	无所谓	不知道
下岗失业问题						
社会环境问题						
国民素质问题						
官员腐败问题						
基本收入问题						
教育普及问题						

提示

如果要在表格中删除列，其操作方法与删除行的操作相同。只是，在步骤 2 中不是选择【删除行】选项，而是选择【删除列】选项。

2. 在表格中删除单元格

下面介绍如何在表格中删除单元格，具体操作步骤如下。

操作步骤

1. 将光标定位在要删除的单元格中，如下图所示。

下岗失业问题						
社会环境问题						
国民素质问题						
官员腐败问题						
基本收入问题						
教育普及问题						

2. 在【布局】选项卡中单击【删除】按钮，在其下拉列表中选择【删除单元格】选项。

3. 弹出【删除单元格】对话框，如右上图所示。

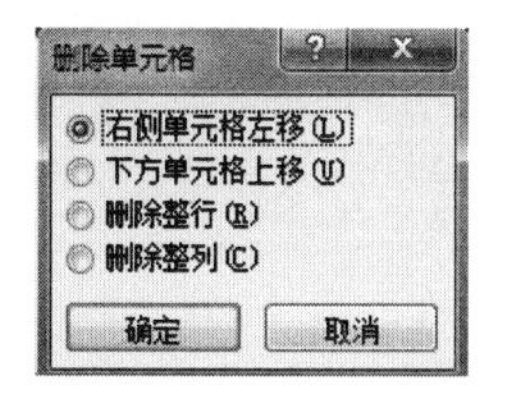

4. 选中【右侧单元格左移】单选按钮，再单击【确定】按钮，效果如下图所示。

下岗失业问题						
社会环境问题						
国民素质问题						
官员腐败问题						
基本收入问题						
教育普及问题					

提示

在【删除单元格】对话框中，其他单选按钮的含义如下。

❖ 【下方单元格上移】：选中该单选按钮，删除单元格，并将该列中剩余的现有单元格每个上移一行。该列底部会添加一个新的空白单元格。

❖ 【删除整行】：选中该单选按钮，将删除包含您单击的单元格在内的整行。

❖ 【删除整列】：选中该单选按钮，将删除包含您单击的单元格在内的整列。

5.3　合并与拆分操作

在 Word 中可以将两个或两个以上的相邻单元格合并为一个，也可以把一个单元格拆分为几个大小相同的小单元格。很神奇吧，让我们来探个究竟吧！

5.3.1　合并单元格

在“问卷调查”表单中，我们把最后一行除标题外的所有单元格合并为一个单元格。具体步骤如下。

操作步骤

1. 选定最后一行除标题外的所有单元格。在【布局】选项卡的【合并】组中单击【合并单元格】按钮，如下图所示。

将光标移到表格的第 1 行第 1 个单元格内按 Enter 键即可在表格上方插入一空行。将光标移到表格右侧换行符前按 Enter 键可在下一行插入一行单元格。

❷ “问卷调查”表单的最后一行将变成只包含两个单元格的行，如下图所示。

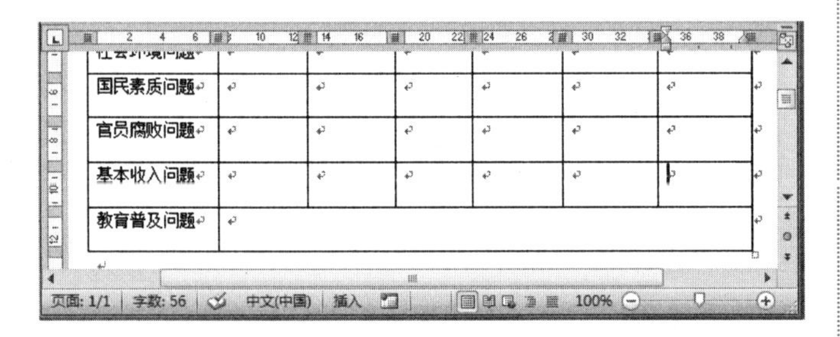

5.3.2 拆分单元格

既然可以合并单元格，那我们也可以再把单元格进行拆分。下面再把“问卷调查”表单中的最后一行拆分为 7 个单元格，具体步骤如下。

操作步骤

❶ 选定最后一行，在【布局】选项卡的【合并】组中单击【拆分单元格】按钮，如下图所示。

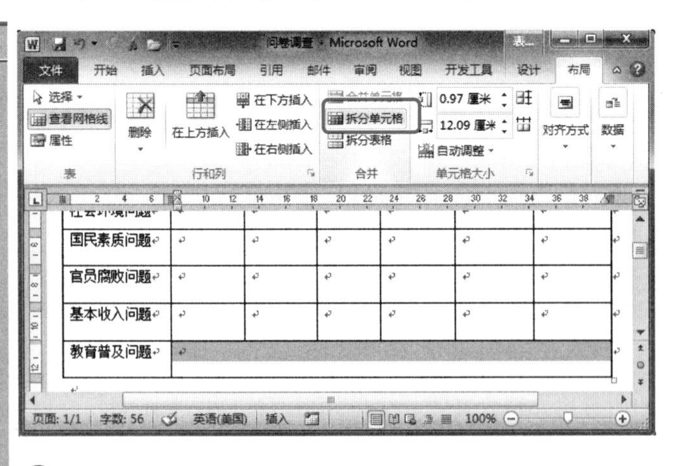

❷ 在弹出的【拆分单元格】对话框中进行设置，在【列数】微调框中输入“6”，如右上图所示。

❸ 单击【确定】按钮，这时“问卷调查”表单最后一行又变回原来的 7 个单元格，如下图所示。

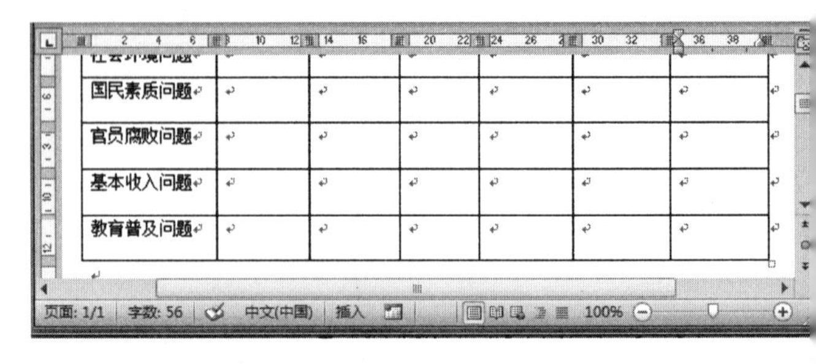

5.3.3 拆分表格

拆分表格是指将一张表从某行一分为二，拆分成两个完整的表格。拆分表格只能是水平方向，垂直方向不能拆分。下面我们就在“问卷调查”表单里试一试吧！

操作步骤

❶ 将光标定位在要拆分表格的行中，如“问卷调查”表单的第 5 行。单击【布局】选项卡的【合并】组中的【拆分表格】按钮，如下图所示。

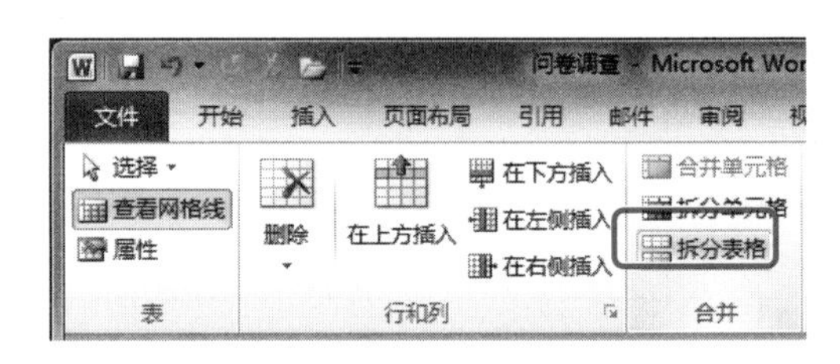

❷ 这时表将一分为二，如下图所示。

学以致用系列丛书

长见识 Word 的表格两侧不能插入其他表格，不过可以把一个表格“一分为二”，间接得到双表。方法是选定表格中间作为“分隔”的某列后，通过【边框和底纹】对话框中的预览图取消所有的横边框，就可得到“双表”了。

注意

光标选定的那一行将成为新表格的首行。在“问卷调查”表单中，第 5 行将成为新表格的第 1 行。

5.4　表格格式设置

完成了“问卷调查”表单结构的编辑后，我们的工作还未完全结束，下面我们将要对表单进行各种格式设置。

5.4.1　调整表格的列宽

我们在“问卷调查”表单中看到第 4 列标题的宽度较小，下面我们把它的列宽调大。

操作步骤

1. 把光标定位在第 1 行、第 4 列的单元格中。
2. 单击【布局】选项卡的【表】组中的【属性】按钮，如下图所示。

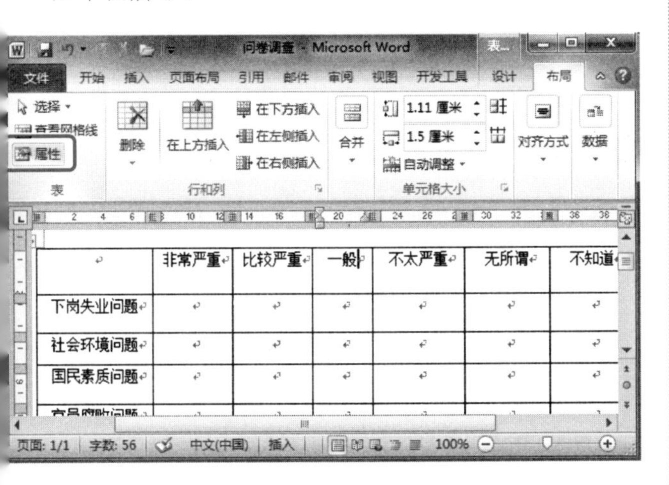

3. 在弹出的【表格属性】对话框中，切换到【列】选项卡，在【指定宽度】微调框中输入“4 厘米”，如右上图所示。

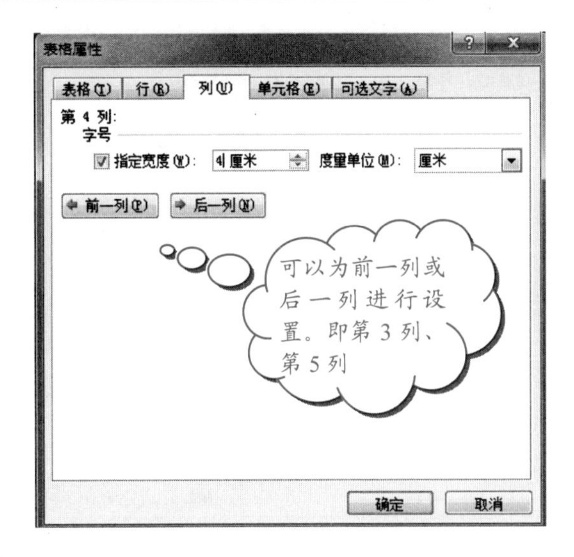

4. 单击【确定】按钮即可，其效果如下图所示。

技巧

通过使用鼠标拖动的方式改变列宽的方法如下：把光标定位到要调整列的边线，使指针变成形状，拖动鼠标就可以自由地调整列宽了，如下图所示。

5.4.2　调整表格的行高

又如我们要把“问卷调查”表单中的第一行的行高调高一点时，可以进行如下操作。

操作步骤

1. 将光标定位在第一行的任一单元格中，然后在打开的【表格属性】对话框中，切换到【行】选项卡。在【指定高度】微调框中输入“1.5 厘米”，如下图所示。

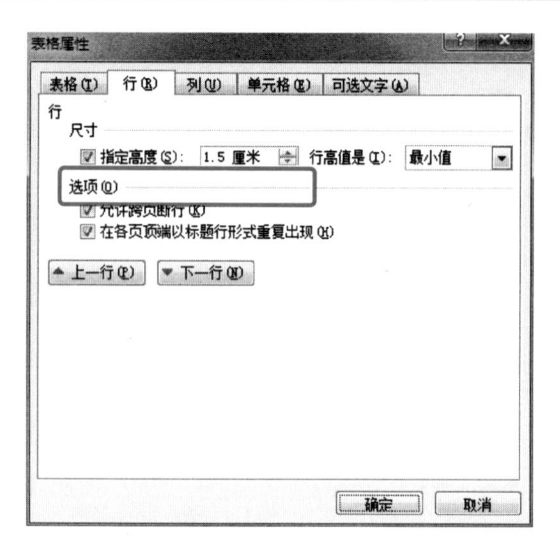

❷ 单击【确定】按钮，其效果如下图所示。

技巧

通过使用鼠标拖动的方式改变行高的方法如下：把光标定位在要调整行的边线，使指针变成÷形状，拖动鼠标就可以自由地调整行高了，如下图所示。

	非常严重	比较严重	一般	不太严重	无所谓	不知道
下岗失业问题						
社会环境问题						
国民素质问题						

5.4.3 调整表格的大小

有时因为版面设计的原因，需要调整表格的大小。这时掌握调整表格大小的方法就变得非常重要。现在我们就一起来学习吧！

操作步骤

❶ 将鼠标放在表格右下角的小正方形上，这时鼠标就变成了一个拖动标记，如下图所示。

	非常严重	比较严重	一般	不太严重	无所谓	不知道
下岗失业问题						
社会环境问题						
国民素质问题						
官员腐败问题						
基本收入问题						
教育普及问题						

❷ 按下鼠标左键，拖动鼠标，可以改变整个表格的大小，拖动的同时表格中的单元格的大小也在自动调整，如下图所示。

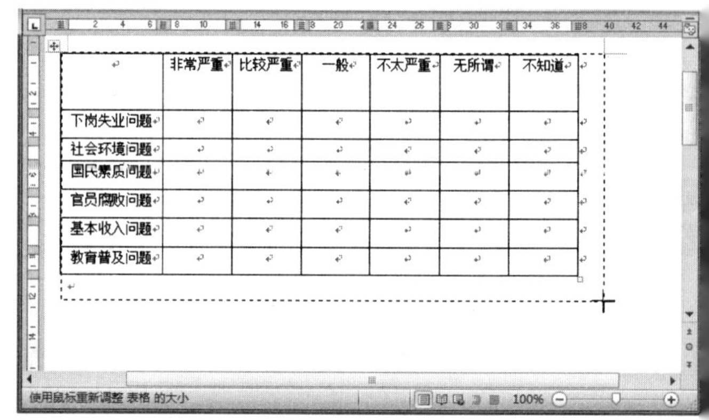

❸ 调整后的效果如下图所示。

	非常严重	比较严重	一般	不太严重	无所谓	不知道
下岗失业问题						
社会环境问题						
国民素质问题						
官员腐败问题						
基本收入问题						
教育普及问题						

5.4.4 调整表格的位置

移动表格是我们在编辑表格时常做的操作，下面我们还是以移动“问卷调查”表格为例介绍怎样移动表格。

长见识

选中整个表格，按 Delete 键，可将表格中的所有内容全部删除。注意：Delete 键是用来删除文字的，而 BackSpace 键则是用来删除表格的单元格的。

操作步骤

单击表格左上角的图标，然后拖动到想放置表格的地方，松开鼠标就可以了，如下图所示。

5.4.5 设置单元格的边距

像设置页边距一样，我们也可以对单元格的边距进行设置，其方法如下。

操作步骤

1. 单击【布局】选项卡的【对齐】组中的【单元格边距】按钮，如下图所示。

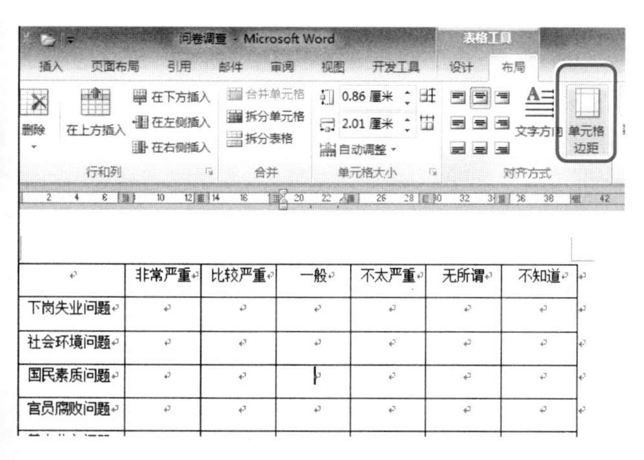

2. 在弹出的【表格选项】对话框中进行设置，如下图所示。

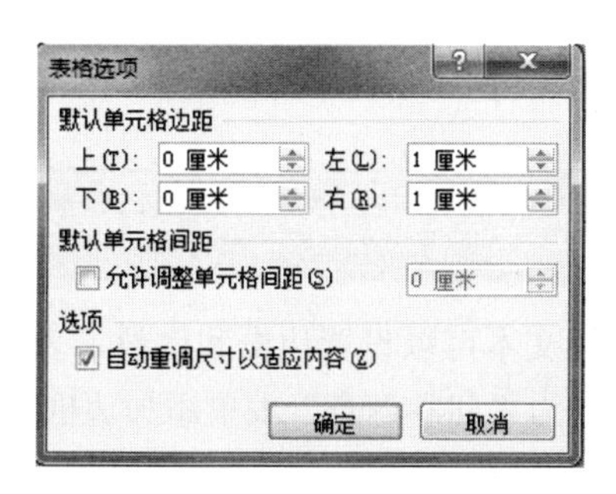

3. 单击【确定】按钮。其效果如下图所示。

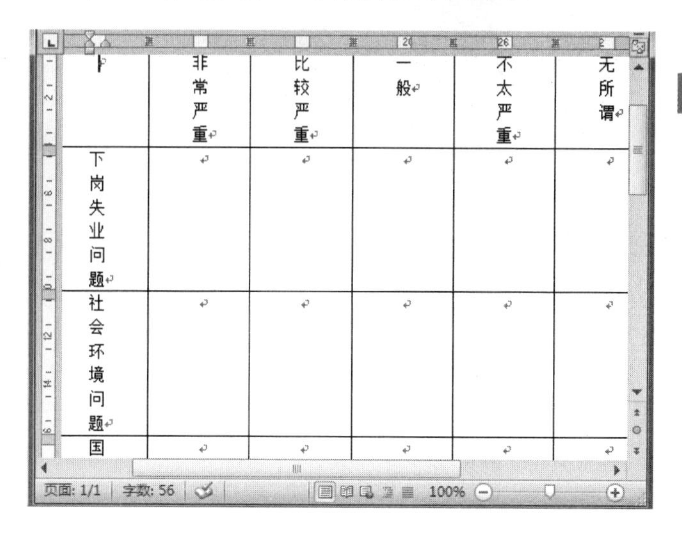

5.4.6 表格与文本互换

Word 可以实现文档中的文本与表格的相互转换，比如可以一次性将多行文本转换为表格的形式，或将表格形式转换为文本形式。这种转换给我们的工作带来了极大的方便。

1. 将排列整齐的文本转换成表格

我们在设计“问卷调查”表单时可以先在空白的文档中输入问卷调查的内容，然后再把它转换成表格。

操作步骤

1. 选中输入的问卷调查的内容，如下图所示。

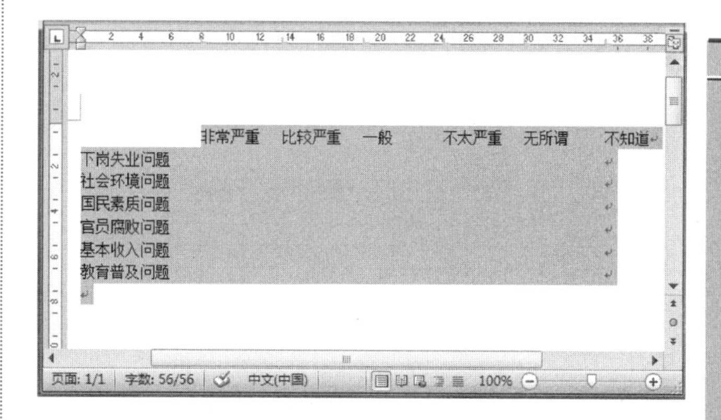

2. 然后单击【插入】选项卡中的【表格】按钮，在其下拉列表中选择【文本转换成表格】选项，如下图所示。

学以致用系列丛书

单击【布局】选项卡的【对齐方式】组中的【文字方向】按钮，可以快速调整表格中文字的方向。

❸ 弹出【将文字转换成表格】对话框，在【列数】微调框中输入“7”，在【“自动调整”操作】选项组中选中【固定列宽】单选按钮，在【文字分隔位置】选项组中选中【制表符】单选按钮，如下图所示。

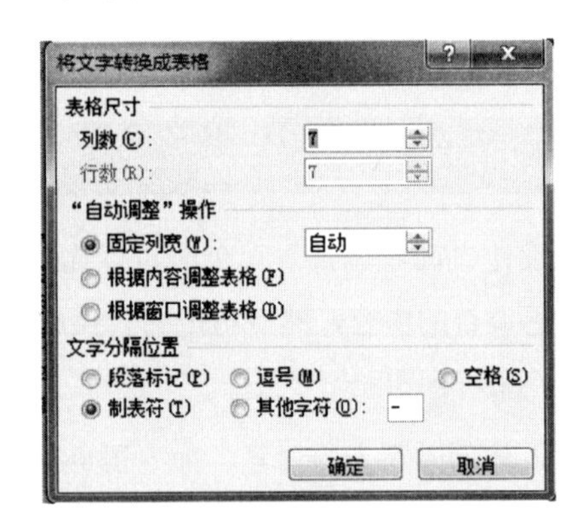

❹ 单击【确定】按钮，其效果如下图所示。

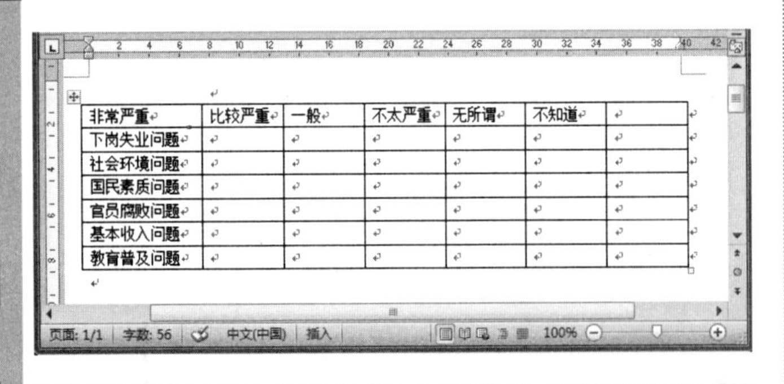

2. 将表格转化成文本

反过来，我们也可以把表格转换成文本的形式。下面我们把上面的“问卷调查”表单转换成文本的形式。

操作步骤

❶ 选定要转换的表格，如选定“问卷调查”表单。

❷ 单击【布局】选项卡的【数据】组中的【转换为文本】按钮，如下图所示。

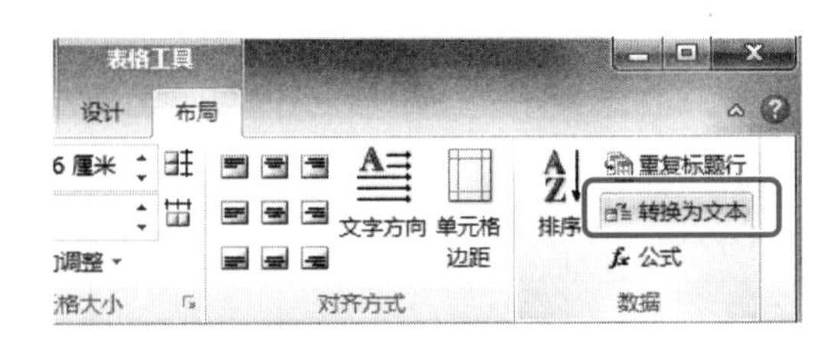

❸ 在弹出的【表格转换成文本】对话框中选中【制表符】单选按钮。

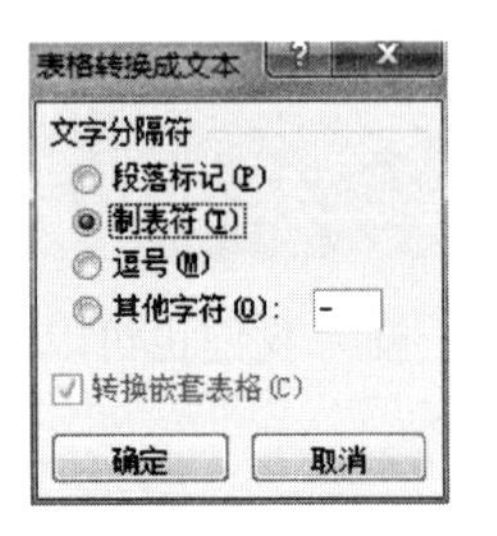

❹ 单击【确定】按钮，表格就又变成文本形式了，如下图所示。

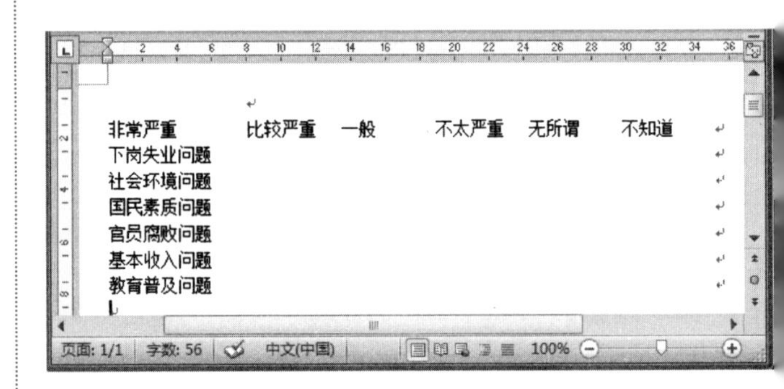

5.5 表格的美化

前面我们已经学习了如何在文档中创建表格，以及对表格进行一定的编辑，下面我们来学习如何美化表格，例如为表格添加边框和底纹等，一起来看看吧！

5.5.1 给表格添加边框和底纹

文档中的文本可以设置边框和底纹，表格也一样可以。下面我们为“问卷调查”表单添加边框和底纹吧！

操作步骤

❶ 激活表格，单击【设计】选项卡的【表格样式】组

长见识 在【页面布局】选项卡下的【页面背景】组中单击【水印】按钮，即可在文档中添加水印效果。一般在标记此文档是机密文档时才会使用水印效果。

中的【边框】按钮，如下图所示。

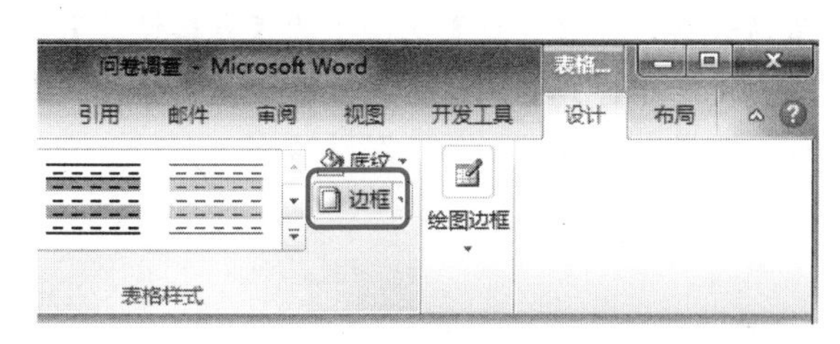

❷ 在弹出的【边框和底纹】对话框中切换到【边框】选项卡。在【设置】选项组中选择【全部】选项，在【宽度】下拉列表框中选择【1.5 磅】选项，在【应用于】下拉列表框中选择【表格】选项，如下图所示。

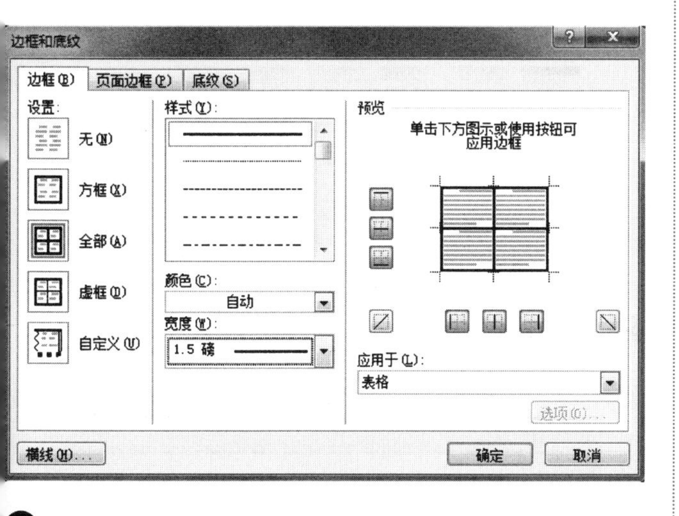

❸ 切换到【底纹】选项卡中，在【填充】下拉列表框中选择“茶色”选项，如下图所示。

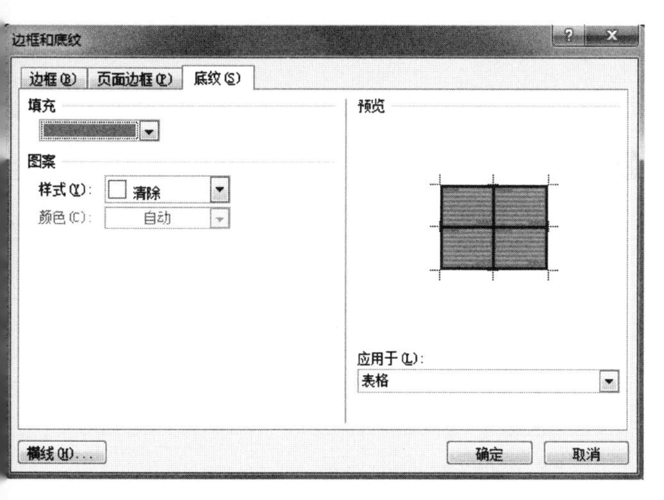

❹ 单击【确定】按钮，其效果如右上图所示。

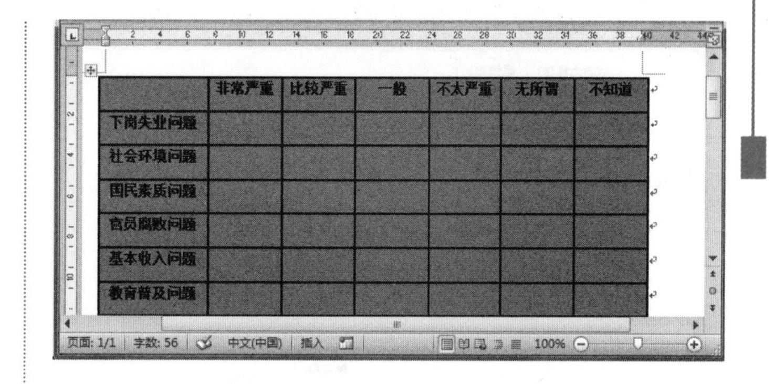

	非常严重	比较严重	一般	不太严重	无所谓	不知道
下岗失业问题						
社会环境问题						
国民素质问题						
官员腐败问题						
基本收入问题						
教育普及问题						

5.5.2 给单元格添加边框和底纹

给单元格添加边框和底纹与给表格添加边框和底纹的操作方法大致相同，只是在选取时，是选取单元格而不是表格。

操作步骤

❶ 我们选取“问卷调查”表单中的第 1 行、第 2 列，单击【设计】选项卡的【表格样式】组中的【边框】按钮，如下图所示。

	非常严重	比较严重	一般	不太严重	无所谓	不知道
下岗失业问题						
社会环境问题						
国民素质问题						
官员腐败问题						
基本收入问题						
教育普及问题						

❷ 在弹出的【边框和底纹】对话框中切换到【底纹】选项卡，在【填充】下拉列表框中选择【红色】选项，如下图所示。

在使用【绘制斜线表头】对话框编辑表头时，新的表头将会代替原有的表头。如果表格单元格容纳不下输入的标题，会看到提示警告，并且容纳不下的字符会被截掉。

长见识

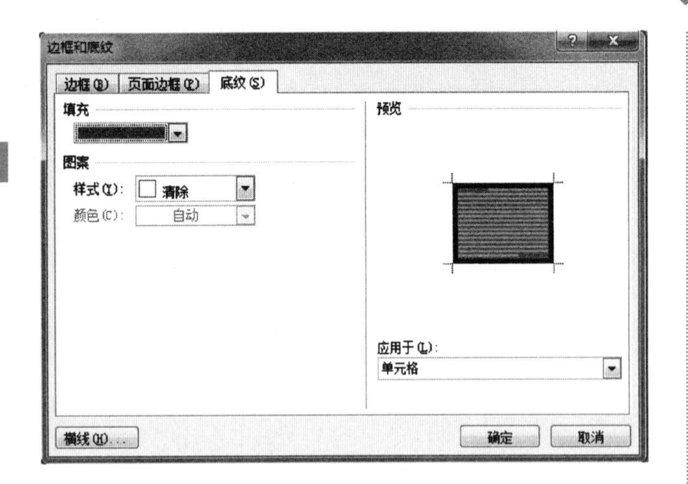

❸ 切换到【边框】选项卡，然后在【设置】选项组中选择【方框】选项，接着在【宽度】下拉列表框中选择【3 磅】选项，再在【应用于】下拉列表框中选择【单元格】选项，如下图所示。

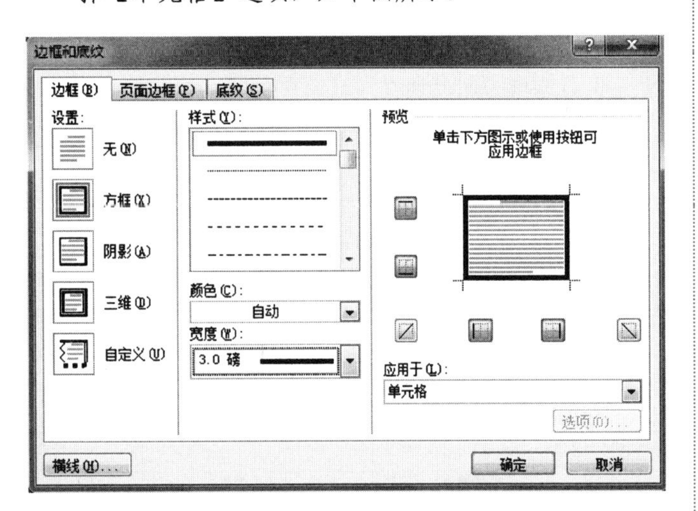

❹ 单击【确定】按钮。其效果如下图所示。

5.5.3　给表格套用样式

在 Word 2010 中自带了很多样式，套用这些样式可以快速美化表格，下面一起来为表格应用样式吧！

操作步骤

❶ 激活表格，在【设计】选项卡的【表格设计】组中单击【表格样式】下拉按钮，打开【表格样式】列表，选择一种样式，如下图所示。

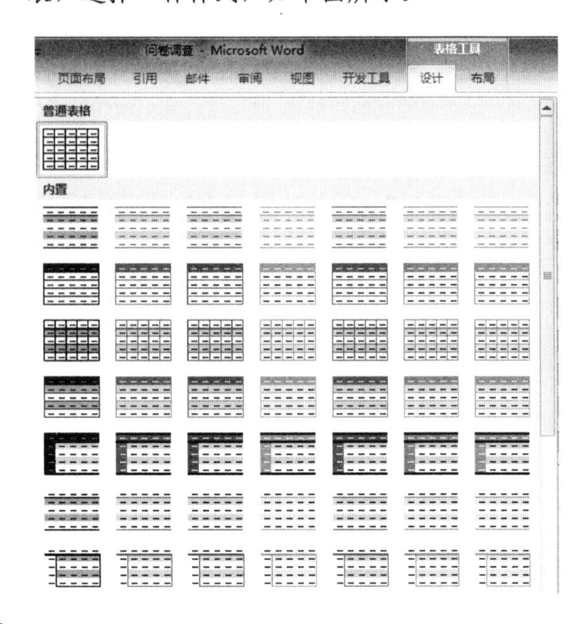

❷ 这时表格就被套用上了美丽的样式，如下图所示。

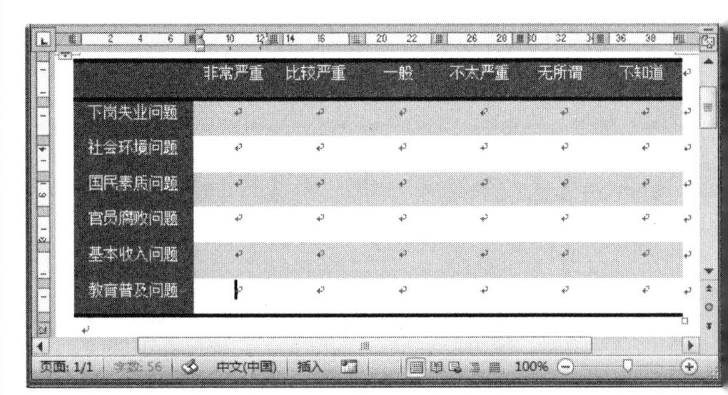

❸ 若对表格样式不满意，可以对其进行修改。在【表格样式】下拉列表中选择【修改表格样式】选项，如下图所示。

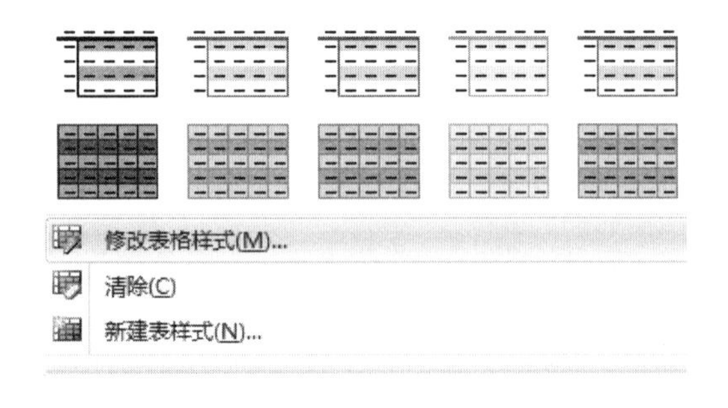

❹ 打开【修改样式】对话框，在其中即可对原有样式进行修改，再单击【确定】按钮即可，如下图所示。

长见识　在按住 Alt 键的同时单击表格中的任一单元格，可选中这个单元格所在的列。在按住 Alt 键的同时双击表格中的任一单元格，可以选中整个表格。

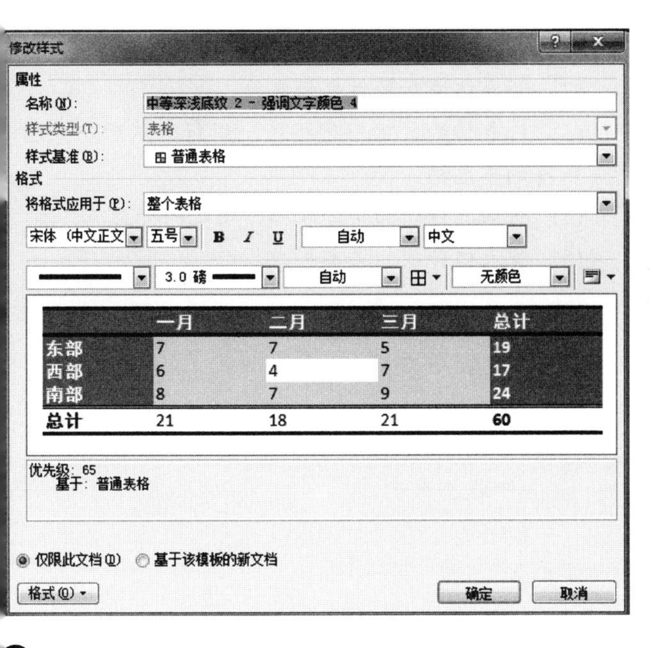

5 若想要自己动手创建样式，可以选择【新建表样式】选项，如下图所示。

6 打开【根据格式设置创建新样式】对话框，在其中可以创建新的样式，如下图所示。

7 若不再需要显示样式，可以对其进行删除，在【表格样式】下拉列表中选择【清除】选项即可，如下图所示。

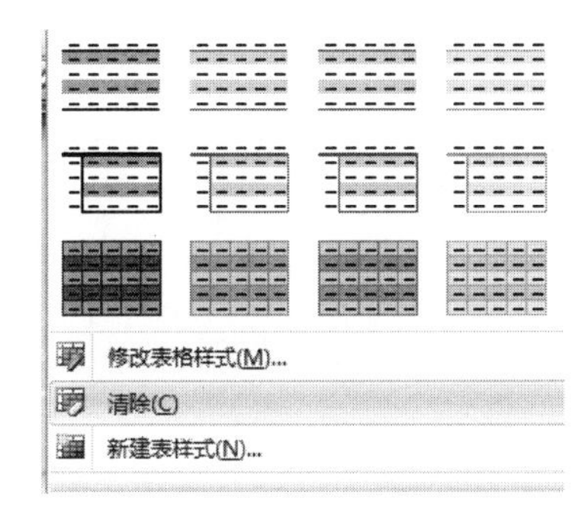

5.6　思考与练习

选择题

1. 利用【表格】按钮可以快速插入一个最大为________的表格。

A. 8 行、10 列　　B. 10 行、10 列
C. 7 行、7 列　　D. 10 行、8 列

2. 合并与拆分操作一般在________选项卡中进行。

A. 【开始】　　B. 【插入】
C. 【布局】　　D. 【引用】

3. 给表格添加边框和底纹是在________选项卡中进行的。

A. 【开始】　　B. 【布局】
C. 【设计】　　D. 【插入】

4. 如果将排列整齐的文本转换成表格，应该在【将文字转换成表格】对话框中的【文字分隔位置】选项组中选中________单选按钮。

A. 【制表符】　　B. 【空格】
C. 【逗号】　　D. 【段落标记】

操作题

1. 创建一个 9 行、9 列的表格，再插入 1 行、1 列使之变成 10 行、10 列的表格。合并第 1 行与第 2 行，删除第 1 列。再看这个表格最后成了几行、几列的表格。

2. 根据下面的表格进行操作。

长见识：表格没有应用边框时，网格线在屏幕上显示表格的单元格边界。如果您隐藏拥有边框的表格的网格线，将看不到变化，因为网格线在边框的后面。要查看网格线，请删除边框。

	非常严重	比较严重	一般	不太严重	无所谓	不知道
下岗失业问题						
社会环境问题						
国民素质问题						
官员腐败问题						
基本收入问题						
教育普及问题						

页面: 1/1　字数: 56　中文(中国)　插入　100%

(1) 在文档中插入如上图所示的表格。

(2) 给表格添加橘红色的底纹。

(3) 给表格的最后一行插入一新行，然后合并这一行中所有的单元格。

(4) 从第 3 行开始拆分表格，使之一分为二。

(5) 把表格转换为文本形式。

长见识

把 Word 2010 加载项减负从而为 Word 加速，因为第一次启动 Word 自动加载这些项实在是耗费机器资源，要保留内存并加快 Word 的运行速度，最好卸载不常用的模板和加载项程序。

第6章 Word 2010 图形处理——制作贺卡

一年之中总有许多大大小小的节日。在这些特殊的日子里，我们总会给亲朋好友发去贺卡，送去我们的祝福。在计算机普及的时代里，电子贺卡成为一种流行，在这一章中我们将一起来学习制作贺卡。

学习要点

❖ 绘制自选图形并设置其格式。
❖ 插入艺术字并设置其格式。
❖ 插入图片与剪贴画。
❖ 插入屏幕截图。
❖ 插入文本框并设置其格式。
❖ 实现图文混排。

学习目标

通过本章的学习，读者应该学会如何在文档中绘制自选图形，插入艺术字、图片、剪贴画、文本框，并学会如何对它们进行格式设置，最终实现图文混排。在逢年过节时，您可以依照自己的心意制作一个贺卡送给亲朋好友，那么这一章的学习就达到效果了。

6.1 设置贺卡框架

过节时，我们都会向亲朋好友送贺卡。但在买现成的贺卡时，常常会苦恼找不到合意的贺卡，那么，为什么不动手自己做一个贺卡呢？下面我们就来制作一张新年贺卡。

6.1.1 定制贺卡大小

制作贺卡的第一步是要设置它的大小，就像人物素描一样，要先画出轮廓。

操作步骤

1. 新建一个文档，单击【页面布局】选项卡的【页面设置】组中的【页面设置对话框启动器】按钮，如下图所示。

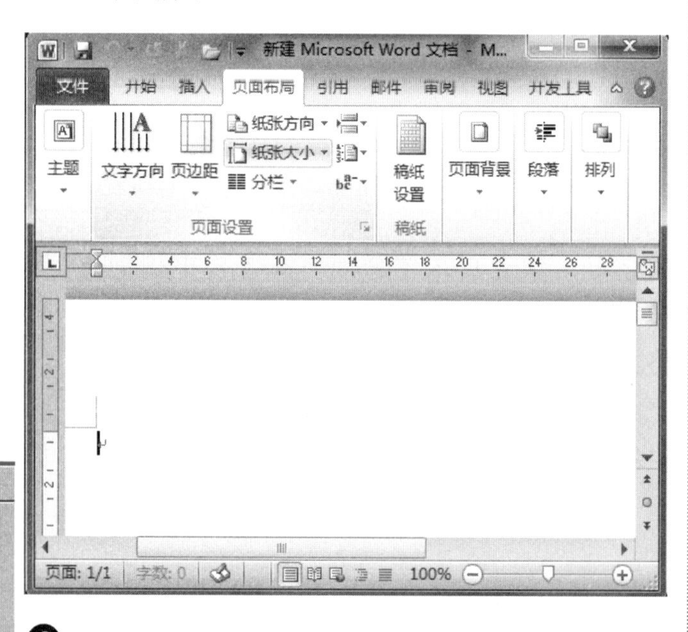

2. 打开【页面设置】对话框，切换到【纸张】选项卡。在【纸张大小】下拉列表框中选择【自定义大小】选项，一般贺卡的大小为17×12、14×8.5、18×13等，可根据需要进行设置。如我们在【宽度】微调框中输入“18厘米”，在【高度】微调框中输入“13厘米”，如右上图所示。

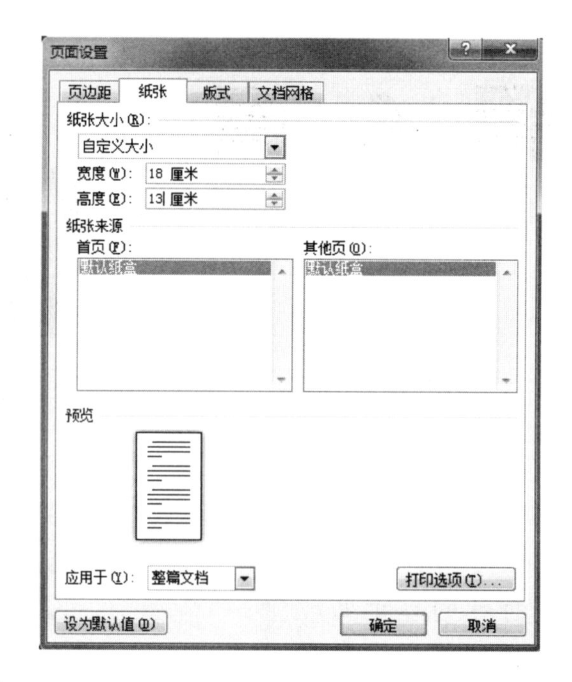

3. 单击【确定】按钮，贺卡的大小就确定下来了。

6.1.2 选择贺卡背景

为贺卡添加背景，我们一般通过【主题】按钮和【页面颜色】按钮来进行。【主题】下拉列表是一组格式的集合，包括主题颜色、主题字体和主题效果。通过它您可以快速、轻松地设置整个文档的格式，赋予文档专业、时尚的外观。

操作步骤

1. 单击【页面布局】选项卡中的【主题】按钮，在其下拉列表中选择相应的主题，如我们选择【华丽】选项，如下图所示。

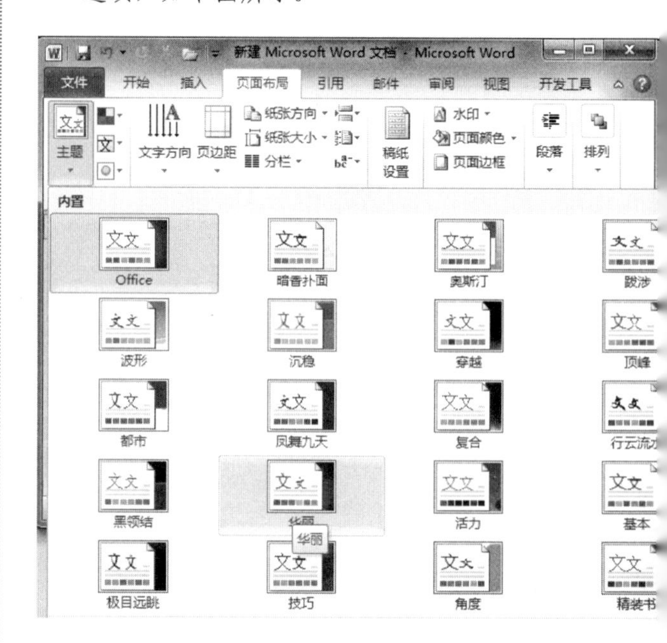

长见识：如果设置的自选图形是线条或连接符，则不能对其进行填充操作，但可以进行样式和大小的设置。

❷ 同样在【页面布局】选项卡中，单击【页面背景】组中的【页面颜色】按钮，可在其下拉列表中选择相应的颜色，也可以选择【填充效果】选项。

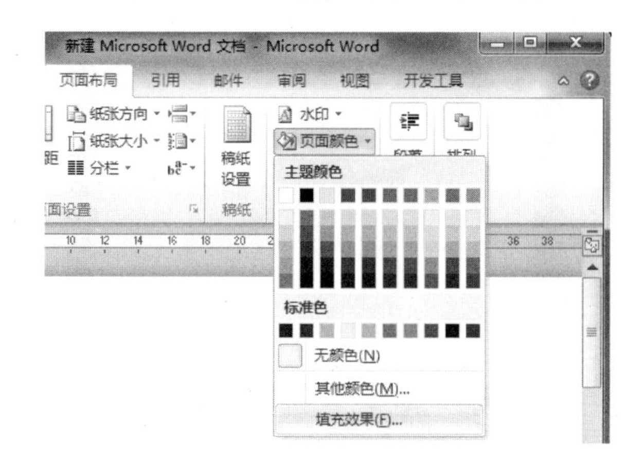

❸ 如果选择【填充效果】选项，则会打开【填充效果】对话框。切换到【纹理】选项卡，选择【水滴】纹理，如下图所示。

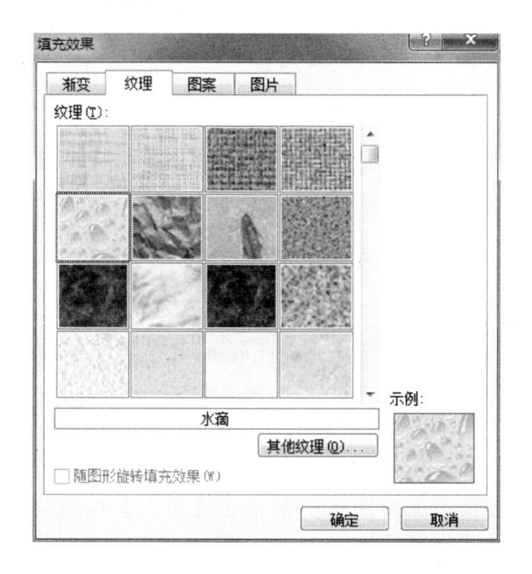

❹ 单击【确定】按钮，其效果如下图所示。

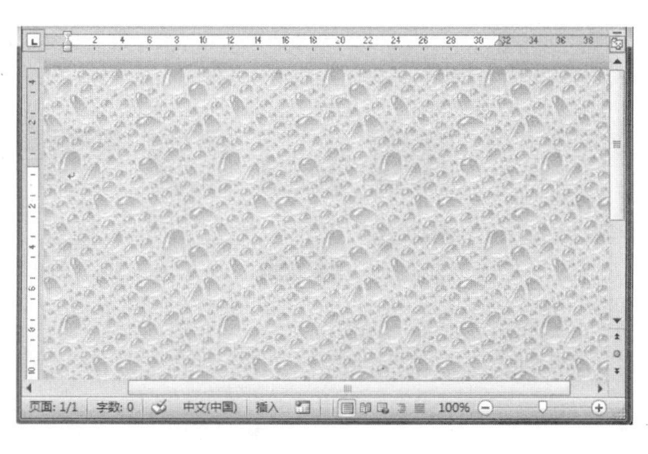

6.1.3 设置边框和底纹

设置好贺卡的背景之后，为了突出贺卡的内容，我们常常要为其添加边框和底纹。

操作步骤

❶ 单击【页面布局】选项卡的【页面背景】组中的【页面边框】按钮，如下图所示。

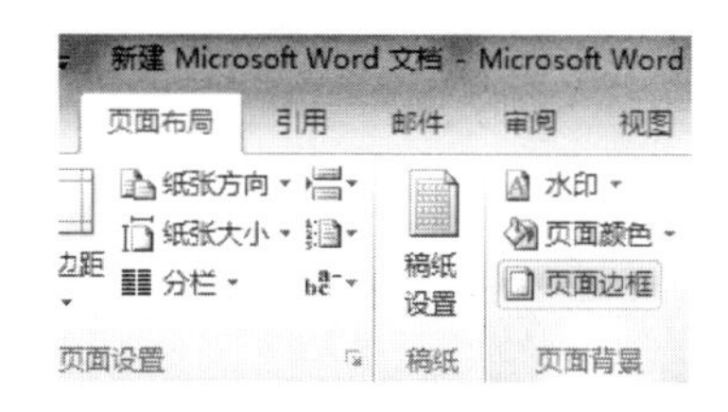

❷ 弹出【边框和底纹】对话框，切换到【页面边框】选项卡。在【设置】选项组中选择【方框】选项，在【艺术型】下拉列表框中选择一种样式，在【应用于】下拉列表框中选择【整篇文档】选项，如下图所示。

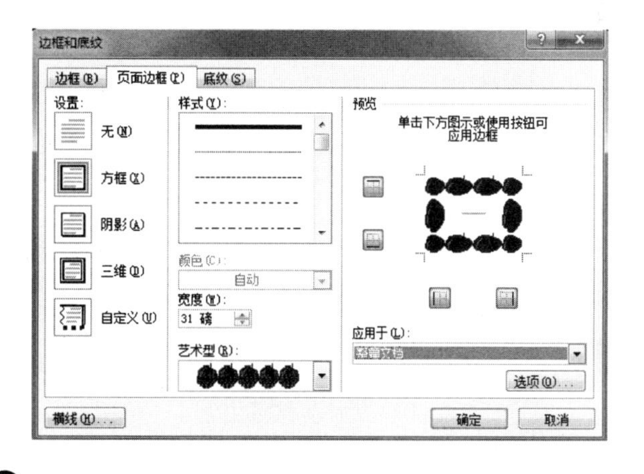

❸ 如果要设置底纹，则切换到【底纹】选项卡。可以根据需要选择设置或不设置，在此生日贺卡中我们选择不添加底纹，如下图所示。

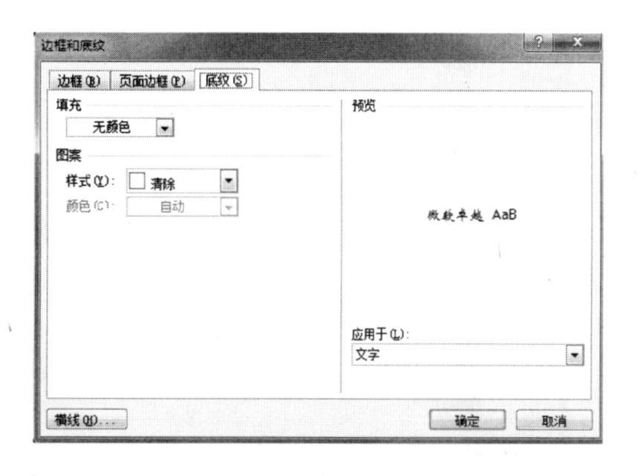

❹ 单击【确定】按钮，则贺卡的效果如下图所示。

单击选中图片，就会激活【绘图工具】，其中包含一个【格式】选项卡，在该选项卡下单击相应的选项即可对图片进行格式设置，如我们选择【快速样式】选项，就会对图片进行样式设置。

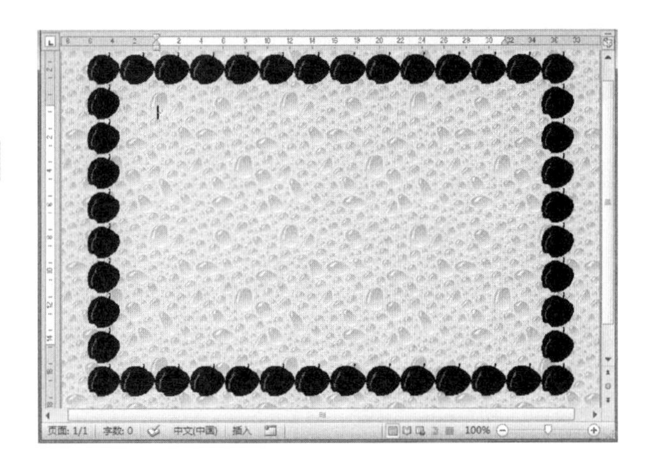

6.2 在贺卡中插入图形

贺卡的框架建立好之后，就可以往里面添加内容了。可以在贺卡里添加各种各样的图片或图形，让它发挥更美观的效果。

6.2.1 绘制自选图形

为了让标题更醒目、漂亮，我们常常要为贺卡的标题做一个衬底。下面为贺卡绘制一个自选图形作衬底。

操作步骤

1. 单击【插入】选项卡的【插图】中的【形状】按钮，在其下拉列表中选择【星与旗帜】选项组中的【爆炸型2】选项，如下图所示。

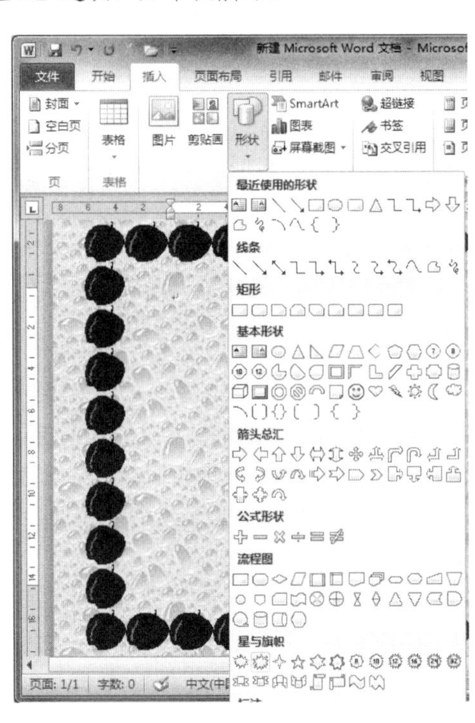

2. 把鼠标指针移至贺卡上，这时指针变成了加号十的形状。在想要插入的地方按住鼠标左键不放，拖动鼠标到适当的位置，松开鼠标即可，如下图所示。

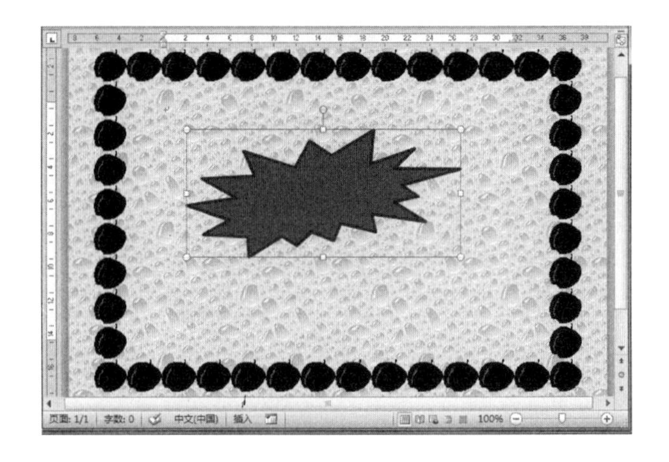

6.2.2 插入图片与剪贴画

为了使贺卡的内容更丰富，我们还可以在其中插入图片与剪贴画，具体操作如下。

操作步骤

1. 单击【插入】选项卡下的【插图】组中的【图片】按钮，如下图所示。

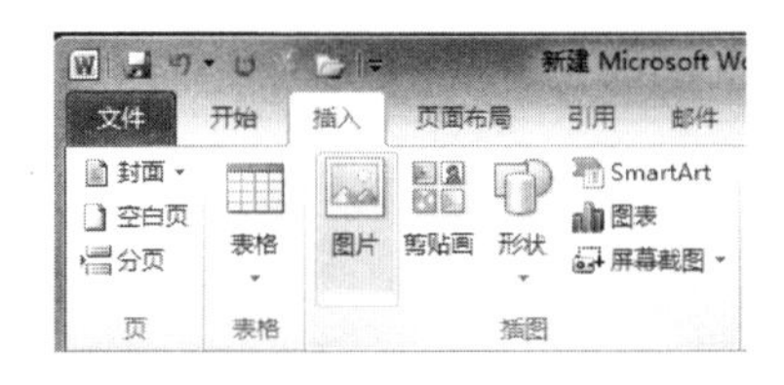

2. 打开【插入图片】对话框，找到存放图片的位置，单击选中一个图片，再单击【插入】按钮，如下图所示.

学以致用系列丛书

长见识　在制作艺术字时，既可以选择艺术字样式后再输入艺术字的内容；也可以选中已有的文字，然后将其转变为艺术字。

❸ 这时图片已被插入到文档中了，效果如下图所示。

❹ 若要插入剪贴画，可以单击【剪贴画】按钮，如下图所示。

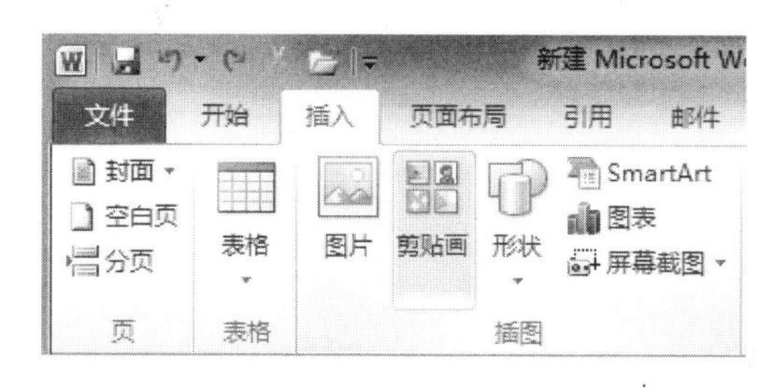

❺ 这时打开【剪贴画】对话框，在【搜索文字】文本框中输入“卡通”，如下图所示。

❻ 这时即可搜索出很多剪贴画样式，选中一种您满意的即可，如右上图所示。

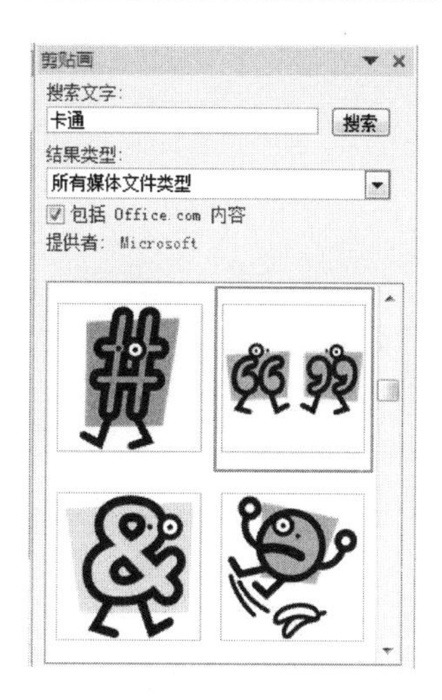

❼ 插入剪贴画之后的效果如下图所示。

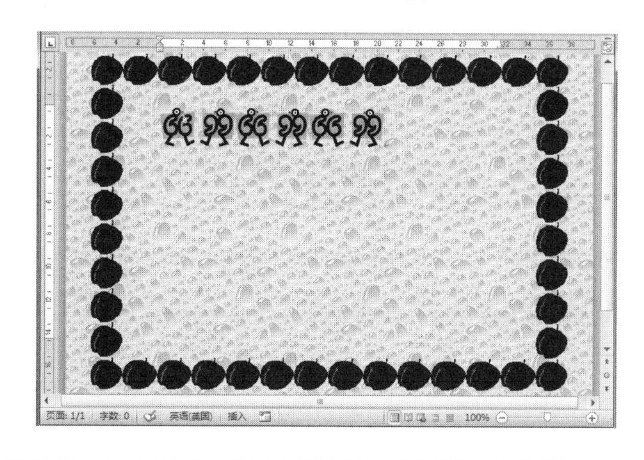

6.2.3　插入屏幕截图

屏幕截图是 Word 2010 的新增功能，利用屏幕截图可以随时随地截取当前正在编辑的窗口中的图片，下面我们来学习一下。

操作步骤

❶ 单击【插入】选项卡的【插图】组中【屏幕截图】下的【屏幕剪辑】按钮，如下图所示。

❷ 此时 Windows 桌面已被冻结，在需要剪辑的位置单击鼠标左键往下拖动，如下图所示。

若使用屏幕截图时您打开了多个窗口，单击【屏幕截图】按钮时，这些打开的窗口的缩略图便会出现在下拉列表中，单击其中一个便能得到相应窗口的图片。

❸ 拖到合适位置后释放鼠标，刚才剪辑的图片就被添加到文档中了，效果如下图所示。

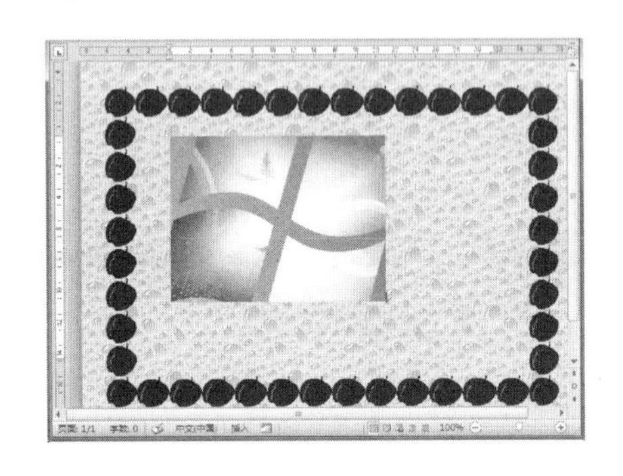

6.2.4 设置图形格式

插入的图形没有经过任何的修饰，看起来非常单调。下面我们来设置图片格式，使它看起来更漂亮，就以前面插入的自选图形为例来进行说明。

操作步骤

❶ 选中自选图形，右击并在弹出的快捷菜单中选择【设置形状格式】命令，如下图所示。

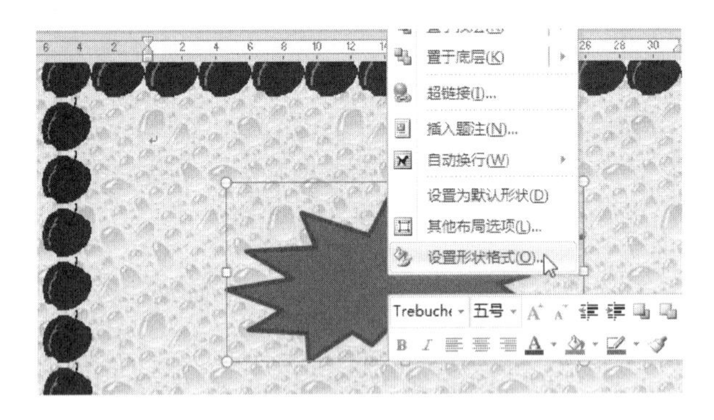

❷ 弹出【设置图片格式】对话框。在这个对话框中，可以通过切换到不同的选项卡中进行填充、线条颜色、阴影等各方面的设置。如在左侧窗格中选择【填充】选项，然后在右侧窗格的【纹理】下拉列表框中选择【鱼类化石】选项，如右上图所示。

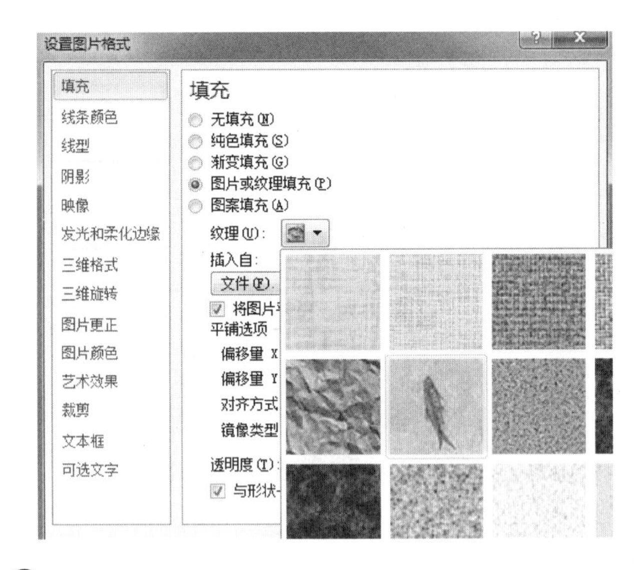

❸ 在左侧窗格中选择【线条颜色】选项，然后在右侧窗格中选中【实线】单选按钮，并在【颜色】下拉列表框中选择【紫色】选项，如下图所示。

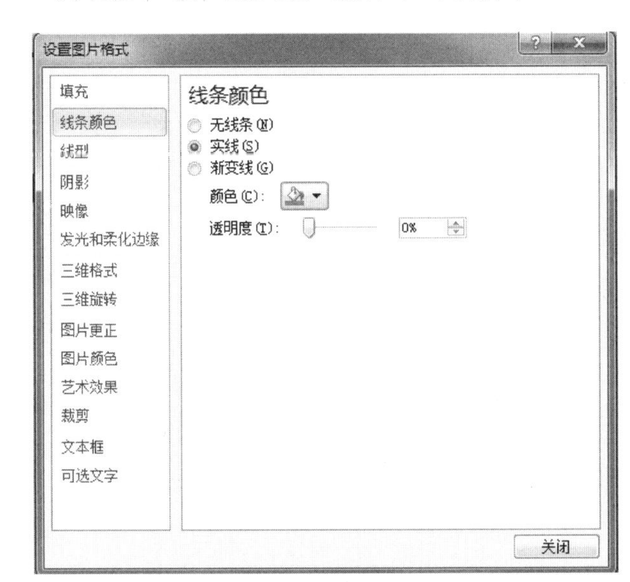

❹ 单击【关闭】按钮，效果如下图所示。

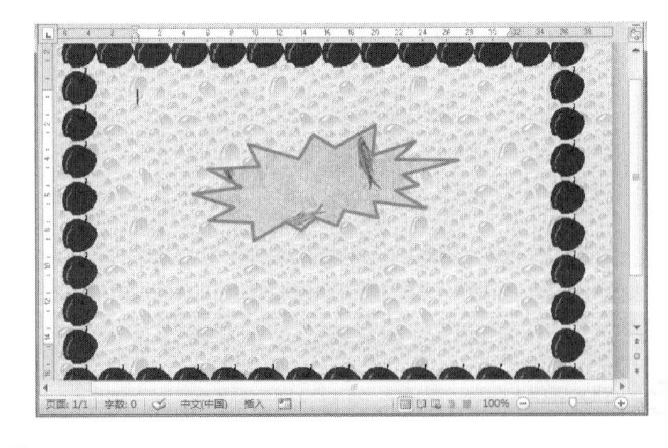

❺ 再次在自选图形上右击，从弹出的快捷菜单中选择【其他布局选项】命令，如下图所示。

如果希望将Word 2010自选图形进行90°旋转，可以在【绘图工具】下的【格式】选项卡中进行设置。选中自选图形，在自动打开的【绘图工具】下的【格式】选项卡中，单击【排列】组中的【旋转】按钮，并在打开的列表中选择【向右旋转90°】或【向左旋转90°】选项。

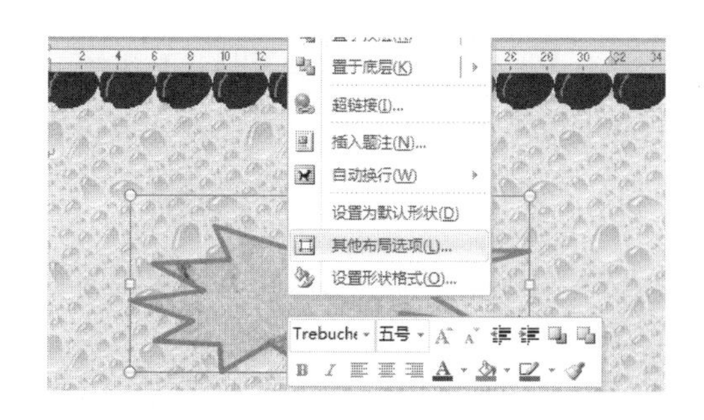

❻ 弹出【布局】对话框，切换至【文字环绕】选项卡，在【环绕方式】选项组中选择【衬于文字下方】选项，插入的图片就在文字下方显示了，如下图所示。

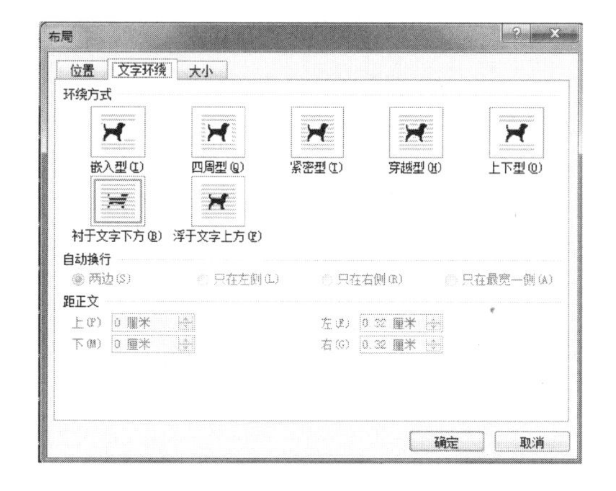

❼ 若要调节图片的大小，可单击图片，这时图片四周出现控制点，将鼠标指针放在右下角的控制点上，这时鼠标指针呈双箭头形状，如下图所示。

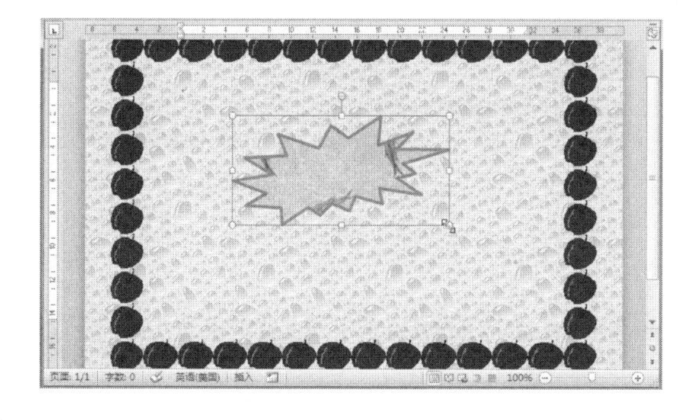

❽ 按住鼠标左键向下拖动，拖到合适位置松开左键，效果如下图所示。

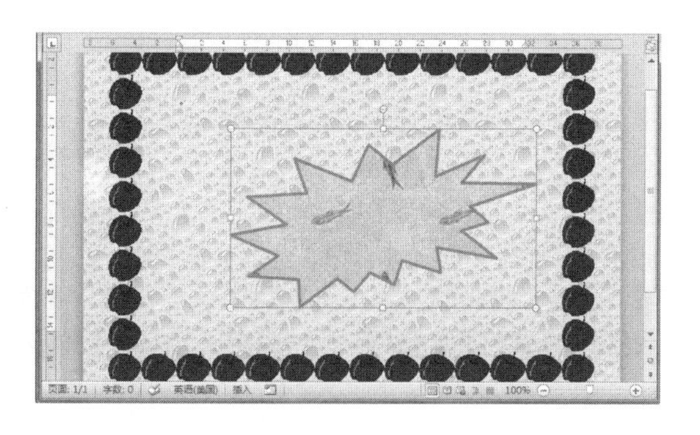

❾ 若要改变图片的位置，将鼠标指针放置在图片上，这时鼠标指针呈形状，如下图所示。

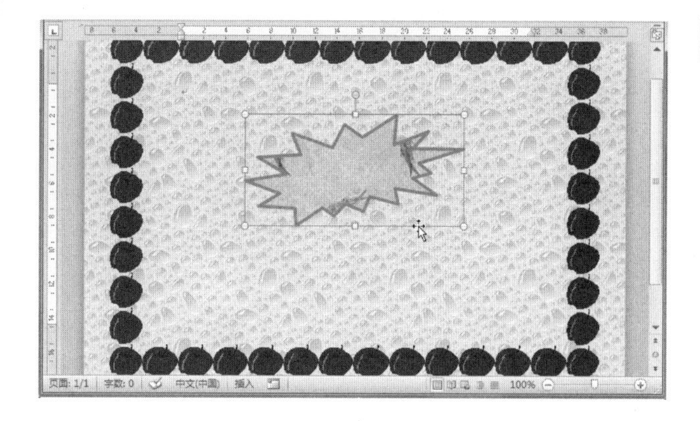

❿ 按住左键不放，拖至合适的位置松开，效果如下图所示。

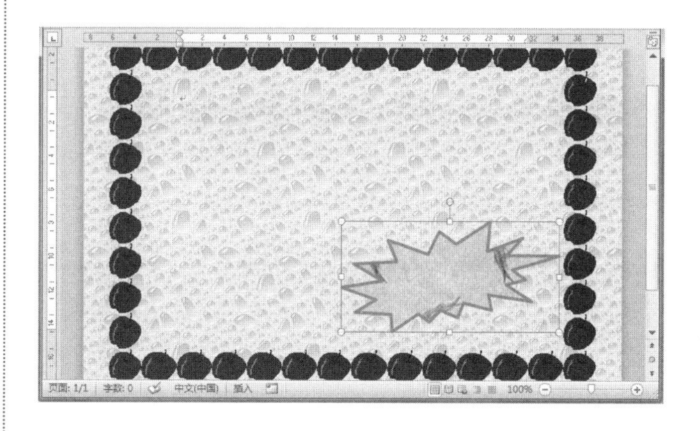

6.3 给贺卡添加艺术字标题

下面我们在贺卡中加入文本，并且为文本应用艺术字效果，使其更鲜明突出。在 Word 2010 中自带了很多艺术字样式，下面我们一起来认识它吧！

6.3.1 插入艺术字作为标题

标题的衬底做好之后，我们就可以插入标题内容了。在这里选择插入艺术字作为标题。艺术字是一个文字样式库，利用它可以让我们的贺卡更漂亮。

操作步骤

❶ 单击【插入】选项卡的【文本】组中的【艺术字】按钮，在其下拉列表中选择一种艺术字样式，如下图所示。

选中图片，然后在【绘图工具】下的【格式】选项卡中，单击【大小】组中的【大小对话框启动器】按钮，弹出【布局】对话框，然后在【大小】选项中可以对图片的大小进行设置。

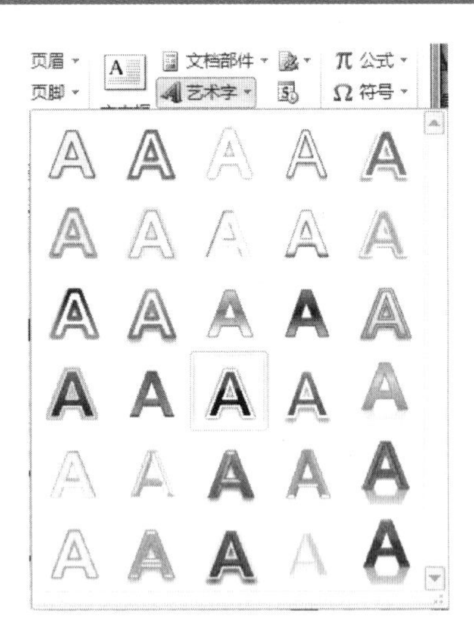

❷ 这时在文档中就出现了虚线方框，并有“请在此放置您的文字”提示，如下图所示。

❸ 在其中输入文字即可，如下图所示。

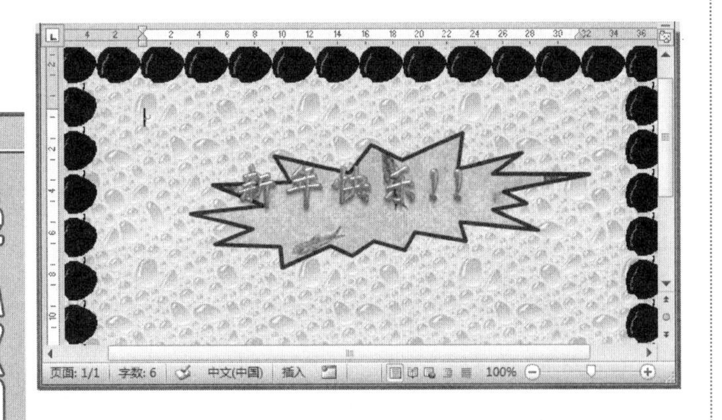

6.3.2 设置艺术字格式

为了使插入的艺术字与图片的风格更协调，下面来设置艺术字的格式。

操作步骤

❶ 选中艺术字，在【绘图工具】下的【格式】选项卡中，单击【排列】组中的【自动换行】按钮，并在下拉列表中选择【浮于文字上方】选项，如下图所示。

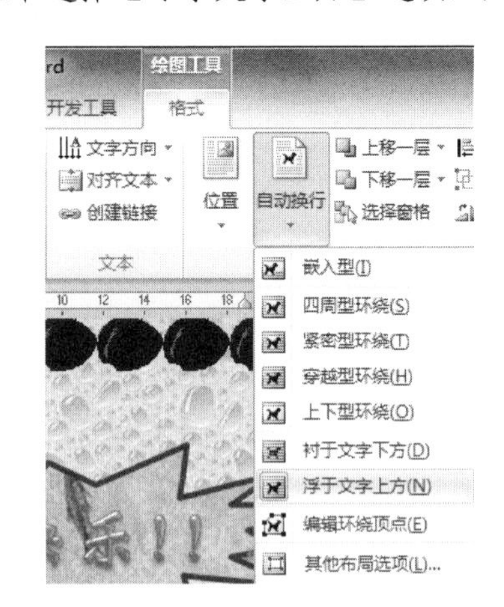

❷ 在【格式】选项卡的【艺术字样式】组中单击【文字效果】按钮，从下拉列表中选择【转换】选项，再从列表中选择一种样式效果，如下图所示。

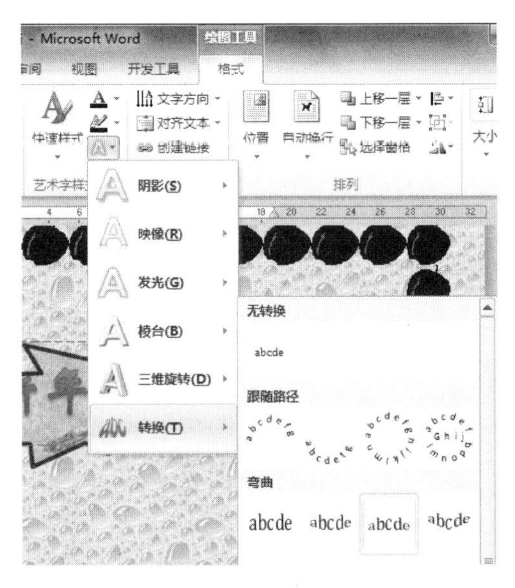

❸ 最终效果如下图所示。

长见识 可以将多种来源(包括从剪贴画网站下载、从网页上复制或从保存的图片文件插入)的图片和剪贴画插入或复制到文档中。您还可以更改文档中图片或剪贴画与文本的位置。

6.4 在文本框中输入贺卡祝福语

制作贺卡当然不能少了祝福语，下面我们来学习如何把祝福语输入贺卡中。

6.4.1 插入文本框

要插入祝福语，首先要有文本框，以便输入文字。

操作步骤

❶ 单击【插入】选项卡中的【文本框】按钮，在其下拉列表中选择【绘制文本框】选项，如下图所示。

❷ 把光标移到贺卡上，拖动鼠标，就可以绘制出文本框了，如下图所示。

❸ 其效果如下图所示。

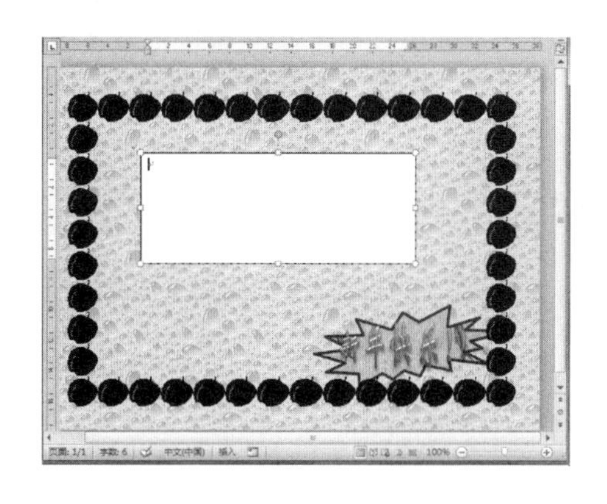

6.4.2 格式化文本框

插入文本框后我们就可以输入文字了，并且可以对文本进行格式设置，我们最终的目的就是要让贺卡变得更漂亮。

操作步骤

❶ 选中文本框，在文本框中输入文字，如下图所示。

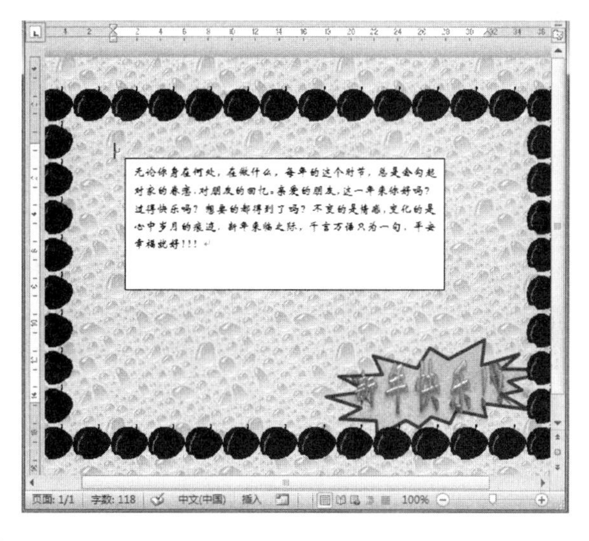

❷ 输入文字之后，再一次选中文本框并右击，在弹出的快捷菜单中选择【设置形状格式】命令，如下图所示。

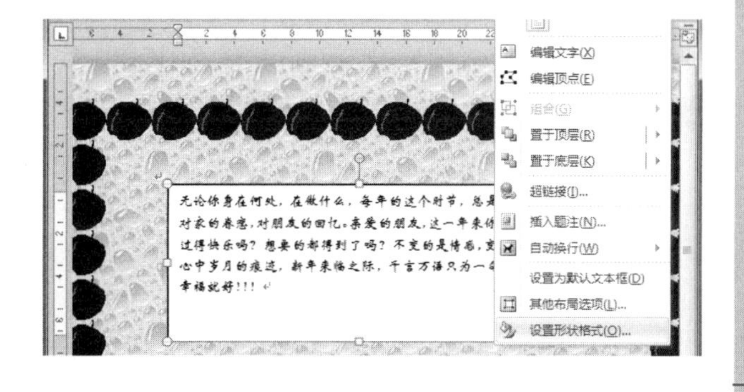

学以致用系列丛书

插入文档中的图片的文字环绕方式系统默认为嵌入型，当设为其他环绕方式时，您可以直接用鼠标指针拖动图片到文档中的任一位置。

长见识

❸ 弹出的【设置形状格式】对话框，在左侧窗格中选择【填充】选项，然后在右侧窗格的【透明度】微调框中输入“100”，再选中【纯色填充】单选按钮，如下图所示。

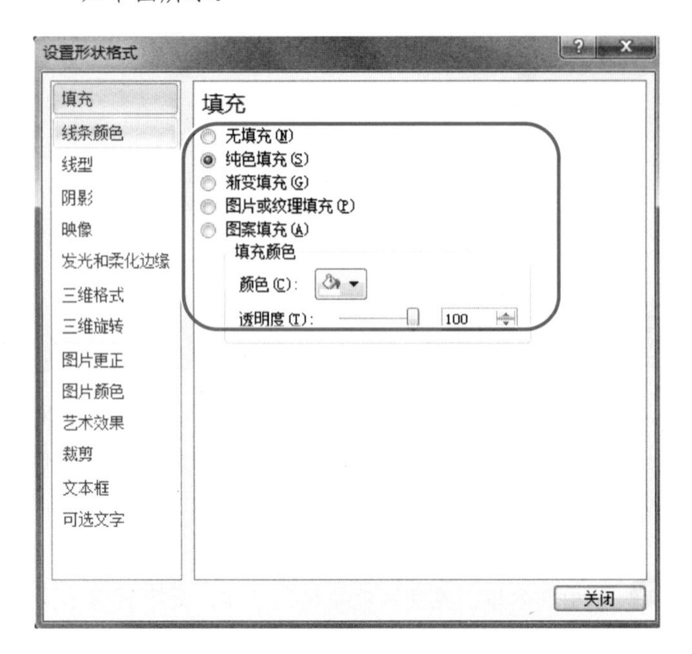

❹ 在左侧窗格中选择【线条颜色】选项，然后在右侧窗格中选中【无线条】单选按钮，如下图所示。

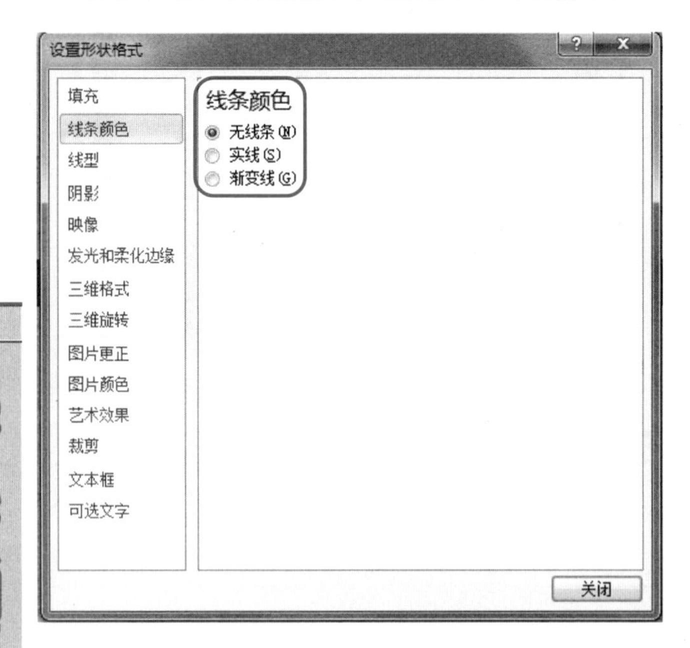

❺ 单击【关闭】按钮，这时文本框的框线消失了，如右上图所示。

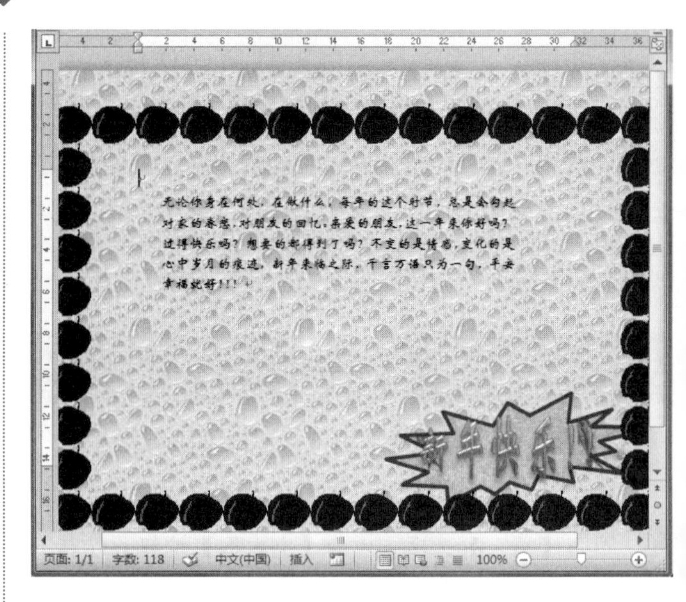

❻ 下面我们再对文本框中的文字进行格式设置。选取文字，切换到【开始】选项卡，在【字体】组中进行设置，其方法与在文档中设置一样。我们对贺卡的设置如下：字体的颜色设置为【红色】，字号为【三号】，字体为【华文行楷】，如下图所示。

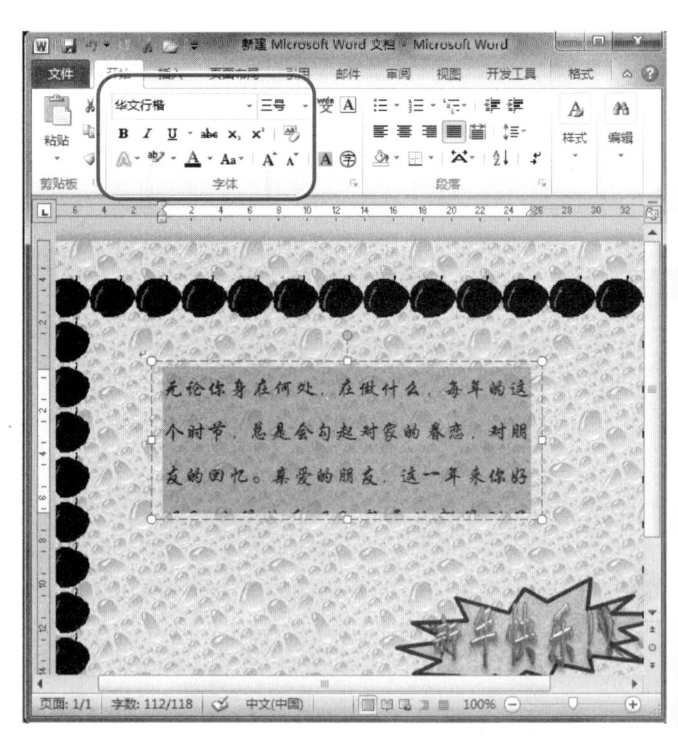

❼ 通过鼠标拖动调整文本框的大小。通过以上的设置，贺卡的效果如下图所示。

长见识　画布是一个区域，我们可在这个区域上绘制多个形状。因为形状包含在绘图画布内，所以它们可作为一个单元移动和调整大小。

6.5 图文混排

所谓的图文混排就是我们常说的图文并茂，它可以实现图片与文本的完美结合。下面我们在贺卡中也来图文混排吧！

操作步骤

1. 不知您有没有发现，我们在前面所插入的图片和剪贴画在贺卡中都消失了，若要使其显示出来，只需选中图片，把它的【文字环绕方式】设置为【浮于文字下方】就可以了，这一步在前面已经介绍过了。
2. 你会发现文字浮在了图片的上面，图片成了文字的背景，是不是达到图片与文本的完美结合了呢？
3. 最后我们再从整体上看一下贺卡，利用鼠标再调整一下每个对象的位置，使之看起来效果更好，如右上图所示。

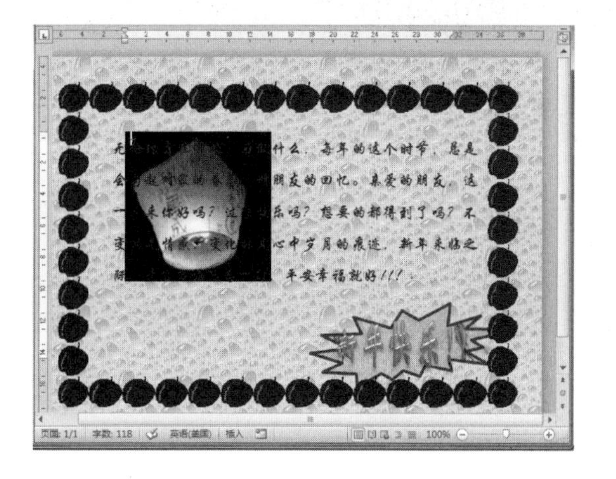

一张贺卡的制作就这样完成了，怎么样，你学会了吗？

6.6 思考与练习

选择题

1. 插入自选图形时，是单击________按钮。
   A. 【图片】　　B. 【剪贴画】
   C. 【形状】　　D. 【图表】
2. 系统默认图片插入的版式是________。
   A. 嵌入型　　B. 浮于文字上方
   C. 四周环绕型　　D. 紧密型
3. 图片和剪贴画的插入是在__________选项卡中进行的。
   A. 【开始】　　B. 【布局】
   C. 【设计】　　D. 【插入】

操作题

1. 在文档中插入一个五角星，并对五角星的格式进行如下设置：把轮廓设置为黑色，里面填充为红色，版式设置为四周环绕型。
2. 在文档中插入一张图片，大小设置为原来的 60%。
3. 制作一个贺卡，在里面插入艺术字、剪贴画、文本框等，使之达到图文混排的效果。

默认情况下，Microsoft Word 通过嵌入方式将图片插入文档中。通过链接到图片，可以减小文件的大小。在【插入图片】对话框中，单击【插入】按钮右侧的下三角按钮，然后选择【链接到文件】选项即可。

长见识

第 7 章 Word 2010 的页面设置与打印——定制自己的稿纸

在工作中我们常常需要把创建好的文档打印出来。本章将为您介绍的就是如何把电子文档转换为我们常见的纸张形式的文档。

学习要点

- ❖ 稿纸的页面设置。
- ❖ 稿纸页眉和页脚的设置。
- ❖ 使用 Word 2010 自带的稿纸。
- ❖ 打印文档。

学习目标

创建好的文档我们一般都要打印出来，通过本章的学习，读者应该学会如何设置稿纸的页面、页眉和页脚；学会通过预览查看打印效果，如果觉得合适再打印出来。对页眉和页脚的设置通常是大家最不熟悉的，在这一章中，我们将为您具体地介绍。

7.1 稿纸页面设置

创建好一篇文档后，如果考虑要把它打印出来，就要对它的页面进行设置，不然在打印时，可能会出现文档的内容打印不全等问题。在这一章中我们将为您介绍如何对已经编辑好的文档稿纸进行页面设置。

7.1.1 设置页边距

页边距就是页面上打印区域之外的空白空间。如果页边距设置得太窄，打印机将无法打印到纸张边缘的文档内容，导致打印不全。所以我们在打印文档前应该先设置文档的页面。

操作步骤

1. 在【页面布局】选项卡的【页面设置】组中单击【页边距】按钮。
2. 在其下拉列表中，Word 提供了 6 个页边距选项。您可以使用这些预定好的页边距，也可以通过选择【自定义页边距】选项卡设置页边距，如下图所示。

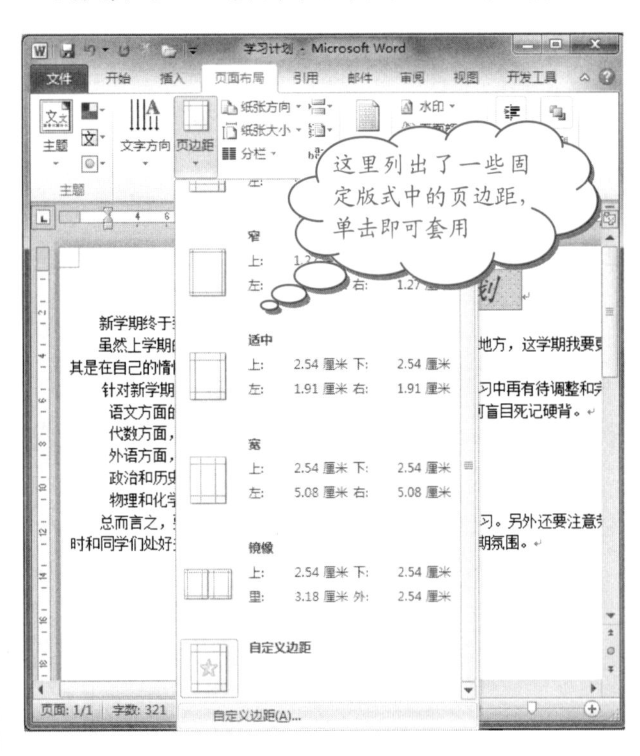

3. 如果选择【自定义页边距】选项，则会弹出【页面设置】对话框，切换到【页边距】选项卡，在【页边距】选项组中的【上】、【下】、【左】、【右】微调框中都输入“5 厘米”，如右上图所示。

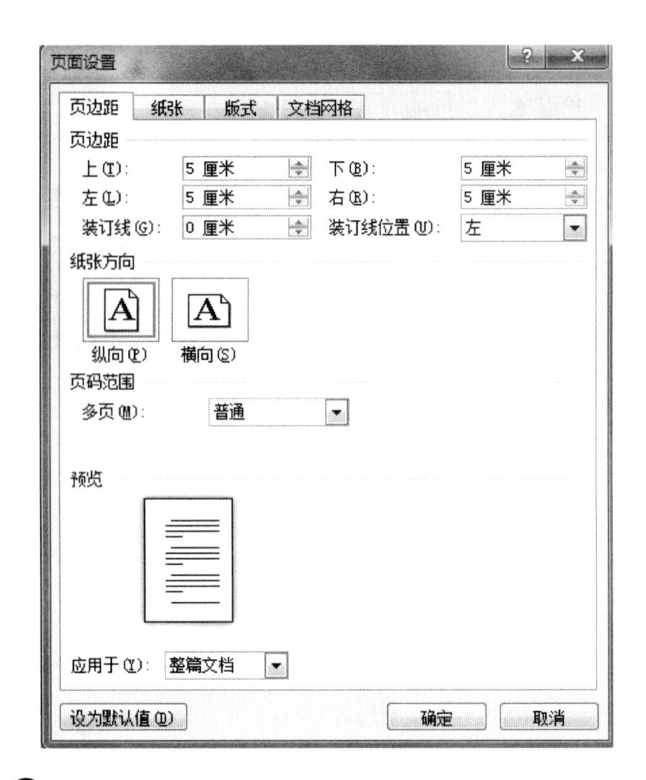

4. 单击【确定】按钮，其效果如下图所示。

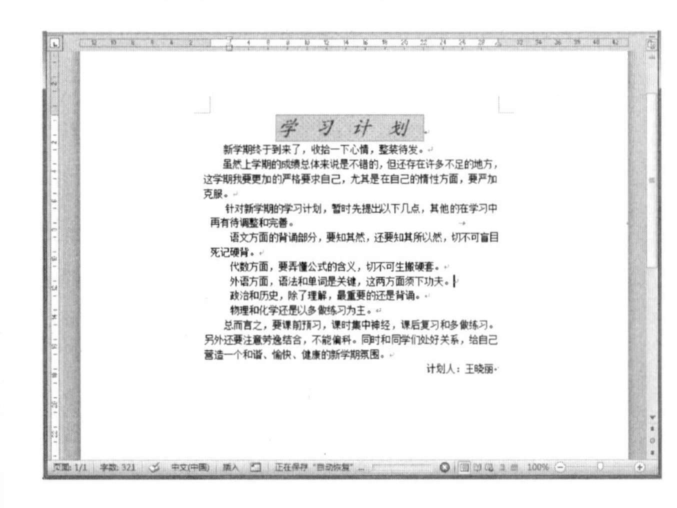

7.1.2 设置纸张

纸张的设置决定了您所要打印纸张的大小，下面我们来为文档设置一下它的打印纸张大小吧。

操作步骤

1. 在【页面布局】选项卡的【页面设置】组中单击【纸张大小】按钮。在其下拉列表中，Word 提供了几个预定好的选项，您可以根据需要选择使用，系统默认的纸张是 A4 纸。当然如果都不合意，您也可以通过选择【其他页面大小】选项来自己设置，如下图所示。

长见识：要更改文档中某一部分的边距，请选择相应文本，然后在【页面设置】对话框中的【页边距】选项组中输入新的边距，从而设置所需边距，并在【应用于】下拉列表框中选择【所选文本】选项。

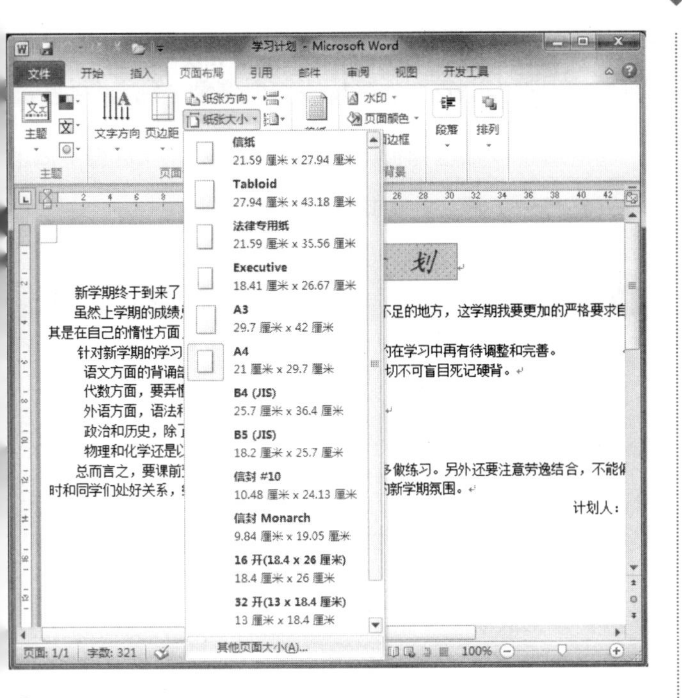

❷ 如我们选择【其他页面大小】选项，打开【页面设置】对话框，切换到【纸张】选项卡。

❸ 在【纸张大小】下拉列表框中选择【自定义大小】选项，在【高度】、【宽度】微调框中都输入“29厘米”，如下图所示。

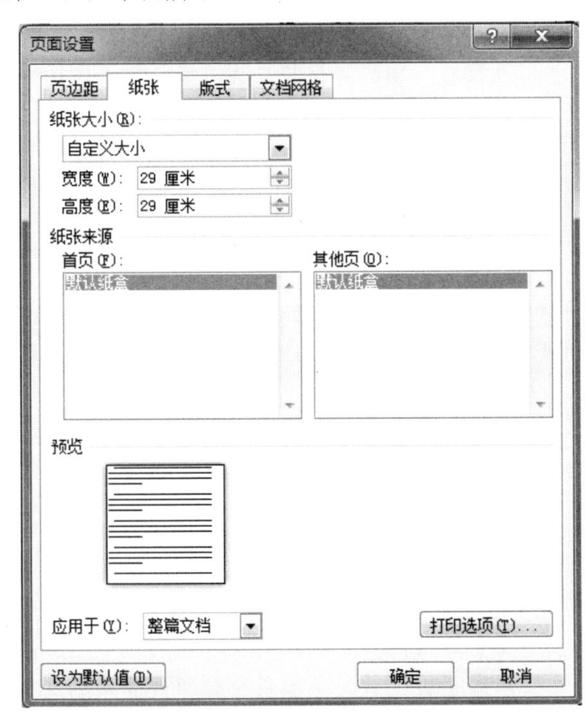

❹ 单击【确定】按钮。其效果图与系统默认设置图对比如右上图所示。

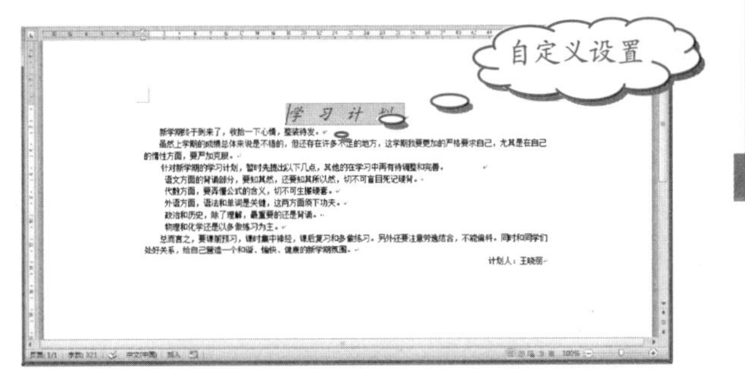

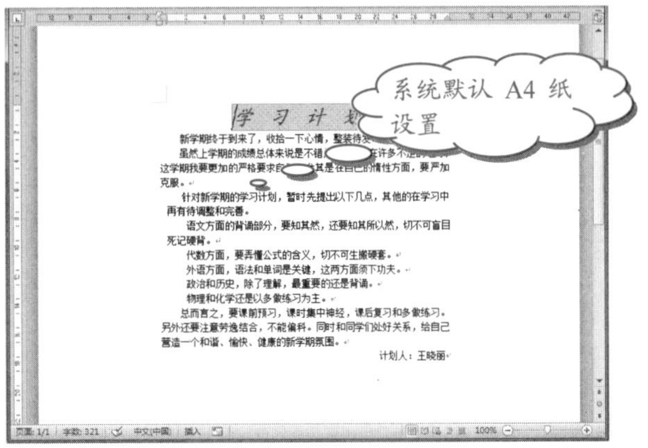

7.1.3　设置文档网格

网格对我们来说并不陌生，如我们所使用的信纸、笔记本、作业本上都有。在 Word 文档中我们也一样可以设置网格。

操作步骤

❶ 参考前面的方法，打开【页面设置】对话框，切换到【文档网格】选项卡。在【网格】选项组中选中【指定行和字符网格】单选按钮，再单击【绘图网格】按钮，如下图所示。

❷ 在【绘图网格】对话框中，选中【在屏幕上显示网格线】复选框。

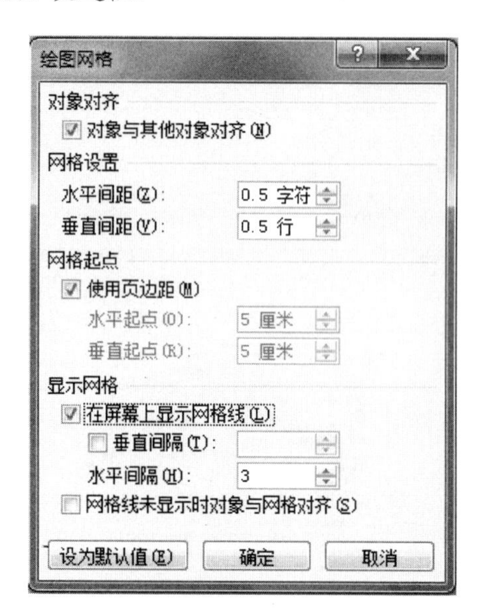

❸ 单击【确定】按钮，其效果如下图所示。

学 习 计 划

新学期终于到来了，收拾一下心情，整装待发。

虽然上学期的成绩总体来说是不错的，但还存在许多不足的地方，这学期我要更加的严格要求自己，尤其是在自己的惰性方面，要严加克服。

针对新学期的学习计划，暂时先提出以下几点，其他的在学习中再有待调整和完善。

语文方面的背诵部分，要知其然，还要知其所以然，切不可盲目死记硬背。

代数方面，要弄懂公式的含义，切不可生搬硬套。

外语方面，语法和单词是关键，这两方面须下功夫。

政治和历史，除了理解，最重要的还是背诵。

物理和化学还是以多做练习为主。

总而言之，要课前预习，课时集中神经，课后复习和多做练习。另外还要注意劳逸结合，不能偏科。同时和同学们处好关系，给自己营造一个和谐、愉快、健康的新学期氛围。

计划人：王晓丽

页面: 1/1 正在保... 100%

7.2 稿纸页眉和页脚设置

我们可以在每个页面的顶部设置页眉，也可以在底部设置页脚，在页眉和页脚中可以插入文本或者图形。例如，可以添加页码、时间和日期、公司徽标、文档标题、文件名或作者姓名等，这样可以使我们的文档更加丰富。

7.2.1 认识【页眉和页脚工具】

俗话说：知己知彼，百战不殆。要进行页眉页脚的设置就必须了解它的工具。

操作步骤

❶ 在页边距的顶部双击，可以进入【页眉和页脚】编辑区，如下图所示。

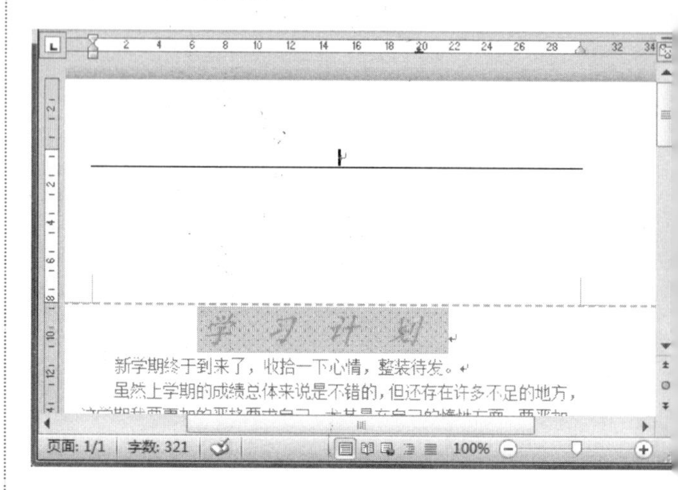

❷ 同时在标题栏中显示出【页眉和页脚工具】，它包含一个【设计】选项卡，在该选项卡下有6组按钮，方便用户编辑页眉和页脚区域，如下图所示。

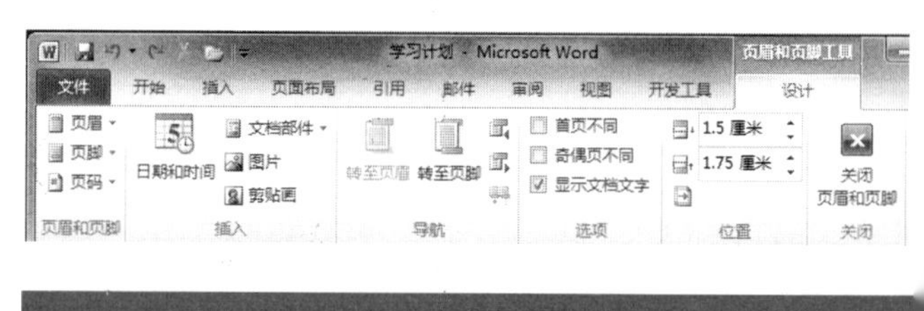

7.2.2 插入并编辑页眉和页脚

认识了【页眉和页脚工具】后，我们下面为稿件插入页眉和页脚。

操作步骤

❶ 在【插入】选项卡的【页眉和页脚】组中单击【页眉】或【页脚】按钮，在下拉列表中选择所需的页眉或页脚设计，页眉或页脚即被插入到文档的每一页中，如下图所示。

最小页边距的设置取决于您的打印机、打印机驱动程序和页面大小。若要确定最小的页边距设置，请参考打印机使用手册。

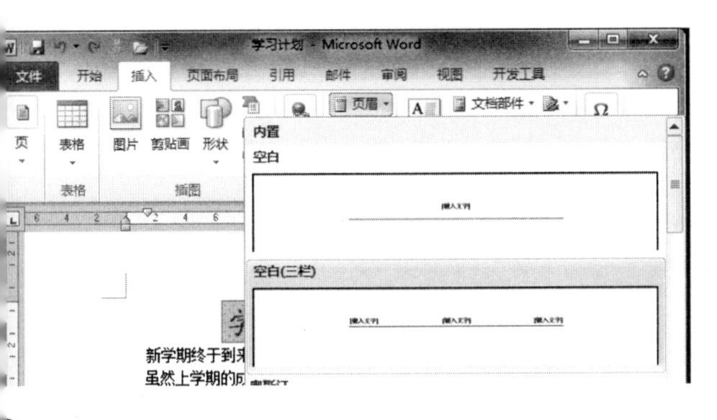

❷ 如我们在文档的页眉中插入“新学期学习计划”，单击【关闭页眉和页脚】按钮，退出页眉和页脚的编辑状态，如下图所示。

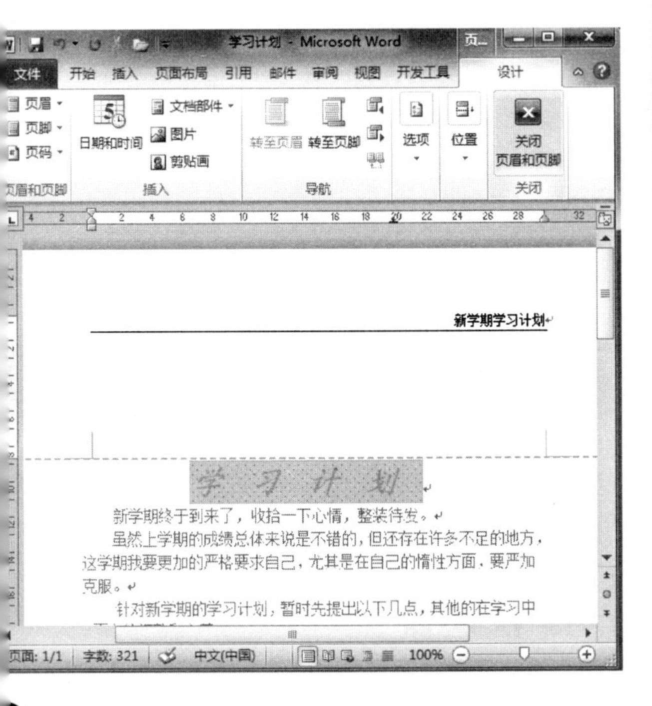

❸ 其效果如下图所示。

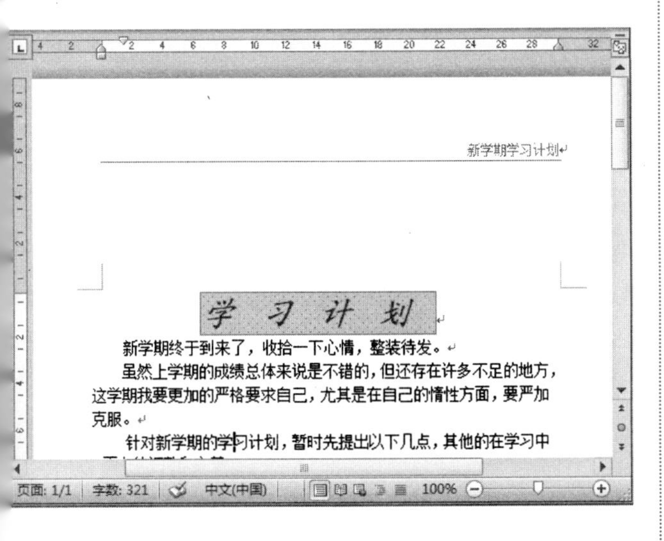

7.2.3 创建奇偶页不同的页眉和页脚

在本书的页面上，奇数页面的页眉是章名“第 7 章 Word 2010 的页面设置与打印——定制自己的稿纸”，在偶数页面上是书名。看起来不错吧！下面让我们也为文档创建奇偶页不同的页眉和页脚吧！

操作步骤

❶ 在页边距的顶部双击，激活【页眉和页脚工具】，在【设计】选项卡的【选项】组中选中【奇偶页不同】复选框，如下图所示。

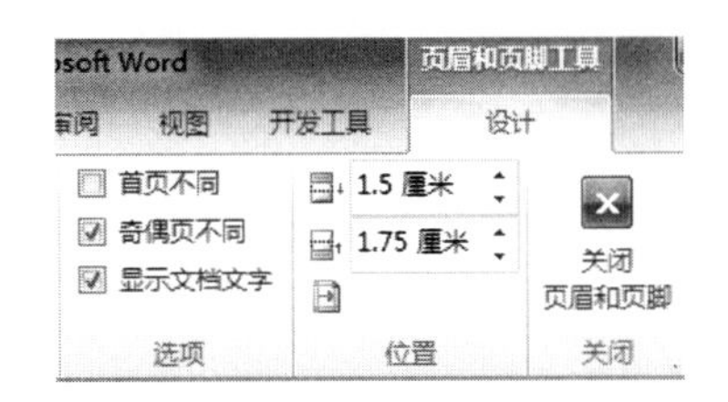

❷ 这样我们就可以实现奇偶页不同的页眉设置了。如我们在文档第一页的页眉输入“新学期学习计划”字样，在第二页的页眉输入“学习计划”字样。

❸ 这时我们把鼠标移至第三页的页眉处就可以发现系统自动输入与第一页相同的页眉。再把鼠标移至第四页，也可以发现与第二页的页眉一样。依此下去，奇数页的页眉都相同，偶数页的页眉也都相同。

7.2.4 创建首页不同的页眉和页脚

大家有没有发现，在这一章中，首页的页脚与其他页的页脚是不一样的。我们也来为文档进行这样的设置吧！

操作步骤

❶ 同样在页边距的顶部双击，激活【页眉和页脚工具】，在【设计】选项卡的【页眉和页脚】组中单击【页脚】按钮，在其下拉列表中选择【编辑页脚】选项。如下图所示。

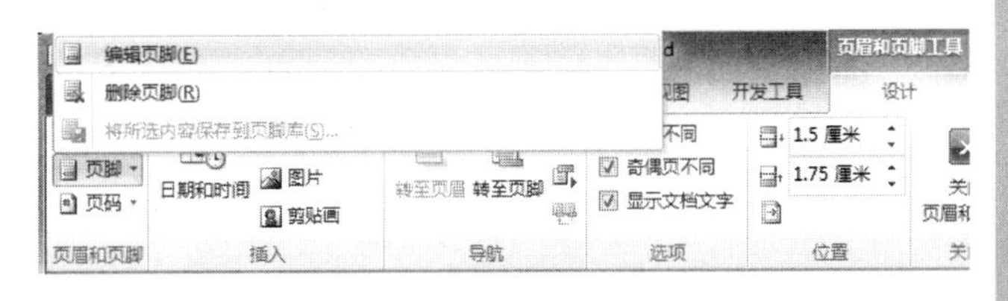

❷ 再在【设计】选项卡的【选项】组中选中【首页不同】复选框，如下图所示。

学以致用系列丛书

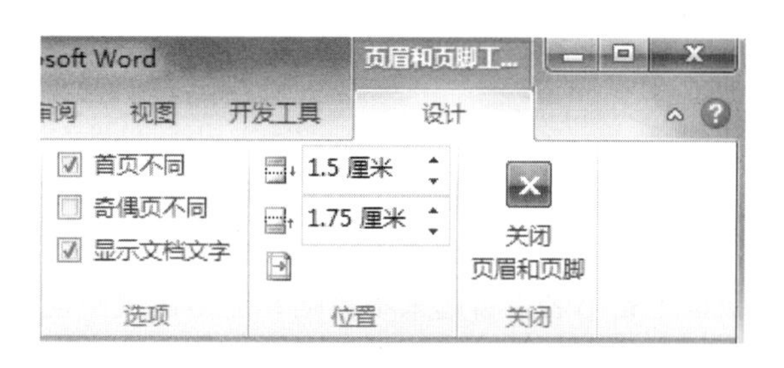

❸ 在稿件的首页页脚输入“学习之旅”，在第二页页脚输入“学海无涯”，把鼠标移至其他页，就会发现除了第一页外所有页脚都一样，即实现了首页页脚的不同。

7.2.5　插入页码

如果一本书没有页码，情况是不可想象的。文档也一样，如果没有预先设置好页码，打印出来后，由于数量非常多，顺序极容易搞乱，因此我们有必要为稿件设置页码。

操作步骤

❶ 把光标定位在第一页中，在【插入】选项卡的【页面和页脚】组中单击【页码】按钮，如下图所示。

❷ 根据您希望页码在文档中显示的位置，在【页码】下拉列表中选择【页面顶端】、【页面底端】、【页边距】、【当前位置】选项。这里我们选择【当前位置】选项下【带有多种形状】选项组中的第一个样式，如下图所示。

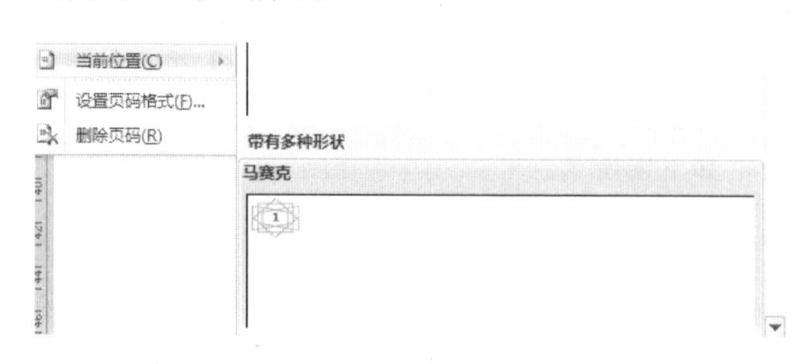

❸ 在文档的奇数页中插入奇数页码，这时我们再在第二页中重复以上的操作，文档就会插入偶数页码，其效果如右上图所示。

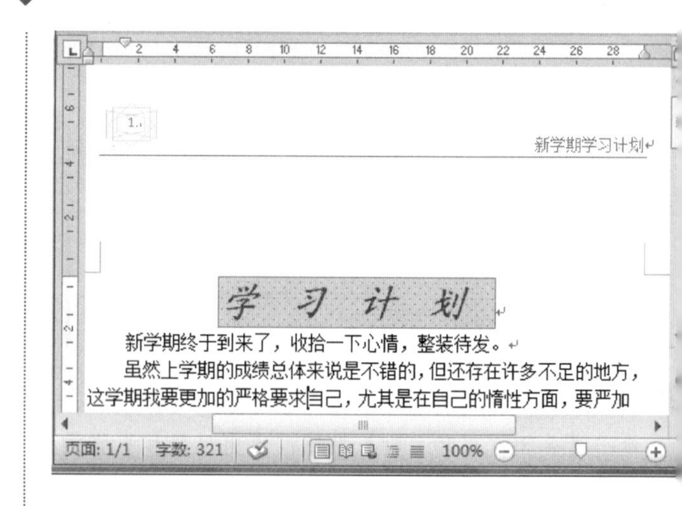

7.3　使用 Word 2010 自带的稿纸

稿纸的功能是用于生成空白的稿纸样式文档，或将稿纸网格应用于 Word 文档中的现有文档。下面我们将针对这两种情况分别进行介绍。

7.3.1　创建空的稿纸文档

打开一个空白的 Word 文档后，我们可以在里面创建稿纸，这样我们在编辑文档时就像用信纸写信一样，感觉很亲切。

操作步骤

❶ 切换到【页面布局】选项卡，在【稿纸】组中单击【稿纸设置】按钮，如下图所示。

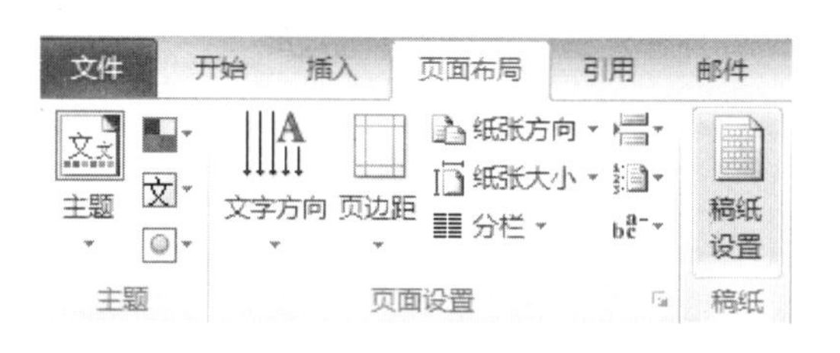

❷ 在【稿纸设置】对话框中的【格式】下拉列表中，有【非稿纸文档】、【方格式稿纸】、【行线式稿纸】和【外框式稿纸】选项。我们在此选择【行线式稿纸】选项，如下图所示。

长见识：在页眉和页脚编辑区中，如果按 Ctrl+A 组合键，然后按 Delete 键，可一次删除所有的页眉和页脚，而不需要对页眉或页脚分别进行删除操作。

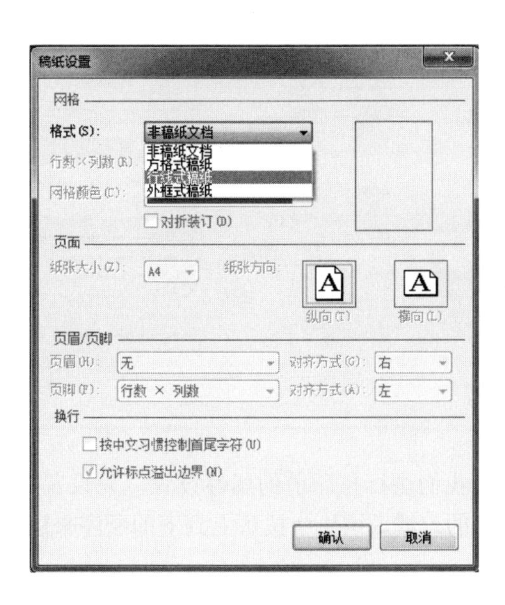

❸ 单击【确定】按钮，其效果如下图所示。

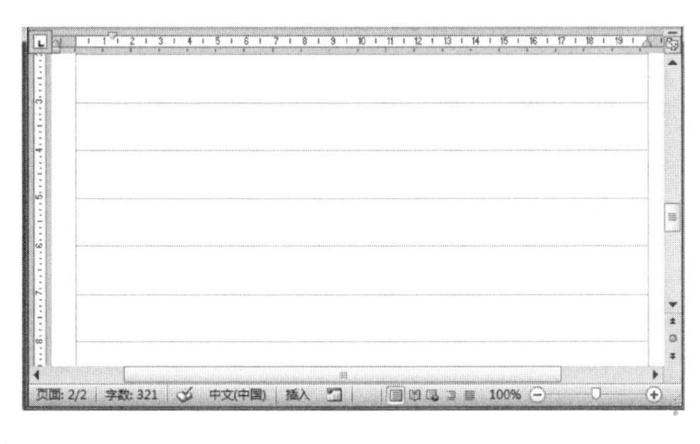

❹ 当选择了任何有效的稿纸样式后，将启用其他属性，您可以根据需要对稿纸属性进行任何更改，直至对所有设置都感到满意为止。

❺ 如我们把【行数×列数】改为 15×20，【网格颜色】改为紫罗兰，再把【纸张方向】改为【横向】，如下图所示。

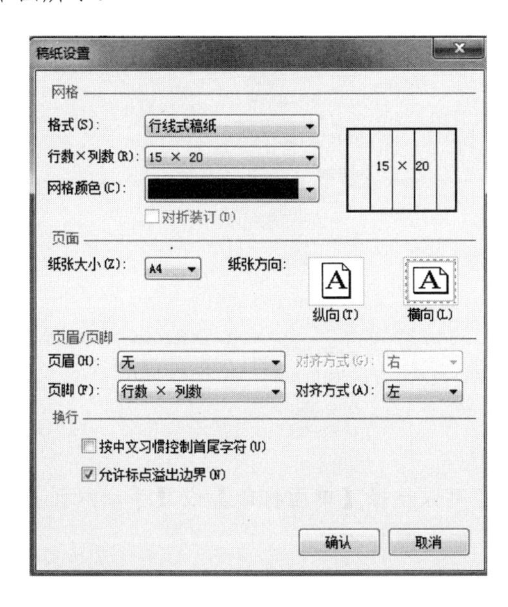

❻ 单击【确定】按钮，其效果如下图所示。

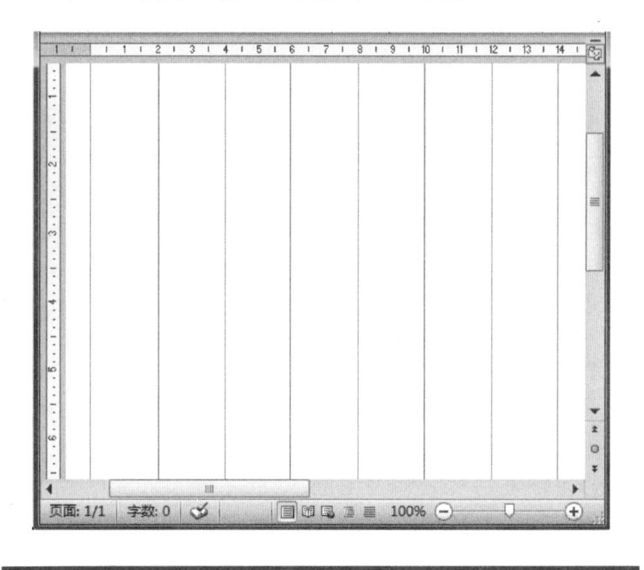

7.3.2 向现有文档应用稿纸设置

如果我们在编辑文档时事先没有创建稿纸，为了让读者更方便、清晰地阅读文档，这时我们有必要向已有的文档添加稿纸，如我们要为已编辑好的文档应用稿纸。

操作步骤

❶ 打开要应用稿纸设置的 Word 文档，如打开“学习计划”文档，在【页面布局】选项卡的【稿纸】组中，单击【稿纸设置】按钮。

❷ 在【稿纸设置】对话框中的【格式】下拉列表框中选择所需的样式，如我们选择【方格式稿纸】选项，如下图所示。

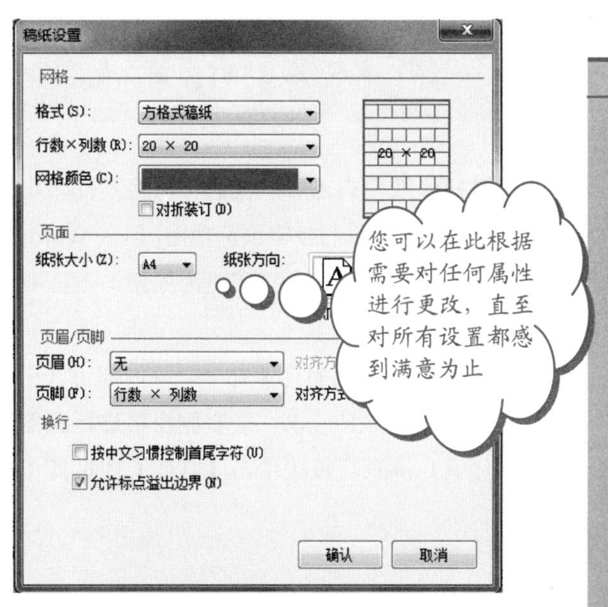

❸ 单击【确定】按钮，其效果如下图所示。

学以致用系列丛书

在【页面布局】选项卡的【页面设置】组中，可以使用【文字方向】选项来显示文字的方向，包括水平、垂直等。您还可以在【文字方向-主文档】对话框中进行设置并预览效果，自己试试吧！

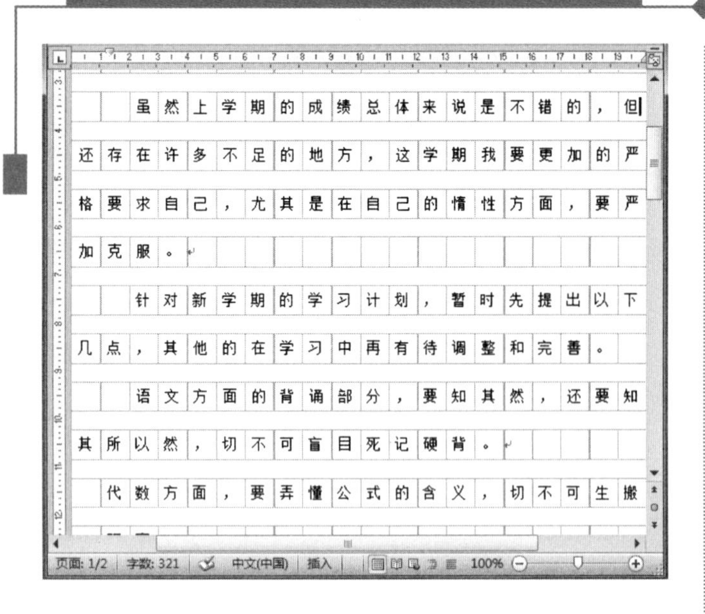

注意

应用了稿纸样式后，文档中的所有文本都将与网格对齐。字号将进行适当更改，以确保所有字符都限制在网格内并显示良好，但最初的字体名称和颜色不变。

提示

对于带有稿纸网格的文档，可以随时删除现有的稿纸网格而生成一个普通的 Word 文档。方法是在【稿纸设置】对话框中的【格式】下拉列表框中选择【非稿纸文档】选项就可以了。

7.4 打印文档

设置好稿纸样式之后，我们可以将其打印出来，在 Word 2007 中有单独的打印预览功能，但在 Word 2010 中省去了这一步，使预览和打印更为简便，下面我们来了解一下。

选择【文件】|【打印】命令，这时即可在中间窗格设置打印属性，并且可以在最右侧窗格进行预览，是不是很方便啊！满意后直接单击【打印】图标即可，如下图所示。

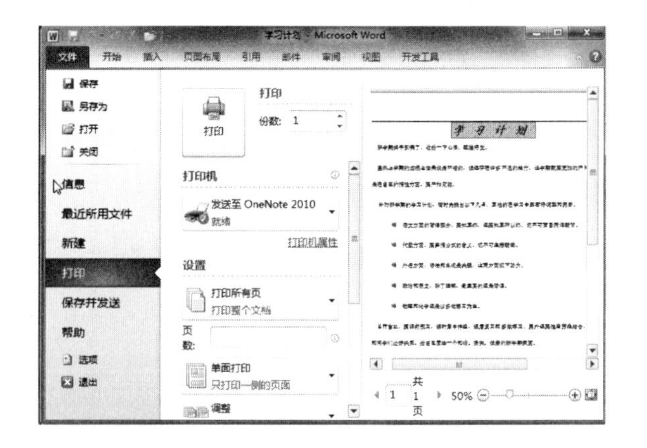

下面我们进行打印前的属性设置，先设置哪种选项全凭自己的习惯，这里就按从上到下的顺序来进行设置。

操作步骤

1. 在【打印】选项组中的【份数】微调框下选择想要打印的文档份数。在【打印机】选项组中选择一种打印机类型，基本情况下都保持默认，如下图所示。

2. 在【设置】选项组中单击【打印所有页】按钮，从弹出的下拉列表中选择打印文档的范围，这里选择【打印所有页】选项，您也可以选择【打印当前页面】选项，表示打印光标所在的页，如下图所示。

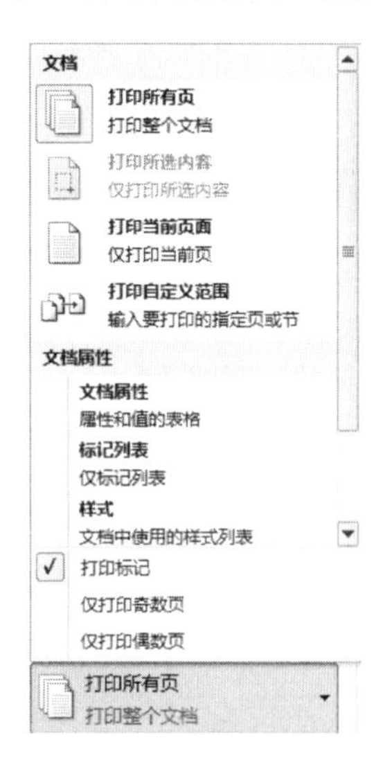

3. 您还可以选择【单面打印】或【手动双面打印】选项，如下图所示。

长见识

若选择【打印自定义范围】选项，就可以随意设置想打印的页码范围，在【页数】文本框中输入所要打印的页码即可。如果要打印的是连续的页面，如要打印第 A 页到第 E 页，这时输入的格式是“A-E”；如果要打印的是不连续的页面，如只要打印 A、C、F 页时，输入“A,C,F”就可以了。

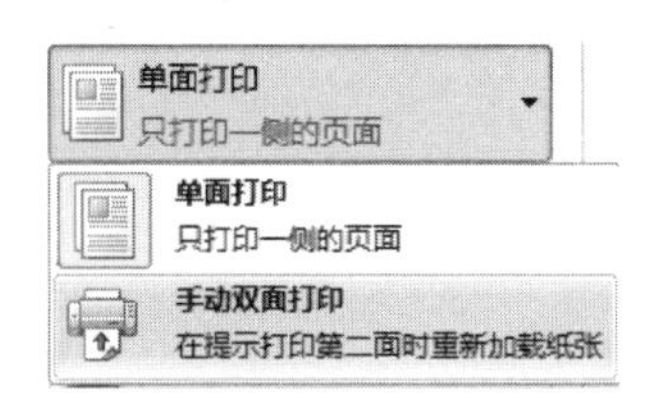

4 您可以选择纸张的方向、类型和边距等，如下图所示。

5 您还可以单击【页面设置】文字链接，在【页面设置】对话框中进行设置即可，如下图所示。

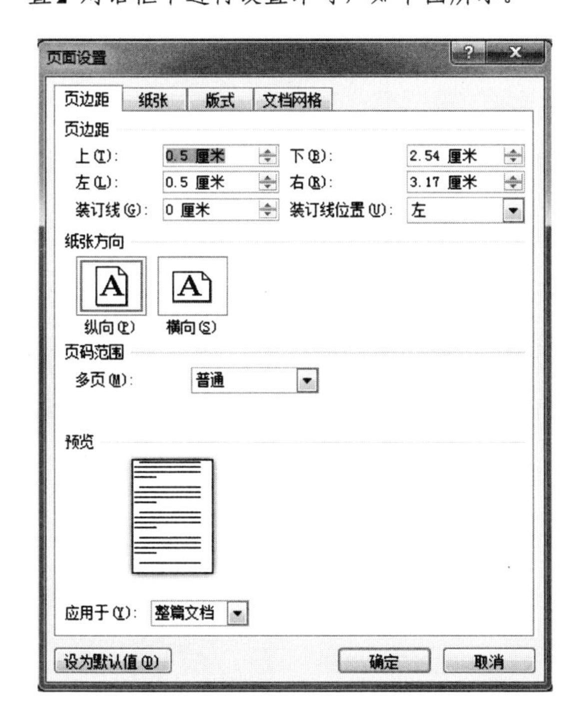

技巧

在未打开的文档图标上右击，从弹出的快捷菜单中选择【打印】命令，可以默认的方式快速打印整篇文档。

7.5　思考与练习

选择题

1. 设置页边距时，一般是在________选项卡中进行设置的。

　　A. 【开始】　　B. 【插入】

　　C. 【页面布局】　　D. 【引用】

2. 在页眉和页脚中一般可以插入________。

　　A. 图片和剪贴画　　B. 文档部件

　　C. 日期和时间　　D. 以上都可以

3. 页码可以在________插入。

　　A. 页眉　　B. 页脚

　　C. 页边距　　D. 以上都可以

4. 在进行打印属性设置时。可以对________进行设置。

　　A. 打印的页面范围　　B. 每页的版数

　　C. 页面的布局　　D. 纸张

操作题

1. 尝试一下怎样让页边距以虚线的形式在文档中显现。

2. 在进行纸张的设置时，选择 Word 2010 各种不同的预定项，比较一下每个选项设置后的效果，从而加深对纸张设置的了解。

3. 对文档进行页码的插入，要求页码从 5 开始插入。

4. 为文档设置页眉，要求首页不同，其他页的页眉都一样。

5. 为文档设置页脚，要求奇偶页的页脚不同。

6. 试着打印文档，要求只打印文档的奇数页。

长见识：在【打印预览】窗口中单击工具栏中的【缩小字体填充】按钮，Word 会自动缩小文档中所使用的每种字体的字号，并把最后一页中的那几行并入到前面的页中。

第 8 章 Word 2010 的高级编辑——制作“数学公式手册”

想知道平时我们看到的数学公式是如何输入 Word 文档的吗？如果你还不是很清楚，那就随我们一起来学习本章的内容吧。本章中我们将和大家一起制作一个数学公式的小手册。

学习要点

- 建立和应用样式。
- 特殊字符的输入。
- 公式的输入。
- 添加注释。
- 修订文档内容。
- 快速编制手册目录。
- 制作手册模板。
- 给文件加密。

学习目标

通过本章的学习，读者应该学会如何创建和应用样式；如何输入特殊字符、编辑公式以及为公式添加注释；如何修订文档的内容、编制目录、制作模板等。创建好文档后，我们还可以通过为文档加密来保护我们的劳动果实。

8.1 快速设置手册格式

样式是经过特殊打包的格式的集合，您可以一次应用多种格式，而且样式可以反复使用。例如，如果我们要对数学公式手册中的小标题反复使用相同的格式时，利用样式功能就可以大大降低工作量。

8.1.1 设置手册页面

在决定使用 Word 文档制作手册后，我们首先要做的就是明确手册纸张的大小。

操作步骤

1. 新建一个空白文档，单击【页面布局】选项卡下的【页面设置】组中的【页面设置对话框启动器】按钮，如下图所示。

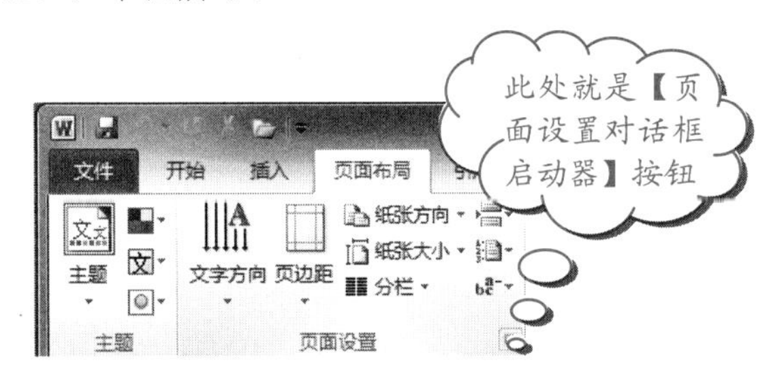

2. 在弹出的【页面设置】对话框中，切换到【纸张】选项卡。在【纸张大小】下拉列表框中选择【自定义大小】选项，并设置【宽度】和【高度】分别为 16 厘米和 18 厘米，如下图所示。

3. 单击【确定】按钮。这样就可以把手册的大小确定下来了。

8.1.2 建立样式

要运用样式这个神奇的功能，我们首先要建立起样式。下面我们为数学公式手册中的一个标题设置格式，并把这些格式建立为样式。

操作步骤

1. 选定要建立样式的文本，在【开始】选项卡下的【样式】组中单击【样式对话框启动器】按钮；然后在弹出的【样式】任务窗格中单击【新建样式】按钮，如下图所示。

2. 弹出【根据格式设置创建新样式】对话框，在【名称】文本框中输入“标题二”；在【样式类型】下拉列表框中选择【段落】选项；在【样式基准】下拉列表框中选择样式的大纲级别；在【后续段落样式】框下拉列表中选择【标题 2】选项，如下图所示。

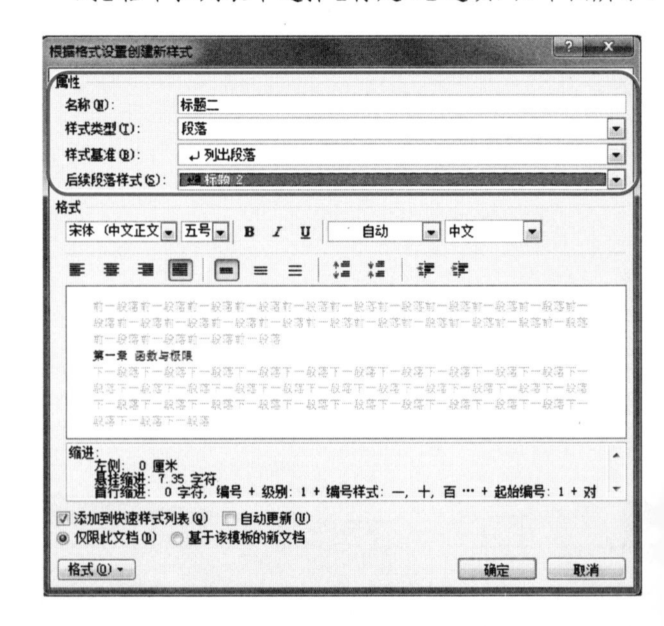

长见识：由大写字母、小写字母、数字和符号组合而成的密码称为强密码，弱密码不混合使用这些元素。例如，Y6dh!et5 是强密码；House27 是弱密码。密码的长度应大于或等于 8 个字符。最好使用包括 14 个或更多个字符的密码。

❸ 在【格式】选项组中设置字体为【红色】、【加粗】、【倾斜】、【下划线】、字号为【小二】，如下图所示。然后单击【格式】按钮，并从列表中选择【段落】选项，如下图所示。

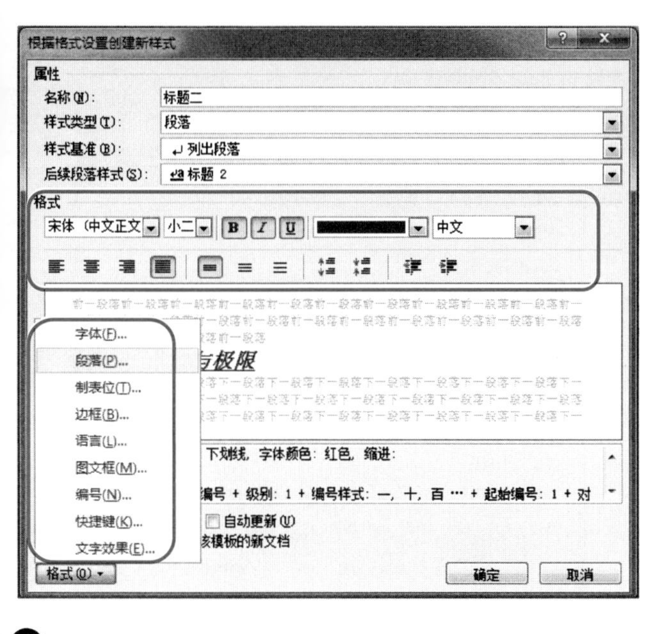

❹ 弹出【段落】对话框，在对话框中把行距设置为【1.5倍行距】，如下图所示。

❺ 单击【确定】按钮，返回【根据格式设置创建新样式】对话框，如右上图所示。

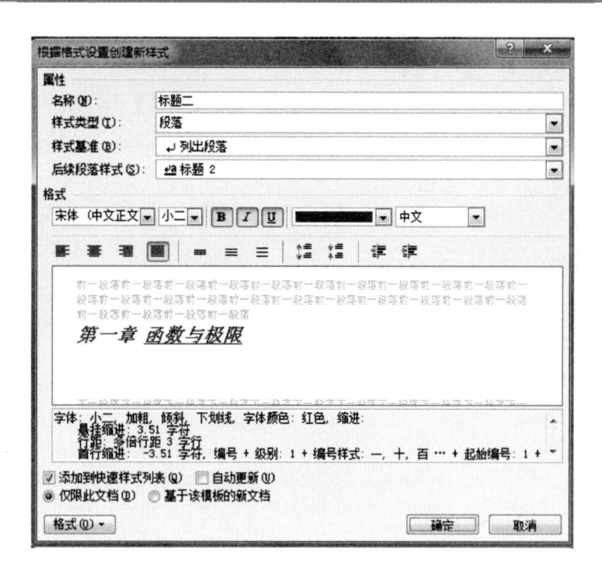

❻ 单击【确定】按钮，这时新创建的样式被添加到【样式】任务窗格，如下图所示。

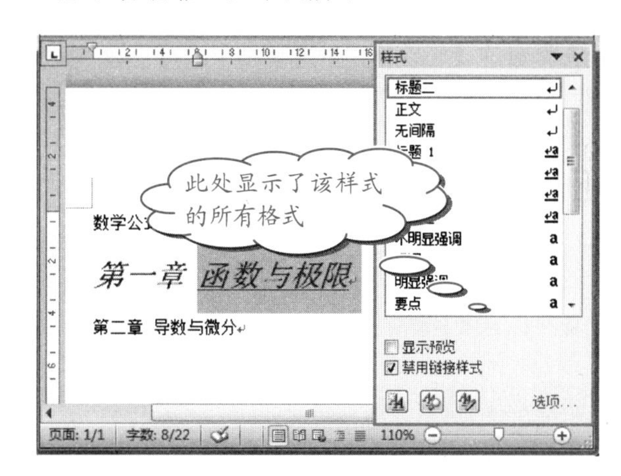

技巧

您还可以通过单击【样式】组右侧的【更改样式】下三角按钮打开“样式集”查看样式，如下图所示。

8.1.3 修改样式

如果对所创建的样式不太满意，你可以对它进行修改。修改样式的具体方法如下。

学以致用系列丛书

如果所需的样式未显示在快速样式库中，可以按 Ctrl+Shift+S 组合键打开【应用样式】任务窗格。在【样式名】文本框中输入所需样式的名称。列表仅显示已在文档中使用过的样式，但是您可以输入定义该文档的任何样式的名称。

操作步骤

❶ 在【样式】任务窗格中找到【标题二】样式，单击其右侧的下三角按钮，在其下拉列表中选择【修改】选项，如下图所示。

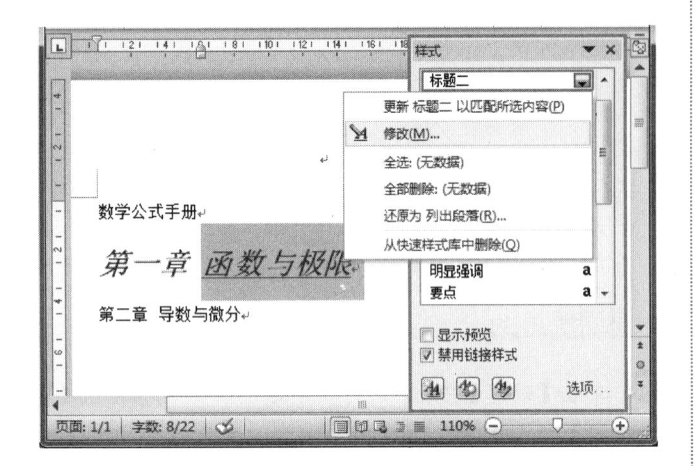

❷ 在弹出的【修改样式】对话框中进行修改，如我们去掉"下划线"，如下图所示。

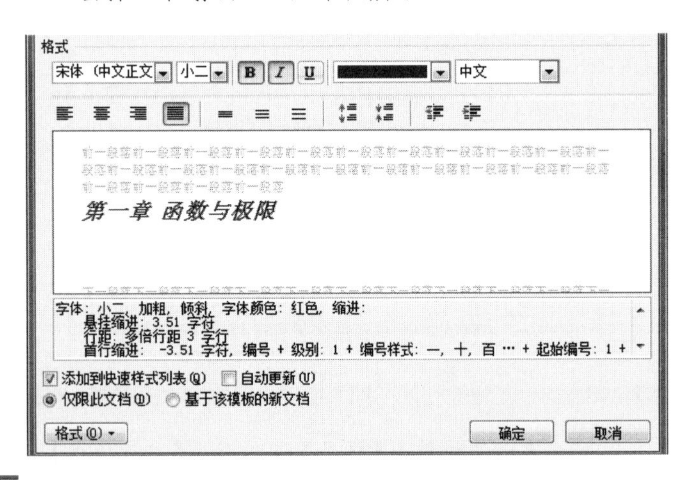

❸ 单击【确定】按钮，其效果如下图所示。

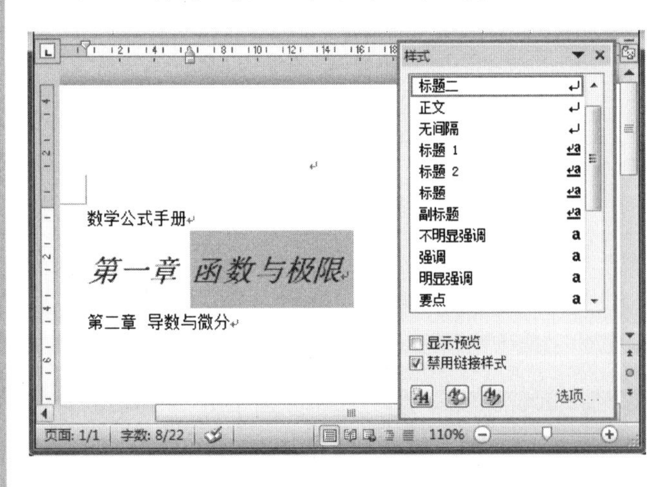

提示

除了用上面的方法可以修改样式外，还可以用下面的方法实现对样式的修改。在【样式】任务窗格中单击【标题二】样式，然后再单击下方的【管理样式】按钮，弹出【管理样式】对话框，在该对话框中进行修改和删除操作即可，如下图所示。

8.1.4 应用样式

在上一节中，我们创建了【标题 2】样式，在这一节中我们将通过利用【标题 2】样式为手册中的标题设置格式。

操作步骤

❶ 选中要应用样式的文本，如下图所示。

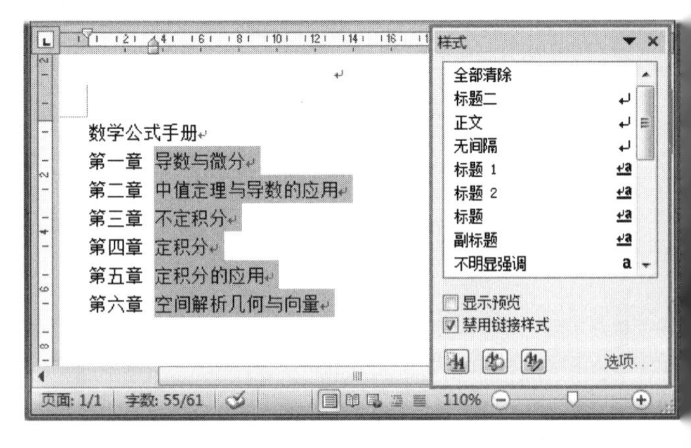

❷ 在【样式】任务窗格中找到【标题二】样式，单击它。其效果如下图所示。

学以致用系列丛书

长见识 隐藏修订不会从文档中删除现有的修订或批注。隐藏修订使您能够轻松查看文档，而免受删除线、下划线和批注框的干扰。

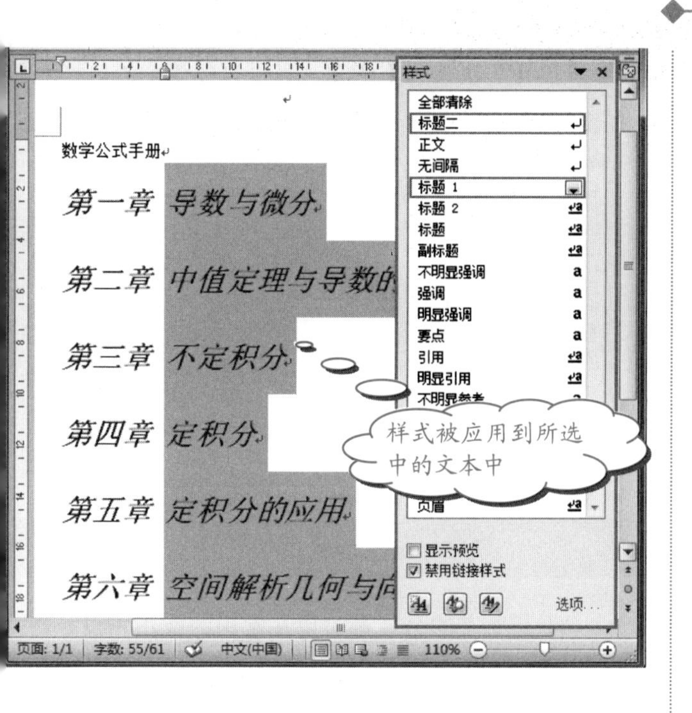

8.2 输入特殊字符

有时我们需要在文档中输入键盘上没有的符号，即特殊字符，如我们要在数学公式手册中输入“版权所有”的标志。

操作步骤

1. 单击要插入特殊字符的位置，在【插入】选项卡下的【符号】组中，单击【符号】按钮，然后选择【其他符号】选项，如下图所示。

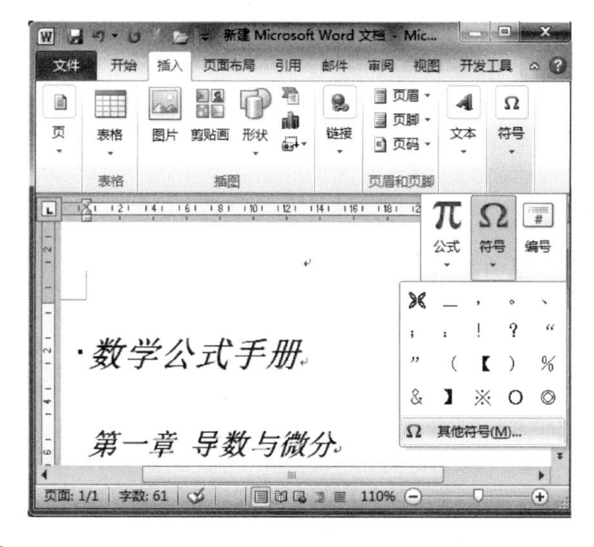

2. 弹出【符号】对话框，切换到【特殊字符】选项卡，选择【版权所有】符号，如右上图所示。

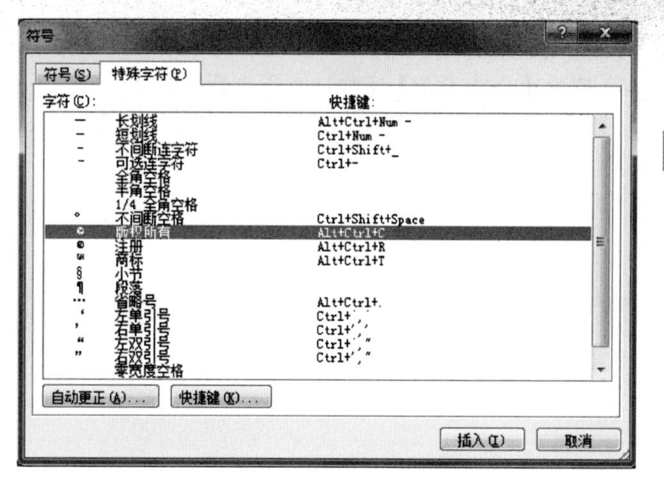

3. 单击【插入】按钮，则在光标定位处出现版权所有的符号，其效果如下图所示。

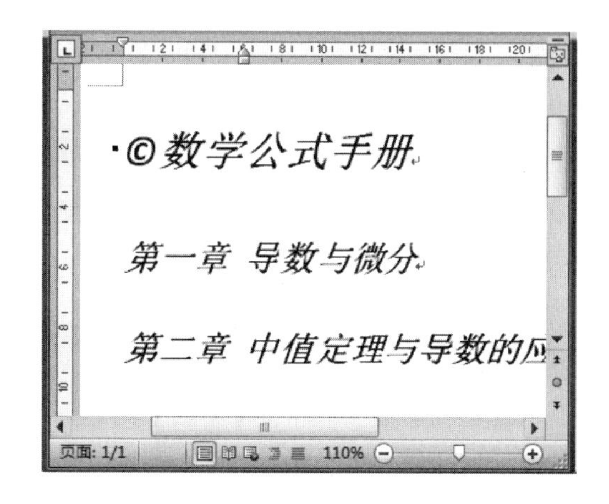

8.3 手册中公式的输入

既然我们的目标是制作数学公式手册，那么下面就让我们来一起在手册中输入公式吧！

8.3.1 打开公式编辑器

公式编辑器是我们插入和编辑公式必不可少的工具，认识和了解它有助于我们顺利地把公式插入到手册中。

操作步骤

1. 在【插入】选项卡下的【符号】组中，单击【公式】按钮π，如下图所示。

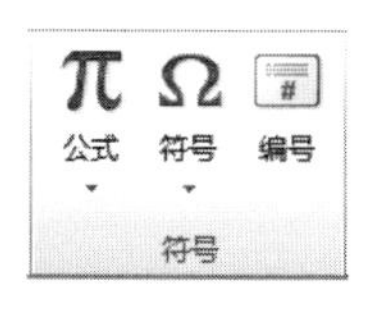

如果希望审阅者必须输入密码方可查看文档，则在【常规选项】对话框的【打开文件时密码】文本框中输入密码。如果希望审阅者必须输入密码方可保存对文档的更改，则在【修改文件时密码】文本框中输入密码。

长见识

❷ 这样就可以激活公式编辑器了，您可以在标题栏里看到【公式工具】字样，如下图所示。

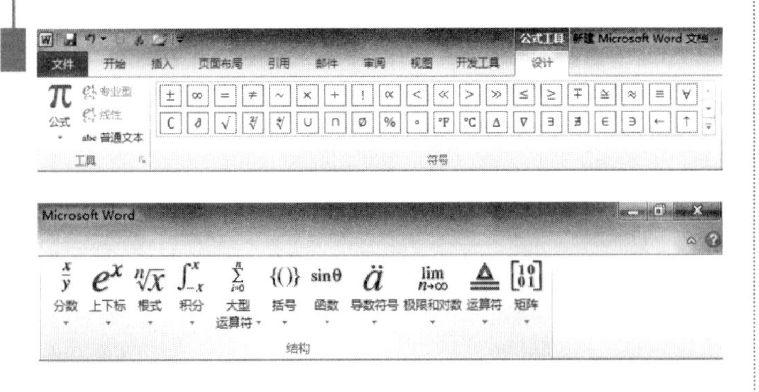

8.3.2 输入公式

有了公式编辑器这个强大的工具之后，我们就可以在手册中输入任何我们想输入的公式了。

1. 使用内置公式

一般常用的公式我们都可以从常用的或预先设好格式的公式列表中进行选择，而不用手动输入。

操作步骤

❶ 把光标定位在要插入公式的位置。在【插入】选项卡下的【符号】组中，单击【公式】按钮下方的下三角按钮，在弹出的下拉列表中，可以选择我们需要的公式，如“二次公式”，如下图所示。

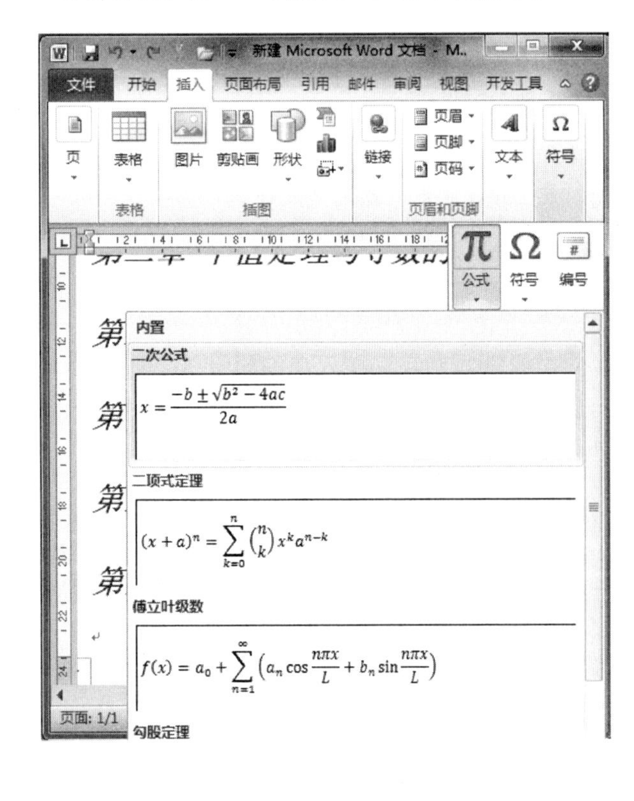

❷ 单击【二次公式】选项，就可以把该公式轻松地插入到手册中，如下图所示。

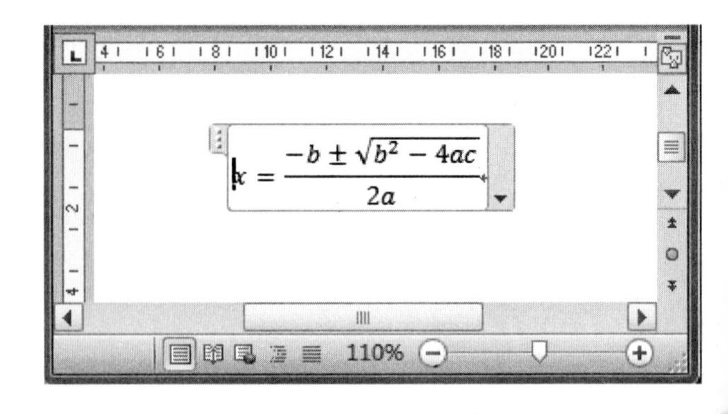

2. 手动输入公式

并不是所有的公式都可以在常用的或预先设好格式的公式列表中找到。这时，就必须自己动手输入我们需要的公式。

操作步骤

❶ 把光标定位在要插入公式的位置。在【插入】选项卡下的【符号】组中，单击【公式】按钮下方的下三角按钮，在弹出的下拉菜单中选择【插入新公式】选项，如下图所示。

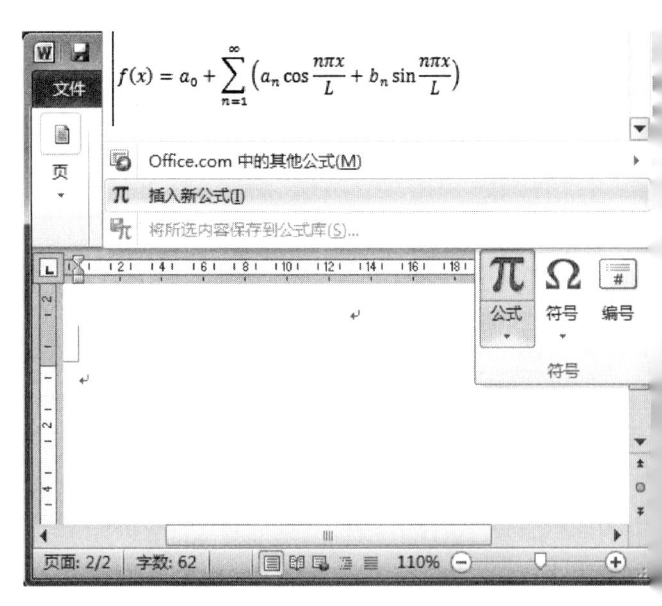

❷ 这时在Word文档中就会激活公式工具，并在光标定位处出现“在此处键入公式”字样，此时您就可以在这个提示框里输入所需要的公式了，如下图所示。

长见识 按Alt+Ctrl+.组合键可以输入英文省略号(…)，连续按两次Alt+Ctrl+.组合键可以输入中文省略号。快速输入中文省略号：按Shift+6组合键可以输入中文省略号(……)。

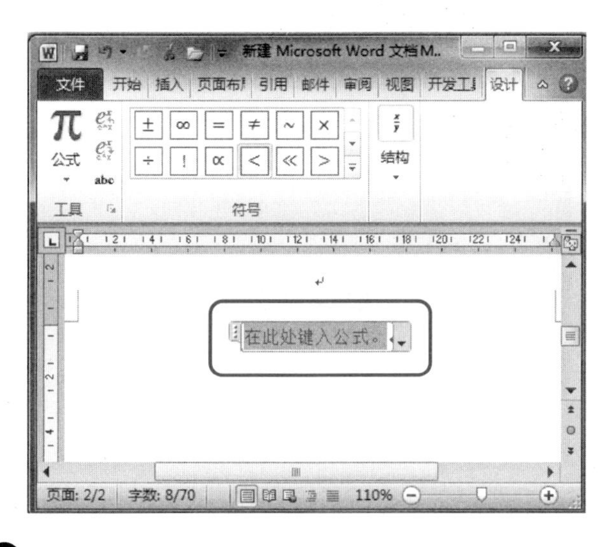

❸ 如我们在手册中输入幂函数的导数公式$(xu)'=ux^{u-1}$。首先在【公式工具】的【设计】选项卡的【结构】组中单击【上下标】按钮e^x，并在其下拉列表中选择【上标】样式，如下图所示。

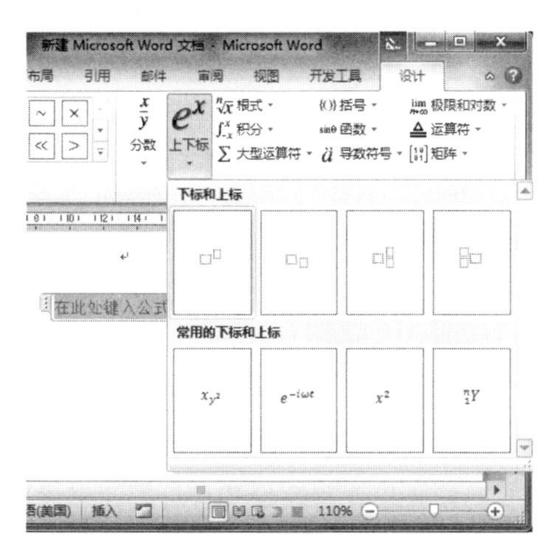

❹ 选中下标的方框，再单击【括号】按钮，并在其下拉列表的【方括号】选项组中选择第一种样式，如下图所示。

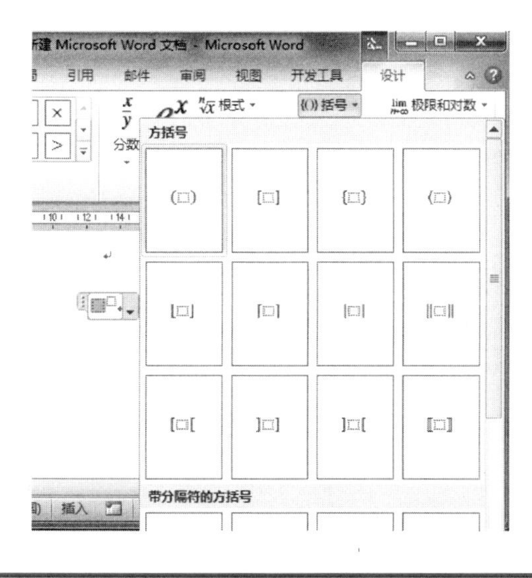

❺ 这时方括号被输入到下标的方框中。再选取上标的方框，输入单引号，如下图所示。

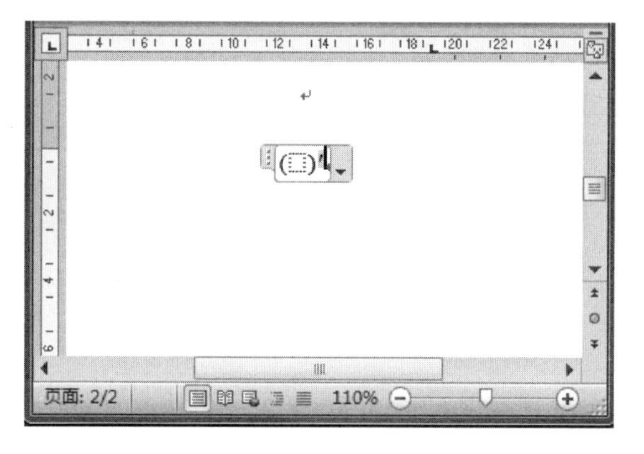

❻ 把光标定位到方括号内，再单击【上下标】按钮，并在其下拉列表中选择【上标】样式，如下图所示。

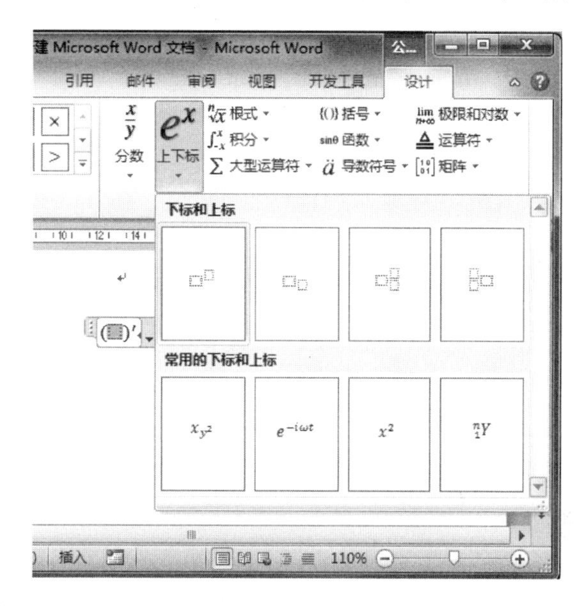

❼ 这时在方括号内的上标框中输入“u”，在下标框中输入“x”，再把光标移至公式框的最右边，如下图所示。

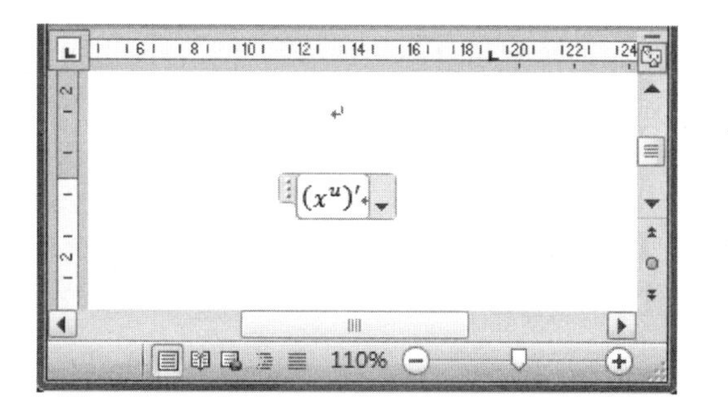

❽ 依次输入“=”、“u”。再次单击【上下标】按钮，并在其下拉列表中选择【上标】样式，如下图所示。

学以致用系列丛书

关闭【修订】不会消除文档中的修订。要确保文档中不再有修订，请确保所有修订都已显示，然后对文档中的每个修订使用【接受修订】或【拒绝修订】命令。

9 再在其下标框中输入“x”，在上标框中输入“u-1”，这样幂函数的导数公式就输入完毕了，如下图所示。

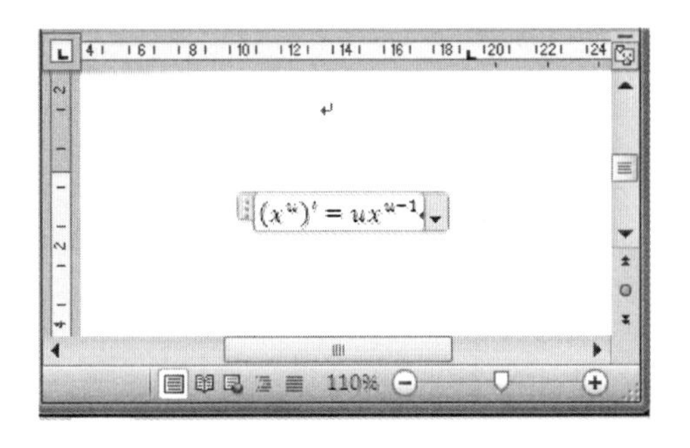

8.4 给手册中的公式添加注释

有时我们需要对手册中的公式进行一些解释说明，使我们的手册能够更好地为读者服务。这时可以利用脚注这个功能来达到注释的目的。

操作步骤

1 在【引用】选项卡下的【脚注】组中，单击【插入脚注】按钮AB，如右上图所示。

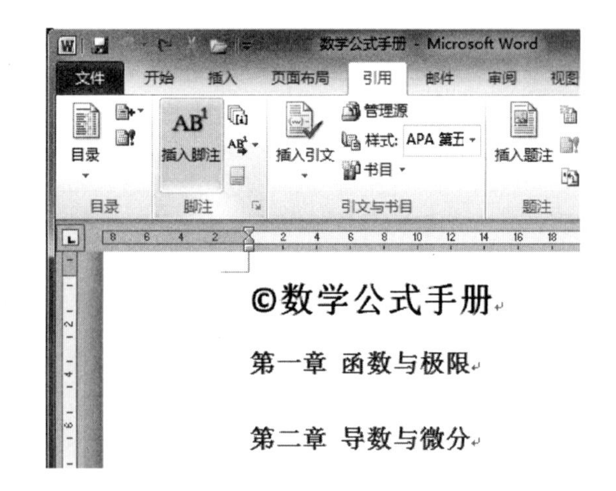

2 在默认情况下，Word将脚注放在每页的结尾处，如下图所示。

3 设置一下字体和字号，这里把其字号设置为“五号”。这时我们就可以在脚注编号后输入注释文本了，如下图所示。

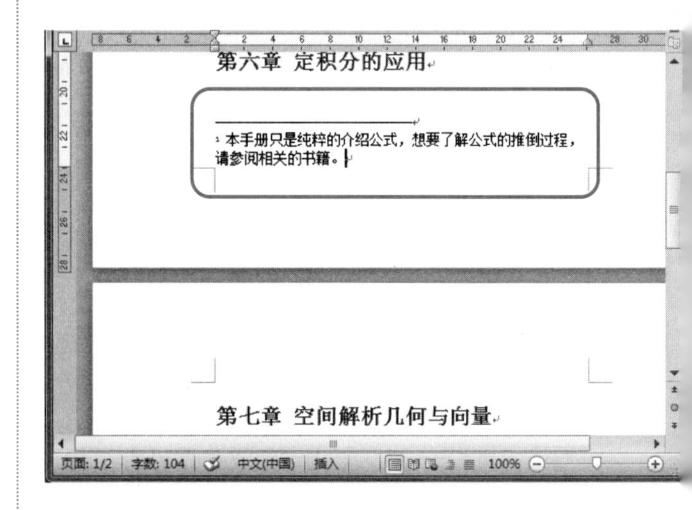

长见识 为了防止您不经意地分发包含修订和批注的文档，在默认情况下，Word显示修订和批注。在【审阅】选项卡下的【修订】组中，【最终：显示标记】是【显示以供审阅】下拉列表框中的默认选项。

提示

要更改脚注的格式，可以把光标定位到脚注中后右击，在弹出的快捷菜单中选择【便签选项】命令，将弹出【脚注和尾注】对话框，如下图所示。

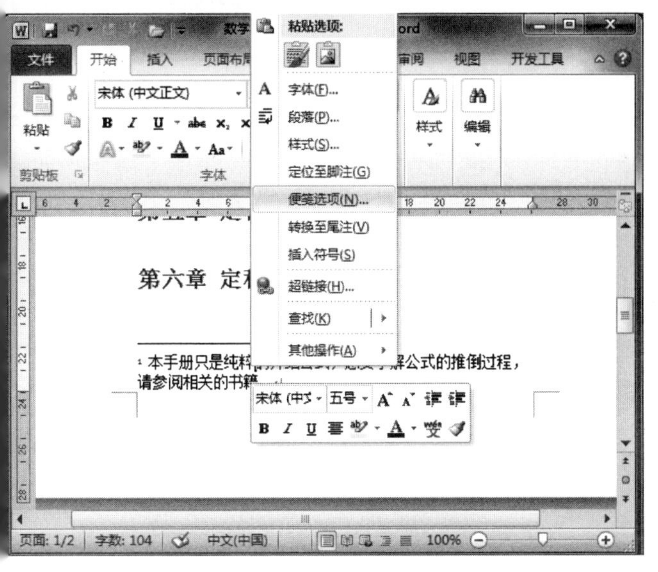

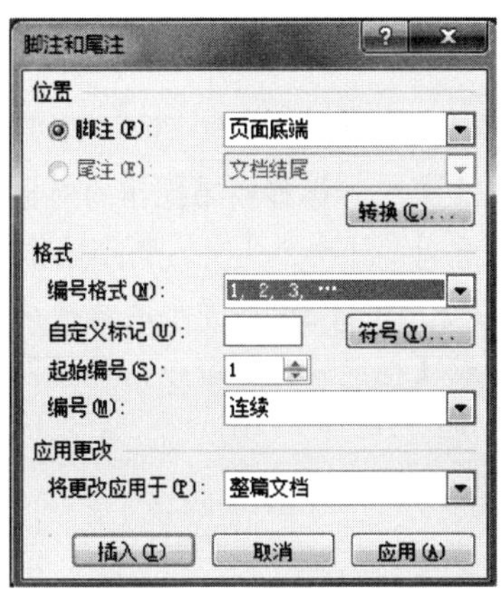

8.5　修订文档内容

Word 具有自动标记修订过的文本内容的功能。也就是说可以将文档中插入的文本、删除的文本、修改过的文本以特殊的颜色显示或加上一些特殊标记，便于以后再对修订过的内容作审阅。

8.5.1　修订文档

下面我们就通过为手册中的二项式定理插入一些说明文字，以便了解 Word 是怎样实现文档修订的。

操作步骤

❶ 把光标定位到手册中的“二项式定理公式”后，在【审阅】选项卡下的【修订】组中，单击【修订】按钮，在其下拉列表中选择【修订选项】选项。如下图所示。

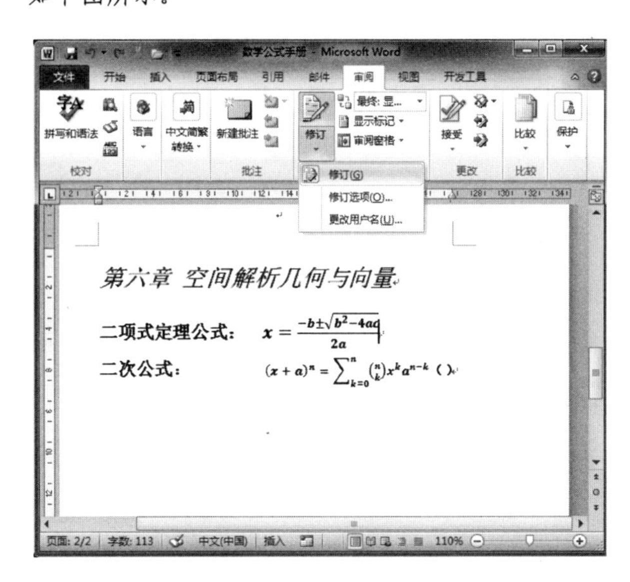

❷ 在弹出的【修订选项】对话框中进行设置。如我们在【标记】选项组中的【插入内容】下拉列表框中选择【倾斜】选项，并将其右侧的【颜色】下拉列表框设置为【鲜绿】；在【删除内容】下拉列表框中选择【删除线】选项，并将其右侧的【颜色】下拉列表框设置为【蓝色】；在【修订行】下拉列表框中选择【外侧框线】选项，并将其右侧的【颜色】下拉列表框设置为【鲜绿】，如下图所示。

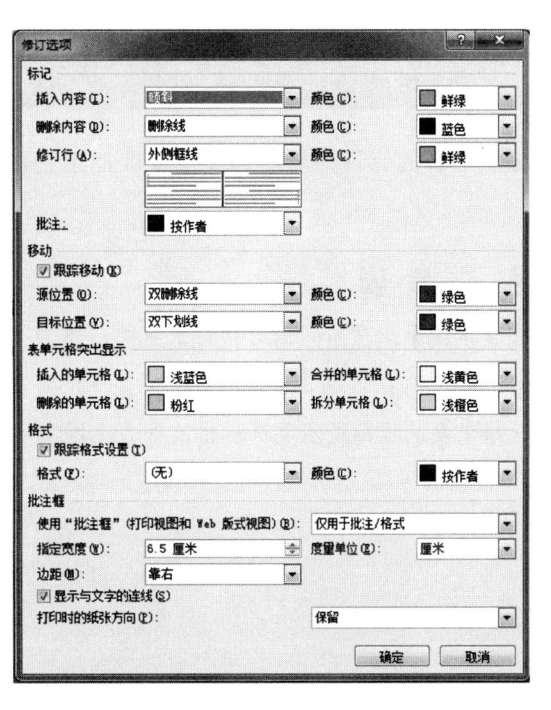

学以致用系列丛书

长见识：在输入过程中，如果能巧妙地使用 F4 键，可以提高输入效率。因为在 Word 中 F4 键可以作为快捷键，用来重复输入刚输入的内容。但是，重复的内容在输入英文和中文时，是有些差别的。英文输入时使用 F4 键，重复输入的是上一次使用 F4 后所输入的所有内容(包括回车换行符)。

❸ 单击【确定】按钮。回到页面中，在光标处输入文字，其效果如下图所示。

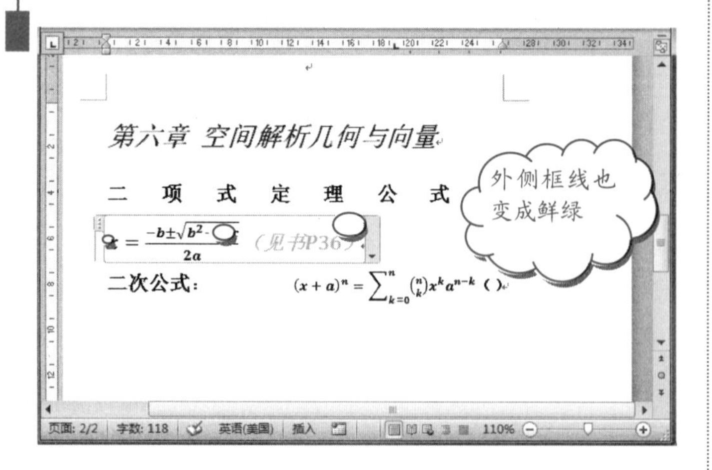

❹ 我们把二次公式删除，则其效果如下图所示。

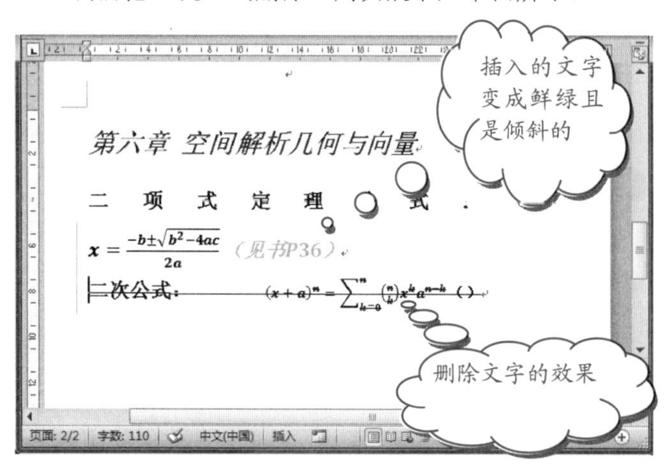

8.5.2 接受或拒绝修订

对于已做的修订，需要选择接受或拒绝它，方法如下。

操作步骤

❶ 在【审阅】选项卡下的【修订】组中，单击【显示标记】选项右侧的下三角按钮，在其下拉列表中确保每个复选框都显示复选标记，如右上图所示。

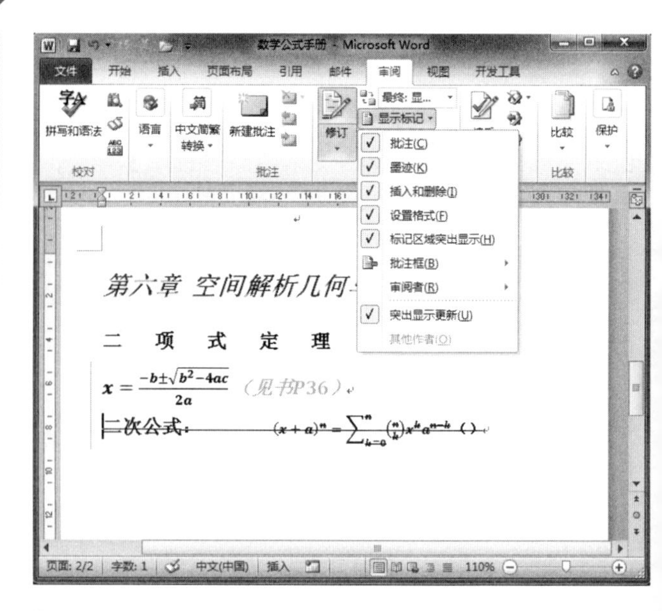

❷ 在【审阅】选项卡下的【更改】组中，单击【上一条】或【下一条】按钮，查找您所要进行操作的对象，如下图所示。

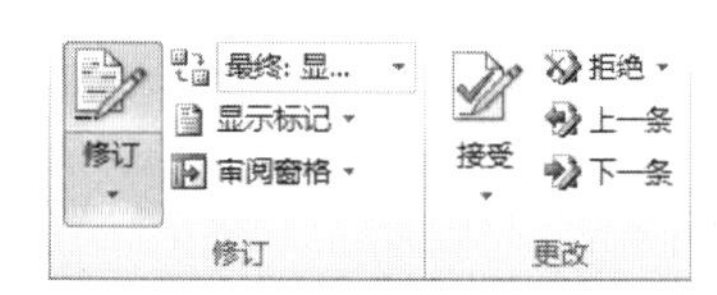

❸ 您也可以直接把光标移到要操作的对象上，如我们要接受或拒绝对“二次公式”的删除操作时，把光标移到“二次公式”上右击，在弹出的快捷菜单中选择【接受修订】或【拒绝修订】命令，如下图所示。

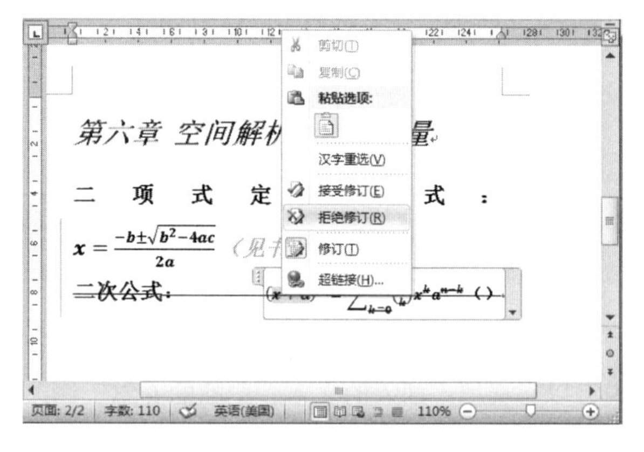

❹ 还可以在【审阅】选项卡下的【更改】组中，单击【拒绝】或【接受】按钮。如我们要拒绝对“二次公式”的删除操作时，可单击【拒绝】按钮。如果要进行更具体的操作，可单击【拒绝】按钮右侧的下三角按钮，在其下拉列表中进行相应的选择。如下图所示。

关闭修订功能并不会从文档中删除修订标记或批注。关闭修订功能会使您能修改文档而不存储插入内容与删除内容，以及将其显示为带删除线、下划线或批注框的格式。

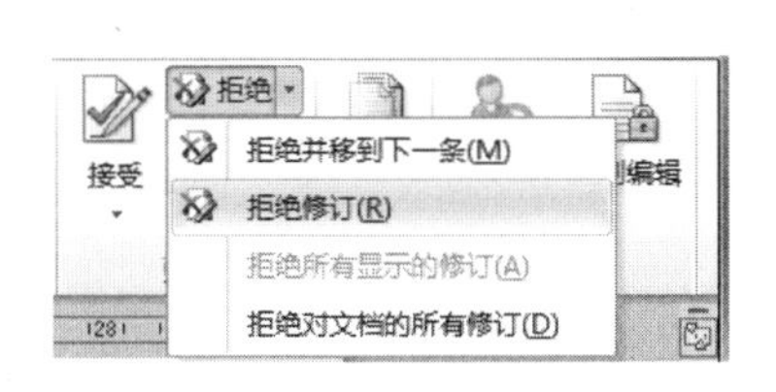

5 这时“二次公式”的效果如下图所示。

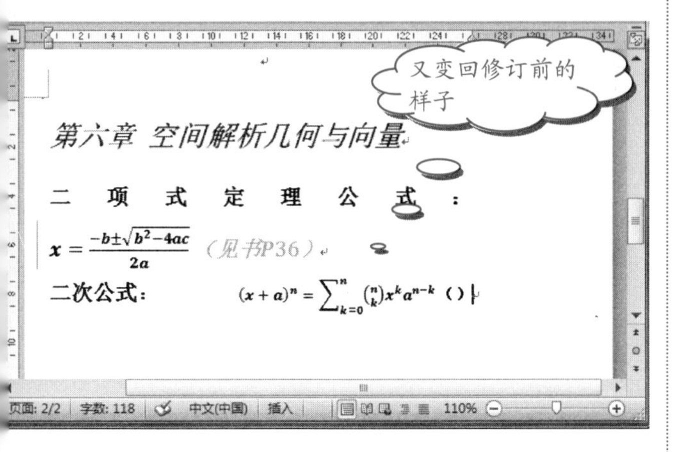

8.6 快速编制手册目录

目录可以使读者对文档的内容一目了然，还等什么，让我们为手册也创建一个目录吧！

操作步骤

1 选择要在目录中包含的文本。例如我们选择章节标题。

2 在【引用】选项卡下的【目录】组中，单击【添加文字】按钮。在其下拉列表中选择所选内容标记的级别，例如我们把章节标题设置为“2 级”，如下图所示。

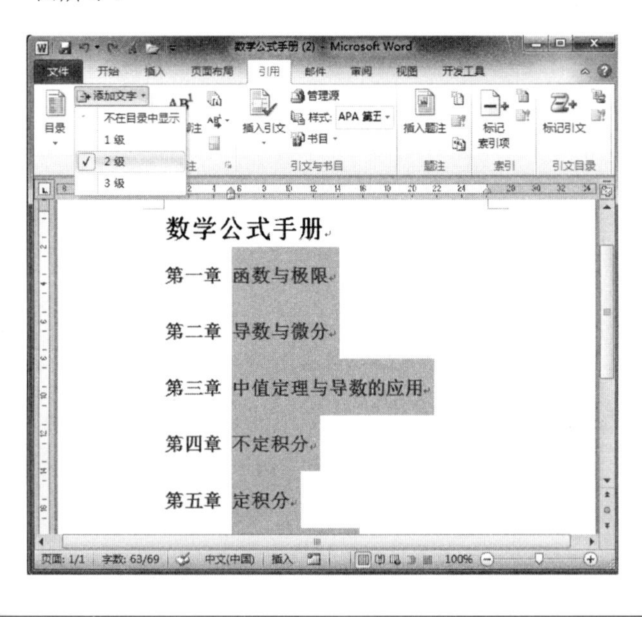

3 依此类推，我们再把“数学公式手册”字样设置为“1 级”。

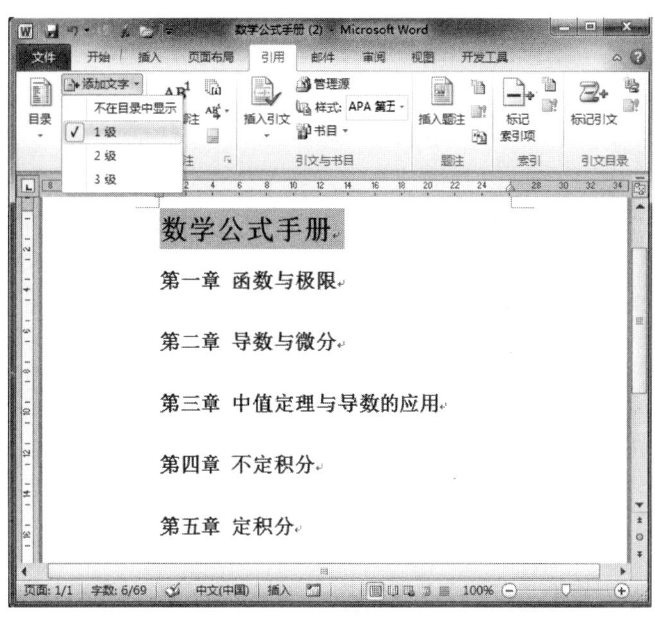

4 把光标定位到要插入目录的位置，通常在文档的开始处。

5 在【引用】选项卡的【目录】组中，单击【目录】按钮，在其下拉列表中选择你需要的目录样式。例如，我们选择“自动目录 1”，如下图所示。

6 插入目录后的效果如下图所示。

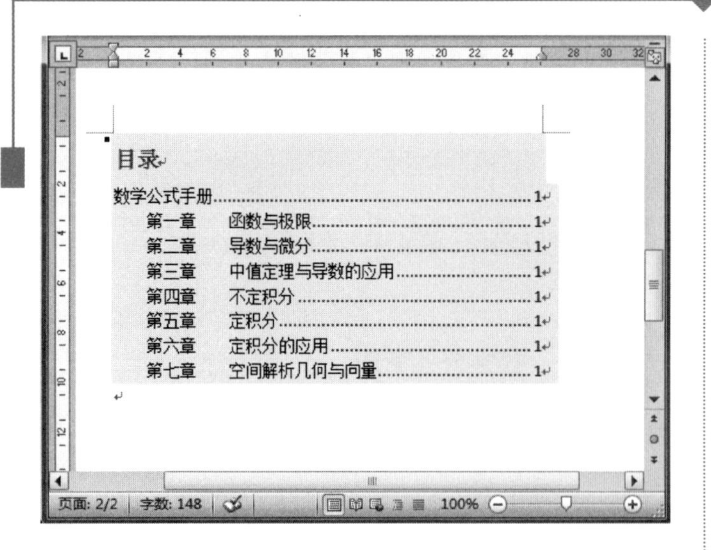

8.7 制作手册模板

如果经常要制作手册，您可以使用具有预定义页面版式、字体、边距和样式的模板，而不必从零开始创建手册的结构。您只需打开手册模板，然后填充文本和信息即可。

8.7.1 创建模板

您可以将空白文档保存为模板，或者基于现有的文档或模板创建模板。下面我们基于先前已制作的数学公式手册创建模板。

操作步骤

1. 选择【文件】|【另存为】命令。
2. 在【另存为】对话框中，指定新模板的文件名，在【保存类型】下拉列表框中选择【Word 模板】选项，然后单击【保存】按钮即可，如下图所示。

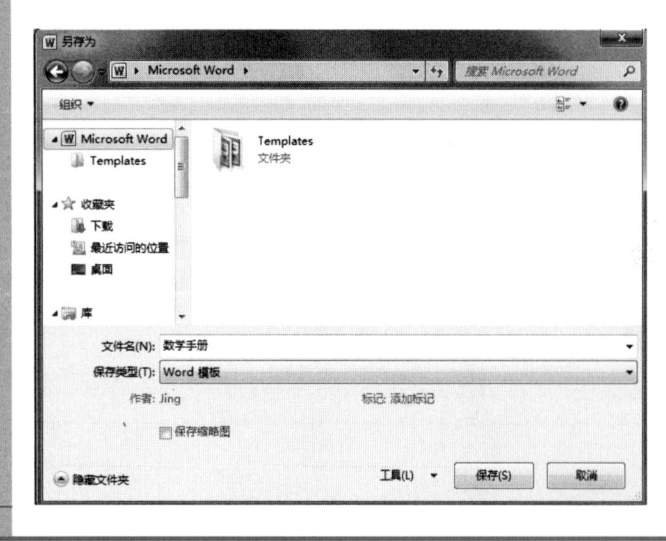

8.7.2 应用模板

在 8.7.1 节中我们创建了数学公式手册的模板，在这一节中我们将学习如何应用已创建好的模板，如数学公式手册模板。

操作步骤

1. 选择【文件】|【新建】命令。
2. 在右侧窗格的【可用模板】选项组下，选择【我的模板】选项，如下图所示。

3. 弹出【新建】对话框，在对话框中选择【数学手册】模板。

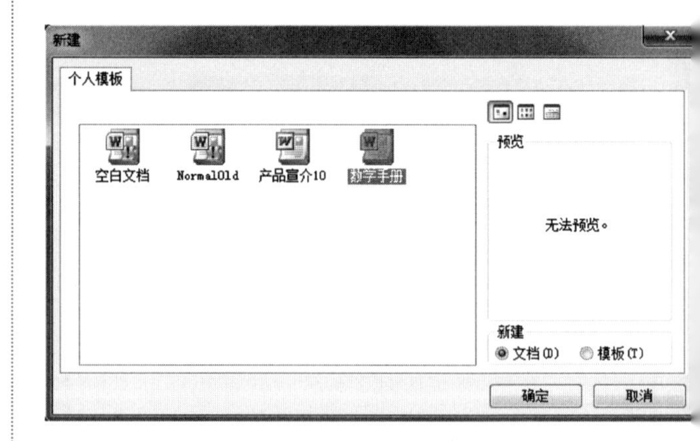

4. 单击【确定】按钮，即可打开【数学手册】模板。您就可以在里面尽情地编辑文字了，一些模板中预定的格式会自动为您的文档进行设置。

长见识　您或发送文档的人可能隐藏了修订或批注，以使文档更易于阅读。然而，隐藏修订并不会删除它们。它们仍保留在文档中，直到您对其进行处理。根据您的 Word 版本和所用的设置，修订或批注可能在您或其他人打开文档时重新出现。

8.8　给自己的文档加一把锁

我的文档我做主，我们可以选择给别人看也可以选择不给，随您高兴。

8.8.1　给文档加密

就像我们的日记一样，有些文档我们并不希望别人看到，这时就可以为文档加密。

操作步骤

1. 选择【文件】|【另存为】命令。
2. 打开【另存为】对话框。单击【工具】按钮，然后选择【常规选项】命令，如下图所示。

3. 弹出【常规选项】对话框，如下图所示。

4. 在相应的对话框中输入密码，单击【确定】按钮即可。以后要是想打开这个文档必须要输入密码才可以，就像要打开锁必须要有钥匙一样。

注意

记住密码很重要。如果忘记了密码，Microsoft 将无法找回。最好将密码记录下来，保存在一个安全的地方，这个地方应该尽量远离密码所要保护的信息。

8.8.2　保护文档

有时我们愿意将文档拿出来跟大家一起共享，但不希望别人在自己的文档上进行修改，这时就可以利用 Word 的保护功能。

操作步骤

1. 选择【文件】|【另存为】命令。
2. 打开【另存为】对话框。单击【工具】按钮，然后选择【常规选项】命令。
3. 在弹出的【常规选项】对话框中，选中【建议以只读方式打开文档】复选框，如下图所示。

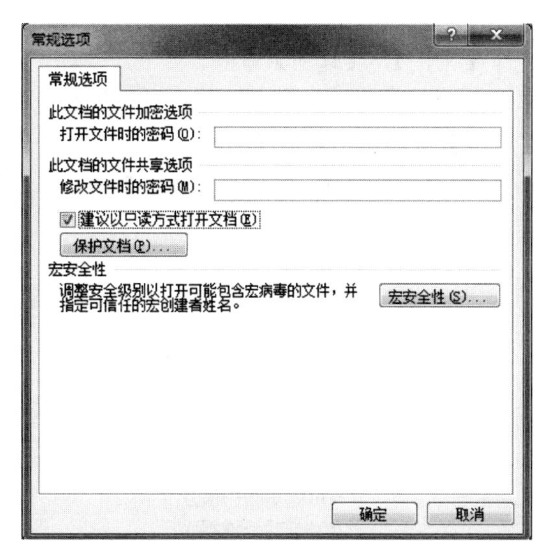

4. 单击【确定】按钮即可。

8.8.3　保护隐私的其他方法

当我们打开 Word 文档，单击【文件】菜单 时，默认情况下系统会列出最近使用过的文档，如下图所示。

长见识：从快速样式库中删除样式不会将该样式从【样式】任务窗格中显示的条目删除。【样式】任务窗格列出了文档中的所有样式。

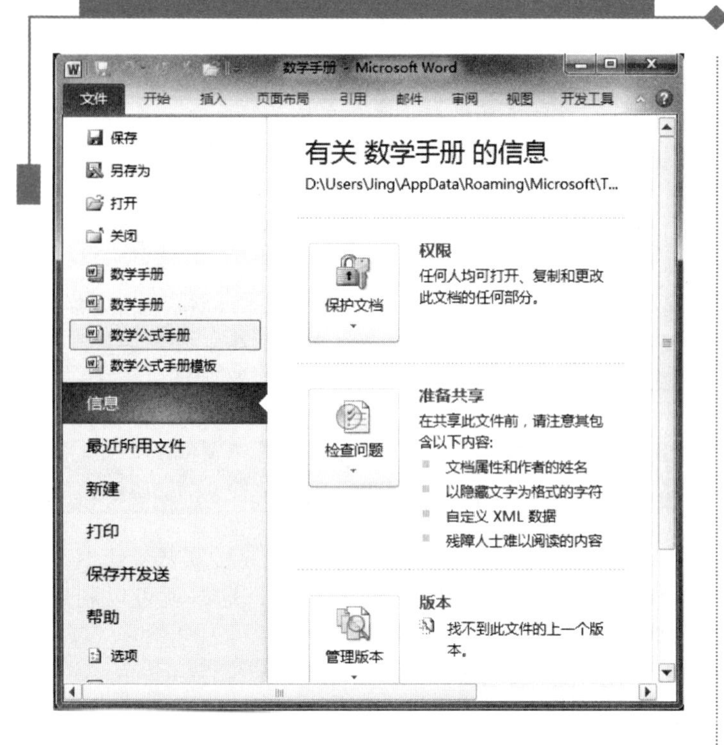

出于保密需要，我们往往不希望别人看到自己最近编辑过的文档，这时我们可以采取如下方法解决这个问题。

操作步骤

1. 选择【文件】|【选项】命令。
2. 弹出【Word选项】对话框，选择【高级】选项。在【显示】选项组中，把【显示此数目的“最近使用的文档”】设置为0，并单击【确定】按钮，如下图所示。

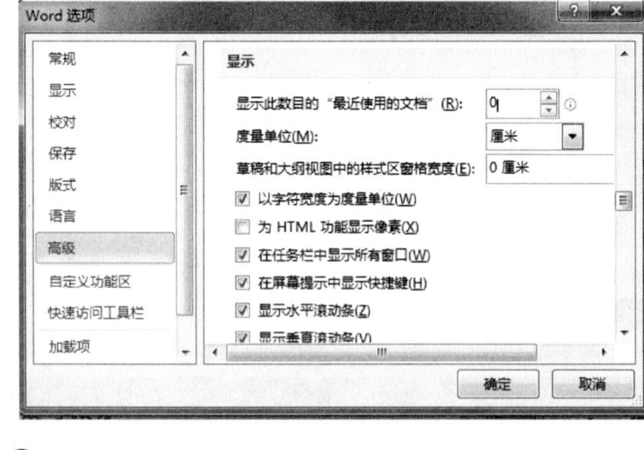

3. 设置后的效果如右上图所示。

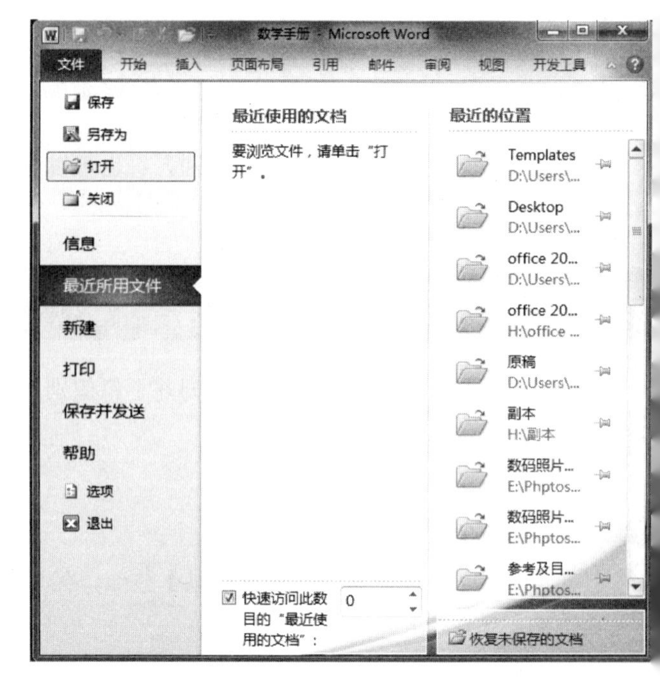

技巧

有时我们不希望别人看到自己正在编辑的文档，如果直接关掉文档，还要重新打开很麻烦。这时我们可以通过Ctrl+A组合键，把文档全选中，再把字体设置为“白色”就可以了。

8.9 思考与练习

选择题

1. 单击________可以打开样式集。

   A. 【更多】按钮

   B. 【开始】选项卡

   C. 【更改样式】按钮

   D. 【选择】按钮

2. 【接受修订】或【拒绝修订】按钮是在________选项卡中。

   A. 【开始】　　B. 【插入】

   C. 【引用】　　D. 【审阅】

3. 在【另存为】对话框中，单击【工具】按钮，在其下拉菜单中应选择________命令可实现文档的加密。

   A. 【常规选项】

   B. 【保存选项】

   C. 【Web】

   D. 【属性】

长见识：在【审阅】选项卡下单击【新建批注】按钮，可以在文档的右侧添加批注。选中批注，再单击【批注】组中的【删除】按钮，即可对其进行删除。

操作题

1. 创建一个新样式，取名为“样式一”，要求此样式的字号为“初号”、字体为“楷体”、颜色为“青色”、加粗。

2. 在文档中输入“注册”字符。

3. 在文档中输入中值定理。

4. 创建一个模板，要求其页边距的上、下、左、右均为 5 厘米。

5. 为新建的文档加密，使别人需要输入密码才可以打开文档，如果要修改其中的内容，也要输入密码才行。

除了通用型的空白文档模板之外，Word 2010 中还内置了多种文档模板，如博客文章模板、书法字帖模板等。另外，Office.com 网站还提供了证书、奖状、名片、简历等特定功能模板。借助这些模板，用户可以创建比较专业的 Word 2010 文档。

第 9 章 初识 Excel 2010——创建“公司员工档案”表

想不想见识 Excel 2010 的魅力？在这一章中我们将从最基本的 Excel 界面讲起，带领大家初步了解 Excel 的基本知识来学习使用 Excel，为您的工作、学习带来方便。

学习要点

- ❖ 认识 Excel 界面。
- ❖ 理解单元格与单元格区域。
- ❖ 理解工作表与工作簿。
- ❖ 创建工作簿。
- ❖ 输入数据。
- ❖ 保存工作簿。
- ❖ 让内容在单元格中换行。
- ❖ 快速输入数据。
- ❖ 在多张工作表中输入数据。

学习目标

通过本章的学习，读者应该对 Excel 2010 有一个初步的了解：能熟悉它的界面，能理解单元格与单元格区域的关系，理解工作表与工作簿的关系，学会创建自己的工作簿并知道怎样输入数据，怎么样在单元格中换行，怎样快速输入数据，以及掌握在多张工作表中输入数据的方法。本章末有一些习题，读者可以检验自己掌握的程度。

9.1 初识 Excel 2010

对 Excel 2010 进行操作之前，我们来认识一下它的工作界面，一起来学习吧。

9.1.1 启动和退出 Excel 2010

我们先来学习如何启动 Excel 2010。和 Word 的启动一样，有两种方法：一种是通过选择【开始】|【所有程序】|Microsoft Office|Microsoft Excel |2010 命令，另一种是创建一个 Excel 桌面快捷方式，然后双击快捷方式打开。但是在 Excel 2010 窗口中，有两个控制关闭的按钮，当我们在只打开一个工作簿的情况下，单击这两个关闭按钮，有什么区别呢？下面一起来实际操作一下吧！

操作步骤

1. 如果单击如下图所示的工作表【关闭】按钮，则表示把已经打开的工作表关闭，但不关闭 Excel 工作簿。

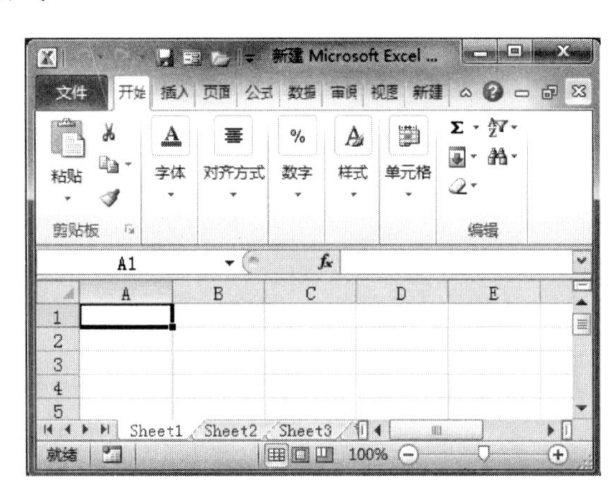

2. 其效果如下图所示。

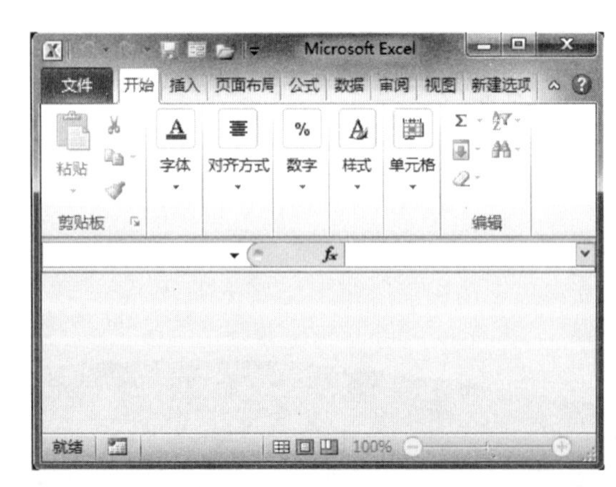

3. 如果单击如右上图所示的 Excel 工作簿中的【关闭】按钮，则表示关闭整个工作簿，退出 Excel。

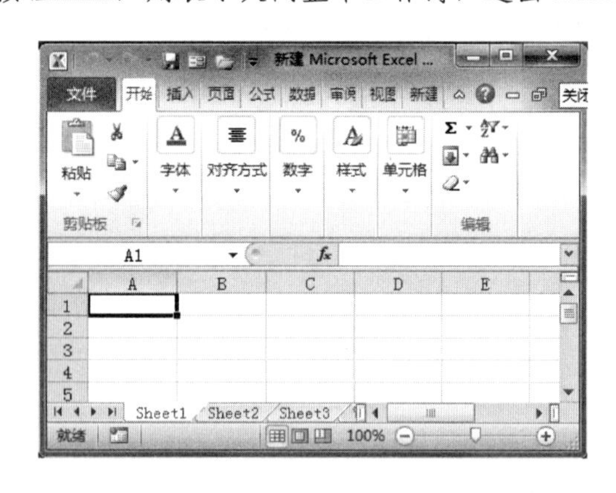

9.1.2 Excel 2010 的界面

Excel 2010 的界面相比于其他版本有了一些改变，但主要还是包括标题栏、选项卡、组、数据编辑区、滚动条、工作表选项卡和状态栏等，如下图所示。

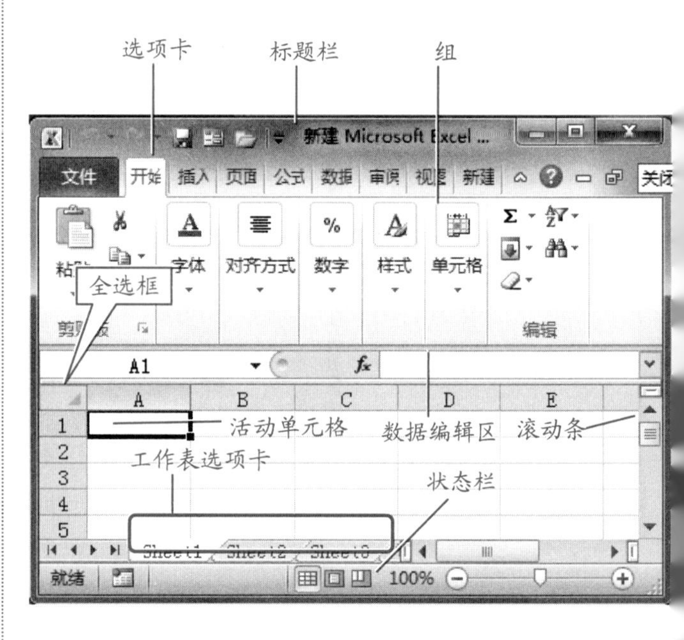

Excel 2010 的工作窗口与 Word 2010 工作窗口很相似，下面来认识一下它们吧！

1. 数据编辑区

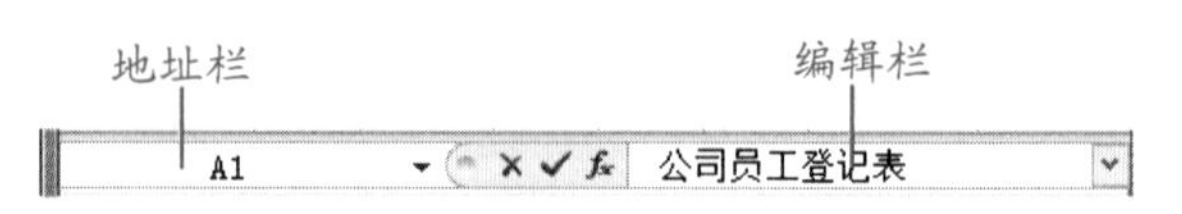

- 【地址栏】：用来显示当前活动单元格或单元格区域的地址。
- 【编辑栏】：用来输入或编辑数据，数据同时显示在当前活动单元格中。

长见识 安装 Office 组件中的 Excel 时，并不会自动在桌面上创建快捷图标，还需手动创建。利用桌面快捷图标启动相应的软件是最为方便和快捷的方法。

❖ 【取消】按钮×：单击【取消】按钮将取消数据的输入或编辑，同时当前活动单元格中的内容也消失。
❖ 【输入】按钮✓：单击【输入】按钮将结束数据的输入或编辑，同时将数据存储在当前单元格内。
❖ 【插入函数】按钮fx：单击【插入函数】按钮，将弹出如下图所示的【插入函数】对话框。

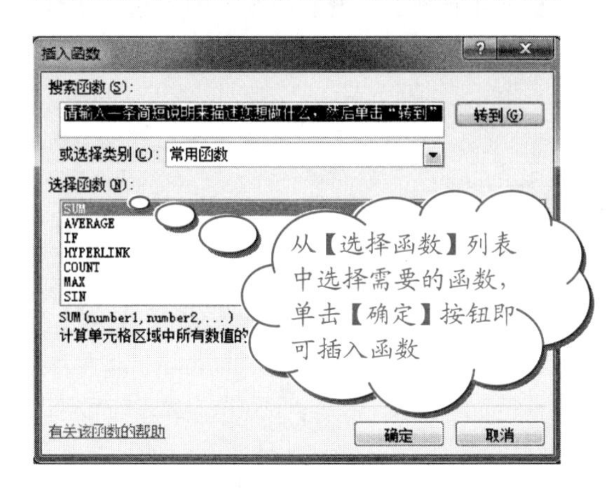

2. 全选框

单击【全选框】，可以选中一个工作表。其快捷键是 Ctrl+A。

3. 活动单元格

单元格是表格中的最小组成部分。活动单元格是指当前选中的单元格，它的四周以黑线包围。您可以编辑单元格中的数据，并且还可以对数据进行移动或复制单元格等操作。

4. 工作表选项卡

工作表选项卡用于显示一个工作薄中的各个工作表的名称。单击不同工作表的名称，可以切换到不同的工作表。当前工作表以白底显示，其他的以浅蓝色底纹显示。

5. 状态栏

状态栏显示执行过程中的选定操作或命令信息。状态栏左边显示正在执行的选定操作，如打开一个文件、粘贴单元格等；如果选定一个命令，则会显示该命令的简要描述。状态栏右边可以显示一些按键(如 CapsLock，End 等)是否打开，如右上图所示。

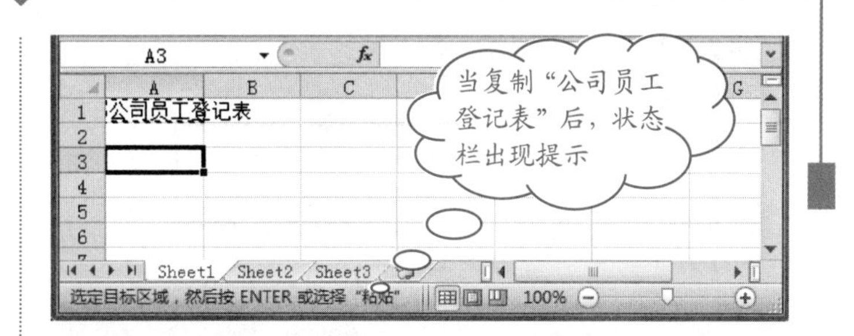

9.2 Excel 的基本概念

Excel 2010 中有两对比较重要的概念要弄清，即：单元格和单元格区域，工作表和工作簿。下面我们一一为大家介绍吧。

9.2.1 理解单元格和单元格区域

单元格区域是由连续或不连续的单元格组成的，下面我们一起来看看吧。

1. 单元格

单元格是 Excel 中最基本的存储数据单元，通过对应的行标和列标进行命名和引用，任何数据都只能在单元格中输入。

和单元格相对应的概念还有单元地址、活动单元格。单元地址是指一个单元格在工作表中的位置，它是以行列的坐标来表示的，并且列号要在行号前面哦！例如，单元格 C2 表示在 C 列的第 2 个单元格，如下图所示。

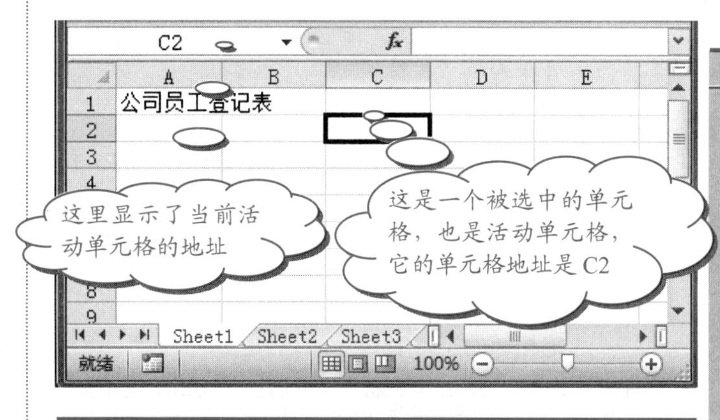

2. 单元格区域

多个连续的单元格称为单元格区域，如下图所示。

学以致用系列丛书

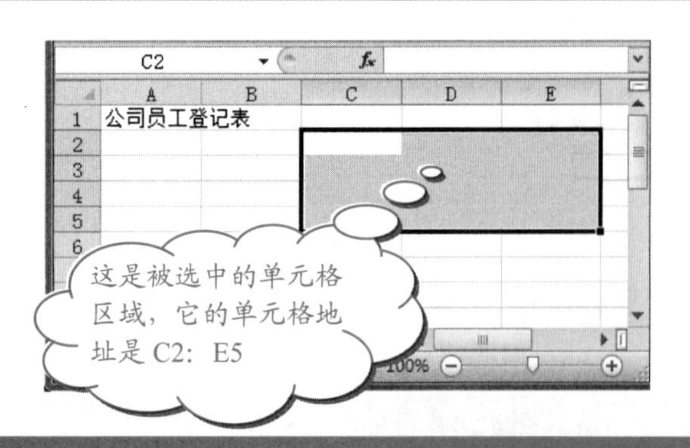

9.2.2 理解工作表与工作簿

如同一本书可以分为不同的章节，每一章节又包含不同的内容，工作簿和工作表的关系也是如此。一个工作簿文件可以包含许多工作表，每张工作表可以保存不同类型的数据。

1. 工作表

当启动 Excel 程序时，首先看到的界面就是工作表。每张工作表由 256 列和 65536 行组成。它可以用来存储字符、数字、公式、图表以及声音等丰富的信息，也可以作为文件被打印出来。下面我们分别讲解工作表标签和如何选定工作表。

1) 认识工作表标签

工作表标签是操作工作表的一个快捷方法，对工作表的操作基本上都能通过该标签完成。当前工作表为 Sheet1，呈白底显示，如下图所示。

在对工作表进行操作之前必须先选定需要的工作表，选定的方法有以下几种。

2) 选定工作表

选定一张工作表时直接用鼠标单击需要选中的工作表标签即可，如下图所示。

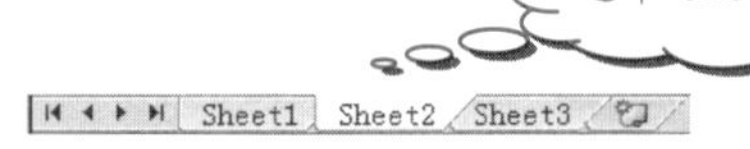

3) 选定相邻的工作表

首先单击第一张工作表标签，然后按住 Shift 键不放，单击第二个需选定的工作表标签，即可同时选定几个相邻的工作表，如下图所示。

4) 选定不相邻的工作表

首先单击第一张工作表标签，然后按住 Ctrl 键不放，依次单击需要选定的工作表标签，即可同时选定不相邻的工作表，如下图所示。

5) 选定工作簿中所有工作表

在任一个工作表标签上右击，在弹出的快捷菜单中选择【选定全部工作表】命令，即可选定工作簿中所有工作表，如下图所示。

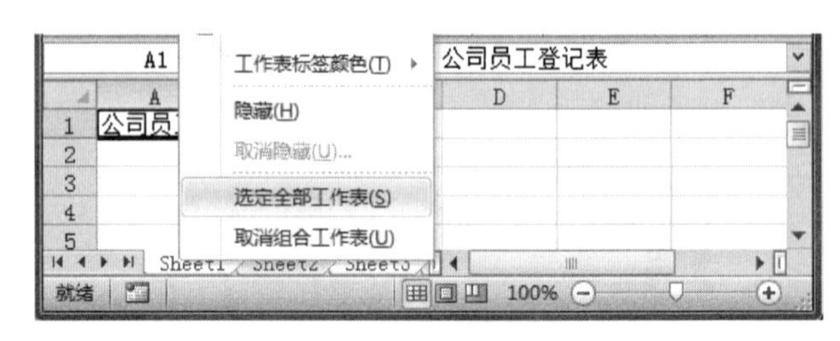

2. 工作簿

所谓工作簿，其实是一个文件，是 Excel 环境下储存并处理数据的文件。我们可以把同一类相关的工作表集中在一个工作簿中。例如在“工资报表”的工作簿中，保存全年 12 张工资表，每张表以月份命名，这样便于管理而且一目了然，如下图所示。

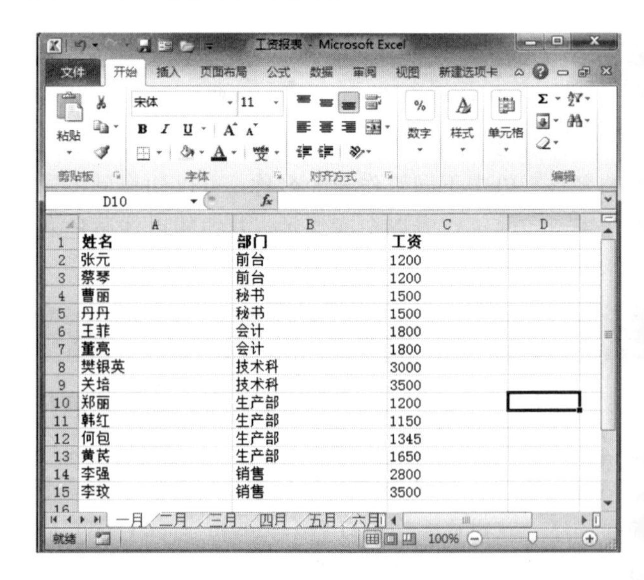

	A	B	C
1	姓名	部门	工资
2	张元	前台	1200
3	蔡琴	前台	1200
4	曹丽	秘书	1500
5	丹丹	秘书	1500
6	王菲	会计	1800
7	董亮	会计	1800
8	樊银英	技术科	3000
9	关培	技术科	3500
10	郑丽	生产部	1200
11	韩红	生产部	1150
12	何包	生产部	1345
13	黄芪	生产部	1650
14	李强	销售	2800
15	李玫	销售	3500

每次启动 Excel 2010 时，系统会默认打开 3 个工作表，分别用 Sheet1、Sheet2、Sheet3 命名，也可以更改名

长见识：在选中了相邻或不相邻的工作表后，只需用鼠标单击没有选定的工作表标签即可取消选定状态，当选定了全部工作表后，单击除选定前的当前工作表以外的任意工作表标签即可取消选定状态。

称。我们可以通过插入工作表、改变默认值等操作来改变工作簿中工作表的数目，以满足自己的需要。具体的操作将在后面的章节中介绍。

9.3 编辑"公司员工档案"表

通过前面的讲解，想必读者已经非常熟悉 Excel 的界面。下面我们通过制作一个"公司员工档案"表的例子来学习如何建立工作表，以及怎样输入数据和保存工作表等。

9.3.1 创建工作簿

如果想要用 Excel 来存储编辑需要的数据，就要先新建一个工作簿，创建工作簿的方法与创建 Word 文档的方法类似，这里不再赘述，请读者参阅前面相关章节。

当需要对已有的工作簿进行浏览或者编辑等操作时，需要将该工作簿打开。方法有两种。

1. 通过【文件】菜单打开已有工作簿

通过【文件】菜单打开已有工作簿的操作步骤如下。

操作步骤

❶ 选择【文件】|【打开】命令，如下图所示。

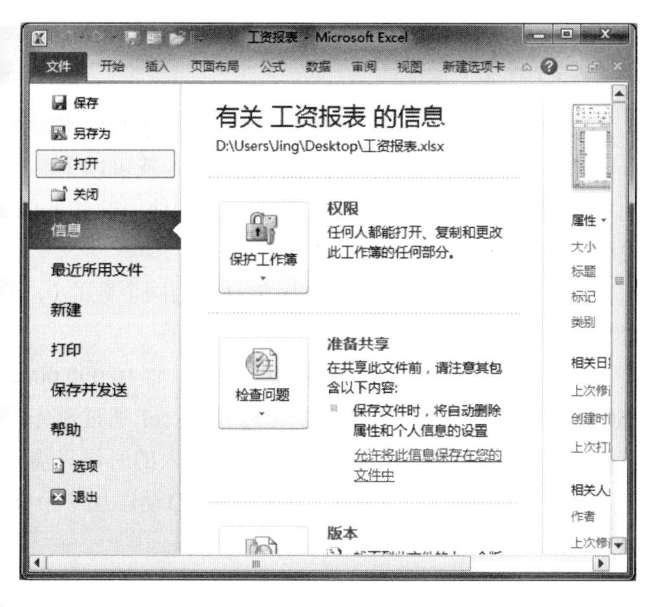

❷ 在出现的【打开】对话框中，单击【打开】按钮打开下拉列表，选择要打开文件的具体位置；然后选择要打开的文件，再单击【打开】按钮，如右上图所示。

提示

在选中的文件上双击也可以打开文件。

2. 使用快捷方式打开已有工作簿

使用快捷方式打开已有工作簿的方法如下。

操作步骤

❶ 单击【自定义快速访问工具栏】按钮，在下拉列表中选择【打开】选项，如下图所示。

❷ 这时，【打开】按钮就被添加到快速访问工具栏中了，如下图所示。

学以致用系列丛书

有效的数字输入为：数字 0~9，表示负号的"-"或括号，小数点"."，表示千位的逗号","，表示分数的"/"，美元符号和百分号。Excel 还支持以科学计数法输入数字。Excel 忽略数字前面的加号"+"并且将单独的一个句点"."视为小数点，如".36"、"3.6e-1"、"+.36"或是"36E-2"都被视为 0.36。

长见识

❸ 单击快速访问工具栏中的【打开】按钮，将会出现如上页右上图所示的【打开】对话框。按照前面的方法进行操作即可。

提示

在 Excel 操作界面中按 Ctrl + N 组合键可快速打开【打开】对话框。

9.3.2 输入数据

在 Excel 中输入的数据有各种类型，例如文字、数字、日期等。通常我们把数据分成三类。

- Excel 中把文本数据称为标志。“标志”不能用于执行数学运算。该类型靠单元格左边对齐。文本数据的输入比较简单。
- Excel 中把数字数据称为数值。“数值”可以用于执行各种数学运算，包括数字、日期和时间。该类型靠单元格右边对齐。
- 第三种数据类型是公式。它可以让 Excel 2010 对一个单元格或一组单元格中的数值进行各种运算。

为把数据输入一个单元格，必须先在一个单元格里单击，以选中这个单元格。在输入数据时，输入的数据同时也自动地输入到编辑栏里。

下面我们主要讨论文本输入、数字输入和日期输入。公式输入将在以后的章节再讨论。

1. 文本输入

文本可以在编辑栏中输入，也可以在单元格中输入。我们先来看一下在编辑栏中输入。

(1) 在编辑栏中输入的具体方法如下。

操作步骤

❶ 选择需要输入文本的单元格，如 A2 单元格，然后将鼠标光标移至编辑栏中并单击，插入文本插入点，如下图所示。

❷ 输入文本，如右上图所示。

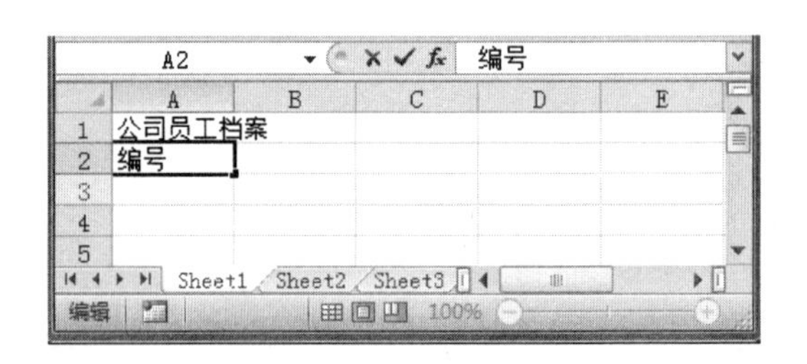

❸ 按 Enter 键，光标将移至下一单元格再输入文本。

(2) 在单元格中输入的具体方法如下。

操作步骤

❶ 单击要输入文本的单元格，输入文本，且输入的字符不受单元格大小的限制，如下图所示。

❷ 输入数据后，按 Enter 键，黑色边框自动跳到下一行的同列单元格。

技巧

也可以用下面的方法将光标移出单元格。

- 用鼠标单击其他任一单元格。
- 按 Tab 键转到右侧的单元格。
- 按方向键向任意方向移动。

2. 数字输入

Excel 有默认的有效数字，基本上包含了我们平时用到的数字及数字符号，我们只要正常输入就可以了。下面主要谈一下平时不常用到的一些设置，使用这些 Excel 设置可以使输入某些数字不那么繁琐。

(1) 如果输入的数字整数尾部具有相同个数的 0，或者整数尾部的 0 很多。

如果工作表中要输入比较大的数据，如 10 000 000、350 000 000 等，在这种情况下可以让 Excel 通过预先设置的方法自动添加尾 0，设置好后，再输入的时候只需要输入 1 和 35，然后按 Enter 键，系统即可自动添加 7 个 0。具体方法如下。

操作步骤

❶ 选择【文件】|【选项】命令，如下图所示。

长见识：无论是通过编辑栏输入文本还是通过单元格输入文本，在输入的同时二者都同步显示输入的内容。

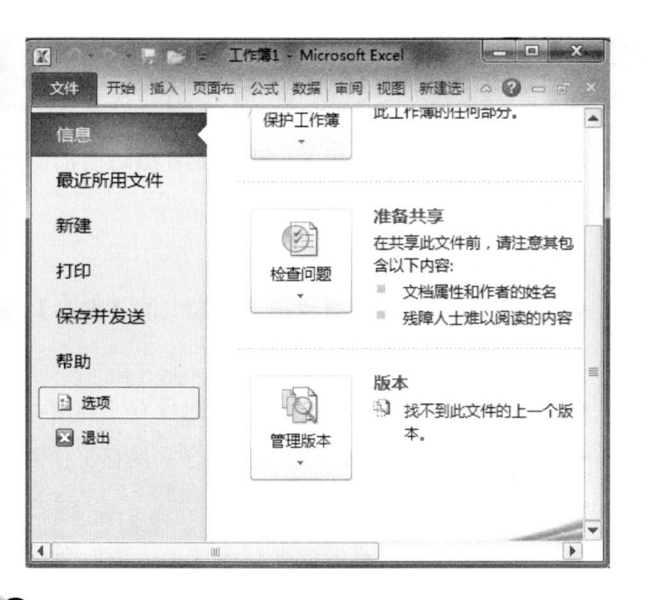

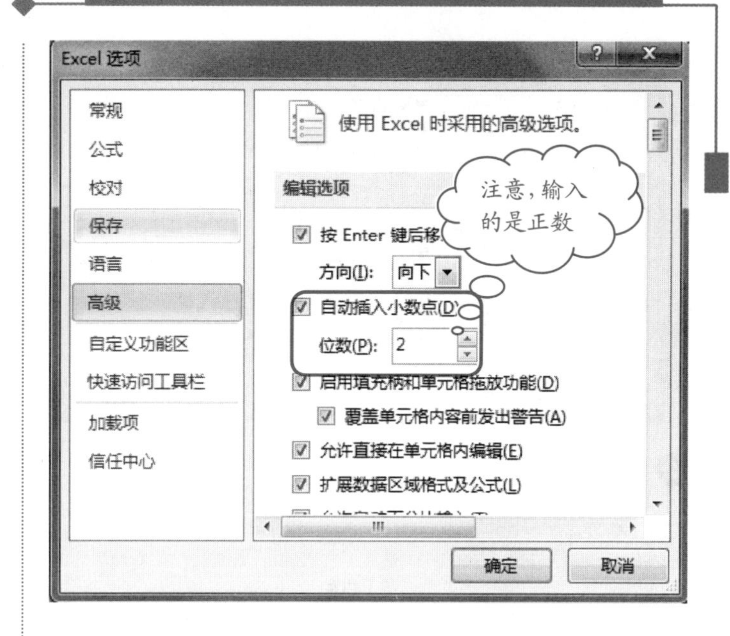

❷ 在弹出的【Excel 选项】对话框的左侧列表中选择【高级】选项，然后在右侧窗格中选中【自动插入小数点】复选框，并在【位数】微调框中输入负数。比如，这里输入“-7”，表示工作表中输入的数字尾部有 7 个 0，如下图所示。

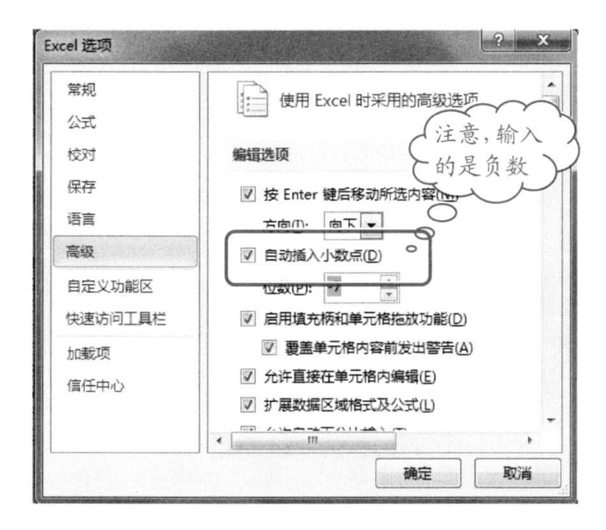

❸ 单击【确定】按钮即可。

(2) 如果输入的数字是小数，而小数有相同的小数位。

这种情况也可以通过上面的方法进行设置。区别只在于【自动输入小数点】复选框的【位数】微调框中输入正数即可。如右上图所示，输入“2”表示工作表中输入小数的小数点后有两位数字。若想输入 16.89，在系统设置好后，只要正常输入 1689，然后按 Enter 键，系统即可自动添加小数点，生成 16.89。

注意

在使用“自动插入小数点”这一功能时，要根据输入数据的主要类型来确定。比如输入的数据小数居多时可以选择将位数设为正数。但更要注意，一定要将小数位数补齐，如果设置为 2 位小数，想要得到 2120.5 时，则要在单元格内输入 212050，系统自动取为 2120.5。

3. 日期输入

输入日期时可以使用斜线(/)、半字线(-)、文字或者它们的混合来输入一个日期。输入日期有很多方法，如果输入的日期格式与默认的格式不一致，就会把它转换成默认的日期格式。如输入“2007 年 3 月 18 日”这个日期，可以输入如下形式的日期。

07/3/18	07-3-18	07-3/18	07/3-18
2007/3/18	2007-3-18	2007-3/18	2007/3-18

但如何更改默认的格式呢？方法如下。

操作步骤

❶ 选中需要输入数据的单元格，如选择单元格 E3；然后在【开始】选项卡的【数字】组中单击【常规】按钮旁边的下三角按钮，并从列表中选择一种日期格式，这里选择【短日期】选项，如下图所示。

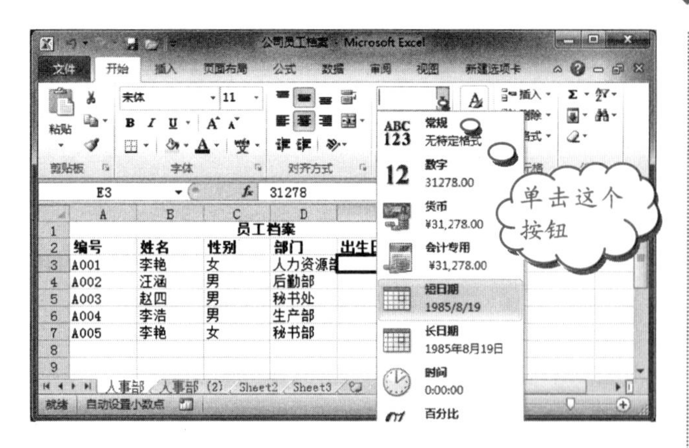

❷ 显示的效果如下图所示。

技巧

如果想用其他格式的日期形式，只要在【开始】选项卡的【数字】组中单击【数字对话框启动器】按钮，在弹出的【设置单元格格式】对话框中选择【分类】列表中的【日期】类型，其中有更多的时间格式，如下图所示。

提示

❖ 如果要输入当前机器的时间，可按Ctrl+Shift+: 组合键。
❖ 如果要输入当前机器的日期，可按Ctrl+; 组合键。
❖ 如果不输入年份，Excel会自动输入当前的年份。

9.3.3 保存工作簿

建立工作簿后，在编辑的过程中或者编辑后都需要保存文件。

保存的方法有4种。

❖ 在操作过程中随时单击工具栏上的【保存】按钮。
❖ 选择【文件】|【保存】命令来保存工作簿。
❖ 选择【文件】|【另存为】命令来保存工作簿。
❖ 设置自动保存功能。

前三种方法在前面已经详细叙述过了，下面介绍如何自动保存工作簿。具体操作方法如下。

操作步骤

❶ 选择【文件】|【选项】命令，在弹出的【Excel选项】对话框中选择左侧列表中的【保存】选项，打开Excel选项关于保存的窗格，如下图所示。

❷ 系统默认的自动保存信息的时间间隔是10分钟，我们可以更改它，即在【保存自动恢复信息时间间隔】后的微调框中输入要设置的时间，如1分钟，如下图所示，最后单击【确定】按钮即可。

长见识：除了要先对需输入数据的单元格进行设置再输入数据外，还可以在单元格中输入数据后，再对单元格进行设置，其中的数据将自动按照设置发生变化。

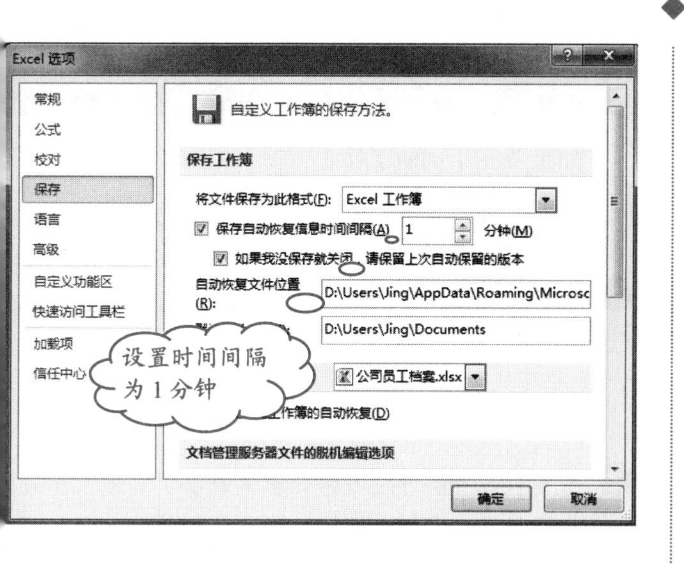

9.4　输入数据的技巧

在上一节中我们讲解了如何输入数据，包括一些比较特殊的数据。在这一节中我们继续讲解输入数据的技巧。下面让我们一起来看看吧。

9.4.1　让内容在单元格中换行

前面您输入数据的时候有没有遇到这种情况呢？当输入的数据比单元格的长度要长，想换行，而如果此时按 Enter 键，活动单元格就会自动跳到下一个单元格，如何解决这个问题呢？下面我们一起来研究一下吧。

操作步骤

1. 打开“人事部”工作表，选择需要自动换行的单元格，比如 D3 单元格。

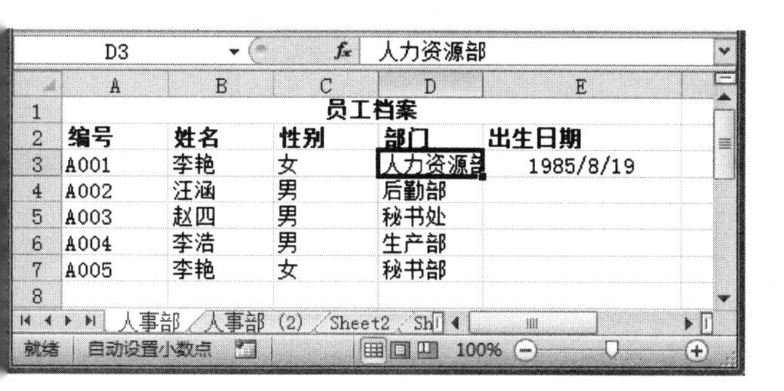

2. 在【开始】选项卡的【对齐方式】组中，单击【对齐方式对话框启动器】按钮，如右上图所示。

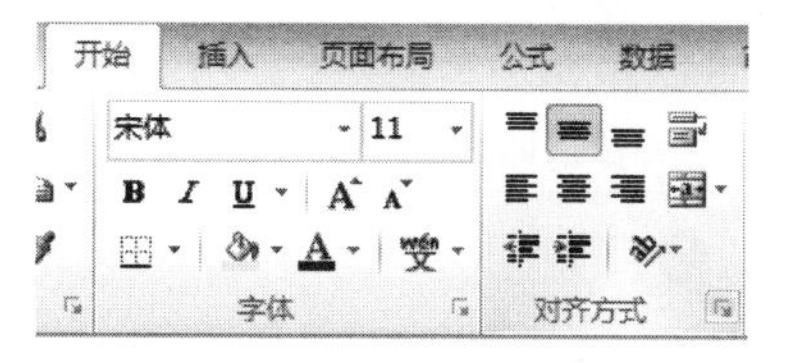

3. 在弹出的【设置单元格格式】对话框中，切换到【对齐】选项卡，在【文本控制】选项组中选中【自动换行】复选框，如下图所示。

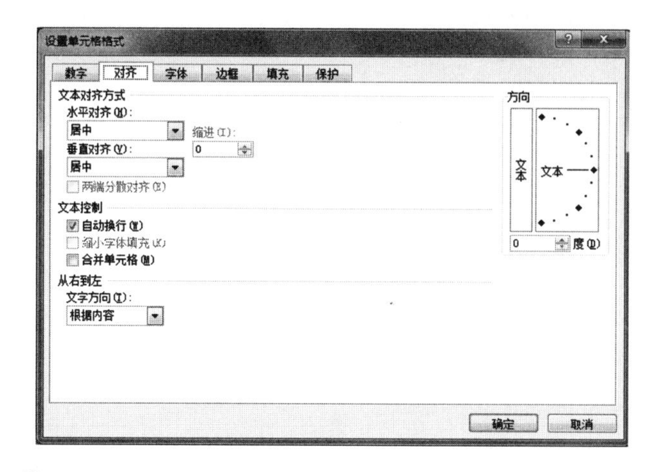

4. 单击【确定】按钮，这样系统会自动换行，如下图所示。

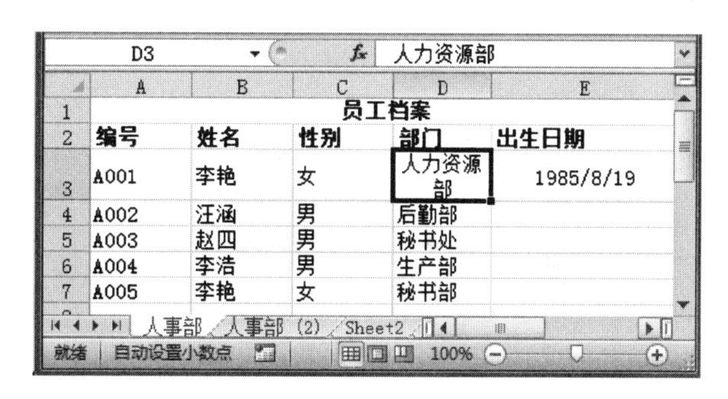

9.4.2　快速输入数据

有时我们输入数据时会发现很多单元格内的数据是一样的，或者是有规律的，这时我们不需要在每个单元格中一一输入，下面我们分两种情况来讨论。

1．使用快捷键快速填充单元格

在某一单元格中输入数据后，激活下方的单元格，按 Ctrl+D 组合键可填充相同的数据；激活右侧的单元格，按 Ctrl+R 组合键可填充相同的数据。

2．使用鼠标拖动快速填充单元格

使用鼠标拖动的方法来填充时，不仅可以填充相同

Excel 2010 支持的 Excel 文件格式有：Excel 工作簿(.xlsx)、Excel 启用宏的工作簿(.xlsm)、Excel 二进制工作簿(.xlsb)、Excel 97-2003 工作簿(.xls)、XML 数据(.xml)、Excel 模板(.xltx)、Excel 启用宏的模板(.xltm)、Excel 97- 2003 模板(.xlt)、Microsoft Excel 5.0/95 工作簿(.xls)、XML 电子表格 2003 (.xml)、Excel 加载宏(.xlam)、Excel 97-2003 加载宏(.xla)。

的数据，也可以填充递增的数据。下面让我们来看一看如何在单元格中填充递增数据吧！

操作步骤

1 激活某一单元格，将鼠标放在单元格的右下脚，此时鼠标变成带小“+”号的黑色小十字，如下图所示。

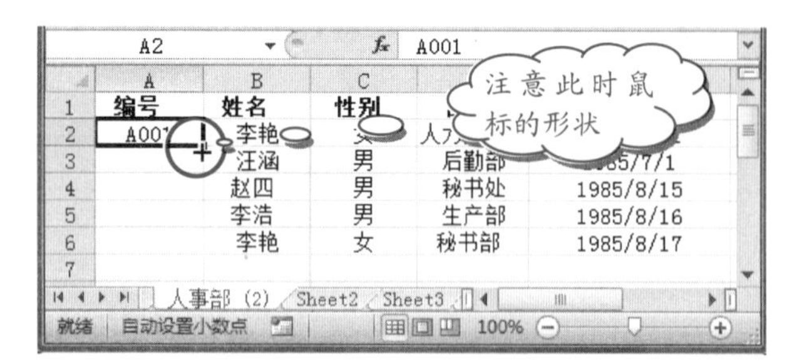

2 按住鼠标左键向下拖动，如下图所示。

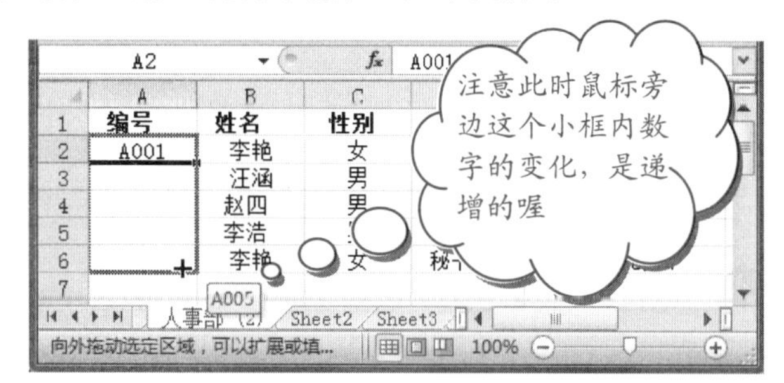

3 松开鼠标左键，A3～A6被填充为A002～A005，如下图所示。

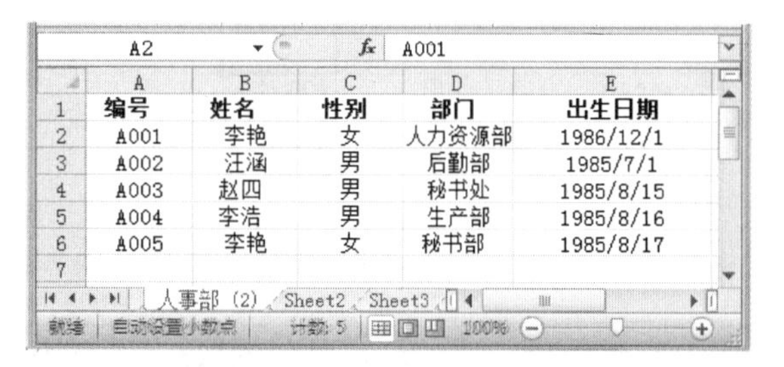

技巧

在上例中拖动鼠标的同时没有按住Ctrl键，所以得到的数据是递增的。如果拖动的时候按住了Ctrl键，那么填充的结果则不会是递增的，而是相同的，如下图所示。

9.4.3 在多张工作表中输入数据

如果要在不同的工作表中输入相同的内容，可以通过下面的步骤来快速实现。

操作步骤

1 先按住Ctrl键，然后用鼠标单击所有工作表名称来选定所有的工作表，如下图所示。

Sheet1 Sheet2 Sheet3

2 只要在其中一个工作表中输入数据，其他工作表的相同位置也会增加相同的数据内容。

提示

在多张工作表中输入数据时，如果使用方向键移动活动单元格，则可以持续在多张工作表中输入同样的数据，但如果输入完数据后按Enter键则会结束在多张工作表中输入数据。

9.5 思考与练习

选择题

1. 【显示比例】组在______选项卡下。

A. 【开始】　B. 【插入】

C. 【视图】　D. 【页面布局】

2. 如下图所示我们选定了一块区域，则这块区域是中的单元格区域，它的单元格地址是______。

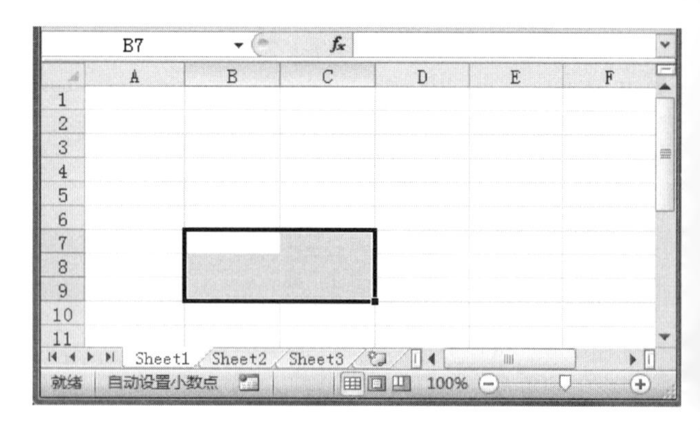

A. Sheet1 工作簿　B7: C9

B. Sheet1 工作表　B7: C9

C. Sheet1 工作簿　B7～C9

D. Sheet1 工作表　B7～C9

长见识　用键盘选定工作簿中的元素：首先双击图表将其激活，然后使用↓键和↑键可以在图表各个元素组间移动，使用←键和→键可以在图表同一个组的各元素间移动。

3. 您刚刚新建了一个 Excel 工作表，并在其中输入了需要的数据，这时您单击【自定义快速访问工具栏】上的【保存】按钮，此时会出现什么现象？

A. 工作表被关闭了

B. 工作表被直接保存了

C. 弹出【另存为】对话框

D. 什么也不会出现

4. 想快速填充有规律的数据时应该按住_____键。

A. Ctrl　　B. Shift

C. Alt　　D. Del

操作题

1. 在桌面和快速启动栏中都建立 Excel 的快捷方式，通过这两种方式启动 Excel。

2. 新建一个 Excel 工作簿，完成下列操作。

(1) 在文档中输入如下图所示的内容，并将其保存为“公司人员登记表”。

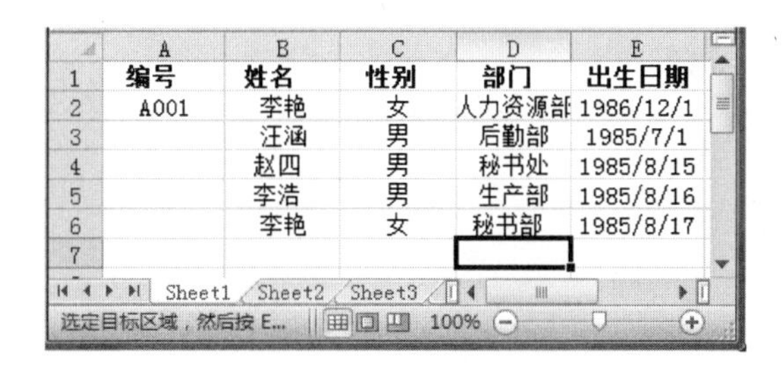

	A	B	C	D	E
1	编号	姓名	性别	部门	出生日期
2	A001	李艳	女	人力资源部	1986/12/1
3		汪涵	男	后勤部	1985/7/1
4		赵四	男	秘书处	1985/8/15
5		李浩	男	生产部	1985/8/16
6		李艳	女	秘书部	1985/8/17
7					

(2) 将“人力资源部”设置为【自动换行】格式。

(3) 将“出生日期”列设置为【长日期】格式。

(4) 将“编号”列没有填写完的号码用快速的方式填充。

3. 在 Sheet2 和 Sheet3 工作表中同时输入 Sheet1 中的内容。

利用多窗口功能可以观察同一个工作簿中的多个工作表，方法是在【视图】选项卡下的【窗口】组中单击【新建窗口】按钮即可。

长见识

第10章

Excel 2010 编辑与美化——编辑“员工档案”表

想知道怎么编辑、修改工作表中的数据吗？想知道如何编辑工作表吗？想知道如何为工作表应用样式和格式吗？在这一章中我们将带领大家学习 Excel 中的各种编辑与美化操作。

学习要点

❖ 复制、移动单元格。
❖ 插入单元格、工作表。
❖ 清除、删除单元格。
❖ 设置字体格式和对齐方式。
❖ 为工作表添加背景和颜色。
❖ 为工作表应用样式。
❖ 使用表格格式。

学习目标

通过本章的学习，我们将掌握单元格的一些操作，即如何选取单元格，如何复制、移动单元格，如何清除单元格中的内容，以及如何删除单元格；另外工作表的一些操作也要熟练掌握，包括插入工作表、重命名工作表以及显示、隐藏与拆分工作表；还应掌握如何利用【样式】与【格式】命令来快速编辑美化工作表。

10.1 编辑单元格、行和列

编辑单元格包括选取单元格、移动单元格、复制单元格、清除单元格、删除单元格等，这些都是单元格的基本操作。读者应该仔细学习，熟练掌握以上内容。下面让我们一起来学习吧。

10.1.1 选取单元格、行和列

我们在对工作簿进行各种操作或者输入数据时，都必须首先选取工作表单元格或者对象。本节将具体介绍选取操作。

1. 选取单个单元格

单元格的选取有两种方法。

(1) 直接在单元格上单击，就能选中单元格，被选中的单元格会出现黑色的边框，被选中的单元格称为活动单元格。

(2) 在【地址栏】中输入需要选取的单元格，再按 Enter 键也可以选中单元格。

2. 选取整行或整列

选取整行，只要在工作表上单击该行的行号即可。如选中第 3 行，只要将鼠标放在第 3 行的行号“3”上，此时鼠标变成黑色的小箭头，然后单击即可，如下图所示。

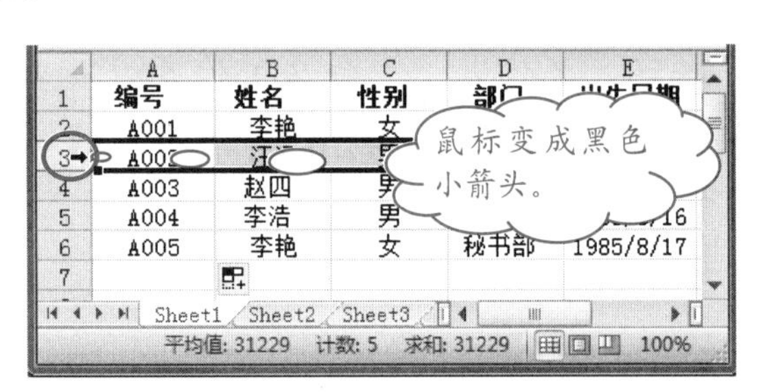

选取整列与选取整行的操作相似，选中 C 列如下图所示。

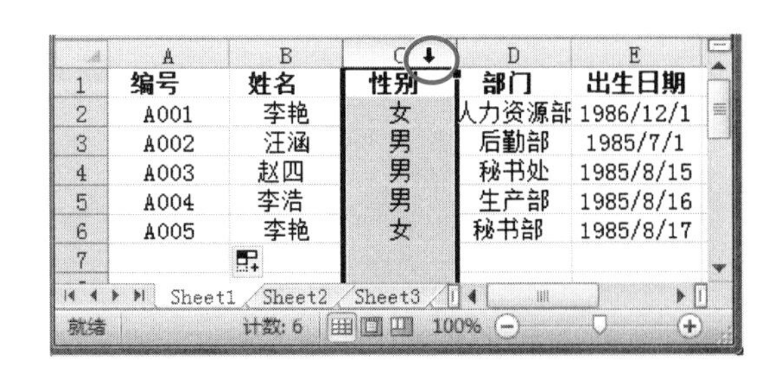

3. 选取连续单元格

选取一个矩形区域的方法有两种，一种是鼠标拖动法，另一种是在【地址栏】中输入具体区域，这里我们以选取 A2～E6 为例。

(1) 鼠标拖动法，具体方法如下。

操作步骤

1. 将鼠标指向所选取的第一个单元格 A2，不要单击鼠标，如下图所示。

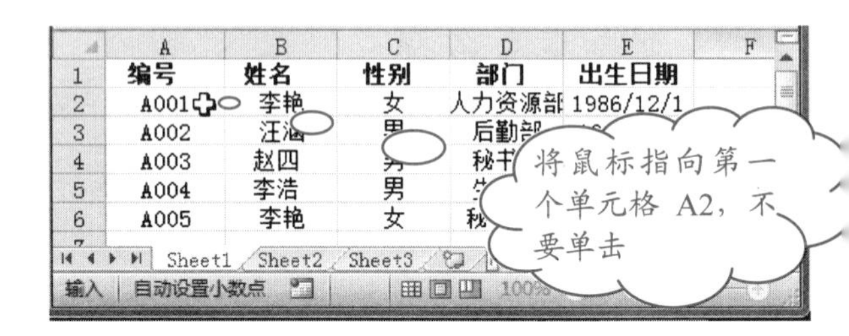

2. 按住鼠标左键从 A2 开始，向右下方拖动鼠标，如下图所示是拖动的过程。

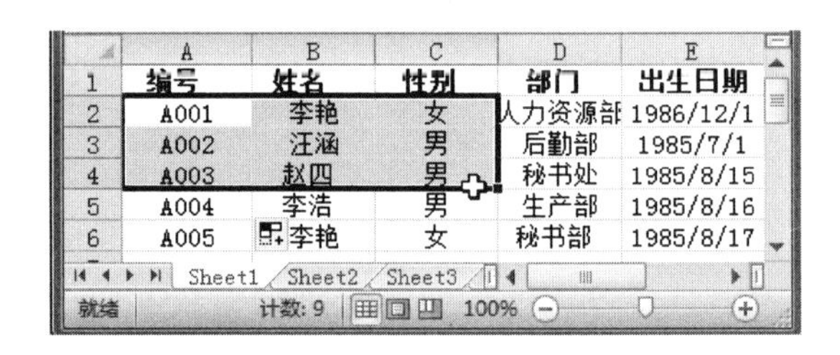

3. 当鼠标移动到 E6 时松开鼠标左键即可选定该区域。下图是连续选中的矩形区域的结果。

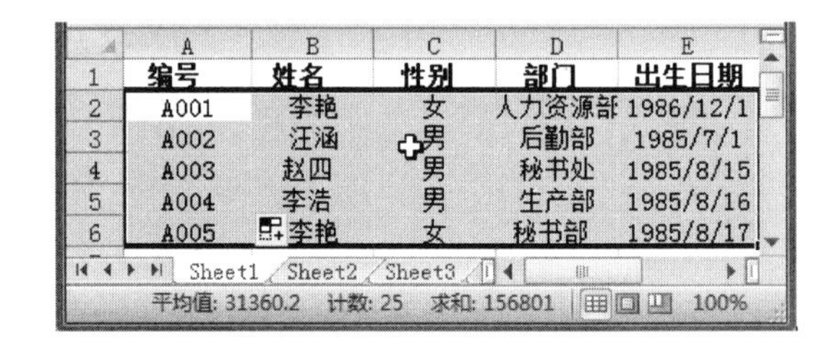

(2) 在地址栏中输入。

在地址栏中输入“A2:E6”并按 Enter 键即可选中，如下图所示。

在制作办公方面的表格时，一般需要将表格的标题单元格与其右侧的若干个单元格进行合并，这样既突出了表格主题，又使表格显得美观大方。

技巧

如何选取不连续的单元格呢？方法有两种。

- ❖ 首先拖动鼠标选取第一个区域；然后按住 Ctrl 键不放，再拖动鼠标选取第二个、第三个区域；再松开 Ctrl 键并释放鼠标左键即可。
- ❖ 在地址栏中输入要选取的单元格地址，不连续地址之间用逗号隔开。例如要选择单元格 A3 和单元格区域 B6:G6，只要在地址栏中输入“A3，B6:G6”，并按 Enter 键即可。

10.1.2　复制、移动单元格

移动单元格数据是将单元格中的数据移至其他单元格中；复制单元格或区域的数据是指将某个单元格区域的数据复制到指定的位置，原来位置的数据仍然存在。

1. 使用鼠标进行复制和移动

使用鼠标可以非常方便地完成工作表内数据的移动和复制。根据需要，数据的移动和复制有两种方式。

- ❖ 覆盖式，即改写式。这种方式可以将目标位置单元格内的内容全部替换为新内容。
- ❖ 插入式。这种方式的移动和复制会将新内容插入到插入点位置，而将原来的内容右移或下移。

下面将具体讲解覆盖移动和复制的方法。

(1) 覆盖式移动的具体方法如下。

操作步骤

❶ 选中单元格或区域，如下图选中的区域 B2:C6。

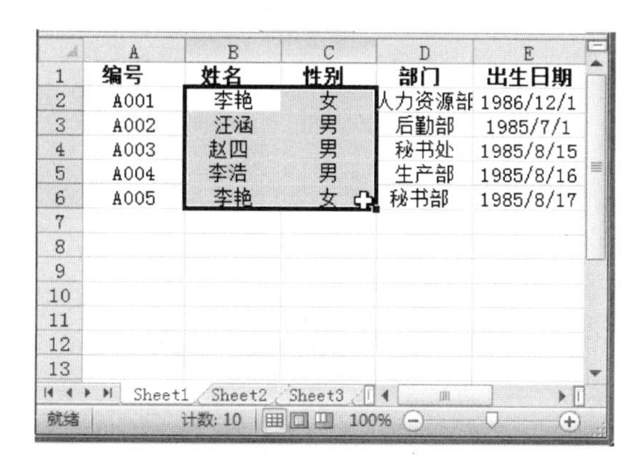

❷ 将鼠标移动到所选择区域的边框上，当光标变成双箭头形状时，按下鼠标左键并拖动至新位置即可，如下图所示。

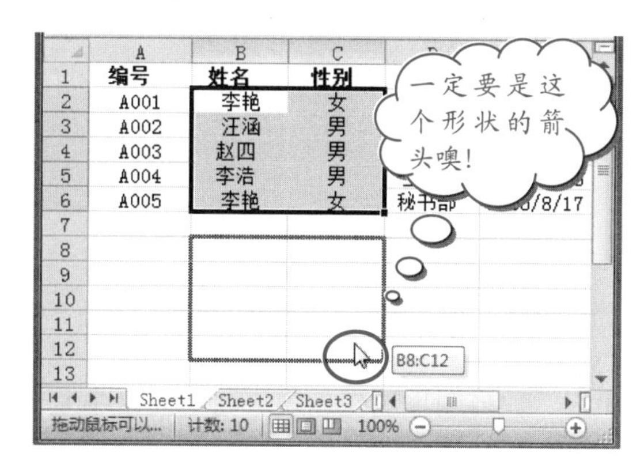

❸ 效果图如下图所示。

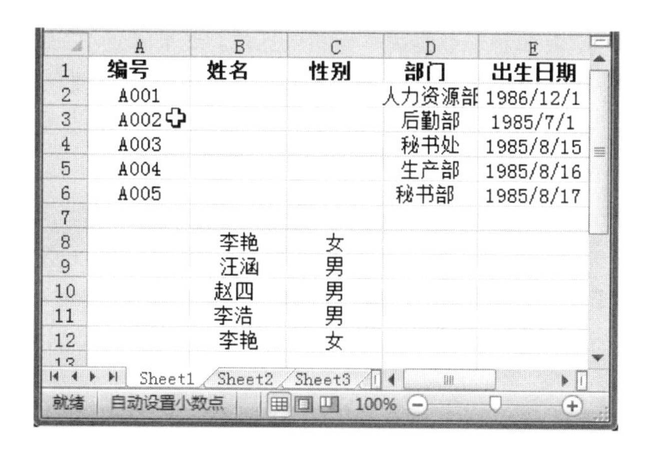

(2) 覆盖式复制的具体方法如下。

操作步骤

❶ 选定要复制数据的单元格区域，如选择 B2:C6。

❷ 将光标移动到边框上，按住 Ctrl 键，会发现在箭头右上方出现了一个“+”号，拖动光标到指定位置上并释放鼠标即可。

2. 使用剪贴板进行复制和移动

Excel 2010 中的剪贴板和 Excel 2007 一样以选项卡的形式出现，如下图所示。

单击【开始】选项卡的【剪贴板】组右下角的图标，则会打开【剪贴板】任务窗格，如下图所示。

那么，如何利用该任务窗格向单元格中复制内容呢？具体操作如下。

操作步骤

❶ 选定要移动数据的单元格或区域，这里选定 B2:C6。

❷ 单击【开始】选项卡的【剪贴板】组中的【复制】按钮，这时在选定的区域四周会出现流动的虚线框，如下图所示。

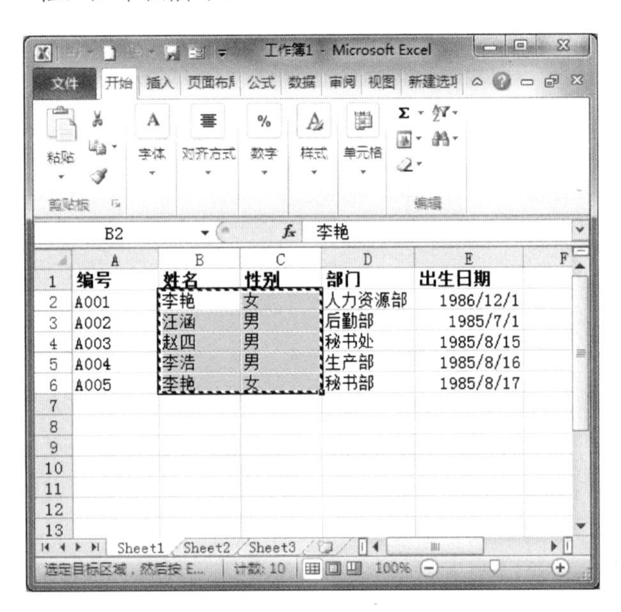

❸ 选定目标单元格，如果被剪切的是一个区域，则选定的单元格是目标区域的第一个单元格，在这里我们选定 B8 这个单元格，如下图所示。

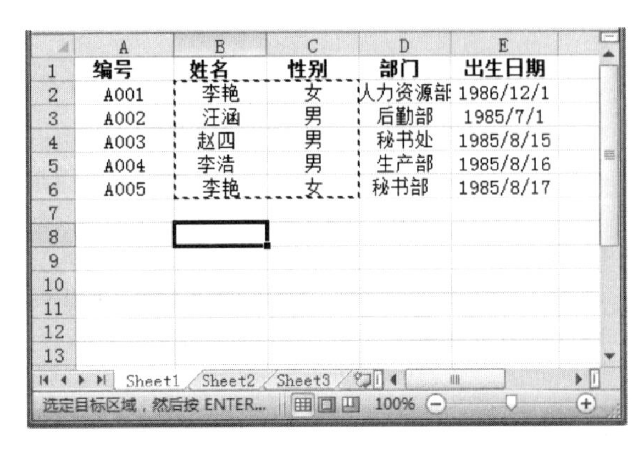

❹ 单击【开始】选项卡的【剪贴板】组中的【粘贴】按钮，将区域 B2:C6 复制到区域 B8:C12。而流动的虚线框并不消失，如下图所示。

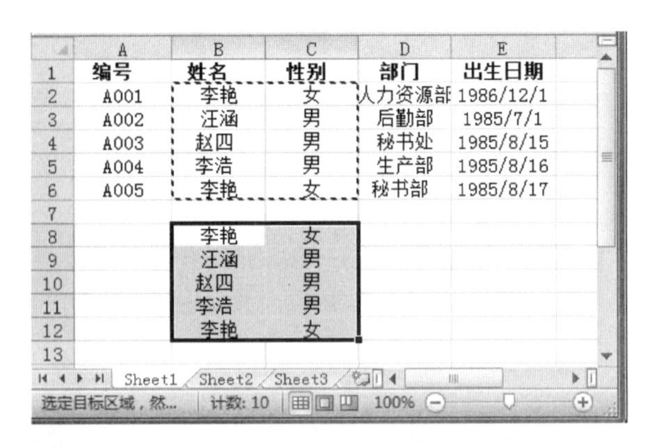

提示

若单击的是【剪切】按钮，则是将 B2:C6 移动到区域 B8: C12，流动的虚线框消失。

技巧

您还可以通过使用快捷键来快速地对单元格内容进行移动或复制。

- 按 Ctrl+C 组合键，可复制单元格内容。
- 按 Ctrl+X 组合键，可剪切单元格内容。
- 按 Ctrl+V 组合键，可粘贴单元格内容。

10.1.3 插入单元格、行和列

当您在输入数据的时候，突然发现输入的数据出现了问题，比如出现了错行或者漏输了一个数据，这时可以通过下面两种方法进行修改。

1. 使用鼠标右键插入单元格、行和列

由于输入有误，现在要在如下图所示工作表中的 A 单元格的位置插入一个单元格，内容为“编号”。

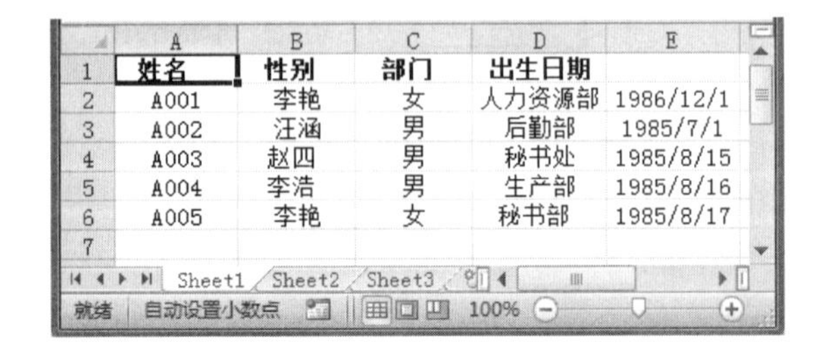

该如何操作呢？下面我们具体介绍一下这种方法吧。

在 Excel 2010 程序中打开 Excel 97-2003 工作簿时，文件会自动在兼容模式下打开。可以将工作簿另存为 Excel 2010 文件格式。

操作步骤

1. 在 A1 单元格上右击，如下图所示，在弹出的快捷菜单中选择【插入】命令。

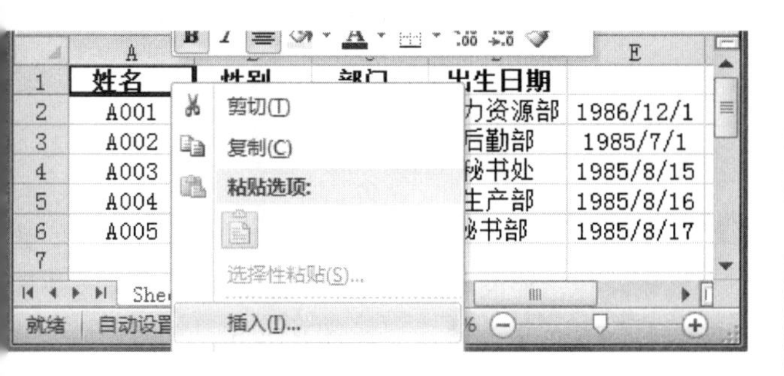

2. 弹出【插入】对话框，选中【活动单元格右移】单选按钮，如下图所示。

3. 单击【确定】按钮，完成结果如下图所示，A1 单元格右边的各个单元格依次向右移动了一个单元格，然后在 A1 单元格中输入“编号”即可。

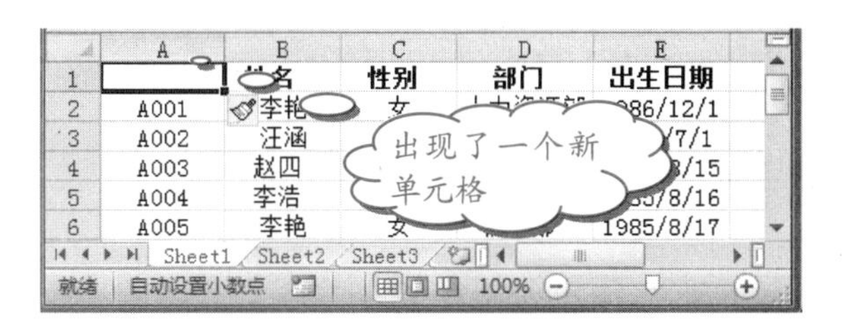

4. 若选中【整行】单选按钮，就可在所选单元格的上方插入一行，效果如下图所示。

	A	B	C	D	E
1					
2	编号	姓名	性别	部门	出生日期
3	A001	李艳	女	人力资源部	1986/12/1
4	A002	汪涵	男	后勤部	1985/7/1
5	A003	赵四	男	秘书处	1985/8/15
6	A004	李浩	男	生产部	1985/8/16
7	A005	李艳	女	秘书部	1985/8/17

5. 若选中【整列】单选按钮，就可在所选单元格的左方插入一列，效果如右上图所示。

2. 使用【开始】选项卡插入单元格、行和列

除了用鼠标右键可以插入单元格外，还可以使用【开始】选项卡插入单元格。

操作步骤

1. 选中 A1 单元格。
2. 在【开始】选项卡的【单元格】组中，单击【插入】按钮旁的下三角按钮，在下拉列表中选择【插入单元格】选项，如下图所示。

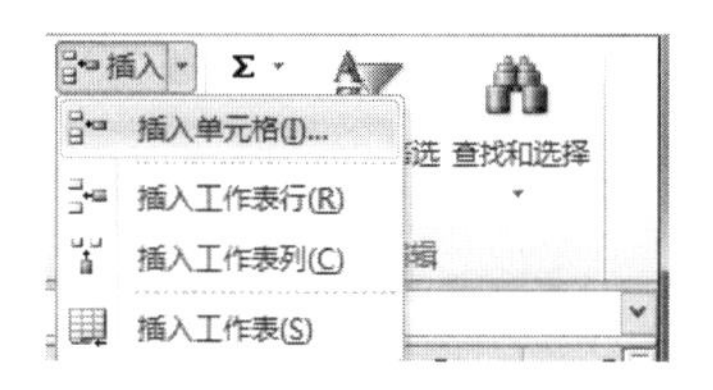

3. 在弹出的【插入】对话框中选中【活动单元格右移】单选按钮，如下图所示。

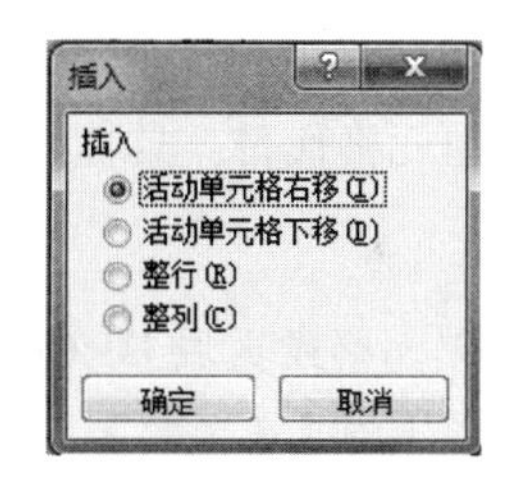

4. 单击【确定】按钮即可。
5. 插入行和列的方法与前面一样，自己动手操作一下吧！

10.1.4 清除与删除单元格

清除单元格是将单元格中的数据完全清除，单元格还保留在原位置，具体操作步骤如下。

操作步骤

1. 选定要清除数据的单元格或区域，比如选择 C2:D6 区域。
2. 在【开始】选项卡的【编辑】组中单击【清除】按钮旁边的下三角按钮，在下拉列表中选择【全部清除】选项，如下图所示。

如果您要使用的文件格式在 Excel 中不受支持，可以尝试在百度网站中搜索针对该文件格式的转换器，将文件保存为另一个程序支持的文件格式。

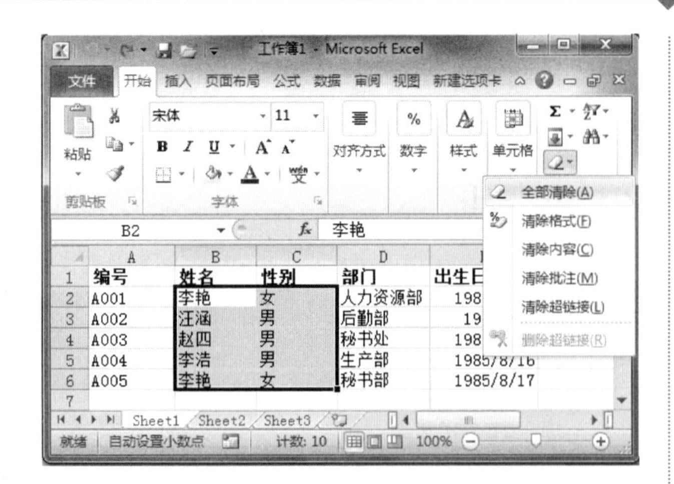

❸ 效果如下图所示。

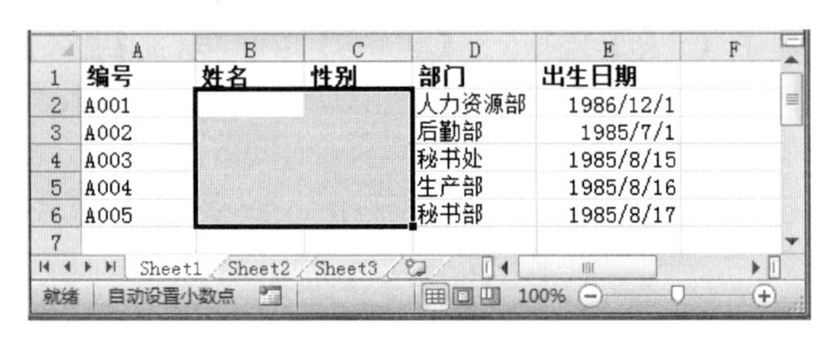

技巧

清除单元格数据时，可以在步骤 1 后，按 Delete 键，这样也能快速地达到清除数据的效果。

删除单元格是将选中的单元格及其数据一起删除，原来的位置被其他单元格代替。具体操作方法如下。

操作步骤

❶ 选定要删除的单元格或区域 B1:C6。

❷ 在【开始】选项卡的【单元格】组中，单击【删除】按钮下方的下三角按钮，在下拉列表中选择【删除单元格】选项，如下图所示。

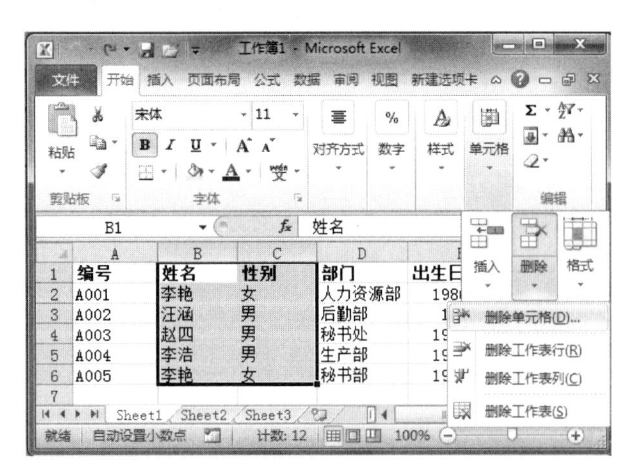

❸ 弹出【删除】对话框，选择【右侧单元格左移】单选按钮，如下图所示。

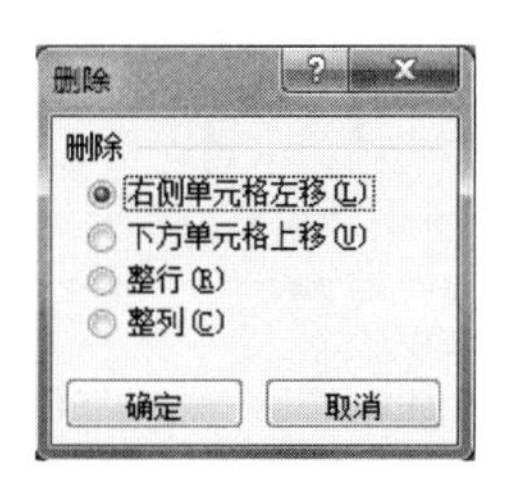

❹ 效果如下图所示。不但将区域 B1:C6 单元格内的数据删除掉，而且将这几个单元格删除了，右边的区域 D1:E6 的内容移动到区域 B1:C6。

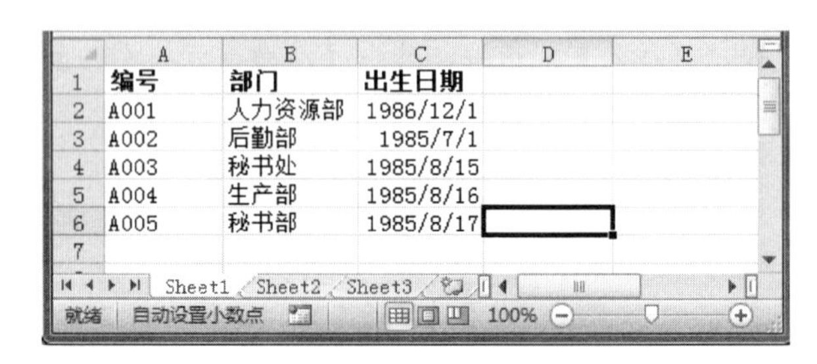

提示

在选取的单元格区域上右击，并在弹出的快捷菜单中选择【删除】命令也可以删除单元格，如下图所示。

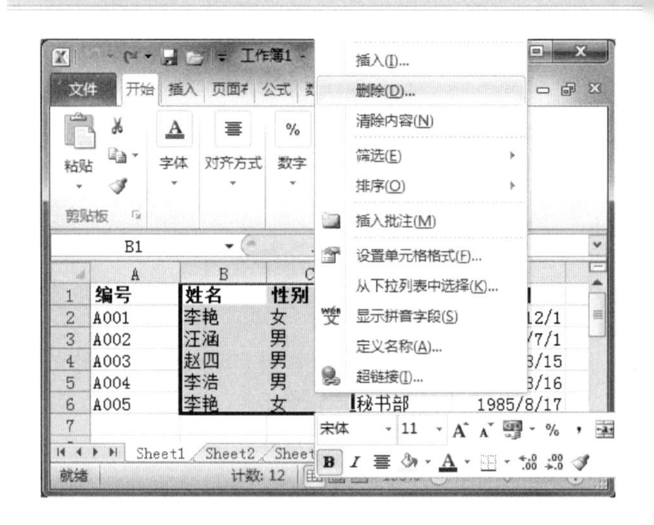

10.2 编辑工作表

在了解了单元格的基本操作以后，下面来讲一下工作表的基本操作吧，这主要包含插入工作表、重命名工作表、移动和复制工作表、删除工作表、隐藏和显示工作表等操作。在这一节中我们以“员工档案”工作簿为例，介绍如何进行上述操作。

长见识 Excel 2010 支持的文本文件格式有：带格式文本文件(空格分隔) (.prn)、文本文件(以制表符分隔)(.txt)、Unicode 文本(.txt)、CSV(以逗号分隔)(.csv)、DIF (数据交换格式)(.dif)、SYLK (符号链接)(.slk)。

10.2.1 插入工作表

正如前面所说的，“员工档案”工作簿中有三个工作表，现在我们想添加一个部门的员工名单，这就需要先添加一个工作表，添加工作表有两种方法，下面我们一起来学习。

1. 使用【插入工作表】选项插入工作表

现在我们要在 Sheet1 前面插入一个新工作表，使用【插入工作表】选项来添加工作表的方法如下。

操作步骤

1. 打开“员工档案”工作簿，然后选中 Sheet1 工作表。
2. 在【开始】选项卡的【单元格】组中，单击【插入】按钮，从下拉列表中选择【插入工作表】选项，如下图所示。

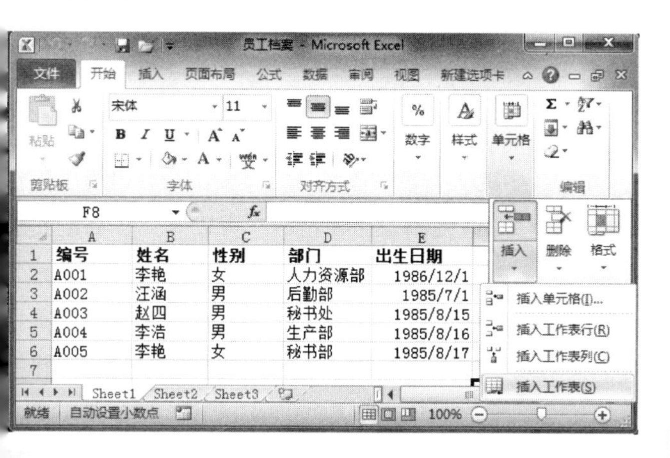

3. 这时就在 Sheet1 工作表前插入了一个新工作表 Sheet4，效果如下图所示。

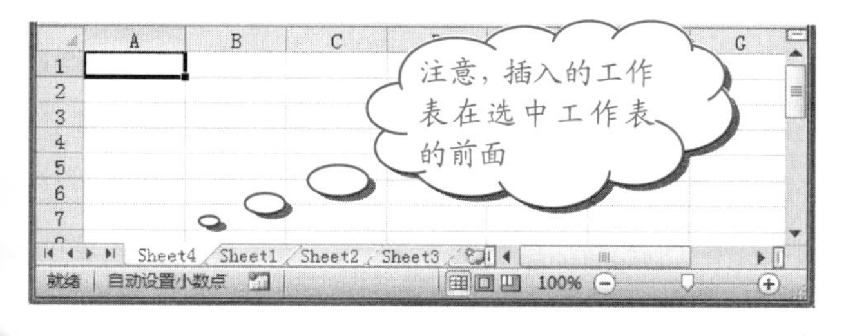

2. 使用【插入工作表】按钮插入工作表

前面介绍方法是在选中的工作表前面插入一个新工作表，那么有没有在工作表后面插入一个新工作表的方法呢？答案是肯定的，就是单击最后一个工作表后面的【插入工作表】按钮。不论有没有提前选中工作表，用这种方法插入的工作表总在最后。

3. 使用快捷菜单插入工作表

另外，还可以使用快捷菜单插入工作表。具体操作步骤如下。

操作步骤

1. 打开“员工档案”工作簿，在 Sheet1 工作表标签上右击，然后在弹出的快捷菜单中选择【插入】命令，如下图所示。

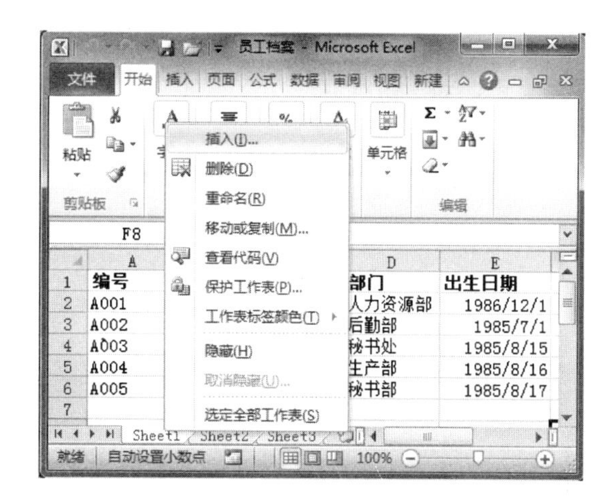

2. 弹出【插入】对话框，切换到【常用】选项卡，然后单击【工作表】图标，如下图所示。

3. 单击【确定】按钮，这时就在 Sheet1 工作表前插入一个新的工作表了。

您还可以使用快捷键 Shift + F11 来插入新的工作表，这种方法插入的工作表也是在选中工作表的前面插入一个新工作表。

10.2.2 重命名工作表

Excel 工作簿中的工作表名称默认为 Sheet1、Sheet2、Sheet3 等，这样很不方便记忆和进行管理。这时我们可

当工作编辑区下方的滚动条遮住了部分工作表标签时，单击工作表标签左侧的相应按钮可切换至被遮挡的工作表标签。

以通过改变工作表的名称来有效地管理，这就是下面要讲的“重命名工作表”。怎么重命名工作表呢？方法主要有两种，下面我们将具体介绍。

1. 直接重命名工作表

直接重命名工作表的具体操作步骤如下。

操作步骤

1. 打开“员工档案”工作簿，双击要修改的工作表标签。比如，双击 Sheet1，这时您将会看到 Sheet1 以反黑显示，如下图所示。

2. 输入“销售部”，按 Enter 键即可，如下图所示。

2. 使用【格式】按钮重命名工作表

除了上述方法外，用户还可以通过单击【开始】选项卡的【单元格】组中的【格式】按钮来重命名工作表，具体方法如下。

操作步骤

1. 打开“员工档案”工作簿，选中工作表 Sheet1；然后在【开始】选项卡的【单元格】组中，单击【格式】按钮，接着从下拉列表中选择【重命名工作表】选项，如下图所示。

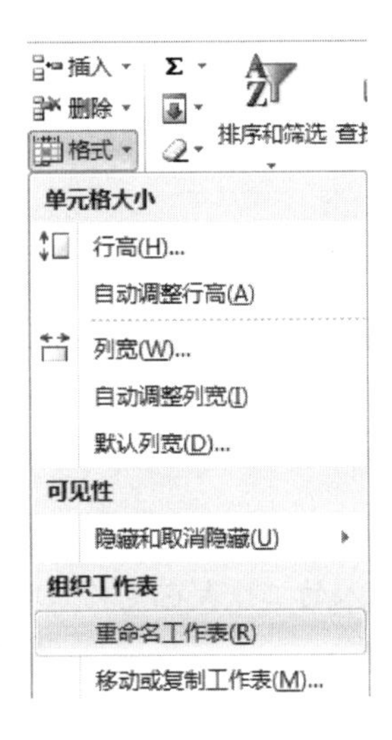

2. 这时的 Sheet1 工作表以反黑显示，输入新名称按 Enter 键即可。

技巧

除此之外，还可以在选中的工作表标签 Sheet1 上右击，在弹出的快捷菜单中选择【重命名】命令，也可以为工作表重命名，如下图所示。

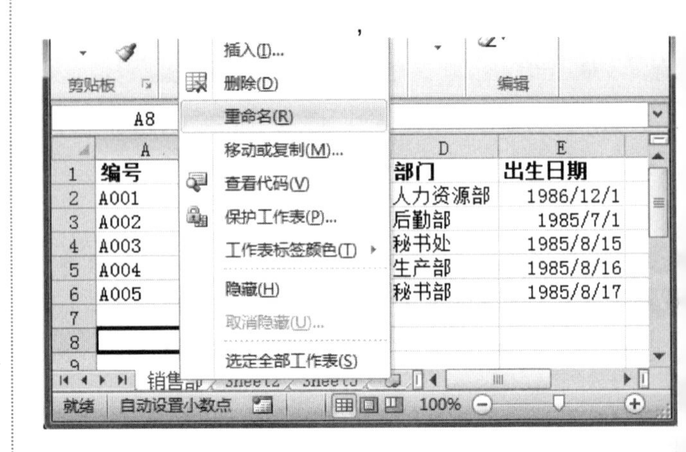

10.2.3 移动、复制工作表

Excel 中的工作表并不是固定不变的，有时为了工作需要可以移动或复制工作表，这样可以大大提高制作表格的效率。在 Excel 中对工作表进行移动或复制操作分为两种情况，即在同一工作簿中移动或复制和在不同工作簿中移动或复制。下面我们先来学习一下在同一工作簿中移动或复制工作表吧。

1. 在同一工作簿中移动、复制工作表

有的时候我们需要把已经做好的工作表顺序重排一下，方便我们调用，这就需要移动工作表；有的时候我们制作一份新的工作表时只需要在以前工作表的基础上修改一些数据就可以了，这样原工作表也可以保留原有的数据，这就需要复制工作表。移动、复制工作表的操作步骤如下。

操作步骤

1. 打开“员工档案”工作簿，选中需要移动或复制的工作表，如“销售部”工作表；然后在【开始】选项卡的【单元格】组中，单击【格式】按钮，在下拉列表中选择【移动或复制工作表】选项，如下图所示。

在【移动或复制工作表】对话框中，【工作簿】下拉列表框中的【(新工作簿)】选项表示在只打开一个工作簿的情况下，Excel 会自动新建一个工作簿以存放移动或复制的工作表。

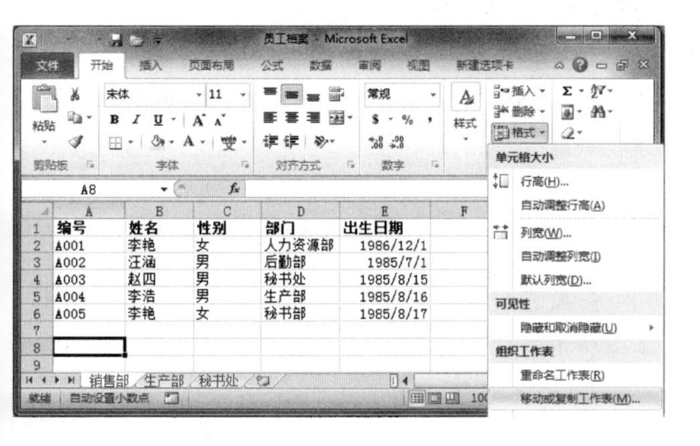

提示

您也可以通过在需要移动或复制的工作表标签上右击，在弹出的快捷菜单中选择【移动或复制工作表】命令来移动或复制工作表。

❷ 在打开的【移动或复制工作表】对话框中的【下列选定工作表之前】列表框中选择需移动或复制的地点，比如我们选择【移至最后】选项，如下图所示。

提示

- ❖ 如果只是想移动工作表，不需要选中【建立副本】复选框。
- ❖ 如果想移动并在原来的位置留下相同的工作表就需要选中【建立副本】复选框。

❸ 这里我们选中【建立副本】复选框，单击【确定】按钮，最后的效果如下图所示。

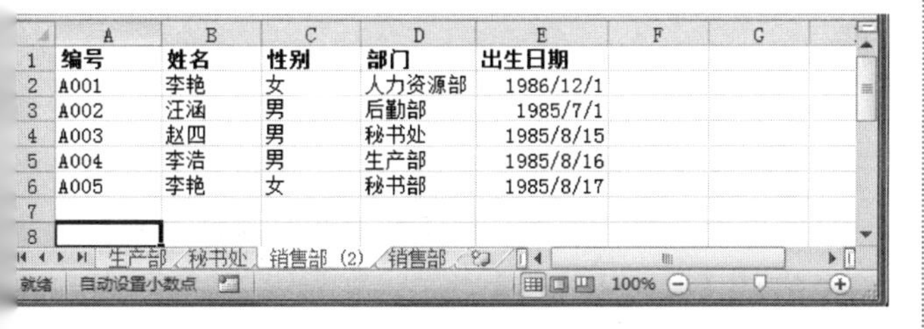

2. 在不同工作簿中移动、复制工作表

在不同的工作簿中移动或复制工作表的方法和在同一工作簿中移动或复制工作表的方法大体上相同，下面我们一起来看看吧。

操作步骤

❶ 打开“员工档案”工作簿，选中需要移动或复制的工作表，比如选择“销售部”工作表；按照前面的方法打开【移动或复制工作表】对话框。

❷ 在【移动或复制工作表】对话框中的【工作簿】下拉列表框中选择存放移动或复制工作表的地点，比如我们选择【工资报表.xlsx】选项，并在【下列选定工作表之前】列表框中选择【一月】选项。如下图所示。

❸ 单击【确定】按钮，这样“销售部”工作表就由“员工档案”工作簿移到了“工资报表”工作簿中，最后效果图如下面两图所示。

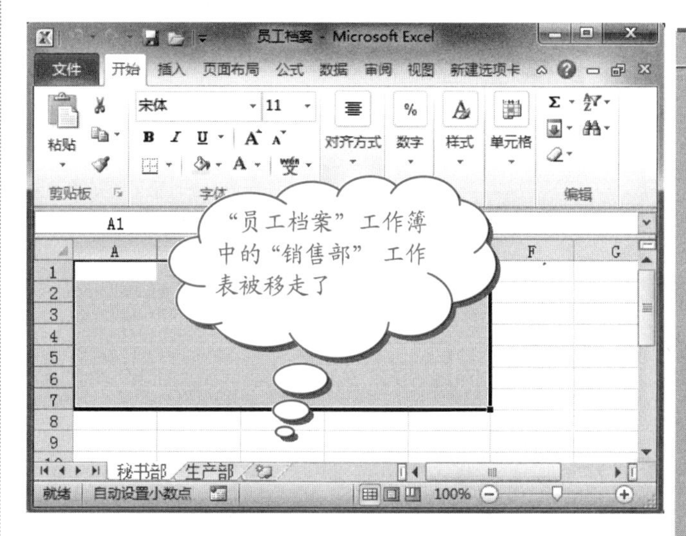

隐藏工作表应配合保护工作簿一起应用，这样隐藏的工作表才不易重新显示出来，不过在设置保护工作簿的密码时一定要记住该密码，否则将永远打不开该工作簿。

长见识

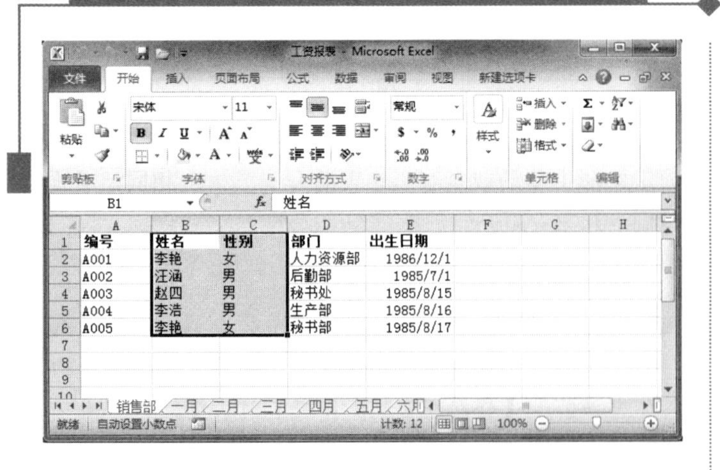

10.2.4 删除工作表

删除工作表和添加工作表是相对应的，如果我们发现插入的工作表多了，或者有些工作表的内容已经不需要了，则可以选择删除工作表。和插入工作表相对应，删除工作表也有两种方法。下面我们一起来学习。

1. 使用【删除工作表】选项删除工作表

下面先让我们看看如何使用【删除工作表】选项删除工作表吧！

操作步骤

1. 打开“员工档案”工作簿，假如我们这里要删除“销售部(2)”工作表，那么先选中该工作表，然后在【开始】选项卡的【单元格】组中，单击【删除】按钮，从下拉列表中选择【删除工作表】选项，如下图所示。

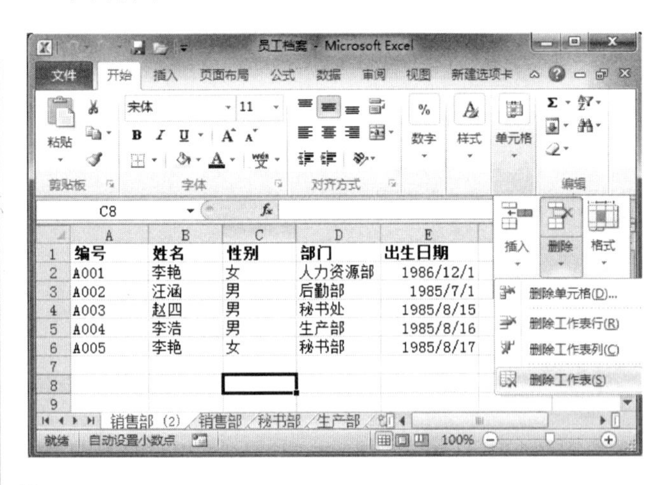

2. 如果该工作簿中存有数据，这时就会出现警告信息，如右上图所示。您可以根据自己的需要进行选择。若单击【删除】按钮，系统则删除工作表及工作表中所有数据，否则不会删除。

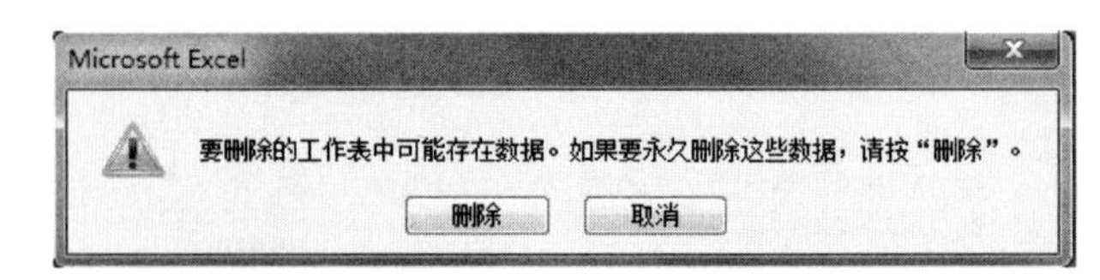

提示

如果您删除的是一个空的工作表，则不会出现如上图所示的警告信息。

2. 使用快捷菜单删除工作表

在需要删除的工作表上右击，在弹出的快捷菜单中选择【删除】命令即可删除工作表。使用这种方法删除也会出现警告信息。

10.2.5 显示、隐藏工作表

在参加会议或演讲等活动时，若不想表格中的重要数据外泄，可将数据所在的工作表隐藏，等到需要时再将其显示。

1. 隐藏工作表

隐藏工作表其实和隐藏行、列的方法类似，具体操作如下。

操作步骤

1. 打开“员工档案”工作簿，选中需要隐藏的工作表，比如选中“销售部”工作表，然后在【开始】选项卡的【单元格样式】组中，单击【格式】按钮；在弹出的下拉列表中选择【可见性】|【隐藏和取消隐藏】|【隐藏工作表】选项，如下图所示。这样“销售部”工作表就被隐藏起来了。

长见识：创建的Office模板可保存在本地电脑中的任何位置，保存在Templates文件夹下的模板文件将出现在【模板】对话框的【常用】选项卡中的列表框中。

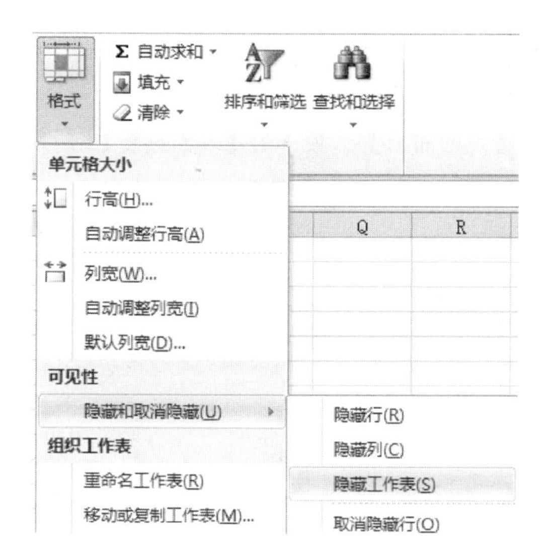

❷ 最后的效果如下图所示，在工作表标签中看不到“销售部”工作表了。

提示

在需要隐藏的工作表标签上右击，然后在弹出的快捷菜单中选择【隐藏】命令，也可以隐藏工作表，如下图所示。

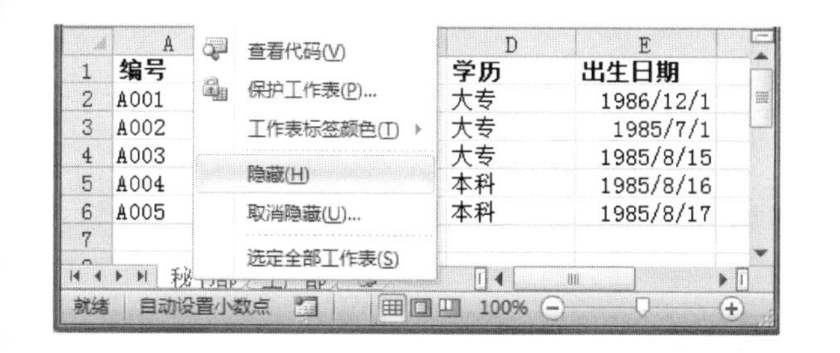

2. 显示工作表

隐藏了工作表之后，如果需要显示被隐藏的工作表，该怎么办呢？其实隐藏和显示是相对的，显示工作表的方法和隐藏是一样的，我们一起来看一下吧。

操作步骤

❶ 打开“员工档案”工作簿，单击【单元格样式】组中的【格式】按钮，在弹出的下拉列表中选择【可见性】|【隐藏和取消隐藏】|【取消隐藏工作表】选项，如下图所示。

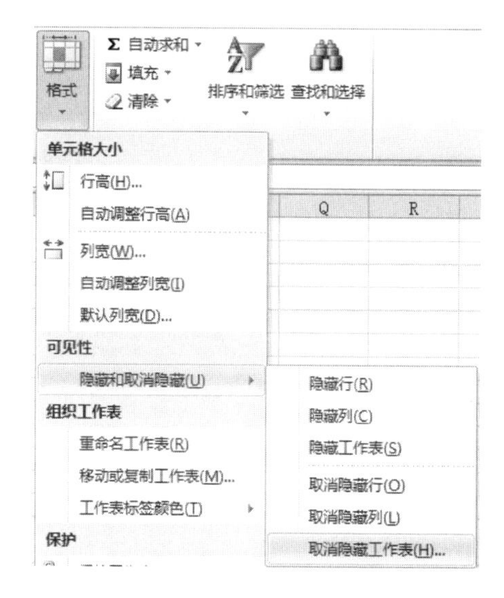

❷ 在弹出的【取消隐藏】对话框中，选择需要显示的工作表，如下图所示。

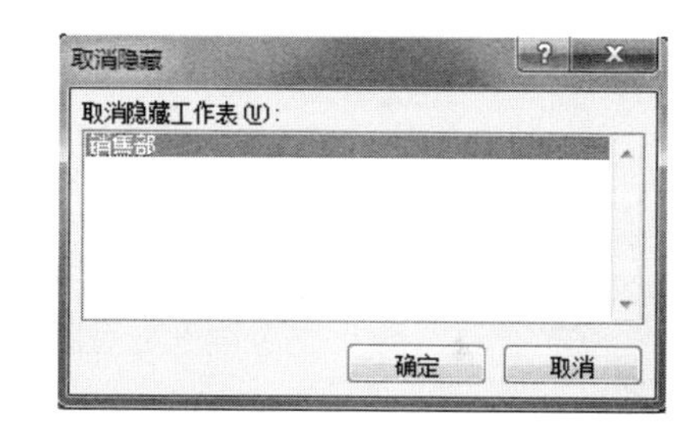

❸ 单击【确定】按钮，被隐藏的工作表就会被显示出来，如下图所示。

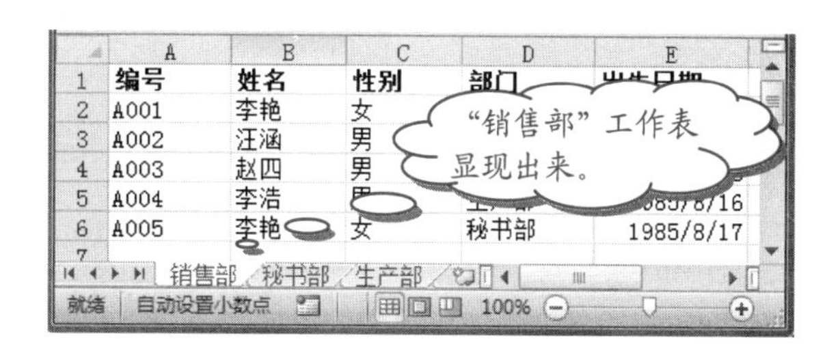

提示

在任意一个工作表标签上右击，然后在弹出的快捷菜单中选择【取消隐藏】命令，也可以显示工作表。如下图所示。

在表格中填充较小的数据时，还体会不到快速填充的优势，而在大型的数据表格中，其优势是显而易见的。

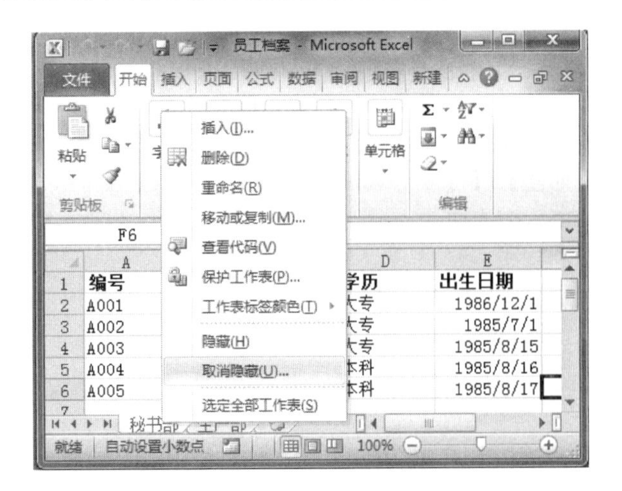

10.2.6 拆分工作表

在 Excel 2010 中可以将一个工作表窗口拆分为多个大小可调的窗格，利用此功能可方便查看相隔较远的工作表部分。下面我们一起来认识一下。

操作步骤

❶ 打开“员工档案”工作簿，切换到【销售部】工作表，单击【视图】选项卡的【窗口】组中的【拆分】按钮，如下图所示。

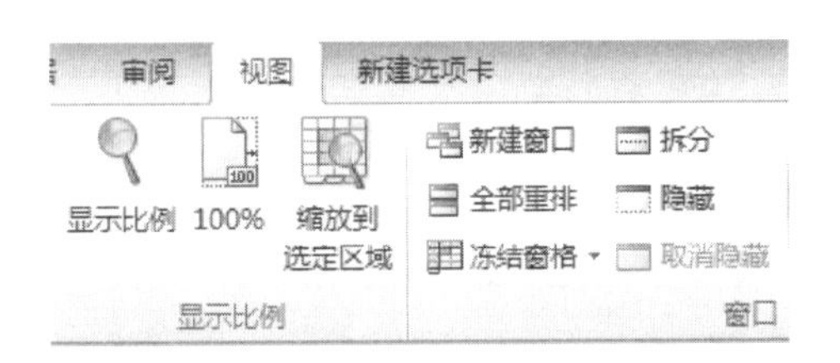

❷ 最终效果如下图所示。

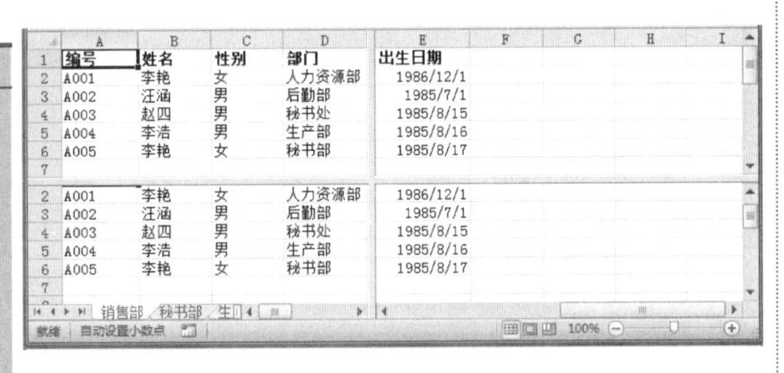

❸ 若要取消拆分，再次单击【拆分】按钮即可。

10.2.7 为工作表添加背景

一张工作表制作完毕了，我们来为其添加点背景，这样看起来更美观一些。

操作步骤

❶ 打开“工资报表”工作簿，在“一月”工作表中单击【页面布局】选项卡的【页面设置】组中的【背景】按钮，如下图所示。

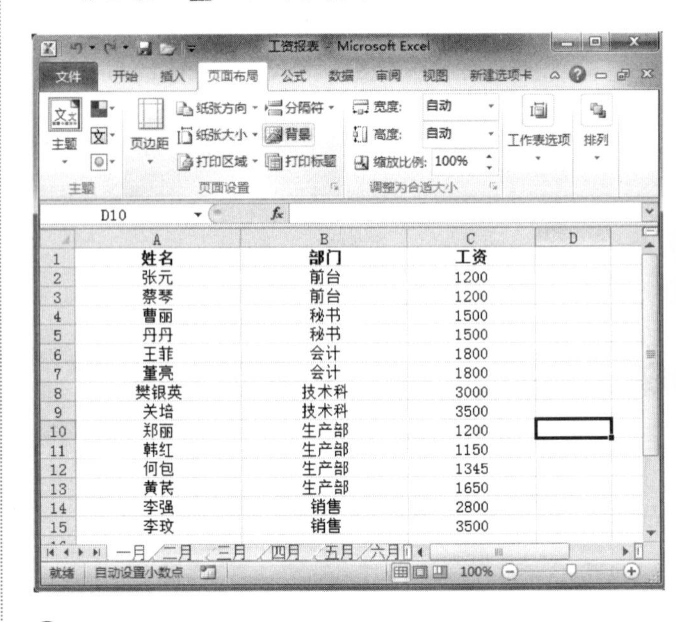

❷ 在弹出的【工作表背景】对话框中选择一副背景图片，再单击【插入】按钮，如下图所示。

❸ 最终效果如下图所示。

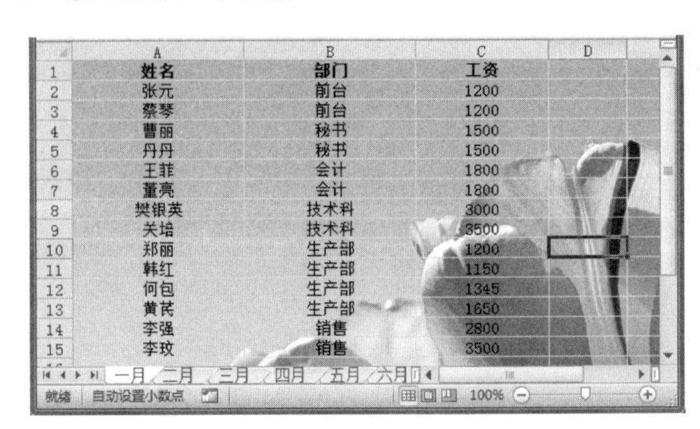

长见识 在表格处理中除了可以保护工作簿之外，也可以对其进行共享。方法是单击【审阅】选项卡下的【更改】组中的【共享工作簿】按钮。

❹ 当表格中应用了背景后，【页面布局】选项卡的【页面设置】组中的【背景】按钮就变成了【删除背景】按钮，单击它便可取消背景图案，如下图所示。

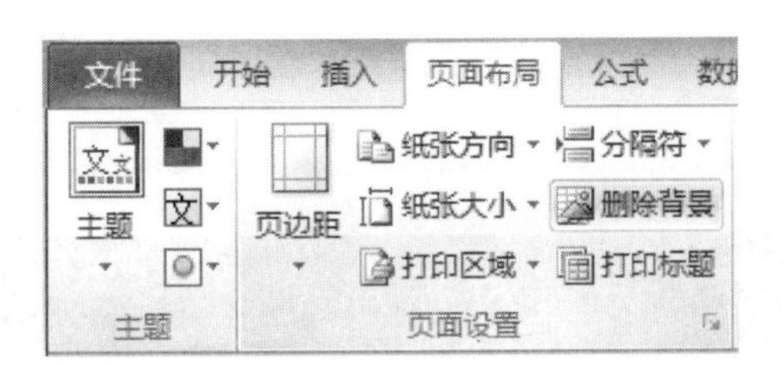

10.2.8　保护工作表

如果工作表中有重要的内容，怕泄密，可以对其采取保护措施，下面我们来学习给工作表设置密码保护。

1. 使用【开始】选项卡保护工作表

下面我们来使用【开始】选项卡给工作表设置密码保护，具体操作如下。

操作步骤

❶ 打开“工资报表”工作簿，在【开始】选项卡下【单元格】组中单击【格式】按钮，从弹出的下拉列表的【保护】选项组中选择【保护工作表】选项，如下图所示。

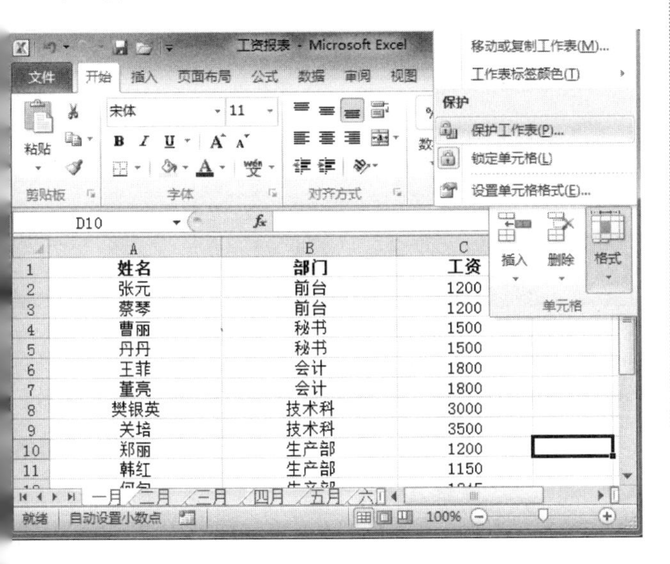

❷ 在打开的【保护工作表】对话框中输入密码，并设置允许他人可操作的行为，再单击【确定】按钮，如右上图所示。

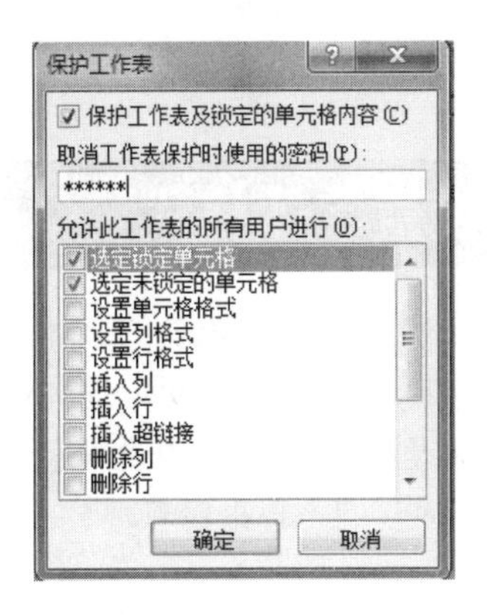

❸ 弹出【确认密码】对话框，再次输入密码，最后单击【确定】按钮即可，如下图所示。

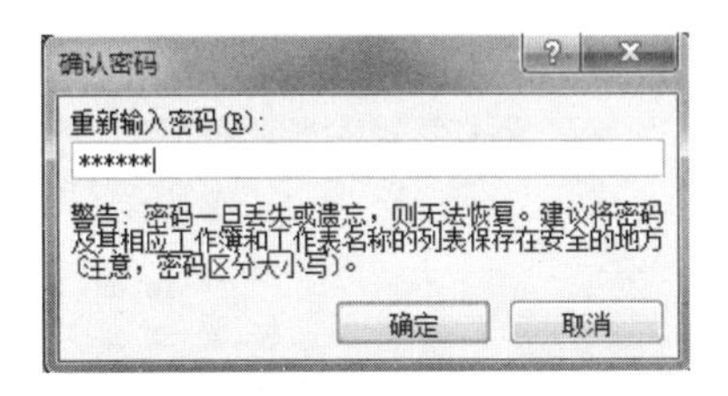

2. 使用快捷菜单保护工作表

下面我们来使用快捷菜单给工作表设置密码保护，具体操作如下。

操作步骤

❶ 在要设置密码保护的工作表标签上右击，从弹出的快捷菜单中选择【保护工作表】命令，如下图所示。

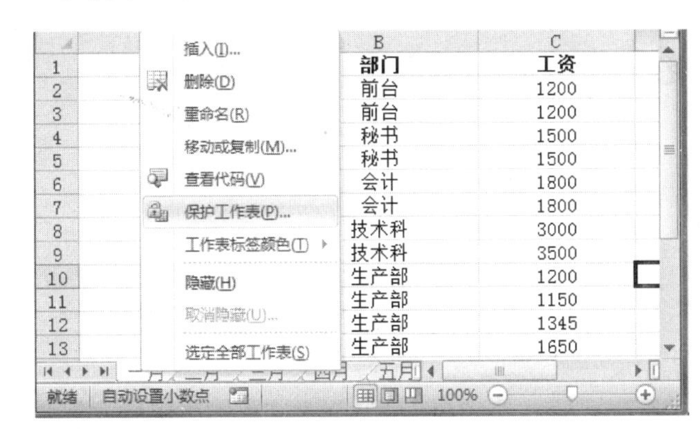

❷ 这时会弹出和前面一样的【保护工作表】和【确认密码】对话框，输入密码即可。

10.3　使表格个性化

制作好一份表格之后，看起来还不是十分美观，下面我们就来对表格进行简单的格式设置，使其看起来更

学以致用系列丛书

Excel 2010 支持的其他文件格式：PDF (.pdf)、XPS 文档(.xps)、OpenDocument 电子表格(.ods)、单个文件网页(.mht；.mhtml)、网页(.htm；.html)。

具专业效果，一起来学习吧！

10.3.1 设置字体格式

在 Excel 2010 中，系统默认的字体是【宋体】，字号为 11，但在实际应用中为了更好地体现标题，我们需要对其进行特殊设置，在 Excel 中设置字体格式的方法和 Word 一样，下面我们一起来看看吧！

操作步骤

❶ 打开“员工档案”工作簿，我们来对表格的标题进行设置，选中 A1:E1 单元格区域，将字号设置为 12，如下图所示。

❷ 再将标题字体设置为【加粗】，如下图所示。

❸ 将标题字体设置为【倾斜】，如下图所示。

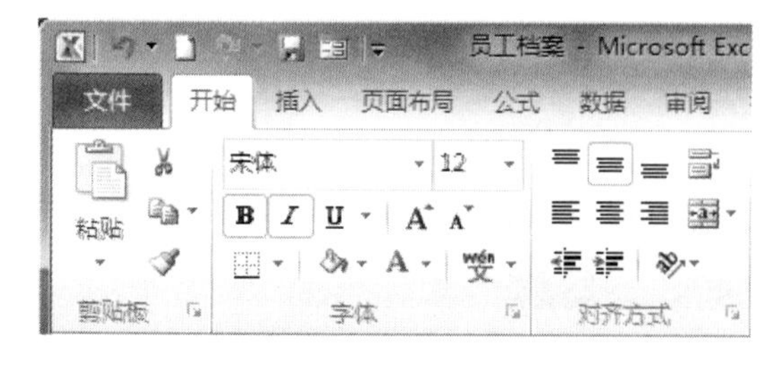

❹ 设置完成后的效果如右上图所示。

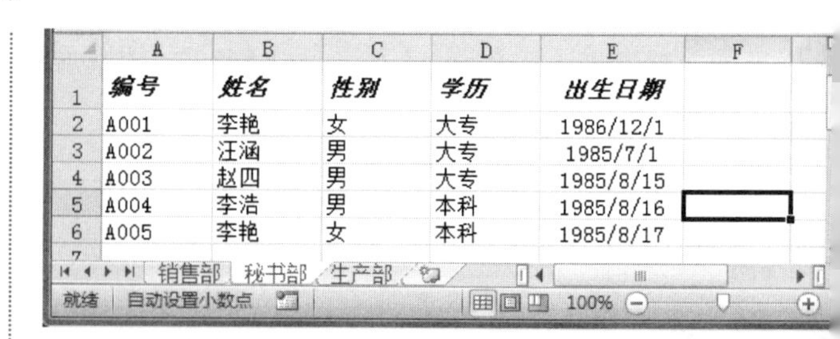

	A	B	C	D	E
1	*编号*	*姓名*	*性别*	*学历*	*出生日期*
2	A001	李艳	女	大专	1986/12/1
3	A002	汪涵	男	大专	1985/7/1
4	A003	赵四	男	大专	1985/8/15
5	A004	李浩	男	本科	1985/8/16
6	A005	李艳	女	本科	1985/8/17

10.3.2 设置对齐方式

在 Word 2010 中我们已经学习了如何设置字体对齐方式，下面我们来大致温习一下。

操作步骤

❶ 打开“员工档案”工作簿，选中整个表格，将表格中的字体格式设置为【左对齐】，如下图所示。

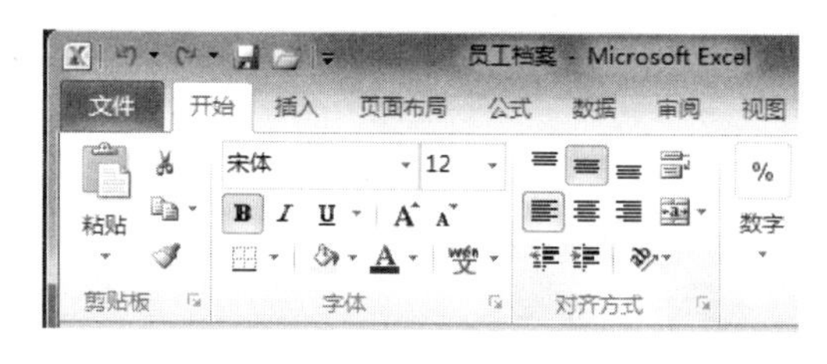

❷ 设置【左对齐】的效果如下图所示。

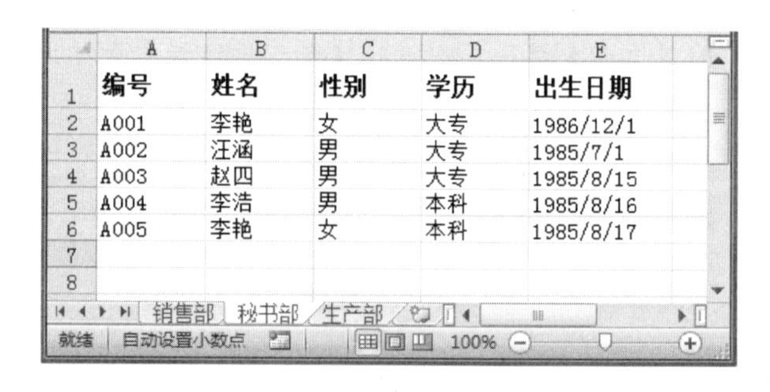

	A	B	C	D	E
1	编号	姓名	性别	学历	出生日期
2	A001	李艳	女	大专	1986/12/1
3	A002	汪涵	男	大专	1985/7/1
4	A003	赵四	男	大专	1985/8/15
5	A004	李浩	男	本科	1985/8/16
6	A005	李艳	女	本科	1985/8/17

10.3.3 设置表格边框

打印出来的表格是没有边框线的，若想要添加边框线，须自己设置，下面我们就来为表格添加边框效果。

操作步骤

❶ 打开“工资报表”工作簿，在【开始】选项卡的【对齐方式】组中单击【对齐方式对话框启动器】按钮，如下图所示。

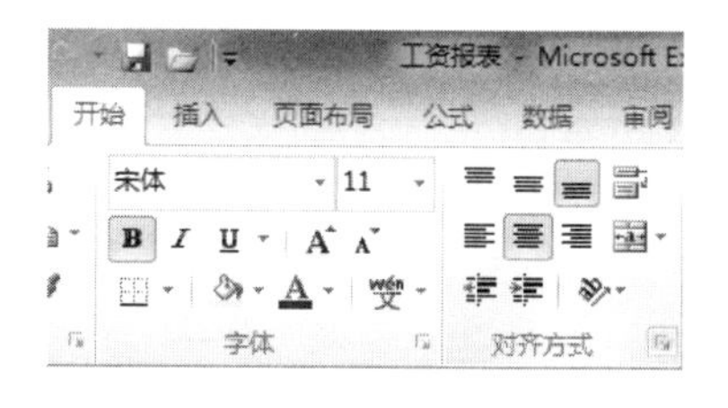

长见识

若以 XML 电子表格 2003 (.xml)格式保存工作簿，以下功能将丢失：①审核追踪箭头；②图表和其他图形对象；③图表工作表、宏工作表、对话框工作表；④自定义视图；⑤数据合并计算引用；⑥图形对象层；⑦大纲和分级显示功能；⑧密码保护的工作表数据；⑨用户定义的函数类别和方案；⑩VBA 项目。

❷ 打开【设置单元格格式】对话框，切换至【边框】选项卡，在【样式】列表框中选择一种样式类型，然后在【预置】选项组中选择【外边框】选项，如下图所示。

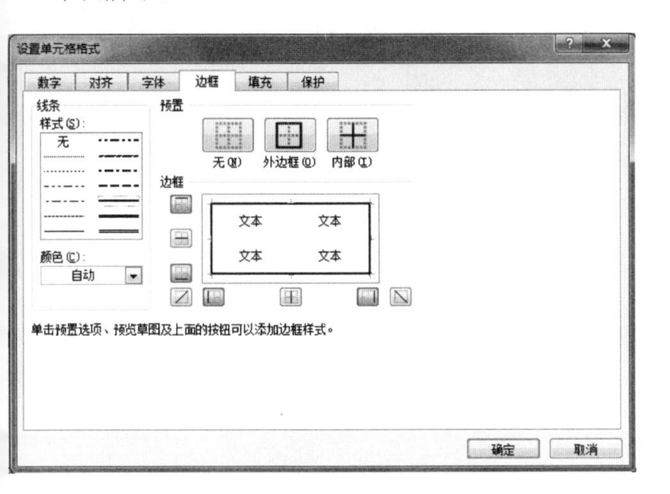

❸ 这时再接着选中【内部】选项，如下图所示。

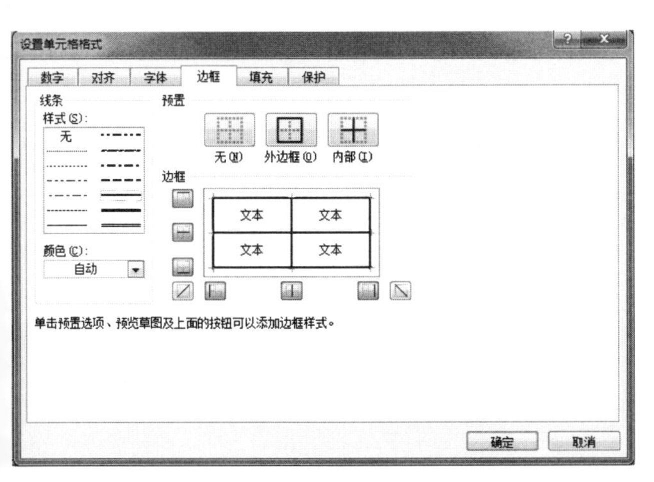

❹ 单击【确定】按钮，最终效果如下图所示。

	A	B	C
1	姓名	部门	工资
2	张元	前台	1200
3	蔡琴	前台	1200
4	曹丽	秘书	1500
5	丹丹	秘书	1500
6	王菲	会计	1800
7	董亮	会计	1800
8	樊银英	技术科	3000
9	关培	技术科	3500
10	郑丽	生产部	1200
11	韩红	生产部	1150
12	何包	生产部	1345
13	黄芪	生产部	1650
14	李强	销售	2800
15	李玫	销售	3500
16			

一月 二月 三月 四月 五月
就绪 自动设置小数点 100%

10.3.4 设置单元格填充色

前面我们学习了如何添加工作表背景图片，现在我们来为工作表填充背景颜色，一起来看看吧！

操作步骤

❶ 打开“工资报表”工作簿，选中表格中正文区域，然后根据前面的方法打开【设置单元格格式】对话框，切换至【填充】选项卡，在【背景色】选项组中选择一种颜色，如下图所示。

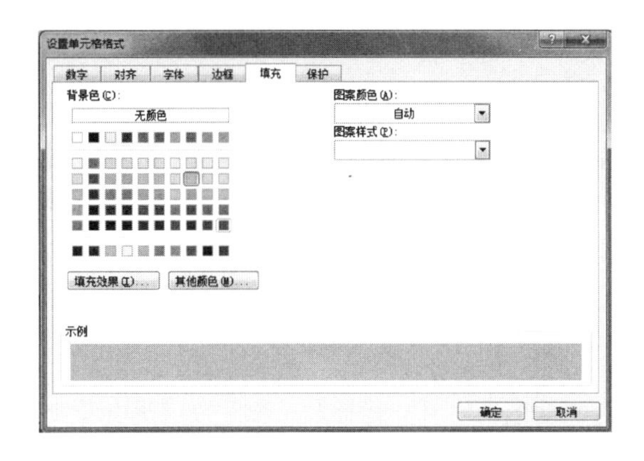

❷ 然后在【图像样式】下拉列表框中选择一种样式，如下图所示。

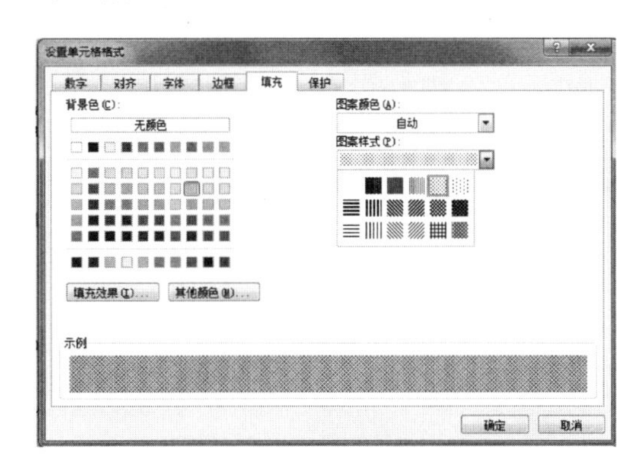

❸ 单击【确定】按钮，最终效果如下图所示。

	A	B	C
1	姓名	部门	工资
2	张元	前台	1200
3	蔡琴	前台	1200
4	曹丽	秘书	1500
5	丹丹	秘书	1500
6	王菲	会计	1800
7	董亮	会计	1800
8	樊银英	技术科	3000
9	关培	技术科	3500
10	郑丽	生产部	1200
11	韩红	生产部	1150
12	何包	生产部	1345
13	黄芪	生产部	1650
14	李强	销售	2800
15	李玫	销售	3500
16			
17			

一月 二月 三月 四月 五月
就绪 自动设置小数点 100%

在【设置单元格格式】对话框中选择一种颜色可以为表格添加一种带颜色的边框线，并且其中还包括很多线型，自己动手试试。

长见识

10.4 格式应用

下面我们来对表格进行格式设置，以制作出具有专业水平的表格，

10.4.1 应用样式

在 Excel 2010 中包含有“单元格样式”工具，使用这个工具可以使突出显示某些数据的操作变得简单。下面我们以“工资报表”工作簿中的“一月”工作表为例进行详细说明。

1. 应用单元格样式

想不想快速地为某个单元格或单元格区域添加特有的样式呢？其实很容易的，我们一起来看看吧！

操作步骤

❶ 选中工作表的第一行标题，然后在【开始】选项卡的【样式】组中单击【单元格样式】按钮，从下拉列表中选择一种样式，如下图所示。

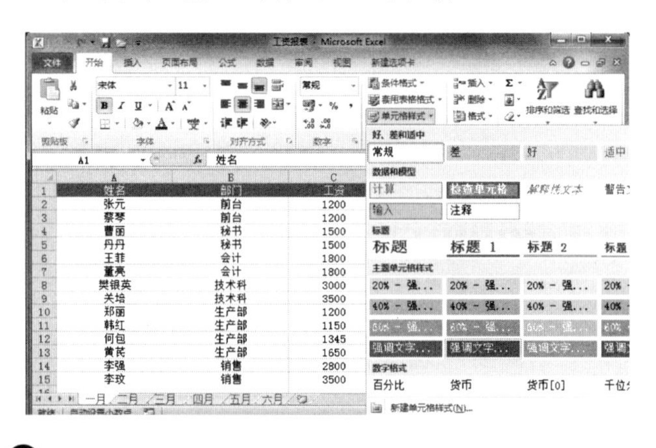

❷ 按照前面的方法进行设置，最终效果如下图所示。

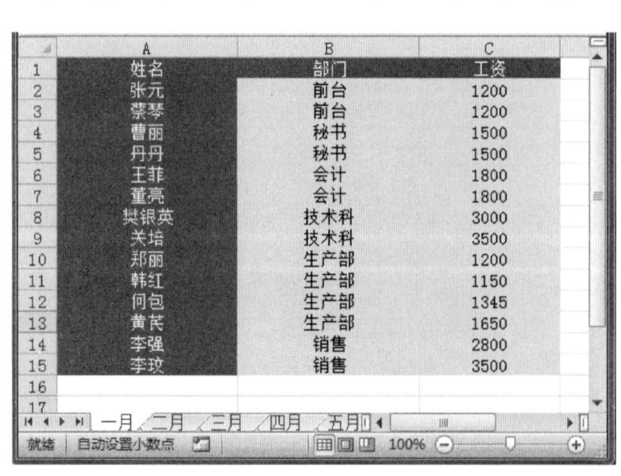

	A	B	C
1	姓名	部门	工资
2	张元	前台	1200
3	蔡琴	前台	1200
4	曹丽	秘书	1500
5	丹丹	秘书	1500
6	王菲	会计	1800
7	董亮	会计	1800
8	樊银英	技术科	3000
9	关培	技术科	3500
10	郑丽	生产部	1200
11	韩红	生产部	1150
12	何包	生产部	1345
13	黄芪	生产部	1650
14	李强	销售	2800
15	李玫	销售	3500

❸ 还可以使用标题样式，使标题看起来更突出，如下图所示。

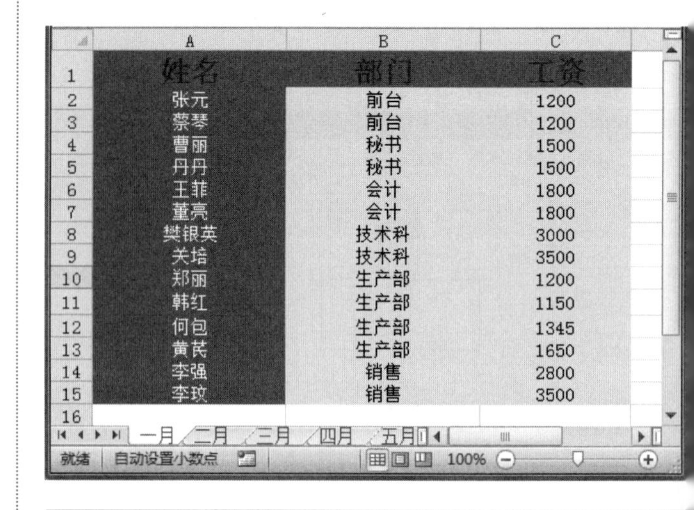

	A	B	C
1	姓名	部门	工资
2	张元	前台	1200
3	蔡琴	前台	1200
4	曹丽	秘书	1500
5	丹丹	秘书	1500
6	王菲	会计	1800
7	董亮	会计	1800
8	樊银英	技术科	3000
9	关培	技术科	3500
10	郑丽	生产部	1200
11	韩红	生产部	1150
12	何包	生产部	1345
13	黄芪	生产部	1650
14	李强	销售	2800
15	李玫	销售	3500

2. 创建单元格样式

若单元格样式中没有自己满意的样式，我们可以自行创建样式，以便下次使用，操作起来很简单，一起来看看吧！

操作步骤

❶ 单击【单元格样式】按钮，从下拉列表中选择【新建单元格样式】选项，如下图所示。

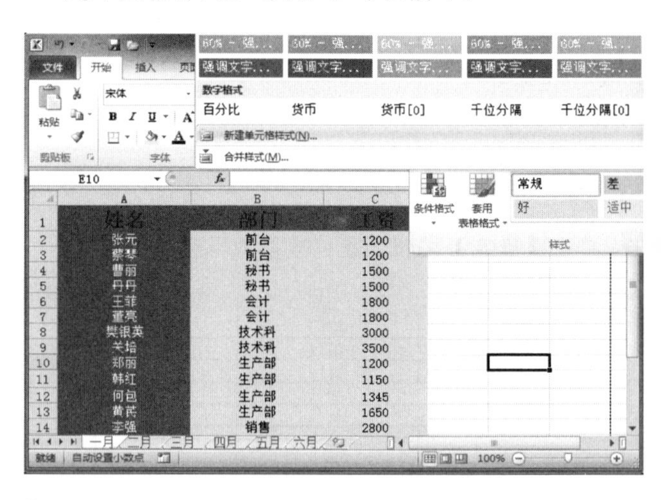

❷ 弹出【样式】对话框，在【样式名】文本框中输入样式名称，再单击【格式】按钮，如下图所示。

长见识 如果 Office 剪贴板数据为图片(.wmf 或.emf)、位图(.bmp)、Microsoft Excel 文件格式(.xls)、SYLK (.slk)、DIF (.dif)、文本(.txt)、CSV(以逗号分隔)(.csv)、带格式文本(以空格分隔)(.rtf)、嵌入对象(.gif、.jpg、.doc、.xls 或.bmp)、链接对象(.gif、.jpg、.doc、.xls 或.bmp)、Office 图形对象(.emf)、单个文件网页(.mht、.mhtm)、网页(.htm、.html)中的格式之一，通过使用【粘贴】命令，可以将 Microsoft Office 剪贴板中的数据粘贴到 Excel 中。

❸ 弹出【设置单元格格式】对话框，在其中进行格式设置，如下图所示。

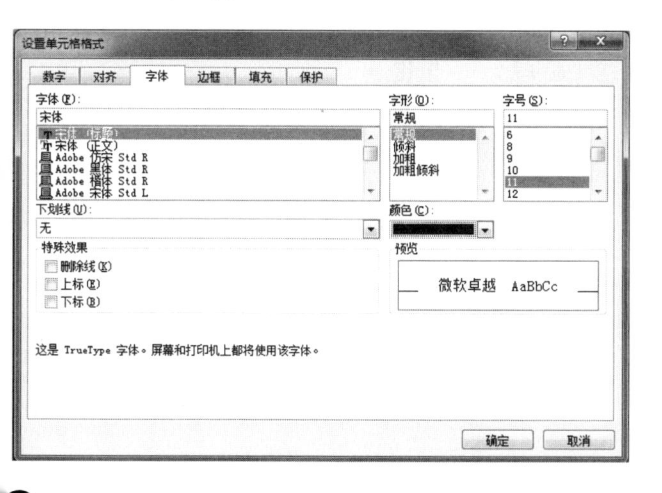

❹ 单击【确定】按钮，返回到【样式】对话框，如果要修改【包括样式】选项组中的选项，只要取消选中复选框就可以了，最后单击【确定】按钮，如下图所示。

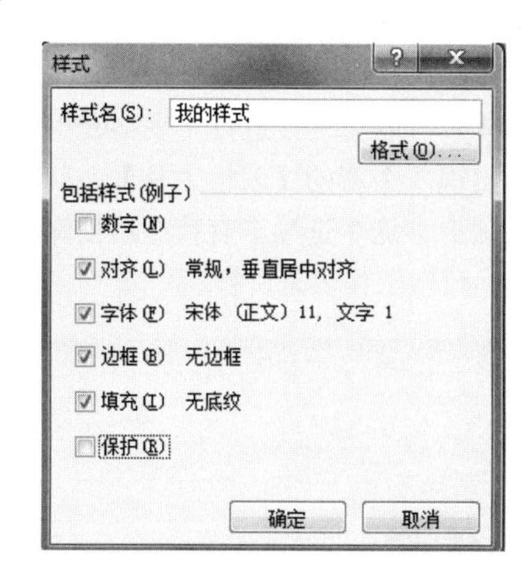

❺ 单击【确定】按钮，“我的样式”已出现在列表中了，如右上图所示。

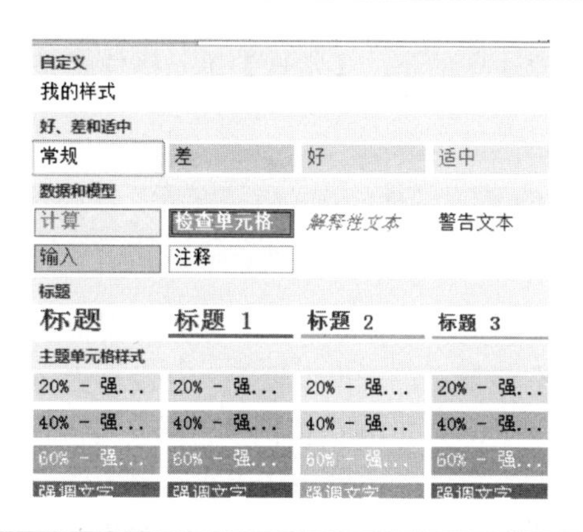

3. 删除单元格样式

如果自定义的样式不再需要时，可以将其删除，具体方法如下。

操作步骤

单击【单元格样式】按钮，从下拉列表中选择需要删除的样式，这里选择【我的样式】选项，然后在该样式上右击，在打开的快捷菜单中选择【删除】命令即可，如下图所示。

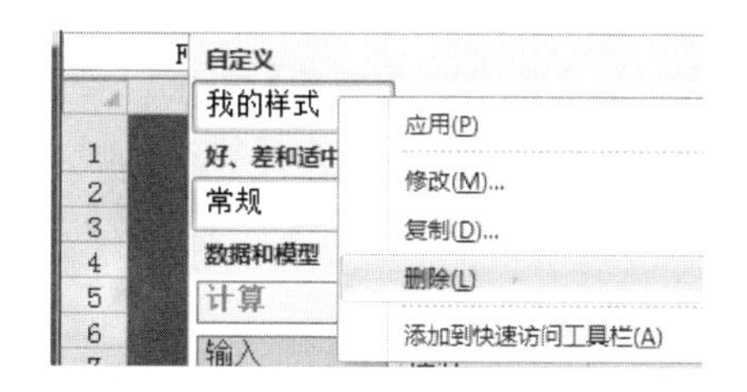

如果只是删除工作表中单元格的样式，并不是删除单元格样式中的某个样式该怎么操作呢。其实很简单，只要先选中需要修改的单元格或单元格区域，然后单击【单元格样式】按钮，从下拉列表中选择【常规】选项即可，如下图所示。

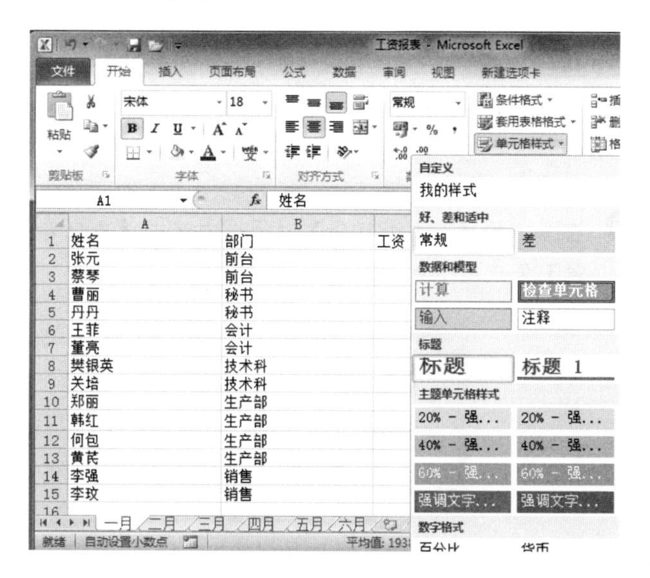

在【设置单元格格式】对话框中，【数字】选项卡中的【分类】列表框下方的提示文字，是用于说明选择的数据类型的应用范围。

长见识

但需要注意的是，【常规】单元格样式是不能被删除的。

10.4.2 自动套用格式

也许上面美化工作表的工作你会觉得很烦，步骤太多，很多东西要自己一步步设置，有没有更方便的办法呢？有！在 Excel 2010 中提供了自动套用格式功能，主要包括两个方面：套用表格格式和套用条件格式。这两方面各有所用，下面我们一一为大家介绍。

1. 套用表格格式

可以用 Excel 的自动套用格式功能美化工作表，既美观又快捷，而且它的设置操作简单，比起添加边框要方便很多，其设置方法如下。

操作步骤

❶ 选择要套用格式的单元格，比如我们选择已经制作好的“工资报表”工作簿中的“一月”工作表的全部数据。

❷ 在【开始】选项卡的【样式】组中，单击【套用表格样式】按钮旁边的下三角按钮，从弹出的下拉列表中选择一种样式(例如【浅色 17】)，如下图所示。

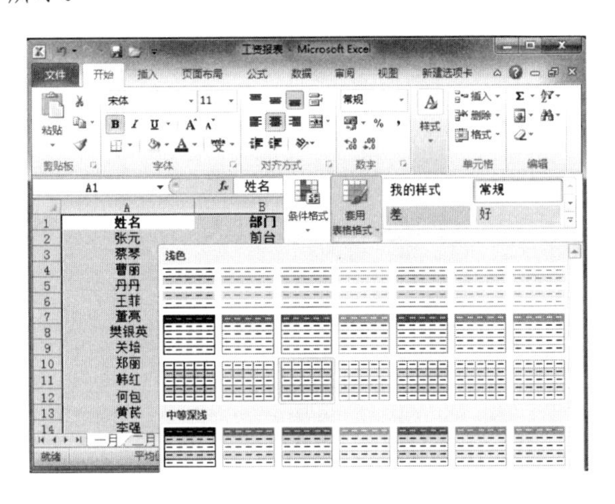

❸ 在弹出的【套用表格式】对话框中选中【表包含标题】复选框，如下图所示。

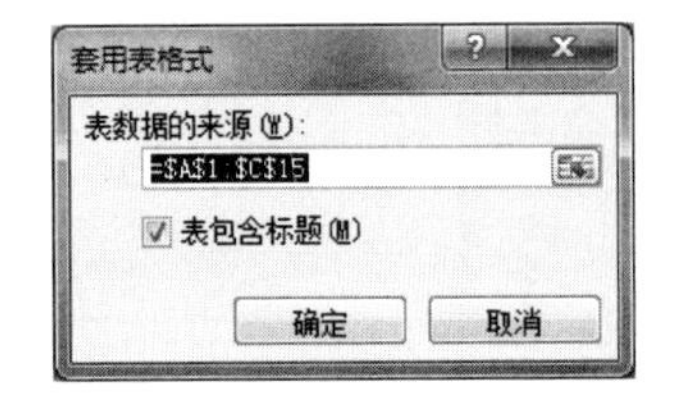

❹ 单击【确定】按钮，效果如下图所示。

	A	B	C
1	姓名	部门	工资
2	张元	前台	1200
3	蔡琴	前台	1200
4	曹丽	秘书	1500
5	丹丹	秘书	1500
6	王菲	会计	1800
7	董亮	会计	1800
8	樊银英	技术科	3000
9	关培	技术科	3500
10	郑丽	生产部	1200
11	韩红	生产部	1150
12	何包	生产部	1345
13	黄芪	生产部	1650
14	李强	销售	2800
15	李玫	销售	3500

提示

单击 工资 ▾ 的下三角按钮，会出现如下图所示的列表，里面包含有【升序】、【降序】、【按颜色排序】等各种排序方式。

2. 【表工具设计】介绍

细心的读者可能会发现进行了表格套用操作之后，标题栏中会出现一个新的【表格工具】，其中包含一个【设计】选项卡。这个选项卡有什么用处呢？我们通过继续完善“一日”工作表来讲解。

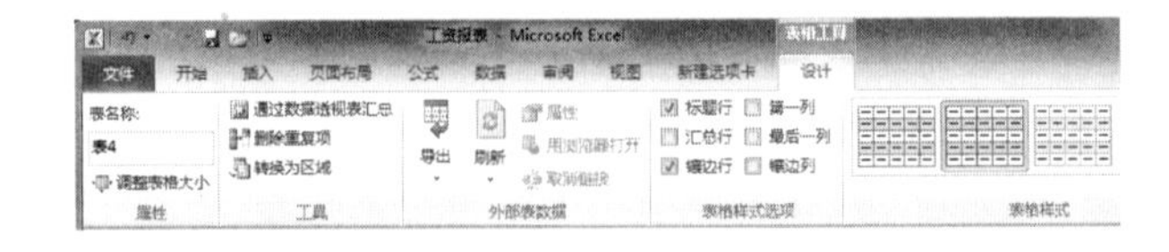

操作步骤

❶ 选中全部数据单元格区域，单击【表格工具】下【设计】选项卡的【工具】组中的【转换为区域】按钮，如下图所示。

长见识：在为所选单元格或单元格区域添加边框时，若要改变边框的样式，需先选择一种样式后，再单击【边框】组中的相应按钮才能生效。

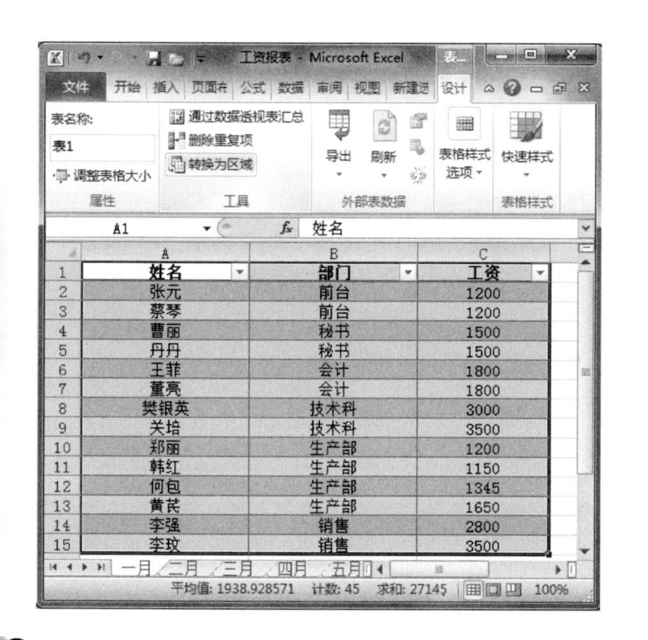

	A	B	C
1	姓名	部门	工资
2	张元	前台	1200
3	蔡琴	前台	1200
4	曹丽	秘书	1500
5	丹丹	秘书	1500
6	王菲	会计	1800
7	董亮	会计	1800
8	樊银英	技术科	3000
9	关培	技术科	3500
10	郑丽	生产部	1200
11	韩红	生产部	1150
12	何包	生产部	1345
13	黄芪	生产部	1650
14	李强	销售	2800
15	李玫	销售	3500

2 在弹出的如下图所示的对话框中单击【是】按钮，这样单元格就转换成了普通的单元格区域，可以进行相应操作了。如下图所示。

3 设置后，“姓名”、“部门”、“工资”等列标题后面的下三角按钮没有了，至此一个漂亮的工作表就初步做好了，如下图所示。

	A	B	C
1	姓名	部门	工资
2	张元	前台	1200
3	蔡琴	前台	1200
4	曹丽	秘书	1500
5	丹丹	秘书	1500
6	王菲	会计	1800
7	董亮	会计	1800
8	樊银英	技术科	3000
9	关培	技术科	3500
10	郑丽	生产部	1200
11	韩红	生产部	1150
12	何包	生产部	1345
13	黄芪	生产部	1650
14	李强	销售	2800
15	李玫	销售	3500
16			

注意

【表格工具】是随着【套用表格样式】的启用而产生的，一旦表格都变成了普通单元格，那么【表格工具】也就没有了。

【表格工具】下的【设计】选项卡中还有其他的工具可以用于进行不同的设置，读者可以自己尝试一下，会有意想不到的收获呢！

10.5 使用条件格式

【开始】选项卡的【样式】组中的【条件格式】下拉列表中包括【突出显示单元格规则】、【项目选取规则】、【数据条】、【色阶】、【图标集】等选项，每一个选项中又包含有自己的列表，如下图所示。这些列表我们将在下面通过实例的方式一一向大家讲述。随我们一起来看看吧。

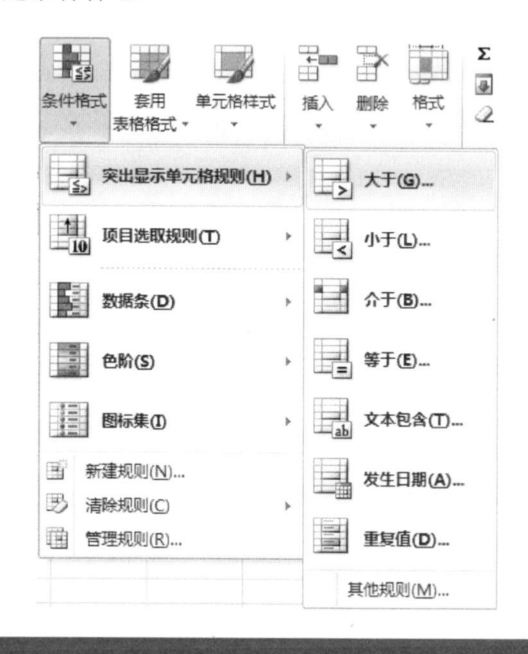

1. 突出显示单元格规则

突出显示单元格规则，顾名思义，就是将数据用不同的颜色显示出来。下面分别举例说明。

操作步骤

1 选中所有数据区域，从【条件格式】下拉列表中选择【突出显示单元格规则】|【文本包含】选项，会出现如下图所示的【文本中包含】对话框，在文本框中输入一个数据，如输入“生产部”，如下图所示。

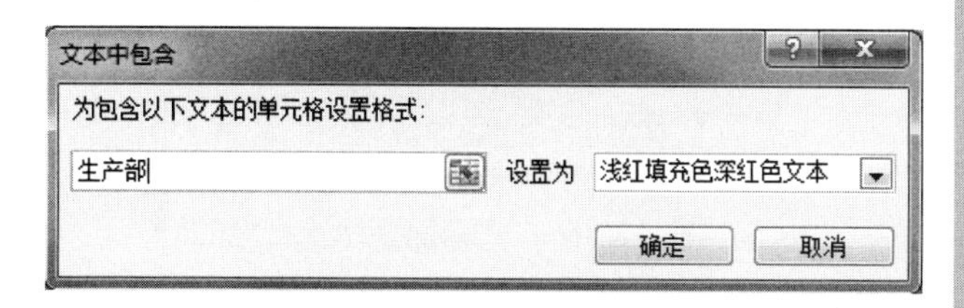

2 单击【确定】按钮，这时正文中所有为“生产部”的文本全被填充为深红色，效果如下图所示。

在【设置单元格格式】对话框的【字体】选项卡的【特殊效果】选项组中选中相应的复选框可为选择的字体设置相应的效果。任何选择的文本都可以同时设置多个特殊效果。

长见识

	A	B	C
1	姓名	部门	工资
2	张元	前台	1200
3	蔡琴	前台	1200
4	曹丽	秘书	1500
5	丹丹	秘书	1500
6	王菲	会计	1800
7	董亮	会计	1800
8	樊银英	技术科	3000
9	关培	技术科	3500
10	郑丽	生产部	1200
11	韩红	生产部	1150
12	何包	生产部	1345
13	黄芪	生产部	1650
14	李强	销售	2800
15	李玫	销售	3500

一月 二月 三月 四月 五月 | 就绪 自动设置小数点 100%

2. 项目选取规则

【项目选取规则】选项和【突出显示单元格规则】选项的功能类似，只是选取内容的规则不一样。我们举一个例子来说明。

操作步骤

❶ 选中 C2:C15 单元格区域，从【条件格式】下拉列表中选择【项目选取规则】|【值最大的 10%项】选项，如下图所示。

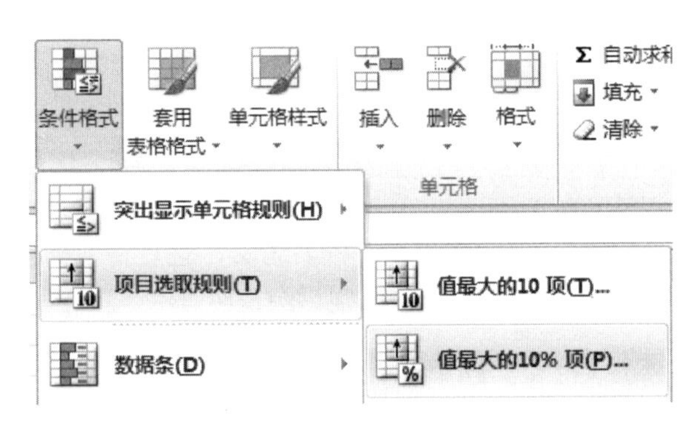

❷ 弹出如下图所示的【10%最大的值】对话框，在文本框中输入一个数据。如输入“20”，就表示在表中查找最大的 20%的数据，并且将这些数据用绿色填充。

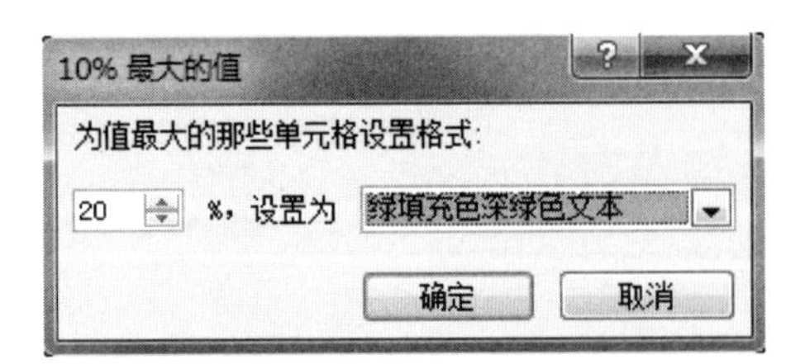

❸ 效果如右上图所示。

	A	B	C
1	姓名	部门	工资
2	张元	前台	1200
3	蔡琴	前台	1200
4	曹丽	秘书	1500
5	丹丹	秘书	1500
6	王菲	会计	1800
7	董亮	会计	1800
8	樊银英	技术科	3000
9	关培	技术科	3500
10	郑丽	生产部	1200
11	韩红	生产部	1150
12	何包	生产部	1345
13	黄芪	生产部	1650
14	李强	销售	2800
15	李玫	销售	3500

3. 数据条

数据条可帮助您查看某个单元格相对于其他单元格的值。数据条的长度代表单元格中的值。数据条越长，表示值越高，数据条越短，表示值越低。在观察大量数据(如节假日销售报表中最畅销和最滞销的玩具)中的较高值和较低值时，数据条尤其有用。

这里我们选中“一月”工作表，然后从【条件格式】下拉列表中选择【数据条】选项，并选择一种数据条的颜色，效果图如下图所示。这种方法也可以用来美化工作表。

	A	B	C
1	姓名	部门	工资
2	张元	前台	1200
3	蔡琴	前台	1200
4	曹丽	秘书	1500
5	丹丹	秘书	1500
6	王菲	会计	1800
7	董亮	会计	1800
8	樊银英	技术科	3000
9	关培	技术科	3500
10	郑丽	生产部	1200
11	韩红	生产部	1150
12	何包	生产部	1345
13	黄芪	生产部	1650
14	李强	销售	2800
15	李玫	销售	3500

一月 二月 三月 四月 五月 | 就绪 自动设置小数点 100%

注意

虽然数据条能够表现出数据的变化，但不是在所有工作表中都能体现出这种变化。一般在日历中会用到数据条。

长见识 当数据整数部分的位数不超过 3 位时，即使使用了千位分隔符，也不会发生变化。

4. 色阶

色阶作为一种直观的指示，可以帮助您了解数据分布和数据变化。双色刻度使用两种颜色的深浅程度来帮助您比较某个区域的单元格。颜色的深浅表示值的高低。例如，在黄色和红色的双色刻度中，可以指定较高值单元格的颜色更黄，而较低值单元格的颜色更红。

比如，我们选中“一月”工作表，然后从【条件格式】下拉列表中选择【色阶】选项，并选择一种颜色，效果如下图所示。这种方法可以用来美化万年历。

	A	B	C
1	姓名	部门	工资
2	张元	前台	1200
3	蔡琴	前台	1200
4	曹丽	秘书	1500
5	丹丹	秘书	1500
6	王菲	会计	1800
7	董亮	会计	1800
8	樊银英	技术科	3000
9	关培	技术科	3500
10	郑丽	生产部	1200
11	韩红	生产部	1150
12	何包	生产部	1345
13	黄芪	生产部	1650
14	李强	销售	2800
15	李玫	销售	3500
16			

一月 二月 三月 四月 五月　就绪　自动设置小数点　100%

5. 图标集

使用图标集可以对数据进行注释，并可以按阈值将数据分为 3～5 个类别。每个图标代表一个值的范围。例如，在三相交通灯图标集中，红色的交通灯代表较低值，黄色的交通灯代表中间值，绿色的交通灯代表较高值。使用图标集后效果图如下图所示。

	A	B	C
1	姓名	部门	工资
2	张元	前台	1200
3	蔡琴	前台	1200
4	曹丽	秘书	1500
5	丹丹	秘书	1500
6	王菲	会计	1800
7	董亮	会计	1800
8	樊银英	技术科	3000
9	关培	技术科	3500
10	郑丽	生产部	1200
11	韩红	生产部	1150
12	何包	生产部	1345
13	黄芪	生产部	1650
14	李强	销售	2800
15	李玫	销售	3500

一月 二月 三月 四月 五月　就绪　自动设置小数点　100%

提示

如果对自己使用规则后的效果不满意，可以通过下述方法将其清除。在【条件格式】下拉列表中选择【清除规则】|【清除所选单元格的规则】选项，如下图所示，规则就被清除。

10.6　设置表格格式

前面讲了有关样式、自动套用格式和使用条件格式等设置方式来美化工作表的方法，其实还有两种设置表格格式的方法可以帮助我们美化工作表，那就是设置上标与下标以及设置单元格内数据的格式。下面我们一起来看看这两种设置表格格式的方法吧。

10.6.1　设置上标与下标

有的时候我们要书写一些特殊的符号，比如书写化学中的二氧化碳的方程式 CO_2 时，这个“2”字不同于“CO”的写法，它需要特殊显示，也就是要用下标的方式显示出来。

下面我们一起来看看怎么实现下标的功能吧。

操作步骤

❶ 在单元格中输入自己需要的内容，比如我们输入“CO2”，如下图所示。

长见识：千位分隔符是以数值中的整数部分的个位开始，从右向左每 3 位便标识一个符号，便于显示数据本身，这是国际通用的表示方法。

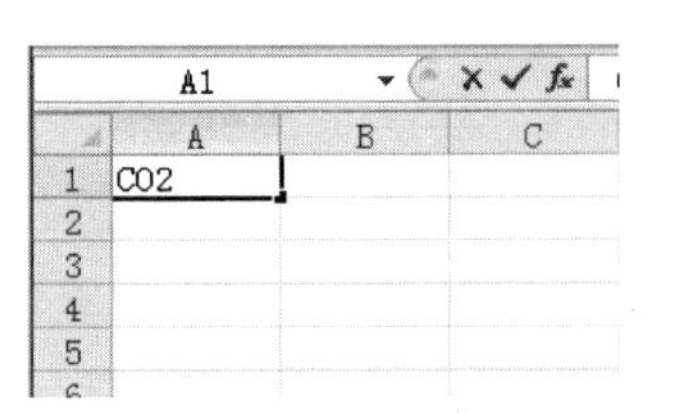

❷ 选中“CO2”中的“2”，如下图所示。

❸ 单击【开始】选项卡的【字体】组中的【字体对话框启动器】按钮，弹出【设置单元格格式】对话框，在【特殊效果】选项组中选中【下标】复选框，如下图所示。

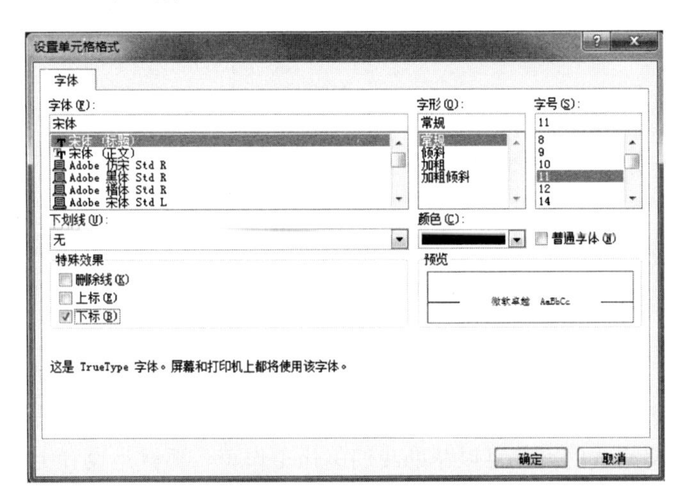

❹ 单击【确定】按钮，这样下标就设置好了，如下图所示。

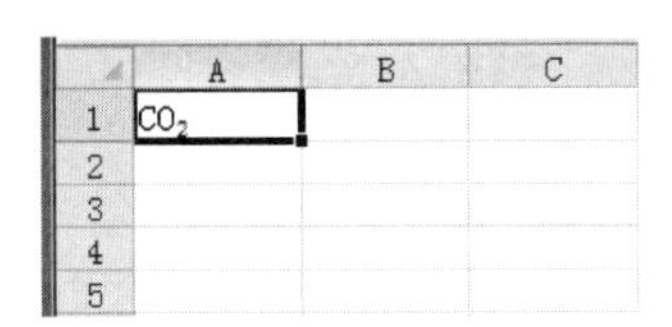

提示

上标的设置方法与下标相同，读者可以自己去尝试，这里不再说明。

10.6.2 设置数据格式

将数据转换为货币型、百分比型、千位分隔符计数型的格式，或者增加、减少小数位数时，可直接利用【开始】选项卡的【数字】组中的【会计数字格式】按钮、【百分比样式】按钮%、【千位分隔样式】按钮,、【增加小数位数】按钮、【减少小数位数】按钮快速进行设置，效果如下图所示。

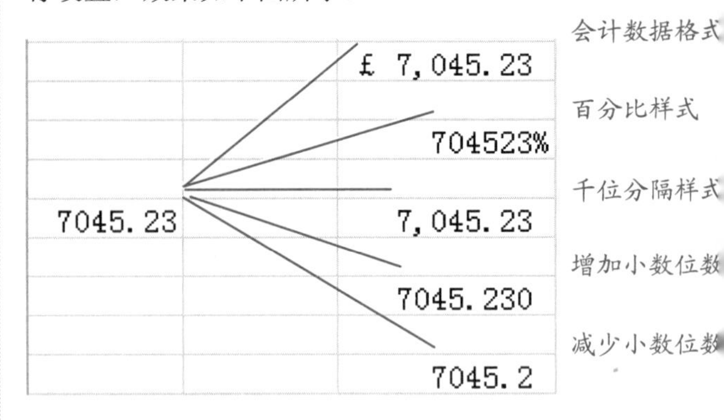

下面我们通过具体的实例来看一下怎样实现上述效果吧。

操作步骤

❶ 打开一个新的工作表，在单元格中输入“7045.23”如下图所示。

❷ 单击【开始】选项卡的【数字】组中的【百分比样式】按钮，如下图所示。

❸ 此时原来单元格中的“7045.23”就变成如下图所示的百分比样式。

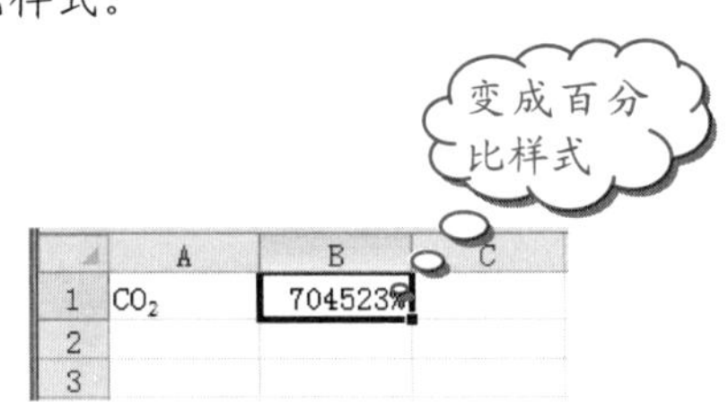

其他的效果读者可以自己一一尝试一下，这里不再赘述。

长见识 在【设置单元格格式】对话框的【对齐】选项卡的【文字方向】下拉列表框中有【根据内容】、【总是从左到右】和【总是从右到左】3个选项供用户设置单元格中数据的排列顺序。

10.7 思考与练习

选择题

1. 下列________不是关闭工作簿，退出 Excel 程序的方法。

   A. 使用 Alt+F4 组合键
   B. 单击标题栏中的【关闭】按钮
   C. 单击菜单栏中的【关闭】按钮
   D. 选择【文件】|【关闭】命令

2. 下列________不是创建工作簿的方法。

   A. 选择【文件】|【新建】命令
   B. 单击【快速访问】组上的【新建】按钮
   C. 使用快捷键 Ctrl+O
   D. 使用快捷键 Ctrl+N

3. 下列________是保存文件的快捷键。

   A. Ctrl+S　　B. Ctrl+O
   C. Ctrl+C　　D. Ctrl+A

4. 移动工作表应按住________键拖动鼠标。

   A. Shift　　B. Ctrl
   C. Alt　　D. Tab

5. 复制单元格的快捷键是________。

   A. Ctrl+S　　B. Ctrl+V
   C. Ctrl+C　　D. Ctrl+A

操作题

1. 创建一个“工资报表”工作簿，具体内容如下图所示。

	A	B	C
1	姓名	部门	工资
2	张元	前台	1200
3	蔡琴	前台	1200
4	曹丽	秘书	1500
5	丹丹	秘书	1500
6	王菲	会计	1800
7	董亮	会计	1800
8	樊银英	技术科	3000
9	关培	技术科	3500
10	郑丽	生产部	1200
11	韩红	生产部	1150
12	何包	生产部	1345
13	黄芪	生产部	1650
14	李强	销售	2800
15	李玫	销售	3500

2. 根据上面新建的工作簿完成以下操作。

(1) 在 B 列“部门”单元格前面插入名为“爱好”的列，并为“爱好”列输入内容。

(2) 为工作表套用样式。

(3) 为工作表的标题栏引用标题样式以突出显示。

3. 根据上面新建的工作簿完成以下操作。

(1) 为工作表中的“会计”应用【突出显示单元格规则】选项中的【文本包含】选项。

(2) 为工作表套用表格格式，并将套用表格格式后的表转化为普通的单元格区域。

Excel 2010 不再支持 Excel 图表(.xlc)、WK1/WK2/WK3/WK4/FMT/FM3 (.wk1、.wk2、.wk3、.wk4、.wks)、Microsoft Works (.wks)、DBF 2 (.dbf)、WQ1 (.wq1)、WB1/WB3 (.wb1、.wb3)等文件格式。即，在 Excel 2010 程序中无法打开这些文件格式的文件或将文件保存为这些文件格式。

长见识

第11章

Excel 2010 公式与函数——制作“企业日常费用统计表”

Excel 是专业的数值计算软件，如果不使用函数，又怎样达到这个目的？本章向您介绍有关 Excel 中的公式和内部函数的使用方法，让您在数字办公方面更上一层楼。

学习要点

❖ 使用公式。
❖ 单元格的引用。
❖ 检查公式中的正误。
❖ 使用函数。
❖ 公式与函数常见错误分析。

学习目标

通过本章的学习，读者应该掌握单元格的引用、单元格的引用对公式的影响、如何设置公式的显示形式、如何用追踪箭头标识公式、如何设置数据输入有效性、了解常见公式错误信息并解决它们、函数语法、插入函数等操作。然后，使用这些操作，全面提高对 Excel 2010 的应用能力。

11.1 使用公式

Excel 具有强大的计算功能，它除了可以进行加、减、乘、除四则运算外，还可以对财务、金融、统计等方面的复杂数据进行计算。计算时可以根据系统提供的函数来计算，也可以根据需要手动输入公式。

11.1.1 认识 Excel 中的公式

在进行运算之前，要先了解 Excel 公式中有哪些运算符，公式的编写要遵循什么规律。

1. 名词解释

- 常量数据：是指不进行计算的值，也不会发生变化。
- 运 算 符：指公式中对各元素进行计算的符号，如+、-、*、/、%、<、>等。
- 单元格引用：指用于表示单元格在工作表上所处于位置的坐标集，如 A3、E7。
- 单元格区域引用：是指左上角的单元格与右下角单元格地址所组成的矩形方阵。如 B2:E7。
- 系统内部函数：是 Excel 中预定义的计算公式，通过使用一些称为参数的特定数值来按特定的顺序或结构执行计算。其中的参数可以是常量数值、单元格引用和单元格区域引用等，例如 1+2+3，可以表示为 SUM(1,2,3)。

2. 公式的语法

“没有规矩不成方圆”。如果没有一个特定的语法或次序，如何让 Excel 识别您输入的公式？

Excel 公式的语法为：最前面是等号“=”，公式中可以包含运算符、常量数值、单元格引用、单元格区域引用、系统内部函数等，如下图所示。

单元格引用　常量数值　系统内部函数　单元格区域引用

=EJ*0.58+SUM(C3:G3)

运算符

上图所示公式的意思是 EJ 单元格内的数据乘以 0.58，与单元格区域 C3:G3 中所有数据之和的和为多少。

3. 系统内部函数

系统内部函数在【公式】选项卡下的【函数库】组内，如下图所示。

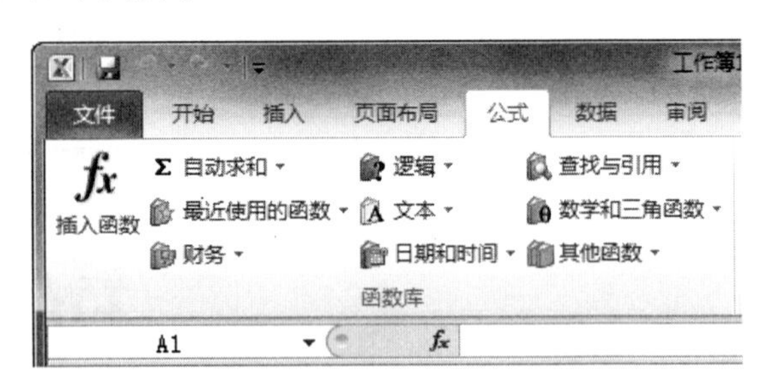

函数分为上图所示的九大类，单击相应类别右边的下三角按钮，可打开下拉列表，其中列出了该类函数内的各种具体函数，如下图所示。

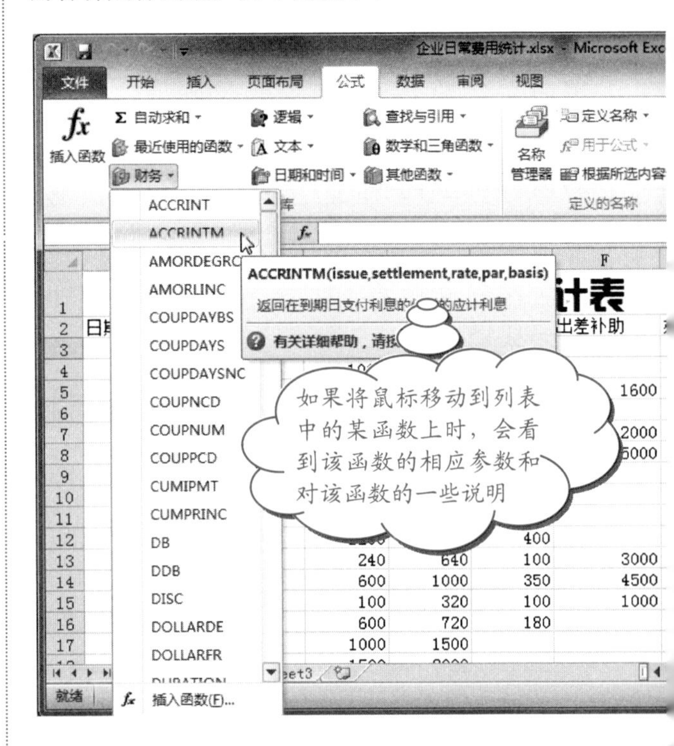

11.1.2 公式的应用

了解了 Excel 公式中的运算符和公式的语法，下面我们就通过制作“企业日常费用统计表”来学习如何使用它们吧！

操作步骤

1. 打开“企业日常费用统计”工作簿，参照前面章节的内容，输入数据，并设置单元格数据的格式，效果如下图所示。

长见识　在 Excel 电子表格中，根据运算符要实现的功能可以将运算符划分为算术运算符、比较运算符、文本运算符和引用运算符。

企业日常费用统计.xlsx

	A	B	C	D	E	F	G	H
1	企业日常费用统计表							
2	日期	部门	交通费	伙食费	通讯费	出差补助	办公用品费	合计
3	2010/10/3	财务部	600	720	180		120	
4	2010/10/3	企划部	1000	1500			250	
5	2010/10/3	生产部	1700	2500	100	1600	6000	
6	2010/10/3	销售部	1200	960	400			
7	2010/10/16	财务部	360	320		2000	200	
8	2010/10/25	销售部	460	800	150	5000		
9	2010/11/3	财务部	600	720	180			
10	2010/11/3	企划部	1000	1500				
11	2010/11/3	生产部	1500	2000				
12	2010/11/3	销售部	1200	960	400			
13	2010/11/17	销售部	240	640	100	3000		
14	2010/11/26	企划部	600	1000	350	4500		
15	2010/11/28	生产部	100	320	100	1000	4000	
16	2010/12/3	财务部	600	720	180		150	
17	2010/12/3	企划部	1000	1500				
18	2010/12/3	生产部	1500	2000				
19	2010/12/3	销售部	1200	960	400			
20	2010/12/25	生产部	370	480	150	1800	10000	
21	2010/12/26	销售部	390	720	150	6000		

Sheet1 Sheet2 Sheet3

❷ 计算 2010 年 10 月 3 日财务部的费用总数，首先在 H3 单元格内输入“=”，开始编写公式，如下图所示。

注意

在编写公式时，可以以“=”开始，也可以输入“+”（当输入“+”时，在编辑栏中会自动添加“=”），最后的计算结果是一样的。

如果用户不先输入一个“=”或“+”号，那么，在单元格内输入的数据就会以文本的形式显示在单元格内。

❸ 输入参与计算的第一个数值或数值所在的单元格地址，这里输入 C3，接着输入需要的运算符号“+”，如下图所示。

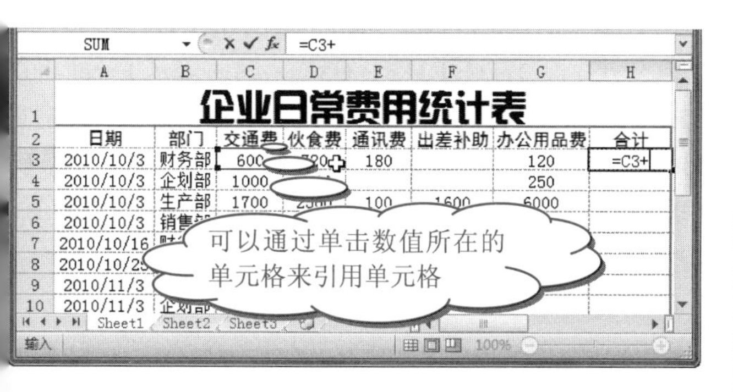

❹ 接着输入其他参与计算的数值，编写完成的公式为“=C3+D3+E3+F3+G3”，如下图所示。可以发现，H3 单元格中的相对单元格的引用与单元格四周边框的颜色是一致的，可以很方便地让您看到相对单元格的引用是否正确。

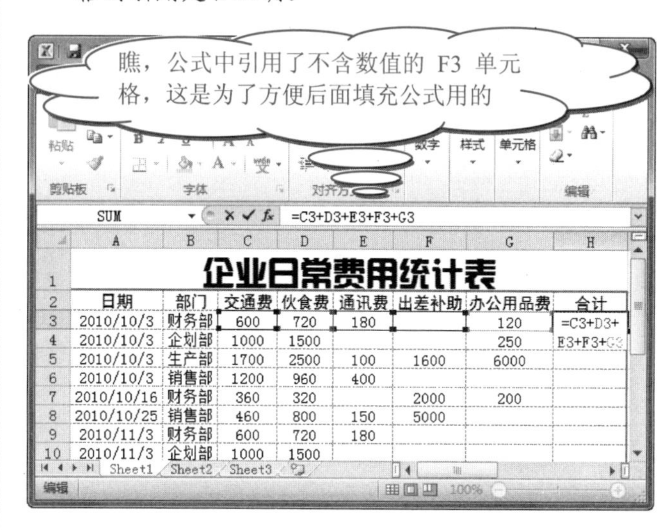

技巧

如果在公式中输入的是单元格的引用，则单元格引用不必区分大小写，如上面 H3 单元格内的公式可以输入成：“=c3+d3+e3+f3+g3”。

❺ 公式编写完后，按 Enter 键得到公式结果，如下图所示。

11.1.3　设置计算选项

细心的读者会发现，在上节中当输入公式后，按下 Enter 键即可得到计算结果了。也就是说 Excel 程序可以对数据进行自动计算。那么，除了自动计算外，Excel 还有哪些计算功能呢？下面一起来看看吧。

算术运算符用于完成基本数学计算的运算符，包括加号(+)、减号/负号(-)、乘号(*)、除号(/)、百分号(%)以及乘幂(^)。　长见识

操作步骤

❶ 在 Excel 2010 程序中选择【文件】|【选项】命令，打开【Excel 选项】对话框。

❷ 在左侧窗格中选择【公式】选项，接着在右侧窗格中设置【计算选项】选项组，如下图所示，最后单击【确定】按钮，保存设置结果。

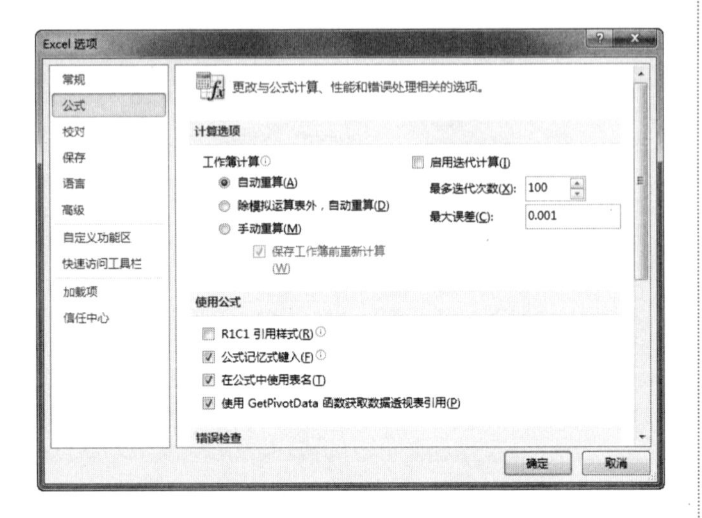

11.1.4 填充公式

在计算性质相同的同列或同行数据(可以是多列/行)时，可以在编写完首个公式后通过填充的方法，向其他单元格中填充公式，计算其他数据。

填充公式的方法与填充数据的方法类似，具体操作如下。

操作步骤

❶ 接 11.1.2 节的操作，单击 H3 单元格，然后将光标移到填充柄上，当光标变成黑十字形状时，按下鼠标左键不松，并向下拖动，如下图所示。

❷ 拖动到目标单元格位置后，释放鼠标左键，然后单击出现的【自动填充选项】图标，从打开的列表中选择【不带格式填充】选项即可，如下图所示。

11.2 单元格引用

单元格引用是用来代表工作表的单元格或单元格区域，并指明公式中所使用的数据通信的位置。通过单元格引用，可以在公式中使用不同部分的数据，或者在多个公式中使用同一单元格或区域的数值。还可以引用同一个工作簿的单元格或区域、不同工作簿的单元格或区域，或者其他应用程序中的数据。引用不同工作簿中的单元格称为链接。

在 Excel 程序中使用 A1 引用样式，此样式引用字母标识列(从 A 到 IV，共 256 列)，引用数字标识行(从 1 到 65 536)。这些字母和数字称为行号和列标。如果要引用某个单元格，请输入列标和行号。例如，B3 引用列 B 和行 3 交叉处的单元格。

在公式中使用单元格引用共有三种情况，分别是相对引用、绝对引用和混合引用，下面一起来研究一下吧。

11.2.1 相对引用

公式中的相对单元格引用是基于包含公式和单元格引用的单元格的相对位置。如下图所示，在 H3 单元格中，输入公式“=C3+D3+E3+F3+G3”，这时表示 Excel 将在 C3、D3、E3、F3 和 G3 五个单元格中查找数据，并把它们相加，把计算结果值赋予 H3。此处 C3、D3、E3、F3 和 G3 就是相对于公式所在的单元格 H3 数据的相对位置。

长见识 比较运算符用来比较两个数值大小关系的运算符，包括等号（=）、大于号（>）、小于号（<）、大于等于号（>=）、小于等于号（=<）以及不等号（<>），并返回逻辑值 TRUE 或 FALSE。

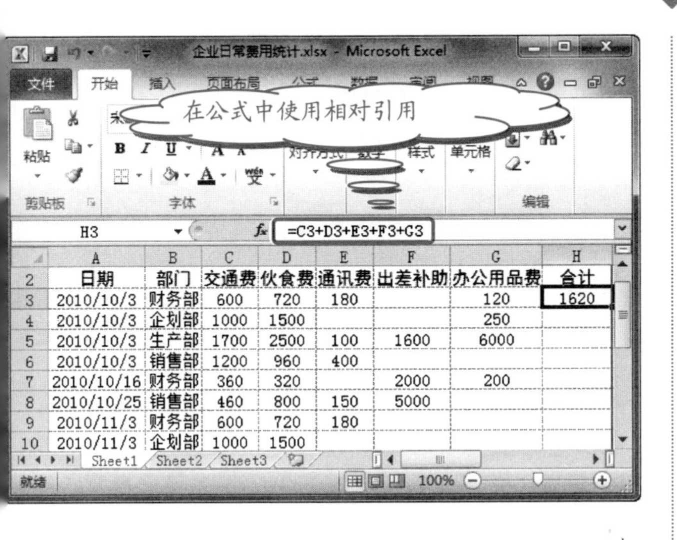

如果公式所在地单元格的位置改变，引用也随之改变。如果多行或多列地复制公式，引用会自动调整。在默认情况下，新公式会使用相对引用。例如，将 H3 单元格内的公式复制到 H4 单元格中，将自动从“=C3+D3+E3+F3+G3”调整为“=C4+D4+E4+F4+G4”，如下图所示。

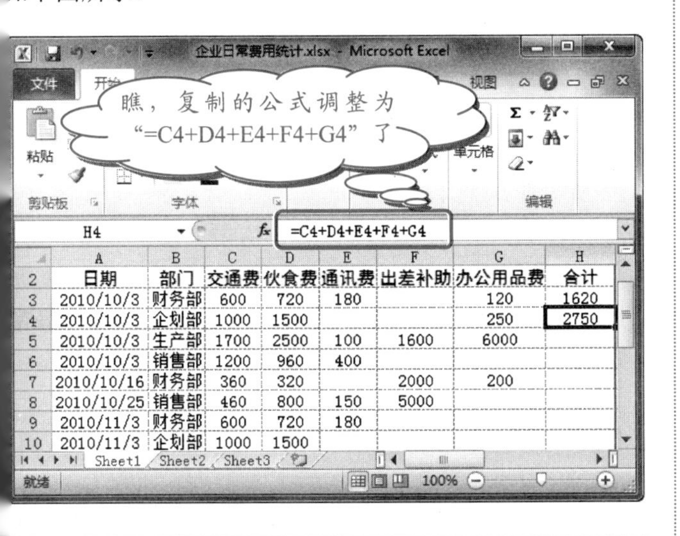

11.2.2　绝对引用

绝对引用与相对引用的不同之处在于：复制公式时使用绝对引用，单元格引用不会发生变化。绝对引用的方法是，在列标和行号前分别加上符号“$”。例如，在 H5 单元格内输入公式“=$C$5+$D$5+$E$5+$F$5+$G$5”，表示对 C5、D5、E5、F5 和 G5 单元格的绝对引用，如右上图所示。

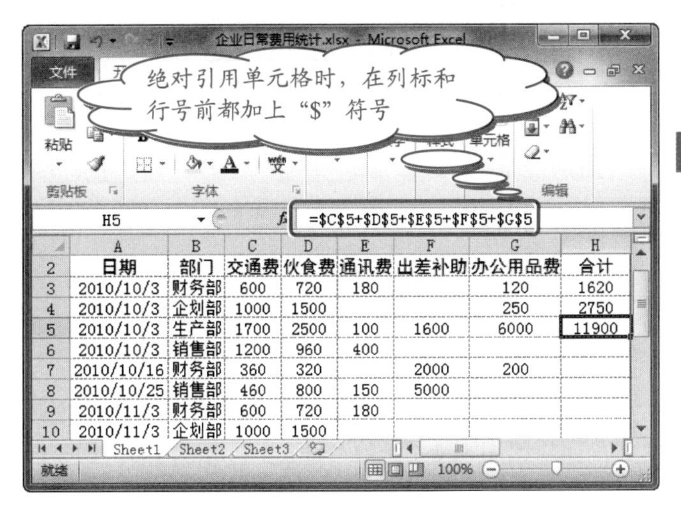

绝对引用单元格时，当公式所在的单元格位置改变时，引用不改变。例如，将 H5 单元格内的公式复制到 H6 单元格中，公式不发生变化，还是“=$C$5+$D$5+$E$5+$F$5+$G$5”，如下图所示。

11.2.3　混合引用

混合引用包含相对引用和绝对引用，即包含绝对列和相对行，或者绝对行和相对列两种形式。绝对引用列采用“$A1”形式，绝对引用行采用“A$1”形式。如果公式所在的单元格的位置改变，则相对引用改变，而绝对引用不变。

例如，在 H7 单元格中输入公式“=$C7+D$7+$E7+F$7+$G7”，其中，$C7、$E7 和$G7 是绝对引用列形式，D$7 和 F$7 是绝对引用行形式，如下图所示。

文本运算符用来将多个文本连接成组合文本。连字符号为“&”。例如在 A1 单元格中输入“公司”，在 B1 单元格中输入“产品”，然后在 C1 单元格中输入公式“A1&B1”，按下 Enter 键即可在 C1 单元格中得到计算结果“公司产品”。

长见识

如果公式所在的单元格的位置改变，则相对引用改变，而绝对引用不变。例如，将H7单元格内的公式复制到H8单元格中，公式中相对引用改变，而绝对引用不变，公式变为“=$C8+D$7+$E8+F$7+$G8”，如下图所示。

H8 =$C8+D$7+$E8+F$7+$G8

	A	B	C	D	E	F	G	H
2	日期	部门	交通费	伙食费	通讯费	出差补助	办公用品费	合计
3	2010/10/3	财务部	600	720	180		120	1620
4	2010/10/3	企划部	1000	1500			250	2750
5	2010/10/3	生产部	1700	2500	100	1600	6000	11900
6	2010/10/3	销售部	1200	960	400			11900
7	2010/10/16	财务部	360	320		2000	200	2880
8	2010/10/25	销售部	460	800	150	5000		2930
9	2010/11/3	财务部	600	720	180			
10	2010/11/3	企划部	1000	1500				
11	2010/11/3	生产部	1500	2000				
12	2010/11/3	销售部	1200	960	400			

11.3 检查公式中的正误

前面的章节，我们学习的是如何编写公式，下面我们要学习如何对已有公式进行检查、修改等一系列操作。

11.3.1 显示/隐藏公式

在Excel的默认状态下，输入的公式和调用的内部函数除了显示在编辑栏内以外，是不在当前的单元格中显示的。若用户需要显示这些公式，可以通过下面的方法来实现。

操作步骤

1. 打开“企业日常费用统计”工作簿，然后单击【公式】选项卡的【公式审核】组中的【显示公式】按钮，如右上图所示。

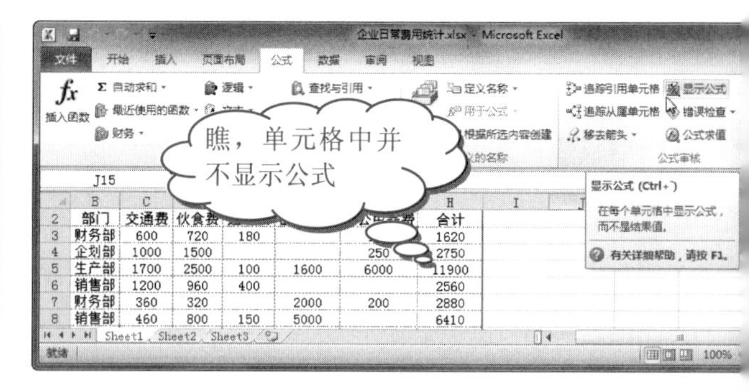

2. 这时工作表中存在公式的单元格都自动将公式显示出来，如下图所示。并且，当选中含有公式的单元格时，该单元格所引用的其他单元格会出现不同颜色的边框。

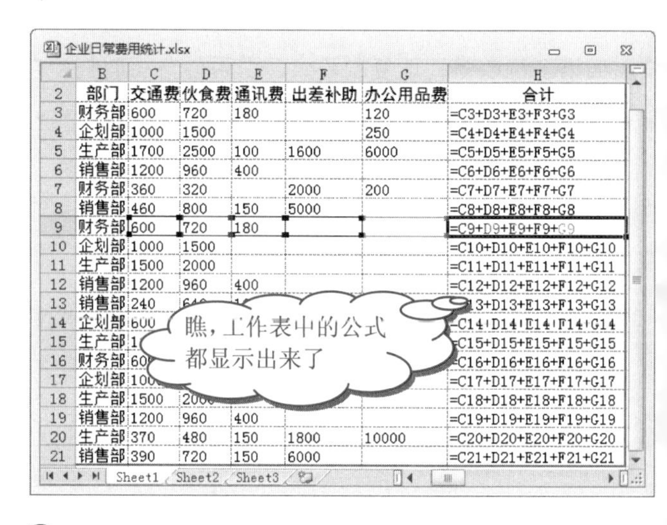

3. 同时，在【公式审核】组中，【显示公式】按钮变成选中状态，如下图所示。再次单击【显示公式】按钮，即可隐藏单元格中的公式了。

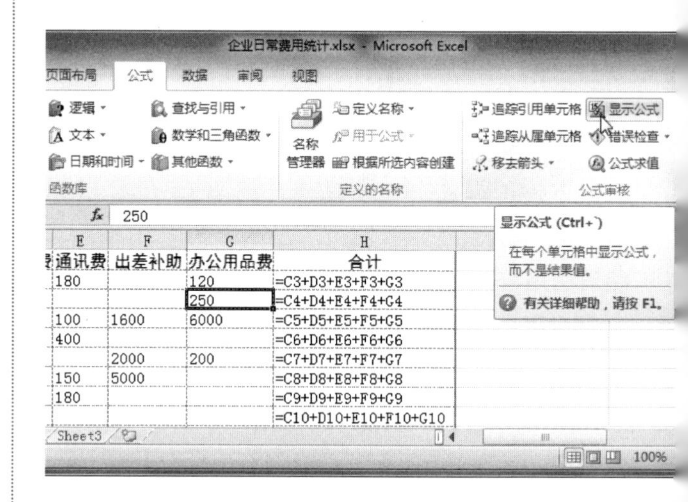

还可以使用Ctrl+~快捷键来快速地显示和隐藏公式。

学以致用系列丛书

长见识 引用运算符可以将单元格区域合并运算，包括冒号（:）、逗号（,）和空格三种运算符。

11.3.2 用追踪箭头标识公式

当编写的公式涉及大量单元格或单元格区域的引用的时候，若想快速检查公式引用是否正确，可以使用箭头追踪标识公式，具体操作步骤如下。

操作步骤

1 打开“企业日常费用统计”工作簿，然后在 Sheet1 工作表中选择要追查公式的单元格，例如选中 H8 单元格，接着在【公式】选项卡的【公式审核】组中，单击【追踪引用单元格】按钮，如下图所示。

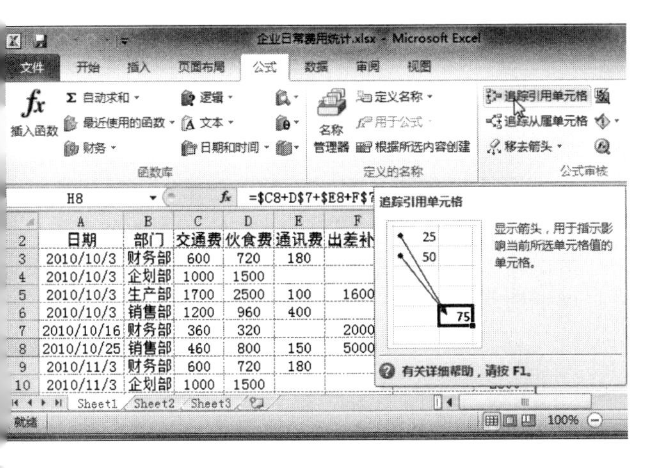

2 这时在工作表中将出现几条由被引用单元格指向公式所在单元格的蓝色箭头，表示 C8、D7、E8、F7 和 G8 五个单元格被 H8 单元格中的公式引用了，如下图所示。

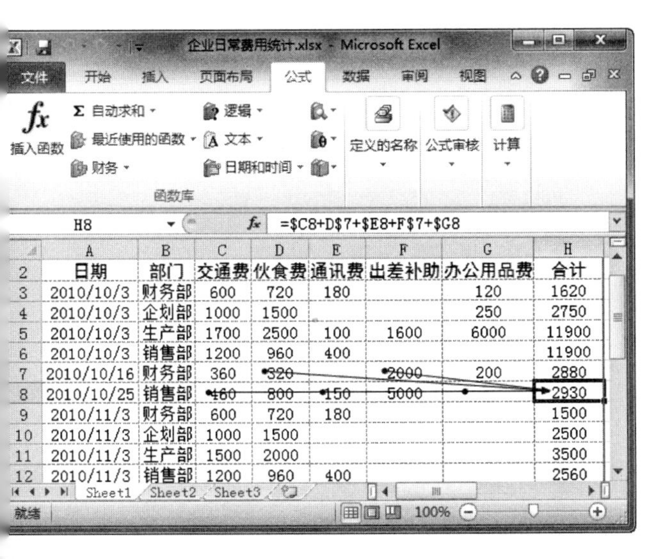

3 继续选中 H8 单元格，接着在【公式】选项卡的【公式审核】组中，单击【追踪从属单元格】按钮，如右上图所示。

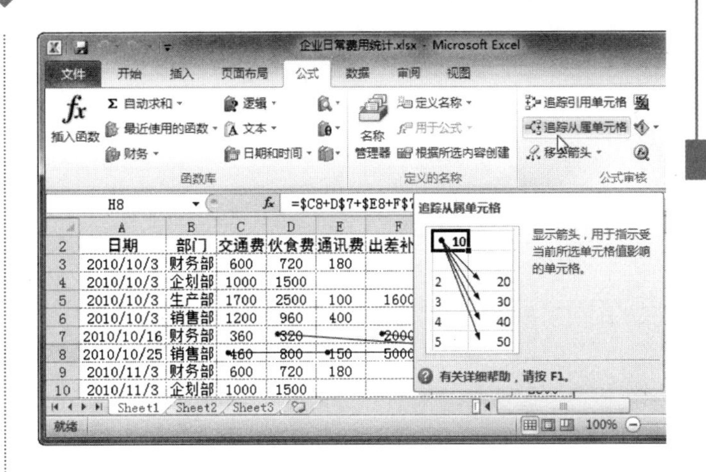

4 这时将会出现一条由 H8 指向 H22 的单元格，表示 H8 单元格中的数据又被 H22 单元格所引用，如下图所示。

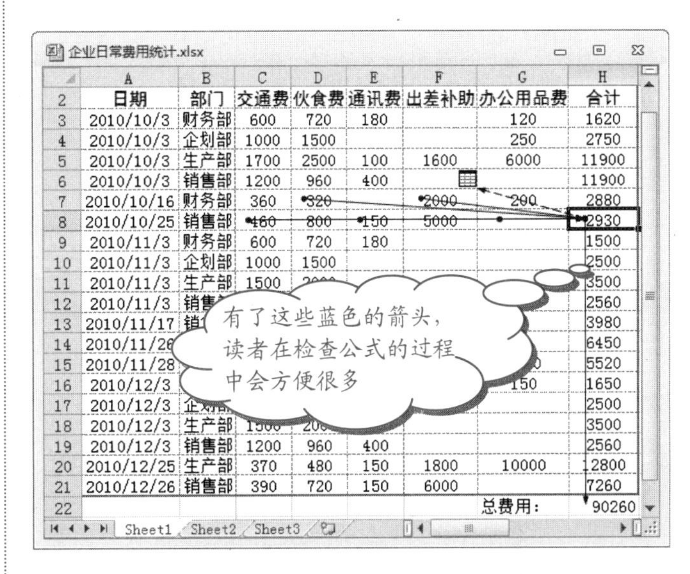

注意

蓝色箭头显示无错误的单元格。红色箭头显示导致错误的单元格。

如果所选单元格被另一个工作表或工作簿上的单元格引用，则会显示一个从所选单元格指向工作表图标的黑色箭头。但是，必须首先打开该工作簿，Excel 才能追踪这些从属单元格。

5 若已经检查完毕公式的正确性，不再需要这些箭头了，那就把它们移去吧！方法是先选中 H8 单元格，接着在【公式】选项卡的【公式审核】组中，单击【移去箭头】按钮右边的小三角，从打开的下拉列表中选择需要的选项，例如选择【移去从属单元格追踪箭头】选项，如下图所示。

空格运算符也称交叉运算符，表示产生同时属于两个引用的单元格区域的单元格引用。例如，SUM(A1:C4 B3:B5)，只有 B3:B4 单元格同时属于 A1:C3 和 B3:B5。

长见识

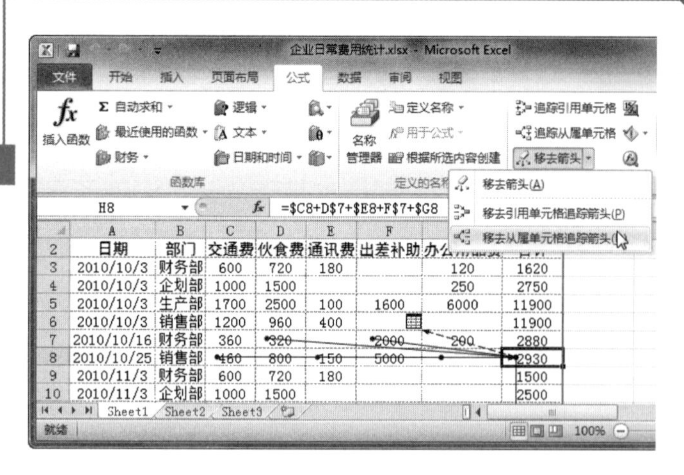

❻ 此时，工作表中由H8指向H22单元格的表示从属关系的蓝色箭头消失了，如下图所示。

企业日常费用统计.xlsx

	A	B	C	D	E	F	G	H
2	日期	部门	交通费	伙食费	通讯费	出差补助	办公用品费	合计
3	2010/10/3	财务部	600	720	180		120	1620
4	2010/10/3	企划部	1000	1500			250	2750
5	2010/10/3	生产部	1700	2500	100	1600	6000	11900
6	2010/10/3	销售部	1200	960	400			11900
7	2010/10/16	财务部	360	320		2000	200	2880
8	2010/10/25	销售部	460	800	150	5000		2930
9	2010/11/3	财务部	600	720	180			1500
10	2010/11/3	企划部	1000	1500				2500
11	2010/11/3	生产部	1500	2000				3500
12	2010/11/3	销售部	1200	960	400			2560
13	2010/11/17	销售部	240	640	100	3000		3980

Sheet1 Sheet2 Sheet3

提示

若在步骤5中选择【移去引用单元格追踪箭头】选项，则可以移除指向H8的代表引用关系的追踪箭头；若选择【移去箭头】选项(或是直接在【公式审核】组中单击【移去箭头】按钮)，则可以快速移除所有追踪箭头。

11.3.3 数据输入的有效性

当您要输入的数据很多，又涉及大量不同类型的数据，在不经意间，您可能就会输入错误，等您发现错误的时间再去逐个查找，将会花费您大量的时间。为什么不防患于未然呢？让Excel 2010在您输入错误数据的时候给您提示，下面就来学习如何设置数据的有效性吧。

1. 设置有效性条件

当选择不同的允许数据类型时，下面会出现相应的数据有效性设置选项，本节以输入“介于0到1000之间的整数”为例来学习如何设置数据有效性。

操作步骤

❶ 首先选择要设置有效性的单元格，这里选择E3:E2单元格区域，然后在【数据】选项卡的【数据工具组中，单击【数据有效性】按钮，如下图所示。

❷ 弹出【数据有效性】对话框，切换到【设置】选项卡，然后在【允许】下拉列表框中选择允许在单元格内输入的数据的类型，这里选择【整数】选项，如下图所示。

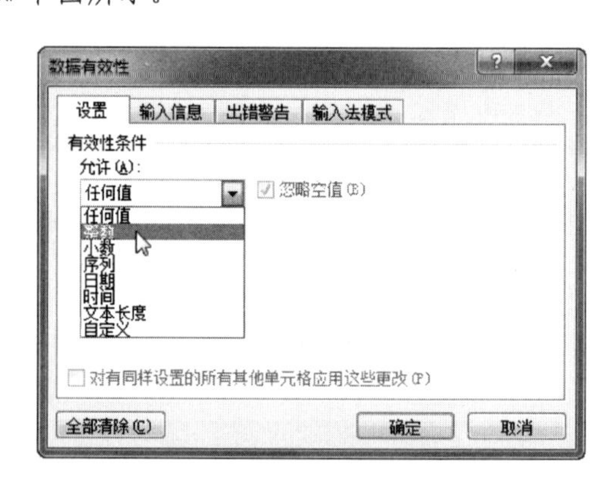

❸ 接着在【数据】下拉列表框中选择【介于】选项，并设置数值的【最小值】和【最大值】，如下图所示。

数据有效性
设置 输入信息 出错警告 输入法模式
有效性条件
允许(A): 整数 ☑忽略空值(B)
数据(D): 介于
最小值(M): 0
最大值(X): 1000
☐对有同样设置的所有其他单元格应用这些更改(P)
全部清除(C) 确定 取消

❹ 切换到【输入信息】选项卡，设置如下图所示的显示信息内容。

冒号(:)运算符也称区域运算符，用于对两个引用之间(包括这两个引用在内)的所有单元格进行引用。例如A1:C2表示引用A1到C2之间的所有单元格，包括A1、A2、B1、B2、C1和C2单元格。

5 切换到【出错警告】选项卡，然后在【样式】下拉列表框中选择一种出错警告方式，例如选择【警告】样式，并设置【标题】和【错误信息】等参数，如下图所示。

提示

在上图中的【出错警告】选项卡的【样式】下拉列表框中，还提供了【停止】和【信息】两个出错警告样式，用户可以自己动手设置试试。

6 切换到【输入法模式】选项卡，在【模式】下拉列表框中选择一种输入法，例如选择【随意】选项，如下图所示。

7 单击【确定】按钮。当选择设置了【数据有效性】的单元格或区域时，就会出现如右上图所示的提示。

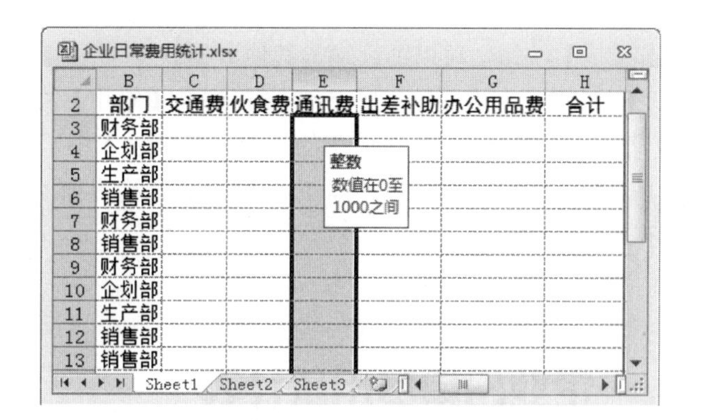

2. 出错提示

(1) 当用户在上面的步骤 5 中设置的是【信息】样式时，若在 E3:E21 单元格区域中的某单元格中输入小于 0、大于 1000 或者是小数的时候，Excel 2010 会给出如下图所示的警告对话框。

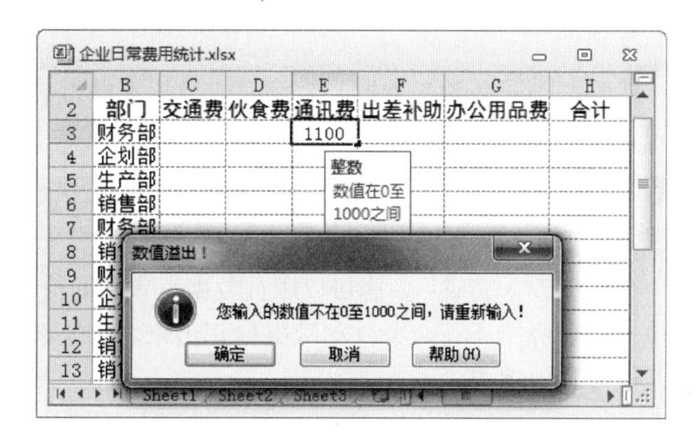

此时，单击【确定】按钮，可以继续输入其他数据；或者单击【取消】按钮，取消数据输入。

(2) 当用户在上面的步骤 5 中设置的是【警告】样式时，若在 E3:E21 单元格区域中的某单元格中输入小于 0、大于 1000 或者是小数的时候，Excel 2010 会给出如下图所示的警告对话框。

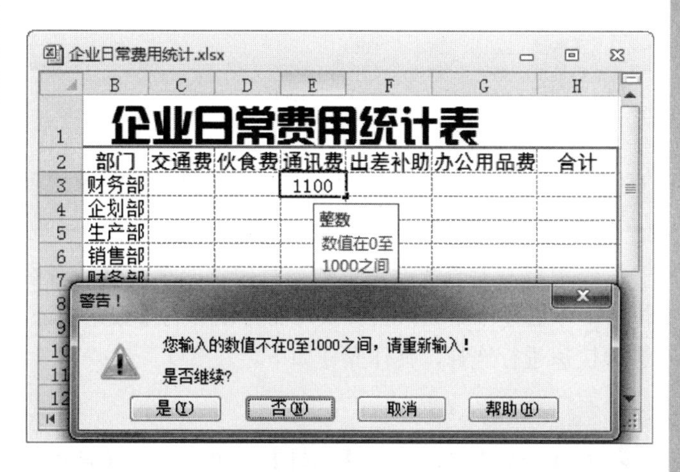

此时，若单击【否】按钮，必须重新输入数据，若

学以致用系列丛书

逗号(,)运算符也称联合运算符，用于将多个引用合并为一个引用。例如 SUM(A1:B3,C2:E2)表示将 A1:B3 和 C2:E2 这个引用合并为一个引用，再计算其数值和。

单击【是】按钮，可以继续输入其他数据。

(3) 当用户在上面的步骤 5 中设置的是【停止】样式时，若在 E3:E21 单元格区域中的某单元格中输入小于 0、大于 1000 或者是小数的时候，Excel 2010 会给出如下图所示的警告对话框。

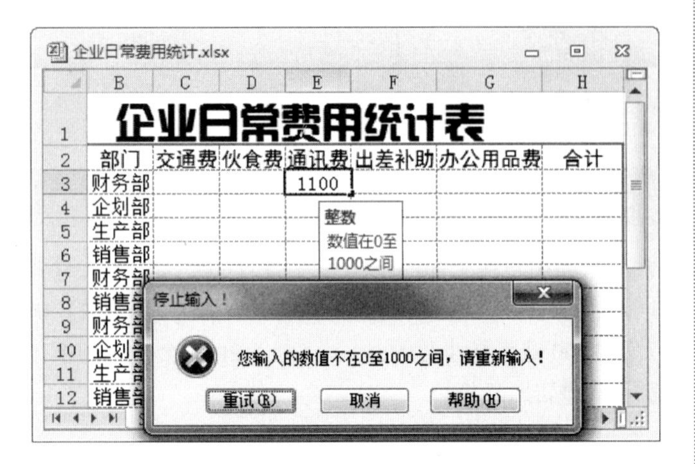

此时必须重新输入数据，直到符合数据有效性设置为止。

3. 数据有效性检查

当数据输入完成后，您可以进行数据有效性的检查，将输入的数据中不符合条件的数据标识出来，如下图所示，以便让您更改。

企业日常费用统计.xlsx

	B	C	D	E	F	G	H
2	部门	交通费	伙食费	通讯费	出差补助	办公用品费	合计
3	财务部	600	720	180		120	
4	企划部	1000	1500			250	
5	生产部	1700	2500	100	1600	6000	
6	销售部	1200	960	400			
7	财务部	360	320		0	200	
8	销售部	460	800	15	0		
9	财务部	600	720	18			
10	企划部	1000	1500				
11	生产部	1500	2000				
12	销售部	1200	960	400			
13	销售部	240	640	100	3000		
14	企划部	600	1000	350	4500		

整数 数值在0至1000之间

Sheet1 Sheet2 Sheet3

4. 查找数据有效性区域

当用户需要查找设置了数据有效性的单元格或者区域时，不必逐个单元格去查找，而可以使用【数据验证】选项快速进行选择，具体操作如下。

操作步骤

1. 在【开始】选项卡的【编辑】组中，单击【查找和选择】按钮，并从打开的下拉列表中选择【数据验证】选项，如下图所示。

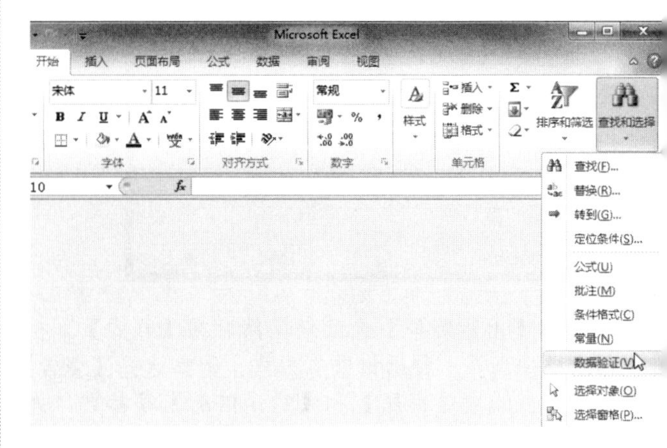

2. 结果如下图所示，E3:E21 单元格区域处于选中状态。

企业日常费用统计.xlsx

	B	C	D	E	F	G	H
2	部门	交通费	伙食费	通讯费	出差补助	办公用品费	合计
3	财务部	600	720	180		120	
4	企划部	1000	1500			250	
5	生产部	1700	2500	10	0	6000	
6	销售部	1200	960	40			
7	财务部	360	320		0	200	
8	销售部	460	800	150	5000		
9	财务部	600	720	180			
10	企划部	1000	1500				
11	生产部	1500	2000				
12	销售部	1200	960	400			
13	销售部	240	640	100	3000		
14	企划部	600	1000	350	4500		
15	生产部	100	320	100	1000	4000	

整数 数值在0至1000之间

Sheet1 Sheet2 Sheet3

11.4 使用函数

除了通过键盘输入公式外，Excel 中还有很多内部函数，所谓内部函数，就是预定义的公式，通过使用一些称为参数的特定数值的顺序或结构执行计算。如计算求和的 SUM 函数、求平均数的 AVERAGE 函数，求最大值的 MAX 函数等，可以通过它们进行常见的计算。

11.4.1 插入函数

下面将通过运用系统内部的函数来统计企业日常费用。方法有三种，一起来研究吧。

1. 使用组中的选项插入函数

下面以插入 SUM(求和)函数为例，介绍如何使用组中的选项插入函数，方法如下。

长见识 在进行公式的混合运算时，Excel 程序是根据运算符的优先级顺序从高到低进行计算的。对于同一优先级的运算，按照从左到右的顺序进行计算。

操作步骤

1. 打开“企业日常费用统计”工作簿，然后选择 H3 单元格，接着在【公式】选项卡的【函数库】组中，单击【自动求和】按钮，如下图所示。

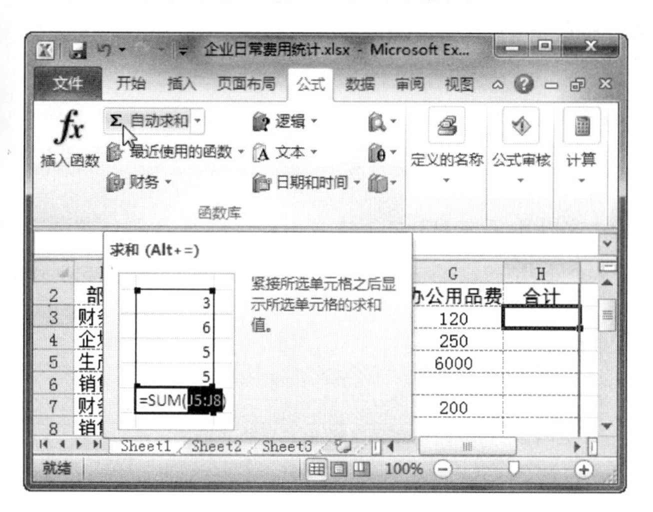

2. 这时会在 H3 单元格中插入 SUM 函数，其默认的参数是“=SUM(G3)”，但是数据不只是这一个，所以要改变该函数默认的参数。方法是在 C3 单元格中按下鼠标左键并拖动到 G3 单元格，选择 C3:G3 单元格区域，如下图所示。

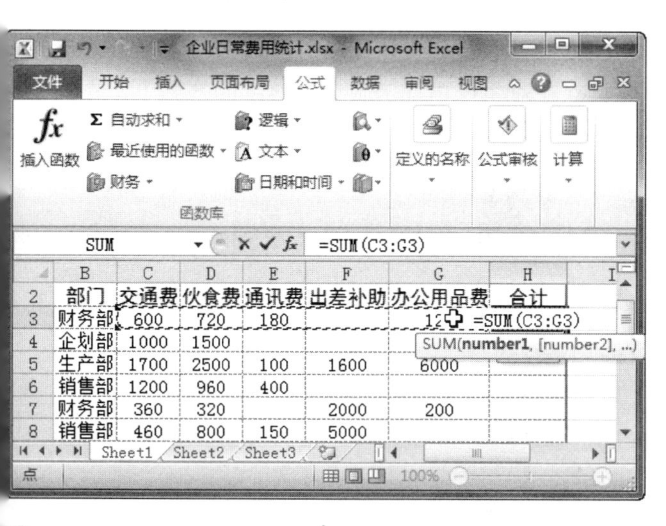

3. 按 Enter 键后，H3 单元格内的内容变为“1620”，如下图所示。

	B	C	D	E	F	G	H
2	部门	交通费	伙食费	通讯费	出差补助	办公用品费	合计
3	财务部	600	720	180		120	1620
4	企划部	1000	1500			250	
5	生产部	1700	2500	100	1600	6000	
6	销售部	1200	960	400			
7	财务部	360	320		2000	200	
8	销售部	460	800	150	5000		

4. 参照前面介绍的方法，将 H3 单元格中的各式填充到 H4:H21 单元格区域中，结果如下图所示。

H10 =SUM(C10:G10)

	B	C	D	E	F	G	H
2	部门	交通费	伙食费	通讯费	出差补助	办公用品费	合计
3	财务部	600	720	180		120	1620
4	企划部	1000	1500			250	2750
5	生产部	1700	2500	100	1600	6000	11900
6	销售部	1200	960	400			2560
7	财务部	360	320		2000	200	2880
8	销售部	460	800	150	5000		6410
9	财务部	600	720	180			1500
10	企划部	1000	1500				2500
11	生产部	1500	2000				3500
12	销售部	1200	960	400			2560
13	销售部	240	640	100	3000		3980
14	企划部	600	1000	350	4500		6450
15	生产部	100	320	100	1000	4000	5520

2. 通过【插入函数】按钮插入函数

除了上面介绍的通过【公式】选项卡的方法输入函数外，还可以通过编辑栏上的【插入函数】按钮 f_x 快速插入公式。

操作步骤

1. 打开“企业日常费用统计”工作簿，选择 H3 单元格，然后单击编辑栏左侧的【插入函数】按钮，如下图所示。

2. 弹出【插入函数】对话框，在【或选择类别】下拉列表框中选择函数类型，接着在【选择函数】列表框中选择要使用的函数，这里选择 SUM 函数，再单击【确定】按钮，如下图所示。

在 Excel 中，各运算符的优先级顺序从高到低依次是冒号(:)、逗号(,)、空格、负号(-)、百分号(%)、乘幂(^)、乘和除(*和/)、加和减(+和-)、连字符(&)、比较运算符(=，>，<，>=，=<，<>)。

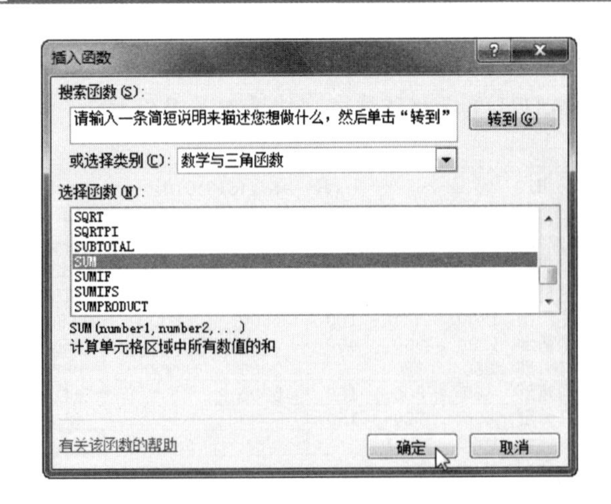

❸ 弹出【函数参数】对话框，单击 Number1 文本框右侧的按钮，如下图所示。

❹ 返回工作表窗口，同时会发现【函数参数】对话框被折叠起来了。在工作表中拖动鼠标，选择函数参数 C3:G3 单元格区域，并按 Enter 键确认选中的参数，如下图所示。

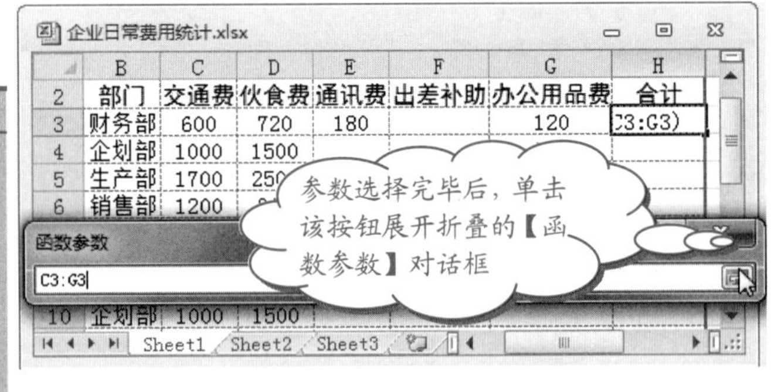

提示

在步骤 4 中选择的单元格区域，可以是连续的行或列，也可以是不连续的单元格，不连续单元格的选取方法参照前面的章节所述。

❺ 这时可以发现【函数参数】对话框被展开了，检查选择的函数参数是否正确，确认无误后单击【确定】按钮，如右上图所示。

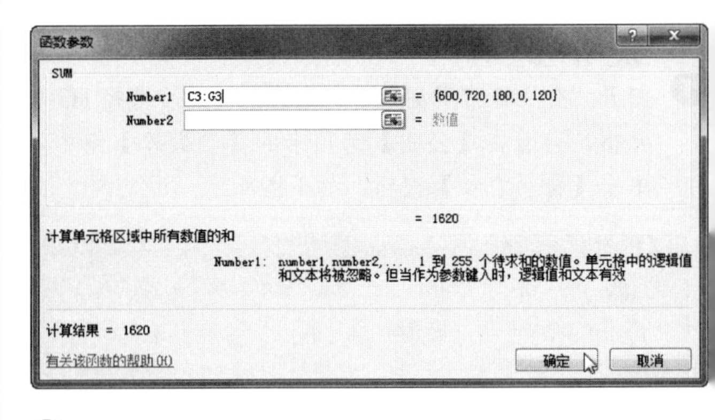

❻ 这时即可在 H3 单元格中得到公式的计算结果了，如下图所示。然后向下填充公式，即可快速计算其他日期的费用合计了。

3. 直接输入函数

第三种方法就是在编辑栏中直接输入函数，但是这要建立在对系统内部函数相当熟练的基础上。在这里不做介绍。

11.4.2 常用函数的应用

在 Excel 2010 程序中，按照函数的功能可以将其分为以下几类。

- ❖ 自动求和函数。
- ❖ 财务函数。
- ❖ 逻辑函数。
- ❖ 文本函数。
- ❖ 日期和时间函数。
- ❖ 查找与引用函数。
- ❖ 数学和三角函数。
- ❖ 其他函数，包括统计、工程、多维数据集、信息和兼容性五大函数。

在这些函数类别中，常用的函数却只有 SUM、AVERAGE、IF、HYPERLINK、COUNT、MAX、SIN、SUMIF、PMT 和 STDEV 几个，下面简单介绍一下这些常用函数的语法格式。

长见识 在公式中输入负数时，请不要用括号把负号单独括起来，而应该把负号放在数值的前面。

1. SUM 函数

SUM 函数将返回某一单元格区域中所有数字之和。语法结构如下：

SUM(number1,number2,…)

其中，number1,number2,…是要对其求和的 1 到 255 个参数。

提示

直接输入到参数表中的数字、逻辑值及数值的文本表达式将被计算。

如果参数是一个数组或引用，则只计算其中的数字。数组或引用中的空白单元格、逻辑值或文本将被忽略。

如果参数为错误值或为不能转换为数值的文本，将会导致错误。

2. AVERAGE 函数

AVERAGE 函数返回参数的平均值(算术平均值)。语法结构如下：

AVERAGE(number1,number2,…)

其中，number1,number2,…表示要计算其平均值的 1 到 255 个参数。

提示

参数可以是数字或者是包含数字的名称、数组或引用。

逻辑值和直接输入到参数列表中代表数字的文本被计算在内。

如果数组或引用参数包含文本、逻辑值或空白单元格，则这些值将被忽略；但包含零值的单元格将计算在内。

如果参数为错误值或为不能转换为数字的文本，将会导致错误。

如果要使计算包括引用中的逻辑值和代表数字的文本，需要使用 AVERAGEA 函数。

3. IF 函数

IF 函数判断是否满足某个条件，如果满足则返回一个值，如果不满足则返回另一个值。语法结构如下：

IF(logical_test,value_if_true,value_if_false)

函数中各参数含义如下。

- logical_test：表示任何可能计算为 TRUE 或 FALSE 的数值或表达式。
- value_if_true：表示 logical_test 为 TRUE 时返回的值。如果省略，则返回字符串“TRUE”。
- value_if_false：表示 logical_test 为 FALSE 时返回的值。如果省略，则返回字符串“FALSE”。

注意

在 IF 函数中可以使用 IF 函数作为 value_if_true 和 value_if_false 参数进行嵌套，以构造更详尽的测试。但是 IF 函数最多可以嵌套 7 层。

4. HYPERLINK 函数

HYPERLINK 函数创建一个快捷方式或链接，以便打开一个存储在硬盘、网络服务器或 Intranet 上的文档。当单击 HYPERLINK 函数所在的单元格时，Excel 将打开存储在 link_location 中的文件。语法结构如下：

HYPERLINK(link_location,friendly_name)

函数中各参数含义如下。

- link_location：表示要打开的文件名称及完整路径。可以是本地硬盘、UNC 路径或 URL 路径。

提示

link_location 可以为括在引号中的文本字符串，或是包含文本字符串链接的单元格。

如果在 link_location 中指定的跳转不存在或不能访问，则当单击单元格时将出现错误信息。

- friendly_name：表示要显示在单元格中的数字或字符串。如果省略此参数，单元格中将显示 link_location 的文本。

提示

friendly_name 可以为数值、文本字符串、名称或包含跳转文本或数值的单元格。

如果 friendly_name 返回错误值，单元格将显示错误值以替代跳转文本。

5. COUNT 函数

COUNT 函数计算区域中包含数字的单元格的个数。语法结构如下：

COUNT(value1,value2,…)

其中，value1,value2,…是可以包含或引用各种类型数据的 1 到 255 个参数，但只有数字类型的数据才计算在内。

如果 IF 函数的参数包含数组，则在执行 IF 语句时，数组中的每一个元素都将计算！

提示

数字参数、日期参数或者代表数字的文本参数被计算在内。

逻辑值和直接输入到参数列表中代表数字的文本被计算在内。

如果参数为错误值或不能转换为数字的文本，将被忽略。

如果参数是一个数组或引用，则只计算其中的数字。数组或引用中的空白单元格、逻辑值、文本或错误值将被忽略。

如果要统计逻辑值、文本或错误值，需要使用 COUNTA 函数。

6. MAX 函数

MAX 函数返回一组值中的最大值。语法结构如下：

MAX(number1,number2,…)

其中，number1,number2,…表示要从中找出最大值的 1 到 255 个参数。

提示

参数可以是数字或者是包含数字的名称、数组或引用。

逻辑值和直接输入到参数列表中代表数字的文本被计算在内。

如果参数为数组或引用，则只使用该数组或引用中的数字。数组或引用中的空白单元格、逻辑值或文本将被忽略。

如果参数不包含数字，MAX 函数将返回 0 值。

如果参数为错误值或为不能转换为数字的文本，将会导致错误。

如果要使计算包括引用中的逻辑值和代表数字的文本，需要使用 MAXA 函数。

7. SIN 函数

SIN 函数将返回给定角度的正弦值。语法结构如下：

SIN(number)

其中，number 代表需要求正弦的角度，以弧度表示。

提示

如果参数的单位是度，则可以乘以 PI()/180 或使用 RADIANS 函数将其转换为弧度。

8. SUMIF 函数

SUMIF 函数按给定条件对指定单元格求和。语法结构如下：

SUMIF(range,criteria,sum_range)

函数中各参数含义如下。

- ❖ range：表示要进行计算的单元格区域。每个区域中的单元格都必须是数字或包含数字的名称、数组或引用。空值和文本值将被忽略。
- ❖ criteria：是确定对哪些单元格相加的条件，其形式可以为数字、表达式或文本。
- ❖ sum_range：表示要相加的实际单元格。如果省略 sum_range，则当区域中的单元格符合条件时，它们既按条件计算，也执行相加。

提示

sum_range 与区域的大小和形状可以不同。相加的实际单元格通过以下方法确定：使用 sum_range 中左上角的单元格作为起始单元格，然后包括与区域大小和形状相对应的单元格。

9. PMT 函数

PMT 函数基于固定利率及等额分期付款方式，返回贷款的每期付款额。语法结构如下：

PMT(rate,nper,pv,fv,type)

函数中各参数含义如下。

- ❖ rate：表示贷款利率。
- ❖ nper：表示贷款的付款总数。
- ❖ pv：表示现值，或一系列未来付款的当前值的累积和，也称为本金。
- ❖ fv：表示未来值，或在最后一次付款后希望得到的现金余额，如果省略 fv，则假设其值为零，也就是一笔贷款的未来值为零。
- ❖ type：指定付息时间是在期初还是期末，其值可以为 0 或 1。如果为 0 或省略，则表示在期末；如果为 1，则表示在期初。

提示

应确认所指定的 rate 和 nper 单位的一致性。

PMT 函数返回的支付款项包括本金和利息，但不包括税款、保留支付或某些与贷款有关的费用。

如果要计算贷款期间的支付总额，可以用 PMT 函数返回值乘以 nper。

10. STDEV 函数

STDEV 函数估算基于给定样本的标准偏差(忽略样

在 Excel 2010 中输入公式时，只要正确使用 F4 键，就能简单地对单元格的相对引用和绝对引用进行切换。注意，F4 键的切换功能只对所选中的公式段有作用！

本中的逻辑值及文本)。语法结构如下：

STDEV(number1,number2,…)

其中，number1,number2,…表示与总体抽样样本相应的 1 到 255 个数值。也可以不使用这种用逗号分隔参数的形式，而用单个数组或对数组的引用。

提示

假设 STDEV 函数的参数是总体中的样本，并且数据代表全部样本总体，则应该使用 STDEVP 函数来计算标准偏差。

此处标准偏差的计算使用“n-1”方法。

参数可以是数字或者是包含数字的名称、数组或引用。

逻辑值和直接输入到参数列表中代表数字的文本被计算在内。

如果参数是一个数组或引用，则只计算其中的数字。数组或引用中的空白单元格、逻辑值、文本或错误值将被忽略。

如果参数为错误值或为不能转换成数字的文本，将会导致错误。

如果要使计算包含引用中的逻辑值和代表数字的文本，需要使用 STDEVA 函数。

11.5 公式与函数常见错误分析

在 Excel 中编写公式时，出现各种各样的错误是在所难免的，当公式出现错误时，Excel 在计算后会对出错的公式进行报错，所以掌握 Excel 中的常见错误的分析和修改方法，可以有效提高表格的编辑速度。

1. ####错误

当工作表中出现如下图所示的符号时，就说明工作表中出现了问题。

或

1) 出错原因

单元格中出现上述符号可能是由以下原因造成的。

- ❖ 列宽不足以显示包含的内容。
- ❖ 输入了负的日期。
- ❖ 输入了负的时间。

2) 解决方案

当出现如上图所示的错误时，可以用下面的方法来解决。

- ❖ 增加列宽：参照前面章节的内容调整该列的列宽到适当值即可。
- ❖ 缩小字体填充：选择出错列并右击，在弹出的快捷菜单中选择【设置单元格格式】命令，接着在弹出的【设置单元格式】对话框中切换到【对齐】选项卡，选中【缩小字体填充】复选框，再单击【确定】按钮即可，如下图所示。

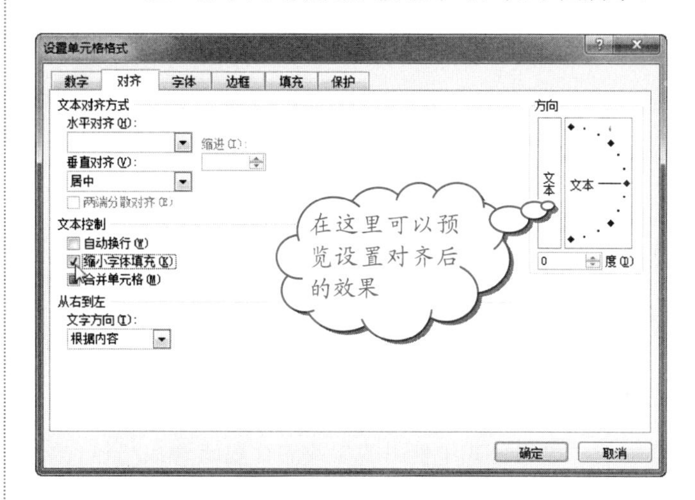

- ❖ 应用不同的数字格式：在某些情况下，可以更改单元格中数字的格式，使其适合现有单元格的宽度。例如，可以减少小数点后的小数位数。
- ❖ 将负的日期改为正确值。
- ❖ 将负的时间改为正确值。

2. #REF!错误

当公式的计算结果中出现如下图所示的符号时，就说明了公式中出现了无效的单元格引用。

#REF!

1) 出错原因

单元格中出现上述符号可能是由以下原因造成的。

- ❖ 删除了公式所引用 C3:C21 的单元格，如将“企业日常统计”中的单元格区域中的任意单元格删除时，就会出现这种错误。
- ❖ 将已引用的单元格粘贴到其他公式所引用的单元格上。

2) 解决方案

当出现如上图所示的错误时，可以用下面的方法来

选中某单元格中的公式“=SUM(C3:E4)”，按 F4 键，该公式内容变为“=SUM($C$3:$E$4)”，表示对行、列单元格进行绝对引用。第二次按 F4 键，公式内容将变为“=SUM(C$3:E$4)”，表示对行进行绝对引用，进行相对引用。

解决。

❖ 运用 11.3.2 节中的方法检查公式中的单元格的引用，更改公式。

❖ 在删除或粘贴单元格之后出现上图所示错误时，立即选择“撤销”命令以恢复工作表中的单元格。

3. #N/A 错误

当数值对函数或公式不可用时，会出现如下图所示的符号。

#N/A

1) 出错原因

单元格中出现上述符号可能是由以下原因造成的。

❖ 遗漏数据，取而代之的是 #N/A 或 NA()。

❖ 为 HLOOKUP、LOOKUP、MATCH 或 VLOOKUP 工作表函数的 lookup_value 参数赋予了不适当的值。

❖ 数组公式中使用的参数的行数或列数与包含数组公式的区域的行数或列数不一致。

❖ 内部函数或自定义工作表函数中缺少一个或多个必要参数。

❖ 使用的自定义工作表函数不可用。

2) 解决方案

当出现如上图所示的错误时，可以用下面的方法来解决。

❖ 用新数据取代 #N/A。

❖ 请确保 lookup_value 参数值的类型正确。例如，应该引用值或单元格，而不应引用区域。

❖ 如果要在多个单元格中输入数组公式，请确认被公式引用的区域与数组公式占用的区域具有相同的行数和列数，或者减少包含数组公式的单元格。

❖ 在函数中输入全部参数。

❖ 确认包含此工作表函数的工作簿已经打开并且函数工作正常。

提示

可以在数据尚不可用的单元格中输入 #N/A。公式在引用这些单元格时，将不进行数值计算，而是返回 #N/A。

4. #NUM!错误

当公式或函数中使用无效的数字值时，就会出现如下图所示的符号。

#NUM!

1) 出错原因

单元格中出现上述符号可能是由以下原因造成的。

❖ 在需要数字参数的函数中使用了无法接受的参数。

❖ 若公式所得出的数值太大或太小，无法在 Excel 中表示，则会返回“#NUM!”错误值。

❖ 使用了迭代计算的工作表函数，如 IRR 或 RATE，并且函数无法得到有效的结果。

2) 解决方案

当出现如上图所示的错误时，可以用下面的方法来解决。

❖ 确保函数中使用的参数是数字。例如，即使需要输入的值是“$1,000”，也应在公式中输入“1000”。

❖ 更改公式，使其结果介于-1×10^{307} 到 1×10^{30}之间。

❖ 为工作表函数使用不同的初始值。

❖ 更改 Microsoft Excel 迭代公式的次数。方法是在 Excel 2010 程序中选择【文件】|【选项】命令，然后在弹出的【Excel 选项】对话框中选择【公式】选项，接着在【计算选项】选项组中选中【启用迭代计算】复选框，并设置【最多迭代次数】和【最大误差】选项，最后单击【确定】按钮即可，如下图所示。

选中某单元格中的公式“=SUM(C3:E4)”，第三次按 F4 键，公式则变为“=SUM($C3:$E4)”，表示对行进行相对引用，对列进行绝对引用。第四次按 F4 键时，公式变回到初始状态“=SUM(C3:E4)”，即对行、列的单元格均进行相对引用。

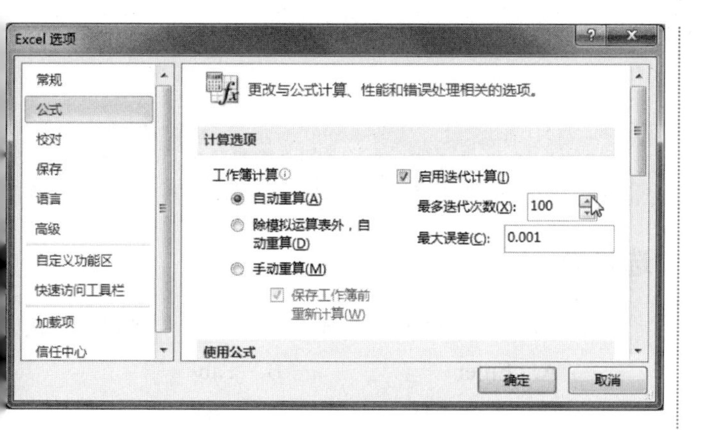

提示

在上图中，设置的最多迭代次数值越大，Excel 计算工作表所需的时间就越长。

最大误差越小，结果就越精确，但 Excel 计算工作表所需的时间也越长。

5.　#NAME?错误

当公式的计算结果中出现如下图所示的符号时，说明 Excel 不能识别公式或函数中的文本。

#NAME?

1) 出错原因

单元格中出现上述符号可能是由以下原因造成的。

❖ 输入了错误的公式或不存在的内部函数，如在“企业日常费用统计表”的 H3 单元格内输入求和函数“=SUM(C3:G3)”时，不小心输入了“=SUN(C3:G3)”后即会出现该错误。

❖ 使用“分析工具库”加载宏部分的函数，而没有装载加载宏。

❖ 使用不存在的名称。

❖ 名称拼写错误。

❖ 在公式中输入文本时没有使用双引号。

2) 解决方案

当出现如上图所示的错误时，可以用下面的方法来解决。

❖ 检查您输入的公式或函数名是否正确，可以在【插入函数】对话框中查询该函数是否存在，也可以在输入函数的过程中注意 Excel 2007 自动给出的内部函数提示。

❖ 安装和加载“分析工具库”加载宏。

❖ 确认使用的名称确实存在。在【公式】选项卡的【定义的名称】组中，单击【名称管理器】按钮，接着在弹出的【名称管理器】对话框中查看名称是否存在，若不存在，单击【新建】按钮，添加相应的名称即可，如下图所示。

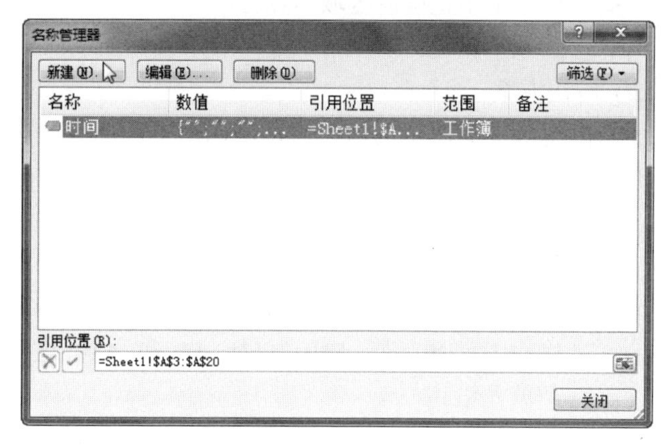

❖ 验证拼写。

❖ 添加公式中缺少的双引号。

6.　#VALUE!错误

当公式的计算结果中出现如下图所示的符号时，说明公式或函数中的参数或操作数类型不正确。

#VALUE!

1) 出错原因

单元格中出现上述符号可能是由以下原因造成的。

❖ 当公式需要数字或逻辑值(例如 TRUE 或 FALSE)时，却输入了文本。例如，如果单元格 A5 中包含数字且单元格 A6 中包含文本“Not available”，则公式“=A5+A6”将返回错误值“#VALUE!”。

❖ 将单元格引用、公式或函数作为数组常量输入。

❖ 在某个矩阵工作表函数中使用了无效的矩阵。

2) 解决方案

当出现如上图所示的错误时，可以用下面的方法来解决。

❖ 确认公式或函数所需的运算符或参数正确，并且公式引用的单元格中包含有效的数值。

❖ 确认数组常量不是单元格引用、公式或函数。

❖ 确认矩阵的维数对矩阵参数是正确的。

7.　#NULL!错误

当指定并不相交的两个区域的交点时，就会出现如下图所示的错误。

验证单元格名称拼写错误问题：选中含有“#NAME?”错误值的单元格，然后在编辑栏中选中名称，并按 F3 键，弹出【粘贴名称】对话框，接着选择要使用的名称，再单击【确定】按钮即可。

#NULL!

1) 出错原因

单元格中出现上述符号可能是由以下原因造成的。

❖ 使用了不正确的区域运算符。
❖ 区域不相交。

2) 解决方案

当出现如上图所示的错误时，可以用下面的方法来解决。

❖ 若要引用连续的单元格区域，请使用冒号(：)分隔引用区域中的第一个单元格和最后一个单元格。例如，SUM(A1:A10) 引用的区域为单元格 A1 到单元格 A10，包括 A1 和 A10 这两个单元格。
❖ 如果要引用不相交的两个区域，则请使用联合运算符，即逗号(,)。例如，如果公式对两个区域进行求和，请确保用逗号分隔这两个区域(SUM(A1:A10,C1:C10))。

8. #DIV/0!错误

当数字被零(0)除时，就会出现如下图所示的错误。

#DIV/0!

1) 出错原因

单元格中出现上述符号可能是由以下原因造成的。

❖ 输入的公式中包含明显的被零除(0)，例如“=5/0”。
❖ 使用对空白单元格或包含零的单元格的引用作除数。

2) 解决方案

当出现如上图所示的错误时，可以用下面的方法来解决。

❖ 将除数更改为非零的数值。
❖ 将单元格引用更改到另一个单元格。
❖ 在单元格中输入一个非零数值作为除数。
❖ 可以在作为除数引用的单元格中输入值 #N/A，这样就会将公式的结果从 #DIV/0! 更改为 #N/A，表示除数是不可用的数值。
❖ 使用 IF 工作表函数来防止显示错误值。例如，如果产生错误的公式是 =A5/B5，则可使用 =IF(B5=0,"",A5/B5)。其中，两个引号代表了一个空文本字符串。

11.6 思考与练习

选择题

1. 在单元格中输入公式后，需要按______键进行确认。

A. Enter　　B. Tab
C. 单击鼠标　　D. Ctrl

2. 在下列引用中，______不属于公式中的单元格引用。

A. 相对引用　　B. 绝对引用
C. 链接引用　　D. 混合引用

3. 在下列引用中，引用方式的结果不随单元格位置的改变而改变的是______。

A. 相对引用　　B. 绝对引用
C. 链接引用　　D. 混合引用

4. 在进行除法计算时，如果数据除以零(0)，则会出现_____提示。

A. #NUM!错误　　B. #REF!错误
C. #####错误　　D. #DIV/0!错误

操作题

1. 在 Excel 2010 程序中制作如下图所示的表格。

1月份销售登记表

电脑型号	销售柜台	销售数量	单价	销售金额
戴尔AT580	柜台1	32	¥61,700	
戴尔T8300	柜台2	27	¥45,607	
戴尔AT830	柜台5	23	¥35,208	
戴尔A-PSE	柜台4	27	¥18,809	
戴尔AT239	柜台2	22	¥19,506	
戴尔AT810	柜台1	28	¥45,007	
戴尔AT239	柜台5	33	¥48,608	
戴尔GT239	柜台3	29	¥39,809	
戴尔A-TFI	柜台2	19	¥16,806	
戴尔AT555	柜台5	23	¥25,607	
戴尔AT575	柜台1	27	¥35,808	
戴尔A-TTH	柜台5	24	¥32,509	
合计			——	

(1) 在 E3 单元格中输入公式(=C3*D3)或是使用 PRODUCT 函数计算销售金额，并向下填充公式。

(2) 使用 SUM 函数合计销售数量和销售总金额。

学以致用系列丛书

长见识　如果在 Excel 工作表格中输入“=SUM（"5+2"，13）”，按下 Enter 键则会返回“#VALUE”错误值。这是因为 Excel 不能将文本"5+2"转换成数字，而 SUM（"7"，13）可以返回 20。

第12章 Excel 2010数据处理与分析——制作“员工工资”表

Excel 2010作为常用的数据管理软件，包含了大量数据处理的命令和操作。本章我们将学习记录单、排序、筛选等操作，并学习如何保护自己的工作表！

学习要点

❖ 使用记录单修正信息。
❖ 排序与筛选。
❖ 分类汇总数据。
❖ 数据的合并计算。
❖ 制作工资条。
❖ 打印工资条。

学习目标

通过本章的学习，读者应该掌握使用记录单添加、查找数据，修改、删除记录，多条件排序、自动筛选，高级筛选，数据分类汇总，数据合并计算，制作和打印工资条等多种操作。

12.1 使用记录单修正信息

数据库是一种相关信息的集合，是一种数据清单。在工作表中输入字段和记录后，系统会自动创建数据库和生成记录单，运用记录单可以很方便地添加、修改和删除记录，还可以快速查找满足设定条件的记录，下面我们将分别讲解。

12.1.1 添加记录

在 Excel 2010 中记录单不在快速访问工具栏中，使用【帮助】命令也搜索不到记录单的相关信息。下面我们先介绍如何将【记录单】工具添加到快速访问工具栏中，接着介绍如何添加记录。

操作步骤

❶ 打开“工资簿”文件，然后选择【文件】|(位置：光盘\Office 2010 综合应用\图中素材\第 12 章\工资簿.xlsx)【选项】按钮，如下图所示。

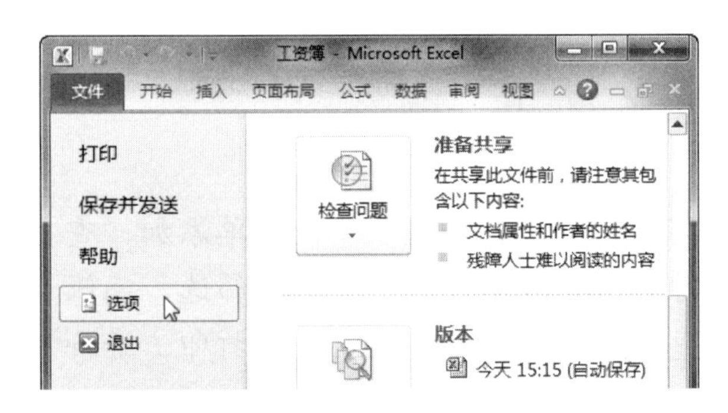

❷ 弹出【Excel 选项】对话框，在左侧窗格中选择【快速访问工具栏选项】，在右侧窗格的【从下列位置选择命令】下拉列表框中选择【不在功能区中的命令】选项，从下面的列表框中选择【记录单】选项，再单击【添加】按钮，如下图所示。

❸ 单击【确定】按钮，即可将【记录单】按钮添加到自定义快速访问工具栏中，如下图所示。

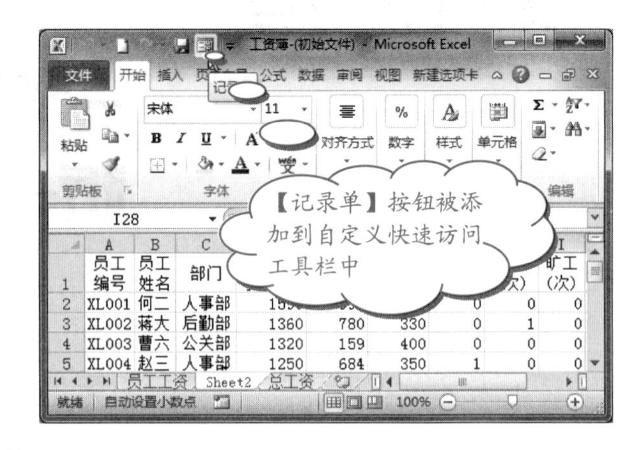

❹ 选中“工资簿”文件中除标题之外的数据区域，即 A2:I21 单元格区域，单击自定义快速访问工具栏中的【记录单】按钮，弹出如下图所示的【员工工资】对话框。

注意

由于我们在“工资簿”文件中建立了“员工工资”工作表，故上图对话框的名称为“员工工资”。

❺ 单击【新建】按钮，打开新建记录的对话框，在其中输入如下图所示的数据信息。

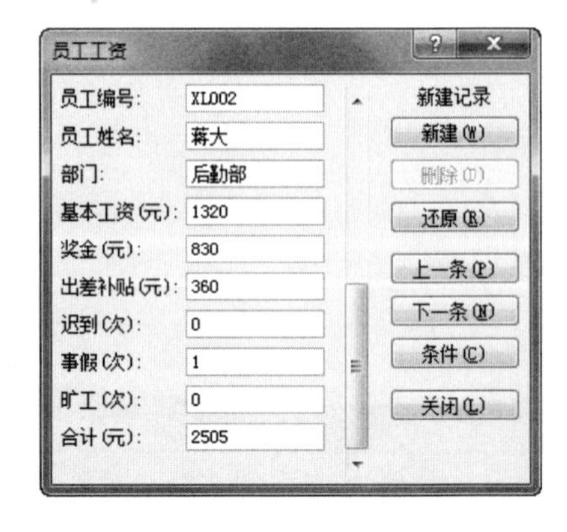

长见识：选择需删除格式的单元格或单元格区域，直接按 Delete 键也可删除格式，但同时也将删除其中的数据。

6 按 Enter 键将记录单添加到工作表，同时记录单自动新建另一条记录，若要新建其他记录则继续输入，没有则单击【关闭】按钮，返回工作表。添加完记录后，工作表如下图所示。

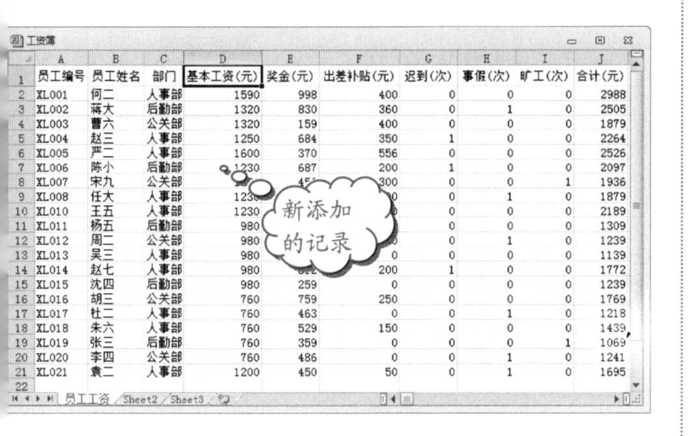

	A	B	C	D	E	F	G	H	I	J
1	员工编号	员工姓名	部门	基本工资(元)	奖金(元)	出差补贴(元)	迟到(次)	事假(次)	旷工(次)	合计(元)
2	XL001	何二	人事部	1590	998	400	0	0	0	2988
3	XL002	蒋大	后勤部	1320	830	360	0	1	0	2505
4	XL003	曹六	公关部	1320	159	400	0	0	0	1879
5	XL004	赵三	人事部	1250	684	350	1	0	0	2264
6	XL005	严二	人事部	1600	370	556	0	0	0	2526
7	XL006	陈小	后勤部	1230	687	200	1	0	0	2097
8	XL007	宋九	公关部	[illegible]	[illegible]	300	0	0	1	1936
9	XL008	任大	人事部	[illegible]	[illegible]	[illegible]	0	1	0	1879
10	XL010	王五	人事部	1230	[illegible]	[illegible]	0	0	0	2189
11	XL011	杨五	后勤部	980	[illegible]	[illegible]	0	0	0	1309
12	XL012	周二	公关部	980	[illegible]	[illegible]	0	1	0	1239
13	XL013	吴三	人事部	980	[illegible]	0	0	0	0	1139
14	XL014	赵七	人事部	980	[illegible]	200	1	0	0	1772
15	XL015	沈四	后勤部	980	259	0	0	0	0	1239
16	XL016	胡三	公关部	760	759	250	0	0	0	1769
17	XL017	杜二	人事部	760	463	0	0	1	0	1218
18	XL018	朱六	人事部	760	529	150	0	0	0	1439
19	XL019	张三	后勤部	760	359	0	0	0	1	1069
20	XL020	李四	公关部	760	486	0	0	1	0	1241
21	XL021	袁二	人事部	1200	450	50	0	1	0	1695
22										

12.1.2　查找记录

当工作表中的数据太多时，手动查找会很麻烦，这时可以使用查找记录单的方法快速查找需要的记录，具体方法如下。

操作步骤

1 打开“工资簿”文件，选择 A2: I21 单元格区域；单击【记录单】按钮，打开【员工工资】对话框(记录单对话框)，如下图所示。

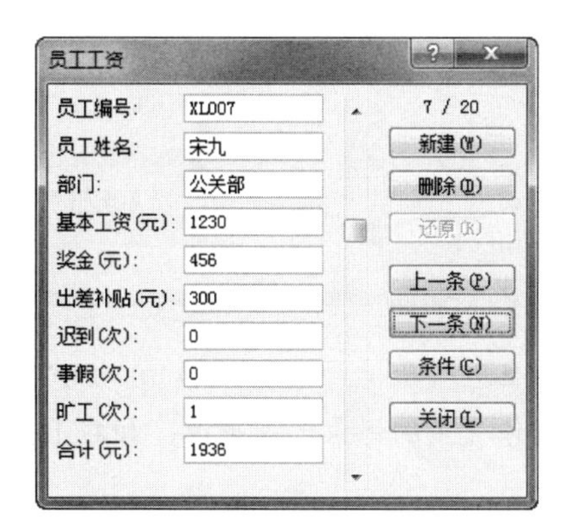

2 单击对话框中的【条件】按钮，打开输入查找条件的【员工工资】对话框，并在其中的【部门】文本框中输入“公关部”，如右上图所示。

提示

在输入查找条件的对话框中单击【表单】按钮，将返回记录单对话框。

3 按 Enter 键，对话框自动查找符合条件的记录并显示出来，如下图所示。

4 单击【下一条】按钮可翻到下一条符合条件的记录，如下图所示。单击【关闭】按钮，将关闭记录单对话框。

员工工资

员工编号:	XL007	7 / 20
员工姓名:	宋九	新建(W)
部门:	公关部	删除(D)
基本工资(元):	1230	还原(R)
奖金(元):	456	上一条(P)
出差补贴(元):	300	下一条(N)
迟到(次):	0	条件(C)
事假(次):	0	关闭(L)
旷工(次):	1	
合计(元):	1936	

注意

利用记录单查找记录时，输入的查找条件越多，查找到符合条件的记录就越少。当然，输入记录中没有重复的条件时，查找到的就只有一条记录。

学以致用系列丛书

在 Excel 中，文本与字符串都是由一对双引号(英文)来引用的，也就是说双引号中的内容应当视为文本。如果在某单元格输入公式 “="3"*"7"”，按 Enter 键可以得到计算结果为 “21” 。这是因为在公式中使用+、-、*、/等运算符时，Excel 认为运算项是数字。虽然"3"和"7"是文本类型的数据，但 Excel 会自动将它们转换为数字。

12.1.3 修改和删除记录

当记录单中出现错误时，除了在工作表中直接修改外，还可以使用记录单对数据进行修改和删除，具体方法如下。

操作步骤

1. 打开“工资簿”文件，选择 A2:I26 单元格区域，单击【记录单】按钮，打开记录单对话框，如下图所示。

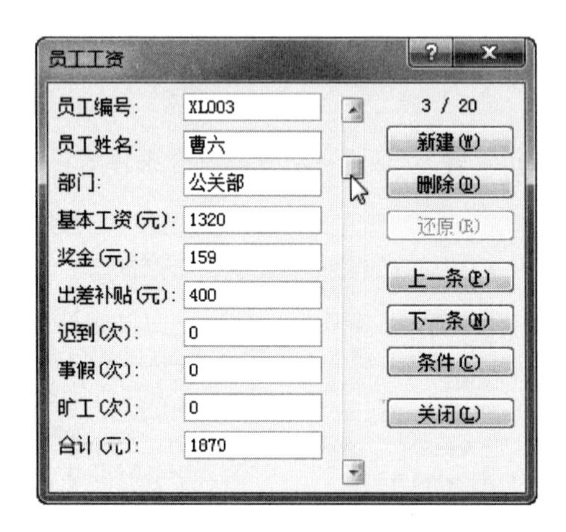

2. 拖动对话框中间部分的滚动条，浏览记录信息，如下图所示。

3. 将“基本工资”由“1320”改为 “0”，按 Enter 键，工作表中的记录已被更改，如右上图所示。

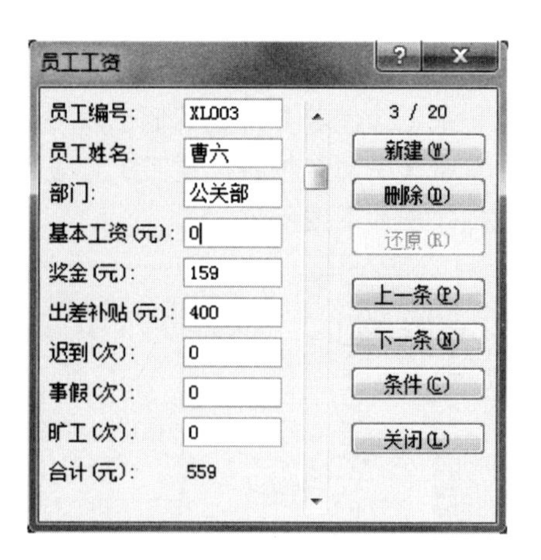

4. 若要删除某条信息名，可在浏览到该信息时，单击【删除】按钮，如下图所示。

5. 弹出如下图所示的对话框，单击【确定】按钮即可。

12.2 排序与筛选

对数据进行排序和筛选是分析数据不可缺少的手段。通过对数据进行排序，有助于组织并查找所需数据，帮助最终做出更有效的决策；通过筛选数据，可以快速而又方便地查找和使用单元格区域或表中数据的子集。

12.2.1 排序数据

数据排序是把一列或多列无序的数据排成有序的数据，这样能方便地管理数据。下面就来学习一下有关排序命令的操作按钮，为后面的学习奠定基础。

操作步骤

1. 打开“工资簿”文件，选中任一单元格，然后在【数据】选项卡的【排序和筛选】组中，单击【排序】按钮，如下图所示。

长见识 向 Excel 的单元格中录入数据时，文本格式默认靠左，数字格式默认靠右。

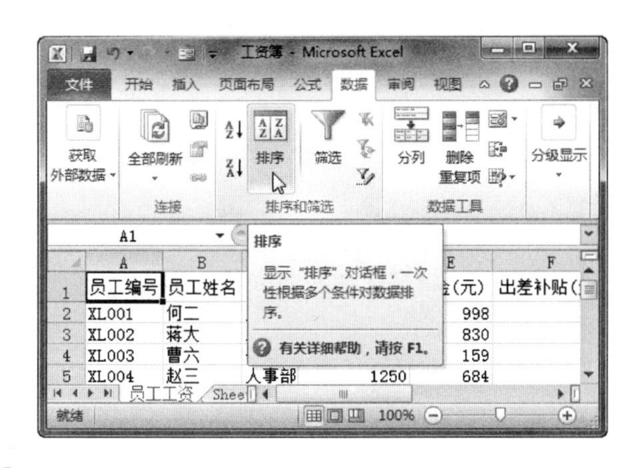

❷ 弹出【排序】对话框，在默认的情况下会出现一个【主要关键字】选项，在这里可设置数据排序的主要依据，如下图所示。

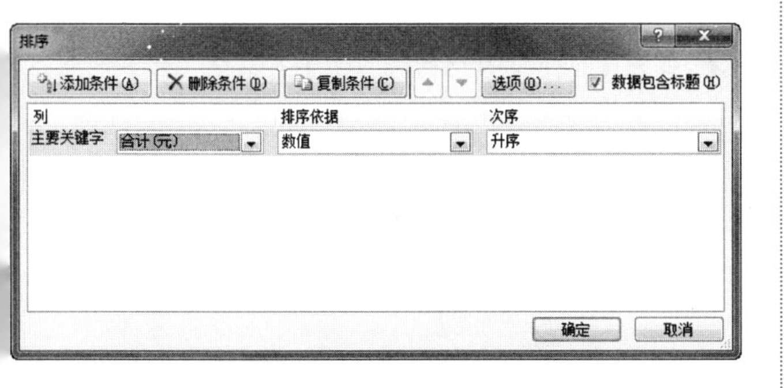

❸ 若要设置其他排序依据，请单击【添加条件】按钮，这时会在【主要关键字】选项下方出现【次要关键字】选项，设置相关参数如下图所示。

提示

【主要关键字】条件是在排序时的第一顺序，所以务必要将最具代表性的数据作为【主要关键字】的条件。

【次要关键字】条件是在排序时作为第二顺序的、仅次于【主要关键字】的条件，其他条件以此类推。

❹ 选择【次要关键字】条件，单击【删除条件】按钮可以删除此排序条件。

❺ 单击【复制条件】按钮，在【主要关键字】的条件下方会出现【次要关键字】的条件，此时【主要关键字】条件与【次要关键字】条件相同，结果如下图所示。

提示

【复制条件】按钮的作用是将前面已有的条件再作为其他次序的条件。

❻ 单击【选项】按钮，会打开如下图所示的【排序选项】对话框。在这个对话框中，可以对排序条件进行更详细的设置。例如，在【方法】选项组中选中【字母排序】单选按钮。

提示

通常数据是按照列进行排序的，有时需要按照行排序，在【排序选项】对话框中选中【按行排序】单选按钮可以达到这个目标。

❼ 选中【排序】对话框中的【数据包含标题】复选框，再单击【确定】按钮，排序结果如下图所示。

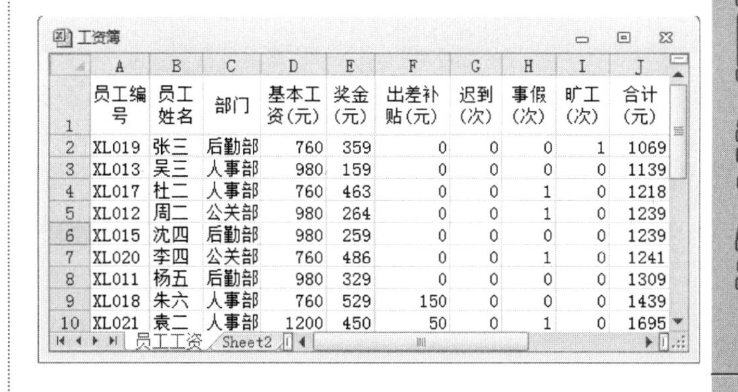

员工编号	员工姓名	部门	基本工资(元)	奖金(元)	出差补贴(元)	迟到(次)	事假(次)	旷工(次)	合计(元)
XL019	张三	后勤部	760	359	0	0	0	1	1069
XL013	吴三	人事部	980	159	0	0	0	0	1139
XL017	杜二	人事部	760	463	0	0	1	0	1218
XL012	周二	公关部	980	264	0	0	1	0	1239
XL015	沈四	后勤部	980	259	0	0	0	0	1239
XL020	李四	公关部	760	486	0	0	1	0	1241
XL011	杨五	后勤部	980	329	0	0	0	0	1309
XL018	朱六	人事部	760	529	150	0	0	0	1439
XL021	袁二	人事部	1200	450	50	0	1	0	1695

可以对一列或多列中的数据按文本(升序或降序)、数字(升序或降序)以及日期和时间(升序或降序)进行排序。还可以按自定义序列(如大、中和小)或格式(包括单元格颜色、字体颜色或图标集)进行排序。大多数排序操作都是按列排序，但是，也可以按行进行排序。

提示

单击【数据】选项卡的【排序与筛选】组中的【升序】按钮，可进行升序排列。

- ❖ 若排序对象是数字，则从最小的负数到最大的正数进行排序。
- ❖ 若排序对象是文本，则按照英文字母 A～Z 的顺序进行排序。
- ❖ 若排序对象是逻辑值，则按 False 值在 True 值前的顺序进行排序，空格排在最后。

单击【降序】按钮进行降序排列时，结果与升序排列相反。

12.2.2 筛选数据

通过数据的筛选功能可以在表格中选择满足条件的记录。数据筛选可以分为数字筛选、文本筛选和日期筛选等；也可以分为自动筛选和高级筛选。这里我们介绍这自动筛选和高级筛选的用法。

1. 自动筛选

自动筛选，顾名思义，就是按照一定的条件自动将符合条件的内容筛选出来。具体操作步骤如下。

操作步骤

❶ 打开“工资簿”文件，选中 A1:J22 单元格区域，在【数据】选项卡的【排序和筛选】组中单击【筛选】按钮，如下图所示。

❷ 此时选中的单元格右侧会出现下三角按钮，如右上图所示，单击某一列(这里选择了列)的头字段右侧的下三角按钮，在弹出的列表中选择筛选条件，这里选择【数字筛选】|【自定义筛选】选项。

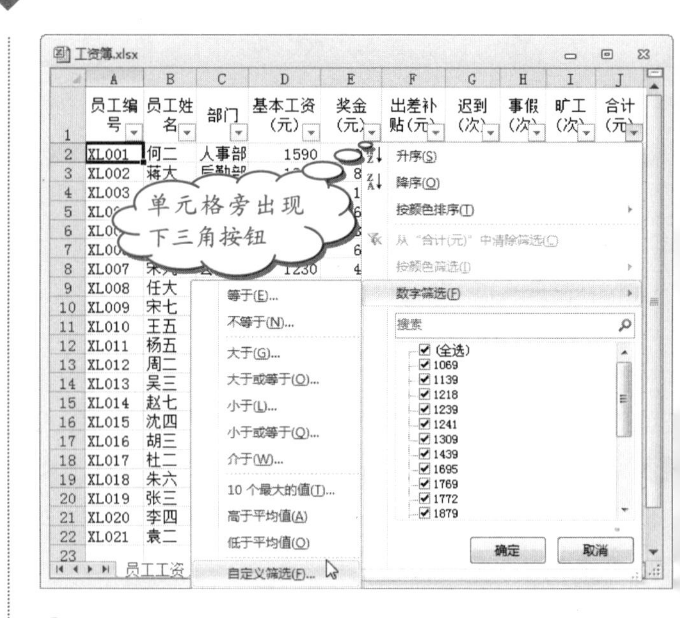

❸ 弹出【自定义自动筛选方式】对话框，如下图所示。在第一排下拉列表框中选择“大于”、“1500”，第二排下拉列表框中选择“小于”、“2000”。接着选中【与】单选按钮。

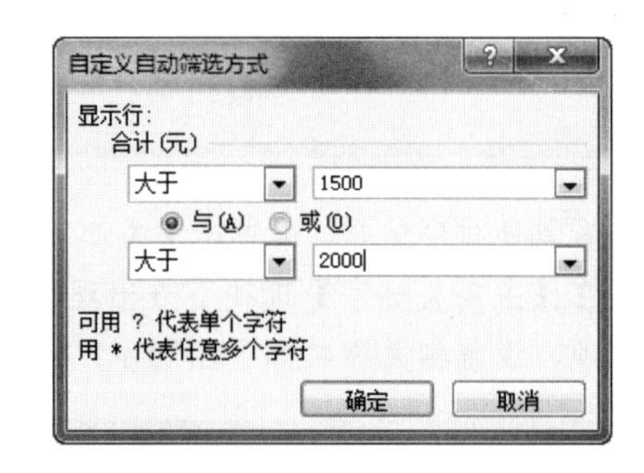

❹ 单击【确定】按钮，最后符合条件的记录只有 7 条，如下图所示。

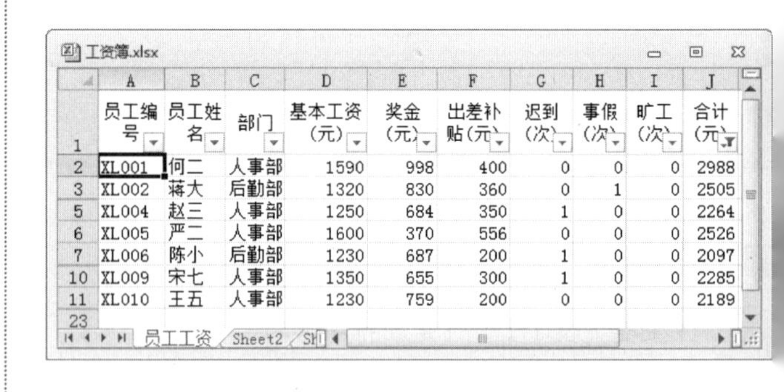

	员工编号	员工姓名	部门	基本工资（元）	奖金（元）	出差补贴（元）	迟到（次）	事假（次）	旷工（次）	合计（元）
2	XL001	何二	人事部	1590	998	400	0	0	0	2988
3	XL002	蒋大	后勤部	1320	830	360	0	1	0	2505
5	XL004	赵三	人事部	1250	684	350	1	0	0	2264
6	XL005	严二	人事部	1600	370	556	0	0	0	2526
7	XL006	陈小	后勤部	1230	687	200	1	0	0	2097
10	XL009	宋七	人事部	1350	655	300	1	0	0	2285
11	XL010	王五	人事部	1230	759	200	0	0	0	2189

技巧

在单击某一列的头字段右侧的下三角按钮后，可在打开的列表中的【搜索】列表框下取消选中不需要显示的数值选项，如下图所示，再单击【确定】按钮，也可以得到步骤 4 所示的结果。

长见识：Excel 表的排序条件随工作簿一起保存，这样，每当打开工作簿时，都会对该表重新应用排序，但不会保存单元格区域的排序条件。如果希望保存排序条件，以便在打开工作簿时可以定期重新应用排序，最好使用表。这对于多列排序或花费很长时间创建的排序尤其重要。

5 当完成步骤 4 之后，J1 单元格旁的下三角按钮就变成了按钮，单击该按钮，在弹出的列表中选择【从“合计(元)”中清除筛选】选项，可以取消数据筛选，如下图所示。

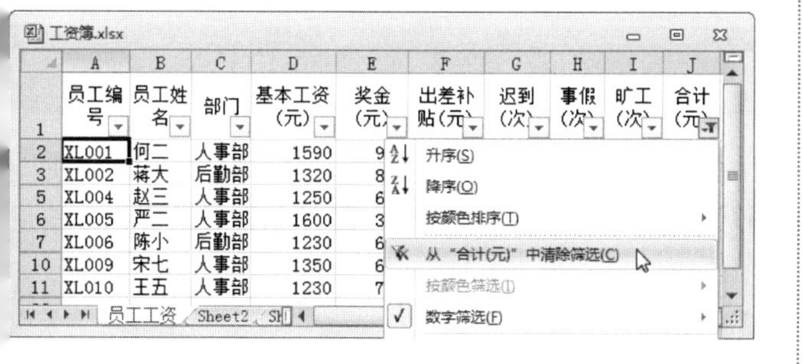

2. 高级筛选

前面讲过的筛选方法只能满足一个或两个约束条件，下面我们介绍另一种筛选方法——高级筛选，它可以筛选出同时满足两个或两个以上约束条件的数据。具体操作方法如下。

操作步骤

1 打开“工资簿”文件，然后在 L2:M3 单元格区域输入筛选条件，如右上图所示。

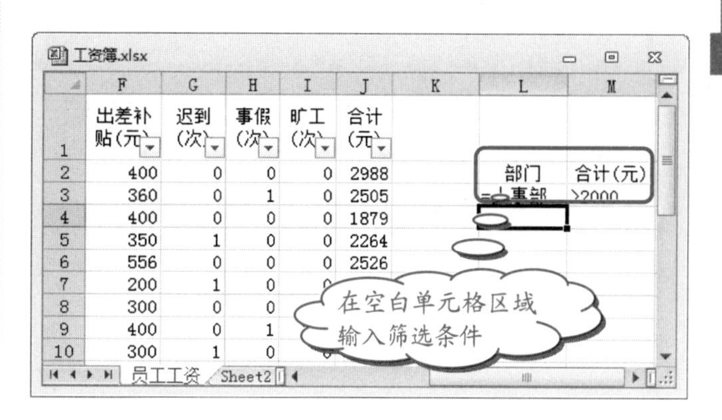

2 在【数据】选项卡的【排序与筛选】组中，单击【高级】按钮，如下图所示。

3 弹出【高级筛选】对话框，在【列表区域】文本框中修正要筛选的数值的单元格区域，接着单击【条件区域】文本框右侧的按钮，如下图所示。

4 返回工作表，拖动鼠标，选择筛选条件区域，即选中 L2:M3 单元格区域，如下图所示，接着在【高级筛选-条件区域】对话框中单击按钮。

当您重新应用排序时，可能由于以下原因而显示不同的结果：① 已在单元格区域或表列中修改、添加或删除数据；② 公式返回的值已改变，已重新计算工作表。

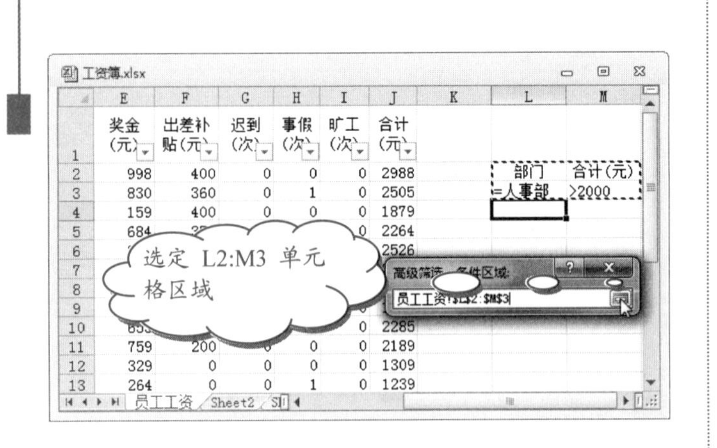

❺ 返回【高级筛选】对话框，选中【选择不重复的记录】复选框，再单击【确定】按钮，如下图所示。

❻ 这时将会筛选出人事部工资在 2000 以上的员工的信息，如下图所示。

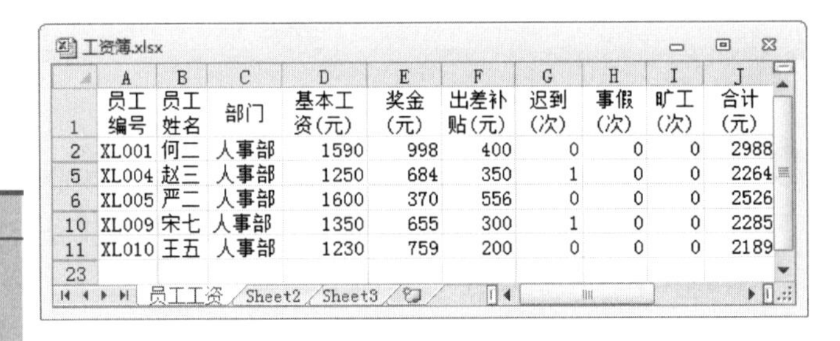

	A	B	C	D	E	F	G	H	I	J
1	员工编号	员工姓名	部门	基本工资(元)	奖金(元)	出差补贴(元)	迟到(次)	事假(次)	旷工(次)	合计(元)
2	XL001	何二	人事部	1590	998	400	0	0	0	2988
5	XL004	赵三	人事部	1250	684	350	1	0	0	2264
6	XL005	严二	人事部	1600	370	556	0	0	0	2526
10	XL009	宋七	人事部	1350	655	300	1	0	0	2285
11	XL010	王五	人事部	1230	759	200	0	0	0	2189

提示

在【数据】选项卡的【排序与筛选】组中，单击【清除】按钮，可以取消筛选，如右上图所示。

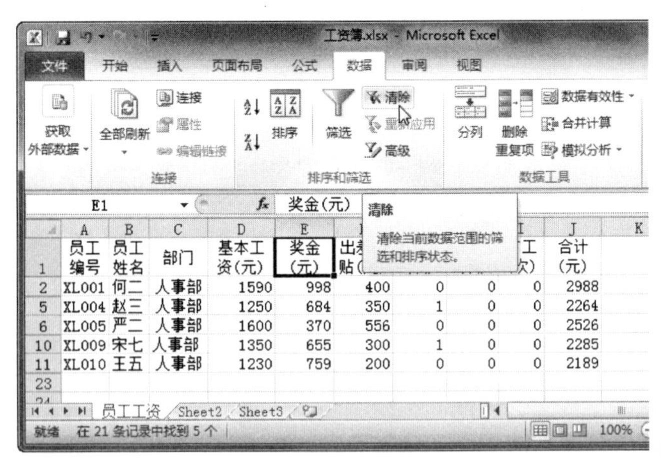

12.3 分类汇总数据

分类汇总是对数据清单进行数据分析的一种方法，分类汇总对数据库中指定的字段进行分类，然后统计同一类记录的有关信息。统计的内容可以指定，也可以统计同一类记录中的记录条数，还可以对某些数据段求和、求平均值、求极值等。下面我们从创建分类汇总、显示或隐藏分类汇总、两个方面来介绍。

12.3.1 创建分类汇总数据

创建分类汇总是建立在排序的基础之上的，下面我们以刚刚排好序的“工资簿”文件为例来介绍。

操作步骤

❶ 打开已经排好序的“工资簿”文件，选中任一个单元格，然后在【数据】选项卡的【分级显示】组中单击【分类汇总】按钮，如下图所示。

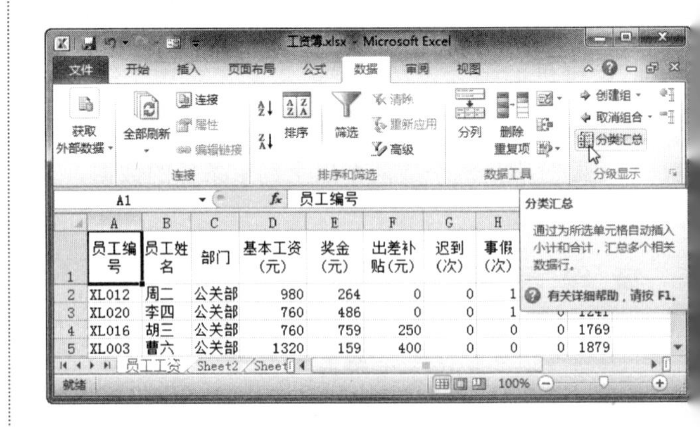

❷ 弹出【分类汇总】对话框，在【分类字段】下拉列表框中选择【部门】选项，在【汇总方式】下拉列表框中选择【求和】选项，在【选定汇总项】列表

长见识

筛选过的数据仅显示那些满足指定条件的行，并隐藏那些不希望显示的行。筛选数据之后，对于筛选过的数据的子集，不需要重新排列或移动就可以复制、查找、编辑、设置格式、制作图表和打印。

框中选择【合计】选项，如下图所示。

❸ 选中【替换当前分类汇总】和【汇总结果显示在数据下方】复选框，单击【确定】按钮，如下图所示。这样就完成了部门汇总。

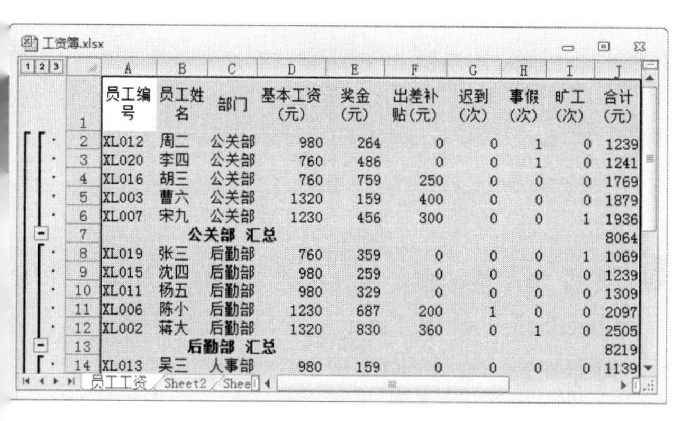

提示

若想清除分类汇总，只需要在【分类汇总】对话框中单击【全部删除】按钮即可，如下图所示。

2.3.2　显示/隐藏分类汇总结果

您刚刚应该发现在进行部门汇总后的工作表的左边了一些“-”。其实为了方便查看数据，可将分类汇总后暂时不需要显示的数据隐藏起来，减小界面的占用空间，当需要查看时再将其显示。

操作步骤

❶ 打开已经创建了分类汇总的“工资簿”文件。

❷ 单击工作表左侧的[-]按钮可以隐藏相应级别的数据，且[-]按钮变成[+]按钮。下图是隐藏“后勤部”和“人事部”员工后的效果。

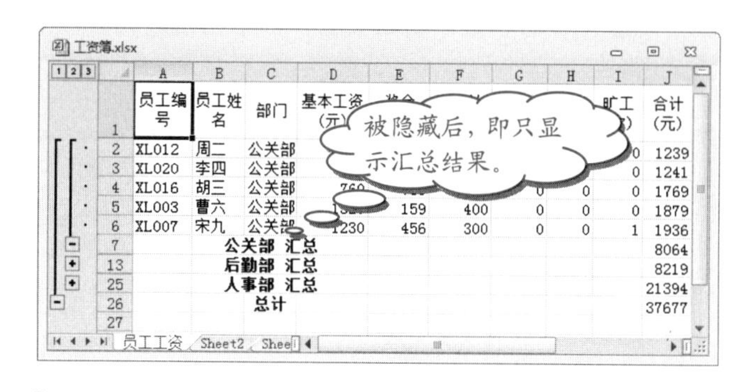

❸ 再次单击[+]按钮，则会显示刚刚隐藏的数据，且[+]按钮变成[-]按钮，如下图所示。

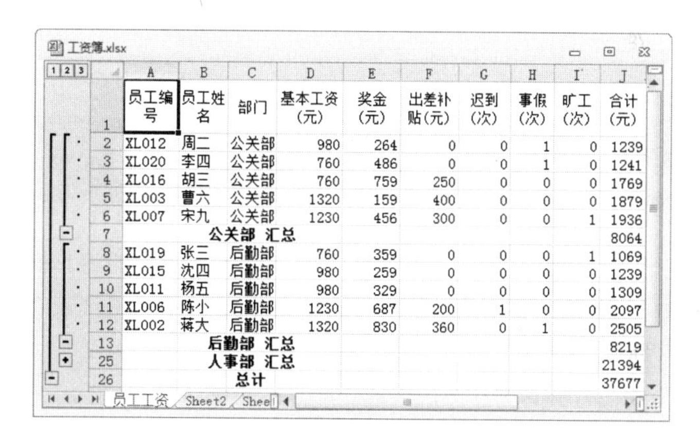

❹ 单击工作表左上角的[1][2][3]按钮中的某一个可以快速隐藏或显示数据，比如单击[1]按钮，隐藏所有的明细数据，结果如下图所示。

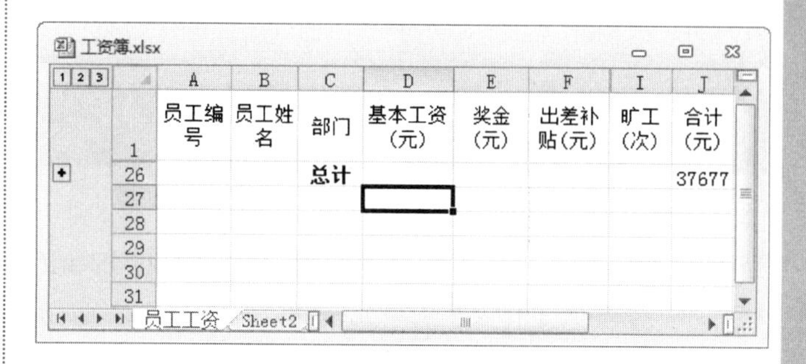

❺ 单击[2]按钮，结果如下图所示。

学以致用系列丛书

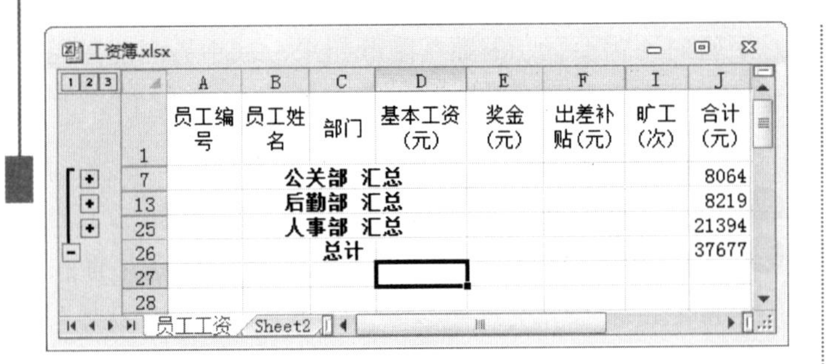

	员工编号	员工姓名	部门	基本工资(元)	奖金(元)	出差补贴(元)	旷工(次)	合计(元)
7		公关部 汇总						8064
13		后勤部 汇总						8219
25		人事部 汇总						21394
26			总计					37677

❻ 单击3按钮，显示明细数据，如下图所示。

	员工编号	员工姓名	部门	基本工资(元)	奖金(元)	出差补贴(元)	旷工(次)	合计(元)
2	XL012	周二	公关部	980	264	0	0	1239
3	XL020	李四	公关部	760	486	0	0	1241
4	XL016	胡三	公关部	760	759	250	0	1769
5	XL003	曹六	公关部	1320	159	400	0	1879
6	XL007	宋九	公关部	1230	456	300	1	1936
7		公关部 汇总						8064
8	XL019	张三	后勤部	760	359	0	1	1069
9	XL015	沈四	后勤部	980	259	0	0	1239
10	XL011	杨五	后勤部	980	329	0	0	1309
11	XL006	陈小	后勤部	1230	687	200	0	2097
12	XL002	蒋大	后勤部	1320	830	360	0	2505
13		后勤部 汇总						8219
14	XL013	吴三	人事部	980	159	0	0	1139

12.4 数据的合并计算

合并计算实质上就是组合几个数据区域中的值。例如，用户可以将“工资簿”文件中不同月份的工作表合并起来到一个“总工资”工作表中。

在合并计算中，存放合并计算结果的工作表称为“目标工作表”，其中接收合并数据的区域称为“目标区域”，而被合并的各个工作表称为“源工作表”，其中被合并计算的数据区域称为“源区域”。Excel 提供了多种合并计算数据的方法，如使用三维引用合并计算或按位置合并计算。

12.4.1 使用三维引用合并计算

进行合并计算最灵活的方法是创建公式，该公式引用的是用户将进行合并计算的数据区域中的每个单元格。引用了多张工作表上的单元格的公式称为三维公式。当在公式中使用三维引用时，对单独的数据区域的布局没有限制。用户可将合并计算更改为需要的方式。当更改源区域中的数据时，合并计算将自动进行更新。

操作步骤

❶ 打开“工资簿”文件，将“员工工资”工作表中的数据复制到sheet2工作表中，并重新命名Sheet3工作表为“总工资”，接着向工作表中输入如下图所示的数据，并对输入的数据进行适当的格式设置。

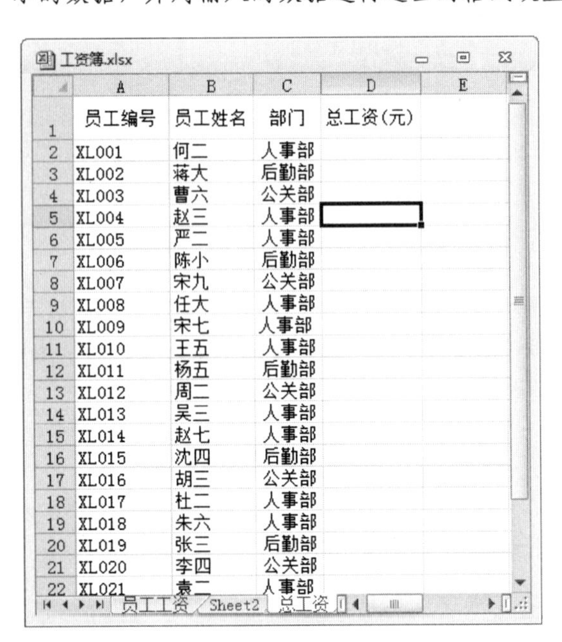

	员工编号	员工姓名	部门	总工资(元)
2	XL001	何二	人事部	
3	XL002	蒋大	后勤部	
4	XL003	曹六	公关部	
5	XL004	赵三	人事部	
6	XL005	严二	人事部	
7	XL006	陈小	后勤部	
8	XL007	宋九	公关部	
9	XL008	任大	人事部	
10	XL009	宋七	人事部	
11	XL010	王五	人事部	
12	XL011	杨五	后勤部	
13	XL012	周二	公关部	
14	XL013	吴三	人事部	
15	XL014	赵七	人事部	
16	XL015	沈四	后勤部	
17	XL016	胡三	公关部	
18	XL017	杜二	人事部	
19	XL018	朱六	人事部	
20	XL019	张三	后勤部	
21	XL020	李四	公关部	
22	XL021	袁二	人事部	

❷ 选择D2单元格，输入公式“=SUM(员工工资!J2, Sheet2!J2)”，按Enter键后，结果如下图所示。此时即完成了合并计算。

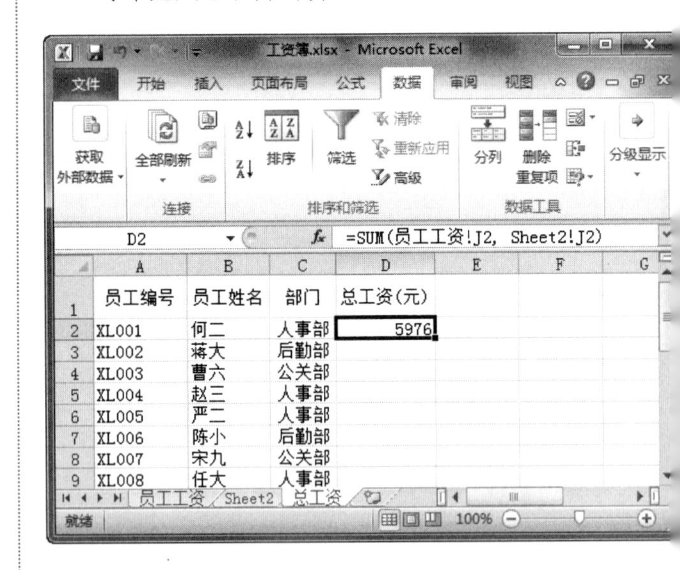

=SUM(员工工资!J2, Sheet2!J2)

	员工编号	员工姓名	部门	总工资(元)
2	XL001	何二	人事部	5976
3	XL002	蒋大	后勤部	
4	XL003	曹六	公关部	
5	XL004	赵三	人事部	
6	XL005	严二	人事部	
7	XL006	陈小	后勤部	
8	XL007	宋九	公关部	
9	XL008	任大	人事部	

技巧

如果不想使用输入的方式在公式中输入引用，如Sheet2!J2，可以在需要使用引用处输入公式，单击工作表标签，然后再单击相应的单元格即可自动输入引用。

长见识 使用自动筛选可以创建三种筛选类型：按值列表、按格式列表或按条件列表。对于每个单元格区域或列表来说，这三种筛选类型是互斥的。

12.4.2　按位置合并计算

按位置合并计算的方法是选择按同样的顺序和位置排列的源区域数据的合并。例如，数据来自同一模板创建的一系列工作表，用户可通过位置合并计算数据。

操作步骤

1 打开“工资簿”文件，切换到“总工资”工作表，选中 D3 单元格，然后在【数据】选项卡的【数据工具】组中，单击【合并计算】按钮，如下图所示。

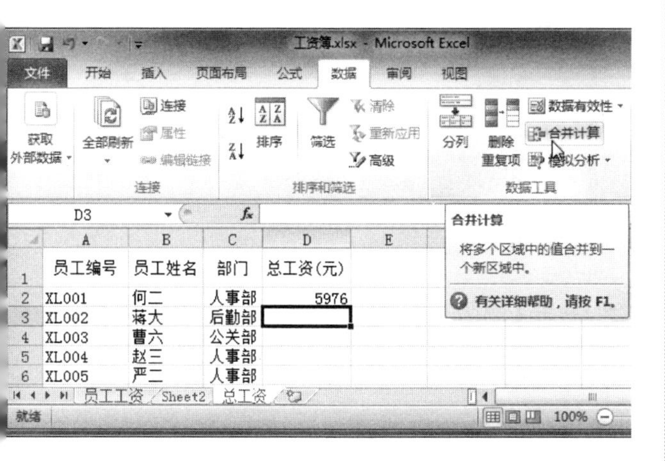

2 弹出【合并计算】对话框，在【函数】下拉列表框中选择【求和】选项，接着在【引用位置】文本框中输入“员工工资!J3”，再单击【添加】按钮，如下图所示。

技巧

如果不想使用输入的方式在公式中输入引用，如上图中的“员工工资!J3”，可以单击上图中红色箭头按钮，然后单击工作表标签，再单击相应的单元格即可自动输入引用。

3 这时即可发现输入的内容被添加到【所有引用位置】列表框中了，如下图所示，接着在【引用位置】文本框中输入“Sheet2!J3”。

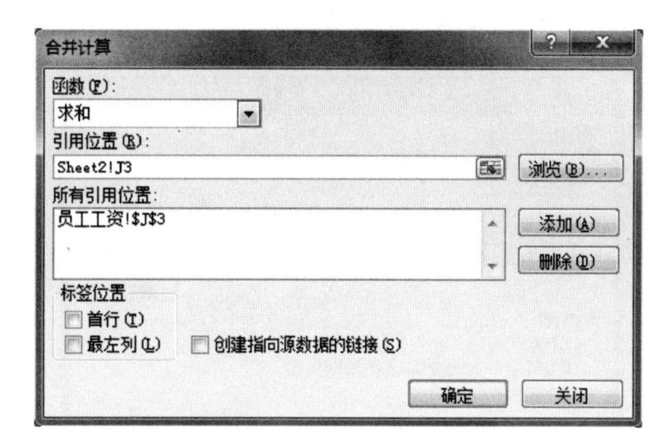

4 单击【添加】按钮，将引用位置添加到【所有引用位置】列表框中，最后单击【确定】按钮，如下图所示。

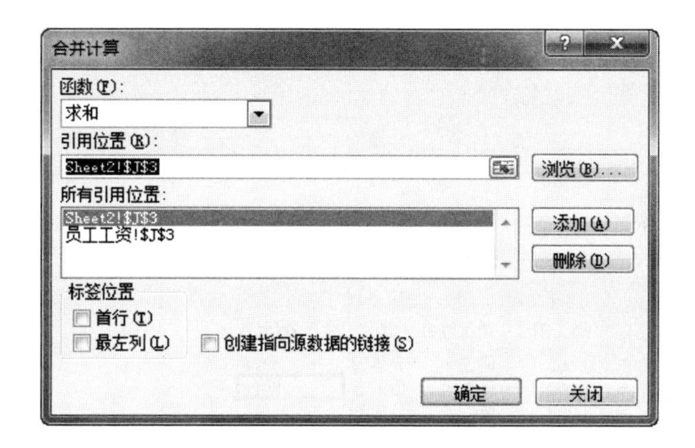

5 计算结果如下图所示。

12.4.3　自动更新合并计算

在合并计算中，利用链接功能可以实现合并数据的自动更新，也就是说当源数据改变时，合并结果也会自动更新。

操作步骤

1 打开“工资簿”文件，在“总工资”工作表中选择 D3 单元格，接着打开【合并计算】对话框，并选中

学以致用系列丛书

如果用户只想看一下若干单元格中数据的总和，而不计算这些数据，只需要将它们选中，然后在状态栏上就会出现一个“求和=**”的式子。

【创建指向源数据的链接】复选框，再单击【确定】按钮，如下图所示。

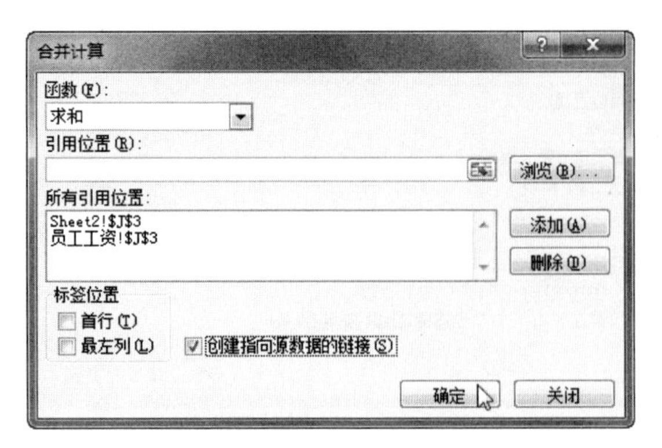

❷ 此时，结果如下图所示，与前面不同的是在列号前面出现了一个➕图标，在编辑栏中的内容是“=SUM(D3:D4)”。

❸ 单击列号前面的➕图标，如下图所示，在我们所要的数据的前面出现了另外两行数据，它们是“员工工资”和 Sheet2 工作表中 J3 单元格内的数据。

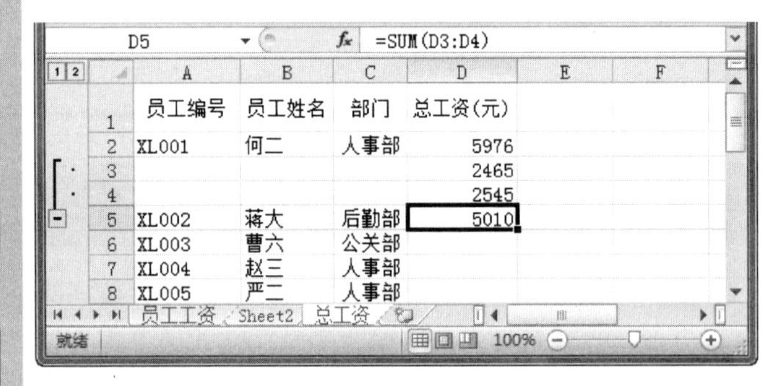

12.4.4 删除对源区域的引用

当您不小心多添加了源区域或者需要更改源区域时，可以删除它们。

操作步骤

❶ 打开“工资簿”文件，在“总工资”工作表中选择 D3 单元格，接着打开【合并计算】对话框，并在【所有引用位置】列表框中选中某数据源选项，如下图所示。

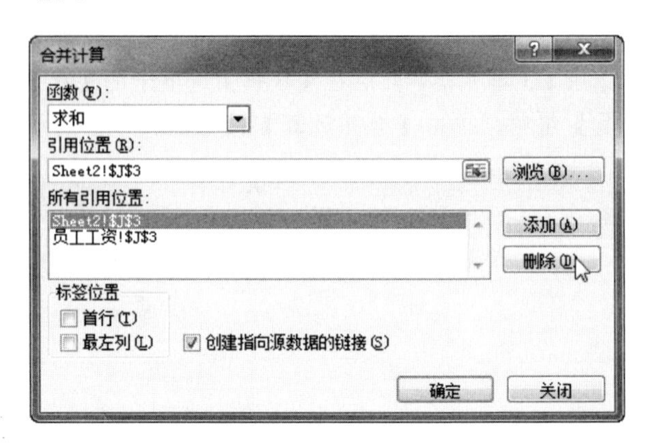

❷ 单击【删除】按钮，即可删除选中的数据源选项了，如下图所示。

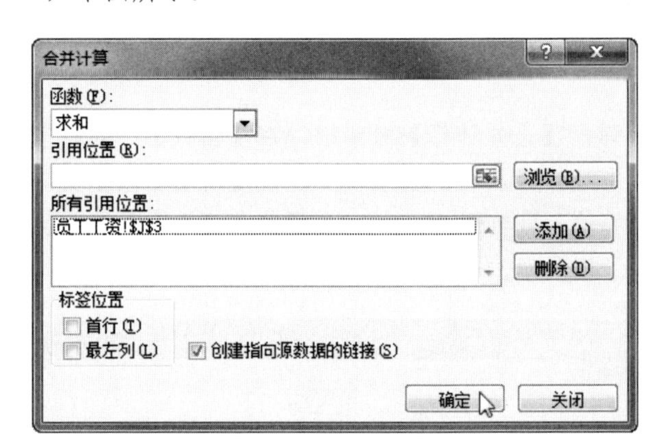

❸ 单击【确定】按钮，结果如下图所示，此时，D3 单元格内的数据变为了“2545”。

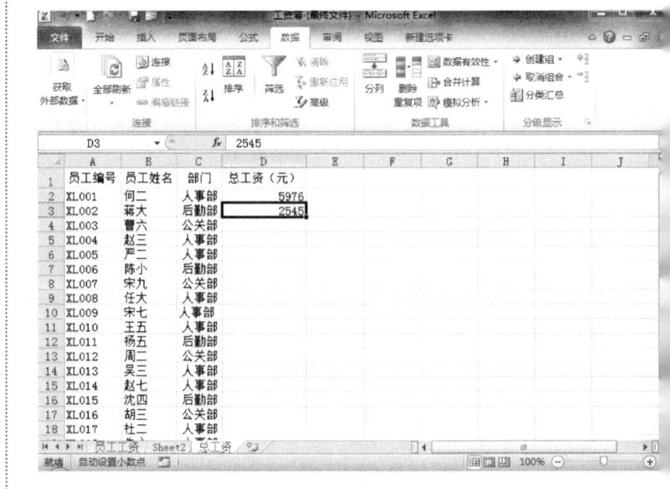

长见识 在按住 Ctrl 键的同时拖动含有公式的单元格也可实现公式的复制操作。

提示

如果在进行合并计算时，选中了【合并计算】对话框中的【创建指向源数据的链接】复选框，删除后的结果就会出现空行。

12.5　制作工资条

在前面的章节中，我们使用公式或函数制作了“员工工资表”，能够为工资的管理节省不少时间。那么怎么能让员工方便地核对工资呢？下面我们来学习如何运用公式制作员工的工资条吧。

操作步骤

❶ 打开“工资簿”文件，重命名 Sheet2 工作表为“工资条”，接着在该工作表中输入如下图所示的数据。

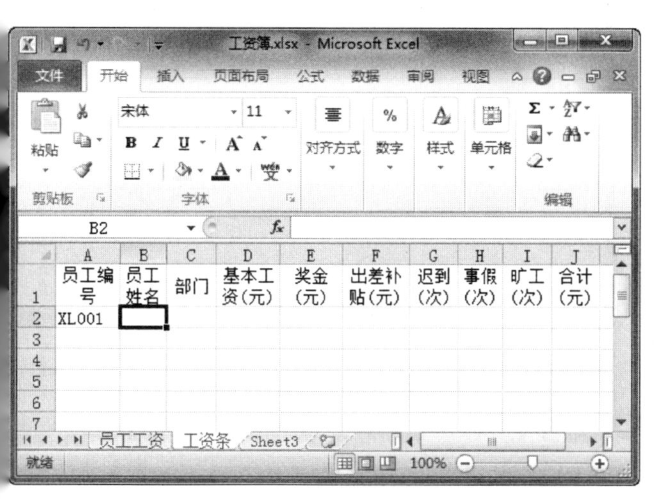

❷ 在 B2 单元格中输入公式“=VLOOKUP(A2,员工工资!$A$2:$J$22,2,FALSE)”，并按 Enter 键确认，结果如下图所示。

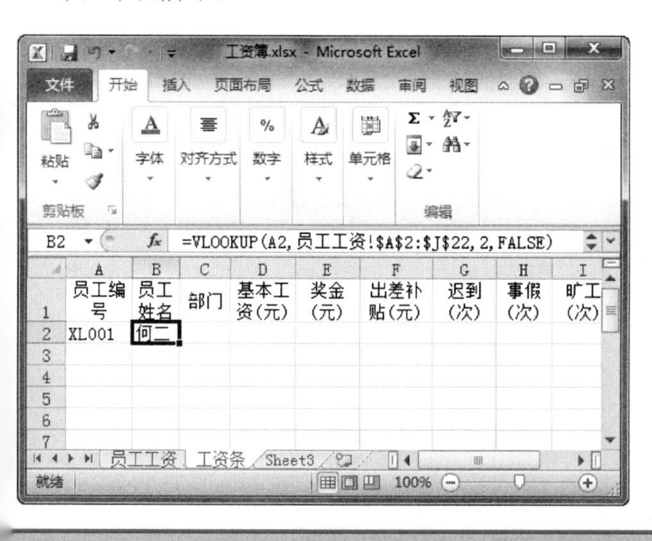

提示

B2 单元格公式的意思是：在“员工工资”工作表的 A2:J22 单元格区域中查找“工资条”工作表的 A2 单元格内的数据，如果存在就将该行数据填充在 B2 单元格。“FALSE”的含义是精确查找。

❸ 在 C2 单元格中输入公式“=VLOOKUP(A2,员工工资!$A$2:$J$22,3,FALSE)”，在 D2 单元格中输入公式“=VLOOKUP(A2,员工工资!$A$2:$J$22, 4, FALSE)”。E2～J2 单元格中的公式以此类推，结果如下图所示。

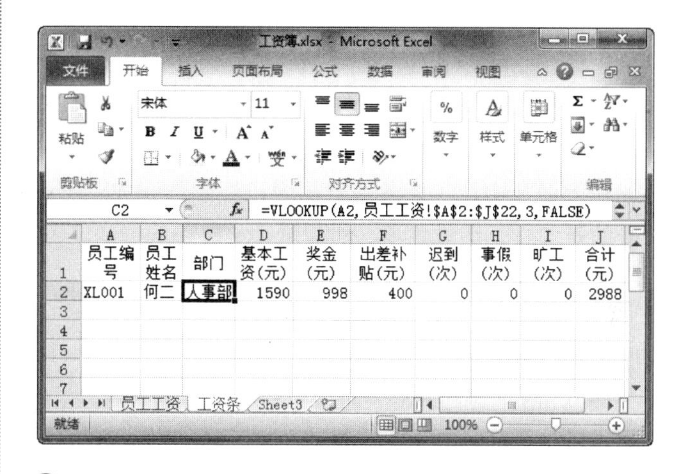

❹ 选择 A1:J2 单元格区域，给选中的区域添加表格边框，效果如下图所示。

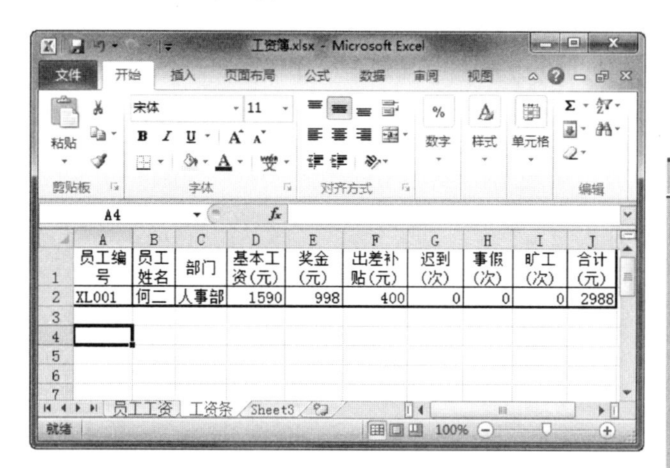

❺ 选择 A1:J3 单元格，然后拖动填充柄，向下填充公式，一直填充到第 63 行，结果如下图所示。至此，工资条的数据表制作完成。

长见识：在【页面设置】对话框的【工作表】选项卡中，选中【草稿品质】复选框后，打印出来的质量较选中【单色打印】复选框后打印出的质量低。

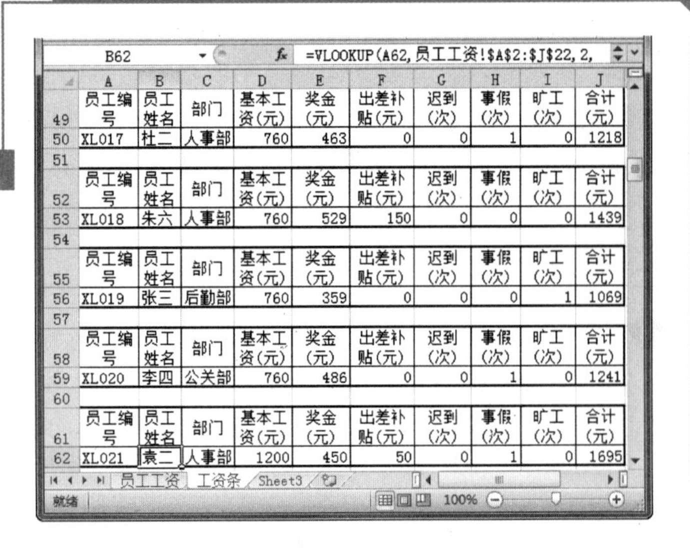

	A	B	C	D	E	F	G	H	I	J
49	员工编号	员工姓名	部门	基本工资(元)	奖金(元)	出差补贴(元)	迟到(次)	事假(次)	旷工(次)	合计(元)
50	XL017	杜二	人事部	760	463	0	0	1	0	1218
51										
52	员工编号	员工姓名	部门	基本工资(元)	奖金(元)	出差补贴(元)	迟到(次)	事假(次)	旷工(次)	合计(元)
53	XL018	朱六	人事部	760	529	150	0	0	0	1439
54										
55	员工编号	员工姓名	部门	基本工资(元)	奖金(元)	出差补贴(元)	迟到(次)	事假(次)	旷工(次)	合计(元)
56	XL019	张三	后勤部	760	359	0	0	0	1	1069
57										
58	员工编号	员工姓名	部门	基本工资(元)	奖金(元)	出差补贴(元)	迟到(次)	事假(次)	旷工(次)	合计(元)
59	XL020	李四	公关部	760	486	0	0	1	0	1241
60										
61	员工编号	员工姓名	部门	基本工资(元)	奖金(元)	出差补贴(元)	迟到(次)	事假(次)	旷工(次)	合计(元)
62	XL021	袁二	人事部	1200	450	50	0	1	0	1695

12.6 打印工资条

在上一节中，工资条的数据表已经制作完成，下面要做的是进行打印设置了，然后进行工资条的打印。

12.6.1 页面设置

和 Word 的操作相同，在打印数据和图表之前，我们先要进行页面的设置。

页面设置包括纸张大小、页边距、纸张方向和打印标题的设置等。下面将逐一设置这些参数。

操作步骤

1. 在【页面布局】选项卡的【页面设置】组中，单击【纸张大小】按钮，从打开的列表中选择纸张大小，如下图所示。

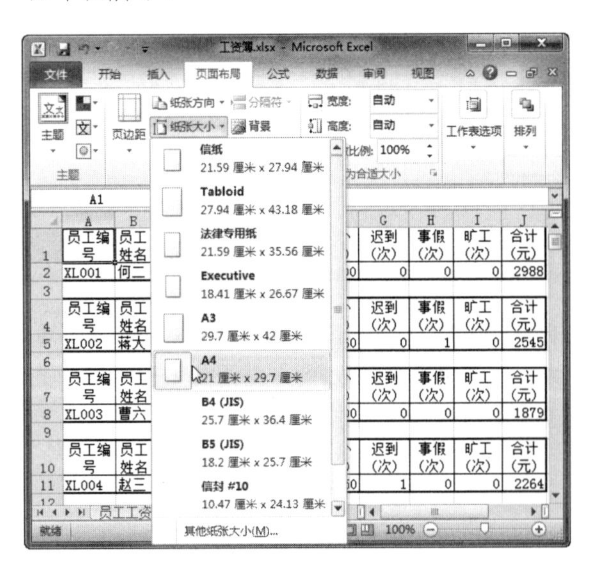

2. 紧接着设置纸张的方向，在【页面设置】组中单击【纸张方向】按钮，从打开的列表中选择纸张方法，如下图所示。

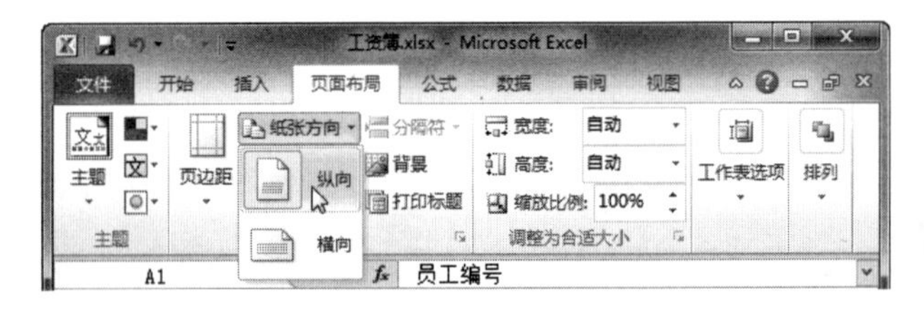

3. 在【页面设置】组中单击【页边距】按钮，从打开的列表中选择设置好的页边距。这里选择【自定义边距】选项，如下图所示。

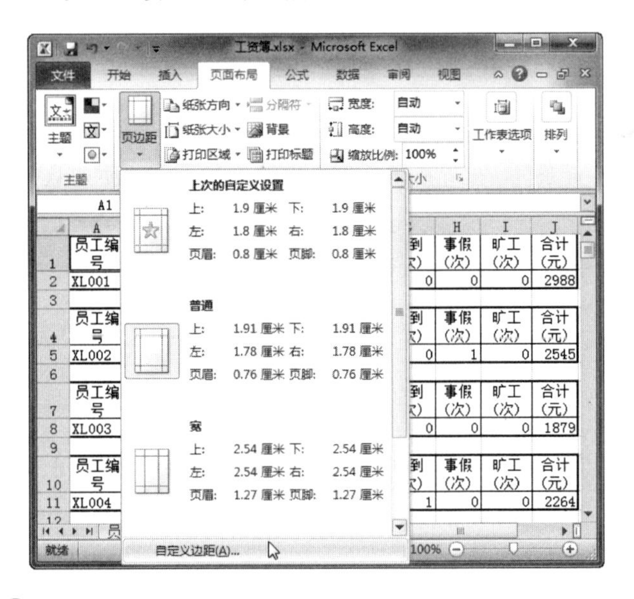

4. 弹出【页面设置】对话框，在【页边距】选项卡中设置纸张的页边距参数，并选中【水平】和【垂直】复选框，如下图所示。

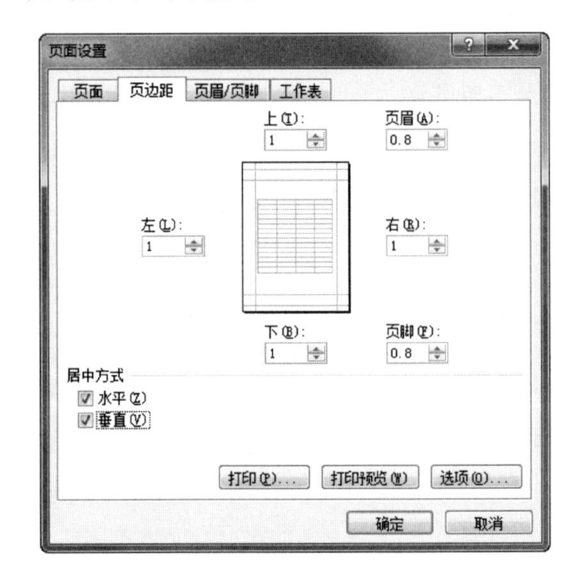

长见识：在【页面设置】对话框的【工作表】选项卡中，【错误单元格打印为】下拉列表框可用于设置错误单元格的打印方式，其中包括【显示值】、【空白】等 4 种选项。

5 切换到【工作表】选项卡，设置打印区域和打印顺序，如下图所示。

技巧

选中要打印的单元格区域，然后在【页面设置】组中单击【打印区域】按钮，从打开的列表中选择【设置打印区域】选项，也可以将选中的区域设置为打印区域，如右上图所示。

	A	B	C	D	E	F	G	H	I	J
1	员工编号	员工姓名	部门	基本工资(元)	奖金(元)	出差补贴(元)	迟到(次)	事假(次)	旷工(次)	合计(元)
2	XL001	何二	人事部	1590	998	400	0	0	0	2988
3										
4	员工编号	员工姓名	部门	基本工资(元)	奖金(元)	出差补贴(元)	迟到(次)	事假(次)	旷工(次)	合计(元)
5	XL002	蒋大	后勤部	1360	830	360	0	1	0	2545
6										
7	员工编号	员工姓名	部门	基本工资(元)	奖金(元)	出差补贴(元)	迟到(次)	事假(次)	旷工(次)	合计(元)
8	XL003	曹六	公关部	1320	159	400	0	0	0	1879

6 设置完毕后，在【页面设置】对话框中单击【打印预览】按钮，预览设置的效果，如右上图所示。

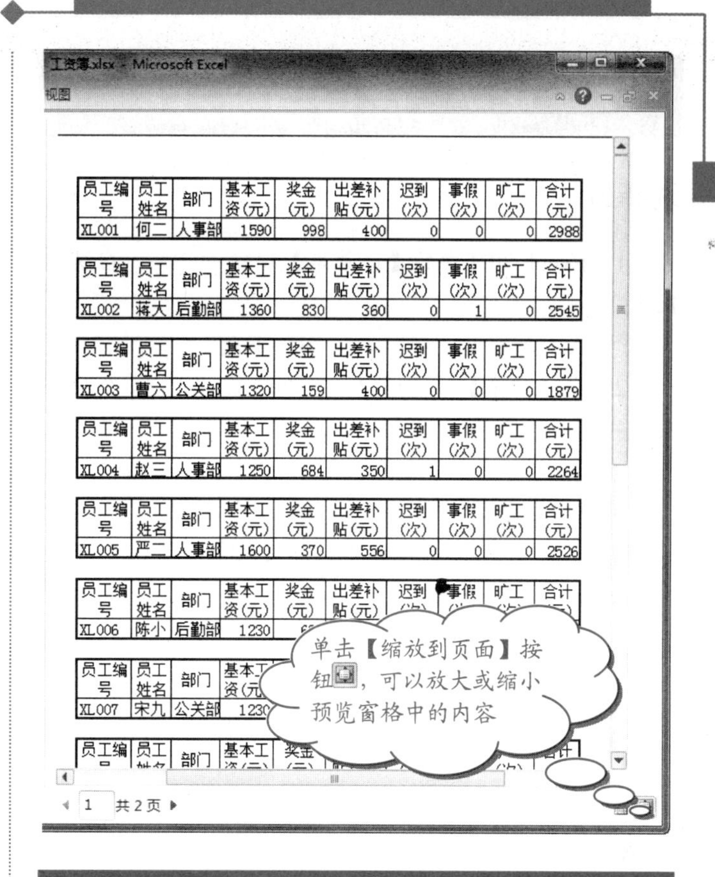

员工编号	员工姓名	部门	基本工资(元)	奖金(元)	出差补贴(元)	迟到(次)	事假(次)	旷工(次)	合计(元)
XL001	何二	人事部	1590	998	400	0	0	0	2988
XL002	蒋大	后勤部	1360	830	360	0	1	0	2545
XL003	曹六	公关部	1320	159	400	0	0	0	1879
XL004	赵三	人事部	1250	684	350	1	0	0	2264
XL005	严二	人事部	1600	370	556	0	0	0	2526
XL006	陈小	后勤部	1230	[illegible]	[illegible]	[illegible]	[illegible]	[illegible]	[illegible]
XL007	宋九	公关部	1230	[illegible]	[illegible]	[illegible]	[illegible]	[illegible]	[illegible]

12.6.2 打印预览

前面做了这么多设置，是不是迫不及待地想打印出来呢？这个操作很简单，只需要选择【文件】|【打印】命令，接着在中间窗格中单击【打印】按钮，即可开始打印选择的单元格区域了，如下图所示。下面的工作就是将打印好的工资条裁开，再分发给员工。

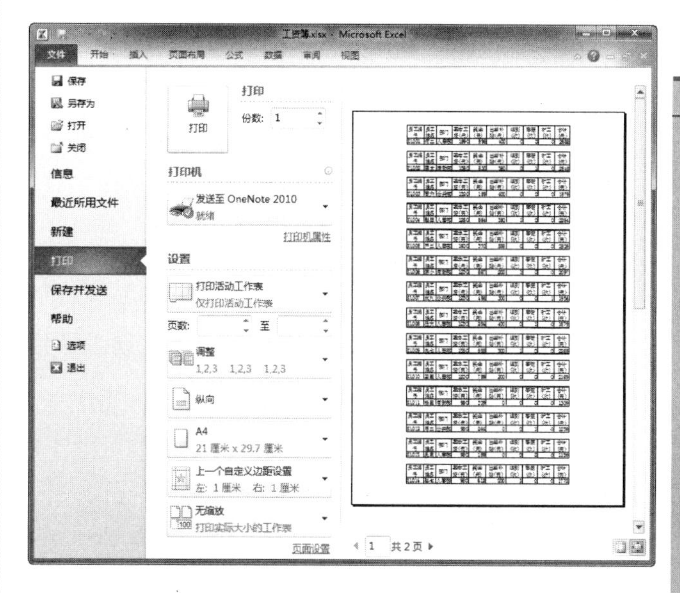

若需打印的工作表中存在批注，可在【页面设置】对话框的【工作表】选项卡的【批注】下拉列表框中设置批注打印后的位置，包括【无】、【工作表末尾】等 3 种选项。

12.7 思考与练习

选择题

1. Excel 2010中的【记录单】按钮________在功能区中。

   A. 是　　　　B. 不是

2. 在【排序】对话框中，可以设置________个排序关键字。

   A. 1个　　　　B. 2个

   C. 3个　　　　D. 1个以上

3. 下列_____形式的筛选必须定义条件区域。

   A. 自动筛选　　　　B. 自定义筛选

   C. 高级筛选　　　　D. 以上都正确

4. 数据分类汇总的前提是_____。

   A. 筛选　　　　B. 排序

   C. 记录单　　　　D. 以上全错误

5. 数据合并有_____方式。

   A. 3种　　　　B. 4种

   C. 5种　　　　D. 2种

操作题

1. 将【打印设置】、【打印预览编辑模式】、【打印预览和打印】、【打印】等按钮添加到快速访问工具栏中。

2. 制作最近一个月的员工工资表，然后按下图所示的排序条件对工作表进行排序。

3. 在操作题2制作的员工工资表中，筛选出基本工资在2000元以上且没有迟到记录的员工信息。

若发现在Excel中按上下左右键都只是滚动条在动，无法正常在单元格之间移动，那是因为不小心按了键盘上的Sc
Lock键，再按一下Scroll Lock键将其关闭即可。

第13章 Excel 2010 图表编辑与打印——制作“年终销售汇总”图表

Excel 2010中的图表，能让您更清晰、更直观、更容易地从大量的数据中获取需要的信息，可以让您更直接地了解数据之间的变化趋势。

学习要点

- ❖ 使用图表分析数据。
- ❖ 编辑图表。
- ❖ 使用迷你图分析数据。
- ❖ 创建/编辑数据透视表。
- ❖ 使用切片器筛选数据透视表数据。

学习目标

通过本章的学习，读者首先应该掌握使用图表和迷你图分析数据的方法，并能够熟练掌握图表的编辑方式；其次，应该掌握数据透视表的创建与编辑方法，并能够使用切片器筛选数据透视表数据；最后，应该能够综合运用所学的操作，全面提高对Excel 2010的应用能力。

13.1 使用图表分析数据

图表是一种很好的将对象属性数据直观、形象地“可视化”的手段，可以更形象地表示数据的变化趋势。下面就来学习一下如何创建图表。

13.1.1 使用一次按键创建图表

图表工作表是指在生成图表时，将图表作为一个单独的工作表存在，不包含数据源区域。创建该类图表的操作方法如下。

操作步骤

❶ 新建一个名为“年终销售汇总”的工作簿，然后在Sheet1工作表中输入如下图所示的数据信息。

年终销售汇总.xlsx

	A	B	C	D	E	F	G
1	手机年终销售汇总						
2	月份	诺基亚	iPhone	三星	索尼爱立信	摩托罗拉	合计
3	1月份	112600	35600	31000	26000	20000	225200
4	2月份	133050	40650	34600	30500	27300	266100
5	3月份	135300	39600	35500	31600	28600	270600
6	4月份	136300	41800	36500	32000	26000	272600
7	5月份	148920	43620	39650	33600	32050	297840
8	6月份	177250	51250	47600	42350	36050	354500
9	7月份	194916	94916	39930	39559	35051	404372
10	8月份	170186	70186	46526	47014	38590	372502
11	9月份	156273	56273	39559	58738	37870	348713
12	10月份	155559	55559	47014	34931	41560	334623
13	11月份	151981	51981	50000	47963	41700	343625
14	12月份	195051	85051	46526	47500	49310	423438

Sheet1 / Sheet2 / Sheet3

❷ 选择要创建图表的数据区域，这里选中A2:F14单元格区域，然后按下F11键，Excel会根据选择的数据插入一个新的图表工作表，并命名为Chart1，如下图所示。

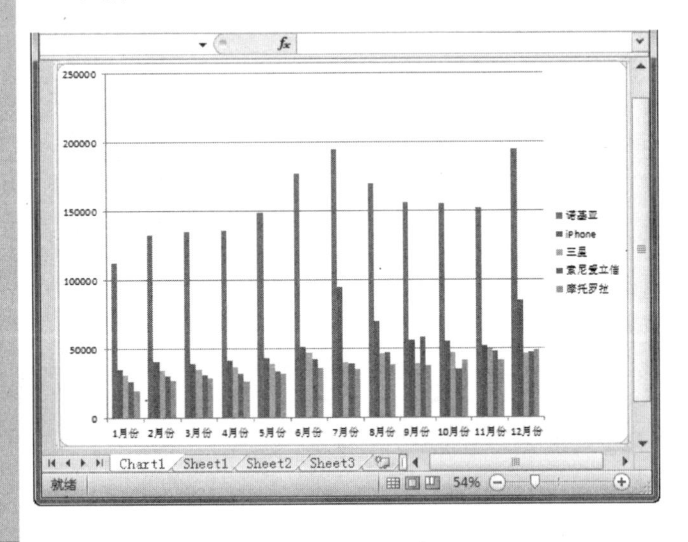

13.1.2 使用图表按钮创建图表配图

使用【插入】选项卡的【图表】组中的图表按钮创建图表的操作步骤如下。

操作步骤

❶ 选中要创建图表的数据源，这里选中A2:F14单元格区域，然后在【插入】选项卡的【图表】组中，单击【柱形图】按钮，在打开的下拉列表中选择【三维簇状柱形图】选项，如下图所示。

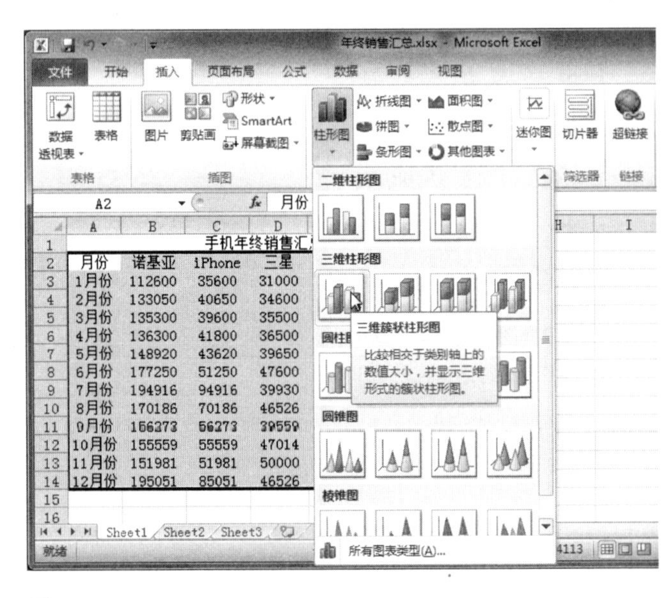

❷ 创建完成后的图表如下图所示。

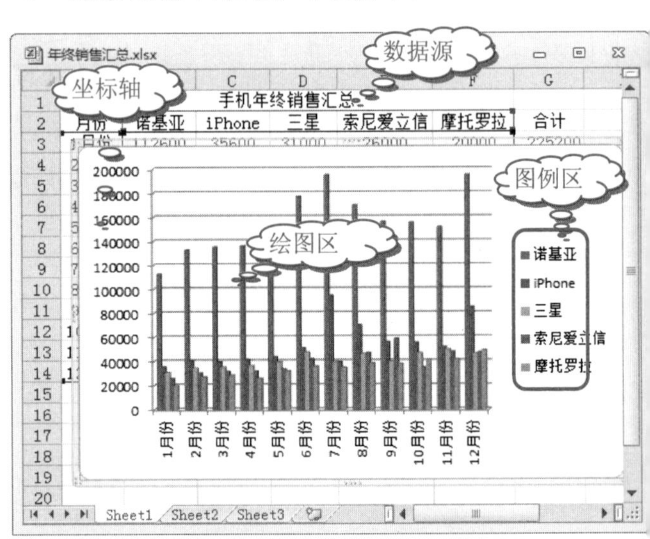

13.1.3 使用图表向导创建图表

使用图表向导创建图表的操作步骤如下。

长见识：功能键F11可以用于创建当前范围内数据的图表，与之相关的组合键有：按Shift+F11组合键可以插入一个新工作表；按Alt+F11组合键将打开Microsoft Visual Basic编辑器，可以使用VBA来创建宏。

操作步骤

1 在【插入】选项卡的【图表】组中，单击对话框启动器按钮，如下图所示。

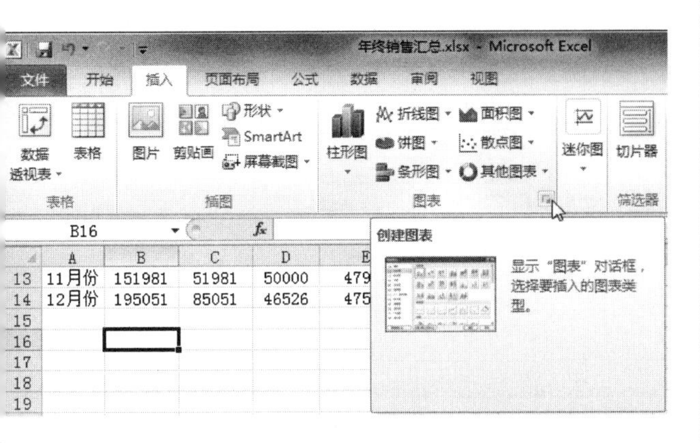

2 弹出【插入图表】对话框，在左侧导航窗格中选择图表类型，接着在右侧窗格中选择子图表类型，最后单击【确定】按钮，如下图所示。

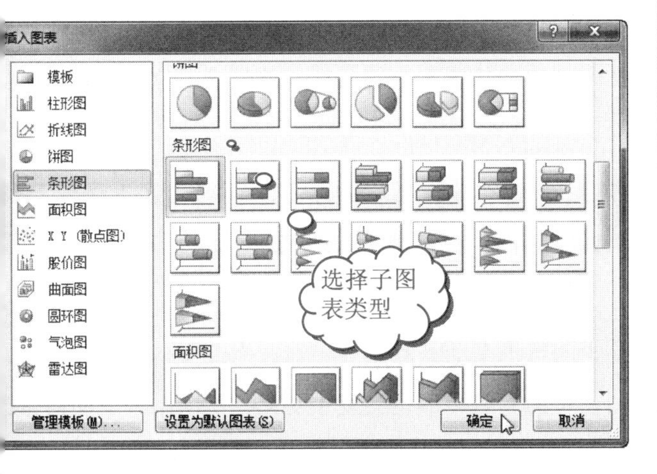

3 在工作表中创建一个空白图表区，单击该图表区，然后在【图表工具】下的【设计】选项卡中，单击【数据】组中的【选择数据】按钮，如下图所示。

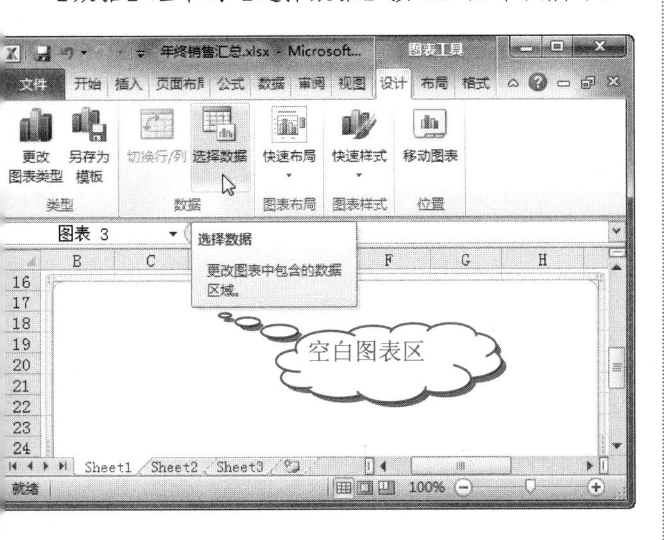

4 弹出【选择数据源】对话框，在【图例项(系统)】列表框中单击【添加】按钮，如下图所示。

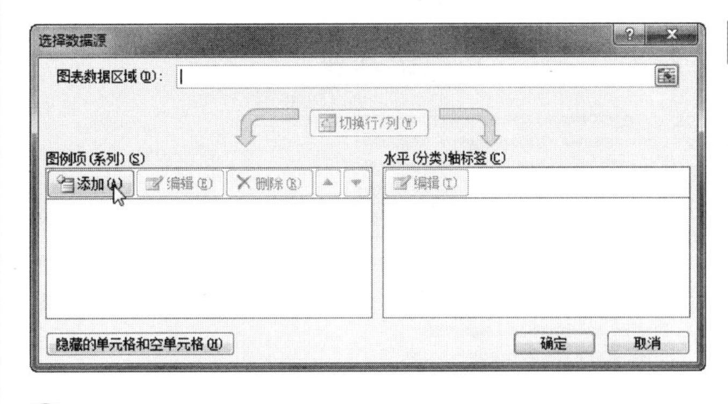

5 弹出【编辑数据系列】对话框，单击【系列名称】文本框右侧的按钮，如下图所示。

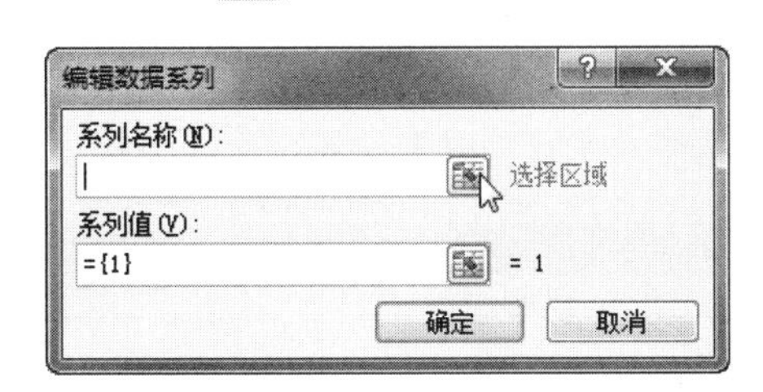

6 这时，【编辑数据系列】对话框变窄，在工作表中选中系列名称所在的单元格，这里选中 B2 单元格，如下图所示，再按 Enter 键，还原【编辑数据系列】对话框。

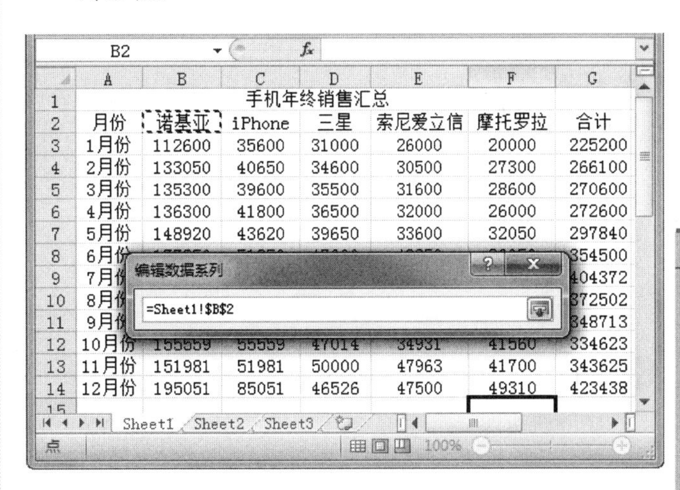

7 参考步骤 5、6 的操作，设置系列值，再单击【确定】按钮，如下图所示。

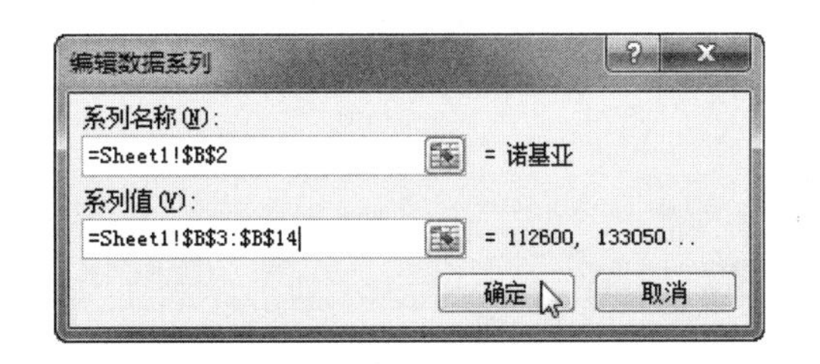

在 Microsoft Excel 2010 中，可以很轻松地创建具有专业外观的图表，多达 11 类图表，总计 73 种图表类型可供用户选择。

❽ 这时会在绘图区中显示添加的数据系列，如下图所示。

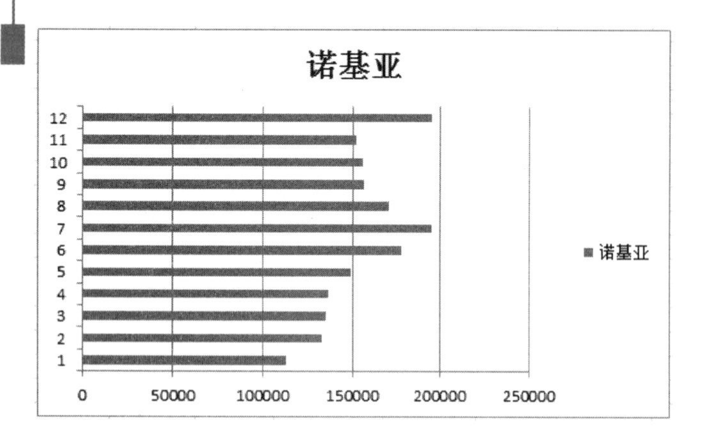

❾ 参考上述操作，在【选择数据源】对话框中添加其他图例项，如下图所示。然后在【水平(分类)轴标签】列表框中单击【编辑】按钮。

❿ 弹出【轴标签】对话框，设置轴标签区域，再单击【确定】按钮，如下图所示。

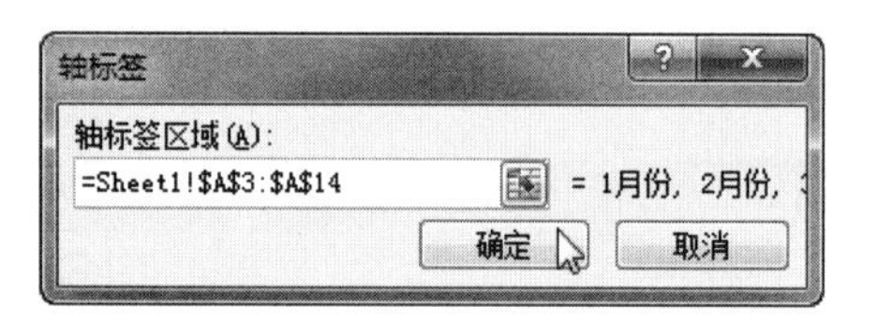

⓫ 返回【选择数据源】对话框，单击【确定】按钮，如下图所示。

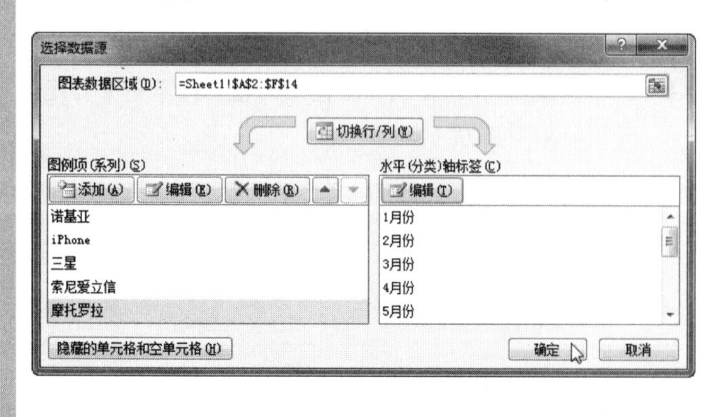

⓬ 创建完成后的图表如下图所示。

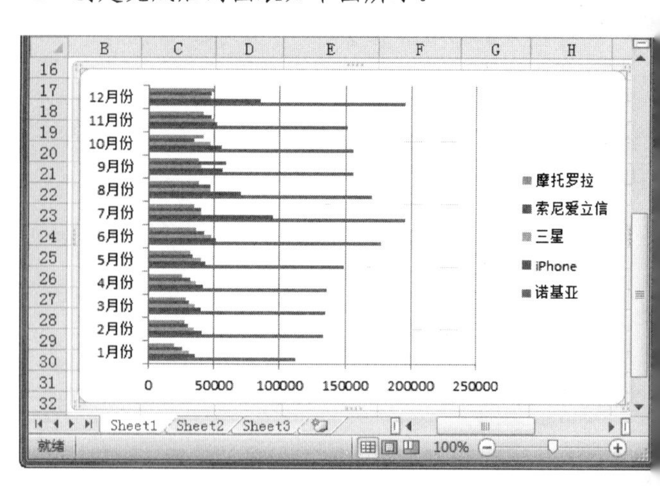

13.2 编辑图表

创建图表后，下面一起来学习图表的高级操作，包括添加和删除图表中的数据、调整图表位置和大小、更改图表类型以及图表美化等。

13.2.1 添加和删除图表中的数据

利用表格中的数据创建图表后，图表中的数据与表格中的数据是动态联系的，即在修改表格中的数据时，图表中的相应图形也会发生变化。下面看一下如何修改图表中的数据。

1. 修改图表中的数据

如果您的图表中的数据存在问题，需要进行修改，可以采用下面的方法快速进行修改。

操作步骤

❶ 打开“年终销售汇总”工作簿，选择 B12 单元格，如下图所示。

如果要使用模板创建图表，可以在【插入图表】对话框中单击【模板】选项，然后选择需要的图表模板，再单击【确定】按钮即可。

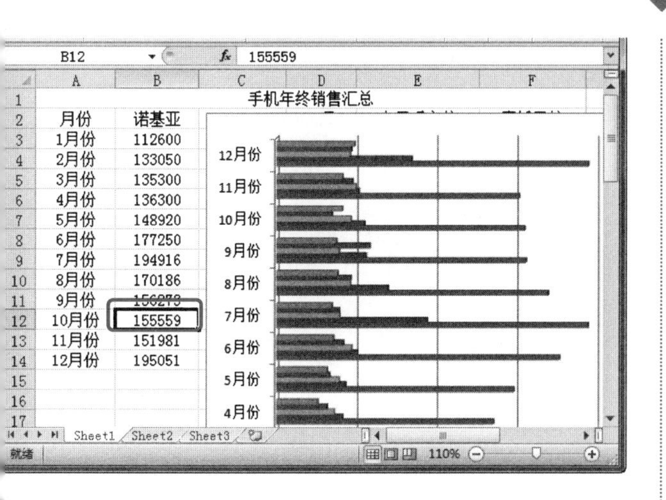

❷ 将其中的数值“155559”改为“199999”，然后按Enter键，如下图所示，“10月份、诺基亚”的图形图发生了变化。

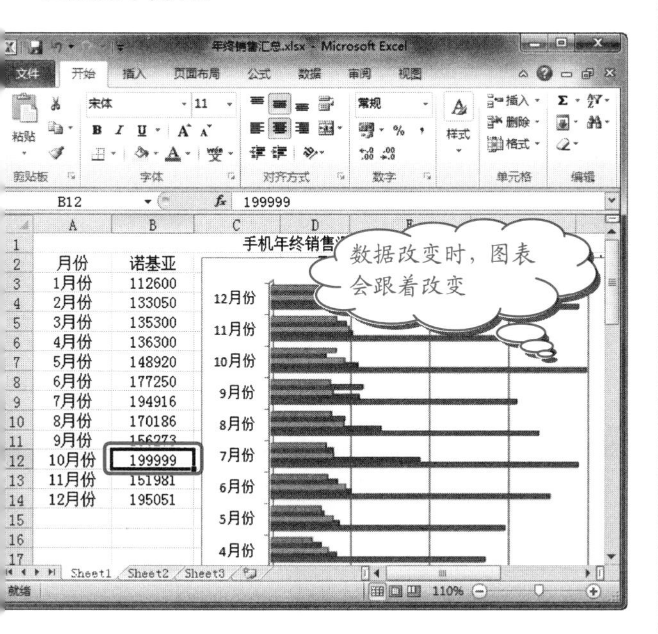

通过修改单元格中的数据来改变相应图形的数据，该操作既准确又快捷。

2. 删除图表中的数据

当图表中的某些数据不再需要时，可以删除这些数据所在的图例项，具体操作如下。

操作步骤

❶ 打开“年终销售汇总”工作簿，然后右击图表，从弹出的快捷菜单中选择【选择数据】命令，如右上图所示。

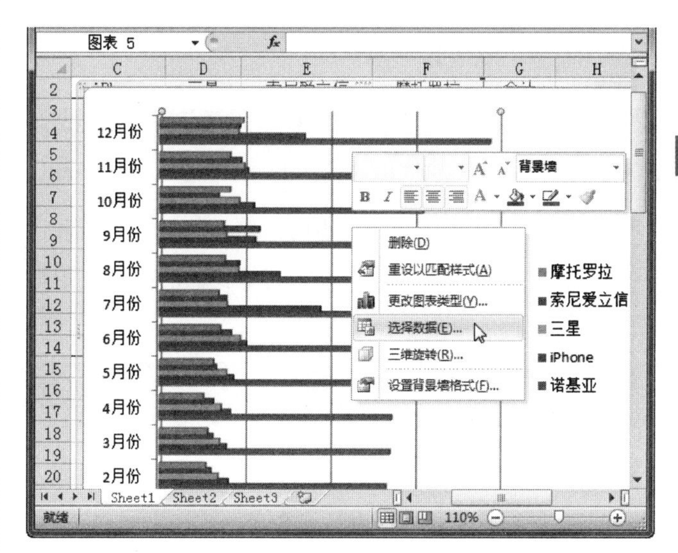

❷ 弹出【选择数据源】对话框，选择您要删除的系列选项，如选择“诺基亚”图例项，再单击【删除】按钮，如下图所示。

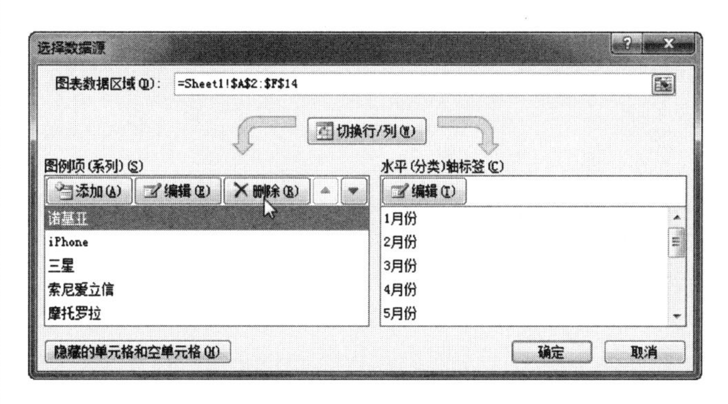

❸ 删除数据系列后结果如下图所示。

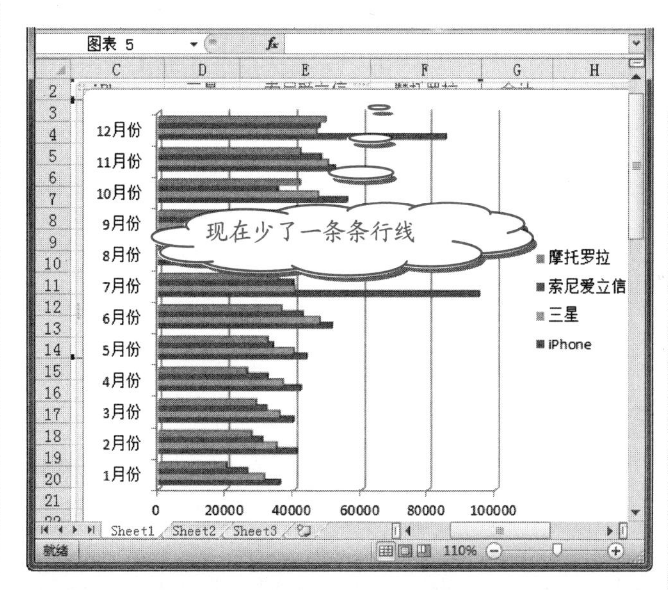

3. 添加图表中的数据

添加数据的方法在前面的章节中已经讲解过，请参看 13.1.3 节，这里不再赘述。

13.2.2 移动、调整图表

在 Excel 2010 中插入图表时，图表的插入位置和图表的大小是默认的，有时并不能满足我们的需要，这时就需要用到下面的命令了。

1. 移动图表

有时插入的图表会妨碍我们查看工作表中的数据，这时就需要使用【移动图表】命令了。

操作步骤

❶ 在插入图表后出现的【图表工具】下的【设计】选项卡中，单击【位置】组中的【移动图表】按钮，如下图所示。

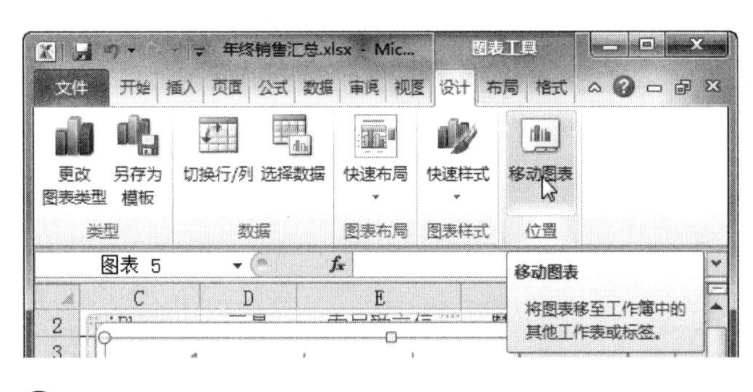

❷ 弹出【移动图表】对话框，在【选择放置图表的位置】选项组中，选中【对象位于】单选按钮，在其下拉列表框中选择 Sheet2 选项，再单击【确定】按钮，如下图所示。

❸ 这时即可发现图表被移动到 Sheet2 工作表中了。将光标移动到绘图区域上，当光标变为十字箭头形状标时按住鼠标左键并拖动，如右上图所示。

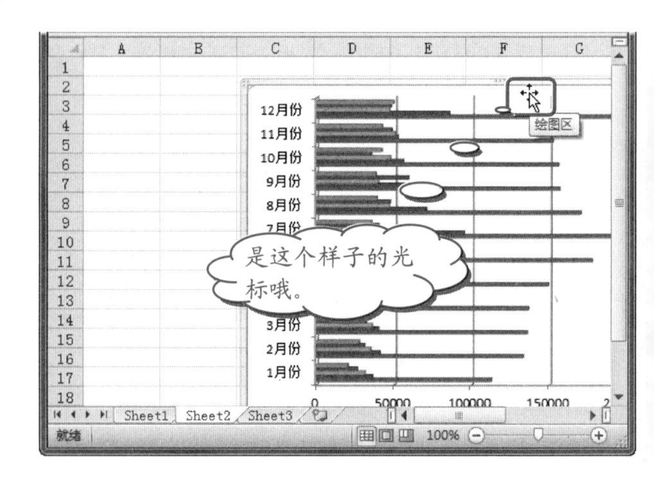

❹ 拖动中，绘图区域如下图所示，这是按住鼠标左键不放的情形。

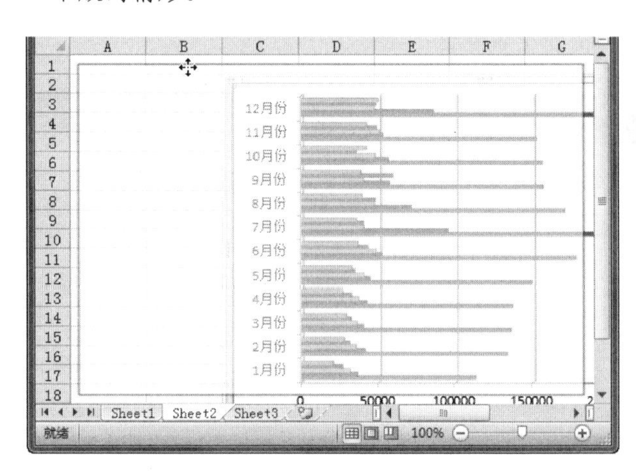

❺ 移动到合适的位置后，释放鼠标左键，结果如下图所示，现在已经将图表移动到了一个新的位置。

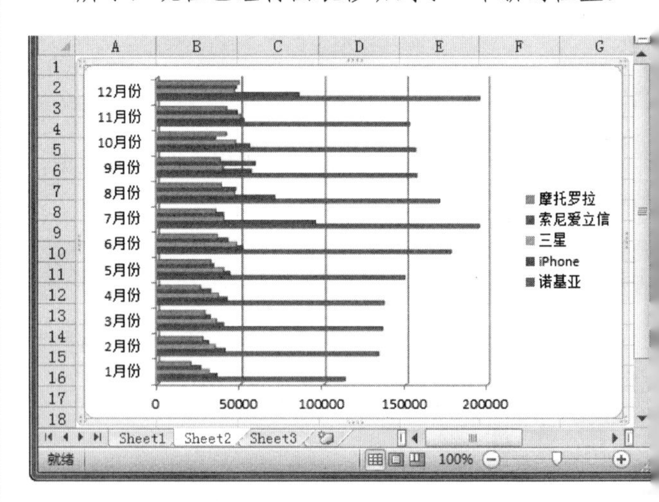

❻ 若在步骤 2 中选择【新工作表】单选按钮，并在其文本框中输入“Chart2”，如下图所示。

长见识 用鼠标单击图表区时，在图表的四周边框上将出现 8 个控制柄，并且表格中与图表相关的数据将突出显示。

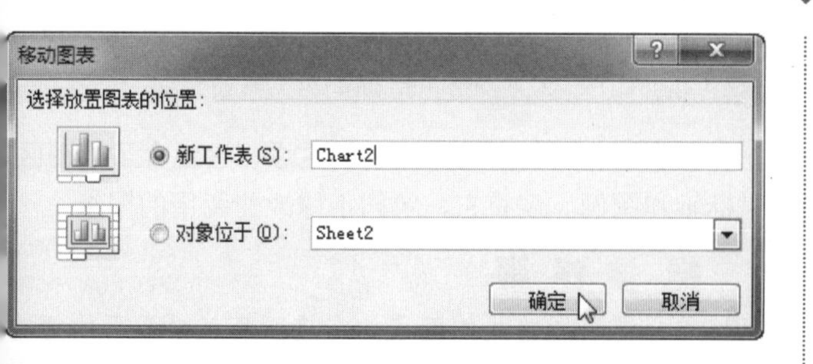

7 单击【确定】按钮后，图表将单独地作为一个工作表储存，结果如下图所示。

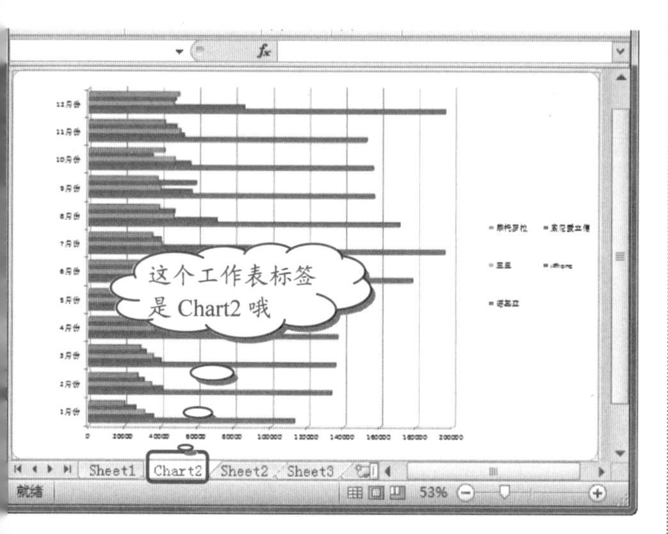

2. 调整图表大小

当数据很多时，插入的图表中所显示的数字可能很小，不能清楚地看到，为此，下面就告诉大家如何调整图表的大小，具体操作步骤如下。

操作步骤

1 选择要调整大小的图表，然后在【图表工具】下的【格式】选项卡中，调整【大小】组中的数值项，即可调整图表大小了，如下图所示。

2 经过如上图所示的设置后，工作表中的图表就由原来的“7.62 × 12.7”变为了“8 × 13”了，放大后的效果如右上图所示。

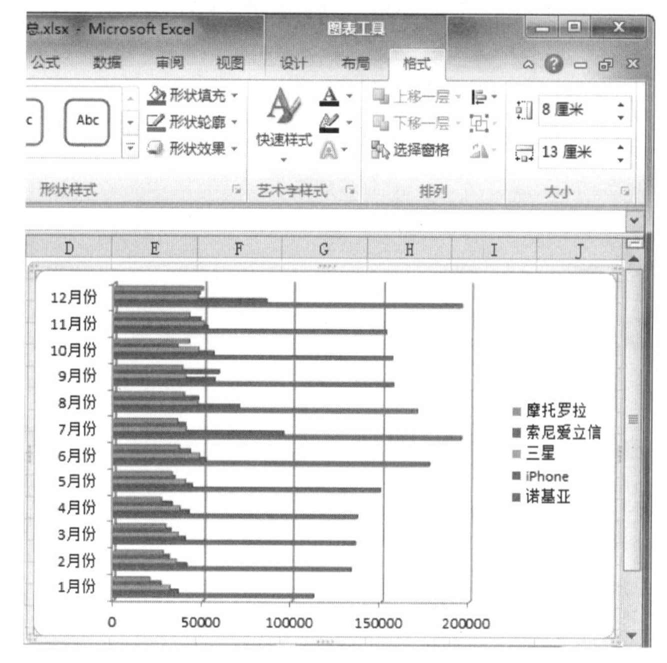

技巧

除了上面的方法外，您还可以用下面的方法快速调整图表的大小。将鼠标移动到绘图区域的边缘，当出现不同的光标时，可以进行不同的调整。

图 1　　图 2　　图 3

❖ 当出现如上图 1 所示的光标时，按住鼠标左键并进行拖动，可以快速调整图表的高度。

❖ 当出现如上图 2 所示的光标时，按住鼠标左键并进行拖动，可以快速调整图表的宽度。

❖ 当出现如上图 3 所示的光标时，按住鼠标左键并进行拖动，可以快速调整图表的高度和宽度。

13.2.3　改变图表类型

Excel 2010 中有 11 种不同的图表类型，而现在我们只用了其中的一种，是不是迫不及待地想领略一下其他图表类型的魅力呢？

现在我们就一起来学习如何更换图表类型。

操作步骤

1 选择上一节中制作的图表，在【图表工具】下的【设计】选项卡中，单击【类型】组中的【更改图表类型】按钮，如下图所示。

在打开【设置图表区格式】对话框的情况下，单击图表绘图区，则【设置图表区格式】对话框将变为【设置绘图区格式】对话框。

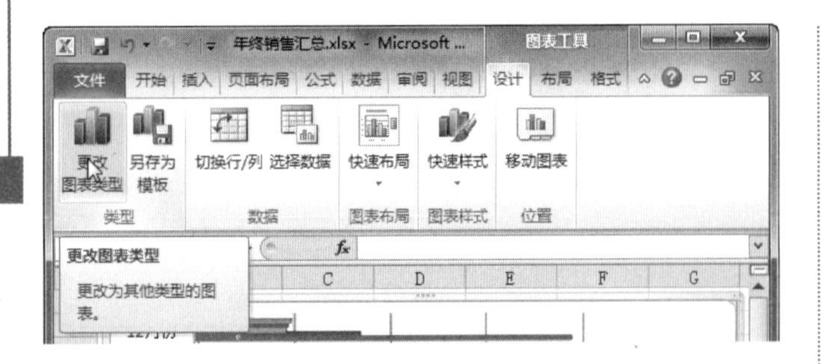

❷ 弹出【更改图表类型】对话框，选择要使用的图表类型，再单击【确定】按钮，如下图所示。

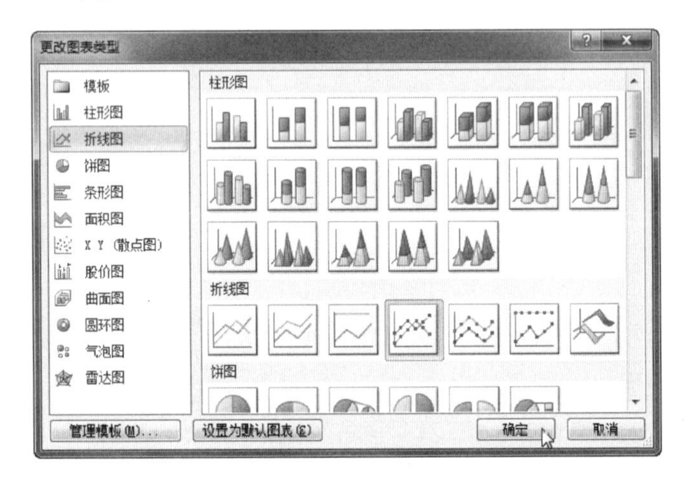

❸ 更换图表类型后的效果如下图所示。

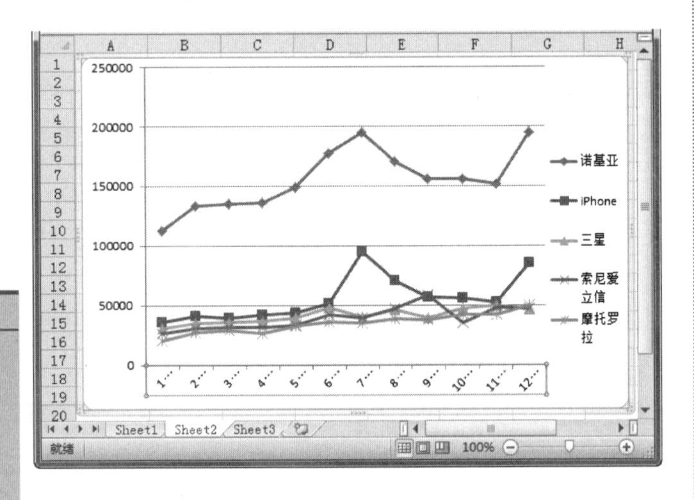

如果您有兴趣，不妨将所有的类型都试一下，看看会出现什么效果。

13.2.4 设置图表区格式

在默认状态下，图表区和绘图区是白色的，看来相差不大。如果您想快速地从数量众多的图表中找到需要的图表，通过设置可以使它与众不同。

1. 设置图表区格式

图表区是指包含整个图表的区域，它包含了绘图区、坐标轴和图例。调整它，等同于修改作图用的图纸。

操作步骤

❶ 选择要设置格式的图表，在【图表工具】下的【格式】选项卡中，在【当前所选内容】组中单击【图表元素】文本框右侧的下拉按钮，从打开的下拉列表中选择【图表区】选项，如下图所示。

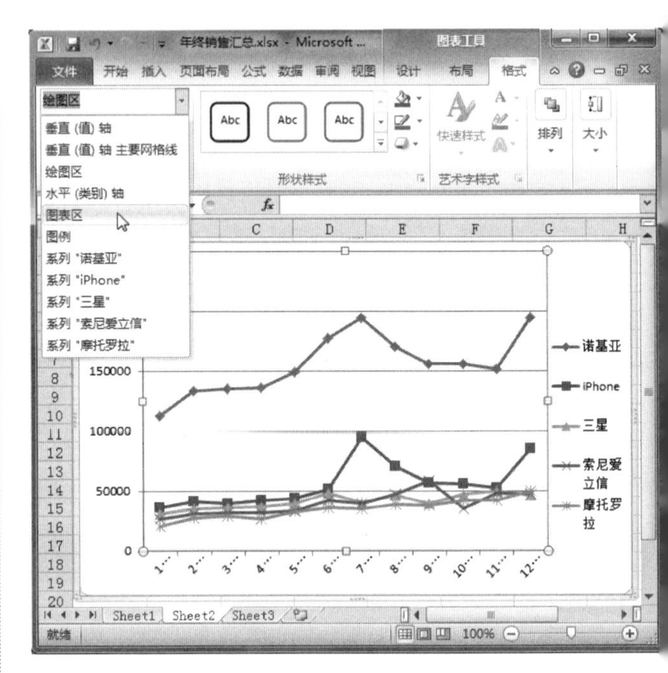

❷ 在【当前所选内容】组中单击【设置所选内容格式按钮，如下图所示。

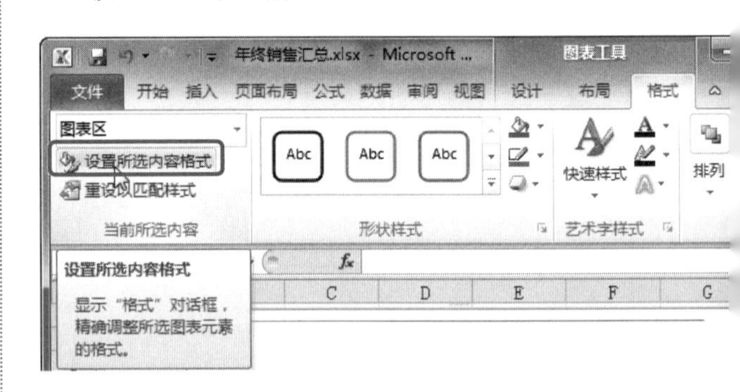

❸ 弹出【设置图表区格式】对话框，在左侧导航窗格中选择【填充】选项，然后在右侧窗格中选中【纯色填充】单选按钮，并在【颜色】下拉列表中选择【主题颜色】选项组中的【水绿色，强调文字颜色 5 淡色 40%】选项，如下图所示。

长见识：当图表中有负值时，在【数据系列格式】对话框中的【图案】选项卡中，选中【以互补色代表负值】复选框可自动以当前颜色的互补色填充该数据系列的负值。

提示

还可以通过右击图表区的空白处，从弹出的快捷菜单中选择【设置图表区格式】命令来打开【设置图表区格式】对话框。

完成后效果如下图所示。

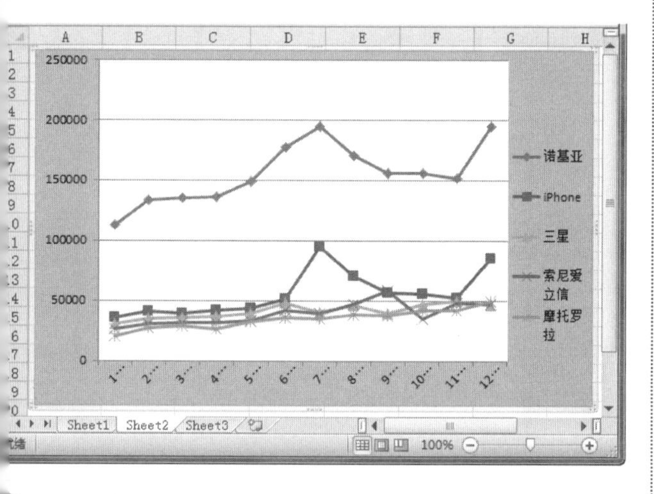

切换到【边框颜色】选项，选中【实线】单选按钮，并在【颜色】下拉列表中选择【标准色】选项组中的【红色】选项，如右上图所示。

❻ 切换到【边框样式】选项，将【宽度】设置为“3磅”、【复合类型】设置为【双线】、【短线类型】设置为【方点】，如下图所示。

❼ 切换到【三维格式】选项，设置【顶端】棱台为【十字型】，如下图所示。

学以致用系列丛书

❽ 设置完毕后单击【关闭】按钮，图表的最终效果如下图所示。

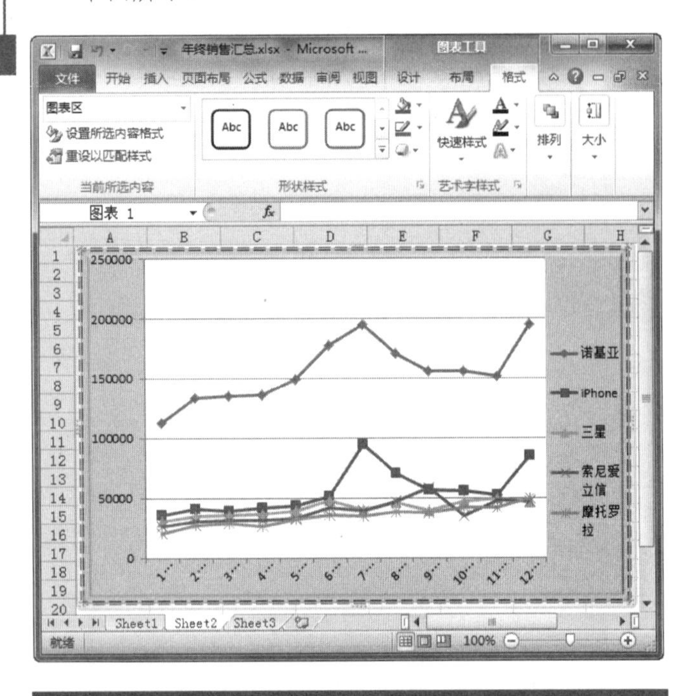

2. 设置绘图区格式

绘图区是图表区域的核心，您所要显示的数据图形就是在这个区域显示的，合理地设置绘图区的格式，会让您的图表锦上添花。

操作步骤

❶ 选择要设置格式的图表，然后在【图表工具】下的【格式】选项卡中，在【当前所选内容】组中单击【图表元素】文本框右侧的下拉按钮，从打开的下拉菜单中选择【绘图区】选项，接着单击【设置所选内容格式】按钮，如下图所示。

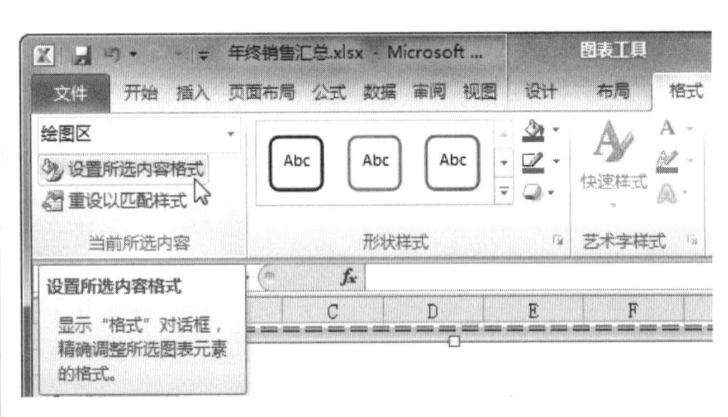

❷ 在弹出的【设置绘图区格式】对话框中选择【填充】选项，然后在右侧窗格中选中【渐变填充】单选按钮，并设置如右上图所示的颜色参数。

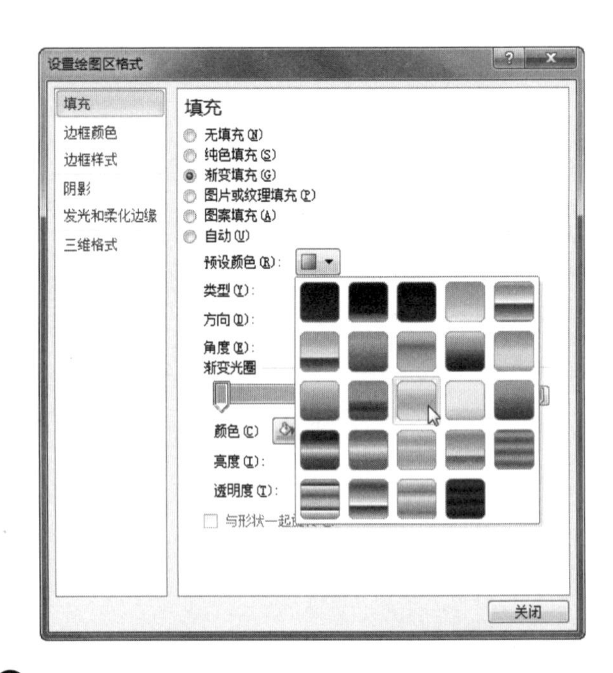

❸ 切换到【边框颜色】选项，选中【无线条】单选按钮，如下图所示。

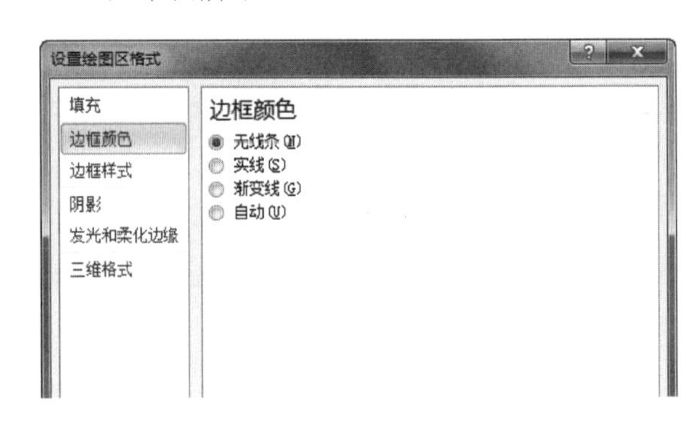

❹ 切换到【三维格式】选项，设置【顶端】棱台为【圆十字型】，如下图所示。

❺ 设置完毕后单击【关闭】按钮，最终效果如下所示。

长见识 对图表区进行大小缩放的操作时，其中的绘图区和图例也将随着图表的比例进行相应的放大和缩小。

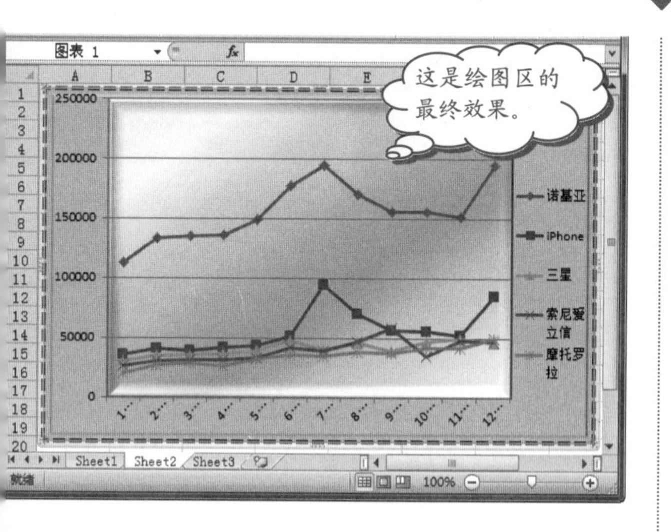

13.3 使用迷你图分析数据

迷你图是 Microsoft Excel 2010 中的一个新功能，它
工作表单元格中的一个微型图表，可提供数据的直观
示。使用迷你图可以显示一系列数值的趋势(例如，季
性增加或减少、经济周期)，或者可以突出显示最大值
最小值。在数据旁边放置迷你图可达到最佳效果。

3.3.1 创建迷你图

与 Excel 工作表上的图表不同，迷你图不是对象，
是一个嵌入在单元格中的微型图表。因此，用户可以
单元格中输入文本并使用迷你图作为其背景。

下面就来介绍如何创建迷你图。

操作步骤

❶ 选择要在其中插入一个或多个迷你图中的一个空白单元格或一组空白单元格，这里选择 B15:F15 单元格区域，如下图所示。

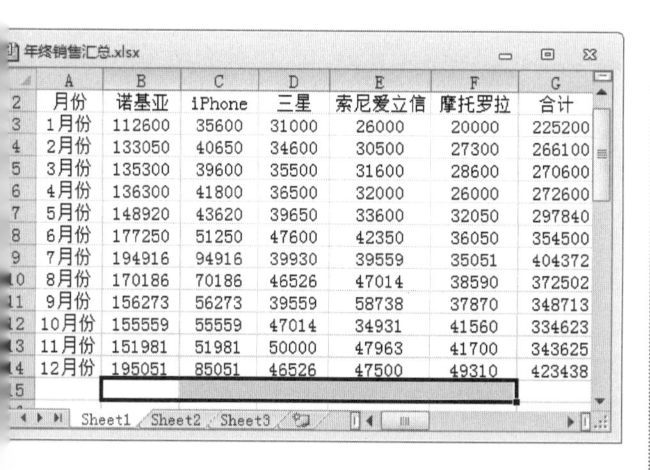

❷ 在【插入】选项卡的【迷你图】组中，单击【折线图】按钮，如下图所示。

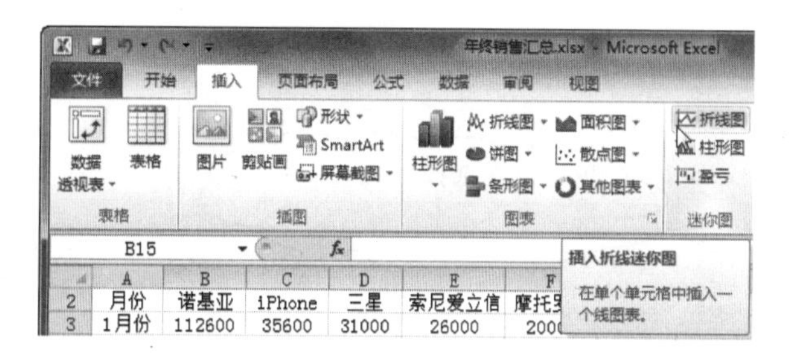

❸ 弹出【创建迷你图】对话框，然后在【数据范围】列表框中单击按钮，如下图所示。

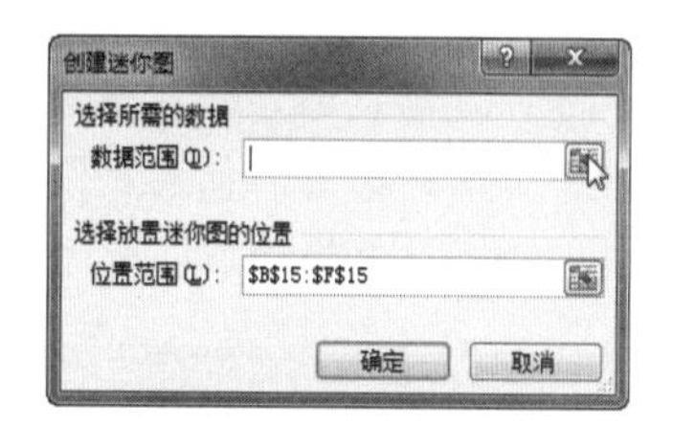

❹ 这时，【创建迷你图】对话框变窄，然后在工作表中拖动鼠标，选择 B3:F14 单元格区域，如下图所示，再按 Enter 键，还原【创建迷你图】对话框。

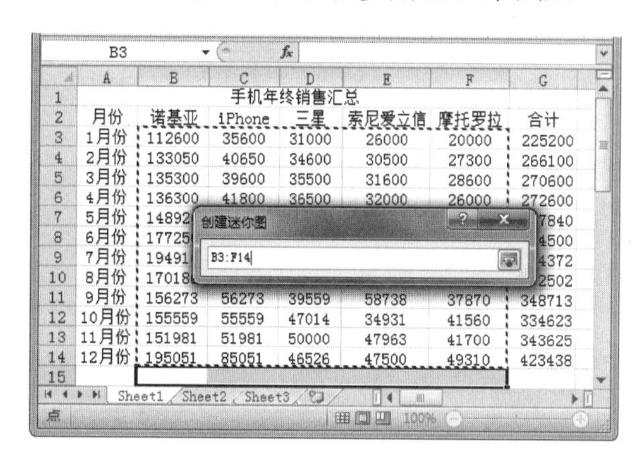

❺ 在【创建迷你图】对话框中单击【确定】按钮，添加的迷你图如下图所示。

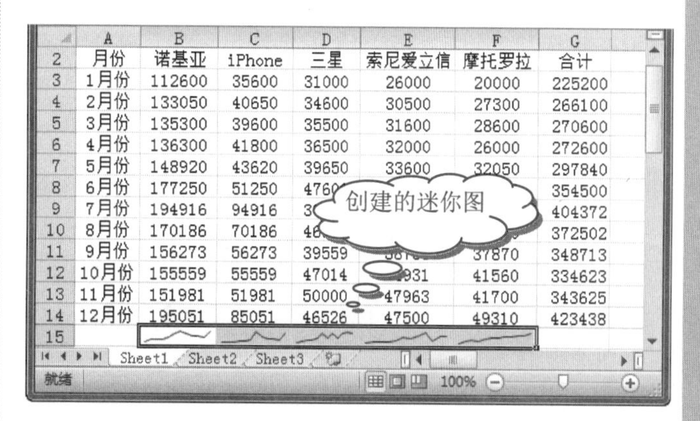

学以致用系列丛书

当用鼠标单击绘图区的某个图形时，该图表中相同系列的所有图形都将被选中。

长见识

❻ 选中含有迷你图的单元格，然后在编辑栏中输入文本内容，向迷你图添加文本，效果如下图所示。

❼ 选中 B15:F15 单元格区域，然后参考前面的方法，设置单元格中文本的格式，包括更改其字体颜色、字号或对齐方式等，效果如下图所示。

13.3.2 自定义迷你图

创建迷你图之后，可以控制显示的值点(例如，高值、低值、第一个值、最后一个值或任何负值)，更改迷你图的类型(折线、柱形或盈亏)，从一个库中应用样式或设置各个格式选项，设置垂直轴上的选项，以及控制如何在迷你图中显示空值或零值。下面将为大家一一道来。

操作步骤

❶ 控制显示的值点。首先选择要设置格式的一幅或多幅迷你图，然后在【迷你图工具】的【设计】选项卡中，在【显示】组中设置需要标记的值点选项，这里选中【高点】、【低点】、【首点】和【尾点】四个复选框，效果如右上图所示。

❷ 设置迷你图颜色。在【设计】选项卡的【样式】组中，单击【迷你图颜色】按钮，从打开的列表中选择颜色选项，如下图所示。

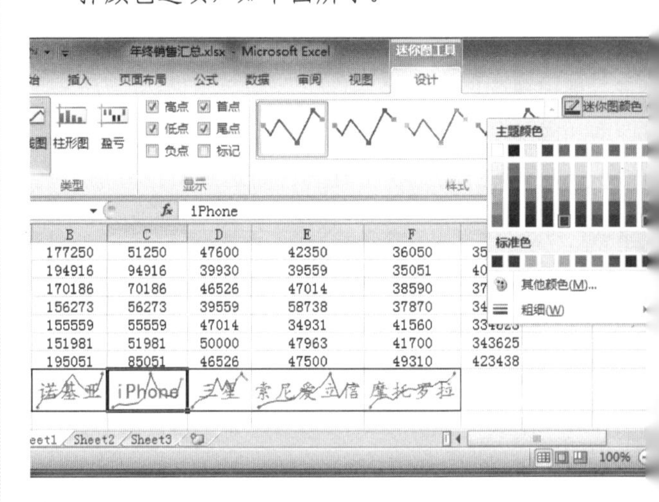

❸ 设置迷你图上标记的颜色。在【设计】选项卡的【样式】组中，单击【标记颜色】按钮，从打开的列表中选择【高点】选项，接着从弹出的子列表中选择【高点】标记的颜色，如下图所示。

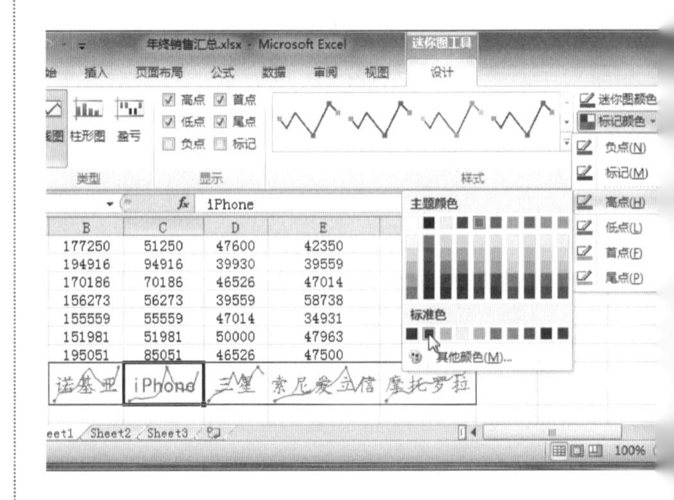

长见识 在【迷你图工具】的【设计】选项卡中，在【显示】组中选中【标记】复选框，用于显示所有数据标记；若选中【负点】复选框，可以显示负值。

❹ 更改迷你图类型。在【设计】选项卡的【类型】组中，单击【柱形图】按钮，如下图所示。

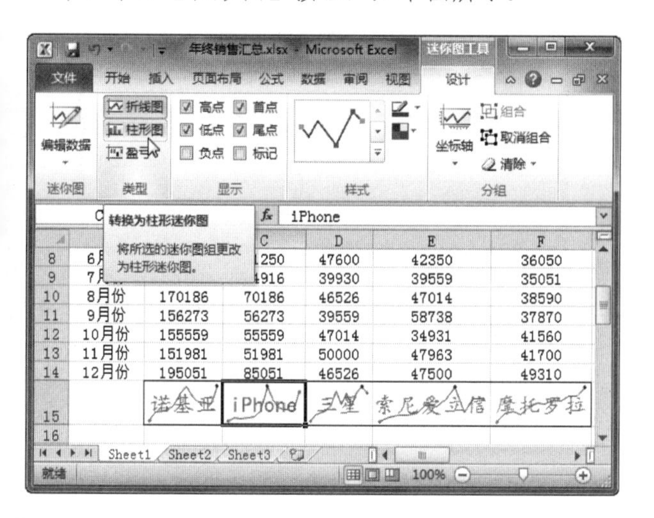

❺ 这时会发现折线型迷你图变成柱形迷你图了，如下图所示。

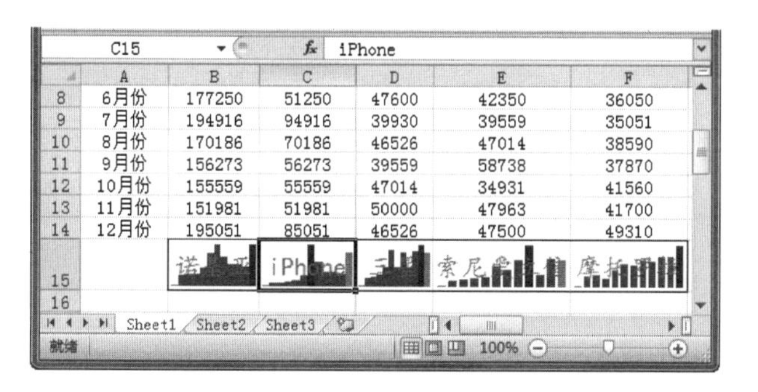

❻ 若迷你图的数据范围中包含空单元格或零值，可以将其隐藏。方法是在【设计】选项卡的【迷你图】组中，单击【编辑数据】下方的下三角按钮，从打开的列表中选择【隐藏和清空单元格】选项，如下图所示。

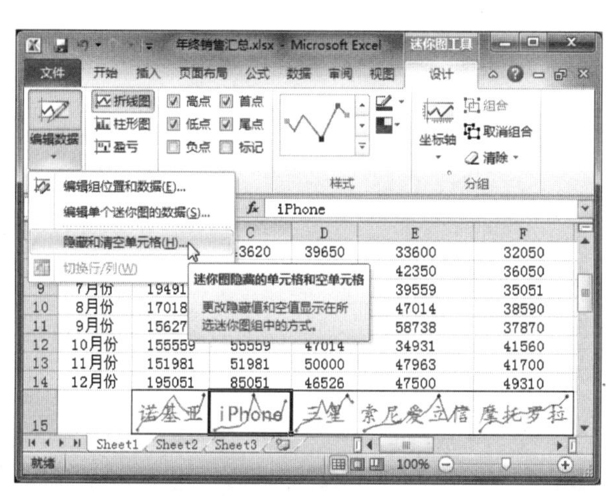

❼ 弹出【隐藏和空单元格设置】对话框，设置空单元格显示选项，例如选中【空距】单选按钮，再单击【确定】按钮即可，如下图所示。

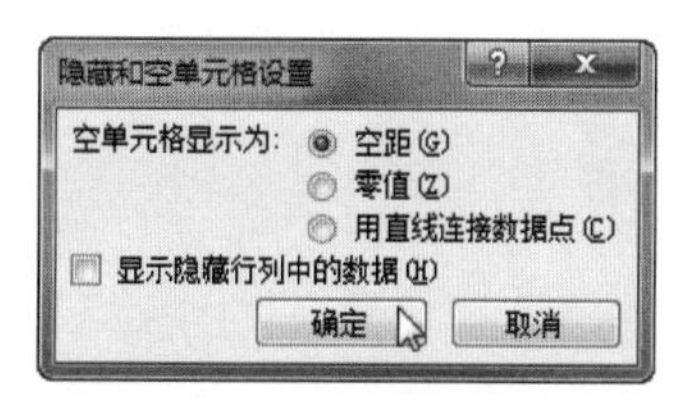

13.4　创建/编辑数据透视表

数据透视表是一种交互、交叉制作的报表，可以对多个字段的数据进行多立体的分析汇总，从而快速合并和比较大量数据，并且可以将结果转化为数据透视图。下面一起来体验一下吧。

13.4.1　创建数据透视表

数据透视表对分析较大规模的数据来说比较简单、方便。下面就来学习一下如何创建数据透视表。

1. 使用【数据透视表】选项创建数据透视表

使用【数据透视表】选项创建数据透视表的操作步骤如下。

操作步骤

❶ 打开"年终销售汇总"工作簿，然后在 Sheet3 工作表中输入如下图所示的数据信息。

年终销售汇总.xlsx

12月手机份销售登记表

品牌	型号	销售柜台	销售数量	销售金额
摩托罗拉	KRZR K2	柜台1	19	35800
摩托罗拉	RIZR Z8	柜台1	21	45000
索尼爱立信	RAZR2 V8	柜台1	26	58500
三星	AT5750	柜台1	27	35808
iPhone	AT8100	柜台1	28	45007
诺基亚	AT5800	柜台1	32	61700
诺基亚	RAZR2 V9	柜台2	13	16800
摩托罗拉	ROKR Z6	柜台2	16	19500
三星	A-TFI	柜台2	19	16806
索尼爱立信	ROKR E6	柜台2	20	45600
iPhone	AT2390	柜台2	22	19506
诺基亚	T8300	柜台2	27	45607
摩托罗拉	Z9	柜台3	20	39800
iPhone	GT2390	柜台3	29	39809
索尼爱立信	SLVR L72	柜台4	18	18800
诺基亚	A-PSE	柜台4	27	18809
索尼爱立信	Q9	柜台5	15	35200
诺基亚	E895	柜台5	15	32500
iPhone	MAXX V6	柜台5	16	25600
诺基亚	AT8300	柜台5	23	35208
三星	AT5550	柜台5	23	25607
三星	A-TTH	柜台5	24	32509
摩托罗拉	SLVR L9	柜台5	25	48600
iPhone	AT2390	柜台5	33	48608

Sheet1　Sheet2　Sheet3

学以致用系列丛书

长见识

数据透视图与标准图表的区别主要体现在以下几个方面：交互性(前者具有交互性)、默认图表类型(前者为堆积柱形图，后者为簇状柱形图)、图表位置(前者创建在图表工作表上，后者嵌入在工作表中)、源数据(前者是基于相关联的数据透视表中的几种不同数据类型，后者直接链接到工作表单元格中。

❷ 在【插入】选项卡的【表】组中，单击【数据透视表】按钮旁边的下三角按钮，从弹出的列表中选择【数据透视表】选项，如下图所示。

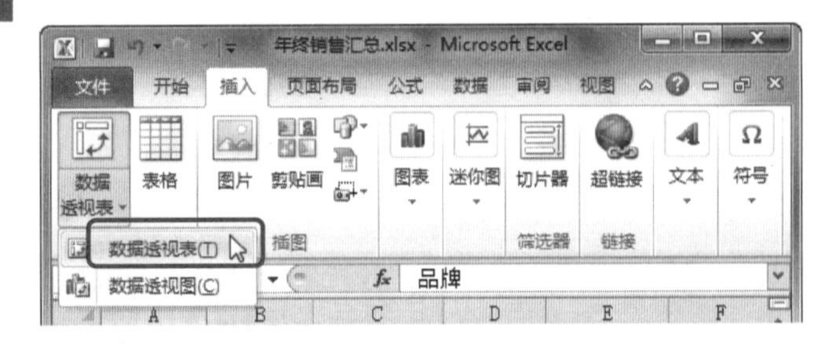

❸ 弹出【创建数据透视表】对话框，然后在【请选择要分析的数据】选项组中选中【选择一个表或区域】单选按钮，接着单击【表/区域】文本框右侧的按钮，如下图所示。

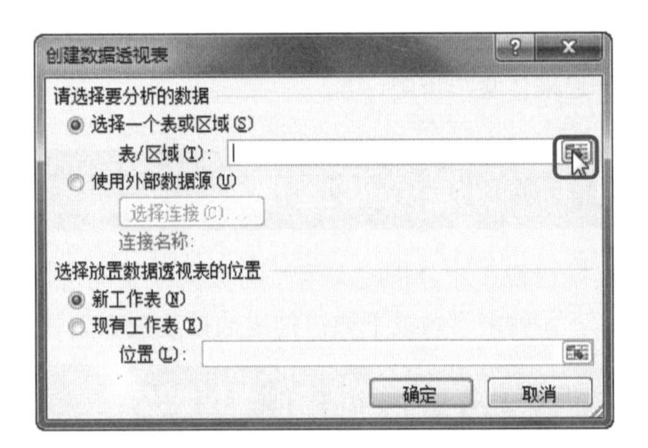

❹ 这时，【创建数据透视表】对话框变窄，使用鼠标在工作表中选择需要的数据源，如下图所示，再按Enter键还原【创建数据透视表】对话框。

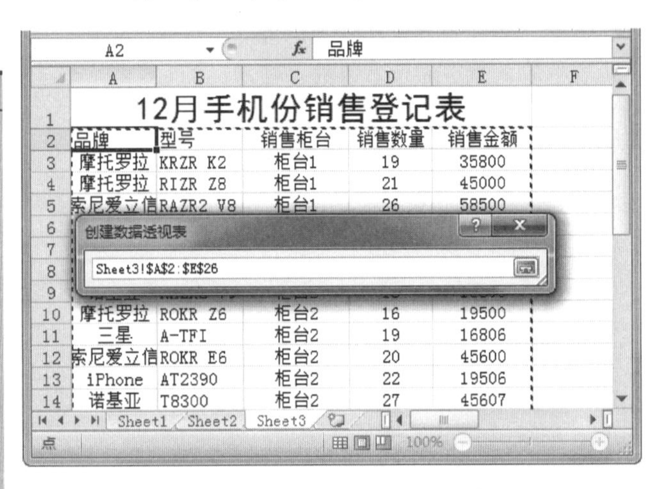

❺ 在【选择放置数据透视表的位置】选项组中选中【新工作表】单选按钮，再单击【确定】按钮，如右上图所示。

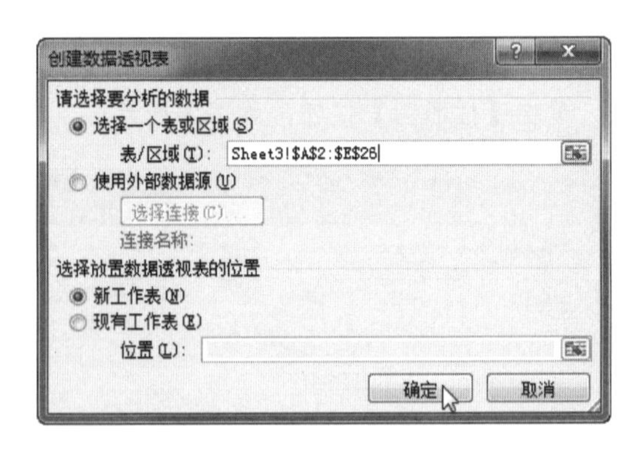

❻ 这时在工作簿中插入一个新工作表，其右侧是【数据透视表字段列表】窗格，并且在该工作表中创建了空白数据透视表，如下图所示。

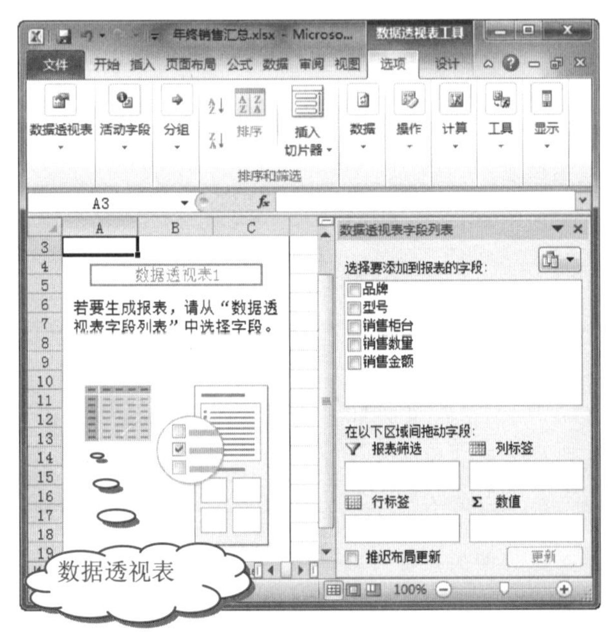

❼ 在【数据透视表字段列表】窗格中的【选择要添加到报表的字段】列表框中，选择要在数据透视表中显示的字段，如下图所示。

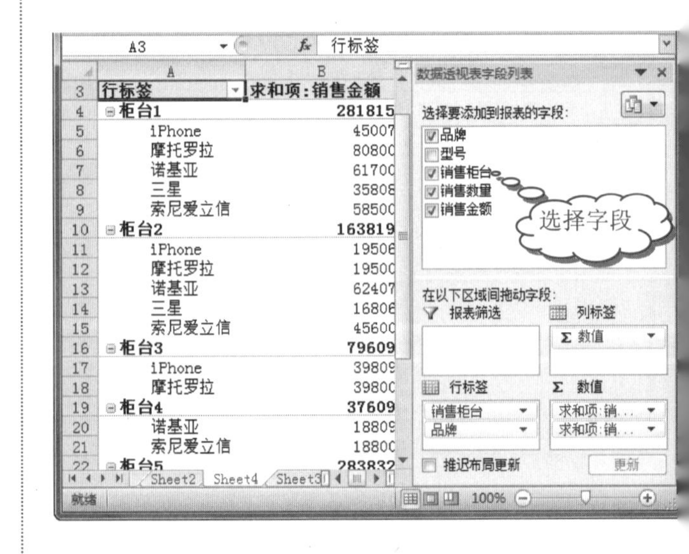

长见识 数据透视表中的数值字段个数最多可以有256个；报表过滤器的个数最多也只有256个，而且会受到可用内存大小的影响。

8 在【数据透视表字段列表】窗格中的【行标签】选项组中单击【品牌】选项，然后从弹出的快捷菜单中选择【移动到报表筛选】命令，如下图所示。

技巧

还可以通过鼠标拖动的方法移动数据透视表中的字段：如在【数值】选项组中单击【求和项:月份】选项不松，拖动鼠标到【报表筛选】选项组中，再释放鼠标即可。

9 可以看到【品牌】字段被添加到【报表筛选】选项组中了，如下图所示。可使用该方法调整数据透视表中的其他字段。

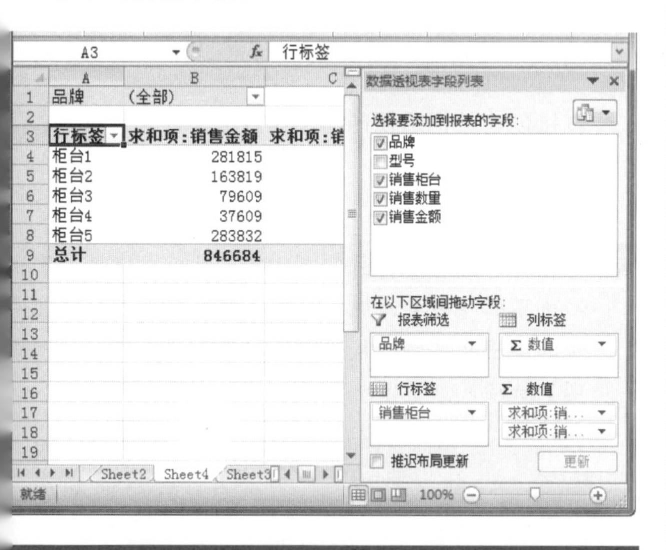

2. 使用【数据透视表和数据透视图向导】对话框创建数据透视表

使用【数据透视表和数据透视图向导】对话框创建数据透视表的操作步骤如下。

操作步骤

1 选择【文件】|【选项】命令，打开【Excel 选项】对话框。

2 在左侧导航窗格中选择【快速访问工具栏】选项，然后在右侧窗格中的【从下列位置选择命令】下拉列表框中选择【不在功能区中的命令】选项，接着在下方的列表框中选择【数据透视表和数据透视图向导】按钮，再单击【添加】按钮，最后单击【确定】按钮，如下图所示。

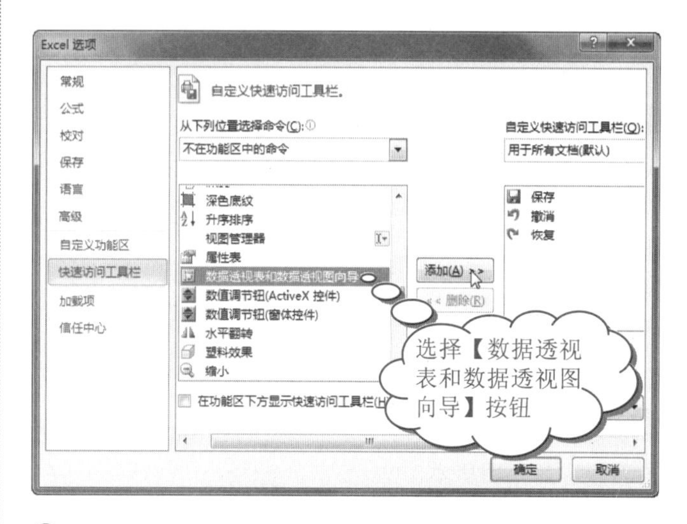

3 现在【数据透视表和数据透视图向导】按钮被添加到快速访问工具栏中了，单击该按钮，如下图所示。

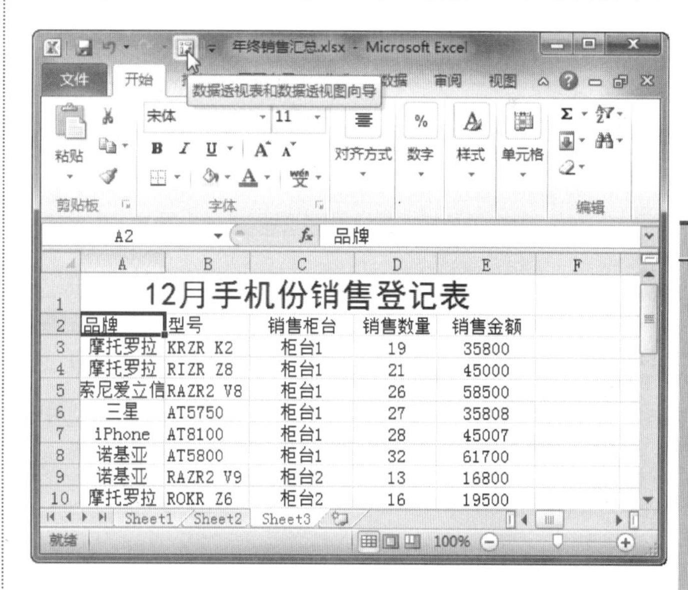

4 打开【数据透视表和数据透视图向导——步骤(共 3 步)】对话框，在【请指定待分析数据的数据源类型】选项组中选中【Microsoft Office Excel 列表或数据库】单选按钮，接着在【所需创建的报表类型】选项组中选中【数据透视表】单选按钮，再单击【下

数据透视表字段列表有 5 种不同视图，包括字段部分和区域部分堆积视图、字段部分和区域部分并排视图、仅字段视图、仅 2×2 区域部分视图和仅 1×4 区域部分视图。其中字段部分和区域部分堆积视图是系统默认视图。

一步】按钮，如下图所示。

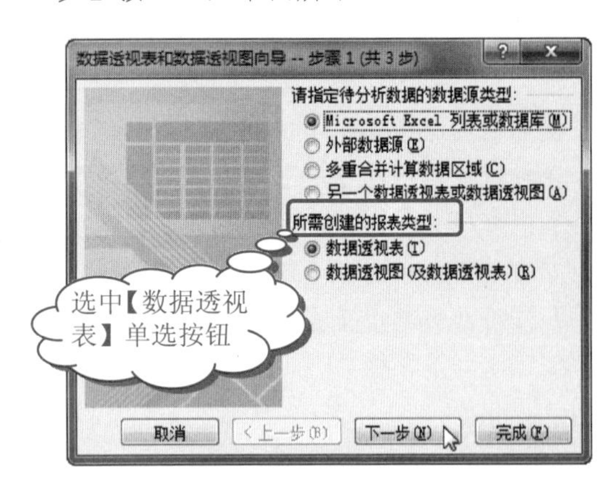

5 弹出【数据透视表和数据透视图向导--步骤 2(共 3 步)】对话框，单击【选定区域】文本框右侧的按钮，如下图所示。

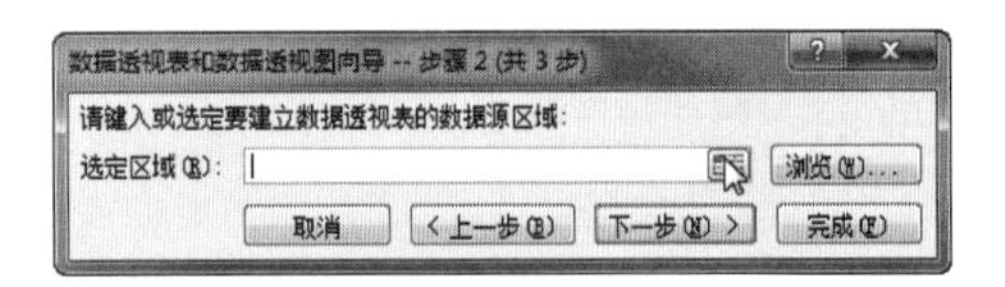

6 返回工作表，选择数据源区域，再按 Enter 键进行确认，如下图所示。

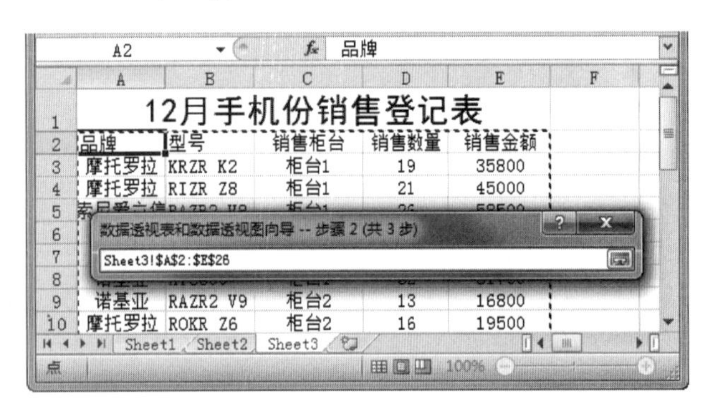

7 返回【数据透视表和数据透视图向导--步骤 2(共 3 步)】对话框，单击【下一步】按钮。

8 弹出【数据透视表和数据透视图向导--步骤 3(共 3 步)】对话框，设置数据透视表显示位置，这里选中【现有工作表】单选按钮，并在文本框中输入单元格地址，再单击【完成】按钮，如下图所示。

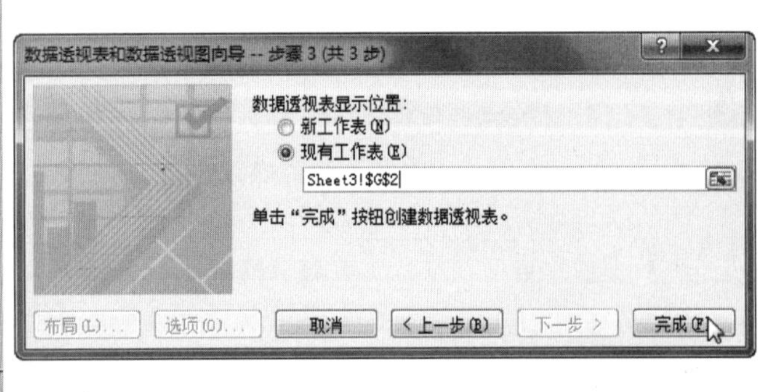

9 在【数据透视表字段列表】窗格中的【选择要添加到报表的字段】列表框中，选择要在数据透视表中显示的字段即可，如下图所示。

13.4.2 创建数据透视图

数据透视图是针对数据透视表统计出来的数据进行展示的一种手段，下面介绍两种数据透视图的创建方法：一种是根据数据源直接创建，另一种是将数据透视表转化为数据透视图。

1. 直接创建数据透视图

直接创建数据透视图的操作方法与创建数据透视表相似，其步骤如下。

操作步骤

1 激活“年终销售汇总”工作表，然后在【插入】选项卡下的【表】组中，单击【数据透视表】按钮旁边的下三角按钮，从弹出的列表中选择【数据透视图】选项，如下图所示。

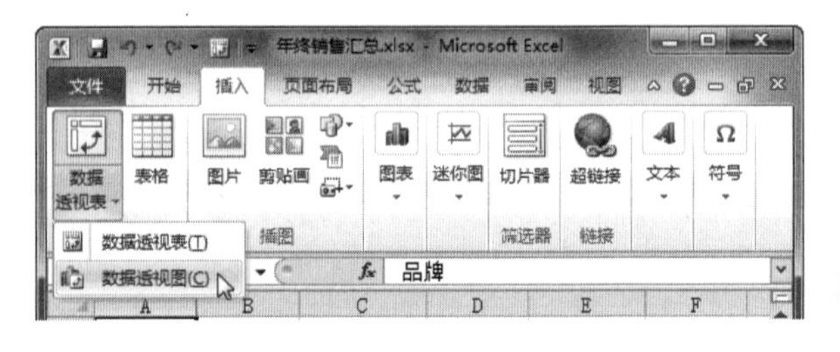

2 弹出【创建数据透视表】对话框，然后在【请选择要分析的数据】选项组中选中【选择一个表或区域

长见识

如果将报表布局设置为手动更新，那么在关闭数据透视表字段列表时、或改为【仅字段】视图时、或退出 Microsoft Excel 时，Excel 将不再显示【确认】对话框，而是直接丢弃对数据透视表进行的所有布局更改。

单选按钮，并在【表/区域】文本框中输入数据源地址，接着在【选择放置数据透视表及数据透视图的位置】选项组中选中【现有工作表】单选按钮，接着指定位置，如下图所示。

❸ 这时同时创建了空白数据透视表和透视图，如下图所示。

❹ 在【数据透视表字段列表】窗格中的【选择要添加到报表的字段】列表框中，选择要在数据透视表中显示的字段，再调整字段所属区域，如下图所示。

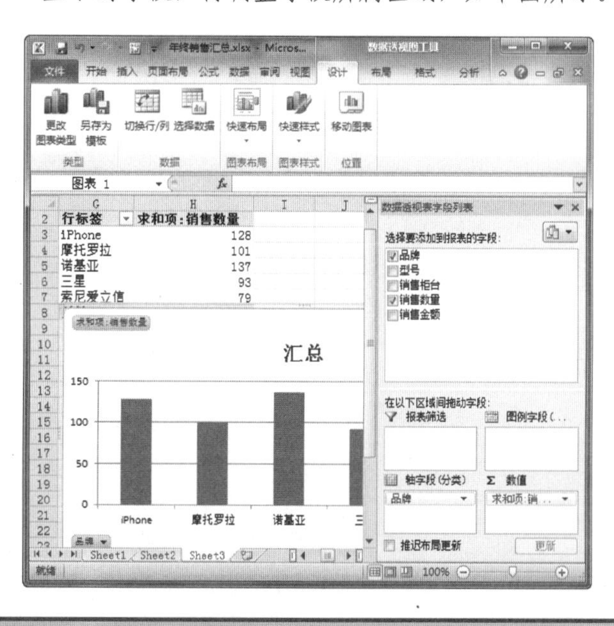

2. 将数据透视表转化为数据透视图

如果已经创建了数据透视表，可以将数据透视表直接转化为数据透视图，其操作步骤如下。

操作步骤

❶ 单击数据透视表的任意位置，然后在【数据透视表工具】下的【选项】选项卡中，单击【操作】组中的【选择】按钮，接着从弹出的列表中选择【整个数据透视表】选项，选中整个数据透视表，如下图所示。

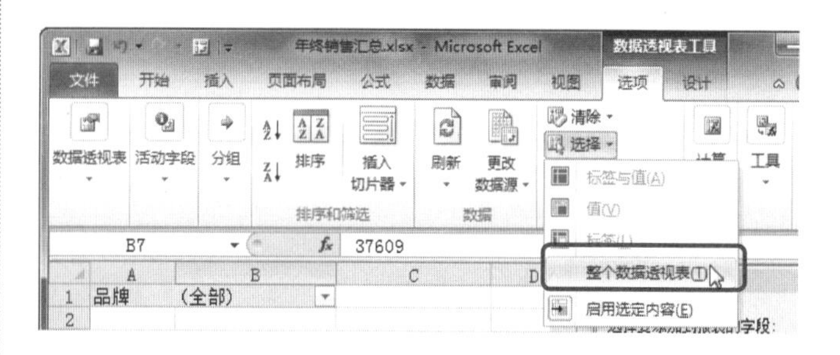

❷ 接着在【选项】选项卡的【工具】组中，单击【数据透视图】按钮，如下图所示。

❸ 弹出【插入图表】对话框，在左侧导航窗格中选择要创建的图表类型，比如选择【柱形图】，接着在右侧窗格中选择子图表类型，最后单击【确定】按钮，如下图所示。

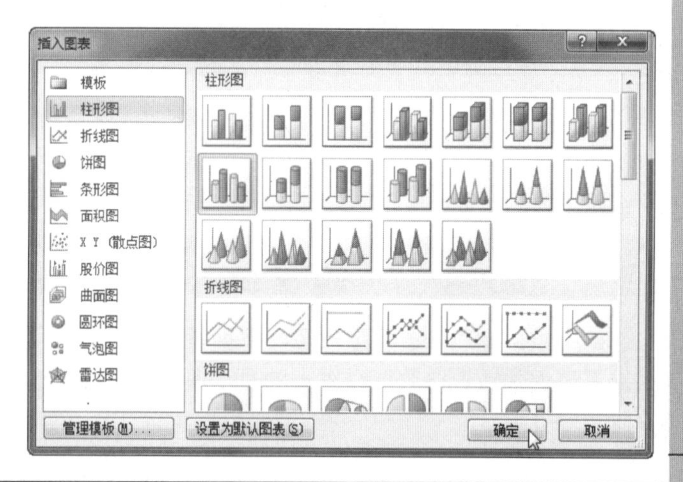

学以致用系列丛书

长见识：如果在字段列表中看不到自己要使用的字段，可以刷新数据透视表或数据透视图，以显示自上次操作以来所添加的新的字段、计算字段、度量、计算度量或维数。

❹ 创建的数据透视图如下图所示。

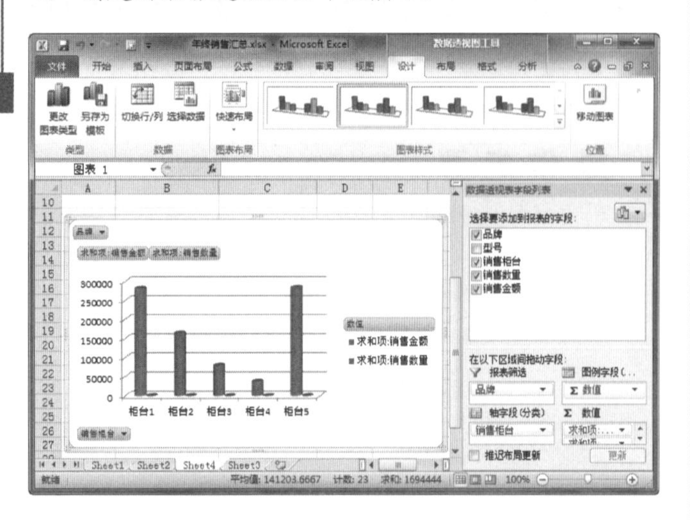

技巧

除了上述两种方法外，还可以使用【数据透视表和数据透视图向导】对话框来创建数据透视图。其步骤与创建数据透视表时大致相同，只不过在【数据透视表和数据透视图向导--步骤 1(共 3 步)】对话框中选择的报表类型为【数据透视图(及数据透视表)】选项，如下图所示。

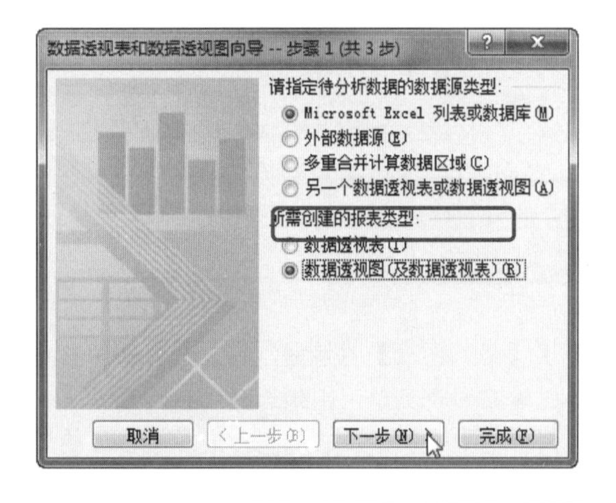

13.4.3 编辑数据透视表

本节将介绍一些编辑数据透视表的方法，包括添加和删除显示项目(字段)，修改汇总方式、修改数字格式以及修改字段排序等。

1. 添加和删除显示项目

如果数据源包含的列数较多，数据量大，用户可以根据需要添加或删除数据透视表的显示项目，下面一起来研究一下吧！

1) 通过【数据透视表字段列表】窗格添加

在【数据透视表字段列表】窗格中的【选择要添加到报表的字段】列表框中分别选中各字段名称旁边的复选框，这样字段会被放置在布局部分的默认区域中，用户可在需要时重新排列这些字段。

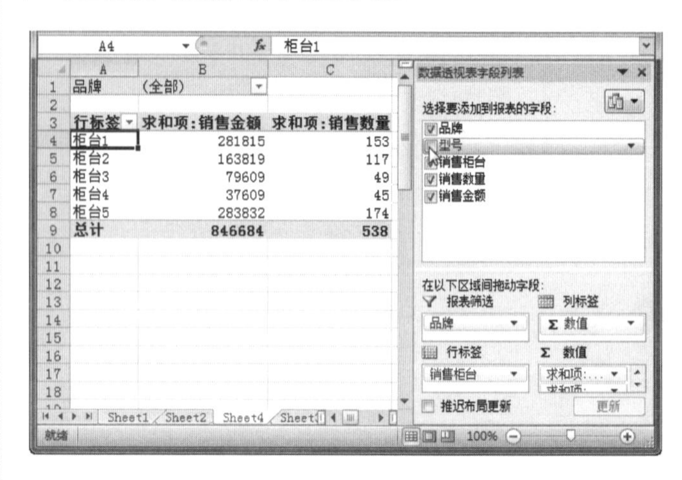

提示

在默认情况下，非数值字段会被添加到【行标签】区域，数值字段会被添加到【数值】区域。

2) 使用快捷菜单

在【数据透视表字段列表】窗格中的【选择要添加到报表的字段】列表框中右击需要添加的字段名称，然后在弹出的快捷菜单中选择相应的命令即可。如下图所示，这些命令包括【添加到报表筛选】、【添加到行标签】、【添加到列标签】和【添加到值】，可以将该字段放置在布局部分中的某个特定区域中。

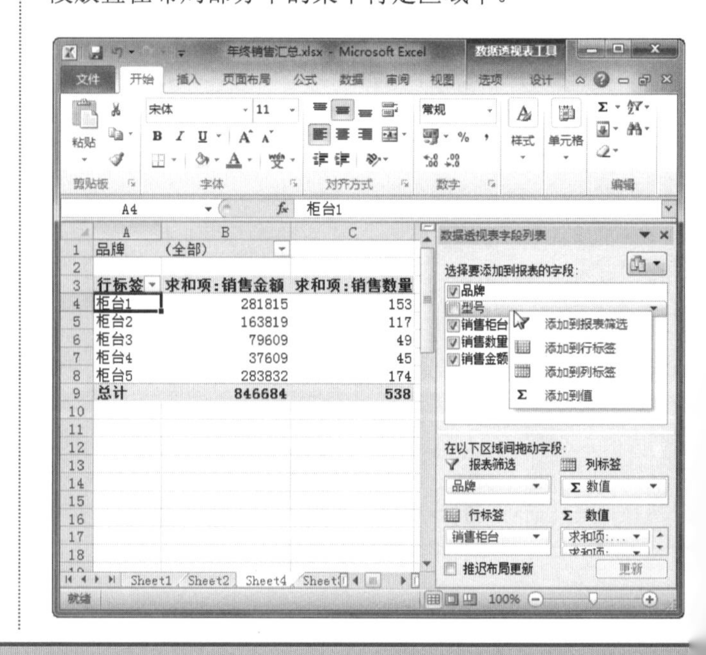

工作簿中的某些数据透视表所包含的条件格式可能在早期版本的 Excel 中无法正常工作。当在早期版本的 Excel 中使用这些数据透视表时，所包含的那些条件格式规则将不会显示相同的结果。

删除字段的方法非常简单，只要在字段区间中需要删除的字段上右击，再从弹出的快捷菜单中选择【删除字段】命令即可，如下图所示。

2. 修改汇总方式

在默认情况下，数据透视表使用的汇总方式是求和计算。如果用户需要更改汇总方式，可以通过下述方法实现。

操作步骤

❶ 选中要修改汇总方式的字段名称所在的单元格，然后在【数据透视表工具】下的【选项】选项卡中，单击【活动字段】组中的【字段设置】按钮，如下图所示。

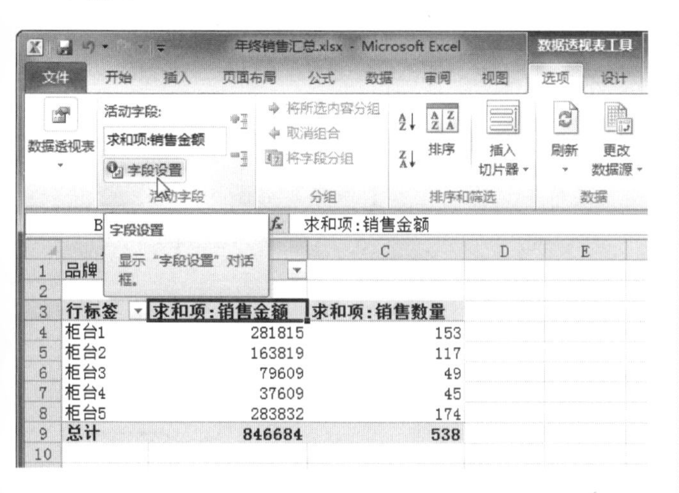

提示

如果要修改字段名称，可以在【活动字段】文本框中输入字段的新名称，再按 Enter 键即可。

技巧

在【数据透视表字段列表】窗格中的【数值】选项组中，单击要修改汇总方式的字段项，然后从弹出的菜单中选择【值字段设置】命令，也可以弹出【值字段设置】对话框，如下图所示。

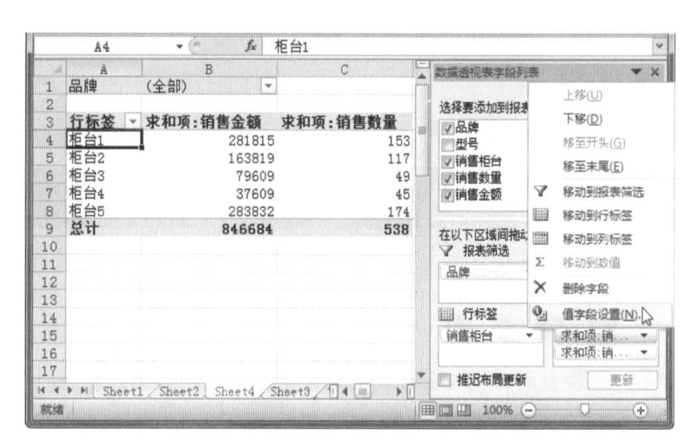

❷ 弹出【值字段设置】对话框，切换到【值汇总方式】选项卡，然后在【计算类型】列表框中选择需要的汇总方式，这里选择【平均值】选项，如下图所示。

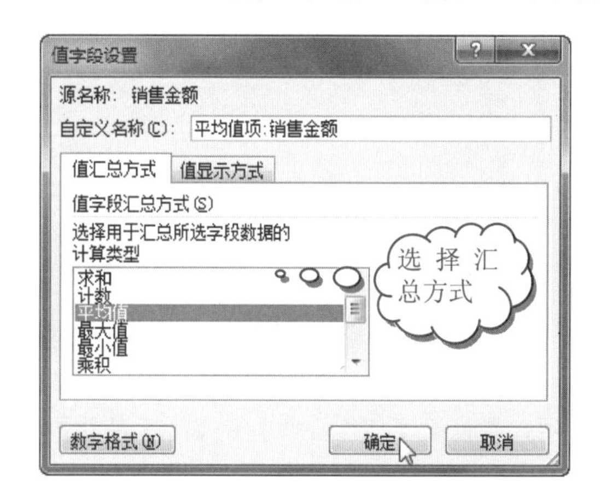

提示

如果前面修改了汇总字段的名称，在修改汇总方式后，字段名称会根据选择的汇总方式自动变化，这时可以在【值字段设置】对话框中的【自定义名称】文本框中输入字段的新名称即可。

❸ 单击【确定】按钮，返回工作表，即可发现字段的汇总方式已经改变了，如下图所示。

可以通过【设置单元格格式】对话框在数据透视表中手动设置单元格或单元格区域的格式。但是，不能在数据透视表中使用【对齐】选项卡的【合并单元格】复选框。

3. 修改数字格式

在数据透视表中修改数字格式的方法如下。

操作步骤

❶ 参考上一小节的操作步骤，打开【值字段设置】对话框，然后单击【数字格式】按钮，如下图所示。

❷ 弹出【设置单元格格式】对话框，根据需要设置数据格式即可。这里在【分类】列表框中选择【货币】选项，再设置【小数位数】和【货币符号】，如下图所示。设置完成后，单击【确定】按钮，返回【值字段设置】对话框。

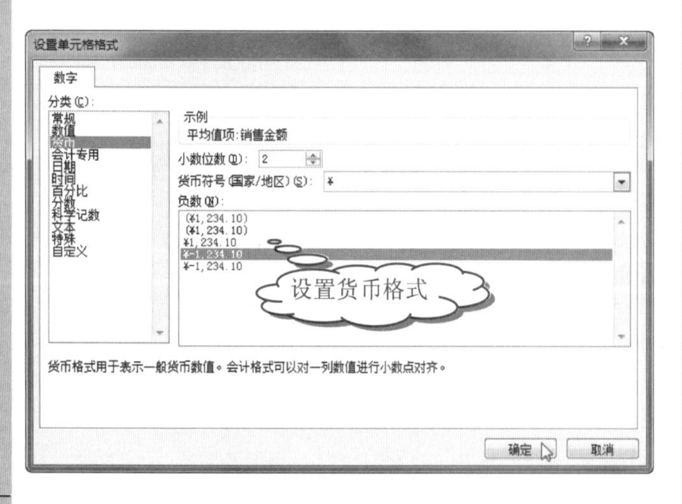

❸ 如果是对数值字段进行格式设置，可以切换到【值显示方式】选项卡，然后在【值显示方式】列表框中选择显示方式，如下图所示。

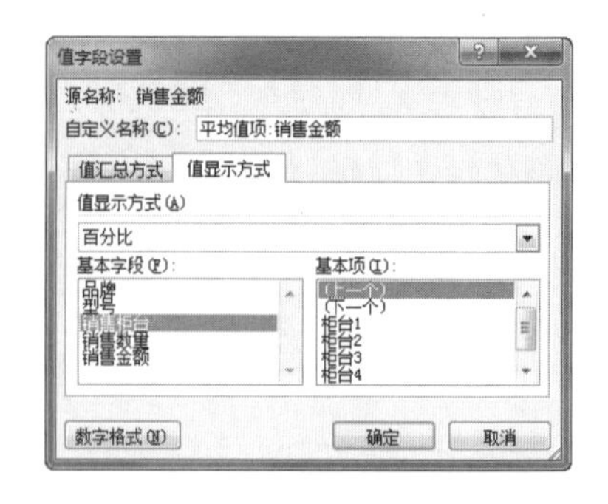

❹ 单击【确定】按钮，效果如下图所示。

4. 修改字段排序

对于已经制作完成的数据透视表，用户可以通过下述方法修改字段排序。

操作步骤

❶ 在【数据透视表字段列表】窗格中，单击【数值】选项组中的【求和项：销售数量】选项，在弹出的菜单中选择【上移】命令，如下图所示。

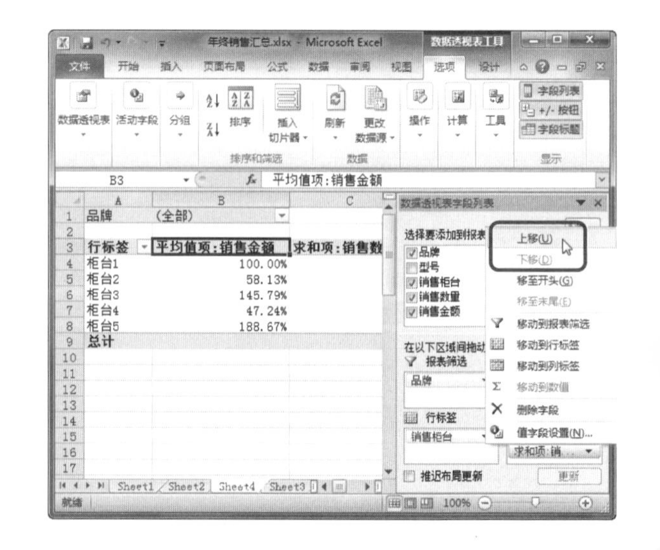

长见识　将鼠标移动到数据透视表的字段上，当鼠标变为⬇时，双击以大纲或表格形式显示的行字段，将弹出【字段设置】对话框；双击数据透视表其他位置单元格，将弹出【显示明细数据】对话框。

❷ 瞧，数据透视表重新布局了，如下图所示。

提示

如果【数据透视表字段列表】窗格没有在窗口中显示出来，可以单击数据透视表任意位置处，然后在【数据透视表工具】下的【选项】选项卡下，单击【显示/隐藏】组中的【字段列表】按钮即可打开【数据透视表字段列表】窗格了，如下图所示。

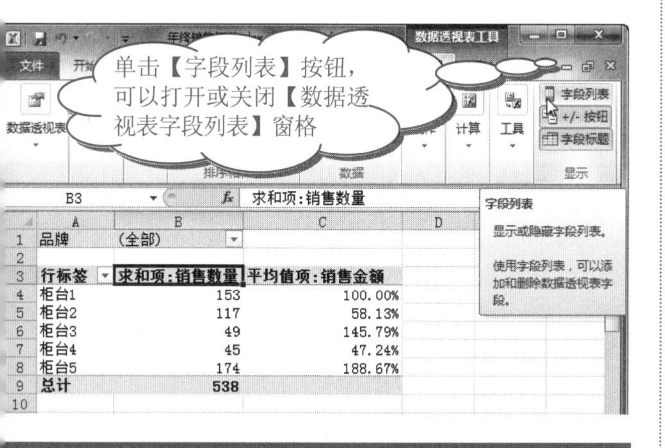

5. 更新数据

虽然数据透视表是根据数据源创建的，但是创建完成后的数据透视表中的数据并不能随着数据源的改变而自动修改。这时，用户可以使用下述方法更新数据透视表中的数据。

操作步骤

❶ 在 Sheet3 工作表中把 D3 单元格中的数值由“19”改为“190”，如右上图所示。

❷ 单击数据透视表中的 B4 单元格，然后在【数据透视表工具】下的【选项】选项卡中，单击【数据】组中的【刷新】按钮，并从弹出的列表中选择【刷新】选项，如下图所示。

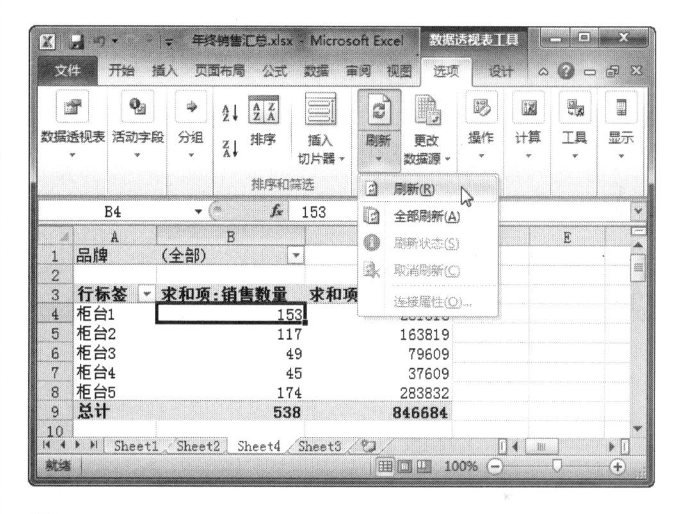

❸ B4 单元格中的数据随源数据改变了，如下图所示。

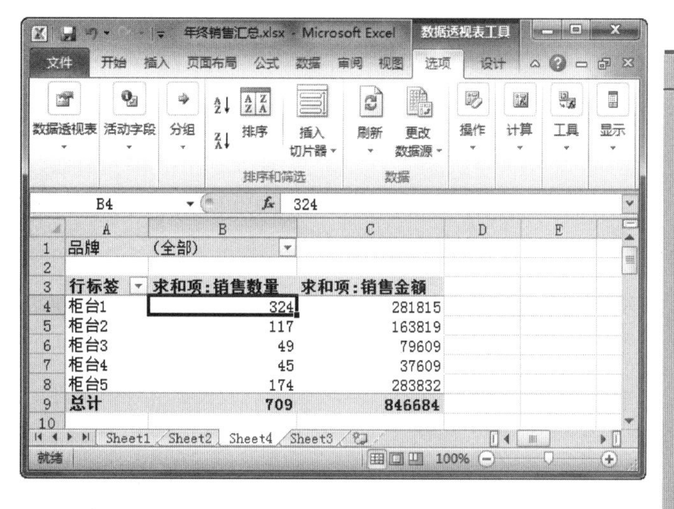

长见识：激活数据透视表，使【数据透视表工具】选项卡可见，接着在【设计】选项卡的【数据透视表样式】组中，单击滚动条底部的【其他】按钮以查看所有可用的样式，再单击样式库底部的【清除】命令，可以清除报表中的所有格式设置。

技巧

还可以通过右击数据透视表数据区域中的任意一个单元格，在弹出的快捷菜单中选择【刷新】命令来更新数据透视表，如下图所示。

6. 修改布局

接下来介绍如何修改数据透视表布局，其操作步骤如下。

操作步骤

❶ 在【数据透视表工具】下的【设计】选项卡中，单击【布局】组中的【报表布局】按钮，从弹出的列表中选择一种显示方式，这里选择【以表格形式显示】选项，如下图所示。

❷ 透视表以表格的形式显示出来了，如右上图所示。

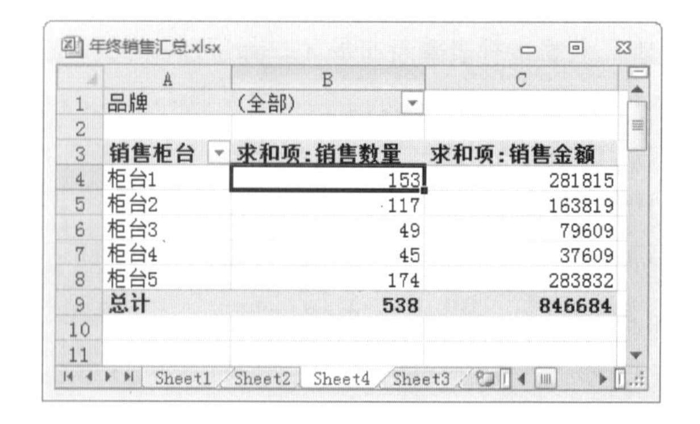

7. 对数据进行排序

下面来介绍一下如何对数据透视表中的数据进行排序，其操作步骤如下。

操作步骤

❶ 选中要进行排序的字段，这里选中B7单元格，然后在【数据透视表工具】下的【选项】选择卡中，单击【排序和筛选】组中的【排序】按钮，如下图所示。

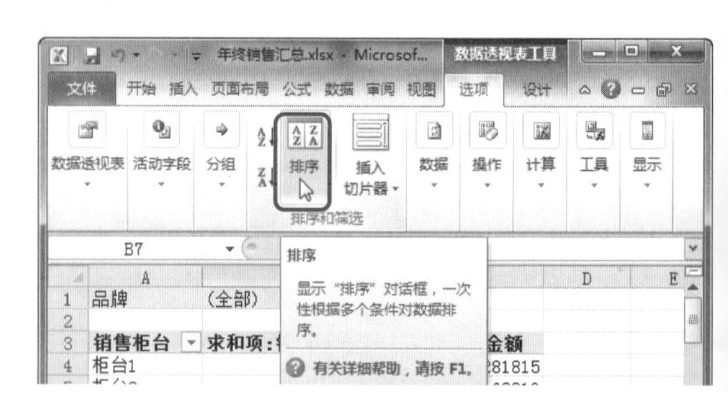

❷ 弹出【按值排序】对话框，选中【升序】和【从上到下】单选按钮，再单击【确定】按钮，如下图所示。

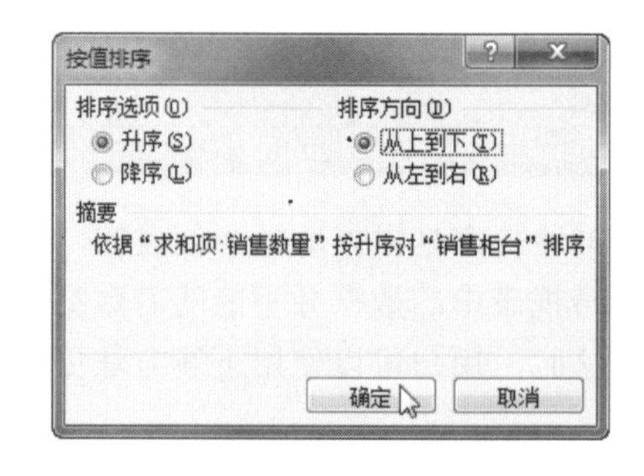

提示

选择不同的字段，弹出的【排序】对话框不同，比如在步骤1中选择行标签，则会弹出如下图所示的对话框，根据需要进行设置，最后单击【确定】按钮即可。

学以致用系列丛书

长见识 如果看不到数据透视图的字段列表，可以单击数据透视图(表)，使得【数据透视图(表)工具】选项可见，然后在【分析】(【选项】)选项卡下，单击【显示/隐藏】组中的【字段列表】按钮。

排序(销售柜台)

排序选项

◉ 手动(可以拖动项目以重新编排)(M)

○ 升序排序(A 到 Z)依据(A)：销售柜台

○ 降序排序(Z 到 A)依据(D)：销售柜台

摘要

拖动字段 销售柜台 的项目以按任意顺序显示它们

其他选项(R)...　确定　取消

❸ 排序后的效果如下图所示。

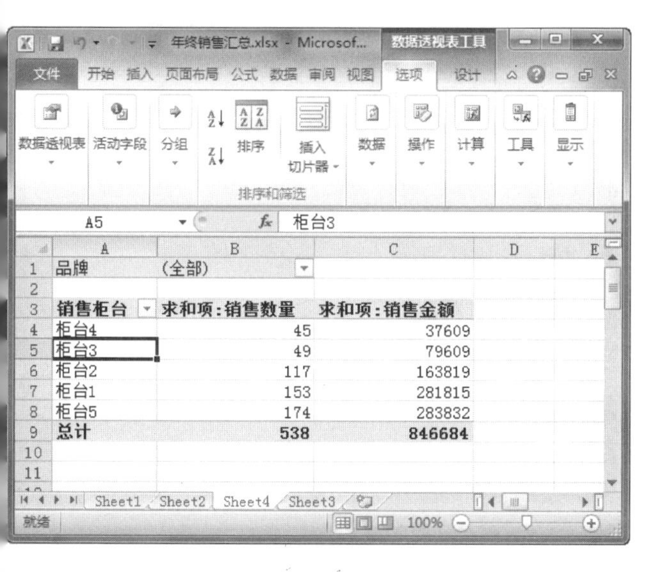

	A	B	C
1	品牌	(全部)	
2			
3	销售柜台	求和项:销售数量	求和项:销售金额
4	柜台4	45	37609
5	柜台3	49	79609
6	柜台2	117	163819
7	柜台1	153	281815
8	柜台5	174	283832
9	总计	538	846684

提示

如果要手动排序，在选择要调整顺序的行后，将鼠标移动到黑色边框上，直到出现十字箭头形状时按住鼠标左键拖到目标位置，再释放鼠标左键即可，如下图所示。

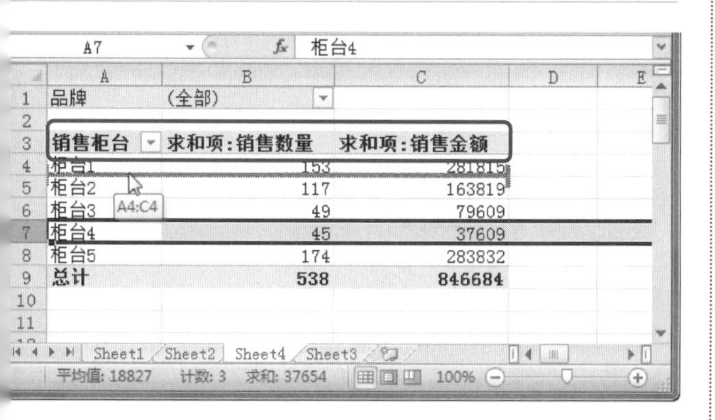

	A	B	C
1	品牌	(全部)	
2			
3	销售柜台	求和项:销售数量	求和项:销售金额
4	柜台1	153	281815
5	柜台2	117	163819
6	柜台3	49	79609
7	柜台4	45	37609
8	柜台5	174	283832
9	总计	538	846684

8. 美化数据透视表

下面来给数据透视表更换一下样式，其操作步骤如下。

操作步骤

❶ 单击数据透视表的任意位置，然后在【数据透视表工具】下的【设计】选项卡中，单击【数据透视表样式】组中的【其他】按钮，接着在打开的下拉列表中选择需要的数据透视表样式，如下图所示。

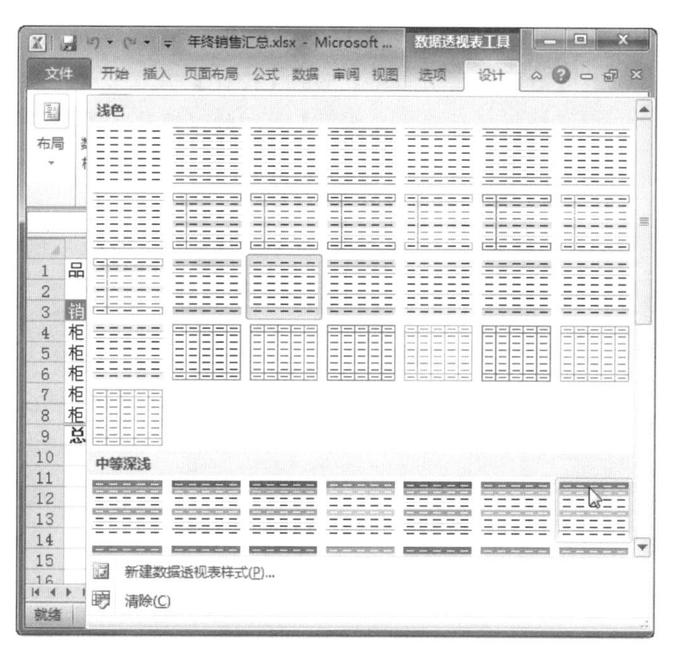

❷ 选择的数据透视表样式的效果如下图所示。

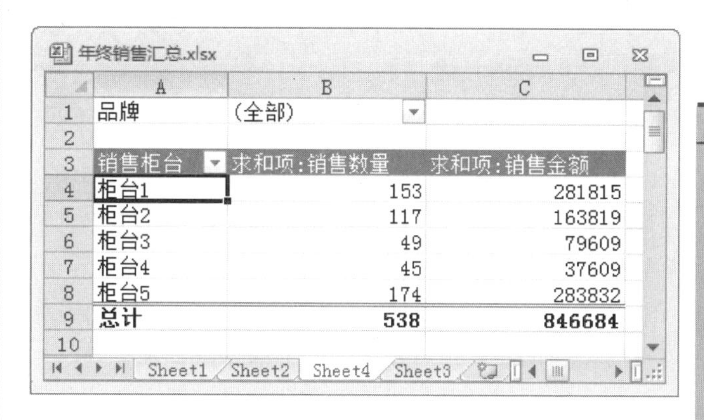

	A	B	C
1	品牌	(全部)	
2			
3	销售柜台	求和项:销售数量	求和项:销售金额
4	柜台1	153	281815
5	柜台2	117	163819
6	柜台3	49	79609
7	柜台4	45	37609
8	柜台5	174	283832
9	总计	538	846684

❸ 在【数据透视表工具】下的【设计】选项卡中，选中【数据透视表样式选项】组中的【镶边行】复选框，如下图所示。

长见识：如果在工作表中建了一张表，而表的列宽不够或太宽了，这种情况下，可以按 Ctrl+A 组合键选中整张工作表，然后把鼠标放在工作表的表头行(也就是有 ABCD 的那一行)，等鼠标变成一个左右方向有箭头的十字架时，双击，工作表会自动根据表格的内容来设定工作表的列宽。

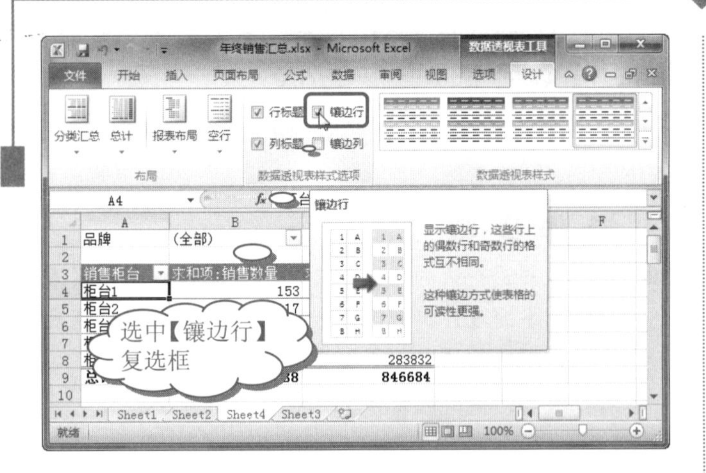

❹ 在【数据透视表工具】下的【设计】选项卡中，选中【数据透视表样式选项】组中的【镶边列】复选框，如下图所示。

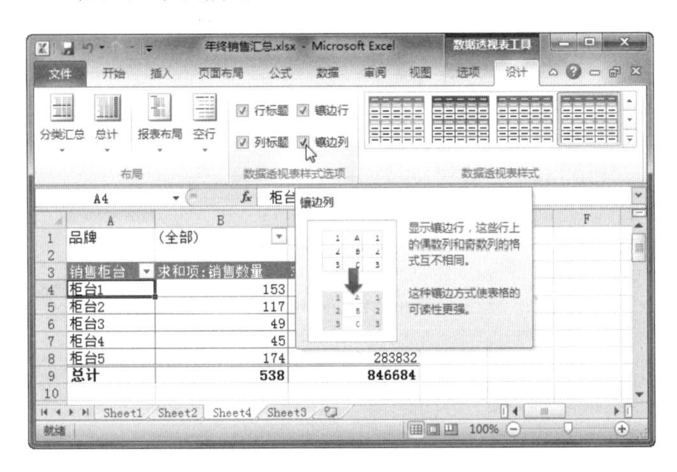

13.5 使用切片器筛选数据透视表数据

切片器是易于使用的筛选组件，它包含一组按钮，使您能够快速地筛选数据透视表中的数据，而无需打开下拉列表以查找要筛选的项目。

当读者使用常规的数据透视表筛选器来筛选多个项目时，筛选器仅指示筛选了多个项目，必须打开一个下拉列表才能找到有关筛选的详细信息。然而，切片器可以清晰地标记已应用的筛选器，并提供详细信息，以便您能够轻松地了解显示在已筛选的数据透视表中的数据。

13.5.1 创建切片器

创建切片器的方法很多，既可以在现有的数据透视表中创建切片器，以筛选数据透视表数据，也可以创建独立切片器，此类切片器可以由联机分析处理（OLAP）多维数据集函数引用，也可在以后将其与任何数据透视表相关联。

下面以在数据透视表中插入切片器为例进行介绍，具体操作如下。

操作步骤

❶ 选择数据透视表中任意单元格，然后在【数据透视表工具】下的【选项】选项卡中，单击【排序和筛选】组中的【插入切片器】按钮，如下图所示。

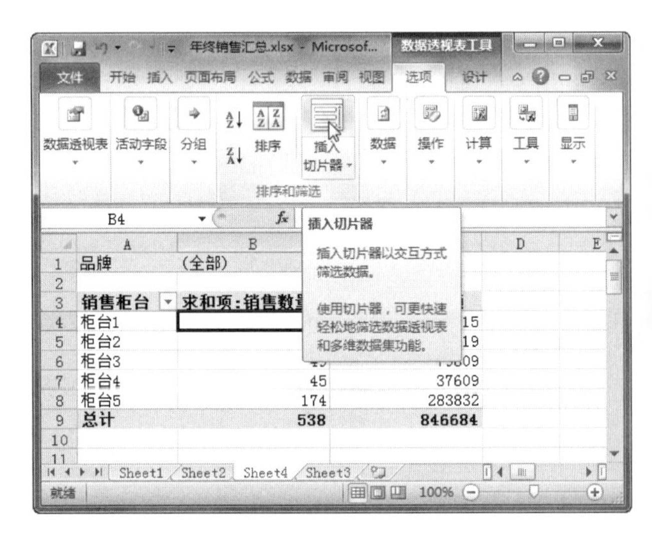

技巧

若要创建独立的切片器，可以先切换到数据源工作表，然后在【插入】选项卡的【筛选器】组中，单击【切片器】按钮，接着在弹出的对话框中进行设置即可。

❷ 弹出【插入切片器】对话框，选择一个或多个关联字段，再单击【确定】按钮，如下图所示。

❸ 返回工作表，即可查看新创建的切片器了，如下图所示。

如果一个报表中包含很多不同的数据透视表，而您很想将同一筛选器应用于其中部分或全部数据透视表。可将您在某一个数据透视表中创建的切片器与其他数据透视表共享，而无需为每个数据透视表复制筛选器。

4 在每个切片器中单击要筛选的项目，即可筛选出对应的信息，效果如下图所示。

3.5.2　应用切片器样式

通过应用切片器样式，可以快速美化切片器，具体作步骤如下。

操作步骤

1 单击要设置格式的切片器，然后在【切换器工具】下的【选项】选项卡中，在【切片器样式】组中单击所需的样式，这里单击【其他】按钮，从打开的样式库中选择需要的样式，如右上图所示。

2 应用样式后的效果如下图所示。您可使用该方法，美化其他切片器。

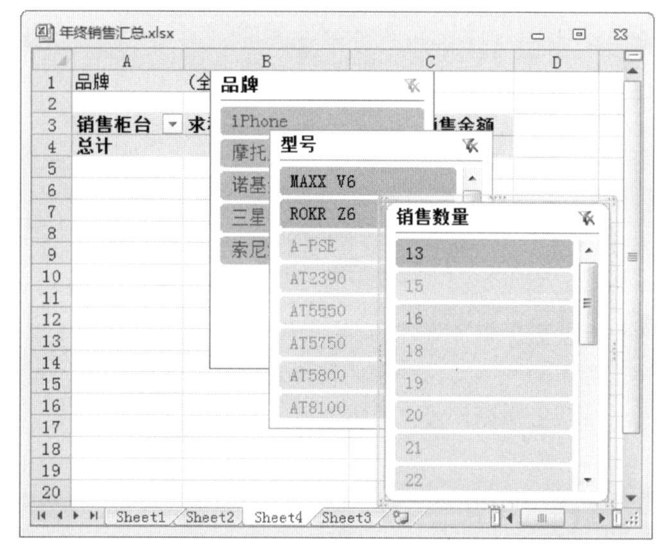

13.5.3　断开或删除切片器

如果不再需要某个切片器，可以断开它与数据透视表的连接，也可将其删除，具体操作步骤如下。

操作步骤

1 单击要为其断开与切片器的连接的数据透视表中的任意位置，然后在【数据透视表工具】下的【选项】选项卡中，单击【排序和筛选】组中的【插入切片器】按钮旁边的下三角按钮，从打开的列表中选择【切片器连接】选项，如下图所示。

共享切片器时，会创建与包含要使用的切片器的另一个数据透视表的连接。您对共享切片器所做的任何更改都会立
反映在所有连接到该切片器的数据透视表中。

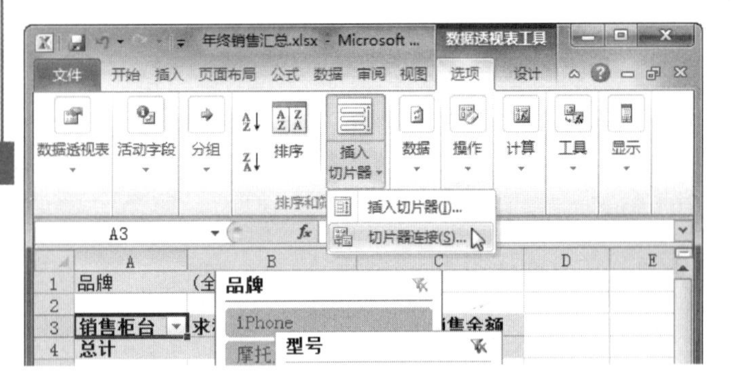

❷ 弹出【切片器连接】对话框，取消选中要为其断开与切片器的连接的任何数据透视表字段的复选框，再单击【确定】按钮即可，如下图所示。

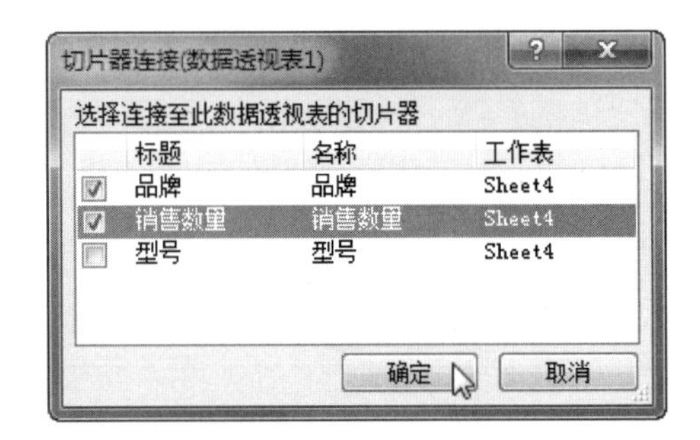

❸ 若要删除切片器，可以右击该切片器，例如右击【型号】切片器，从弹出的快捷菜单中选择【删除“型号”】命令即可，如下图所示。

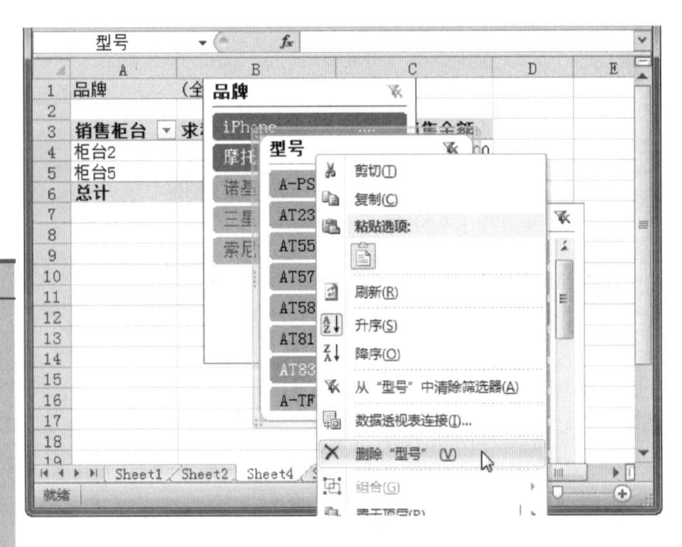

技巧

选择要删除的切片器后，直接按下 Delete 键也可以删除该切片器。

13.6 思考与练习

选择题

1. 在 Excel 2010 中，快速创建图表的快捷键是____
   A. F11　　B. F2
   C. F9　　D. F5
2. 在 Excel 2010 中，图表类型有___种。
   A. 10 种　　B. 9 种
   C. 11 种　　D. 12 种
3. 对已生成的图表，下列说法错误的是______。
   A. 图表的标题大小、颜色可以改变
   B. 可以改变图表格式
   C. 图表的位置可以移动
   D. 图表的类型不能改变
4. 下图的图表类型是______。

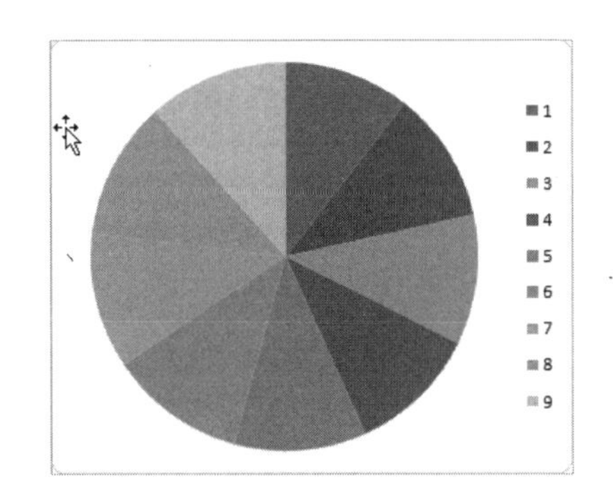

   A. 折线图　　B. 饼图
   C. 雷达图　　D. 条形图

操作题

新建工作簿，输入如下图所示的内容。然后进行以下操作。

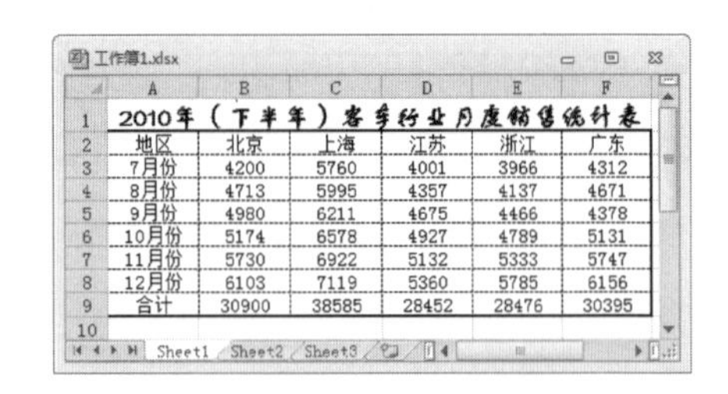

2010年（下半年）客车行业月度销售统计表

地区	北京	上海	江苏	浙江	广东
7月份	4200	5760	4001	3966	4312
8月份	4713	5995	4357	4137	4671
9月份	4980	6211	4675	4466	4378
10月份	5174	6578	4927	4789	5131
11月份	5730	6922	5132	5333	5747
12月份	6103	7119	5360	5785	6156
合计	30900	38585	28452	28476	30395

1. 选中 B2:F8 单元格区域作为数据源，然后创建二维簇状条形图。
2. 美化图表，使其更具自己的风格。
3. 在 B10:F10 单元格区域中添加折线型迷你图，并在图中显示出标记点。

长见识：横向录入数据用 Tab 键或向右键；竖向录入数据用 Enter 键或向下键；录入一个表用 Tab 键配合 Enter 键，即横向一行数据输完后可按 Enter 键，便会自动跳到第二行的横向第一个数据下面。

第14章 初识 PowerPoint 2010——创建“公司宣传片”

PowerPoint 2010 以其强大的幻灯片编辑放映功能与 Word 和 Excel 在 Office 众软件中三足鼎立。本章将带您走进 PowerPoint 的神奇世界，了解它最基本的操作界面与功能。

学习要点

- ❖ PowerPoint 2010 概述。
- ❖ 演示文稿的基本操作。
- ❖ 幻灯片的基本操作。
- ❖ 录入文本内容。
- ❖ 设置文本格式。
- ❖ 使用幻灯片母版。
- ❖ 使用设计模板。

学习目标

通过本章的学习，读者首先应该能够熟练掌握演示文稿的幻灯片的基本操作，保持向幻灯片录入文本、设置文本格式等。其次，要求能够掌握幻灯片母版和模板的使用方法，并能够根据自己的需要调整幻灯片母版，再将编辑好的演示文稿保存为模板。

14.1 PowerPoint 2010 概述

PowerPoint 和 Word、Excel 等应用软件一样，都是 Microsoft 公司推出的 Office 系列产品之一。使用 Microsoft PowerPoint 2010，可以使用比以往更多的方式创建动态演示文稿并与观众共享。

目前，最新版本的 PowerPoint 2010 具有以下新增功能及优点。

❖ 新增了音频和可视化功能，可以使您的演示文稿更具有观赏性。

❖ 改进了一些工具，以帮助您制作出效果更佳的幻灯片。

❖ 使用可以节省时间和简化工作的工具管理演示文稿。例如，压缩演示文稿中的视频和音频以减少文件大小，改进播放性能。

❖ 可以从更多位置访问和共享演示文稿内容。

14.1.1 启动 PowerPoint 2010

启动 PowerPoint 2010 的操作方法与启动 Word 2010、Excel 2010 的操作方法类似，总结为以下几种。

❖ 在电脑桌面上选择【开始】|【所有程序】|Microsoft Office|Microsoft PowerPoint 2010 命令，启动 PowerPoint 2010 程序。

❖ 在电脑桌面双击 Microsoft PowerPoint 2010 程序图标快速启动该程序，如下图所示。

❖ 通过双击已经存在的 PowerPoint 2010 文档，如右上图所示，也可以启动 PowerPoint 2010 程序。

14.1.2 熟悉 PowerPoint 2010 的工作环境

在 PowerPoint 的主界面中，主要包含标题栏、菜单栏、工具栏、工作区和状态栏，如右上图所示。

PowerPoint 2010 的界面与 Word 和 Excel 的很相似，下面我们一起看看他们的不同之处吧。

1. 工作区

工作区就是我们用来创建和编辑演示文稿的区域，在这里可以直观地对演示文稿进行制作。新建演示文稿的工作区种类繁多，读者可以根据自己的需要选择合适的工作区。

2. 【幻灯片】窗格

一篇演示文稿都会有多张幻灯片，每张幻灯片都会在【幻灯片】窗格中有一个图标，单击【幻灯片】窗格中相应的图标可以快速定位该幻灯片。如下图所示。

3. 备注窗格

在备注窗格中会显示有关幻灯片的注释内容，在此区域中单击鼠标可以输入备注，如果已有备注，则单击备注窗格即可修改和编辑备注。

长见识 幻灯片视图包括普通视图、大纲视图、幻灯片视图、幻灯片浏览视图以及备注页视图。如果您的幻灯片包含备注内容，您可以选择普通视图和备注页视图。但普通视图的备注窗格不能插入也不能显示图片和图形对象，而备注页视图可以。

4. 状态栏

状态栏位于应用程序窗口的下端。PowerPoint 中的状态栏与其他 Office 软件中的略有不同，而且在 PowerPoint 的不同运行阶段，状态栏会显示不同的信息，如下图所示。

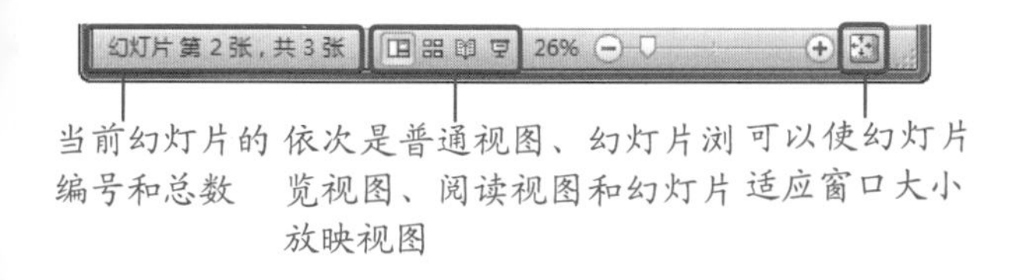

14.1.3 PowerPoint 2010 视图方式

视图是显示演示文稿内容并给用户提供与其进行交互的方法，在 PowerPoint 2010 程序中提供了普通视图、幻灯片浏览视图、备注页视图、阅读视图、幻灯片放映视图和母版视图 6 种方式，下面一起来看看吧。

1. 普通视图

普通视图是主要的编辑视图，可以帮助用户轻松查找和使用 PowerPoint 中的功能。它包括【幻灯片】视图和【大纲】视图两种方式，可以通过单击左侧窗格中的【幻灯片】选项卡和【大纲】选项卡进行切换，例如，单击【大纲】选项卡，即可切换到【大纲】视图方式，如下图所示。

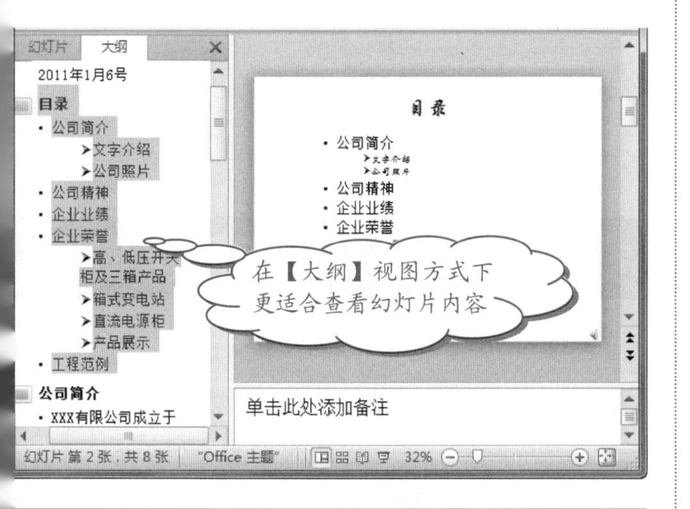

2. 幻灯片浏览视图

在幻灯片浏览视图方式下可以查看缩略图形式的幻灯片，如右上图所示。在视图中可以轻松组织幻灯片的排序；同时也可以添加节，然后按不同的类别或节对幻灯片进行排序。

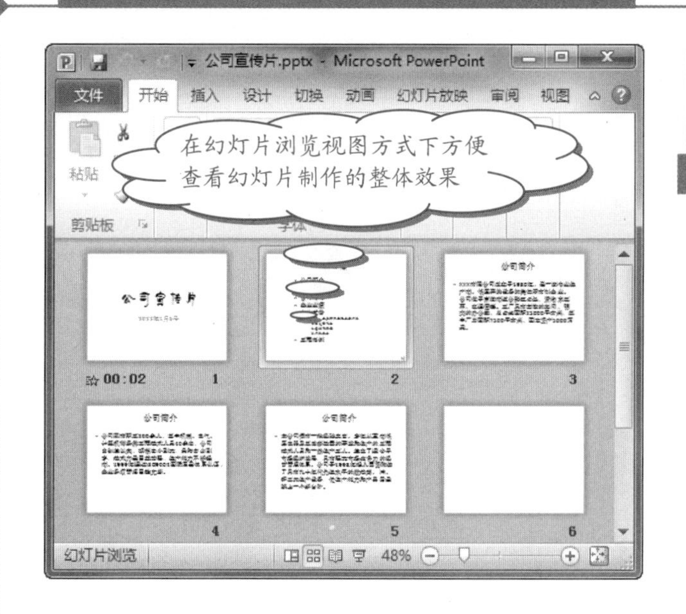

若要切换到幻灯片浏览视图方式，可以通过下述两种方法实现。

❖ 在状态栏中单击【幻灯片浏览】按钮，即可切换到幻灯片浏览视图方式，如下图所示。

❖ 在【视图】选项卡的【演示文稿视图】组中，单击【幻灯片浏览】按钮，也可以切换到【幻灯片浏览】视图方式，如下图所示。

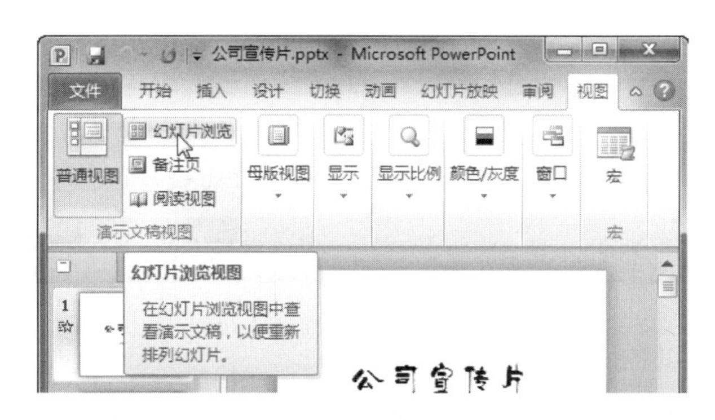

3. 备注页视图

备注窗格位于工作区下。在备注窗格中可以键入要应用于当前幻灯片的备注内容，在以后放映演示文稿时

PowerPoint 2010 支持的文件格式有：PowerPoint 演示文稿(.pptx)、启用宏的 PowerPoint 演示文稿(.pptm)、PowerPoint 97-2003 演示文稿(.ppt)、PDF 文档(.pdf)、XPS 文档(.xps)、PowerPoint 模板(.potx)、PowerPoint 启用宏的模板(.potm)、PowerPoint 97-2003 模板(.pot)、Office Theme(.thmx)、PowerPoint 放映(.ppsx)。

进行参考，或是将备注打印出来分发给观众。

若要以整页格式查看和使用备注，可以在【视图】选项卡的【演示文稿视图】组中，单击【备注页】按钮进行切换，如下图所示。

4. 阅读视图

阅读视图用于向用自己的计算机查看您的演示文稿的人员而非受众(例如，通过大屏幕)放映演示文稿。如果您希望在一个设有简单控件以方便审阅的窗口中查看演示文稿，而不想使用全屏的幻灯片放映视图，则也可以在自己的计算机上使用阅读视图。如果要更改演示文稿，可随时从阅读视图切换至某个其他视图。

5. 幻灯片放映视图

幻灯片放映视图可用于向受众放映演示文稿。幻灯片放映视图会占据整个计算机屏幕，这与受众观看演示文稿时在大屏幕上显示的演示文稿完全一样。您可以看到图形、计时、电影、动画效果和切换效果在实际演示中的具体效果。

若要退出幻灯片放映视图，请按Esc键。

6. 母版视图

母版视图包括幻灯片母版视图、讲义母版视图和备注母版视图。它们是存储有关演示文稿的信息的主要幻灯片，其中包括背景、颜色、字体、效果、占位符大小和位置。使用母版视图的一个主要优点在于，在幻灯片母版、备注母版或讲义母版上，可以对与演示文稿关联的每个幻灯片、备注页或讲义的样式进行全局更改。

14.1.4 退出 PowerPoint 2010

退出PowerPoint 2010，也就是要关闭所有打开的演示文稿，用户可以通过下述两种方法退出PowerPoint 2010程序：

❖ 在任意PowerPoint 2010文档窗口中选择【文件】|【退出】命令，即可退出PowerPoint 2010程序，如下图所示。

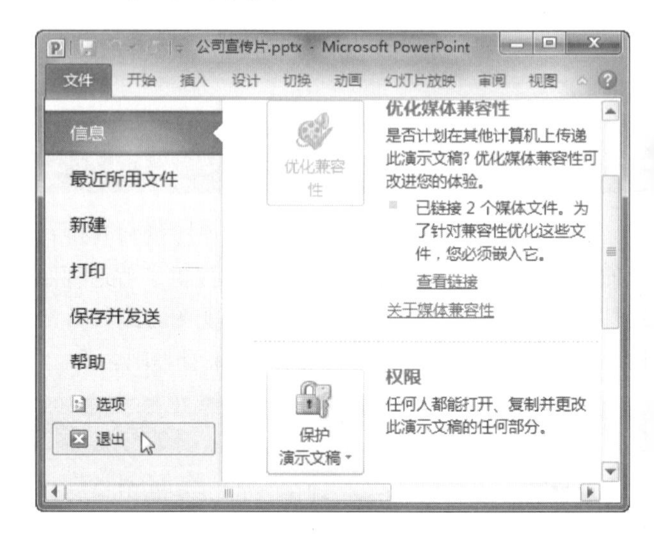

❖ 在任务栏中右击PowerPoint 2010程序图标，从弹出的快捷菜单中选择【关闭所有窗口】命令即可，如下图所示。

14.2 演示文稿的基本操作

在PowerPoint 2010中，创建演示文稿的方法有很多种：可以创建空演示文稿，根据设计模板创建演示文稿，还可以使用内容提示向导及根据现有的演示文稿或相册进行创建。演示文稿创建好之后，可以将其保存起来，这样可以避免因误操作或电脑故障而造成数据丢失。下面将详细说明这些操作的步骤和方法。

(续一)PowerPoint 2010支持的文件格式有：启用宏的PowerPoint放映(.ppsm)、PowerPoint 97-2003放映(.pps)、PowerPoint XML演示文稿(.xml)、PowerPoint Add-In(加载宏)(.ppam)、PowerPoint 97-2003 Add-In (.ppa)、Windows Media视频(.wmv)、GIF可交换的图形格式(.gif)、JPEG文件交换格式(.jpg)。

14.2.1　新建演示文稿

创建新的演示文稿的方法有很多，所创建文稿的种类也有很多，下面介绍一下如何根据模板创建演示文稿，具体操作步骤如下。

操作步骤

1. 首先启动 PowerPoint 2010 程序，然后选择【文件】|【新建】命令，接着在中间窗格中选择演示文稿模板类型，例如单击【贺卡】选项，如下图所示。

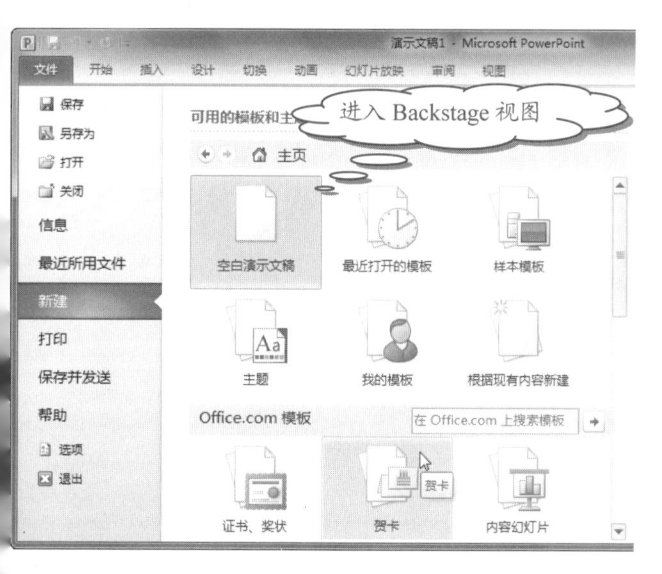

2. 接着在展开的列表框中选择贺卡类别，这里选择【节日】选项，如下图所示。

3. 这时将会列出系统中的贺卡模板，选择后单击"下载"按钮，如右上图所示。

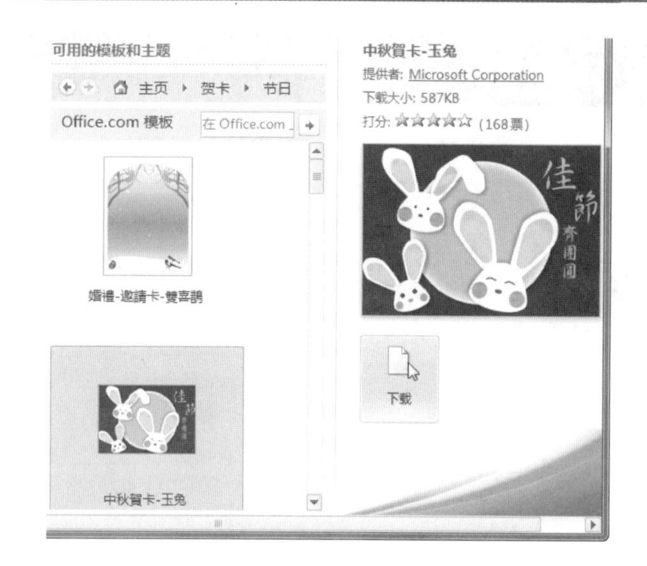

4. 开始下载选中的模板，并弹出如下图所示的进度对话框。

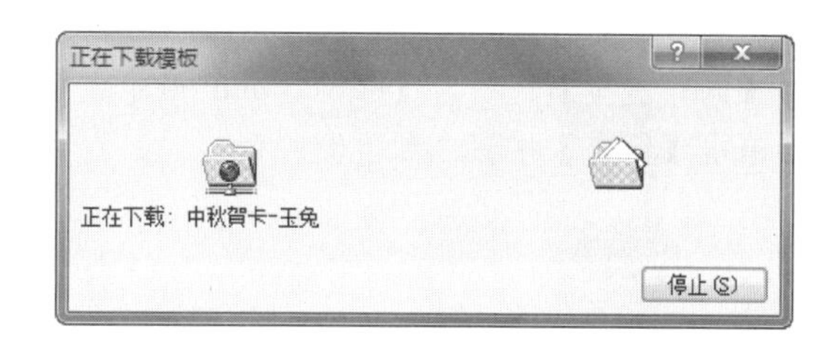

5. 当模板下载完成后，将会新建一个名称为"演示文稿 2"的演示文稿，如下图所示。

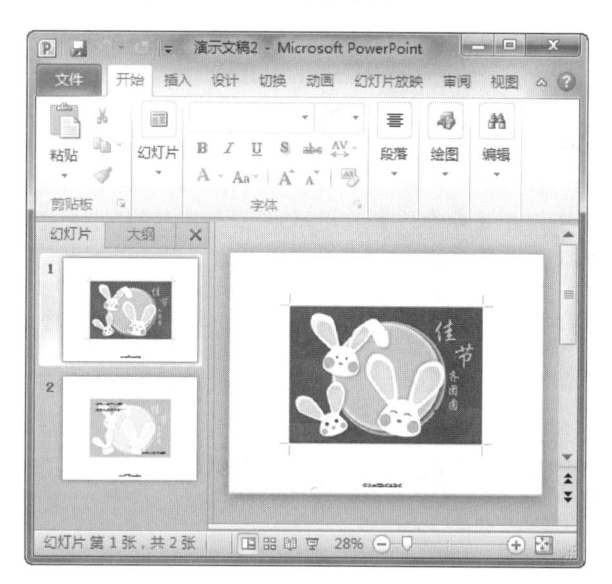

技巧

若要创建空白演示文稿，可以按 Ctrl+N 组合键，或是在步骤 1 的图中选择【空白演示文稿】选项，再单击【创建】按钮即可。

学以致用系列丛书

(续二)PowerPoint 2010 支持的文件格式有：PNG 可移植网络图形格式(.png)、TIFF Tag 图像文件格式(.tif)、设备无关位图(.bmp)、Windows 图元文件(.wmf)、增强型 Windows 元文件(.emf)、大纲/RTF 文件(.rtf)、PowerPoint 图片演示文稿(.pptx)、OpenDocument 演示文稿(.odp)。

14.2.2 保存演示文稿

演示文稿创建好之后，可以先将其保存在电脑的硬盘中。最常用的操作方法如下。

操作步骤

❶ 首先切换到要保存的演示文稿窗口，然后选择【文件】|【保存】命令，如下图所示。

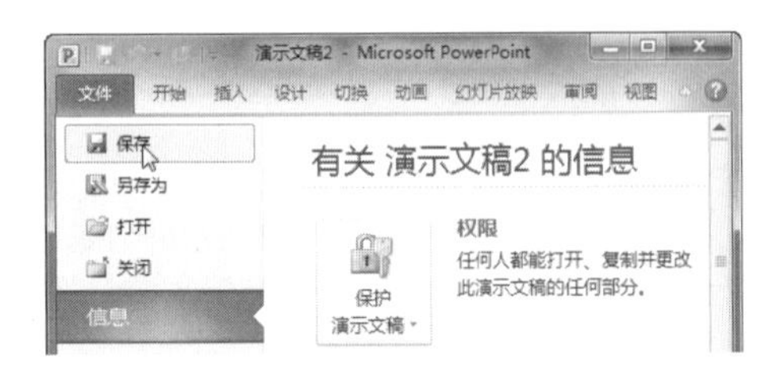

❷ 弹出【另存为】对话框，选择文件保存位置，接着在【文件名】文本框中输入文件名称，并设置文件的【保存类型】选项为【PowerPoint 演示文稿】，再单击【保存】按钮，如下图所示。

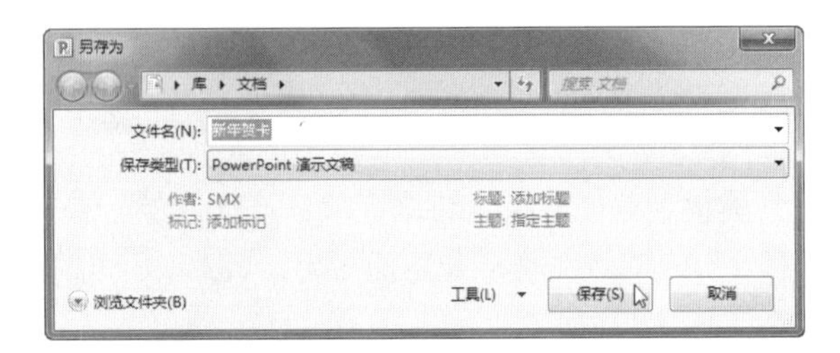

技巧

当用户是第一次保存演示文稿时，可以通过下述方法打开【另存为】对话框。

❖ 单击快速访问工具栏中的【保存】按钮。

❖ 按 Ctrl+S 组合键。

若不是第一次保存演示文稿，则可以通过选择【文件】|【另存为】命令来另存该文件。

14.2.3 打开演示文稿

打开演示文稿的最简单方法就是在文档的保存位置双击文档图标将其打开，除此之外，还可以通过下述操作将其打开。

操作步骤

❶ 在 PowerPoint 2010 程序中选择【文件】|【打开】命令，如右上图所示。

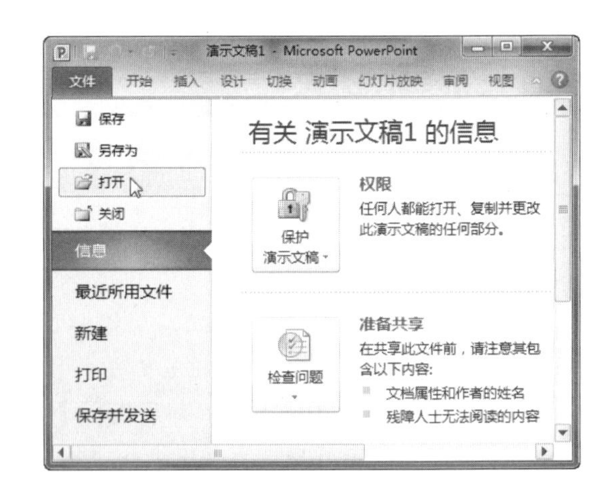

❷ 弹出【打开】对话框，选择要打开的文件，再单击【打开】按钮，如下图所示。

提示

当用户打开演示文稿时，如果此时提示文档有错误，可以单击【打开】下拉按钮，选择【打开并修复】选项，以此来修复并打开文档，如下图所示。

长见识 PowerPoint 2010 不支持下列操作：①保存到 PowerPoint 95(或更早版本)文件格式；②打包向导(.ppz)文件。

14.2.4　关闭演示文稿

在编辑演示文稿的过程中，若用户打开了多个 PowerPoint 2010 文档，现在需要关闭某个演示文稿窗口，可以通过以下几种方法实现。

- ❖ 先切换到要关闭的演示文稿窗口，然后单击窗口右上角的【关闭】按钮 即可。
- ❖ 在要关闭的演示文稿窗口中选择【文件】|【关闭】命令，如下图所示。

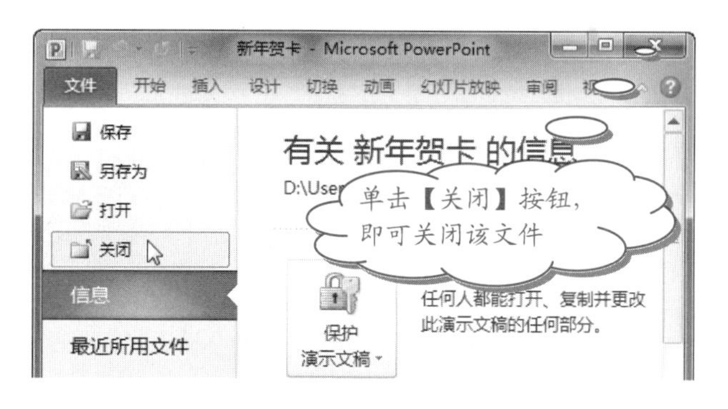

- ❖ 在演示文稿窗口的标题栏中右击 PowerPoint 2010 程序图标，从弹出的快捷菜单中选择【关闭】命令，如下图所示。

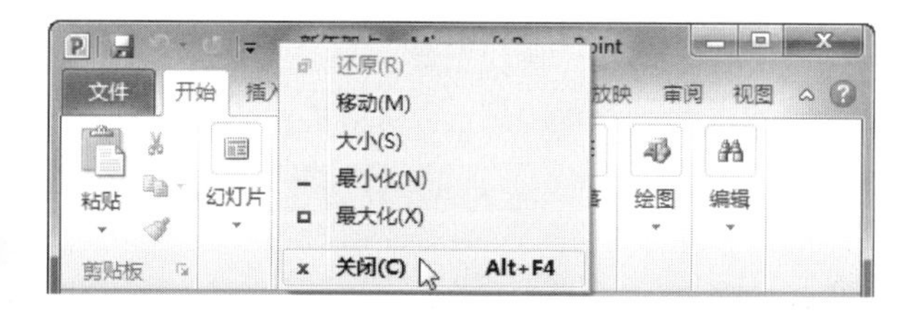

14.3　幻灯片的基本操作

演示文稿中的每一页就叫幻灯片，每张幻灯片都是演示文稿中既相互独立又相互联系的内容。下面一起来研究一下幻灯片的具体操作吧。

14.3.1　新建幻灯片

操作中经常需要在已经创建的演示文稿中插入一张新的幻灯片或者已有的幻灯片不够用要添加新的幻灯片，那么添加幻灯片的方法有几种呢？下面我们一起来看看吧。

1. 在普通视图中插入幻灯片

在普通视图中插入幻灯片与新建一个幻灯片的方法类似，但又有些不同，下面我们一起来看看吧。

操作步骤

1. 首先在普通视图模式下选择需要插入幻灯片的位置，例如这里选择幻灯片 1，然后在【插入】选项卡的【幻灯片】组中，单击【新建幻灯片】按钮旁的下三角按钮，从弹出的列表中选择一种幻灯片模板，如下图所示。

注意

如果只是单击【幻灯片】组中的【新建幻灯片】按钮，而不是单击按钮旁边的下三角按钮，则同样会创建一个新的幻灯片，只是幻灯片的主题只有系统设定的一种，即【标题和内容】主题幻灯片。

2. 此时在编号为"1"的幻灯片后面就插入了一张新的幻灯片，如下图所示。

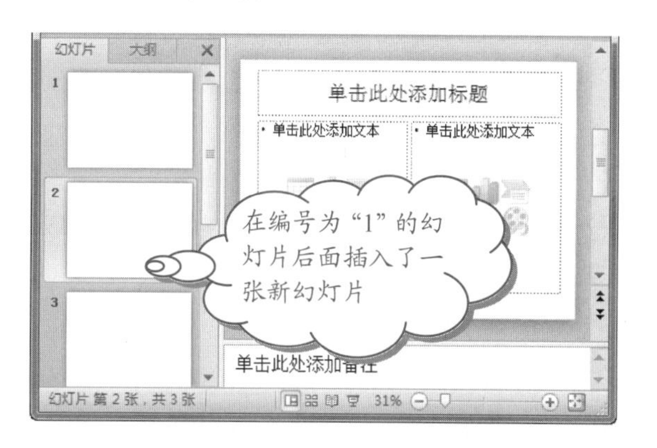

学以致用系列丛书

长见识：更改演示文稿的默认保存位置：选择【文件】|【选项】命令，然后在打开的【PowerPoint 选项】对话框中单击【保存】选项，接着在右侧窗格中的【服务器草稿位置】文本框中输入新路径，再单击【确定】按钮即可。

技巧

在选择了要插入幻灯片的位置后，只需要在该幻灯片上右击，再从弹出的快捷菜单中选择【新建幻灯片】命令也可以插入幻灯片，如下图所示。但这也只能插入系统设定的一种，即【标题和内容】主题幻灯片。

2. 在幻灯片浏览视图中插入幻灯片

除了可以在普通视图中插入幻灯片以外，还可以在幻灯片浏览视图中插入新的幻灯片，具体方法如下。

操作步骤

1. 将演示文稿切换到幻灯片浏览视图模式，选中需要插入幻灯片的位置，比如在编号为“2”的幻灯片与编号为“3”的幻灯片之间单击鼠标左键，会出现一个光标，如下图所示。

2. 按照前面讲过的方法，单击【新建幻灯片】按钮旁的下三角按钮，在弹出的列表中选择一种幻灯片模板，如右上图所示。

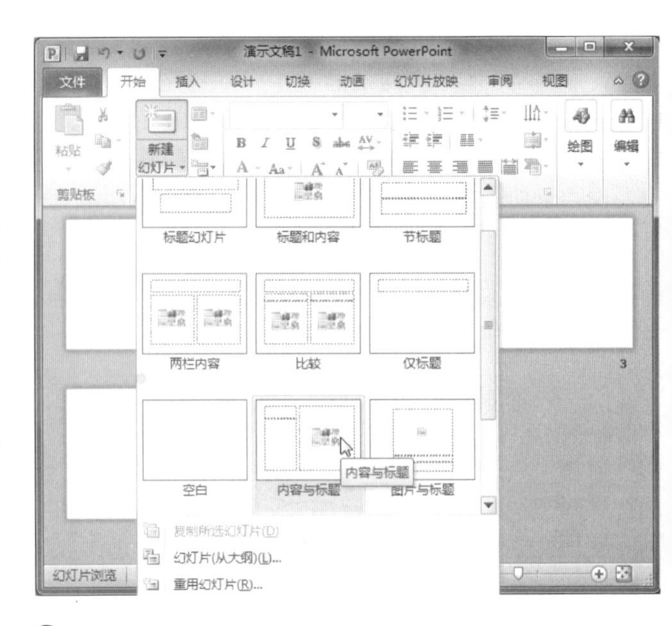

3. 这样就在幻灯片浏览视图中插入了一个新的幻灯片。

技巧

在幻灯片浏览视图中也可以通过在选定的幻灯片上右击并在弹出的快捷菜单中选择【新建幻灯片】命令的方式来插入新幻灯片，其操作与在普通视图中类似，如下图所示。

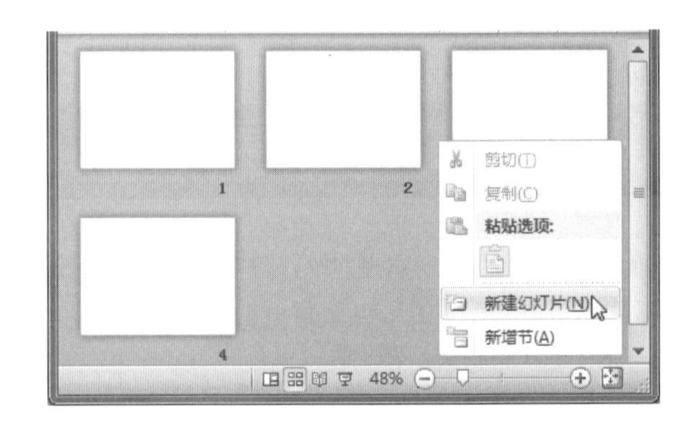

3. 从其他演示文稿中插入幻灯片

有的时候我们需要将其他演示文稿的幻灯片插入至当前的演示文稿中，这样对于我们制作幻灯片来说无疑会方便很多。

操作步骤

1. 在演示文稿中选择需要插入幻灯片的位置，这里选

长见识　复制图形对象时，使用 Ctrl + D 组合键即可完成复制、粘贴两步操作；如果对复制对象调整了位置，对复制对象按 Ctrl + D 组合键时，不仅可以复制该对象，该对象的移动操作也被复制了下来。

择编号为“2”的幻灯片，然后在【插入】选项卡的【幻灯片】组中单击【新建幻灯片】按钮旁的下三角按钮，从弹出的列表中选择【重用幻灯片】选项，如下图所示。

2 此时在普通视图中出现一个新的【重用幻灯片】窗格，单击【浏览】按钮旁边的下三角按钮，从下拉列表中选择【浏览文件】选项，如下图所示。

技巧

这一步骤也可以在【重用幻灯片】窗格中，通过选择【打开 PowerPoint 文件】超链接来实现。

3 弹出【浏览】对话框，选择插入幻灯片的目标文件，再单击【打开】按钮，如右上图所示。

4 此时在【重用幻灯片】窗格中出现如下图所示的新内容，将光标移到要插入的幻灯片上，单击即可插入该幻灯片。

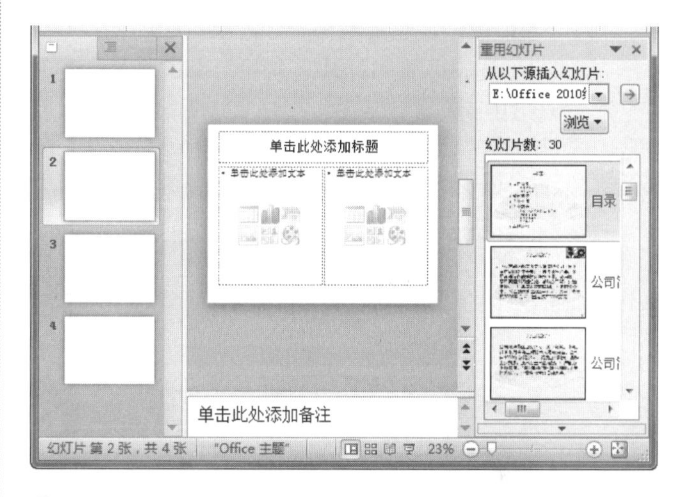

5 添加完需要的幻灯片后，在【重用幻灯片】窗格中单击【关闭】按钮，关闭该窗格，如下图所示。

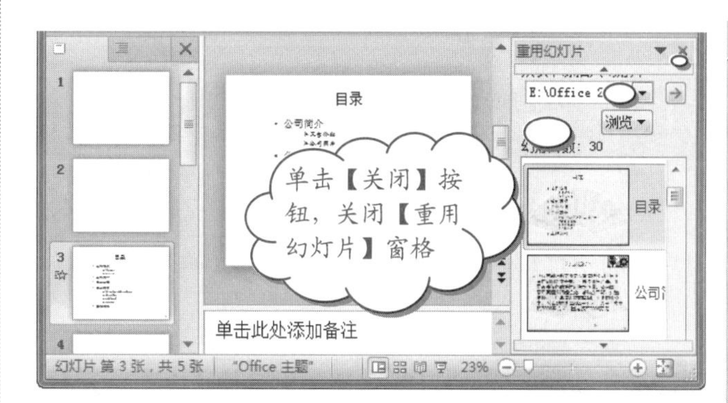

14.3.2　选择幻灯片

怎样选择制作好的幻灯片呢？下面就让我们一起看看吧。

❖ 按 Ctrl 键，然后单击需要选中的幻灯片，即可选中不连续幻灯片，如下图所示。

❖ 首先单击第一个需要选中的幻灯片，然后按 Shift 键，再单击最后一个需要选中的幻灯片，即可选中两张幻灯片之间的所有幻灯片了，如下图所示。

14.3.3 隐藏/显示幻灯片

在编辑幻灯片的过程中，可以将一些不需要在播放中显示的幻灯片隐藏起来，具体操作步骤如下。

操作步骤

1. 右击要隐藏的幻灯片，从弹出的快捷菜单中选择【隐藏幻灯片】命令，如右上图所示。

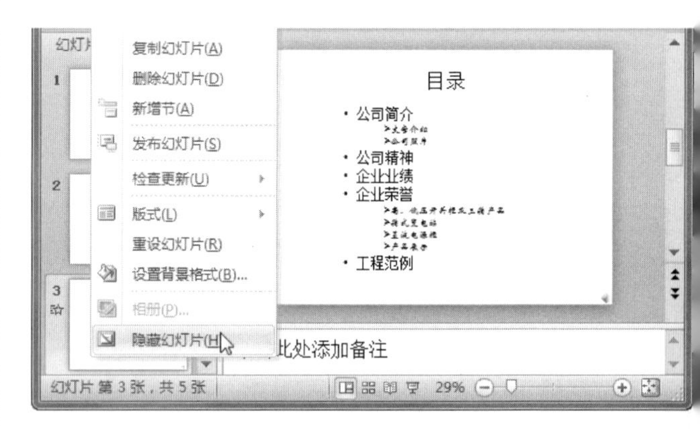

2. 这时即可发现在选中的幻灯片的编号上出现了隐藏幻灯片图标，如下图所示。

3. 若要显示被隐藏的幻灯片，可以先选中该幻灯片，然后在【幻灯片放映】选项卡的【设置】组中，单击【隐藏幻灯片】按钮，如下图所示。

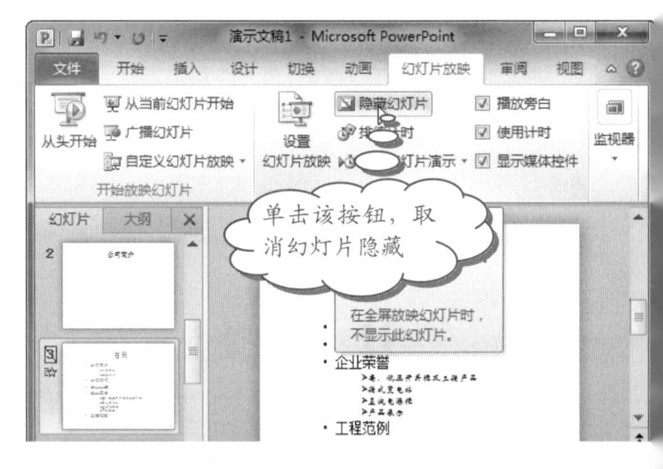

14.3.4 移动幻灯片

制作好了幻灯片才发现有些幻灯片的顺序不太对！怎么办呢？那就把顺序不对的幻灯片移动到合适的位置吧！具体操作步骤如下。

长见识：在 Microsoft PowerPoint 2010 中，可以使用【动画】选项卡下的【高级动画】组中的【动画刷】按钮 快速轻松地将动画从一个对象复制到另一个对象。

操作步骤

1. 首先选中要移动的幻灯片，然后切换到幻灯片浏览视图，拖动需要移动的幻灯片，比如拖动编号为“3”的幻灯片，此时会出现一个 I 形的虚柱，如下图所示。

2. 松开鼠标左键，我们会发现编号为“3”的幻灯片移动到编号为“2”的位置上了，如下图所示。

技巧

还可以在幻灯片浏览视图下移动幻灯片，方法是先切换到幻灯片浏览视图，接着单击要移动的幻灯片并按住鼠标进行拖动，例如，拖动幻灯片 3 到幻灯片 1 与 2 之间的位置，此时会出现一个 I 形的虚柱，如下图所示，松开鼠标左键，即可将幻灯片 3 移动到目标位置了。

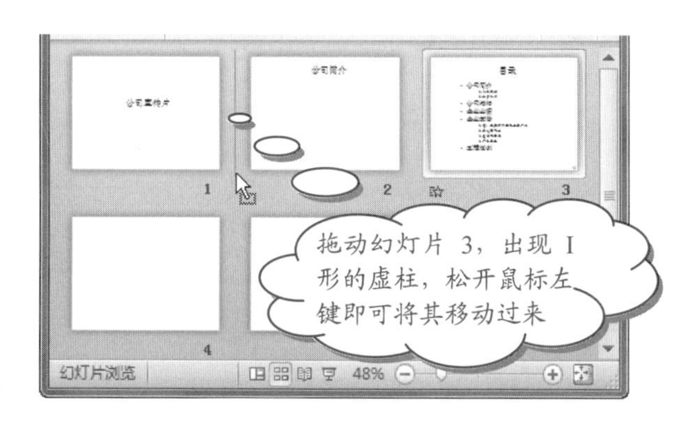

14.3.5 复制幻灯片

复制幻灯片的操作与移动幻灯片的操作类似，在普通视图方式和幻灯片浏览视图方式下，都可以通过拖动的方法复制幻灯片。

❖ 在普通视图方式的幻灯片窗格中复制幻灯片：在左侧窗格中单击要复制的幻灯片，同时按下鼠标左键和 Ctrl 键，这时会出现一条竖线，鼠标指针旁边出现小加号，如下图所示。然后拖动鼠标到目标位置，再释放鼠标左键和 Ctrl 键，即可复制幻灯片了。

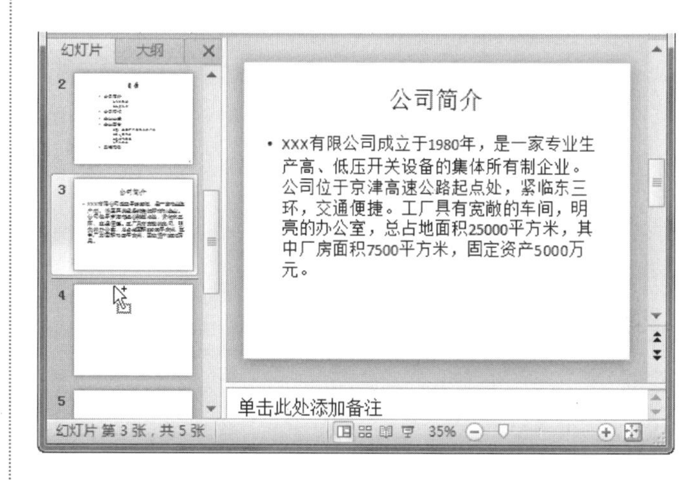

❖ 在幻灯片浏览视图方式中复制幻灯片：首先将演示文稿切换到幻灯片浏览视图方式，然后选中需要复制的幻灯片，同时按下鼠标左键和 Ctrl 键，并拖动鼠标，如下图所示。拖动到目标位置后松开鼠标左键和 Ctrl 键即可。

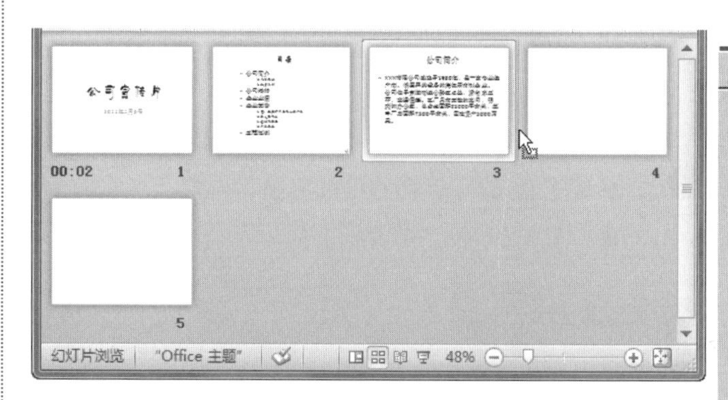

技巧

选中要复制(移动)的幻灯片，然后在【开始】选项卡的【剪贴板】组中，单击【复制】(或【剪切】)按钮，将其移动到剪贴板中，接着在目标文件中单击【粘贴】按钮将其复制(或移动)过来。

学以致用系列丛书

除了可以用格式刷复制和粘贴格式外，您还可以采用快捷方式进行操作：按 Ctrl+Shift+C 组合键可以实现格式复制，如果再同时按 Ctrl+Shift+V 组合键则可以实现格式粘贴。

14.3.6 删除幻灯片

在编辑幻灯片时会发现，幻灯片插入得太多了，怎么办呢？那就把多余的幻灯片删除吧！具体操作如下。

操作步骤

1. 在演示文稿中右击要删除的幻灯片2，并从弹出的快捷菜单中选择【删除幻灯片】命令，如下图所示。

技巧

若要删除多张连续的幻灯片，请单击要删除的第一张幻灯片，然后在按住 Shift 的同时单击要删除的最后一张幻灯片，接着右击选择的任意幻灯片，再在弹出的快捷菜单中选择【删除幻灯片】命令。若要选择并删除多张不连续的幻灯片，请在按住 Ctrl 键的同时单击要删除的每张幻灯片，然后右击选择的任意幻灯片，再在弹出的快捷菜单中选择【删除幻灯片】命令。

2. 这样编号为2的幻灯片就被删除了，后面的幻灯片会自动更新顺排，如下图所示。

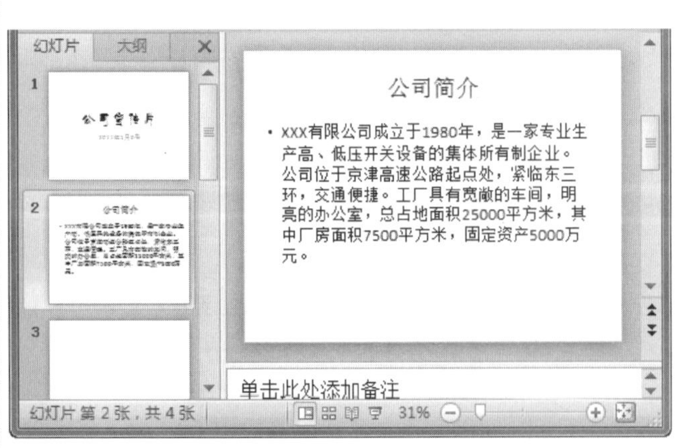

技巧

选定了需要删除的幻灯片之后，直接按 Delete 键也可以删除幻灯片。

14.4 录入文本内容

前面讲了一些制作幻灯片的准备工作，接下来我们介绍如何向幻灯片中录入文本内容，一起来看看吧。

14.4.1 使用占位符

占位符是一种带有虚线边缘的框，可以放置标题、正文、图表、表格和图片等对象，下面介绍一下如何向占位符中输入文本，具体操作步骤如下。

操作步骤

1. 首先选中要输入文本的幻灯片，然后将光标添加到占位符中，如下图所示。

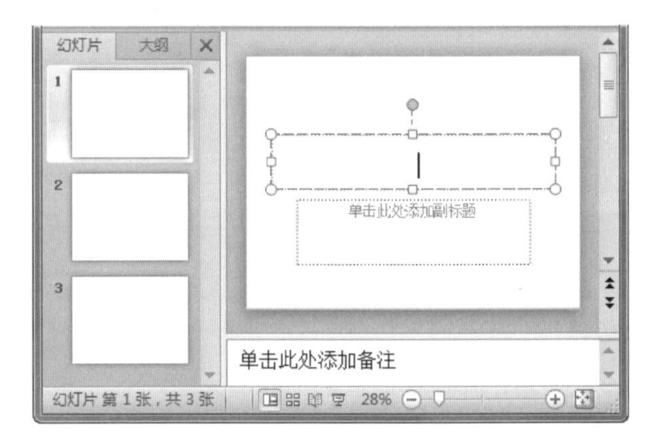

2. 开始输入文本内容，如下图所示。

3. 输入完毕后，在占位符以外的其他位置单击，即可

学以致用系列丛书

快捷键：按P、Page Up、左箭头(←)，上箭头(↑)或 Backspace 键，可以执行上一个动画或返回到上一张幻灯片。

将文本保存在占位符中了，如下图所示。

14.4.2　使用大纲视图

在大纲视图方式下录入文本内容的操作步骤如下。

操作步骤

❶ 在普通视图方式下的左侧窗格中，单击【大纲】选项卡，切换到【大纲】窗格，如下图所示。

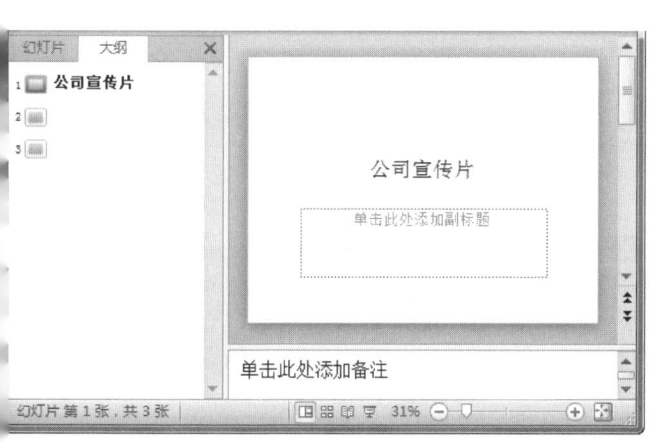

❷ 在右侧的工作区中，单击"单击此处添加副标题"提示，接着输入文本，即可发现输入的文本内容显示在【大纲】窗格中了，如下图所示。

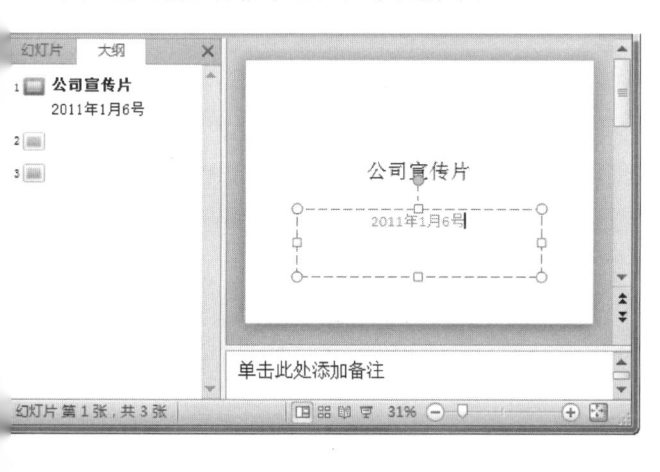

❸ 在【大纲】窗格中将光标定位到"6 号"后面，然后按 Enter 键换行，接着输入其他文本内容，如下图所示。

14.4.3　使用备注页

向备注页窗格中输入文本的方法如下。

操作步骤

❶ 首先选中幻灯片，然后将鼠标指针移动到工作区与备注窗格的交界线上，当指针变成上下双箭头形状时，按下鼠标左键并拖动，调整备注页窗格大小，如下图所示。

❷ 在备注页窗格中单击插入光标，接着即可输入文本内容了，如下图所示。

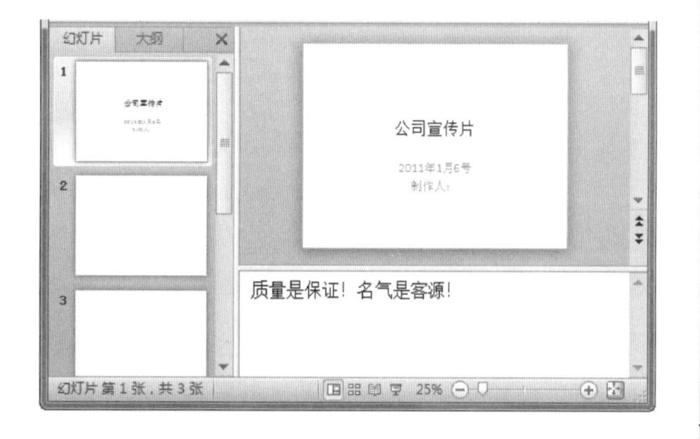

快捷键：按 Tab 键，可以选择电子邮件头的下一个框，如果电子邮件头的最后一个框处于激活状态，则选择邮件正文；按 Shift+Tab 组合键，可以选择邮件头中的前一个字段或按钮。

技巧

在【视图】选项卡的【演示文稿视图】组中，单击【备注页】按钮，切换到备注页视图方式，接着即可向备注页窗口中输入文本内容了，如下图所示。

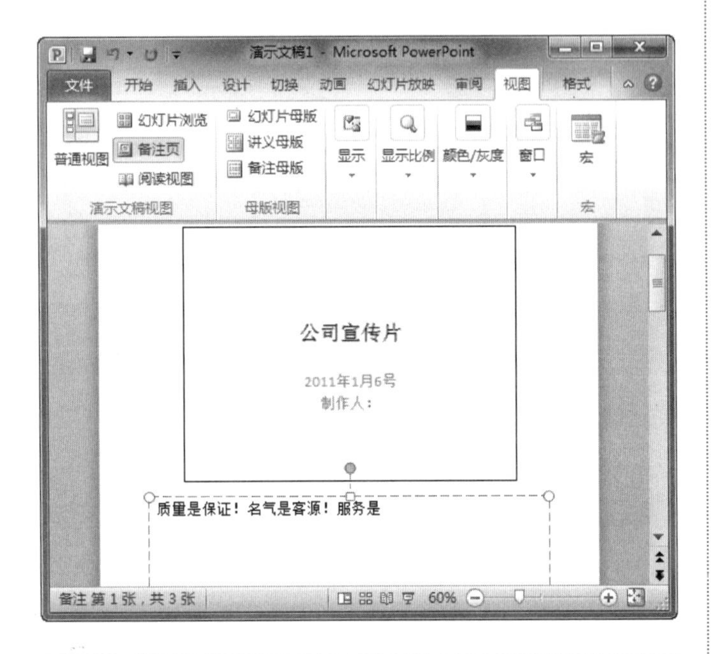

14.4.4 使用文本框

如果幻灯片中的占位符样式不符合用户的需要，您可以插入一个空白幻灯片，然后在幻灯片中插入需要的文本框，在其中存放文本，具体操作步骤如下。

操作步骤

❶ 参考前面方法，在演示文稿中插入空白幻灯片，如下图所示。

❷ 选择新插入的空白幻灯片，然后在【插入】选项卡的【文本】组中，单击【文本框】按钮下方的下拉按钮，从打开的列表中选择文本框类型，如下图所示。

❸ 接着在幻灯片中按下鼠标左键不松并拖动，插入文本框，如下图所示。

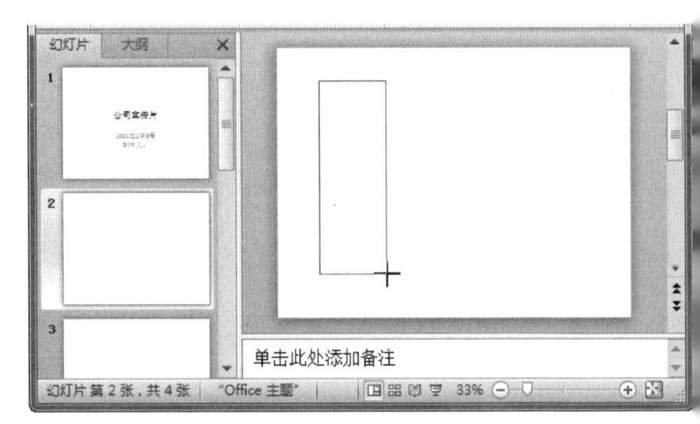

❹ 在文本框内单击插入光标，接着即可输入文本内容了，如下图所示。

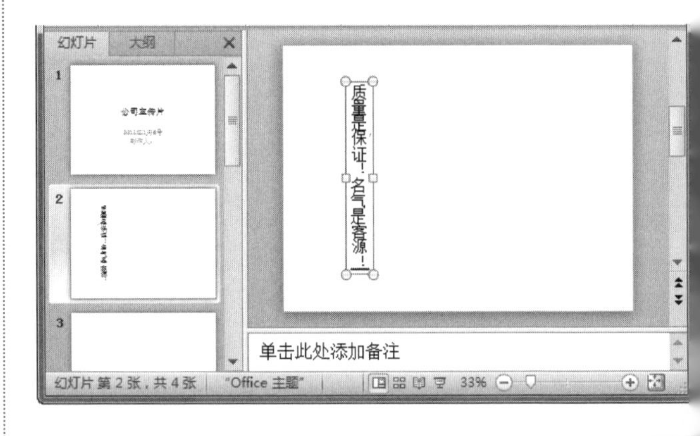

14.4.5 使用艺术字

在幻灯片中，既可对已录入的文本使用艺术字样式也可以先插入艺术字样式，然后再输入文本内容。下面以先插入艺术字样式，再输入文本内容为例进行介绍，具体操作如下。

长见识 快捷键：按 Tab 键，可以在 Web 演示文稿的超链接、地址栏和链接栏之间进行切换；按 Shift+Tab 组合键，可以在 Web 演示文稿的超链接、地址栏和链接栏之间进行反方向切换。

操作步骤

1 首先选中幻灯片，然后在【插入】选项卡的【文本】组中，单击【艺术字】按钮，从打开的列表中选择要使用的艺术字样式，如下图所示。

2 这时将会在幻灯片中插入选中的艺术字样式，如下图所示。

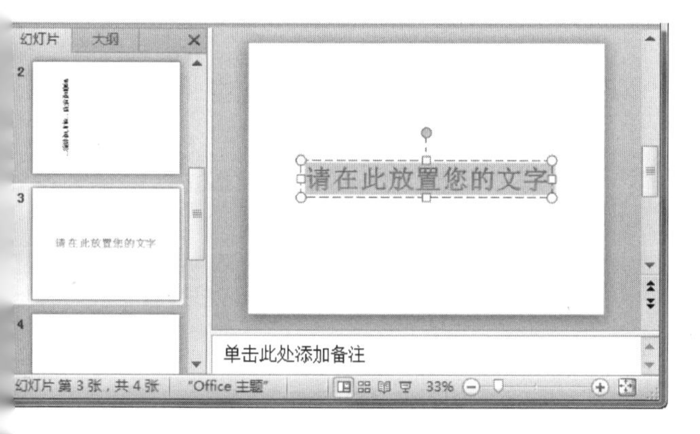

3 选中"请在此放置您的文字"字符，然后按 Delete 键将其删除，接着输入文本内容，如下图所示。

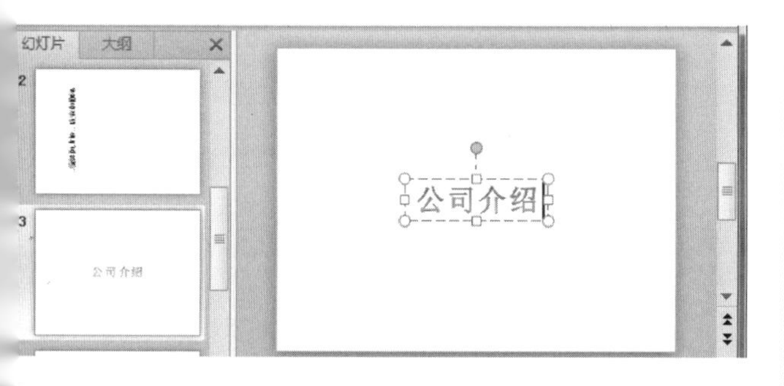

4 选中艺术字，然后在【绘图工具】下的【格式】选项卡中，单击【形状样式】组中的【其他】按钮，如右上图所示。

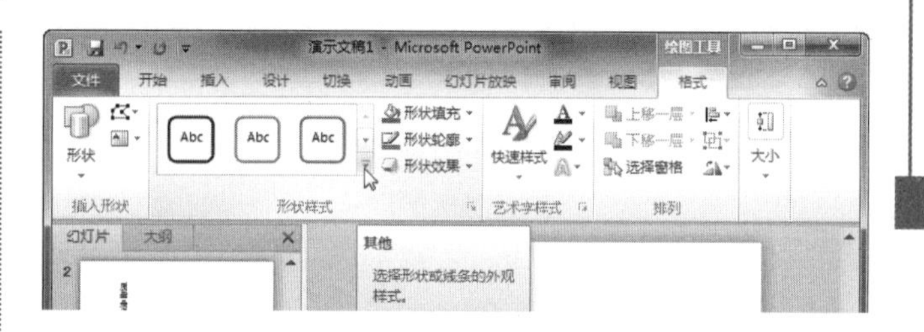

5 从打开的形状样式库中选择形状样式，如下图所示。

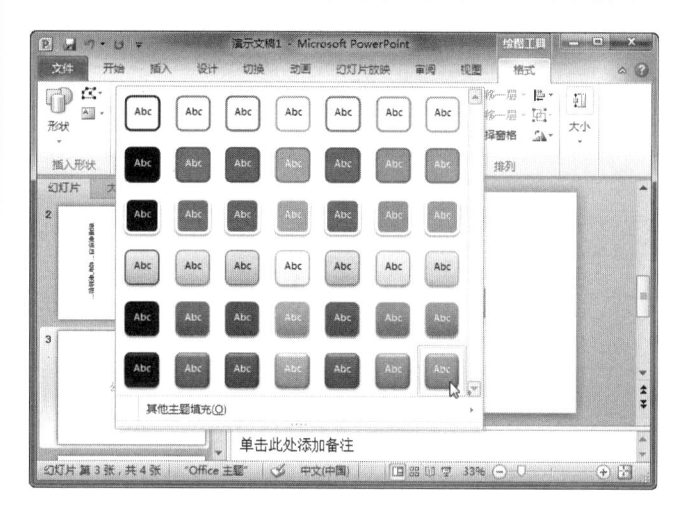

6 在【格式】选项卡的【形状样式】组中，单击【形状填充】按钮，从打开的列表中选择要填充的颜色，如下图所示。

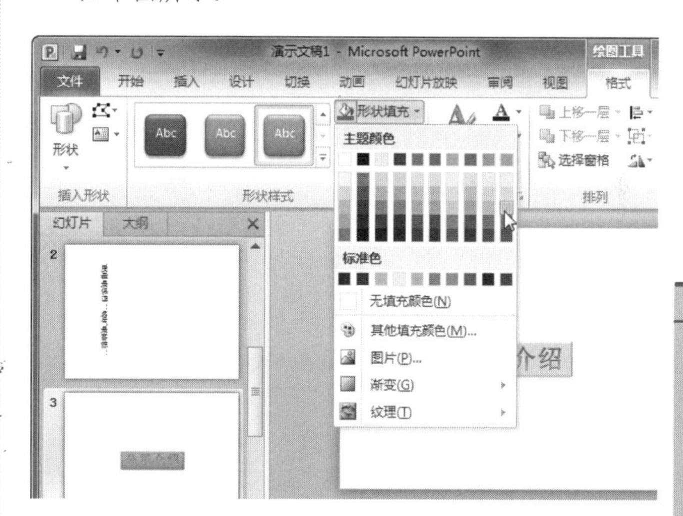

7 在【格式】选项卡的【形状样式】组中，单击【形状效果】按钮，从打开的列表中选择【发光】子菜单中的【橙色】选项，设置形状效果，如下图所示。

快捷键：按 Tab 键，可以转到幻灯片上的第一个或下一个超链接；按 Shift+Tab 组合键，可以转到幻灯片上的最后一或上一个超链接。

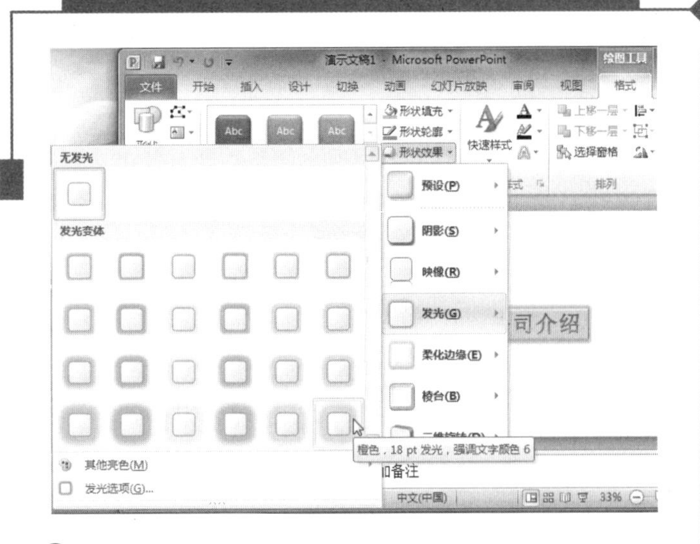

❽ 在【格式】选项卡的【艺术字样式】组中，单击【文本填充】按钮，从打开的列表中选择要填充的颜色，如下图所示。

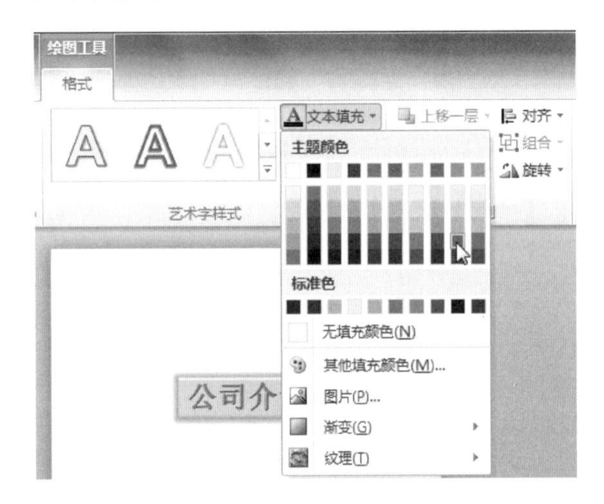

❾ 在【格式】选项卡的【形状样式】组中，单击【形状效果】按钮，从弹出的列表中选择【三位旋转】子菜单中的【离轴2左】选项，如下图所示。

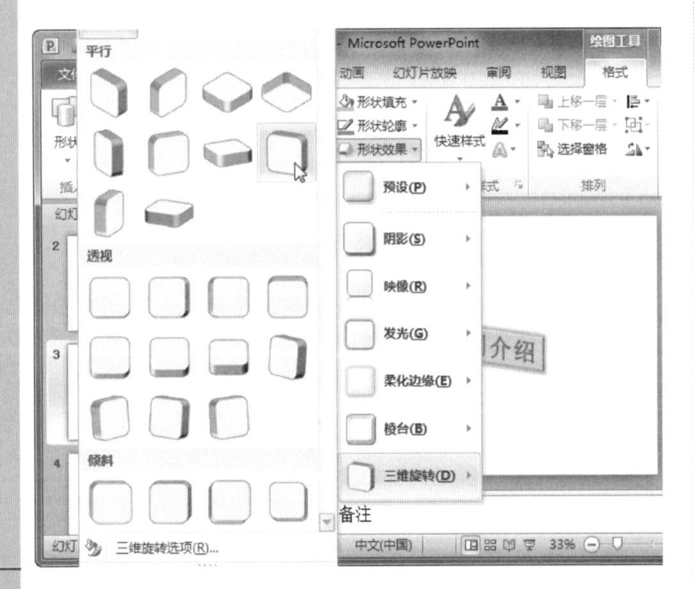

❿ 将光标移动到艺术字上，当指针变成十字箭头形状时，按下鼠标左键并拖动，如下图所示。

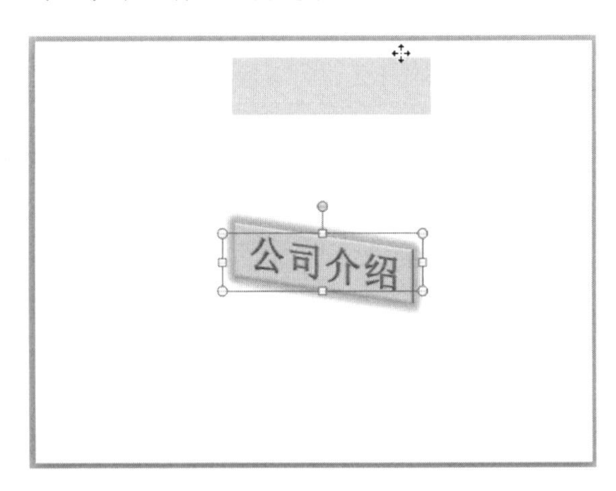

⓫ 拖动到目标位置后释放鼠标左键，即可将艺术字移动到目标位置了，如下图所示。

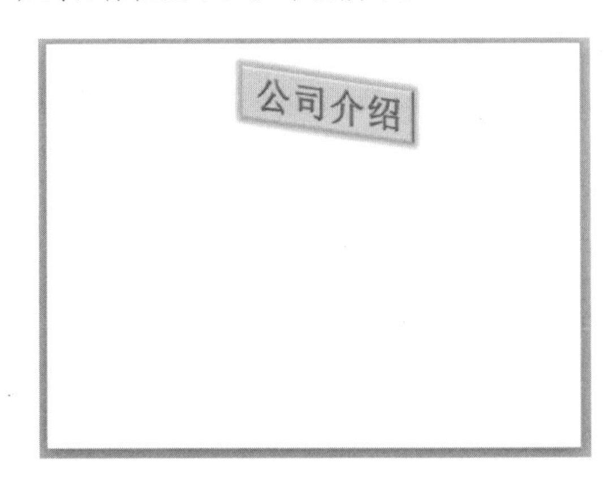

14.5 设置文本格式

通过前面的学习，我们已经知道如何设置艺术字文本的格式。那么，如何设置占位符、文本框中的文本格式呢？下面一起来研究一下吧。

14.5.1 设置文本的字体格式

在幻灯片中设置文本的字体格式的操作步骤如下。

操作步骤

❶ 首先在幻灯片中选择要设置格式的文本，然后在【开始】选项卡的【字体】组中，单击【字号】文本框右侧的下三角按钮，从弹出的下拉列表中选择字号大小，如下图所示。

长见识 快捷键：按Shift+F10组合键(相当于单击鼠标右键)，可以显示右键快捷菜单。

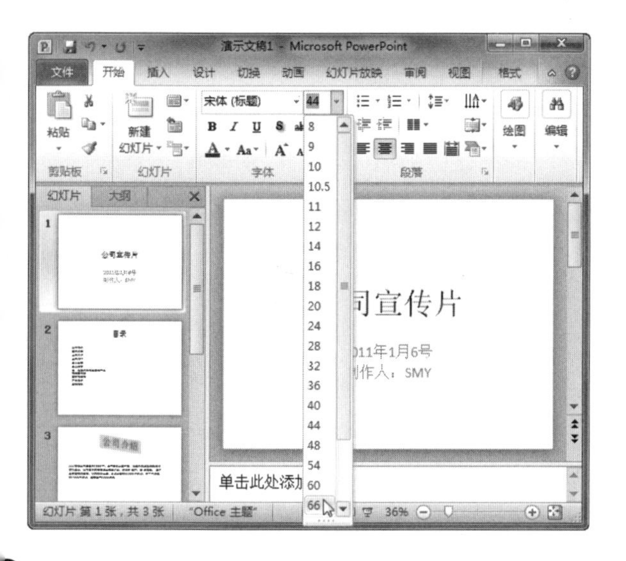

2 在【字体】组中单击【字体】文本框右侧的下三角按钮，从弹出的下拉列表中选择字体样式，如下图所示。

3 接着在【字体】组中单击【字体颜色】按钮右侧的下三角按钮，从弹出的列表中选择一种颜色，如下图所示。

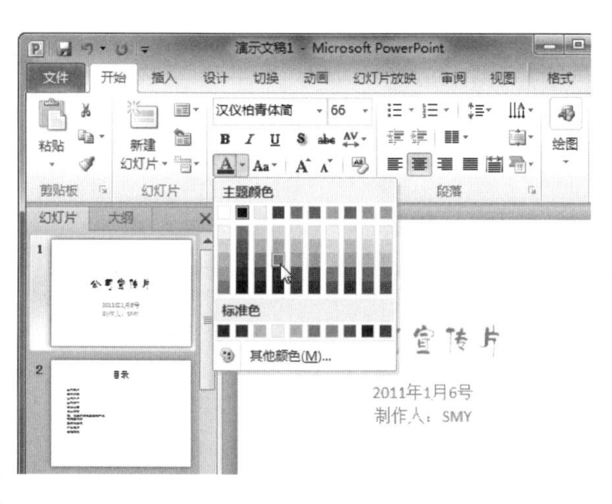

4 在【字体】组中单击【加粗】按钮，加粗字体，效果如下图所示。

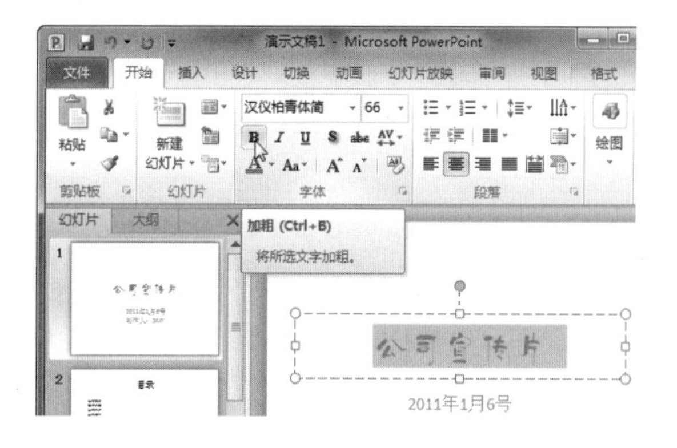

技巧

以上设置的字体格式都可以在【字体】对话框中完成，方法是在【开始】选项卡的【字体】组中，单击对话框启动按钮，弹出【字体】对话框，接着在【字体】选项卡中设置字体格式，最后单击【确定】按钮保存设置即可，如下图所示。

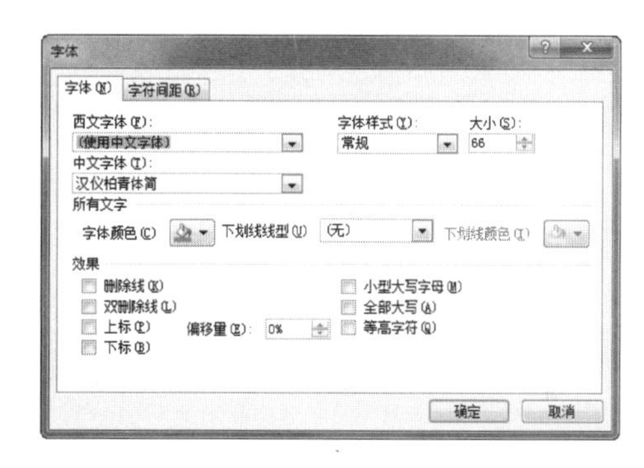

5 在【字体】组中单击【字符间距】按钮，从打开的列表中选择【很松】选项，如下图所示。

学以致用系列丛书

快捷键：按 N、Enter、Page Down、右箭头(→)、下箭头(↓)或空格键，可以执行下一个动画或换页到下一张幻灯片。

长见识

技巧

若在上图中选择【其他间距】选项，则会弹出【字体】对话框，在【字符间距】选项卡中设置【间距】为【加宽】接着调整【度量值】微调框中的间距值，再单击【确定】按钮，可以按指定值调整字符间距，如下图所示。

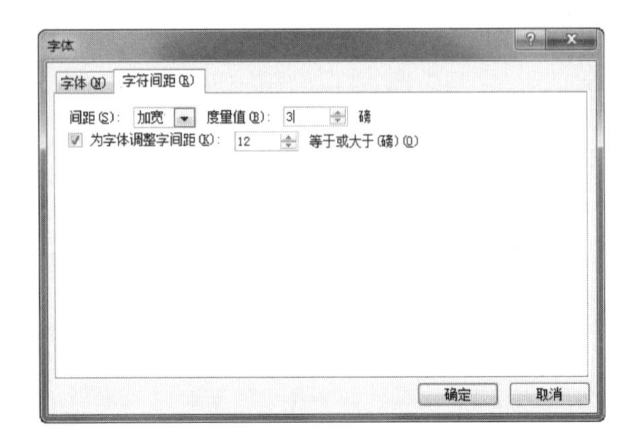

14.5.2 设置文本的段落格式

下面将为大家介绍如何在幻灯片中设置文本的段落格式，包括对齐格式、段落间距和行距等内容，具体操作步骤如下。

操作步骤

❶ 在幻灯片中选择要设置的文本，然后在【开始】选项卡的【段落】组中，单击【文本左对齐】按钮，如下图所示。

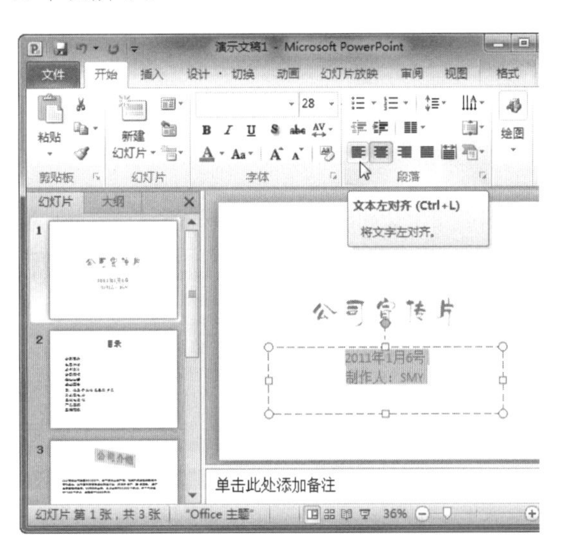

❷ 在【开始】选项卡的【段落】组中，单击【行距】按钮，从打开的列表中选择相应的选项，如右上图所示。

技巧

若在上图中选择【行距选项】选项，则会弹出【段落】对话框，在【缩进和间距】选项卡中的【间距】选项组中，可以设置段落与段落之间的间距，以及段落中的行与行之间的间距，如下图所示，最后单击【确定】按钮保存设置即可。

❸ 单击文本框，然后在【开始】选项卡的【段落】组中，单击【对齐文本】按钮，从打开的列表中选择文本对齐方式，如下图所示。

长见识

快捷键：按B或句号键，可显示黑屏或从黑屏返回幻灯片放映；按W或逗号键，可显示白屏或从白屏返回幻灯片放映；按S或加号键，将停止或重新启动自动幻灯片放映程序。

❹ 在【开始】选项卡的【段落】组中，单击【文字方向】按钮，从打开的列表中选择文字方向，如下图所示。

❺ 选择要添加项目符号的段落，然后在【开始】选项卡的【段落】组中，单击【项目符号】按钮右侧的下三角按钮，从打开的列表中选择需要的项目符号样式，如下图所示。

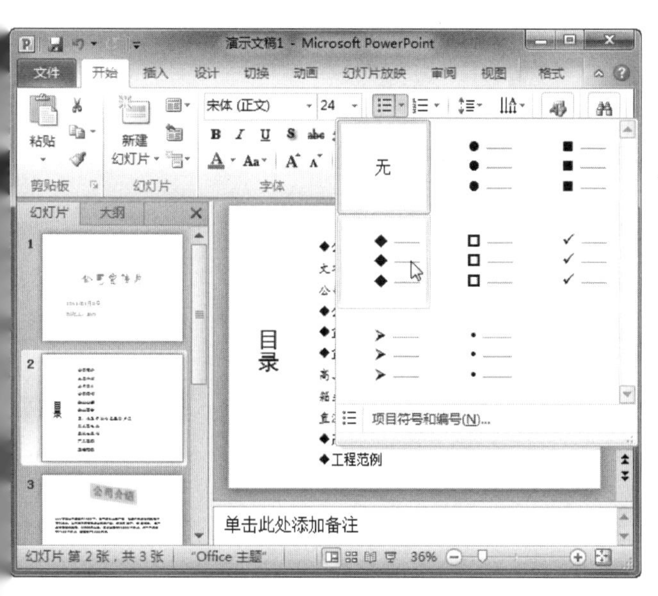

❻ 选择要设置的段落，然后在【开始】选项卡的【段落】组中，单击对话框启动按钮，如右上图所示。

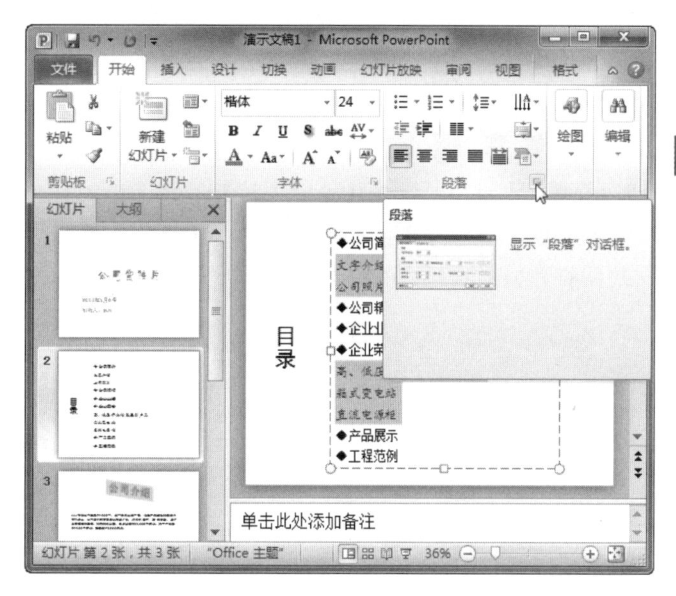

❼ 弹出【段落】对话框，切换到【缩进和间距】选项卡，然后在【缩进】选项组中调整【文本之前】微调框中的数值，设置段落缩进，再单击【确定】按钮，如下图所示。

❽ 接着参考步骤 5 的操作，给缩进的段落应用另一种项目符号，效果如下图所示。

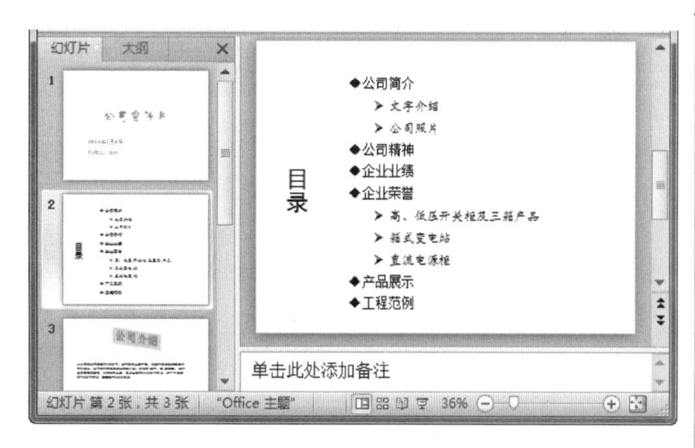

14.5.3　设置文本框格式

在幻灯片中，既可以设置文本框本身的格式，也可以设置文本框中的文本格式，其操作与设置艺术字非常相似，具体操作步骤如下。

操作步骤

❶ 选中文本框，然后在【绘图工具】下的【格式】选项卡中，单击【形状样式】组中的【其他】按钮，从打开的形状样式库中选择形状样式，如下图所示。

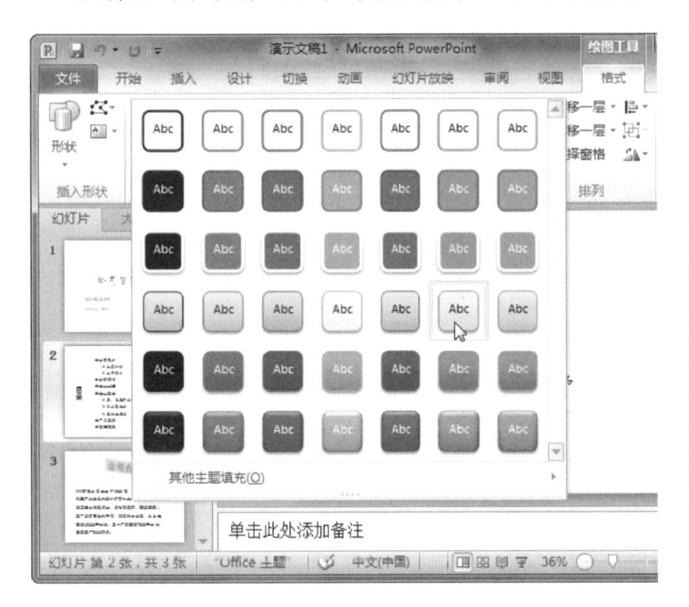

❷ 在【格式】选项卡的【形状样式】组中，单击【形状填充】按钮，从弹出的列表中选择【纹理】子列表中的【水滴】选项，如下图所示。

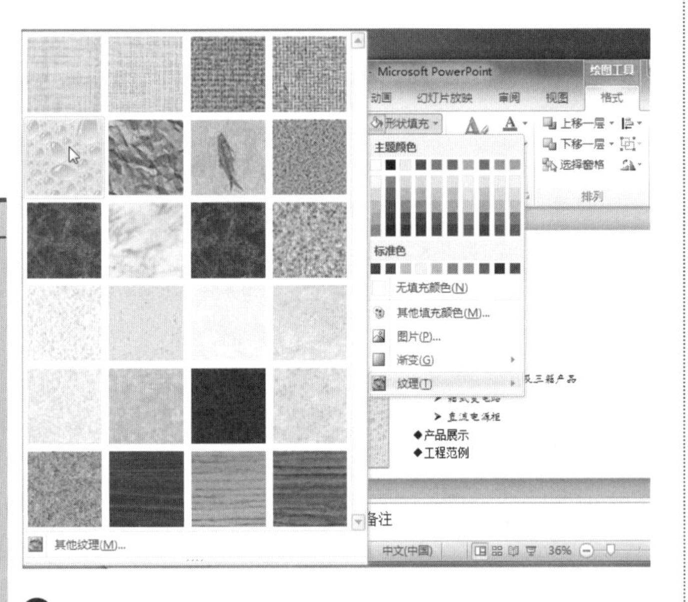

❸ 在【格式】选项卡的【形状样式】组中，单击【形状效果】按钮，从打开的列表中选择【阴影】子列表中的【内部向右】选项，如下图所示。

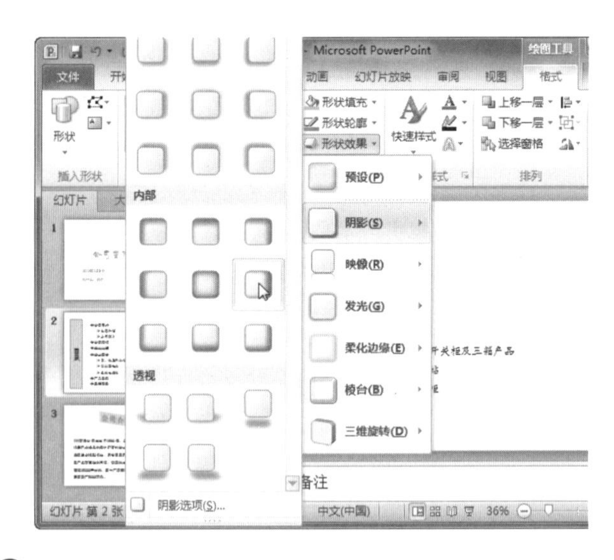

❹ 在【格式】选项卡的【形状样式】组中，单击【形状效果】按钮，从打开的列表中选择【棱台】子列表中的【冷色斜面】选项，如下图所示。

❺ 在【格式】选项卡的【艺术字样式】组中，单击【其他】按钮，从打开的艺术字样式库中选择艺术字形式，如下图所示。

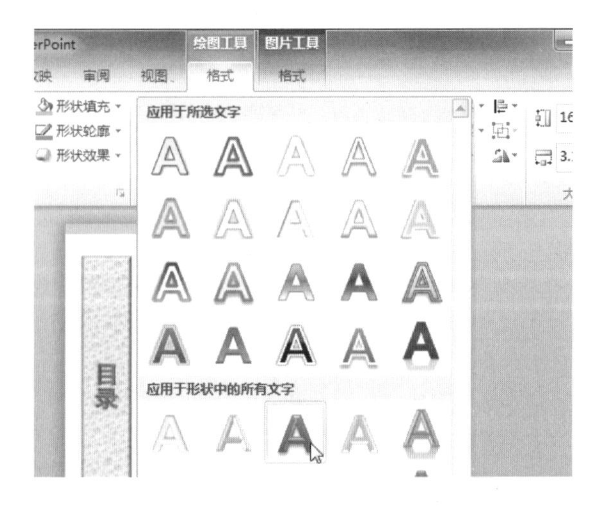

学以致用系列丛书

长见识 快捷键：按 Ctrl+Shift+V 组合键，可以粘贴文本格式；按 Ctrl+E 组合键，可以居中对齐段落；按 Ctrl+J 组合键，可以使段落两端对齐。

6. 在【格式】选项卡的【艺术字样式】组中，单击【文本填充】按钮，从弹出的列表中选择【渐变】子列表中的【中心辐射】选项，如下图所示。

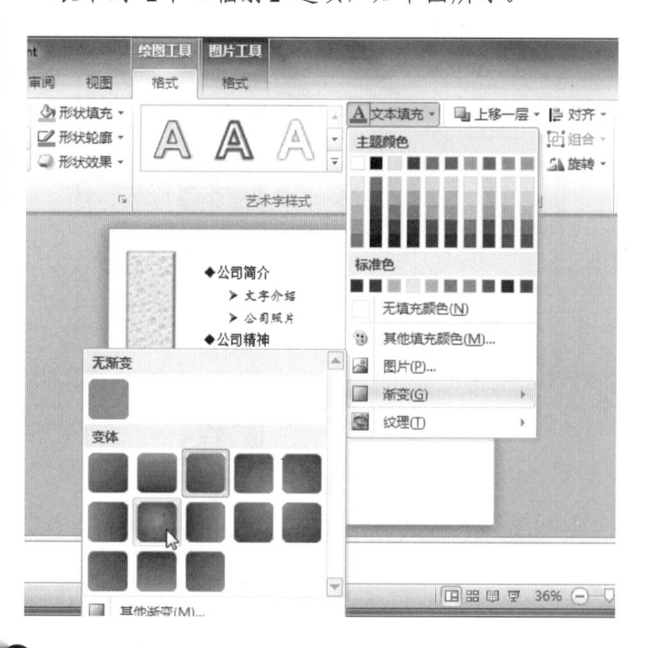

7. 在【格式】选项卡的【排列】组中，单击【对齐】按钮，从打开的列表中选择【上下居中】选项，如下图所示。

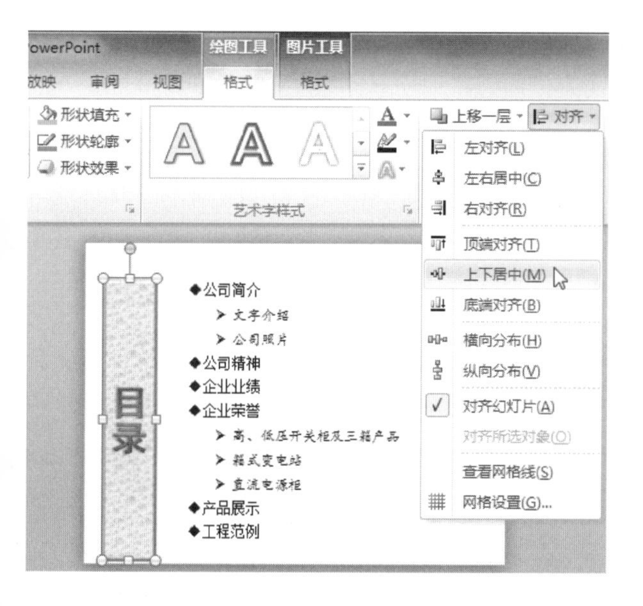

14.6 使用幻灯片母版

母版类似于Word 文档中的样式，在PowerPoint 2010 程序中，母版是幻灯片层次结构中的顶层幻灯片，用于存储有关演示文稿的主题和幻灯片版式的信息，包括背景、颜色、字体、效果、占位符大小和位置，以及各个项目符合的样式等。

14.6.1 了解母版类型

为了使演示文稿具有统一的外观，经常会使用母版设置每张幻灯片的预设格式。

在 PowerPoint 2010 程序中，母版分为三种类型：幻灯片母版、讲义母版和备注母版。

- 幻灯片母版：幻灯片母版是模板的一部分。它存储的信息包括：文本和对象在幻灯片上的放置位置、文本和对象占位符的大小、文本样式、背景、颜色主题、效果和动画。如果将一个或多个幻灯片母版另存为单个模板文件 (.potx)，将生成一个可用于创建新演示文稿的模板。每个幻灯片母版都包含一个或多个标准或自定义的版式集。
- 讲义母版：PowerPoint 提供了讲义的制作方式，用户可以将幻灯片的内容以多张幻灯片为一页的方式打印成听众文件，直接发给听众使用，而不需要自行将幻灯片缩小再合起来打印。讲义模板用于控制讲义的打印格式，还可以在讲义母版的空白处加入图片、文字说明等对象。
- 备注母版：备注的最主要功能是进一步提示某张幻灯片的内容。通常情况下，演示文稿中每一张幻灯片的文本内容都比较简练，演讲者可以事先将补充的内容建在备注中，备注可以单独打印出来。备注模板可用于设置备注的预设格式，使多数备注有统一的外观。

14.6.2 设置母版

幻灯片母版能够控制在幻灯片上输入的标题和文本的格式与类型。我们先来学习一下如何编辑幻灯片母版吧！

1. 创建幻灯片母版

要使用统一风格的幻灯片，需要先设置幻灯片母版，然后将其保存为演示文稿模板。下面我们来看看如何设置幻灯片母版吧！

操作步骤

1. 打开所需要编辑幻灯片母版的演示文稿，然后在【视图】选项卡的【母版视图】组中单击【幻灯片母版】按钮，如下图所示。

快捷键：按 Ctrl+U 组合键，可以应用下划线；按 Ctrl+I 组合键，可以应用斜体格式；按 Ctrl+=组合键，可以应用下标格式(自动调整间距)。

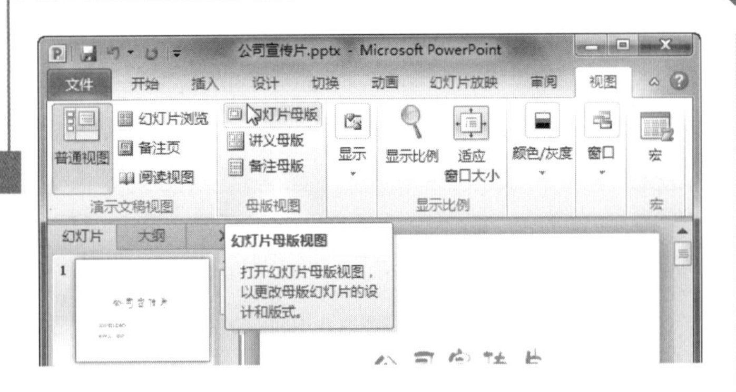

❷ 此时进入幻灯片母版编辑状态，在功能区中出现【幻灯片母版】选项卡，如下图所示。

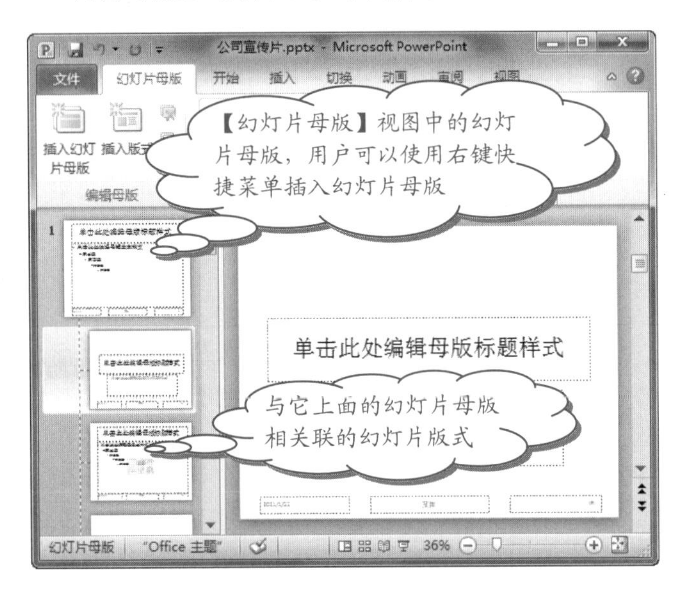

❸ 在【幻灯片母版】选项卡的【背景】组中，单击对话框启动按钮，如下图所示。

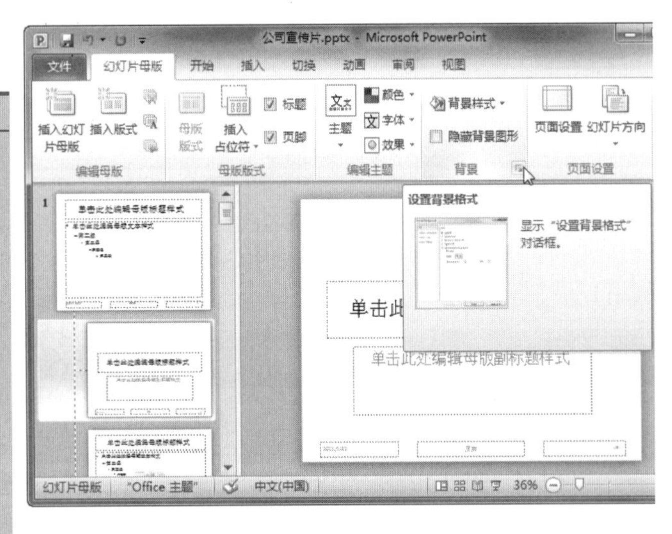

❹ 打开【设置背景格式】对话框，在【填充】选项组中选中【图片或纹理填充】单选按钮，然后从【纹理】下拉列表中选择一种纹理，再单击【全部应用】按钮，如右上图所示。

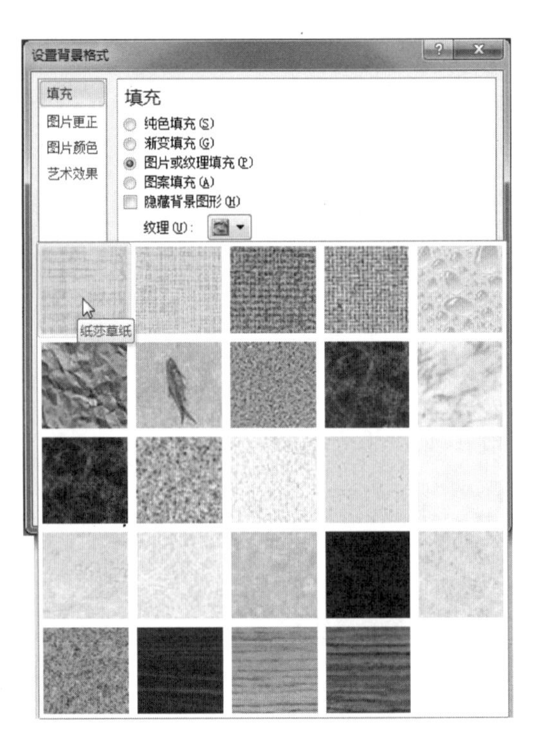

❺ 接着单击【关闭】按钮，返回演示文稿，此时所有母版都应用了纹理填充，如下图所示。

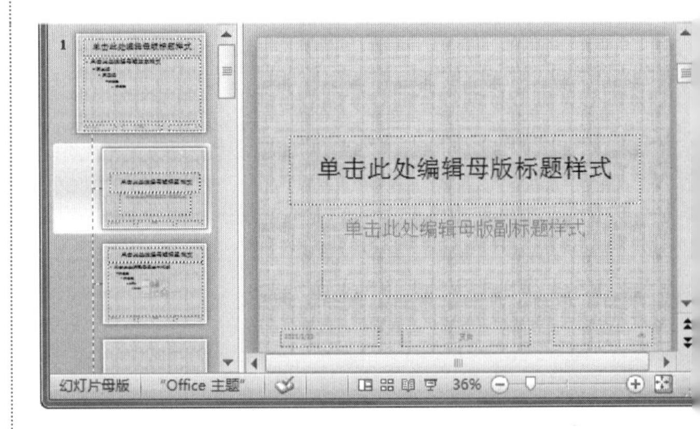

❻ 在【插入】选项卡的【文本】组中，单击【页眉和页脚】按钮，如下图所示。

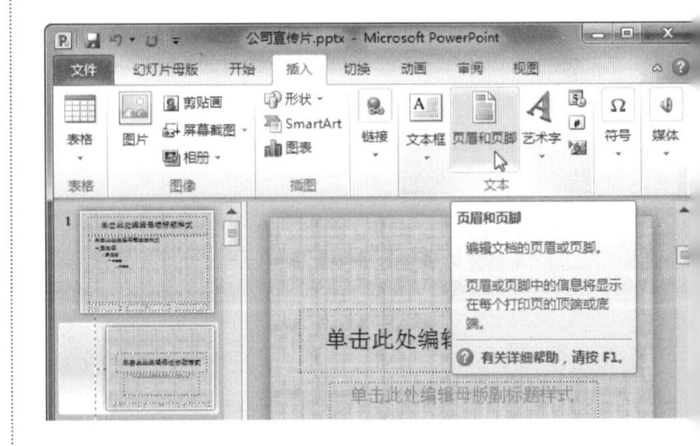

❼ 弹出【页眉和页脚】对话框，切换到【幻灯片】选

长见识：按 Ctrl+C 组合键，即可复制之前所选中的文本或对象，而且 Word 对此操作要比用鼠标操作的反应速度快得多。

项卡，选中【幻灯片编号】复选框，再选中【页脚】复选框，并在下面的文本框中输入文本内容，如下图所示。

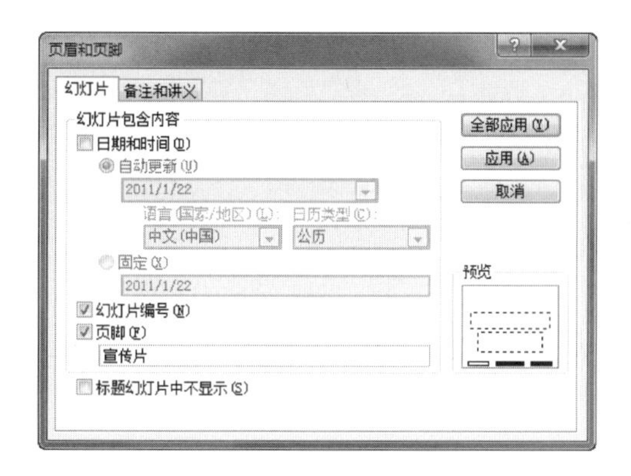

8 单击【全部应用】按钮应用到所有幻灯片，效果如下图所示。

9 在幻灯片1中选择要设置字体格式的文本并右击，从弹出的快捷菜单中选择【字体】命令，如下图所示。

10 打开【字体】对话框，并切换到【字体】选项卡，然后在【中文字体】下拉列表框中选择字体，并设置【字体样式】为【常规】，字体的大小为48，如下图所示，最后单击【确定】按钮。

11 在【插入】选项卡的【图像】组中，单击【图片】按钮，如下图所示。

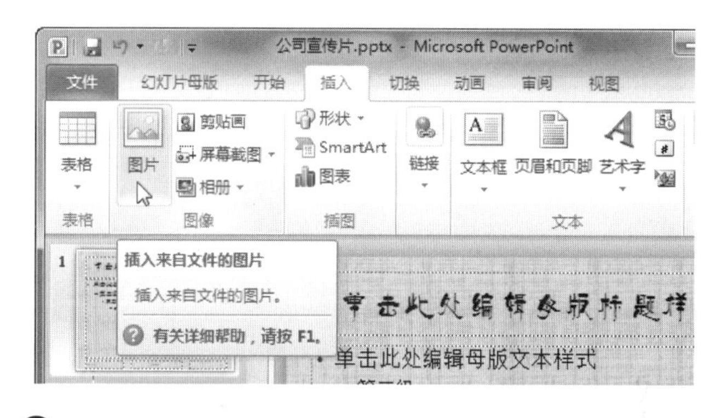

12 打开【插入图片】对话框，选择一张图片，再单击【插入】按钮，如下图所示。

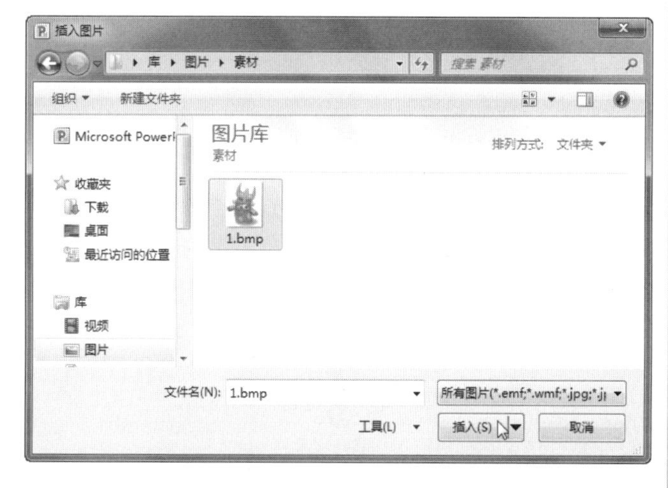

13 接着调整图片的位置，效果如下图所示。

学以致用系列丛书

母版功能让我们一劳永逸，并且位于母版上的图片或文字在普通视图上无法修改，从而避免了误操作的发生。

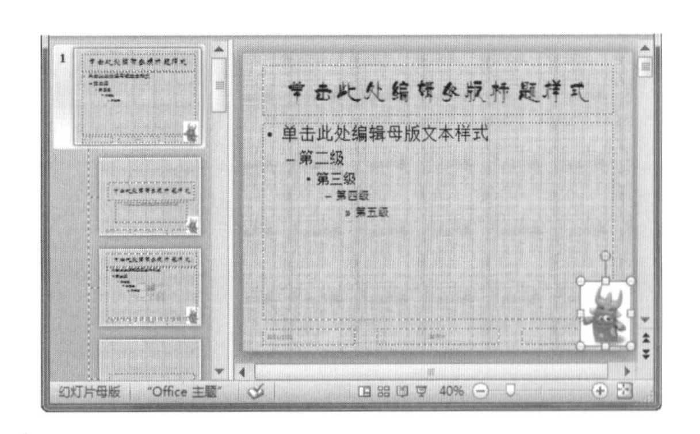

2. 保存幻灯片母版

设置了母版以后，在该演示文稿中新建幻灯片时，幻灯片的背景与母版的背景相同，但是新建演示文稿后，如果想让新的演示文稿幻灯片采用母版背景，这就需要将母版保存为模板。

将幻灯片母版保存为演示文稿模板的方法同 Office 其他软件的保存方法相似，具体方法如下。

操作步骤

❶ 切换到刚刚制作好母版的演示文稿，选择【文件】|【另存为】命令，如下图所示。

❷ 弹出【另存为】对话框，选择保存文件的位置，将保存文件的类型设置为【PowerPoint 模板】，接着输入文件名，再单击【保存】按钮，如下图所示。

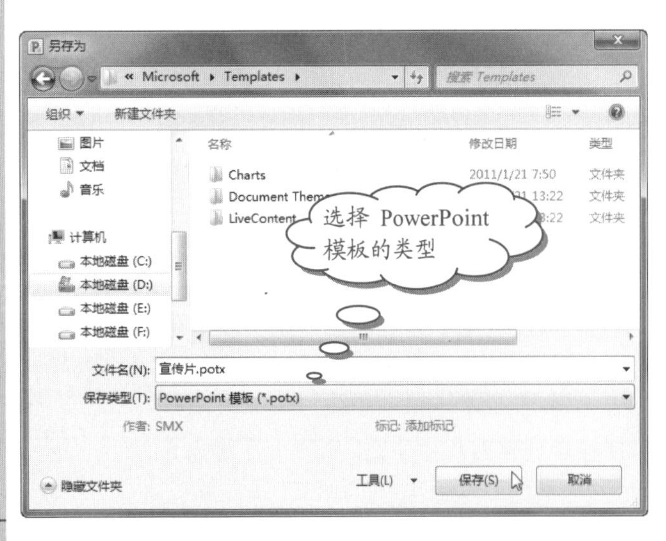

❸ 若不再需要幻灯片母版，只要在【幻灯片母版】选项卡的【关闭】组中，单击【关闭母版视图】按钮即可，如下图所示。

14.6.3 管理母版

前面讲过了如何设置幻灯片母版，那么接下来我们就谈谈如何管理幻灯片母版吧！在【幻灯片母版】选项卡下有一个【编辑母版】组，下面我们就以这个组为例来说明如何管理幻灯片母版吧！

1. 插入幻灯片母版

在【幻灯片母版】选项卡的【编辑母版】组中单击【插入幻灯片母版】按钮就可以插入一个新的母版，如下图所示。读者可以按照前面讲过的方法对编号为“2”的幻灯片母版进行相应的设置。这里不再赘述。

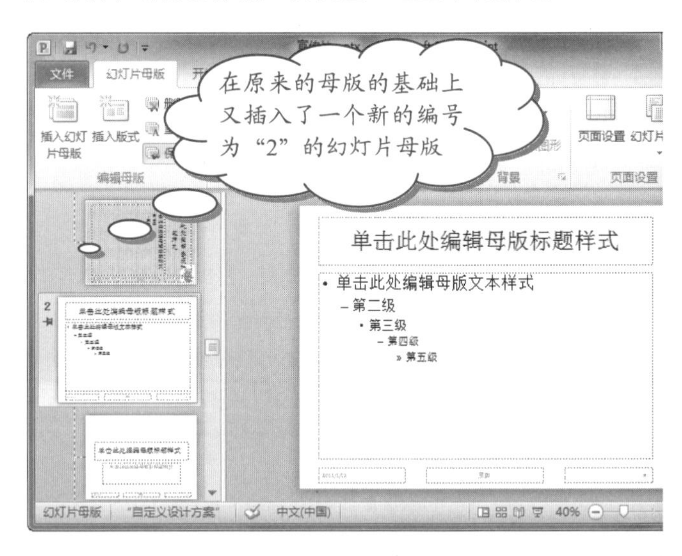

提示

在编号为“1”的幻灯片母版上右击，从弹出的快捷菜单中选择【插入幻灯片母版】命令也可以插入一个新的幻灯片母版。

长见识：一般来说，可以为单张幻灯片设置背景，也可以使用母版对多张幻灯片设置背景。无论是对幻灯片操作还是对母版操作，都只能使用一种背景。

2. 删除幻灯片母版

如果不需要那么多主题的母版，就删除它们，有两种方法。

❖ 一种是选择需要删除的幻灯片母版，然后在【幻灯片母版】选项卡的【编辑母版】组中，单击【删除】按钮即可，如下图所示。

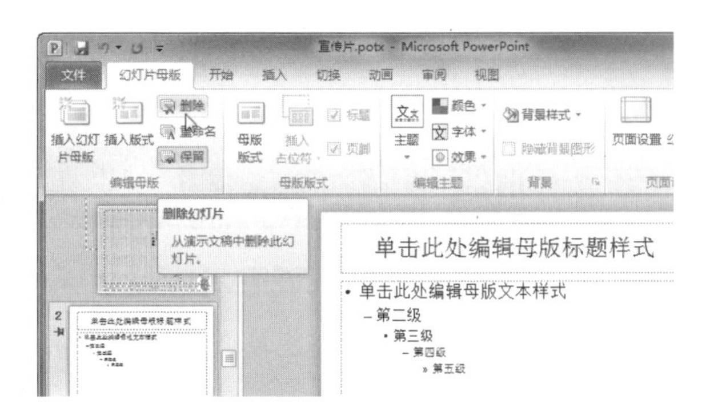

❖ 另一种是在需要删除的幻灯片母版上右击，从弹出的快捷菜单中选择【删除母版】命令，如下图所示。

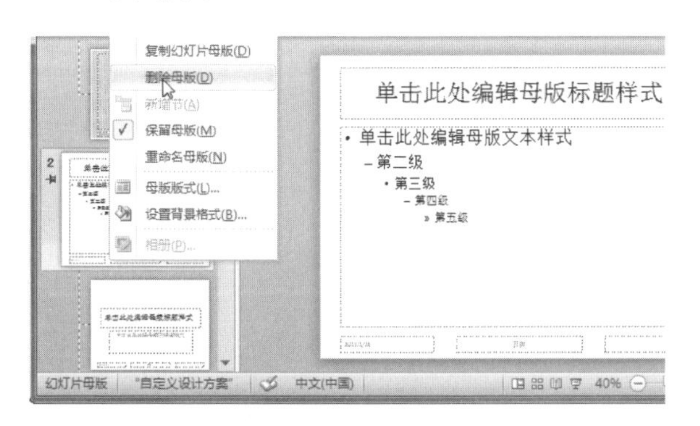

注意

删除之前要弄清楚需要删除的是幻灯片母版还是母版中的一个版式。如果在母版的一个版式上右击则会发现弹出的快捷菜单中只有【删除版式】命令，如下图所示。这时删除的只是一个版式。

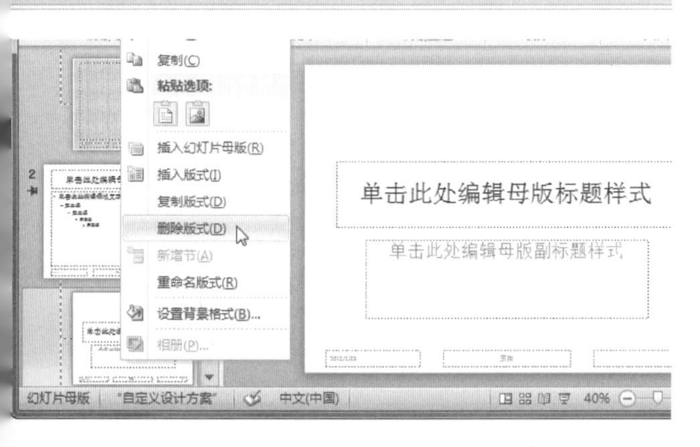

3. 重命名幻灯片母版

如果创建的幻灯片母版太多了，不好区别，那么将母版重命名吧！方法有两种。

(1) 使用【重命名】按钮重命名：新创建的幻灯片母版的名字都是系统自己定义的，比如“自定义设计方案”之类，我们就利用【幻灯片母版】选项卡上的【重命名】按钮来重命名吧。

操作步骤

❶ 选择需要重命名的幻灯片母版，然后在【幻灯片母版】选项卡的【编辑母版】组中，单击【重命名】按钮，如下图所示。

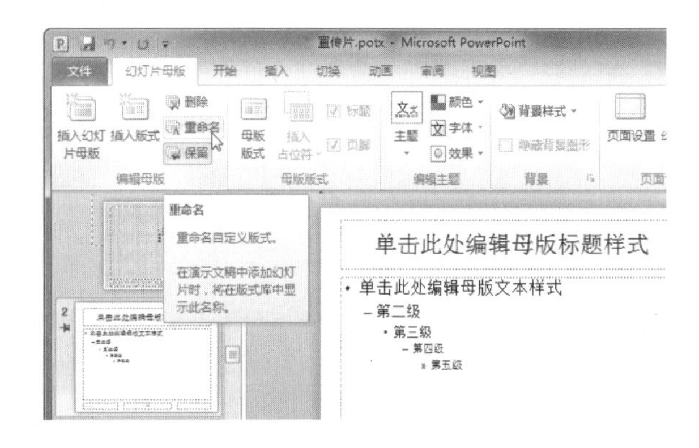

❷ 弹出【重命名版式】对话框，然后在【版式名称】文本框内输入新的名字，再单击【重命名】按钮即可，如下图所示。

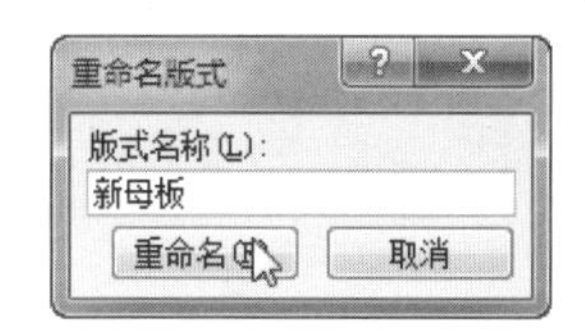

(2) 另一种方法是在需要重命名的幻灯片母版上右击，然后从弹出的快捷菜单中选择【重命名母版】命令，如下图所示。

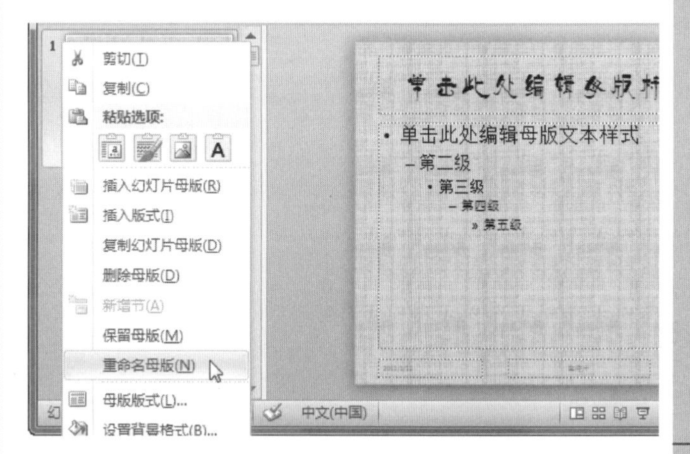

长见识：母版是模板的一部分，创建的母版是可以保存成模板格式的，这样可以更好地提高效率。

14.7 使用设计模板

设计模板是使演示文稿外观统一最有力、最快捷的方法。PowerPoint 中提供的一些设计模板是由专业人员精心设计的，其中的文本位置安排比较适当，配色方案比较醒目，足以满足大多数情况的需要。

14.7.1 应用已有的模板

使用设计模板可以帮助用户快速创建完美的幻灯片，因为用户不需要再花很多时间设计演示文稿。设计模板是通用于各种演示文稿的模型，可直接应用于用户的演示文稿。

模板包含一种配色方案、一个标题母版和一个幻灯片母版，以及一组用于控制幻灯片上对象位置的自动布局。下面我们一起来看看吧！

操作步骤

❶ 打开一个演示文稿，选择【文件】|【新建】命令，接着在中间窗格中单击【我的模板】选项，如下图所示。

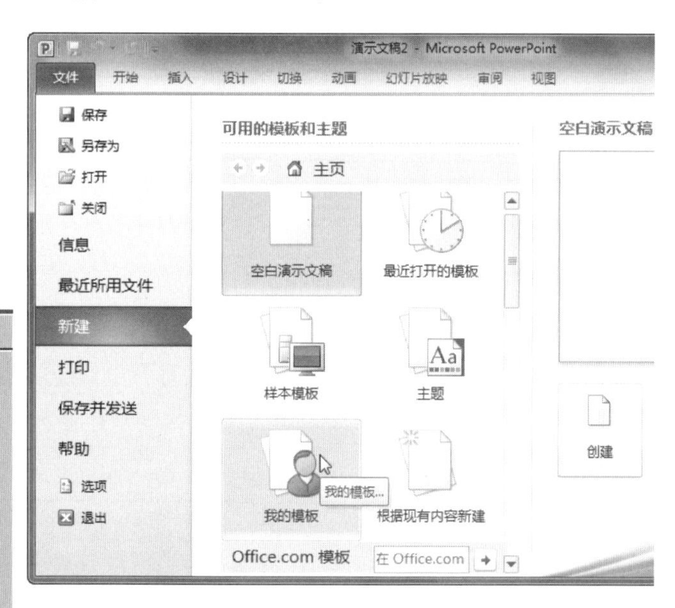

❷ 弹出【新建演示文稿】对话框，在【个人模板】选项卡下选择要使用的模板，再单击【确定】按钮，即可创建一个与模板一样的演示文稿了，如右上图所示。

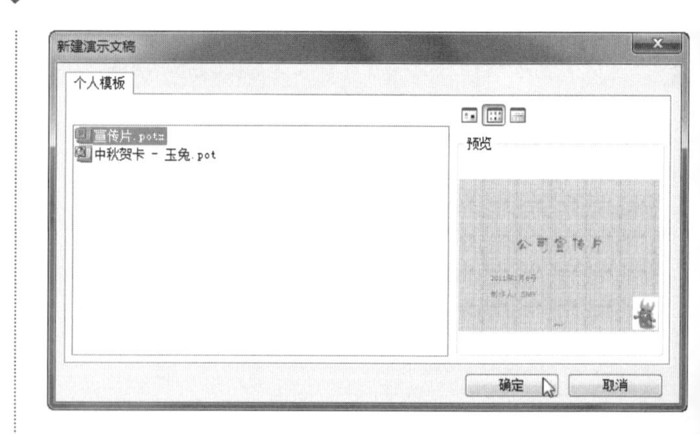

14.7.2 创建新模板

当读者制作一个精美的演示文稿后，可以将其保存为新模板，以便以后使用。

方法是选择【文件】|【另存为】命令，弹出【另存为】对话框；接着设置【保存类型】为【PowerPoint 模板】，并在【文件名】文本框中输入模板名称，再单击【保存】按钮即可，如下图所示！

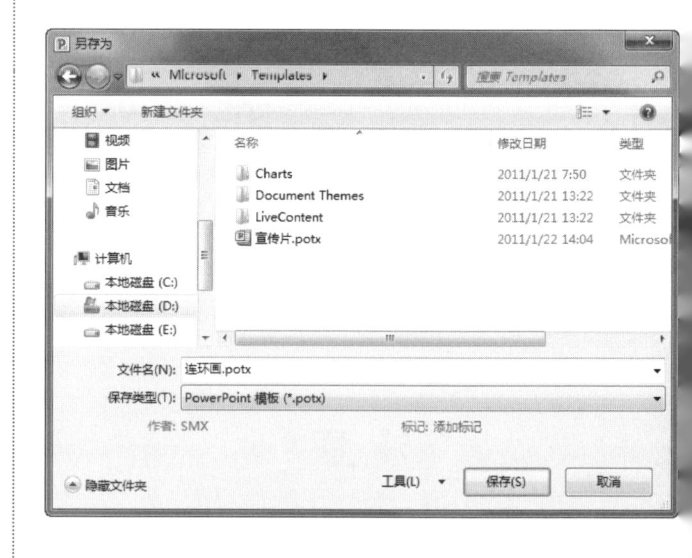

14.8 思考与练习

选择题

1. PowerPoint 2010 演示文稿储存以后，默认的文件扩展名是________。

A. PPT　　B. EXE
C. BAT　　D. PPTX

2. 在________方式下能实现在一屏显示多张幻灯片。

A. 幻灯片视图　　B. 大纲视图

初学者可能不习惯使用模板，但它却是最能提高 PowerPoint 编辑效率的方式。

C. 幻灯片浏览视图　　D. 备注页视图

3. 可以在备注中显示图片对象的幻灯片视图是______。

A. 普通视图　　B. 大纲视图

C. 备注页视图　　D. 幻灯片浏览视图

4. PowerPoint 的母版有______种类型。

A. 3　　B. 4

C. 5　　D. 6

5. PowerPoint 的设计模板包含______。

A. 预定义的幻灯片版式

B. 预定义的幻灯片背景颜色

C. 预定义的幻灯片配色方案

D. 预定义的幻灯片样式和配色方案

6. 在 PowerPoint 2010 程序中，用户可以通过按 Ctrl 和________键来新建一个 PowerPoint 演示文稿；按 Ctrl 和________键来添加新幻灯片。

A. S　　B. M

C. N　　D. O

操作题

1. 根据贺卡模板新建一个“兔年贺卡”演示文稿。然后在幻灯片中输入贺卡内容，并设置字体格式。

2. 新制作一个演示文稿，将其保存为模板。

一般来说，可以为单张幻灯片设置背景，也可以使用母版对多张幻灯片设置背景。无论是对幻灯片操作还是对母版操作，都只能使用一种背景。

长见识

第15章 PowerPoint 2010多媒体应用——充实“公司宣传片”

内容丰富、美观漂亮的幻灯片播放时，会很赏心悦目！本章将向大家介绍如何将声音、影片插入到幻灯片中，让你的文档不仅具有可阅读性，更能给人带来视觉和听觉上的享受！

学习要点

- ❖ 插入图像文件。
- ❖ 插入声音文件。
- ❖ 插入影片。
- ❖ 添加旁白。
- ❖ 应用主题。

学习目标

通过本章的学习，读者首先应该熟练掌握一些充实幻灯片内容的方法，包括插入图片、剪贴画、声音、视频以及录制旁白等；其次，要求掌握 Office 主题使用及新建方法。最后，综合使用这些操作，全面提高对 PowerPoint 2010 的应用能力。

15.1 插入图像文件

在第 14 章中，我们学习了如何制作简单的幻灯片，本章将为大家介绍如何丰富、美化幻灯片，让您的幻灯片能迅速吸引别人的注意。

15.1.1 插入图片

也许你认为制作的“公司宣传片”的封面不是那么美观，下面将通过在封面上插入一张图片来美化该封面，具体方法如下。

操作步骤

❶ 打开“公司宣传片”文件，然后选择要插入图片的幻灯片，接着在【插入】选项卡的【图像】组中，单击【图片】按钮，如下图所示。

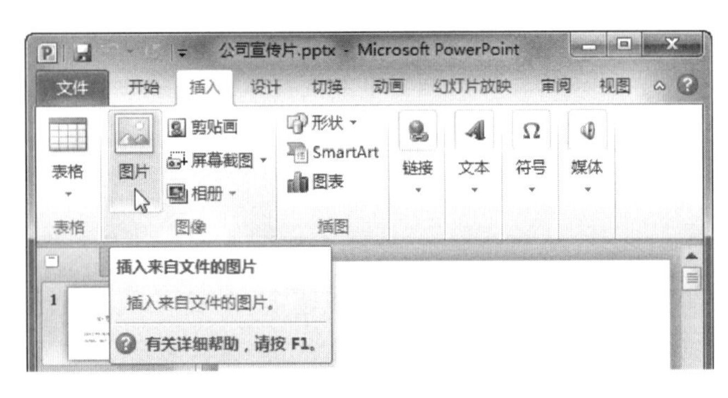

❷ 打开【插入图片】对话框，从电脑中选择一张图片，再单击【插入】按钮，将选择的图片插入到幻灯片中，如下图所示。

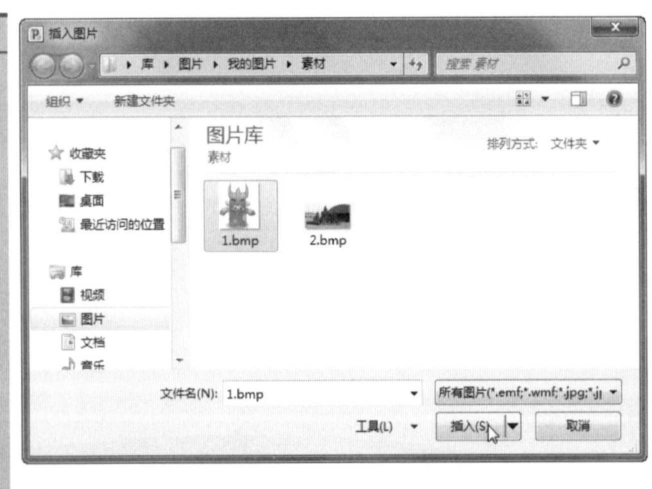

❸ 将光标移动到刚查入图片的控制点上，当光标变成双向箭头形状时按下鼠标左键拖动，如右上图所示。拖动到需要的大小时，释放鼠标左键即可。

技巧

单击插入的图片，然后在【图片工具】下的【格式】选项卡中的【大小】组中也可以调整图片的高度和宽度，如下图所示。

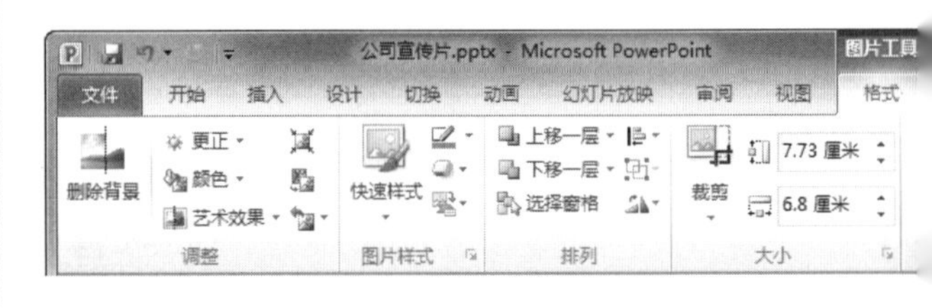

❹ 选中图片，然后在【图片工具】下的【格式】选项卡中，单击【调整】组中的【颜色】按钮，从弹出的列表中选择图片颜色，如下图所示。

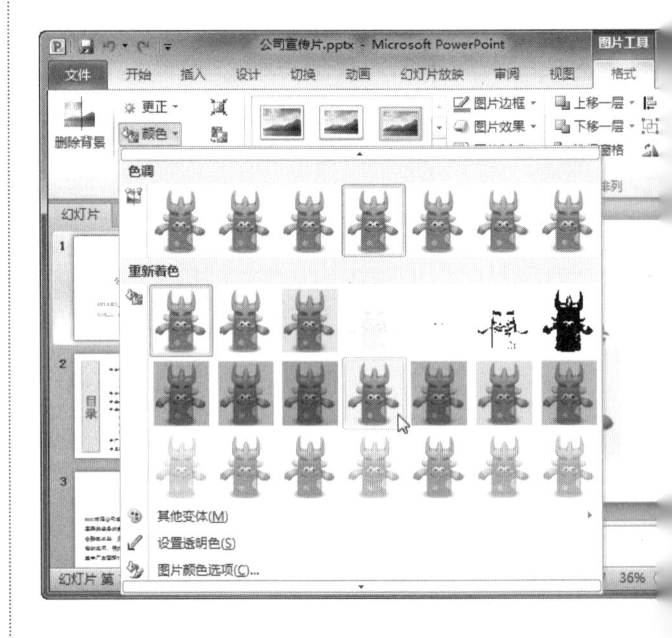

长见识

如果用户选择的幻灯片版式包含图片，需要插入图片时，只需要切换到该幻灯片，然后单击【插入来自文件的图片图标】，接着在打开的【插入图片】对话框中选择需要的图片即可。

5 在【图片工具】下的【格式】选项卡中，单击【调整】组中的【更正】按钮，在弹出的列表中设置亮度和对比度，如下图所示。

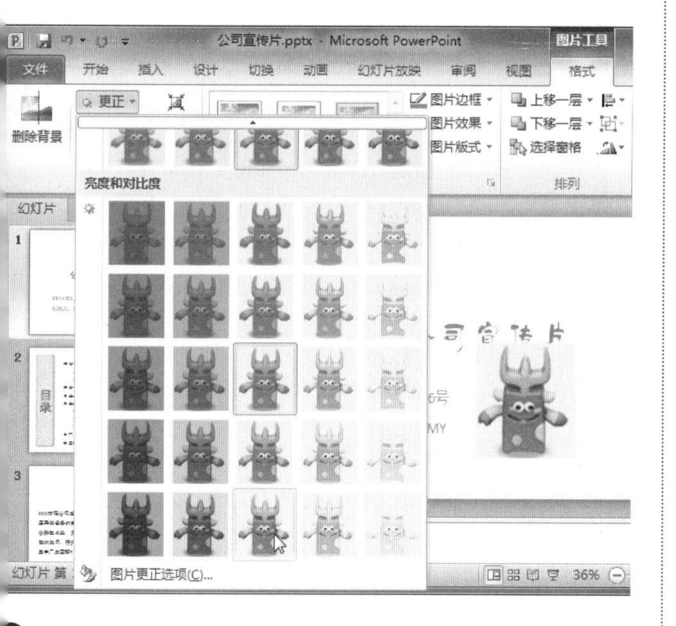

6 在【格式】选项卡的【调整】组中，单击【艺术效果】按钮，从弹出的列表中选择要使用的艺术效果，如下图所示。

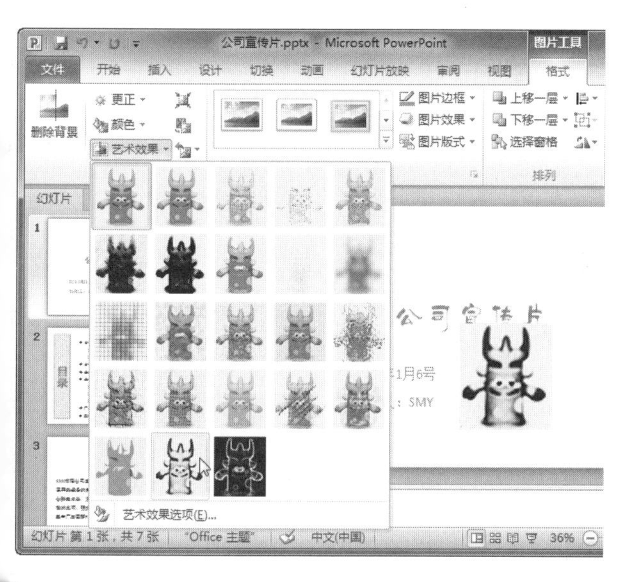

7 在【格式】选项卡的【图片样式】组中，单击【其他】按钮，从弹出的列表中选择要使用的图片样式，如右上图所示。

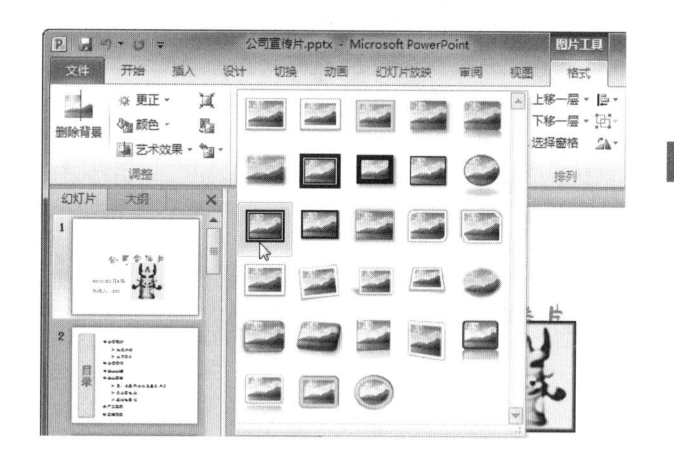

8 在【格式】选项卡的【排列】组中，单击【对齐】按钮，从弹出的列表中选择【右对齐】和【底端对齐】选项，如下图所示。

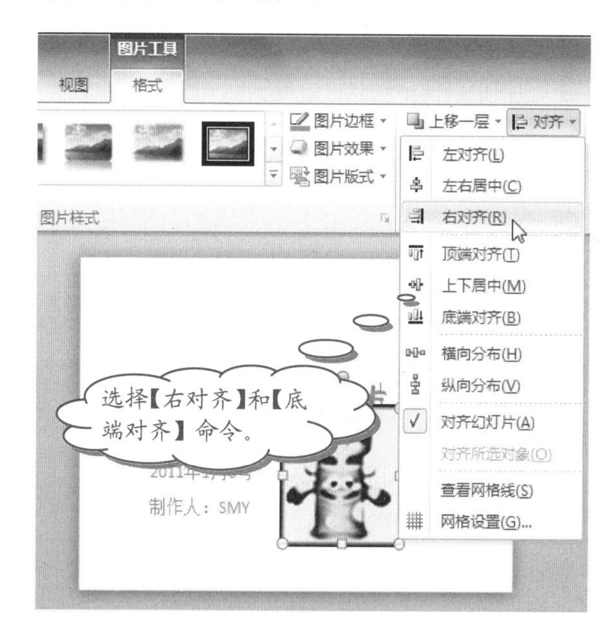

9 这时即可发现图片被移动到幻灯片的右下角了，如下图所示。

学以致用系列丛书

长见识

对插入的图片进行编辑后，如果用户不满意设置的效果，想要重新设置图片，则不需要一直单击【撤销操作】按钮撤销多次操作，只需要在【图片工具】下的【格式】选项卡中，单击【调整】组中的【重设图片】按钮，然后重新设置图片即可。

技巧

除了使用上述方法逐步设置图片格式外，还可以在【图片工具】下的【格式】选项卡中，单击对话框启动按钮，弹出【设置图片格式】对话框，在左侧窗格中选择某选项，接着在右侧窗格中设置相应参数即可，如下图所示，设置完毕后，单击【关闭】按钮，返回演示文稿。

15.1.2 插入剪贴画

在幻灯片中除了可以插入电脑中的图片外，还可以插入程序自带的剪贴画图片，具体操作如下。

操作步骤

❶ 在演示文稿中选择要插入剪贴画的幻灯片，然后在【插入】选项卡的【图像】组中，单击【剪贴画】按钮，如下图所示。

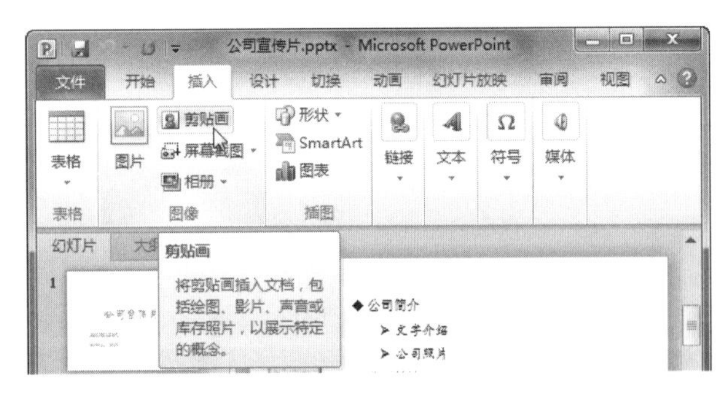

❷ 打开【剪贴画】窗格，然后在【搜索文字】文本框中输入要搜索的文字，再单击【搜索】按钮，如右上图所示。

❸ 这时会列出搜索到的剪贴画，单击要插入到幻灯片中的剪贴画，如下图所示。

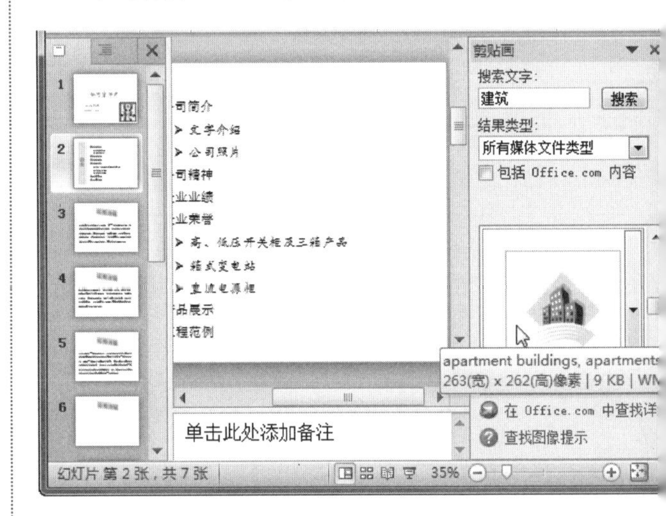

❹ 这样，选中的剪贴画就被插入到幻灯片中了，如下图所示。

❺ 右击插入的剪贴画，从弹出的快捷菜单中选择【设置图片格式】命令，如下图所示。

学以致用系列丛书

PowerPoint 也可做图形处理，其实在 PowerPoint 中右击任何内容都可以执行【另存为图片】命令，这样是不是更像图形处理软件了。

6 弹出【设置图片格式】对话框，在左侧窗格中选择【图片颜色】选项，接着在右侧窗格中的【重新着色】选项组中单击【预设】按钮，从打开的列表中选择颜色，如下图所示。

7 选择【图片更正】选项，然后在右侧窗格中的【亮度和对比度】选项组中单击【预设】按钮，在打开的列表中设置亮度和对比度，如右上图所示。

8 选择【发光和柔化边缘】选项，然后在右侧窗格中的【发光】选项组中单击【预设】按钮，并从打开的列表中选择发光变体选项，如下图所示。

9 设置完毕后单击【关闭】按钮，返回文档窗口，然后移动剪贴画，效果如下图所示。

使用 PowerPoint 本身自带的【图表】命令制作出来的图表一般都不太美观，大大影响了课件的精美程度。其实，用可以借用 Swiff Chart 3 Pro Evaluation 来制作精美的图表，然后再将这些图表导入到 PowerPoint 中。

长见识

15.1.3　插入屏幕截图

使用屏幕截图功能可以截取当前活动窗口或是电脑桌面上的部分图像，将其插入到幻灯片中，具体操作步骤如下。

操作步骤

1. 把光标定位在需要插入图形处，然后在【插入】选项卡的【图像】组中，单击【屏幕截图】按钮，从打开的列表中选择【屏幕剪辑】选项，如下图所示。

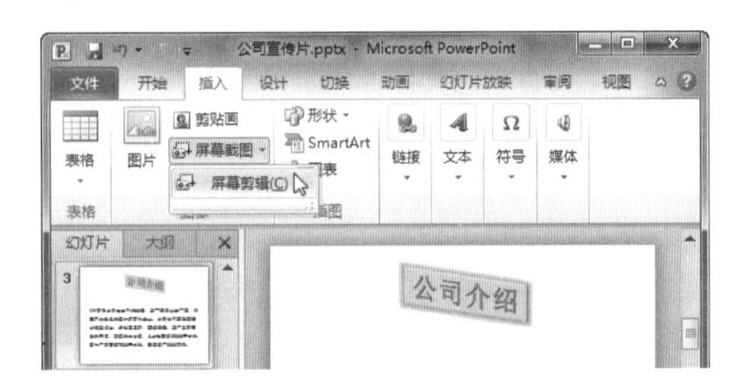

2. 此时的屏幕已被冻结，按住鼠标左键并拖动鼠标，这时即可形成矩形区域，如下图所示。

3. 松开鼠标左键，插入截取的图片，效果如下图所示

4. 选中图片，然后在【图片工具】下的【格式】选项卡中，单击【调整】组中的【艺术效果】按钮，从弹出的列表中选择要使用的艺术效果，如下图所示

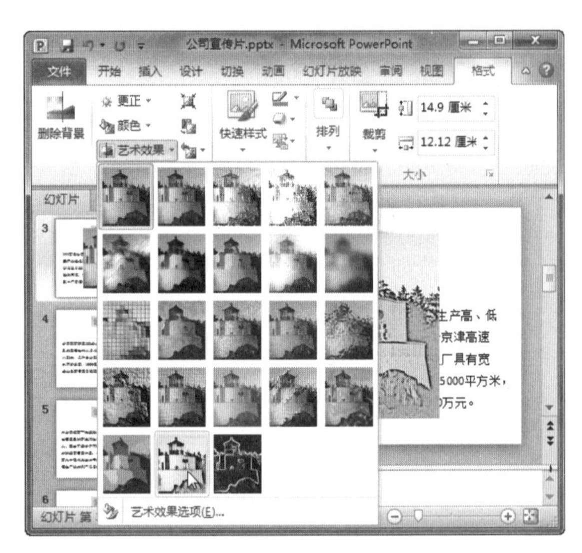

5. 接着将图片移动到幻灯片的左上角位置，然后在【格式】选项卡的【排列】组中，单击【下移一层】按钮右侧的下三角按钮，从打开的列表中选择【置于底层】选项，如下图所示。

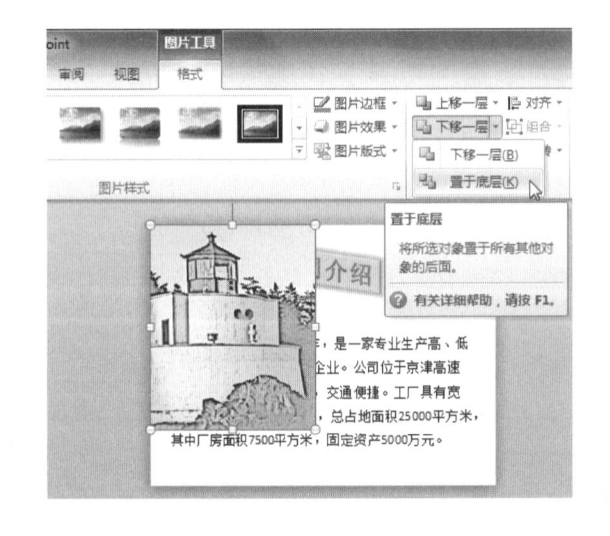

在实际使用Powerpoint演示文稿的过程中，往往需要与其他程序窗口的数据配合使用以增强演示的效果，默认的鼠标操作是这样的：在【幻灯片放映】选项卡的【开始放映幻灯片】组中，单击【从头开始】按钮 将启动默认的全屏放映模式，而在这种模式下，则必须使用Alt + Esc组合键与其他窗口切换。

6 这时会发现图片被置于底层了，如下图所示。

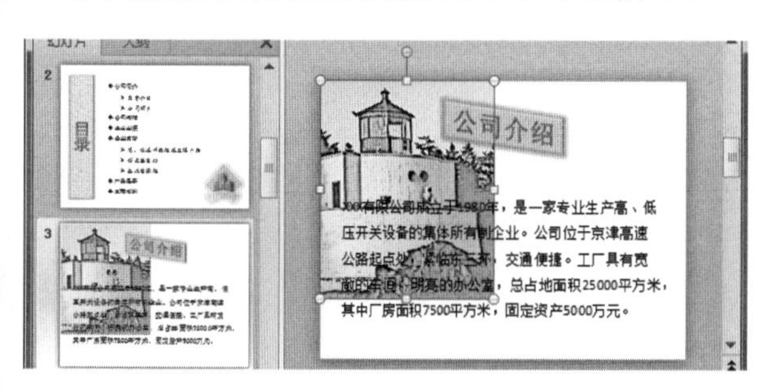

7 由于图片本身的颜色较深，会影响上一层的文字。解决的方法是在【图片工具】下的【格式】选项卡中，单击【调整】组中的【颜色】按钮，从弹出的列表中选择【冲蚀】选项，如下图所示。

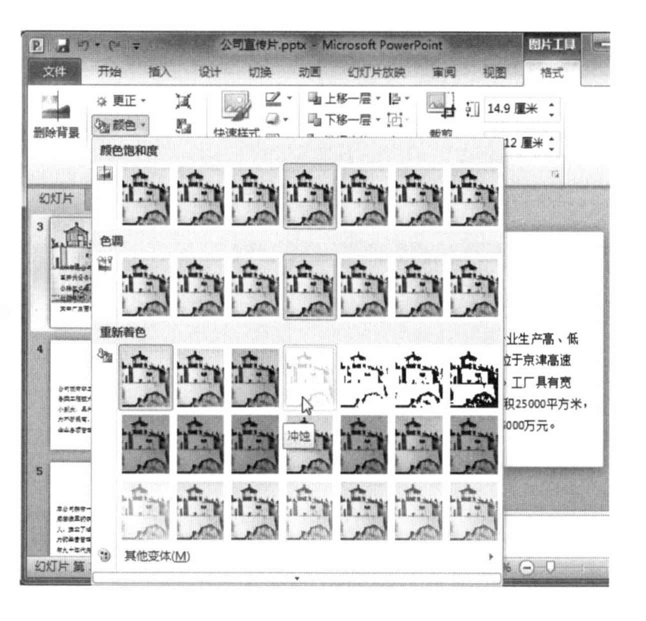

15.2　插入声音文件

要让人感到“耳目一新”，当然少不了声音。下面我们将学习如何将声音插入到幻灯片中，让您的幻灯片“动听”起来。

15.2.1　从剪辑管理器中插入声音

在安装 Office 2010 时，就已经自动安装了剪辑管理器，其中不但自带了许多影片，而且还有一些声音。下面就来学习如何将剪辑管理器里的声音插入到幻灯片中吧。

操作步骤

1 打开“公司宣传片”文件，然后选择要插入声音的幻灯片，这里选择第 1 张幻灯片，如下图所示。

2 在【插入】选项卡的【媒体】组中，单击【音频】按钮下方的下拉按钮，从打开的列表中选择【剪贴画音频】选项，如下图所示。

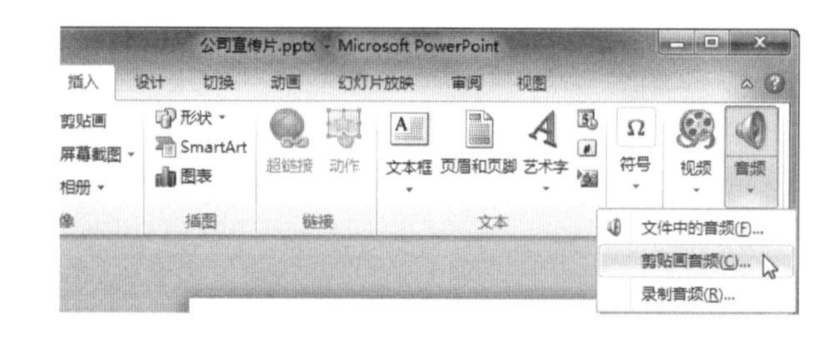

3 打开【剪贴画】窗格，将鼠标指针移动到剪辑的缩略图上，如下图所示。

学以致用系列丛书

触发器是幻灯片上的某个元素，如图片、形状、按钮、一段文字或文本框，单击它可引发一项操作。请注意，如果不把声音图标拖到幻灯片之外，将会一直显示图标。

长见识

❹ 单击右侧的下拉按钮，从打开的菜单中选择【预览/属性】命令，如下图所示。

❺ 弹出【预览/属性】对话框，单击【播放】按钮▶，即可试听该音频文件了，如下图所示。试听完毕后单击【关闭】按钮，返回【剪贴画】窗格，接着在列表框中单击要插入的音频缩略图，即可将其插入到幻灯片中了。

❻ 这时会发现幻灯片中出现了一个小喇叭图标，它就表示刚插入的声音文件，如右上图所示。

提示

删除音频剪辑。方法是先找到包含要删除的音频剪辑的幻灯片，然后在普通视图方式下单击声音图标 或 CD 图标 ，然后按 Delete 键即可。

15.2.2 插入外部声音

除了剪辑管理器中的单调声音外，还可以将电脑上的其他声音插入到幻灯片中，具体操作步骤如下。

操作步骤

❶ 首先选择要插入声音的幻灯片，然后在【插入】选项卡的【媒体】组中，单击【音频】按钮下方的下拉按钮，从打开的列表中选择【文件中的音频】选项，如下图所示。

❷ 弹出【插入音频】对话框，选择要插入的音频文件再单击【插入】按钮即可，如下图所示。

长见识

有些文件格式 PPT 不支持(如 MP3 格式)或不在本地硬盘上(无法下载的网络音乐等)，这时可以选中某些文字或插入动作按钮，在动作设置中将超链接连接到 URL，在对话框中填入文件在本地硬盘上的路径或网络地址，利用电脑中的媒体播放机来播放。

15.2.3 在幻灯片中预览音频剪辑

通过音频控制工具，可以在幻灯片中预览音频剪辑，具体操作步骤如下。

操作步骤

❶ 在幻灯片上，选择音频剪辑图标，单击其下方的【声音】图标，从打开的列表中调整音频声音，如下图所示。

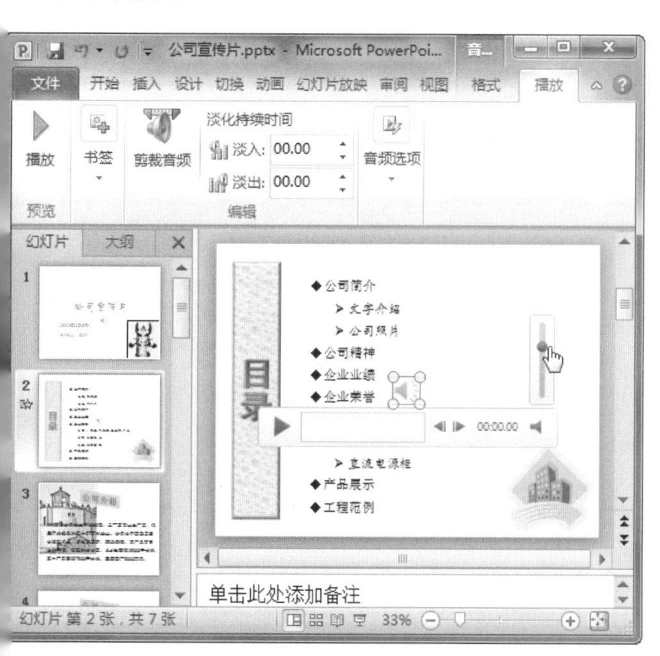

❷ 单击【音频剪辑】图标下方的【播放/暂停】按钮，如右上图所示。

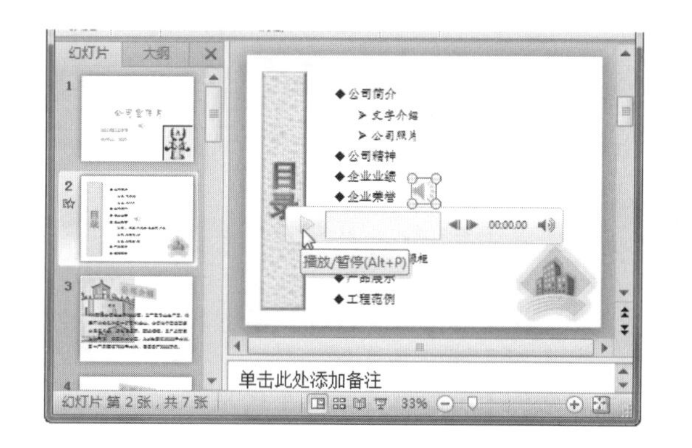

❸ 开始预览音频剪辑，如下图所示，再次单击【播放/暂停】按钮即可停止播放了。

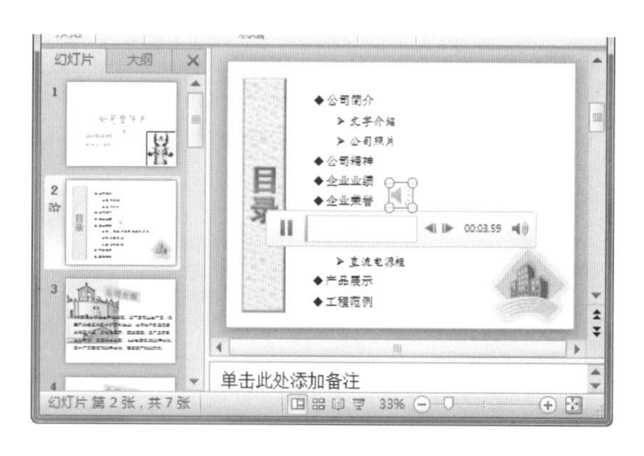

15.2.4 控制声音播放

接下来介绍一下如何控制音频文件在幻灯片中的播放，具体操作步骤如下。

操作步骤

❶ 首先切换到含有音频文件的幻灯片，然后单击小喇叭图标，接着在【音频工具】下的【播放】选项卡中，在【音频选项】组中单击【开始】选项，从打开的列表中选择【自动】选项，如下图所示。

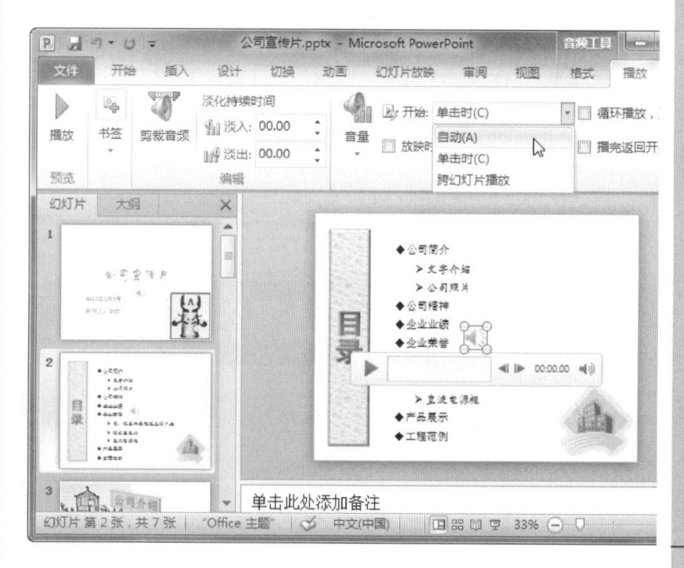

学以致用系列丛书

在 PowerPoint 2010 程序中兼容的音频文件有：AIFF 音频文件(.aiff)、AU 音频文件(.au)、MIDI 文件(.mid；.midi)、MP3 音频文件(.mp3)、Windows 音频文件(.wav)和 Windows Media Audio 文件(.wma)。

长见识

提示

下面了解一下【开始】下拉列表框中三个选项的含义。

- 选择【自动】选项：在放映该幻灯片时自动开始播放音频剪辑。
- 选择【单击时】选项：通过在幻灯片上单击音频剪辑来手动播放。
- 选择【跨幻灯片播放】选项：在演示文稿中单击切换到下一张幻灯片时播放音频剪辑。

2. 若要连续播放音频剪辑直至用户停止，请在【播放】选项卡的【音频选项】组中，选中【循环播放，直到停止】复选框，如下图所示。

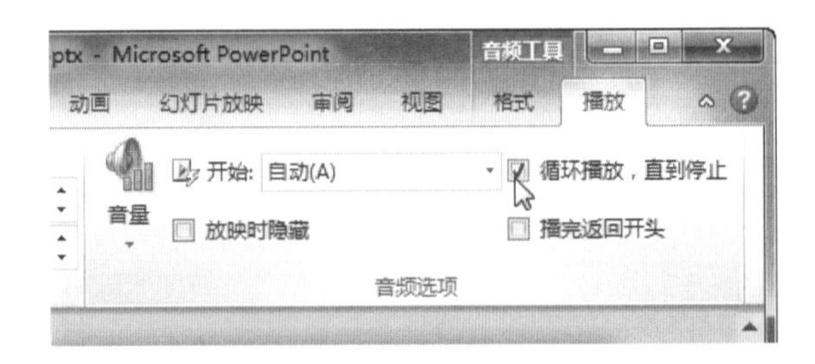

3. 在【音频工具】下的【播放】选项卡中的【音频选项】组中选中【放映时隐藏】复选框，可以隐藏音频剪辑图标，如下图所示。

15.3 插入影片

想不想制作“有声有色”的演示文稿呢？还等什么，赶快跟我一起插入视频剪辑吧。

15.3.1 插入视频文件

在 PowerPoint 程序中插入视频文件的操作与插入音频文件的操作相似，具体操作方法如下。

操作步骤

1. 打开“公司宣传片”文件，然后选择要插入视频的幻灯片，接着在【插入】选项卡的【媒体】组中，单击【视频】按钮下方的下拉按钮，从打开的列表中选择【文件中的视频】选项，如下图所示。

2. 弹出【插入视频文件】对话框，选择要插入的视频文件，再单击【插入】按钮，如下图所示。

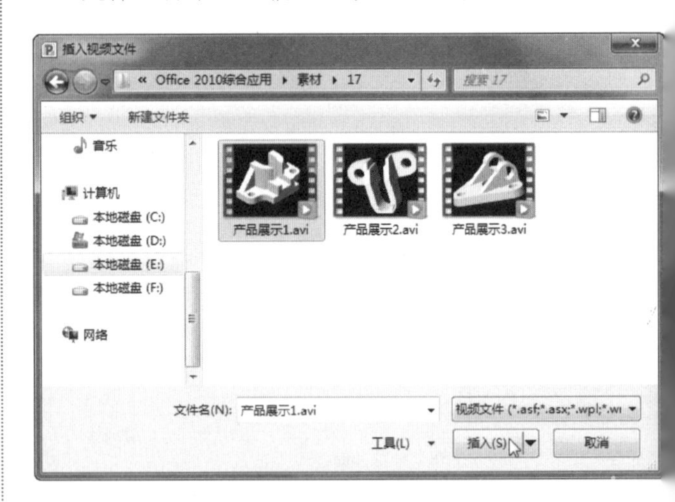

提示

如果要删除插入的影片，可以先选中这个影片，然后按 Delete 键将它删除。

长见识 iPod 和 Zune 都支持高级音频编码(AAC)文件格式。如果安装了正确的编解码器，则 PowerPoint 2010 将支持此文件格式。AAC 文件格式的编解码器示例包括 Apple QuickTime 播放器和 FfDShow。

15.3.2 设置视频

下面来设置一下视频格式吧，包括调整视频窗口的大小、移动视频位置、设置视频的音量、预览设置效果等，具体操作步骤如下。

操作步骤

1 将鼠标指针移动到视频窗格的控制点上，当指针变成双向箭头形状时，按下鼠标左键不松并拖动，调整视频窗口的大小，如下图所示。

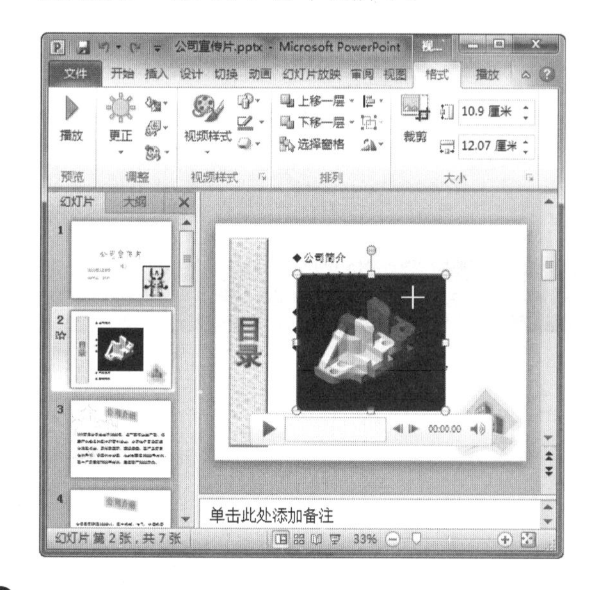

2 将鼠标指针移动到视频窗格上，当指针变成十字箭头形状时，按下鼠标左键不松并拖动，调整视频窗口位置，如下图所示。

3 在【视频工具】下的【播放】选项卡中的【视频选项】组中单击【开始】选项，从打开的列表中选择【自动】选项，如右上图所示。

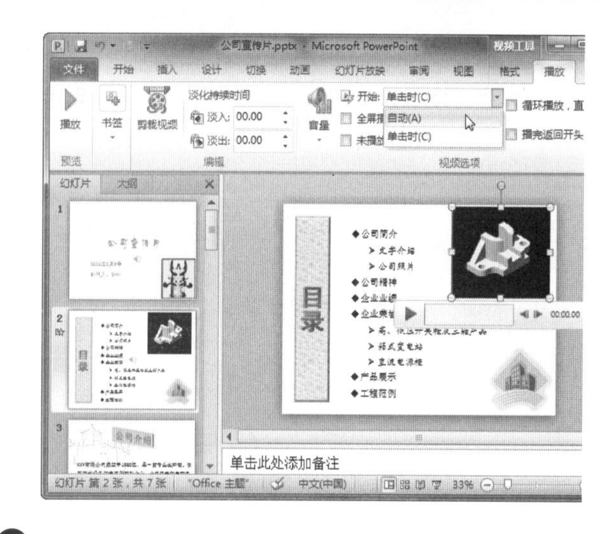

4 设置视频的音量。在【视频工具】下的【播放】选项卡中，单击【视频选项】组中的【音量】按钮，然后从打开的列表中选择音量，例如选择【静音】选项，如下图所示。

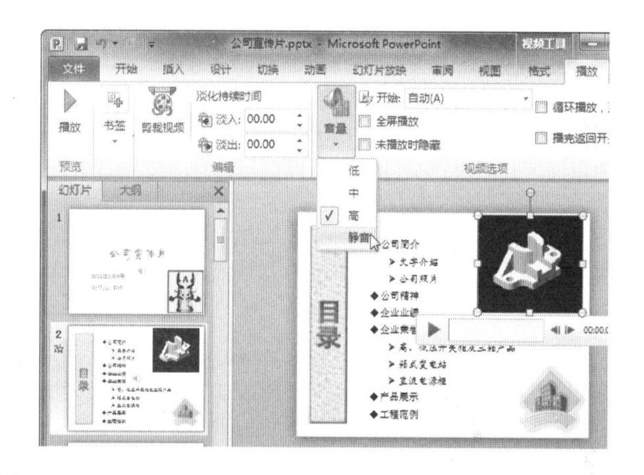

5 不播放时隐藏视频。在【播放】选项卡的【视频选项】组中，选中【未播放时隐藏】复选框，如下图所示。

在 PowerPoint 2010 程序中兼容的视频文件格式有：Adobe Flash Media(.swf)、Windows Media 文件(.asf)、Windows 视频文件(.avi)、电影文件(.mpg; .mpeg)和 Windows Media Video 文件(.wmv)。

长见识

6 若要在演示期间持续重复播放视频，可以使用循环播放功能。方法是在【播放】选项卡的【视频选项】组中，选中【循环播放，直到停止】复选框，如下图所示。

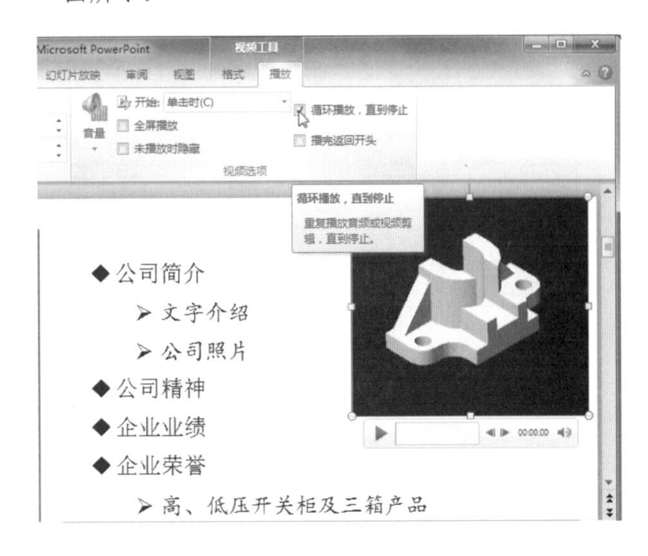

7 不播放时隐藏视频。在【播放】选项卡的【视频选项】组中，选中【未播放时隐藏】复选框，如下图所示。

8 设置完毕后，在【播放】选项卡的【预览】组中，单击【播放】按钮，预览视频设置后的效果。如右上图所示。

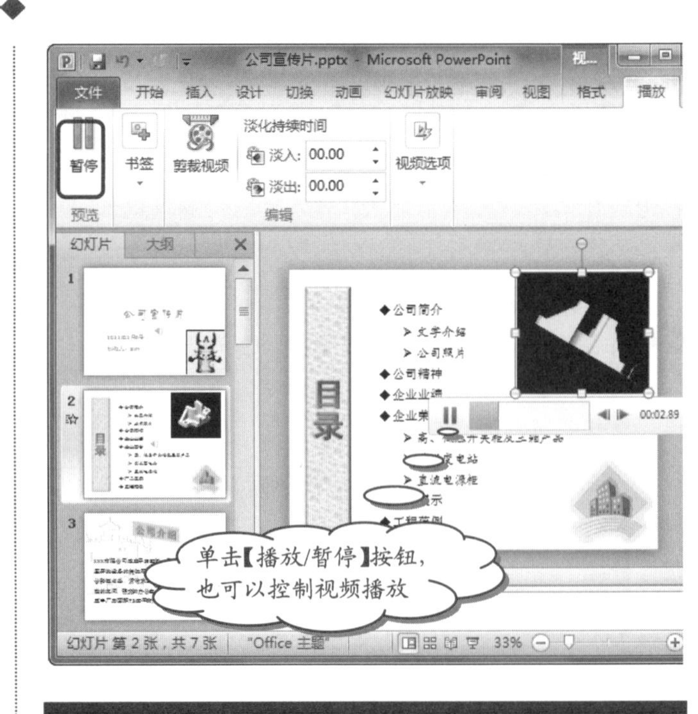

15.3.3 裁剪视频剪辑

在观看完视频剪辑后，若感觉每段剪辑开头和末尾的摄像机画面在不断抖动，或者可能需要删除与视频主旨无关的部分内容，可以借助剪裁视频功能将视频剪辑的开头和末尾剪裁掉，从而来修复这些问题。具体操作步骤如下。

操作步骤

1 单击视频图标，然后在【视频工具】下的【播放】选项卡中，单击【编辑】组中的【剪裁视频】按钮，如下图所示。

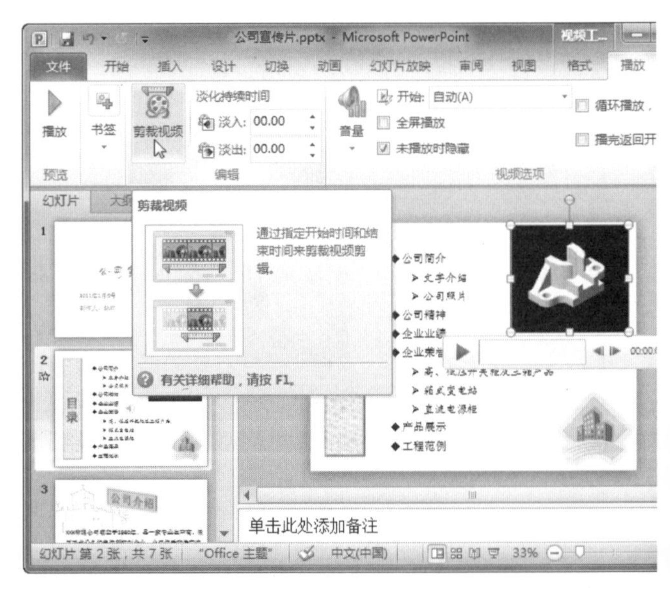

2 弹出【剪裁视频】对话框，单击【播放】按钮，开

长见识

用户发现在演示文稿窗口中插入的音频文件或视频文件是 PowerPoint 2010 支持的格式，要在 PowerPoint 2010 程序中播放 .mp4、.mov 和.qt 格式的视频文件，只要在系统中安装 Apple QuickTime 播放器就可以了。

始播放视频，选择要截取视频的开始位置，如下图所示。

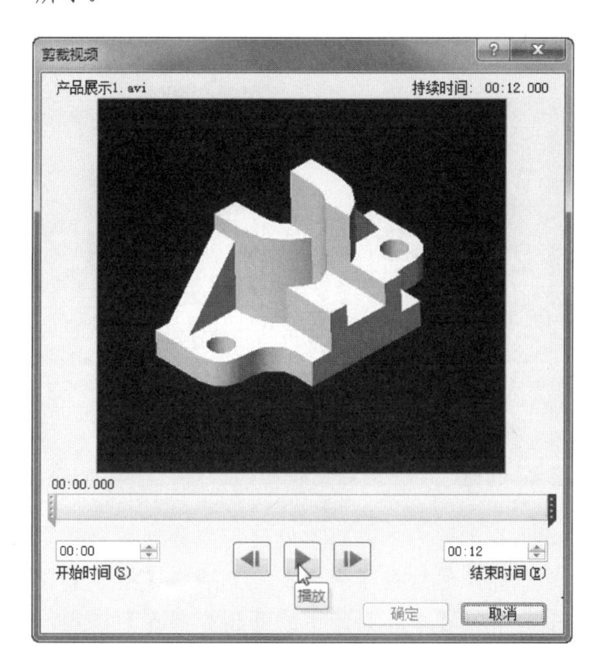

❸ 当播放到要裁剪位置时，将鼠标指针移动到左侧绿色的起点标记图标上，当鼠标变成左右箭头形式时按下鼠标左键，拖动到要剪裁的位置，如下图所示。

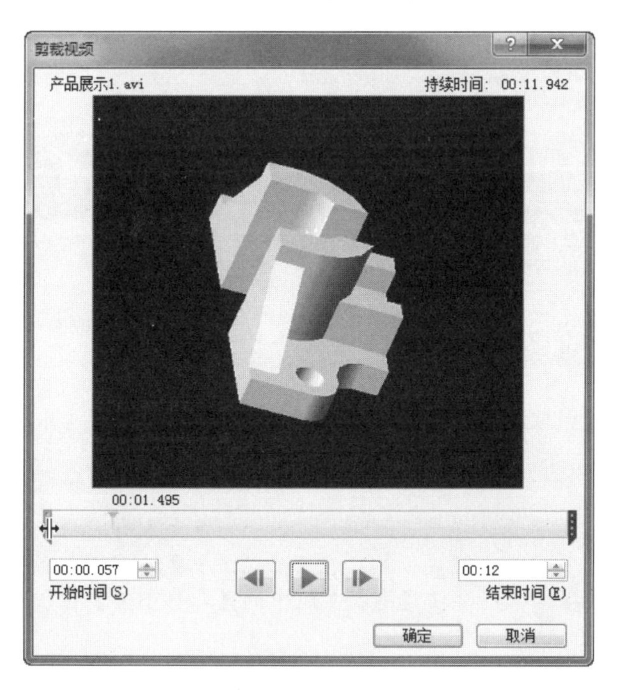

❹ 将鼠标指针移动到右侧红色的终点标记图标上，当鼠标变成左右箭头形式时按住鼠标左键，拖动到要剪裁的结束位置，如右上图所示。

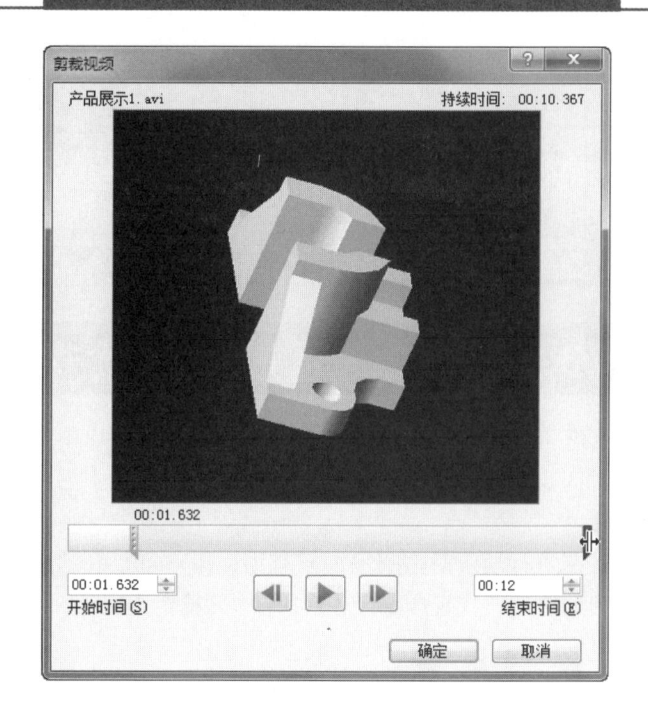

技巧

在视频放映过程中，若用户记得要保留视频的开始时间和结束时间的位置，可以直接在【剪裁视频】对话框中的【开始时间】和【结束时间】微调框中输入数值，再单击【确定】按钮保存即可。

❺ 最后单击【确定】按钮，保存剪裁的视频，如下图所示。

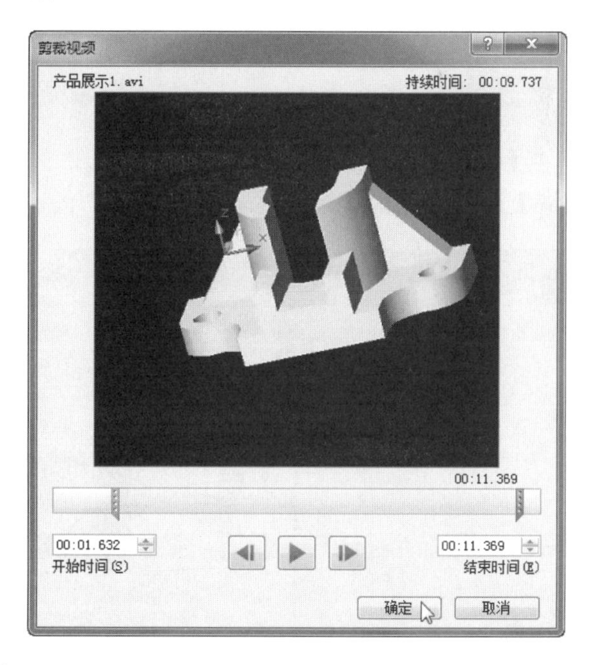

❻ 这时会发现，视频窗格中显示的图像已经改变了，前后效果对比如下图所示。

如果安装了 Apple QuilkTime 播放器后，PowerPoint 2010 程序无法对比正常播放.mp4、.mov 和.qt，可能的原因是因为未安装正确版本的编解码器(用于压缩和解压缩数字媒体的软件或硬件)，或者该文件未使用您的 Microsoft Windows 版本能够识别的格式进行编码。

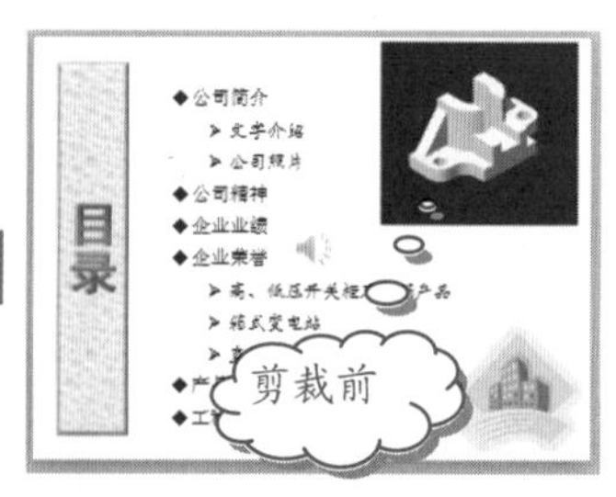

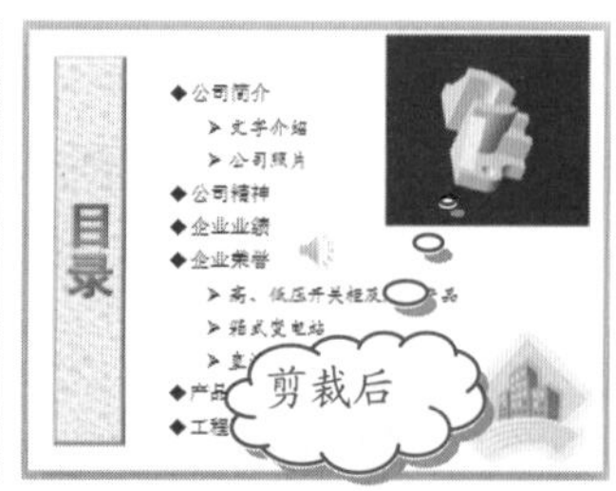

15.3.4 在视频剪辑中添加/删除书签

您可以通过添加书签来指示视频或音频剪辑中关注的时间点。使用书签可触发动画或跳转至视频中的特定位置。

在进行演示时，书签非常有用，用户可以利用书签来帮助快速查找视频(或音频剪辑)中的特定点。

操作步骤

❶ 在音频或视频剪辑下的音频或视频控件中，单击【播放/暂停】按钮进行播放，如下图所示。

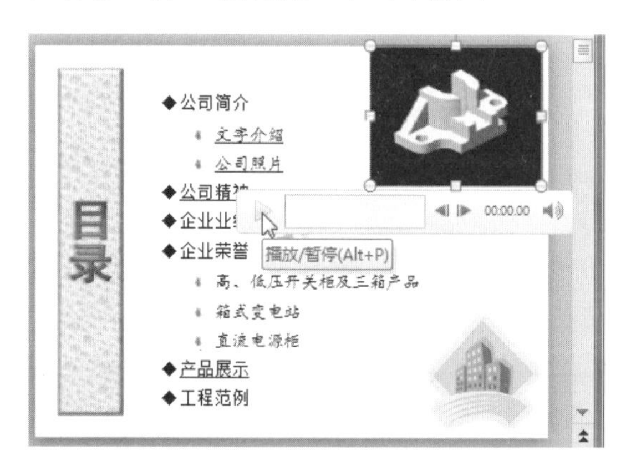

❷ 在【视频工具】下的【播放】选项卡中，单击【书签】组中的【添加书签】按钮，如下图所示。

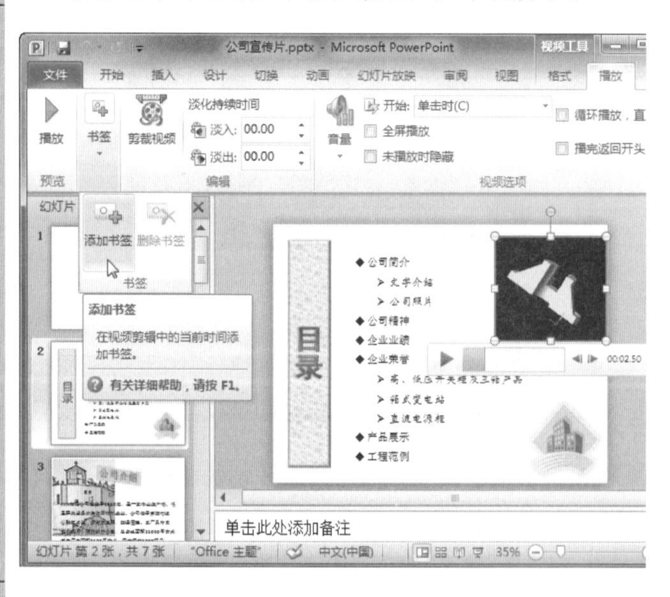

❸ 这时即可发现，在时间行中出现一个空心圆点，它就是新添加书签的关注点，如下图所示。

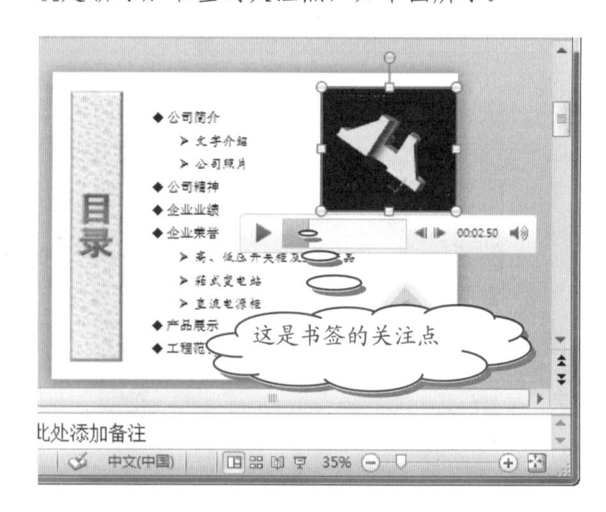

❹ 如果想删除书签，可在时间行中找到并单击要删除的书签，然后在【视频工具】下的【播放】选项卡中，单击【书签】组中的【删除书签】按钮，如下图所示。

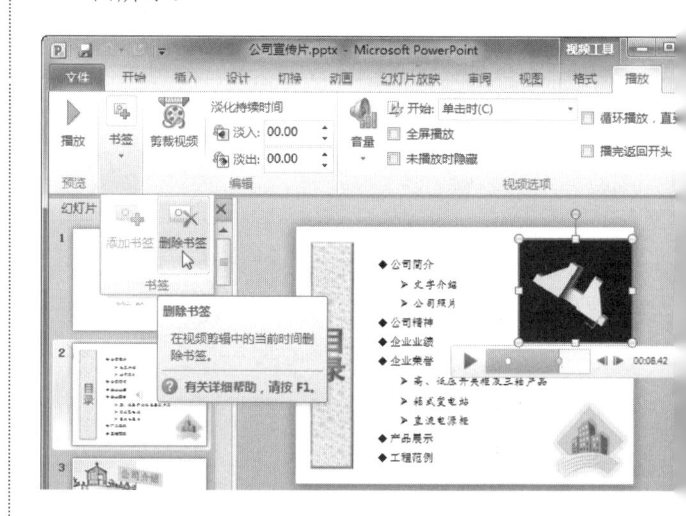

提示

若要给音频剪辑添加书签，可以先在时间行中选定关注点的位置，然后在【音频工具】下的【播放】选项卡中，单击【书签】组中的【添加书签】按钮即可，如下图所示。

长见识：如果将视频设置为全屏显示并自动启动，则可以将视频帧从幻灯片上拖动到灰色区域中，这样在视频全屏播放之前，它将不会显示在幻灯片上或出现短暂的闪烁。

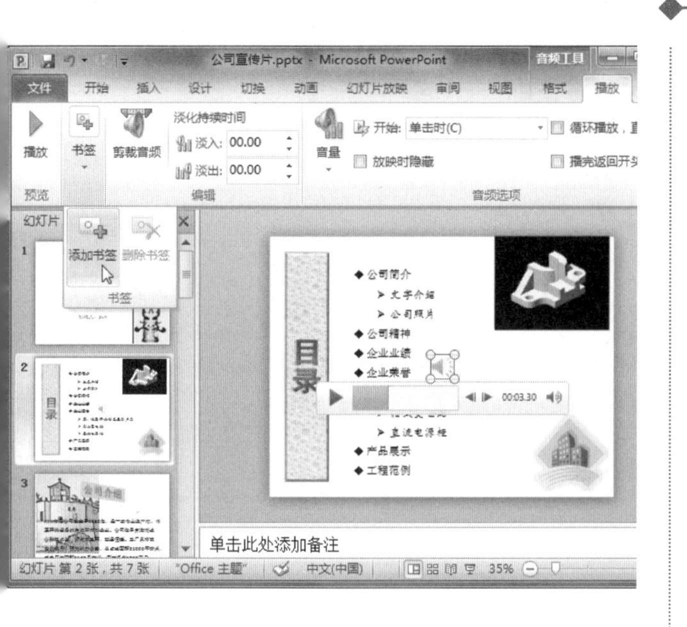

注意

可以向任意视频剪辑中添加多个书签，但却只能向音频剪辑中添加一个书签。

15.4 添加旁白

要想让自己的幻灯片有声有色，仅仅是音乐和剪辑管理器中的声音是不够的，为什么不加入一些与众不同的东西呢？让我们为幻灯片加入旁白吧，这样，在幻灯片播放的时候，既不用您作解说，又会让人眼睛一亮。

15.4.1 录制旁白

要插入旁白，首先我们要制作旁白，下面就一起来学习如何录制旁白。

注意

如何录制旁白，首先要做的准备工作就是将麦克风或者话筒连接到您的电脑上，并且做好相关的设置。不同的电脑会有不同的设置，请您根据情况自行设置，这里不多赘述。

1. 录制旁白

您可以通过【幻灯片放映】选项卡中的录制旁白功能，在放映幻灯片的同时，进行旁白的录制，让您的旁白与幻灯片同步。

操作步骤

1. 首先选择要添加旁白的幻灯片，然后在【幻灯片放映】选项卡的【设置】组中，单击【录制幻灯片演示】按钮旁边的下拉按钮，从打开的列表中选择【从头开始录制】选项，如下图所示。

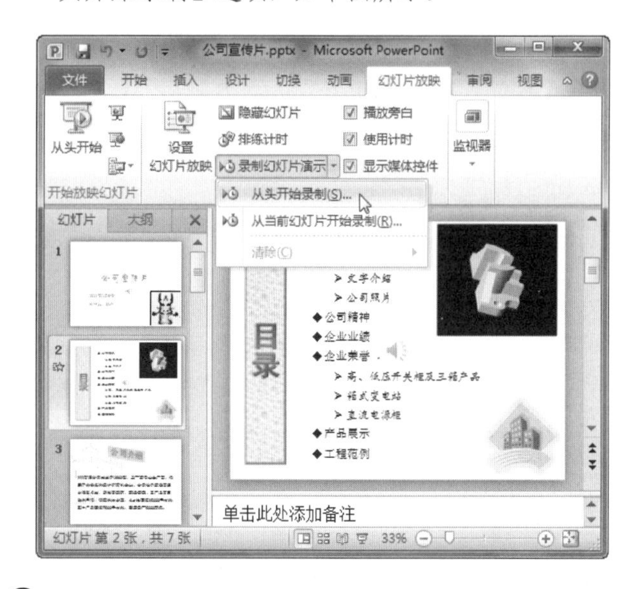

2. 在打开的【录制幻灯片演示】对话框中设置想要录制的内容，再单击【开始录制】按钮，如下图所示。

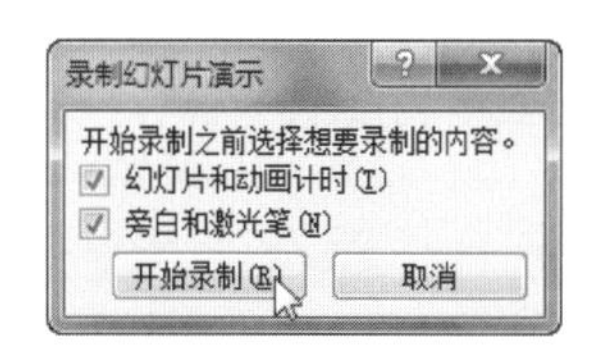

3. 在打开的【录制】对话框中开始录制旁白，并在对话框中显示旁白的录制时间，如下图所示。

4. 在幻灯片上单击鼠标左键，翻到下一张幻灯片，开始录制该幻灯片的旁白，如下图所示。

如果要在录制旁白的过程中暂停录制或者继续录制，可以用鼠标右击幻灯片，在弹出的快捷菜单中选择【暂停旁白】或者【继续旁白】命令。

◆公司简介

➢ 文字介绍

➢ 公司照片

◆公司精神

◆企业业绩

◆企业荣誉

➢ 高、低压开关柜及三箱产品

➢ 箱式变电站

➢ 直流电源柜

◆产品展示

◆工程范例

❺ 旁白录制完成后，按 Esc 键返回幻灯片浏览视图方式，即可在幻灯片左下角看到每张幻灯片中旁白的时间，如下图所示。

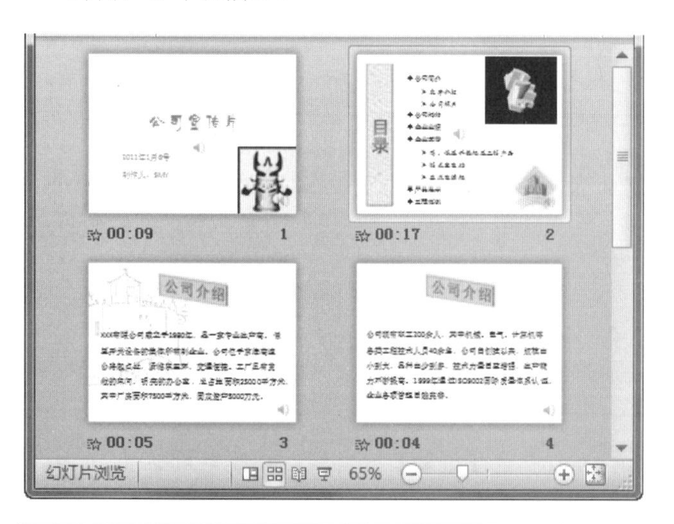

2. 使用【录制音频】选项录制旁白

还可以通过【插入】选项卡中的【录制音频】选项来插入旁白，具体操作如下。

操作步骤

❶ 打开“公司宣传片”文件，切换到要插入旁白的幻灯片，例如选择幻灯片 2。

❷ 在【插入】选项卡的【媒体】组中，单击【音频】按钮下方的下拉按钮，从打开的列表中选择【录制音频】选项，如右上图所示。

❸ 在打开的【录音】对话框的【名称】文本框中输入名称，如下图所示。

❹ 单击【录音】按钮●，现在您就可以通过话筒将您要录制的内容输入到幻灯片中去了，如下图所示。

❺ 当您录制完毕时，单击【停止】按钮■即可，如下图所示。

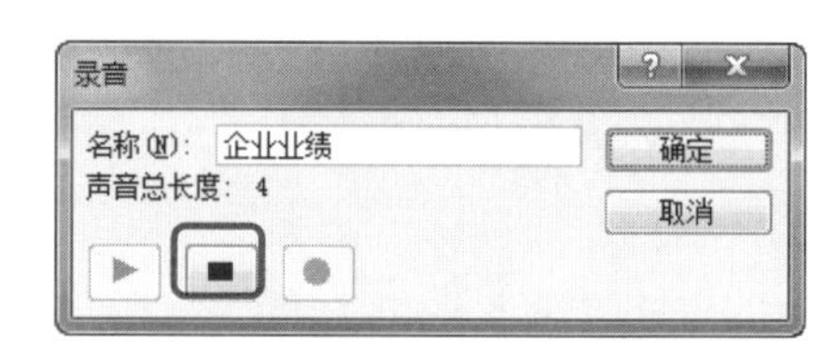

❻ 如果您想试听一下刚才录制的旁白效果，可以单击下图中的【播放】按钮▶来播放录制的旁白。

❼ 如果要停止播放录制的声音，可以单击【停止】按钮。

❽ 如果您不满意刚才录制的声音，可以单击【录音】

长见识

为了使文字与旁白一起出现，可以采用【自定义动画】中按字母形式的向右擦除或溶解的动画形式。但若是一大段文字采用这种方式，则字的出现速度还是太快。这时可将一段文字分成一行一行的文字块，甚至是几个字一个文字块，再分别按顺序设置每个字块中字的动画形式为按字母向右擦除或溶解，并在时间项中设置与前一动作间隔为 1～3 秒，这样就可使文字的出现速度和旁白一致了。

对话框中的【取消】按钮，然后再按照前面的步骤重新录制。如果满意，则单击【确定】按钮即可将录制的旁白插入到幻灯片中了。

注意

如果添加了多个音频剪辑，则会层叠在一起，并按照添加顺序依次播放。如果希望每个音频剪辑都在单击时播放，请在插入音频剪辑后拖动声音剪辑图标，使它们互相分开。

15.4.2 隐藏旁白

旁白录制完成后，如果不想在放映时播放旁白，可以先切换到该旁白所在的幻灯片，然后在【幻灯片放映】选项卡的【设置】组中，取消选中【播放旁白】复选框，让旁白隐藏起来，如下图所示.

当您不再需要使用旁白时，可以通过选中要删除的旁白，然后按 Delete 键将其删除。

15.5 应用主题

主题是主题颜色、主题字体和主题效果三者的组合。主题可以作为一套独立的选择方案应用于文件中，用于简化高水准演示文稿的创建过程。

用户不仅可以在 PowerPoint 中应用主题颜色、字体和效果，而且还可以在 Excel、Word 和 Outlook 中使用它们，这样您的演示文稿、文档、工作表和电子邮件就可以具有统一的风格。

15.5.1 自动套用主题

PowerPoint 提供了多种设计主题，包含协调配色方案、背景、字体样式和占位符位置。使用预先设计的主题，可以轻松快捷地更改演示文稿的整体外观。

默认情况下，PowerPoint 会将普通 Office 主题应用于新的空演示文稿。但是，用户也可以通过应用不同的主题来轻松地更改演示文稿的外观。

操作步骤

1. 打开“公司宣传片”文件，然后在【设计】选项卡的【主题】组中，单击【其他】按钮，接着从打开的列表中选择一种主题样式，如下图所示。

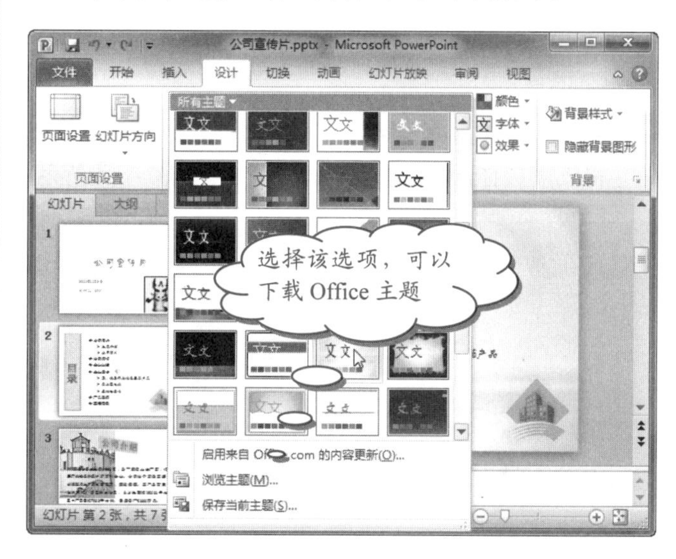

2. 这时即可发现选择的主题效果应用到演示文稿中了，效果如下图所示。

学以致用系列丛书

3 在【设计】选项卡的【主题】组中，单击【颜色】按钮，从打开的列表中选择主题颜色，如下图所示。

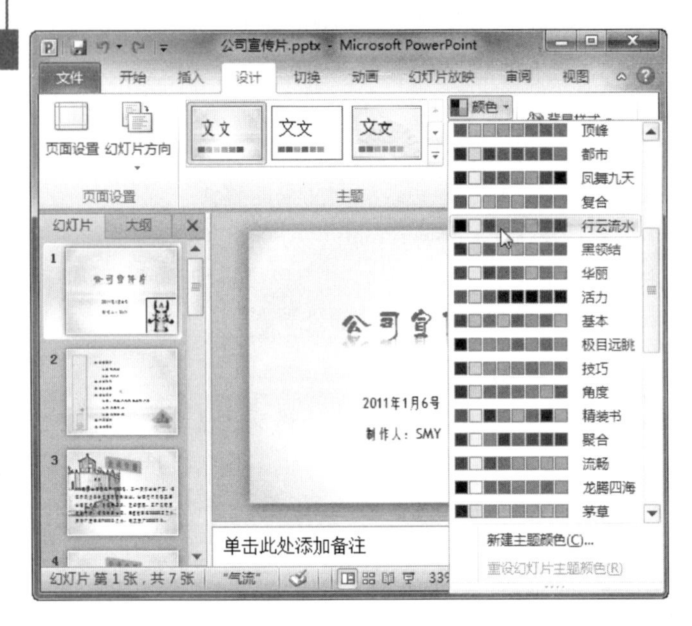

4 在【设计】选项卡的【主题】组中，单击【字体】按钮，从打开的列表中选择主题字体，如下图所示。

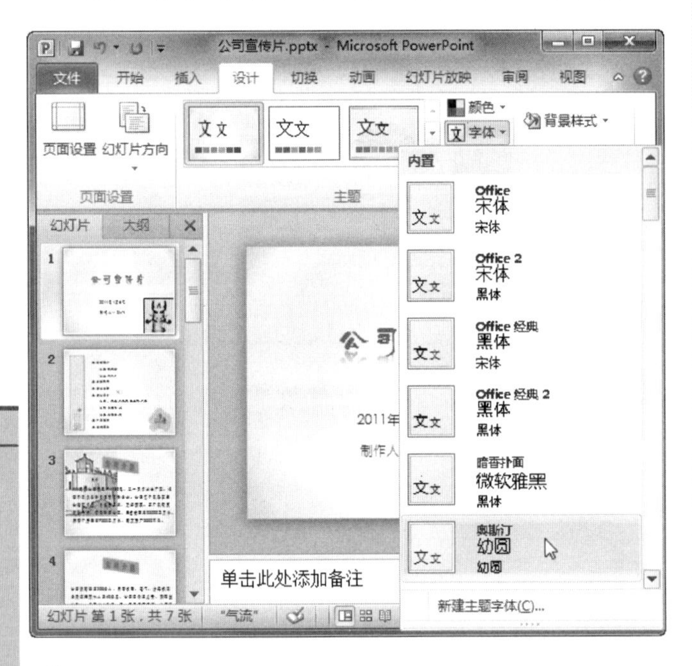

5 右击幻灯片，从弹出的快捷菜单中选择【设置背景格式】命令，如右上图所示。

6 打开【设置背景格式】对话框，在左侧窗格中选择【填充】选项，然后在右侧窗格中选中【渐变填充】单选按钮，接着设置【预设颜色】、【渐变光圈】等参数，最后依次单击【全部应用】和【关闭】按钮即可，如下图所示。

15.5.2 自定义主题

在 PowerPoint 2010 程序中，用户可以从核心内置主题入手创建许多不同的自定义主题，再将这些设置作为新主题保存在库中即可。

1. 定义新主题

操作步骤

1 打开“公司宣传片”文件，然后在【设计】选项

长见识 若要尝试不同的主题，请将指针停留在主题库中的相应缩略图上，并注意文档将如何变化。

的【背景】组中，单击【背景样式】按钮，如下图所示。

❷ 接着从弹出的下拉列表中选择主题背景样式，如下图所示。

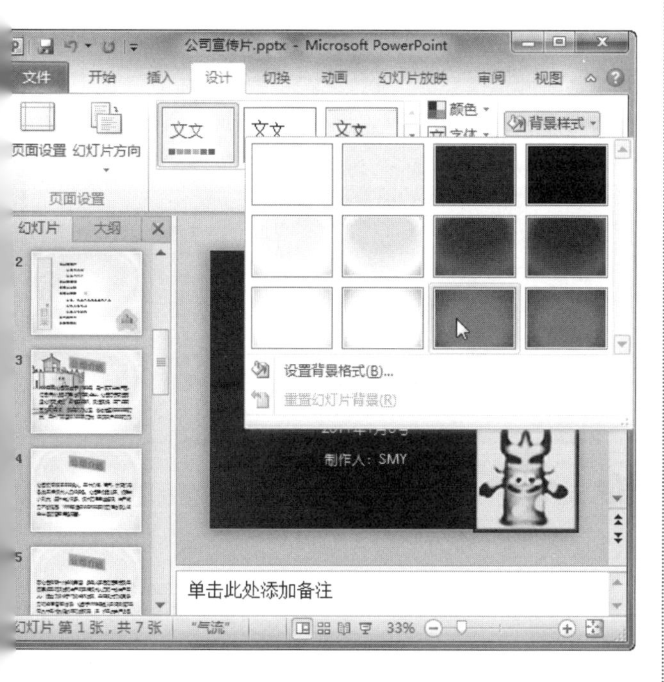

技巧

若在上图中选择【设置背景格式】选项，则可在弹出的【设置背景格式】对话框中选择【填充】选项，接着在右侧窗格中选中【图片或纹理填充】单选按钮，再设置相应的参数，如右上图所示。

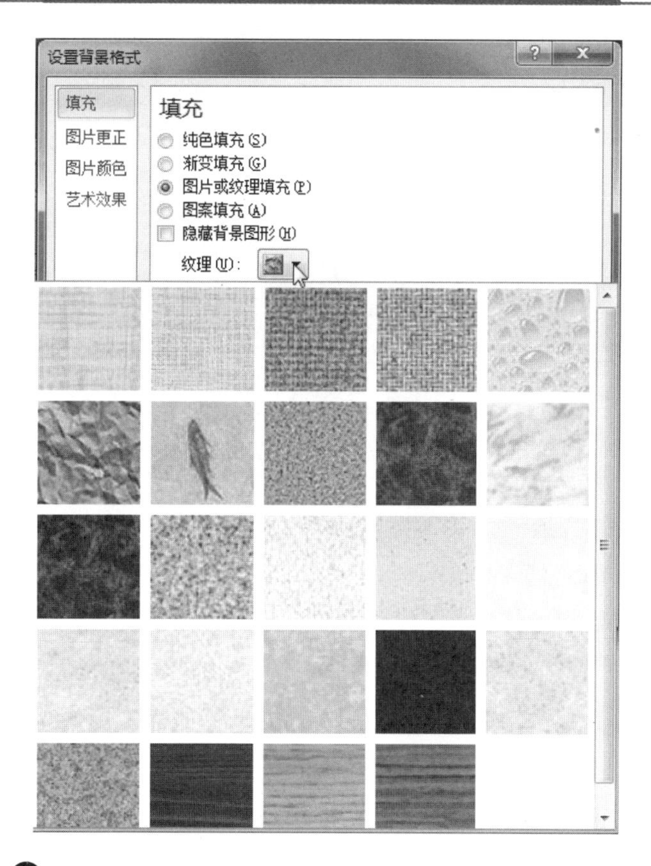

❸ 应用背景样式后的效果如下图所示。

❹ 在【设计】选项卡的【主题】组中，单击【颜色】按钮，从打开的列表中选择【新建主题颜色】选项，如下图所示。

在 PowerPoint 2010 程序中，主题颜色包含 12 种颜色槽。前 4 种水平颜色用于文本和背景。用浅色创建的文本总是深色中清晰可见，而用深色创建的文本总是在浅色中清晰可见。接下来的 6 种强调文字颜色，它们总是在 4 种潜在背色中可见。最后两种颜色不会在图片中显示，而将为超链接和已访问的超链接保留。

长见识

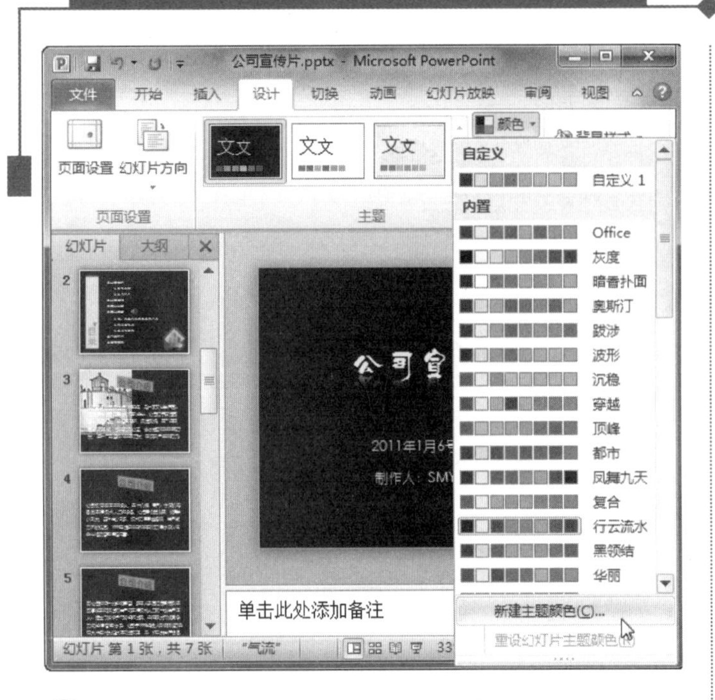

❺ 在打开的【新建主题颜色】对话框的【名称】文本框中输入主题名称，如下图所示。

❻ 在【主题颜色】列表框中，单击某选项右侧的颜色块，从打开的列表中选择一种颜色，即可改变该选项的颜色了，如右上图所示。设置完毕后，单击【保存】按钮。

提示

在设置主题颜色的过程中，若对设置后的效果不满意，可以单击【重置】按钮重新设置。

❼ 返回演示文稿窗口，在【设计】选项卡的【主题】组中单击【字体】按钮，从打开的列表中选择【新建主题字体】选项，如下图所示。

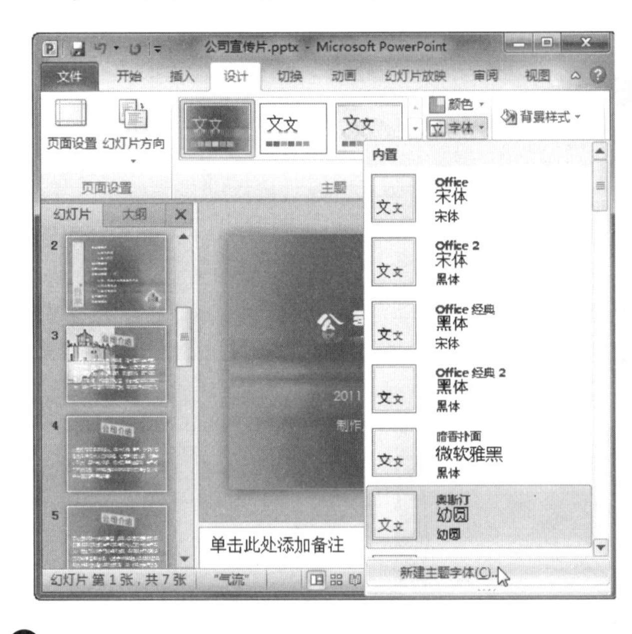

❽ 弹出【新建主题字体】对话框，在这里选择字体样式，再单击【保存】按钮即可，如下图所示。

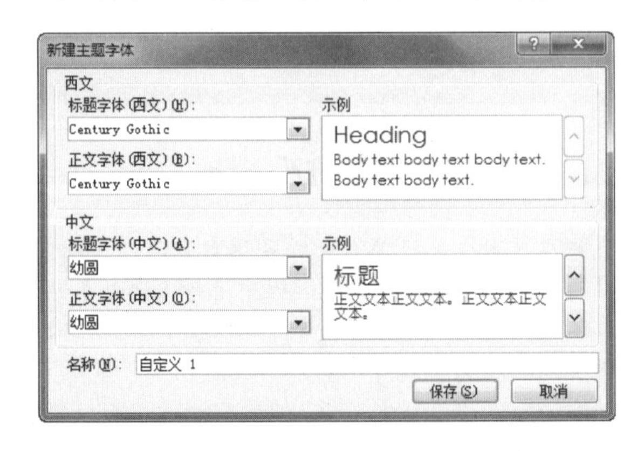

长见识

主题颜色可以很得当地处理浅色背景和深色背景。主题中内置有可见性规则，因此您可以随时切换颜色并且您的所有内容将仍然清晰可见且外观良好。PowerPoint 2010 使用较大的文字，并且有时在深色背景上使用浅色。

2. 保持与删除主题

当用户对修改后的主题感到满意后，可以将其保存到主题库中，具体操作步骤如下。

操作步骤

1 在【设计】选项卡的【主题】组中，单击【其他】按钮，从打开的列表中选择【保存当前主题】选项，如下图所示。

2 弹出【保存当前主题】对话框，然后在【文件名】文本框中输入主题名称，再单击【保存】按钮，如下图所示。

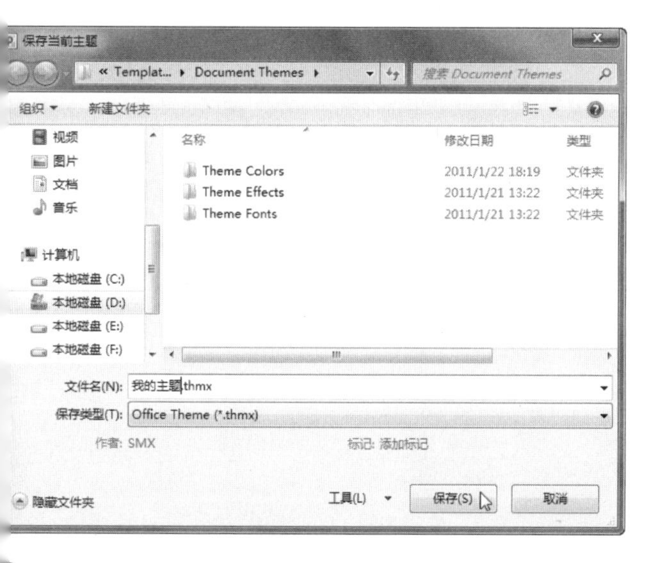

3 设置默认主题。在【设计】选项卡的【主题】组中，单击【其他】按钮，从打开的列表中右击自定义的主题，接着从弹出的快捷菜单中选择【设置为默认主题】命令，如下图所示。

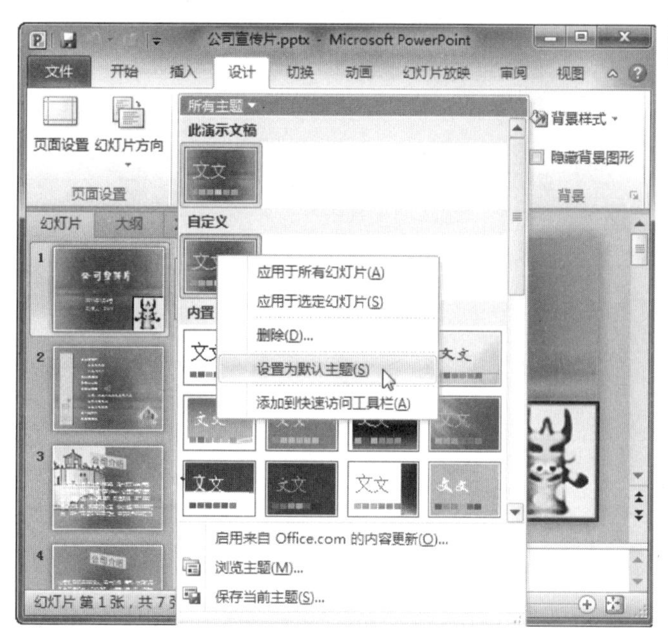

4 按 Ctrl+N 组合键新建空演示文稿，会发现其中的幻灯片不再是空白背景了，而是使用了自定义的主题(已经被设置为默认主题)，如下图所示。

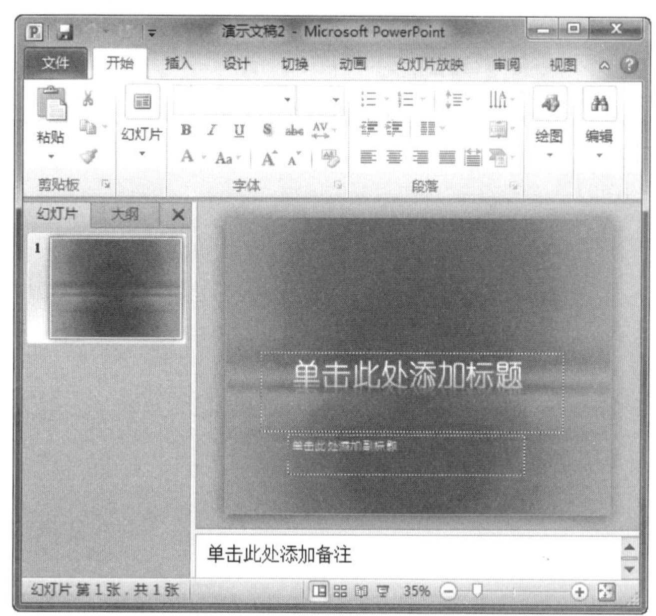

5 删除自定义的主题。在【设计】选项卡的【主题】组中，单击【其他】按钮，从打开的列表中右击自定义的主题，接着从弹出的快捷菜单中选择【删除】命令，如下图所示。

每个 Office 主题均定义了两种字体：一种用于标题；另一种用于正文文本。二者可以是相同的字体(在所有位置使用)，也可以是不同的字体。PowerPoint 使用这些字体构造自动文本样式。此外，用于文本和艺术字的快速样式库也会使用这些相同的主题字体。

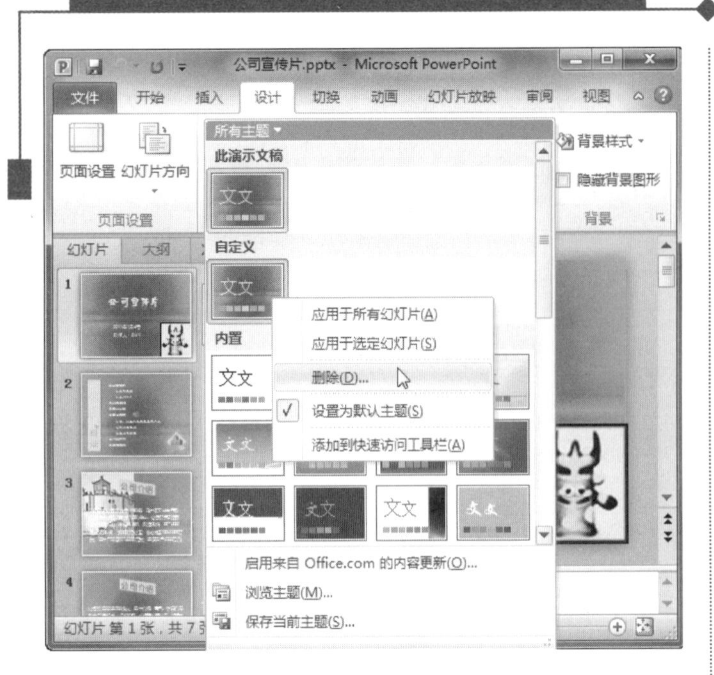

❻ 弹出如下图所示的对话框，询问是否删除此主题，单击【是】按钮即可。

15.6 思考与练习

选择题

1. 幻灯片可以设置________所列的背景。

   (1)纯色　　(2)图片　　(3)纹理

   (4)音乐　　(5)影片　　(6)渐变

   A. (1)、(2)、(3)、(6)

   B. (1)、(3)、(4)、(5)

   C. (1)、(2)、(3)、(5)

   D. (1)、(2)、(3)、(4)、(5)、(6)

2. 插入的影片_____通过鼠标自由控制播放。

   A. 可以　　B. 不可以

3. 当插入声音后，在幻灯片中会出现________图标

   A. [icon]　　B. [icon]

   C. [icon]　　D. [icon]

4. 选中幻灯片中的影片或者声音后，按下_____键可以将它删除？

   A. Enter　　B. Backup

   C. Delete　　D. Ctrl

5. 下面对幻灯片主题进行的操作，正确的是________。

   (1) 修改主题颜色　　(2) 调整主题字体

   (3) 更换主题背景　　(4) 保存自定义的主题

   (5) 设置为默认主题　　(6) 删除自定义的主题

   A. (1)、(2)、(3)、(6)

   B. (1)、(3)、(4)、(5)

   C. (1)、(2)、(3)、(5)

   D. (1)、(2)、(3)、(4)、(5)、(6)

操作题

利用【插入】选项卡的【图像】组中的【相册】按钮，将电脑中的照片快速插入到演示文稿中，并将其命名为“个人照”。

1. 在“个人照”演示文稿中插入自己喜欢的音乐，并设置其属性。

   要求：自动开始播放音乐，并且在播放完后返回开头。

2. 在“个人照”演示文稿中插入一段视频。

3. 为“个人照”演示文稿录制旁白。

长见识　主题效果是应用于文件中元素的视觉属性的集合，用于指定如何将效果应用于图表、SmartArt 图形、形状、图片、表格、艺术字和文本。通过使用主题效果库，可以替换不同的效果集以快速更改这些对象的外观。虽然您不能创建自己的主题效果集，但是可以选择要在自己的主题中使用的效果。

第16章 PowerPoint 2010 动画应用——打造“公司宣传片”

有“静”有“动”地演示文稿才能更吸引观众。为此，下面将向大家介绍让幻灯片“动”起来的方法，包括设置幻灯片切换效果、添加动画以及插入超链接等的方法。掌握这些方法后，相信你一定能够制作出绚丽的演示文稿！

学习要点

- ❖ 应用幻灯片的切换效果。
- ❖ 设置动画效果。
- ❖ 实现交互。

学习目标

通过本章的学习，读者应该掌握设置幻灯片切换效果、添加动画效果、插入超链接、添加动作和动作按钮等多种操作。然后，使用这些操作，让您综合应用 PowerPoint 2010 程序的能力更上一层楼。

16.1 应用幻灯片的切换效果

通过为幻灯片设置不同的切换效果，可以增加演示文稿的吸引力，让您的幻灯片迅速吸引观众的注意。

操作步骤

❶ 打开“公司宣传片”文件，选中要设置的幻灯片，接着在【切换】选项卡的【切换到此幻灯片】组中，单击【其他】按钮，如下图所示。

❷ 从打开的列表中选择需要的切换效果，这里选择【揭开】选项，如下图所示。

❸ 在【切换】选项卡的【切换到此幻灯片】组中，单击【效果选项】按钮，从打开的列表中选择【自顶部】选项，如右上图所示。

❹ 在【切换】选项卡的【计时】组中，单击【声音】选项右侧的下拉按钮，从打开的下拉列表中选择声音，例如选择【疾驰】选项，如下图所示。

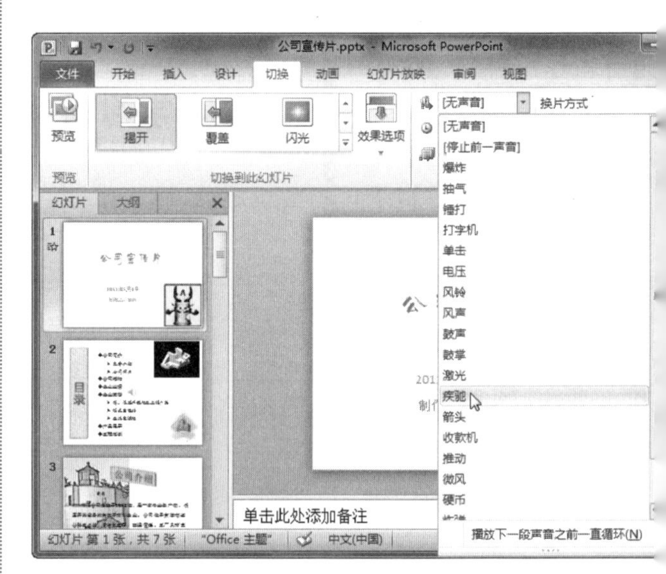

❺ 接着在【切换】选项卡的【计时】组中，设置幻灯片的切换时间、换片方式、自动换片时间等选项内容，如下图所示。

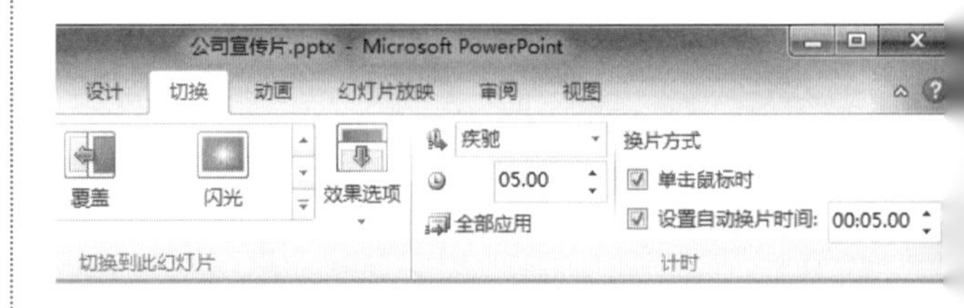

❻ 设置完毕后，在【预览】组中单击【预览】按钮，即可预览设置后的效果。若对预览效果满意，可以将此切换效果应用到其他幻灯片中。方法是在【切换】选项卡的【计时】组中，单击【全部应用】按

长见识　设置幻灯片的切换效果，可以在【动画】选项卡的【切换到此幻灯片】组中选择幻灯片的切换方式。将鼠标放置到待选的切换方式时，不必单击选中也会有预览。

钮即可，如下图所示。

16.2 设置动画效果

在 PowerPoint 2010 程序中，可以将演示文稿中的文本、图片、形状、表格和其他对象制作成动画，赋予它们进入、退出、大小或颜色变化甚至移动等视觉效果。

16.2.1 添加动画效果

动画效果就是给文本或其他对象添加特殊视觉或声音效果。在 PowerPoint 2010 中有以下四种不同类型的动画效果。

- ❖ 进入效果：可以使对象逐渐淡入焦点、从边缘飞入幻灯片或者跳入视图中。
- ❖ 退出效果：这些效果包括使对象飞出幻灯片、从视图中消失或者从幻灯片旋出。
- ❖ 强调效果：这些效果的示例包括使对象缩小或放大、更改颜色或沿着其中心旋转。
- ❖ 动作路径：使用这些效果可以使对象上下移动、左右移动或者沿着星形或圆形图案移动(与其他效果一起)。

下面以设置进入效果和动作路径为例进行介绍，具体操作如下。

1. 应用进入动画效果

操作步骤

❶ 打开"公司宣传片"文件，选择要添加动画效果的对象，这里在第 1 张幻灯片中选择"公司宣传"标题，如右上图所示。

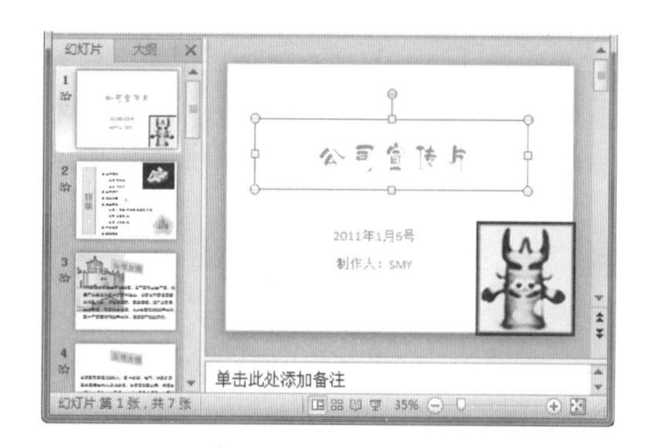

❷ 在【动画】选项卡的【动画】组中，单击【动画样式】按钮，从打开的列表中选择【飞入】选项，如下图所示。

❸ 在【动画】选项卡的【动画】组中，单击【效果选项】按钮，从打开的列表中选择【自右下部】选项，如下图所示。

可以单独使用任何一种动画，也可以将多种效果组合在一起。例如，可以对一行文本应用【飞入】进入效果及【放大/缩小】强调效果，使它在从左侧飞入的同时逐渐放大。

长见识

❹ 这时即可将【飞入】动画效果应用到标题对象了，并且在标题左侧会出现一个数字“1”，表示这是该张幻灯片中的第一个动画效果，如下图所示。

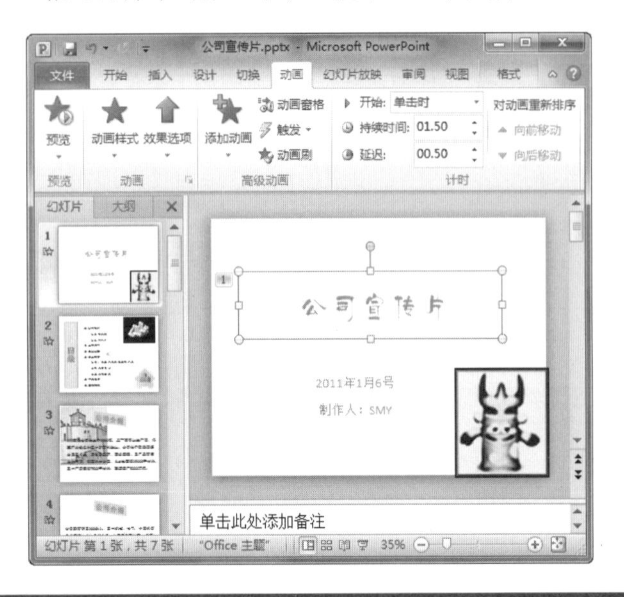

2. 应用动作路径动画效果

应用动作路径动画效果的操作步骤如下。

操作步骤

❶ 打开“公司宣传片”文件，然后选择要添加动画效果的对象，这里选择第 2 张幻灯片中的“目录”标题文本框。

❷ 在【动画】选项卡的【动画】组中，单击【动画样式】按钮，从打开的列表中选择【循环】选项，如下图所示。

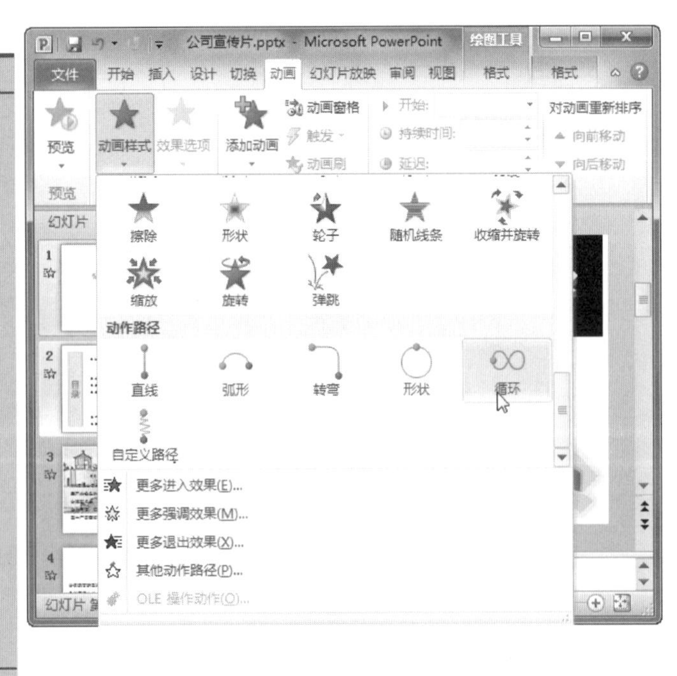

❸ 这时即可发现选中的动画效果应用到文本框对象上了，并且在幻灯片中会出现该动画效果的循环路线，如下图所示。接着在【动画】选项卡的【计时】组中设置其属性。

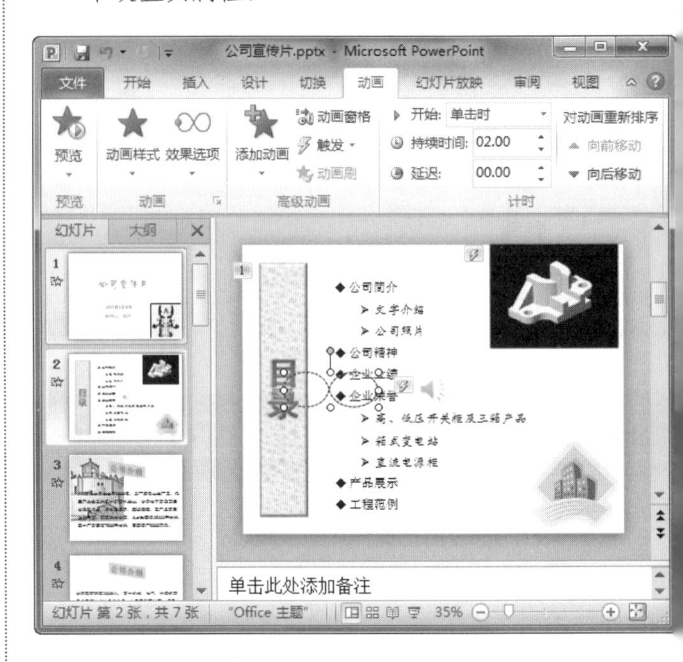

❹ 在【动画】选项卡的【动画】组中，单击【效果选项】按钮，从打开的列表中选择【反复循环】选项，如下图所示。

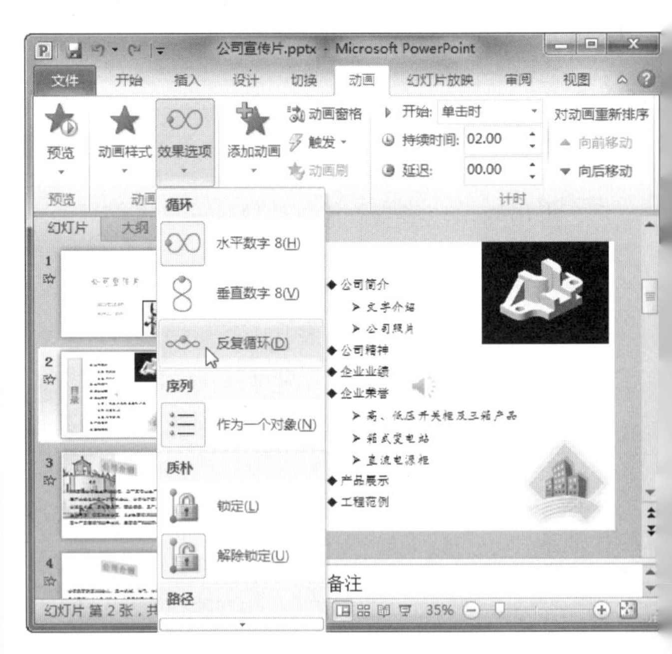

❺ 在幻灯片中调整动画效果的循环路线(例如移动位置)，可以改变动画的循环效果，如下图所示。

长见识 如果没有看到所需的进入、退出、强调或动作路径动画效果，请单击【更多进入效果】、【更多强调效果】、【更多退出效果】或【其他动作路径】选项，然后在弹出的对话框中进行选择即可。

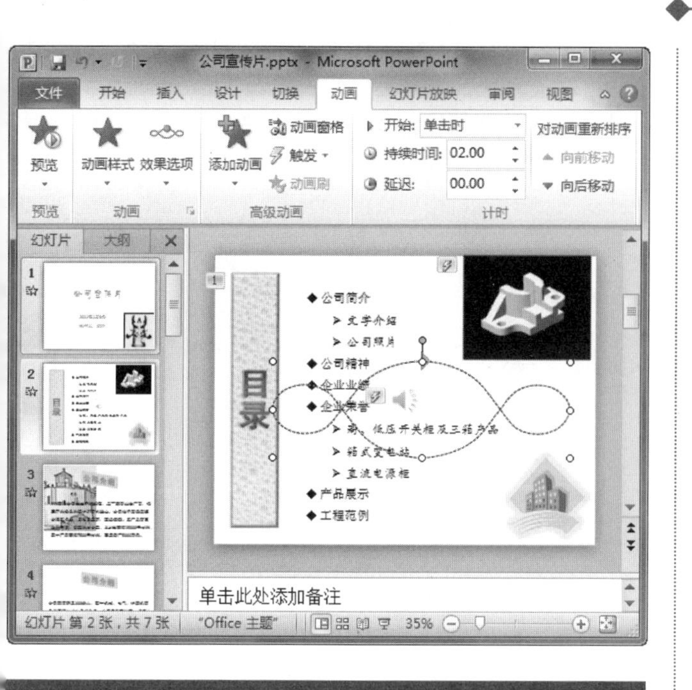

16.2.2　使用高级动画

上面的动画只是较为简单的动画，若要对同一对象应用多个动画效果，就需要使用高级动画功能了。具体操作如下。

操作步骤

❶ 打开“公司宣传片”文件，在幻灯片中选择要设置动画效果的内容，这里还选择幻灯片 1 中的标题。然后在【动画】选项卡的【高级动画】组中，单击【添加动画】按钮，从打开的列表中选择【更多进入效果】选项，如下图所示。

❷ 弹出【添加进入效果】对话框，选择动画效果，再单击【确定】按钮，如下图所示。

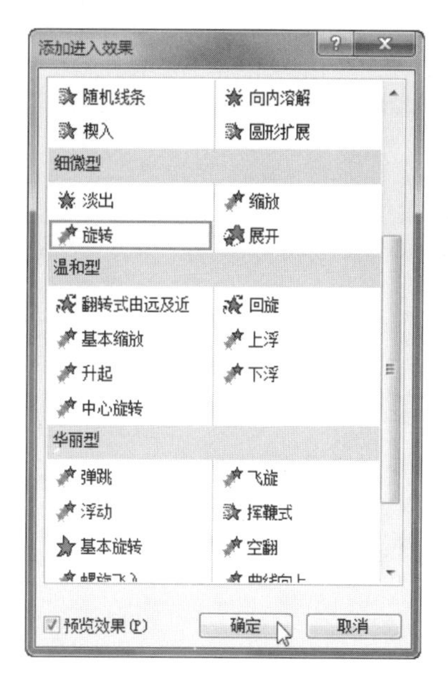

❸ 这时即可发现幻灯片 1 中的标题含有两个动画效果，其编号是 1 和 3(1 是前面插入的【揭开】动画效果，3 是刚插入的【旋转】动画效果)，如下图所示。单击 3，接着在【动画】选项卡的【计时】组中，设置该动画的属性。

❹ 在【动画】选项卡的【高级动画】组中，单击【触发】按钮，从打开的列表中选择【单击】|【标题 1】选项，设置高级动画的触发条件，如下图所示。

长见识：在将动画应用于对象或文本后，幻灯片上已制作成动画的项目会标上不可打印的编号标记，该标记显示在文本或对象旁边。仅当选择【动画】选项卡或【动画窗格】窗格可见时，才会在【普通】视图中显示该标记。

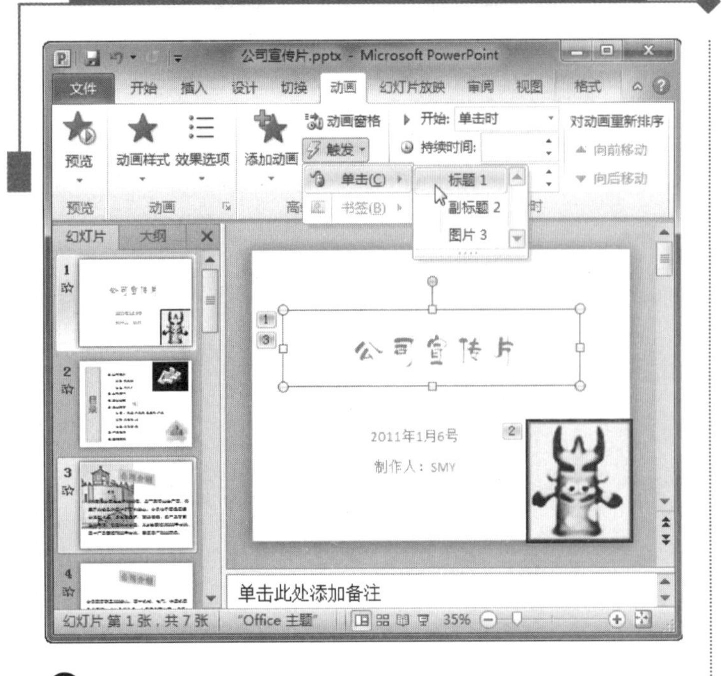

❺ 这时会发现在幻灯片 1 中，标题前面的编号 1 和 3 变成两个闪电图标 了，这表示设置的动画效果是高级动画，如下图所示。

16.2.3 复制动画效果

Microsoft PowerPoint 2010 的新增功能之一就是动画刷。利用动画刷，可以轻松、快速地复制动画效果。具体操作步骤如下。

操作步骤

❶ 首先在幻灯片中选择要复制的动画效果的对象，这里选择幻灯片 1 中的标题对象；然后在【动画】选项卡的【高级动画】组中，单击【动画刷】按钮，如右上图所示。

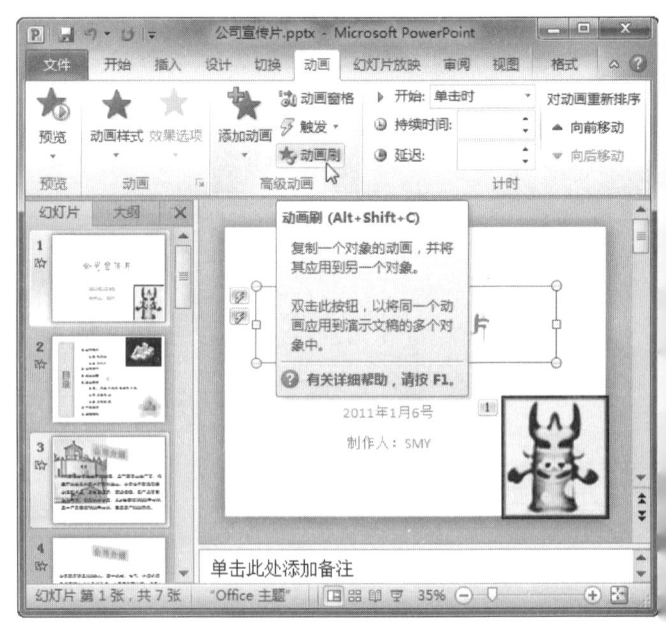

❷ 此时，光标变成刷子形状了，将其移动到目标对象上单击，即可完成动画效果的复制操作了，如下图所示。

16.2.4 使用动画窗格管理动画

在动画窗格中可以方便地调整动画顺序，预览动画设置的效果，其操作步骤如下。

操作步骤

❶ 在【动画】选项卡的【高级动画】组中，单击【动画窗格】按钮，如下图所示。

在【动画窗格】窗格的列表框中可以查看指示动画效果相对于幻灯片上其他事件的开始计时的图标。若要查看所有动画的开始计时图标，请单击相应动画效果旁的菜单图标，从弹出的快捷菜单中选择【隐藏高级日程表】命令即可。

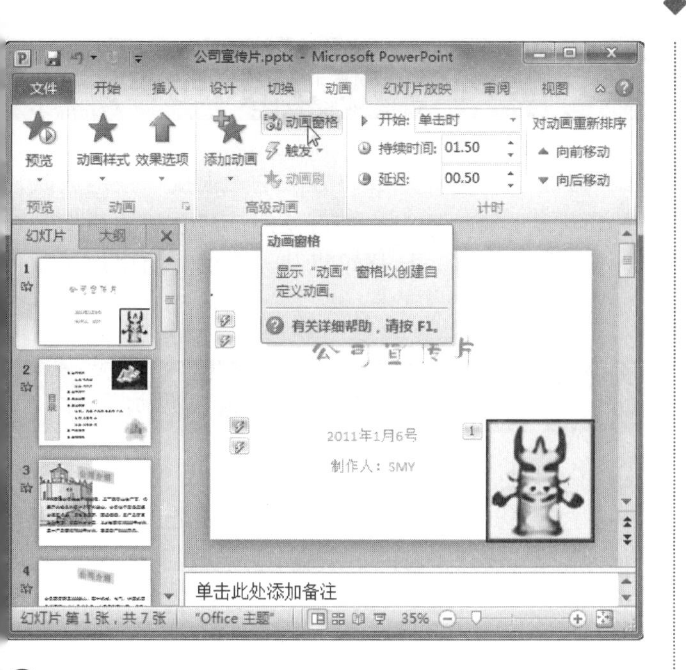

❷ 打开【动画窗格】窗格，如下图所示。

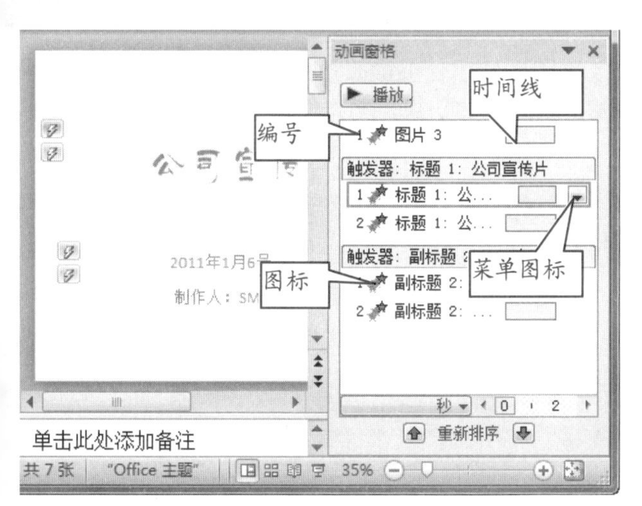

提示

在默认情况下，添加的各个动画效果在【动画窗格】窗格中是按照其添加的顺序显示的。下面来简单介绍一下窗格的列表框中的各图标代表的含义。

- ❖ 编号：表示动画效果的播放顺序。该任务窗格中的编号与幻灯片上显示的不可打印的编号标记相对应。
- ❖ 时间线：代表动画效果的持续时间。
- ❖ 图标：代表动画效果的类型。
- ❖ 菜单图标：选择列表中的项目后会看到相应的菜单图标(向下箭头)，单击该图标即可显示相应菜单。

❸ 在列表框中选择某动画项目，然后单击【播放】按钮，如右上图所示。

❹ 开始播放选择的动画，测试其效果，如下图所示。

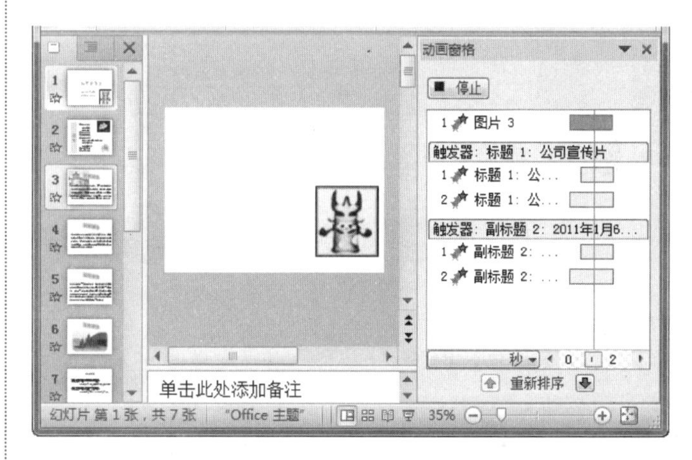

❺ 选择某动画项目，然后单击【向上】或【向下】按钮，可以调整动画排序，如下图所示。

学以致用系列丛书

技巧

选择某动画项目后，在【动画】选项卡的【计时】组中，单击【向前移动】或【向后移动】按钮，也可以调整调整动画排序，如下图所示。

❻ 右击要删除的动画效果项目，从弹出的快捷菜单这选择【删除】命令，可以删除设置的动画效果，如下图所示。

16.3 实现切换

最基本的幻灯片放映方法是一张接一张地放映，如果设置了切换效果，则可使幻灯片之间的切换带有电影的特效效果，这样可以从一个更高的层次来制作演示文稿。

16.3.1 使用超链接

在 PowerPoint 中，超链接可以是从一张幻灯片到同一演示文稿中另一张幻灯片的连接的超链接)，也可以是从一张幻灯片到不同演示文稿中另一张幻灯片、到电子邮件地址、网页或文件的连接。即可以从文本或对象(如图片、图形、形状或艺术字)创建超链接。

1. 链接演示文稿

超链接是一种不错的切换方式，它可以实现在不连续幻灯片之间的切换，与定位幻灯片有异曲同工之妙。

1) 链接同一演示文稿中的幻灯片

操作步骤

❶ 打开“公司宣传片”文件，在普通视图中选择要用作超链接的文本或对象，这里切换到第 2 张幻灯片，然后选择链接文本“文字介绍”，如下图所示。

❷ 在【插入】选项卡的【链接】组中，单击【超链接】按钮，如下图所示。

长见识 一些动画效果，如【旋转】进入效果或【翻转】退出效果只能用于形状。无法用于 SmartArt 图形的效果将显示为灰色。如果要使用无法用于 SmartArt 图形的动画效果，请右击 SmartArt 图形，从弹出的快捷菜单中选择【转换为形状】命令，接着为形状添加动画即可。

❸ 弹出【插入超链接】对话框，在【链接到】列表中选择【本文档中的位置】选项，如下图所示。

❹ 接着在【请选择文档中的位置】列表框中选择要用作超链接目标的幻灯片，再单击【确定】按钮，如下图所示。

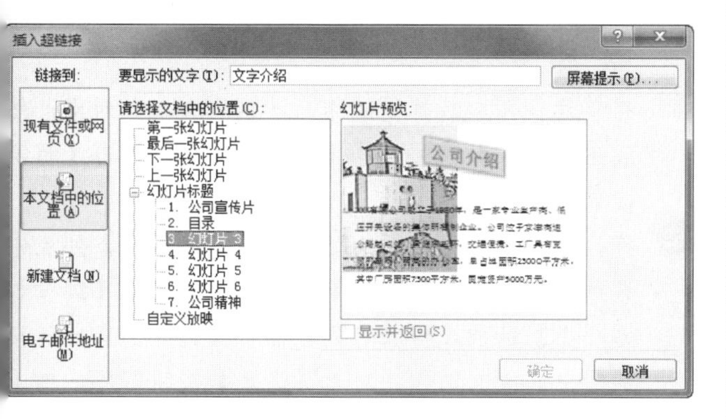

❺ 这时即可发现，选中的文本变成蓝色了，并在其文字下方有一条蓝色线条，如右上图所示。

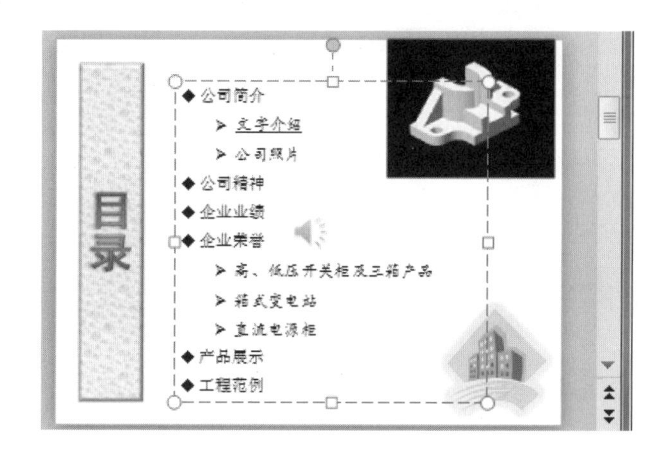

2) 链接不同演示文稿中的幻灯片

如果在主演示文稿中添加了指向演示文稿的链接，则在将主演示文稿复制到便携电脑中时，请确保将链接的演示文稿也复制到主演示文稿所在的文件夹中。如果不复制链接的演示文稿，或者如果重命名、移动或删除它，则当从主演示文稿中单击指向链接的演示文稿的超链接时，链接的演示文稿将不可用。

操作步骤

❶ 在幻灯片 2 中选中“产品展示”文本并右击，在快捷菜单中选择【超链接】命令，如下图所示。

❷ 弹出【插入超链接】对话框，在【链接到】列表中选择【现有文件或网页】选项，接着在【查找范围】下拉列表框中选择文件位置，如下图所示。

给文字做链接时不要选中文字而要选中这些文字的文本框，这样做的链接文字既不变色也无下划线。(注：图片做链接不会出现这种情况)。

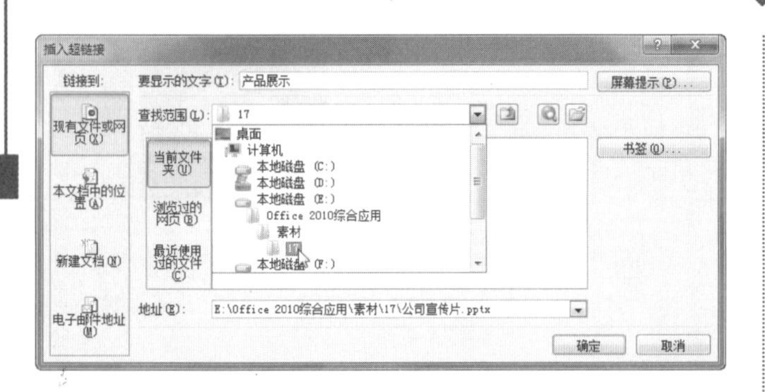

❸ 接着在【当前文件夹】列表框中选择要链接的演示文稿，并单击【书签】按钮，如下图所示。

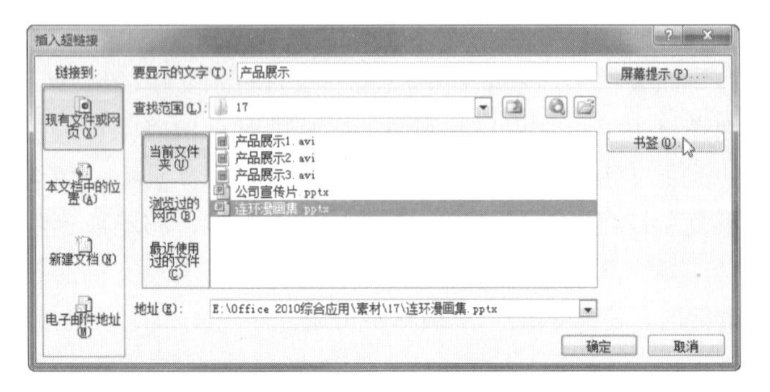

❹ 弹出【在文档中选择位置】对话框，选择要链接的幻灯片，再单击【确定】按钮，如下图所示。

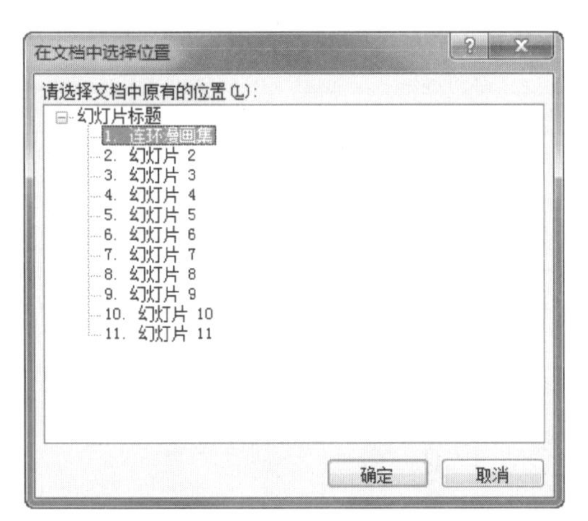

❺ 返回【插入超链接】对话框，在【地址】文本框中可以看到要链接幻灯片的位置，如下图所示，再单击【确定】按钮即可。

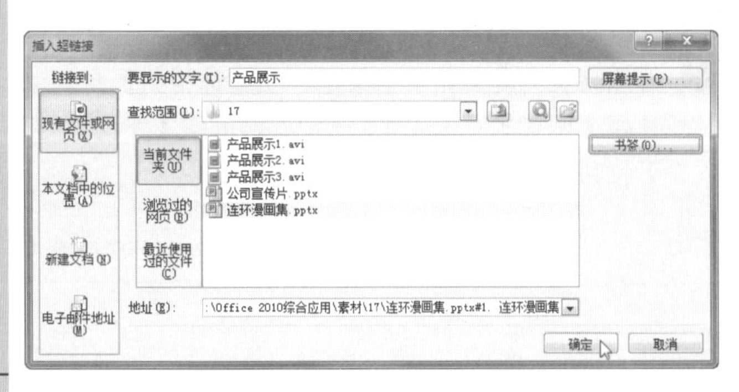

2. 链接电子邮件

链接电子邮件的方法如下。

操作步骤

❶ 在普通视图中选择要用作超链接的文本或对象，然后在【插入】选项卡的【链接】组中，单击【超链接】按钮。

❷ 弹出【插入超链接】对话框，在【链接到】列表中选择【电子邮件地址】选项，然后在【电子邮件地址】文本框中输入要链接到的电子邮件地址，或是在【最近用过的电子邮件地址】文本框中单击电子邮件地址，接着在【主题】文本框中输入电子邮件的主题，再单击【确定】按钮即可，如下图所示。

3. 链接Web网页

链接Web网页的方法如下。

操作步骤

❶ 在普通视图中选择要用作超链接的文本或对象，然后在【插入】选项卡的【链接】组中，单击【超链接】按钮。

❷ 弹出【插入超链接】对话框，在【链接到】列表中选择【现有文件或网页】选项，然后单击【浏览过的网页】选项，接着在列表框中找到并选择要链接到的页面或文件，再单击【确定】按钮即可，如下图所示。

让链接的文字单击不变色：①在演示文稿中插入文本框，将要设置为链接功能的文字放入文本框中(注意文本框不要过大)；②切换到【插入】选项卡，单击【链接】组中的【动作】按钮；③在弹出的对话框中根据需要进行设置，最后单击【确定】按钮即可。

4. 链接新文件

若用户要链接的是一个不存在的文件，可以在链接时新建该文件，具体操作如下。

操作步骤

1. 在普通视图中选择要用作超链接的文本或对象，然后在【插入】选项卡的【链接】组中单击【超链接】按钮。
2. 弹出【插入超链接】对话框，在【链接到】列表中选择【新建文档】选项，然后在【新建文档名称】文本框中输入要创建并链接到的文件的名称，再单击【确定】按钮即可，如下图所示。

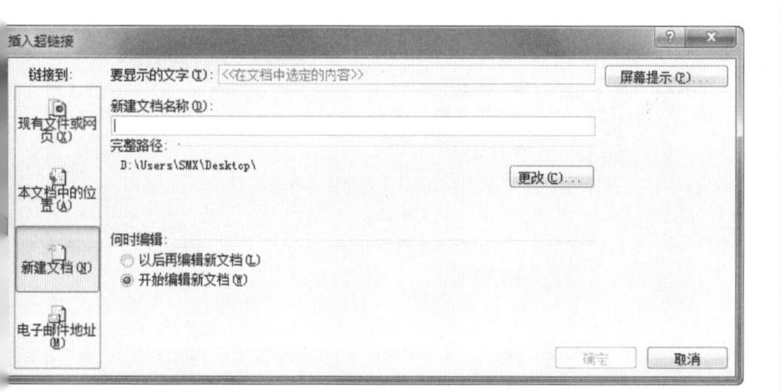

提示

如果要在另一位置创建文档，请在【完整路径】选项组中单击【更改】按钮，然后在弹出的【新建文档】对话框中选择要创建文件的位置，再单击【确定】按钮，即可更换新文件的保存位置了，如下图所示。

5. 管理链接

链接创建完成后，若发现创建的链接不正确，该怎么办呢？这时你可以编辑该链接，也可以删除该链接，然后再重新添加超链接。一起来试试吧。

操作步骤

1. 打开“公司宣传片”文件，右击要修正的超链接，并从弹出的快捷菜单中选择【编辑超链接】命令，如下图所示。

2. 弹出【编辑超链接】对话框，在这里修正超链接，例如在【要显示的文字】列表中接着输入“照片”，再单击【确定】按钮，如下图所示。

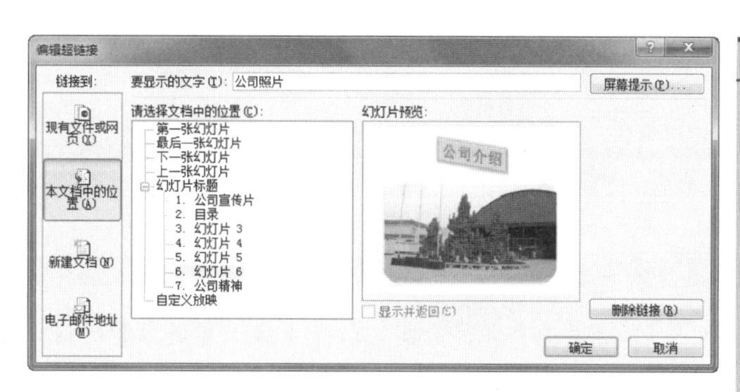

3. 这时即可发现超链接文本由“公司”变为“公司照片”了，如下图所示，然后删除后面多余的“照片”字符即可。

学以致用系列丛书

长见识：在 PowerPoint 中，每次输入文本都要插入一个文本框，操作起来很不方便。其实可以先在 Word 中将所有内容按一定样式输入，再将它发送给 PowerPoint。具体方法是：在 Word 中打开文档，选择【文件】|【发送】| Microsoft PowerPoint 命令。每个“标题 1”样式的段落都会成为新幻灯片的标题，每个“标题 2”样式的段落都会成为第一级文本，依此类推。

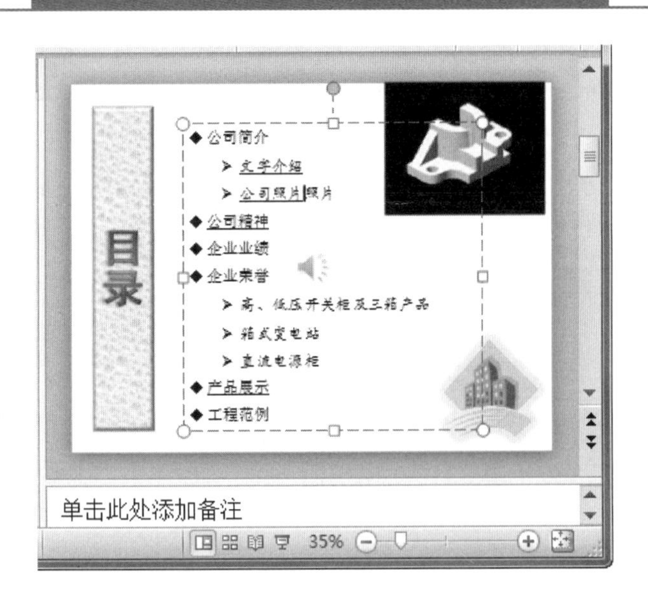

❹ 右击要删除的超链接，从弹出的快捷菜单中选择【取消超链接】命令，即可将其删除，如下图所示。

技巧

参考前面介绍的方法，打开【编辑超链接】对话框，然后单击【删除链接】按钮，也可以删除超链接，如右上图所示。

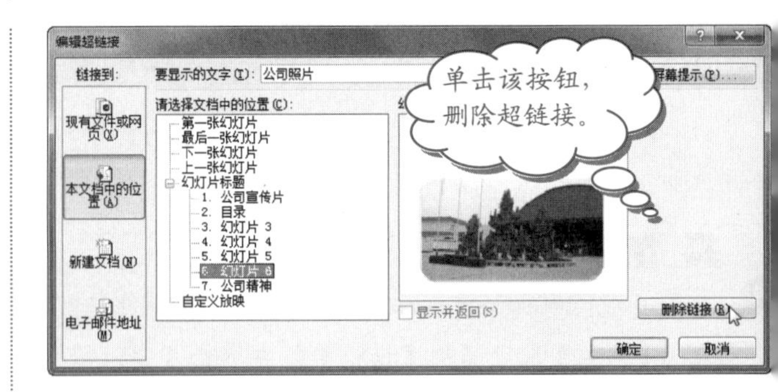

❺ 这时即可发现，删除超链接后，文字的颜色又变成黑色了，如下图所示。

❻ 右击超链接，从弹出的快捷菜单中选择【打开超链接】命令，如下图所示。

❼ 这时将会切换到链接的目的幻灯片中，如下图所示

利用【动作】按钮就可以让 PowerPoint 与其他程序链接，但要注意，在幻灯片中所链接的这些文件的默认打开方式必须是能打开它的程序，如几何画板文件默认的打开方式是几何画板，并且几何画板已经安装在电脑中。

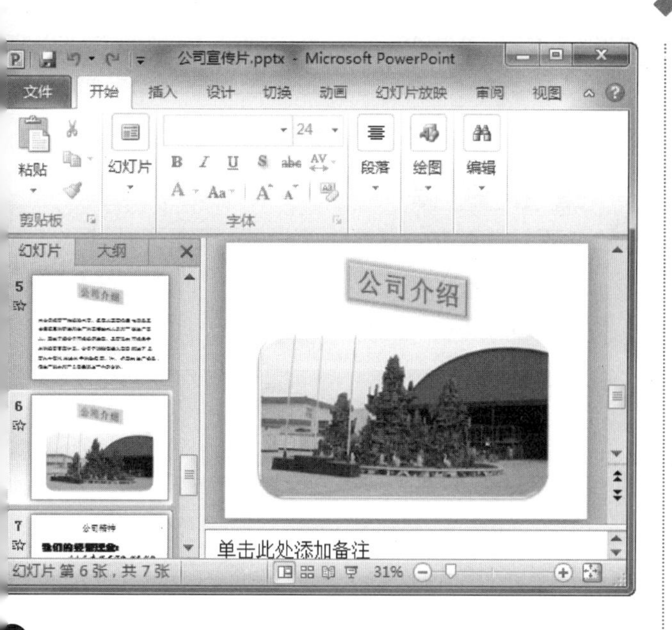

8 同时，链接文本的颜色会跟着改变，如下图所示。

6.3.2 插入动作按钮

除了上面学习的超链接使用方法之外，用户还可以通过插入动作按钮来实现幻灯片之间的切换。

1. 添加动作按钮

添加动作按钮的操作步骤如下。

操作步骤

1 打开“公司宣传片”文件，然后选择要添加动作按钮的幻灯片，这里选择幻灯片 1，如右上图所示。

2 在【插入】选项卡的【插图】组中，单击【形状】按钮，从弹出的下拉列表中选择【动作按钮：后退或前一项】选项，如下图所示。

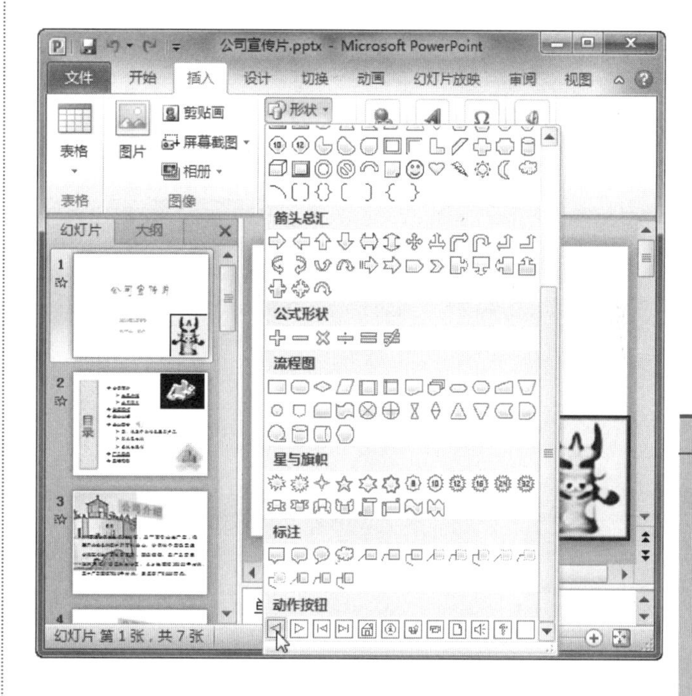

3 拖动鼠标，在幻灯片中画出动作按钮图形，如下图所示。

在需要微调 PowerPoint 幻灯片中图形或文本框的位置时，首先选择该图形或文本框，然后按上、下、左、右方向键移动该图形或文本框即可。

长见识

❹ 弹出【动作设置】对话框，选中【超链接到】单选按钮，然后单击右侧的下拉按钮，从打开的列表中选择【最后一张幻灯片】选项，如下图所示。

❺ 接着选中【播放声音】单选按钮，并在下方的下拉列表框中选择【风铃】选项，再单击【确定】按钮，如下图所示。

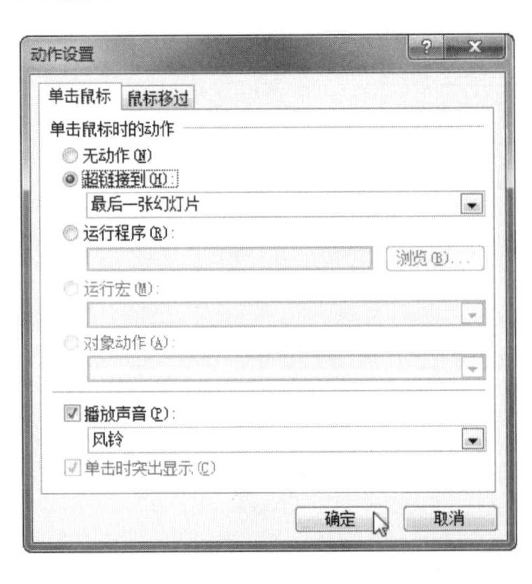

2. 美化动作按钮

接下来美化一下动作按钮，让它看起来更醒目。

操作步骤

❶ 选中动作按钮，然后在【绘图工具】下的【格式】选项卡中，单击【形状样式】组中的【其他】按钮，如下图所示。

❷ 接着从打开的形状样式库中选择形状样式，如下图所示。

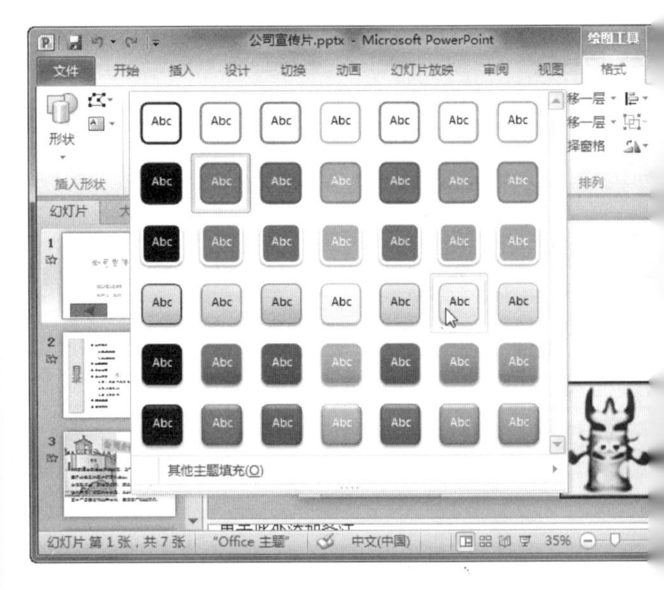

❸ 在【格式】选项卡的【形状样式】组中，单击【形状轮廓】按钮，从弹出的列表中选择【红色】选项，如下图所示。

在PowerPoint演示文稿中，有时候用鼠标定位对象不太准确，按住Shift键的同时用鼠标水平或竖直移动对象，可以基本接近于直线平移。在按住Ctrl键的同时用方向键来移动对象，可以精确到像素点移动。

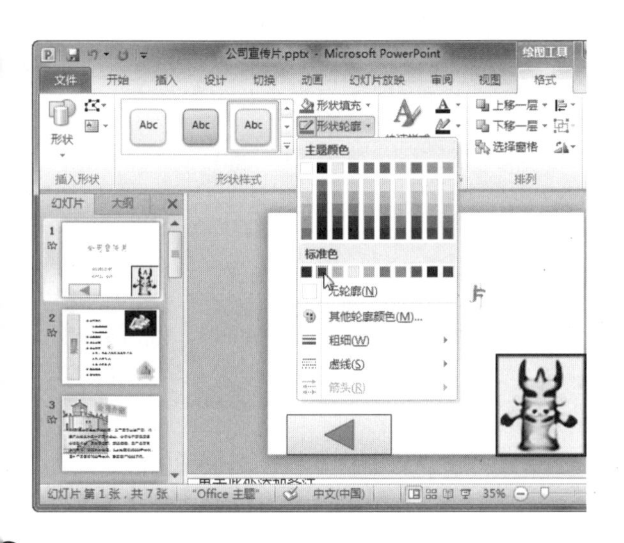

❹ 在【格式】选项卡的【形状样式】组中，单击【形状效果】按钮，从打开的列表中选择【棱台】子菜单中的【角度】选项，如下图所示。

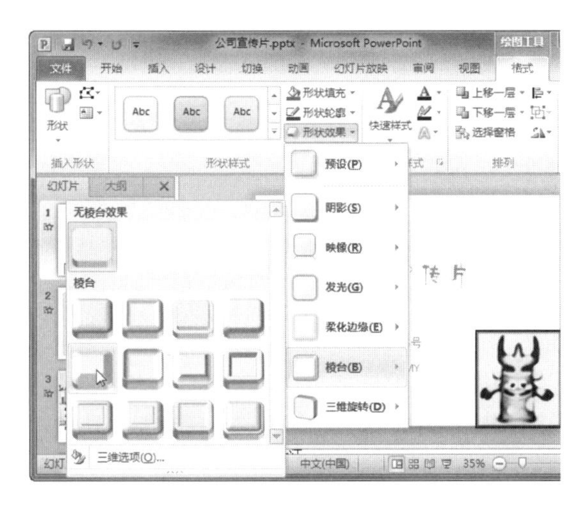

❺ 在【格式】选项卡的【排列】组中，单击【对齐】按钮，从打开的列表中选择【左对齐】选项，如下图所示。

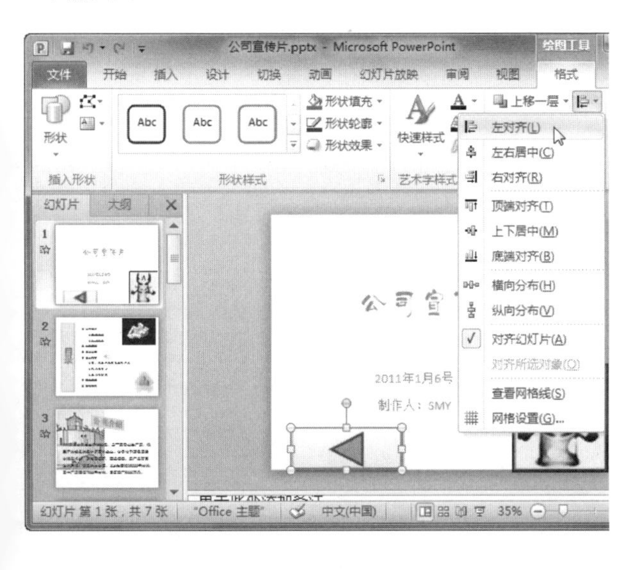

❻ 这时会发现动作按钮靠左对齐幻灯片了，效果如下图所示。

16.3.3　使用动作

除了上面学习的幻灯片切换方法之外，您还可以通过插入动作按钮来实现幻灯片之间的切换。具体操作方法如下。

操作步骤

❶ 首先选择要添加动作的幻灯片，这里选择幻灯片 3，然后在【插入】选项卡的【插图】组中，单击【形状】按钮，从弹出的下拉列表中选择【右剪头】选项，如下图所示。

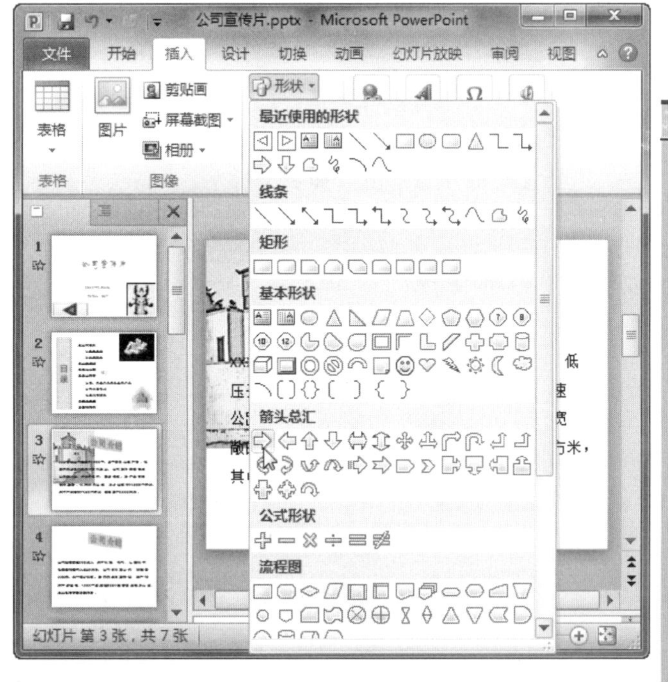

学以致用系列丛书

❷ 拖动鼠标，在幻灯片中画出图形，如下图所示。

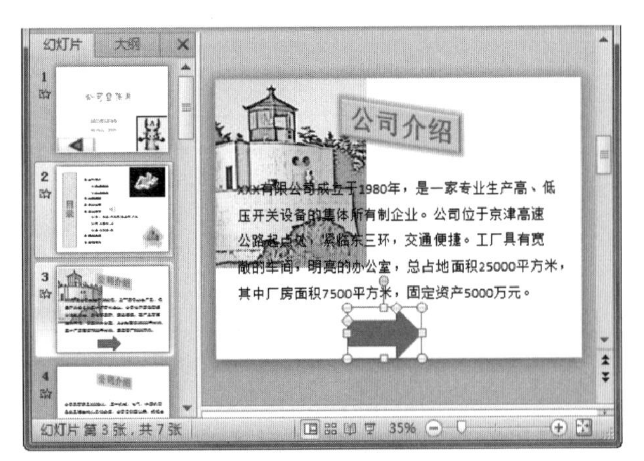

❸ 选中前面插入的形状，然后在【插入】选项卡的【链接】组中，单击【动作】按钮，如下图所示。

❹ 弹出【动作设置】对话框，选中【超链接到】单选按钮，然后单击右侧的下拉按钮，从打开的列表中选择【幻灯片】选项，如下图所示。

❺ 弹出【超链接到幻灯片】对话框，选择第 6 张幻灯片，再单击【确定】按钮，如下图所示。

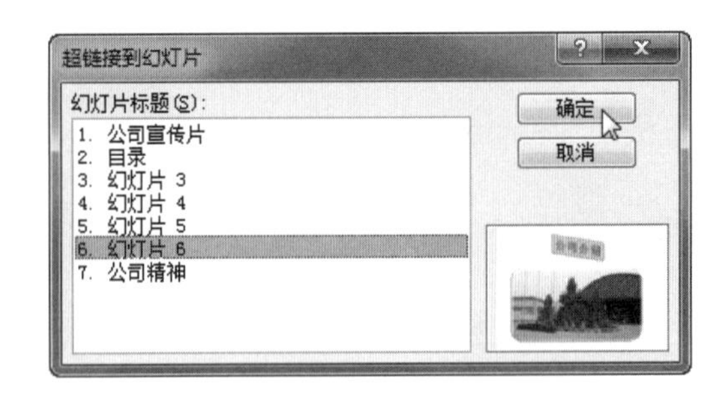

❻ 返回【动作设置】对话框，选中【播放声音】单选按钮，并在下方的下拉列表框中选择【打字机】选项，再单击【确定】按钮，如下图所示。

❼ 参考前面介绍的方法，美化动作图标，效果如下图所示。

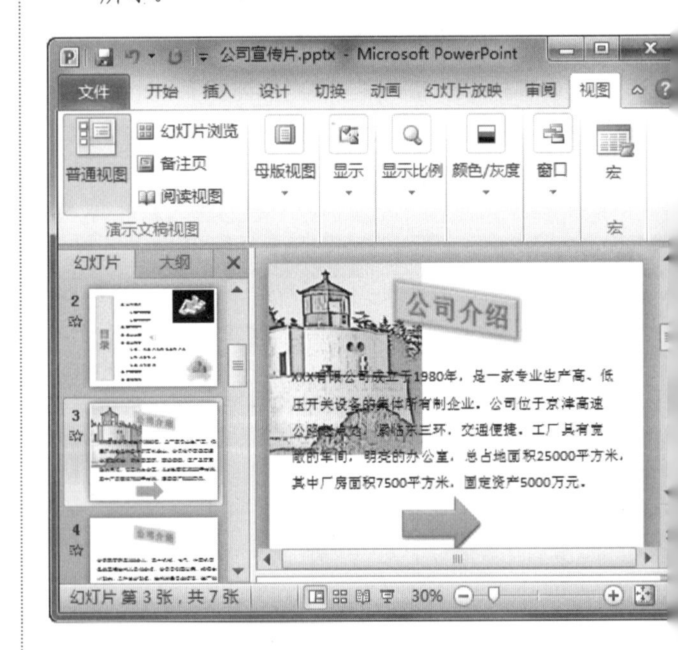

长见识 快速加粗文本：选中要加粗的文本后，按 Ctrl + B 组合键即可将其加粗，这与 Word 中加粗字形的快捷键不同。

8. 右击动作图标，从弹出的快捷菜单中选择【编辑文字】命令，如下图所示。

9. 接着向动作图标对象输入文本内容，如下图所示。

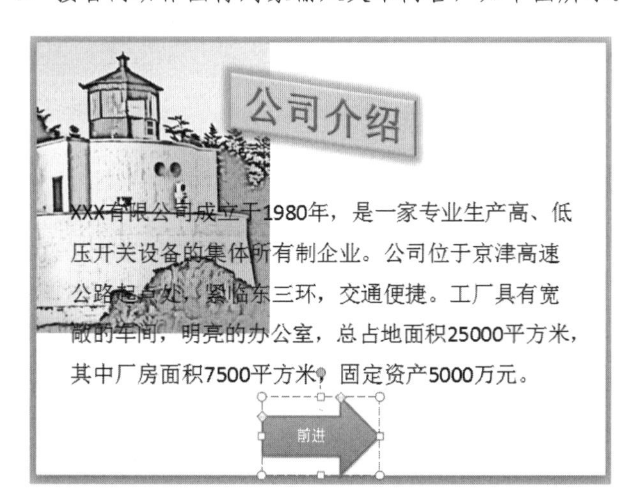

10. 参考前面介绍的方法，美化动作图标上的文本，效果如下图所示。

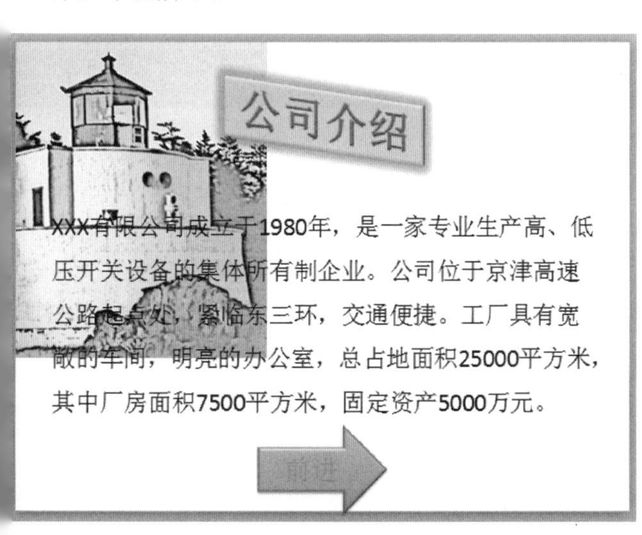

11. 选中动作图标对象，然后在【绘图工具】下的【格式】选项卡中的【大小】组中调整动作图标的大小，如下图所示。

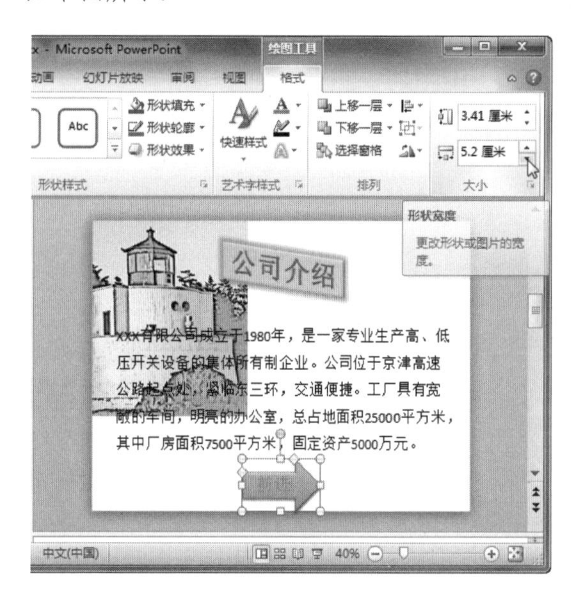

16.3.4 批量插入动作按钮

下面将为大家介绍两种批量插入动作按钮的方法，分别是使用【复制】按钮和借助幻灯片母版。

1. 通过复制插入动作按钮

通过复制动作按钮，可以快速在每个幻灯片中插入动作按钮，然后修改复制的动作按钮的链接即可。

操作步骤

1. 选中要复制的动作按钮，然后在【开始】选项卡的【剪贴板】组中单击【复制】按钮，如下图所示。

学以致用系列丛书

在观看完视频剪辑后，您可能会发现每段剪辑开头和末尾的摄像机画面在不断抖动，或者可能需要删除与视频主旨无关的部分内容。您可以借助"剪裁视频"功能将视频剪辑的开头和末尾剪裁掉，从而来修复这些问题。

长见识

❷ 选中要添加动作按钮的幻灯片，然后在【开始】选项卡的【剪贴板】组中单击【粘贴】按钮，如下图所示。

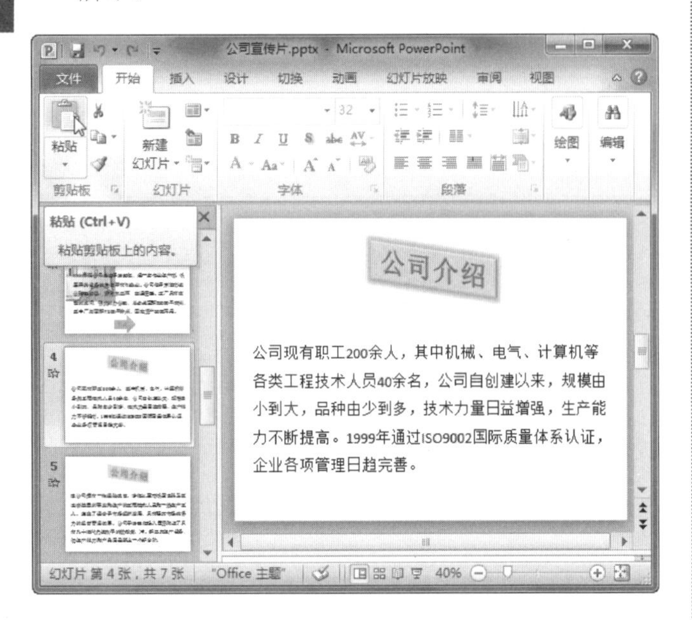

❸ 这时即可发现动作按钮被粘贴到幻灯片中了，如下图所示。这个按钮的位置及其性质是和原按钮完全相同的。

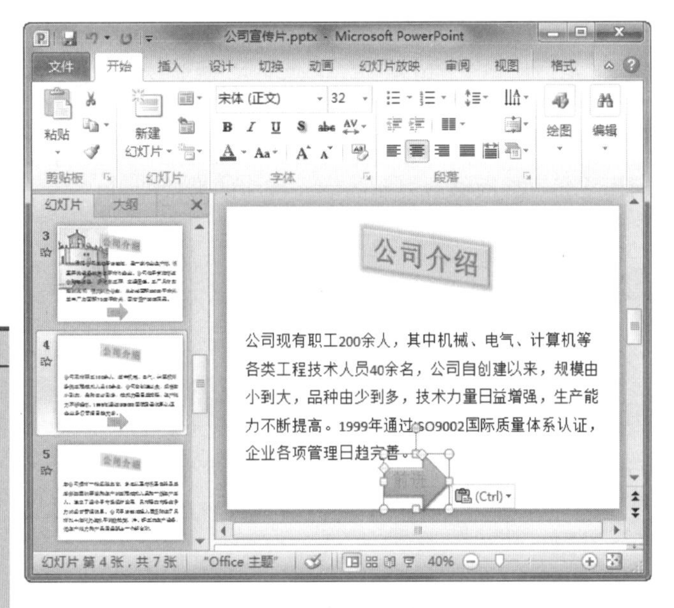

❹ 接着选择另一张幻灯片，然后在【剪贴板】组中单击【粘贴】按钮，继续粘贴动作按钮，效果如右上图所示。

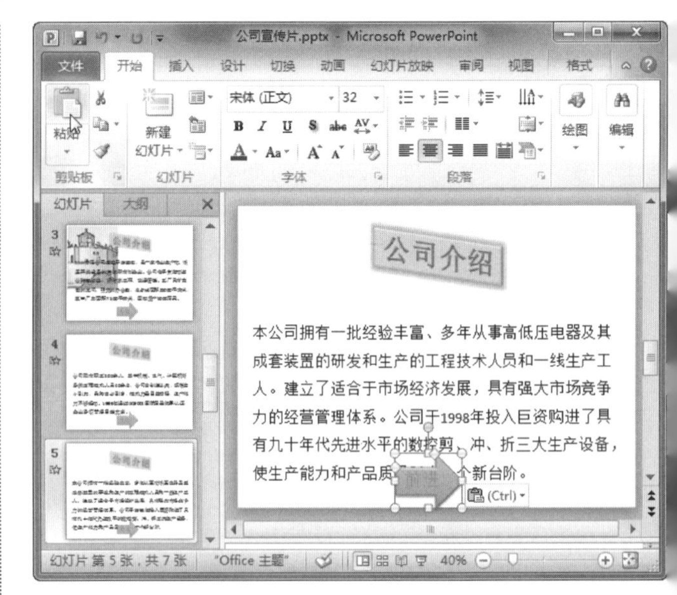

❺ 右击粘贴的动作按钮，从弹出的快捷菜单中选择【编辑超链接】命令，弹出【动作设置】对话框，在【单击鼠标】选项卡中调整要链接的幻灯片，最后单击【确定】按钮进行保存即可，如下图所示。

2. 巧用幻灯片母版插入动作按钮

如果正在使用单个幻灯片母版，可以在母版上插入动作按钮，该按钮在整个演示文稿中可用。如果您正在使用多个幻灯片母版，则必须在每个母版上添加动作按钮。

操作步骤

❶ 打开“公司宣传片”文件，然后在【视图】选项卡的【母版视图】组中单击【幻灯片母版】按钮，切换到幻灯片母版视图方式，如下图所示。

长见识 如果要更改动作按钮的大小，可将它拖至所需大小。如果要保持其宽与高的比不变，请在拖动其中一个角尺寸控点的同时按住 Shift 键即可。

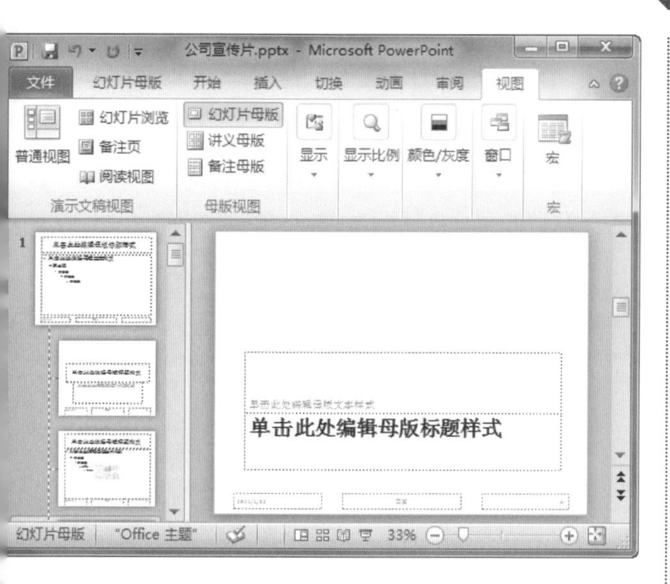

❷ 在左侧窗格中单击幻灯片母板 1，然后参考前面介绍的方法，在该幻灯片中添加动作按钮，效果如下图所示。

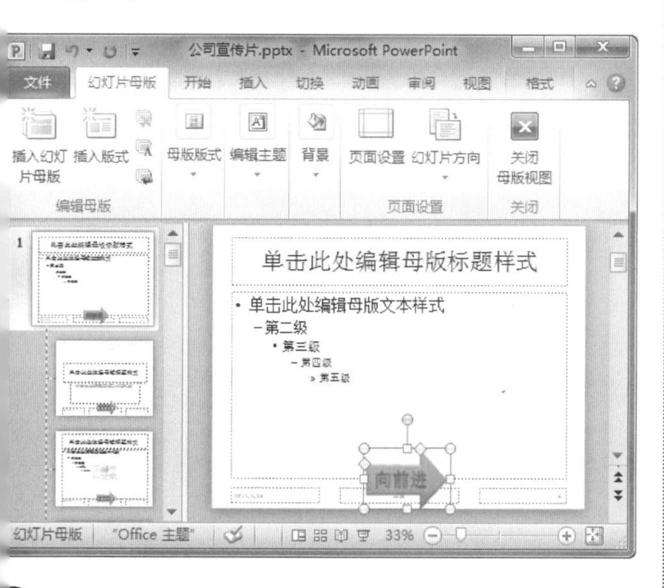

❸ 在【幻灯片母版】选项卡的【关闭】组中，单击【关闭母版视图】按钮，返回普通视图方式，效果如下图所示。

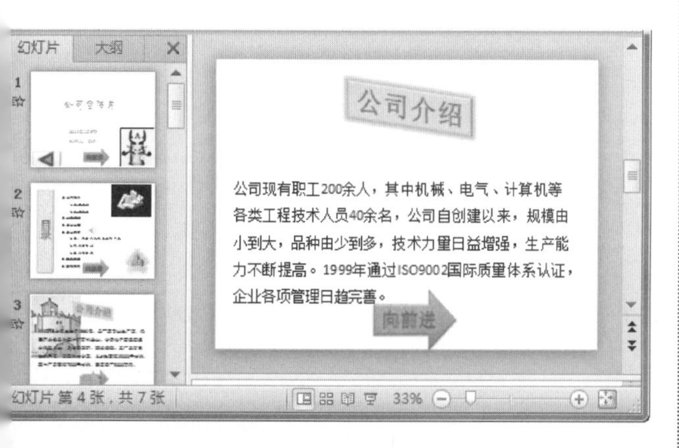

16.4 思考与练习

选择题

1. 动画效果的类型包括________。
   (1) 进入效果　　(2) 退出效果
   (3) 强调效果　　(4) 动作路径
   (5) 影片操作
   A. (1)、(2)、(3)
   B. (1)、(3)、(4)
   C. (1)、(2)、(3)、(4)
   D. (1)、(2)、(3)、(4)、(5)

2. 对幻灯片中的不同对象(至少两个对象)应用动画样式后，下面说法正确的是________。
   A. 使用【添加动画】命令可以对同一个对象设置不同的动画效果
   B. 可以对添加的动画重新排序
   C. 可以复制或删除动画
   D. 以上说法都正确

3. 下列______选项不可以添加幻灯片的切换效果。
   A. 动画　　B. 动作按钮
   C. 超链接　　D. 动作

操作题

1. 打开上一章练习中创建的“个人照”演示文稿，然后为每张幻灯片设置不同的切换效果。

2. 在“个人照”演示文稿中，为每张幻灯片中的图片对象设置不同的动画效果，要求每个对象至少要两种不同的动画效果。

3. 在“个人照”演示文稿中，为第 2 张幻灯片添加动作按钮，并将其复制到以后的每张幻灯片中。

快速应用新设时间：在对演示文稿进行排练计时的过程中，按 T 键可以快速应用新设置的时间。快速应用预设时间：在对演示文稿进行排练计时的过程中，在使用了新设的时间后按 O 键可以快速应用预设的时间。

长见识

第17章 放映、打印和打包幻灯片

美好的事物当然要和大家分享!本章我们将学习如何通过输出幻灯片，打印、打包演示文稿等方式将您制作的文档与大家分享。

学习要点

- ❖ 幻灯片放映设置。
- ❖ 控制幻灯片放映。
- ❖ 输出幻灯片。
- ❖ 打包演示文稿。
- ❖ 打印演示文稿。

学习目标

通过本章的学习，读者首先应该掌握设置幻灯片放映的方法，熟练控制幻灯片放映；其次，要求掌握幻灯片的输出方法，包括创建自动播放文件、保存为视频文件以及发布到幻灯片库等；最后，要求掌握演示文稿的打印与打包方法。

17.1 幻灯片放映设置

前面学习的都是如何进行幻灯片的制作，下面我们将学习如何进行幻灯片的放映，也就是进入了幻灯片的应用阶段。

17.1.1 设置幻灯片的放映时间

在放映幻灯片之前，读者可以先放映一遍，将每张幻灯片的放映时间了然于胸，当您真正放映时，就可以做到从容不迫了。

操作步骤

1. 打开“公司宣传片”文件，如下图所示。

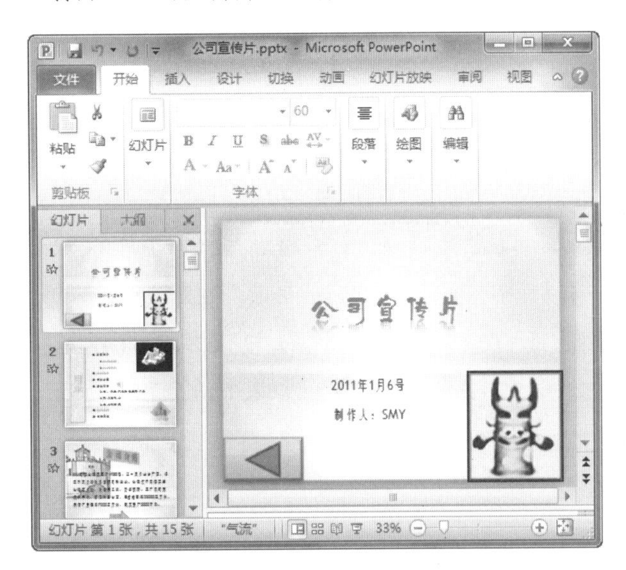

2. 在【幻灯片放映】选项卡的【设置】组中，单击【排练计时】按钮，如下图所示。

3. 此时就会启动幻灯片的放映程序，并进入放映状态，如下图所示。

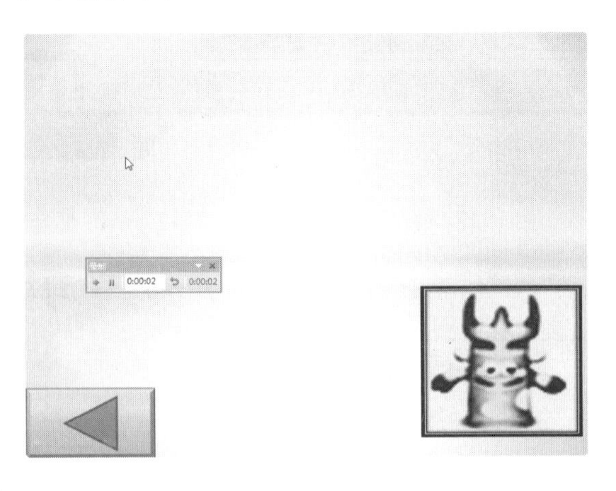

4. 与普通放映不同的是，在幻灯片的左上角会出现一个如下图所示的【录制】对话框。

5. 不断单击鼠标进行幻灯片的放映时，上图中的数据会不断更新，当最后一张幻灯片放映完毕后，将出现如下图所示的对话框。

6. 单击【是】按钮后，结果如下图所示，幻灯片自动切换到幻灯片浏览视图方式，并且在每张幻灯片的左下角出现每张幻灯片的放映时间。

长见识

在需要播放幻灯片时，按住 Alt 键不放，依次按 D、V 键激活播放操作，这时启动的幻灯片放映模式是一个带标题栏和菜单栏的形式，这样就可以将此时的幻灯片播放模式像一个普通窗口一样操作，例如最小化和自定义大小，非常方便。

17.1.2 设置幻灯片的放映方式

前面我们都是按照顺序一张一张地放映幻灯片，本节我们将学习如何设置可以有选择地放映幻灯片。

操作步骤

1. 打开“公司宣传片”文件，如下图所示。

2. 在【幻灯片放映】选项卡的【设置】组中，单击【设置幻灯片放映】命令，如下图所示。

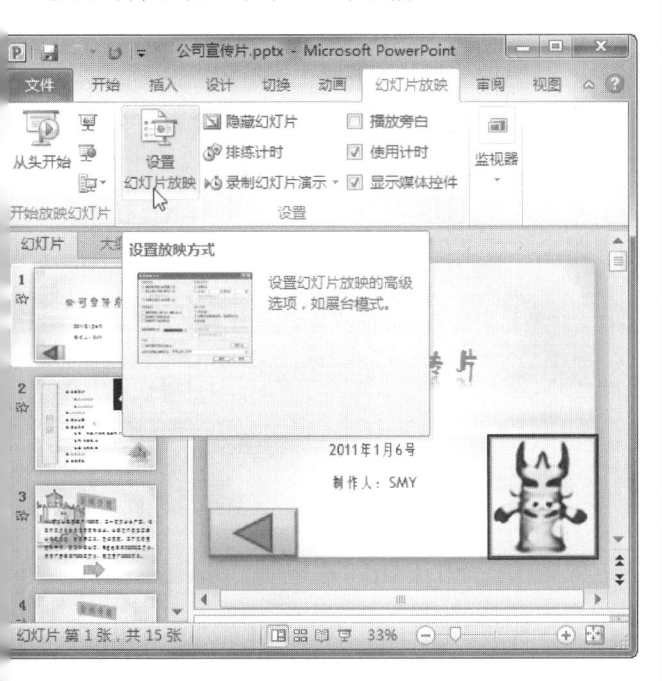

3. 弹出【设置放映方式】对话框，在【放映类型】选项组中选择幻灯片的放映类型，这里选中【演讲者放映(全屏幕)】单选按钮，接着设置【放映选项】、【放映幻灯片】、【换算方式】等参数；设置完毕后，单击【确定】按钮即可，如下图所示。

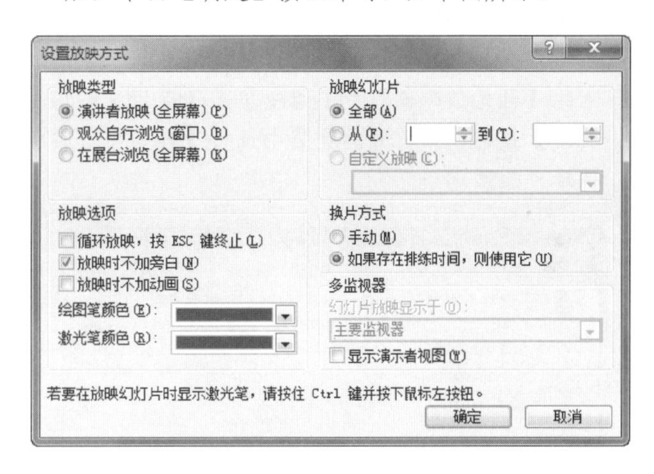

提示

(1) 【放映类型】选项组中各选项的含义如下。

❖ 【演讲者放映(全屏幕)】：默认的放映方式，放映时，可以看到幻灯片设置的所有效果。

❖ 【观众自行浏览(窗口)】：与【演讲者放映(全屏幕)】类似，但在全屏的顶部可以看到演示文稿的标题。

❖ 【在展台浏览(全屏幕)】：放映时，只可以看到某一页的幻灯片，无法看到其他幻灯片的放映效果。

(2) 【放映选项】选项组中各选项的含义如下。

❖ 【循环放映，按 ESC 键终止】：当幻灯片放映到最后时，自动返回到第 1 张幻灯片并继续进行放映，直到用户按 Esc 键时终止。

❖ 【放映时不加旁白】：在幻灯片放映时不播放录制的旁白。

❖ 【放映时不加动画】：在幻灯片放映时不显示动画效果。

(3) 【放映幻灯片】选项组中各选项的含义如下。

❖ 【全部】：放映全部幻灯片。

❖ 【从……到】：从某张幻灯片开始放映到某张幻灯片时终止。

(4) 【换片方式】选项组中各选项的含义如下。

❖ 【手动】：用户手动控制幻灯片放映。

❖ 【如果存在排练时间，则使用它】：使用排

17.1.3 创建放映方案

在前面的章节中，我们学习了利用超链接、动作及动作按钮等方法跳转幻灯片，打乱幻灯片的播放顺序。除此之外，还可以通过创建放映方案来指定幻灯片的放

在播放 Powerpoint 演示文稿时，如果要快进到或退回到第 5 张幻灯片，可以这样实现：按数字 5 键，再按 Enter 键。若要从任意位置返回到第 1 张幻灯片，还有另外一个方法：同时按下鼠标左右键并停留 2 秒钟以上。

映顺序，具体操作步骤如下。

操作步骤

❶ 打开“公司宣传片”文件，在【幻灯片放映】选项卡的【开始放映幻灯片】组中单击【自定义幻灯片放映】按钮，从打开的列表中选择【自定义放映】选项，如下图所示。

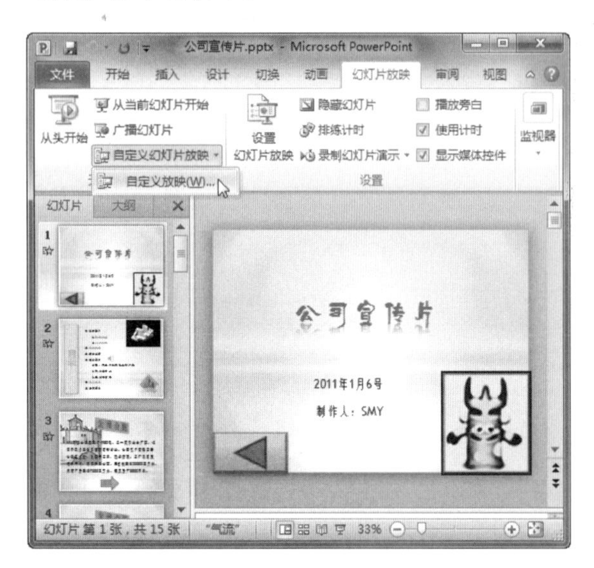

❷ 弹出【自定义放映】对话框，单击【新建】按钮，如下图所示。

❸ 弹出【定义自定义放映】对话框，输入幻灯片放映名称，默认为【自定义放映 1】，然后在【在演示文稿中的幻灯片】列表框中选择要播放的第一张幻灯片，再单击【添加】按钮，如下图所示。

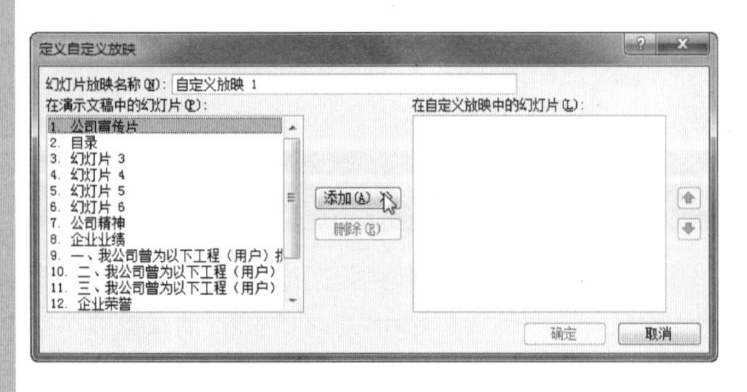

❹ 这时即可发现选中的幻灯片被添加到右侧的【在自定义放映中的幻灯片】列表框中了，如下图所示，继续添加要放映的幻灯片。

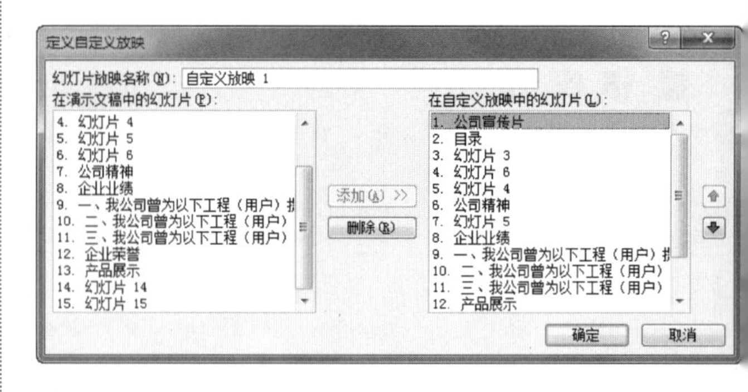

❺ 添加完成后，若对某张幻灯片的播放位置不满意，可以在【在自定义放映中的幻灯片】列表框中选择该幻灯片，然后单击【向上】或【向下】按钮进行调整，如下图所示。

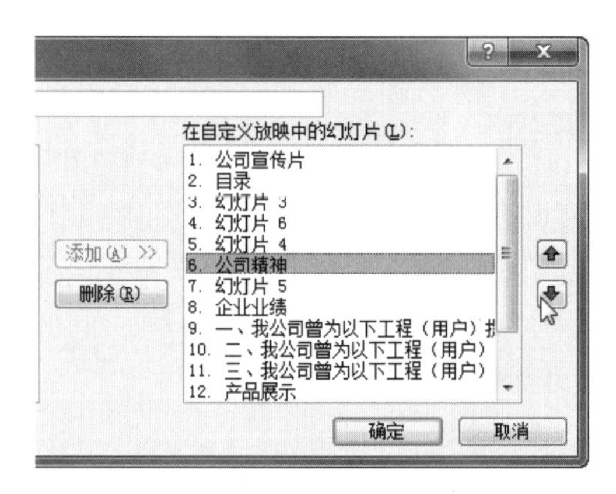

❻ 满意后单击【确定】按钮，返回【自定义放映】对话框，在列表框中选中新创建的放映方案，单击【编辑】按钮，可以在弹出的对话框中调整放映方案，这里单击【放映】按钮，如下图所示。

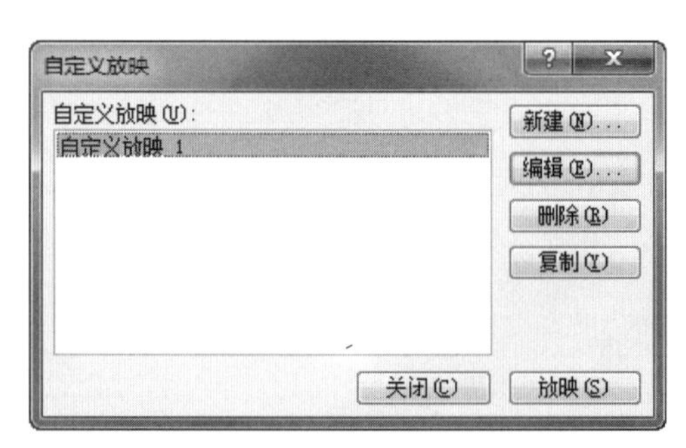

❼ 进入放映视图，开始依据创建的放映方案放映幻灯片，如下图所示。

快速展开所有演示文稿：按 Alt + Shift + 9 组合键或 Alt + Shift + A 组合键，即可快速实现在大纲视图或其他视图的【大纲】窗格中快速展开演示文稿的所有内容。

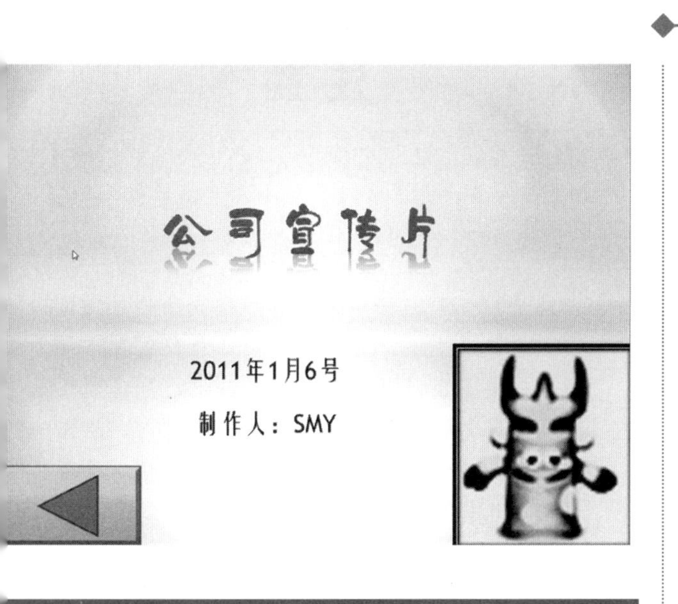

17.2 控制幻灯片放映

在幻灯片的放映过程中，除了预先设置好的放映顺序外，用户也可以根据自己的意愿控制其放映，下面一起来练习吧。

17.2.1 控制幻灯片的切换

前面的章节中，我们学习了如何放映幻灯片，但是只是按照顺序进行放映，有没有办法控制放映过程，按照我们的意愿进行放映呢？下面就来学习如何控制幻灯片的放映吧。

操作步骤

1 打开“公司宣传片”文件，如下图所示。

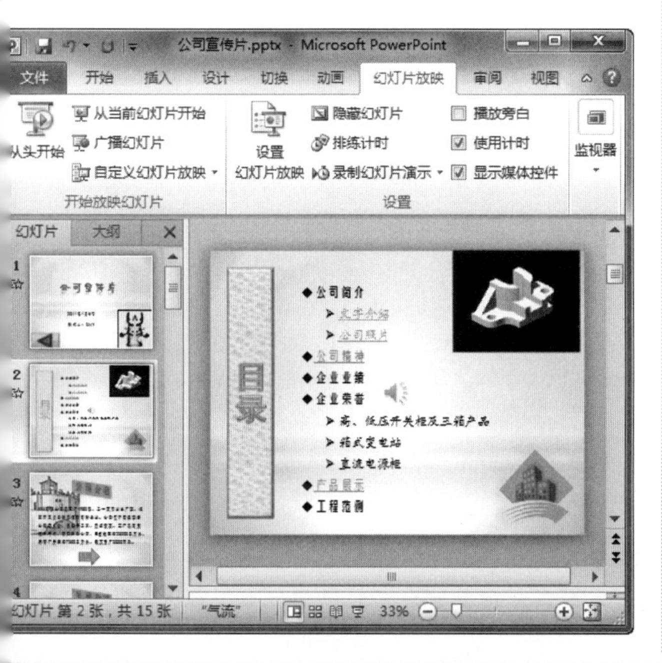

2 在【幻灯片放映】选项卡的【开始放映幻灯片】组中，单击【从头开始】按钮，从头开始放映幻灯片，如下图所示。

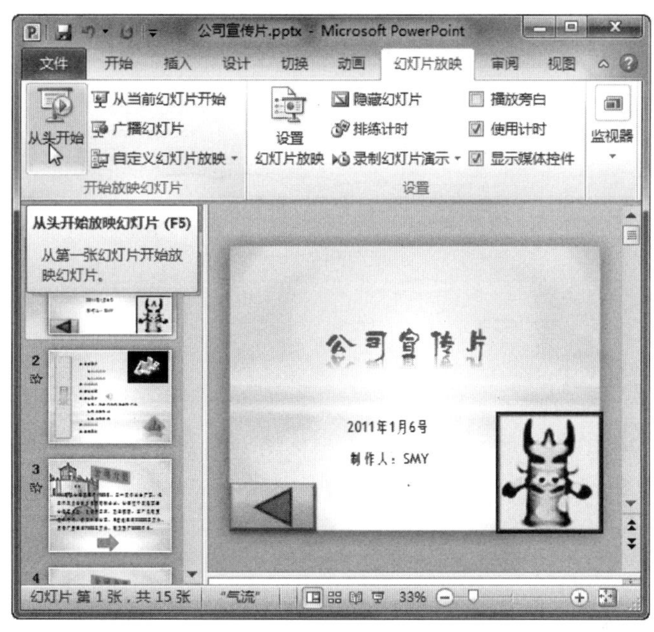

3 进入放映视图，如下图所示。单击鼠标左键或将鼠标滚轮向下滚，将会弹出下一个对象(若幻灯片中只有一个对象或是所有对象都没有使用动画效果，单击会切换到下一张幻灯片)。

4 这时会显示出幻灯片的标题，如下图所示。然后在窗口左下角单击【下一张】按钮 。

快速折叠所有演示文稿：按Alt + Shift + 1组合键即可快速实现在大纲视图或其他视图的【大纲】窗格中快速折叠演示文稿的所有标题，并只显示第一层的标题。

长见识

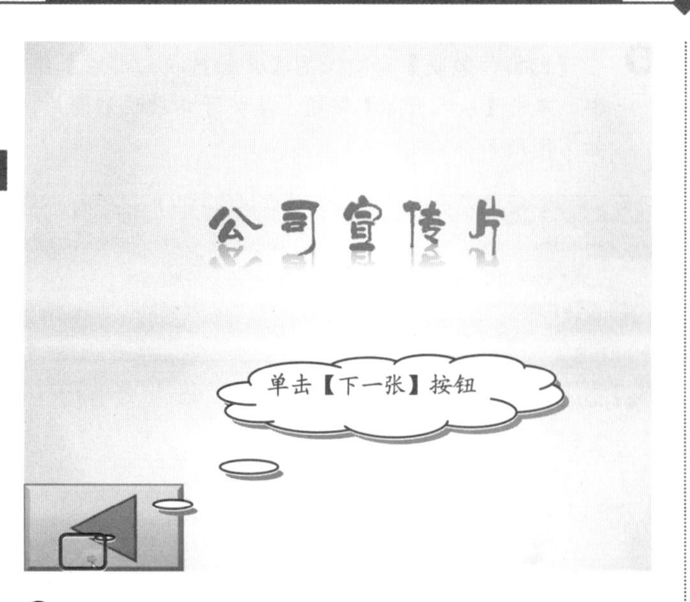

5 这时会显示出幻灯片的副标题，如下图所示。在窗口空白处右击，从弹出的快捷菜单中选择【下一张】命令。

6 这时会显示出幻灯片的图片对象，如下图所示。然后在窗口左下角单击【菜单选项】按钮，从打开的菜单中选择【下一张】命令。

注意

如果您的幻灯片中设置了动画，那么这里的【上一张】和【下一张】命令，就不是一张张放映幻灯片了，而是逐项地放映动画。

7 当第一张幻灯片中的对象都显示完全并且设置的动画效果都已播放，则会进入第2张幻灯片，如下图所示。如果您不想按照顺序放映幻灯片，而想放映某张幻灯片，可以在窗口的空白处右击，从弹出的快捷菜单中选择【定位至幻灯片】命令，接着从子菜单中选择要定位的幻灯片，这里选择【幻灯片6】命令。

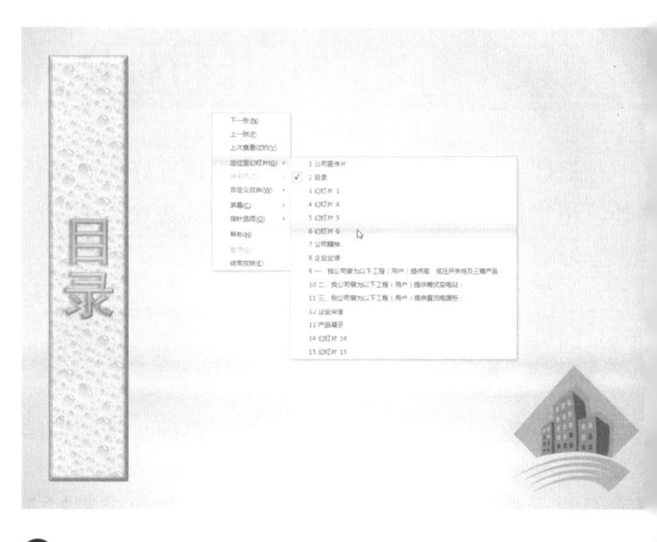

8 这时将会定位至第6张幻灯片，如下图所示。若要向上切换幻灯片，可以在窗口空白处右击，从弹出的快捷菜单中选择【上一张】命令。

9 这时将翻到上一张幻灯片(即第5张幻灯片)。如果您想再次回到刚才放映的幻灯片，可以再次使用【定

长见识 快速暂停/播放幻灯片：放映演示文稿时，按“+”键(数字键盘上的)或S键即可暂停幻灯片的放映，再次按“+”键(数字键盘上的)或S键则继续播放。

位至幻灯片】命令，或者使用【上次查看过的】命令，快速地回到上次查看的幻灯片，如下图所示

提示

如果在上一张幻灯片中的动画没有完全放映完时定位到其他幻灯片，则使用【上次查看过的】命令后，会自动回到未放映完的动画。

10 这时会发现，我们又回到幻灯片 6 了，如下图所示。读者也可以使用自定义的放映方案，方法是在窗口空白处右击，从弹出的快捷菜单中选择【自定义放映】|【自定义放映 1】命令。

11 若想退出幻灯片放映，可以在窗口空白处右击，从弹出的快捷菜单中选择【结束放映 1】命令，如右上图所示，或是按 Esc 键返回普通视图窗口。

17.2.2　广播幻灯片

在 PowerPoint 2010 程序中提供了一种新的幻灯片放映方式——广播幻灯片，它利用您的 Windows Live 账户或组织提供的广播服务，直接向远程观众广播您制作的幻灯片。您可以完全控制幻灯片的进度，而观众只需在浏览器中跟随浏览。

操作步骤

1 打开“公司宣传片”文件，然后在【幻灯片放映】选项卡的【开始放映幻灯片】组中单击【广播幻灯片】按钮，如下图所示。

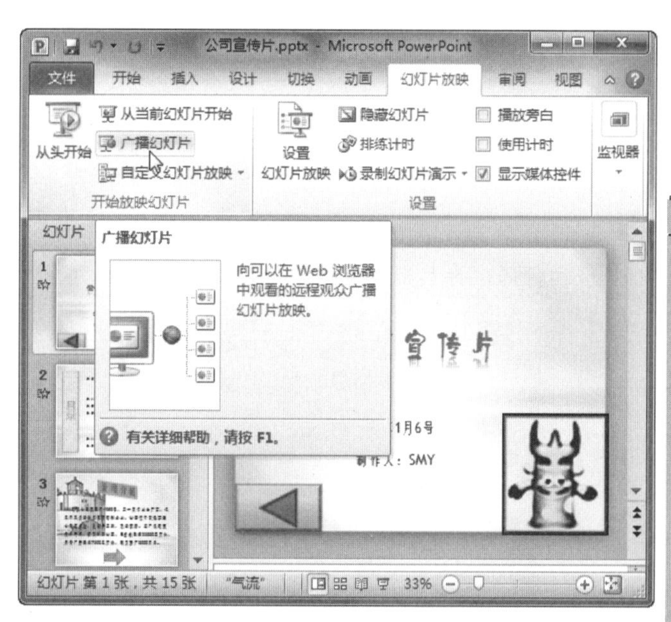

2 弹出【广播幻灯片】对话框，单击【启动广播】按钮，如下图所示。

我们在用 Powerpoint 制作演示文稿时，通常都会将后面几个幻灯片的标题集合起来，把它们作为内容简介列在首张或第二张幻灯片中，让文稿看起来更加直观。如果是用复制、粘贴来完成这一操作，实在有点麻烦，其实最快速的方法就是先选择多张幻灯片，接着按 Alt+Shift+S 组合键即可。

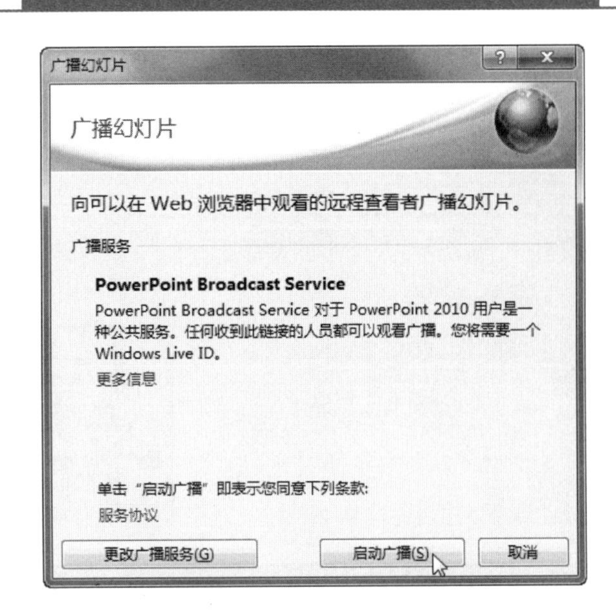

❸ 开始链接服务器，并弹出如下图所示的对话框。

❹ 同时会弹出如下图所示的对话框，输入电子邮件地址和密码，再单击【确定】按钮。

❺ 正在准备广播，并弹出如右上图所示的对话框。

❻ 在弹出的对话框中单击【开始放映幻灯片】按钮，如下图所示。

❼ 开始放映幻灯片，如下图所示。

长见识　在播放中途显示空白画面：在演示文稿播放过程中，若需讲解其他相关内容或回答观看者的提问，可按 W 键或 "." (主键盘上的)键即可将正在播放的演示文稿显示为一张空白画面；讲解完毕后，再按 W 键或 "." (主键盘上的)键又可返回原来的放映位置继续播放。

8 放映完成后，弹出如下图所示的窗口，单击【结束广播】按钮即可结束放映。

9 这时会弹出如下图所示的对话框，提示是否要结束此广播，单击【结束广播】按钮即可。

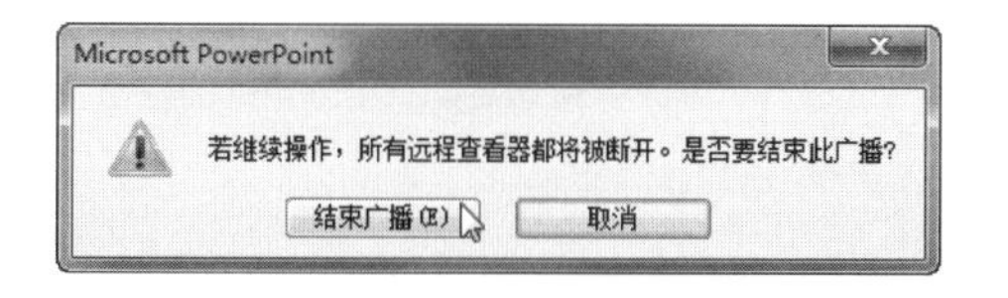

7.2.3 在幻灯片上标注重点

在放映幻灯片的过程中，用户也可以在幻灯片上标注重点，具体操作步骤如下。

操作步骤

1 打开“公司宣传片”文件，然后在【幻灯片放映】选项卡的【开始放映幻灯片】组中单击【从当前幻灯片开始】按钮，如下图所示。

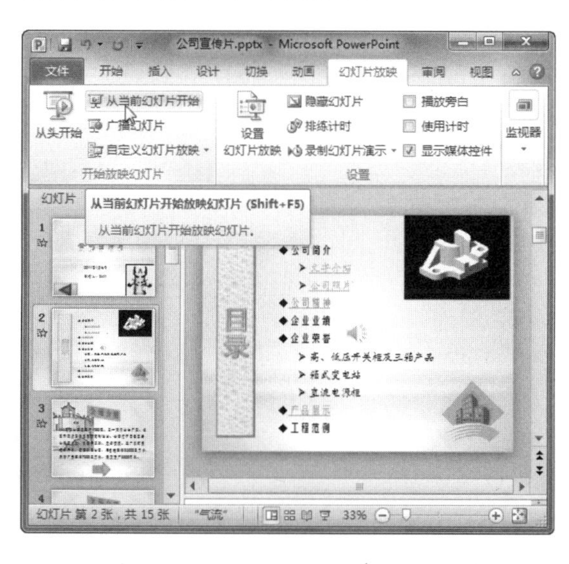

2 进入放映窗口，如下图所示。然后单击鼠标左键，让幻灯片中的对象显示出来。

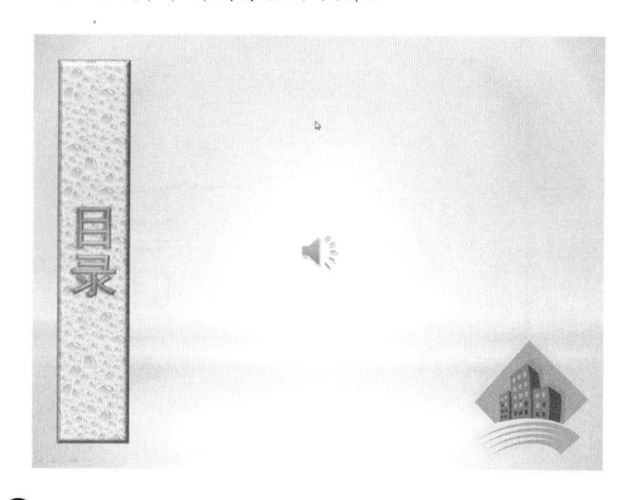

3 在空白处右击，从弹出的快捷菜单中选择【指针选项】|【笔】命令，如下图所示。

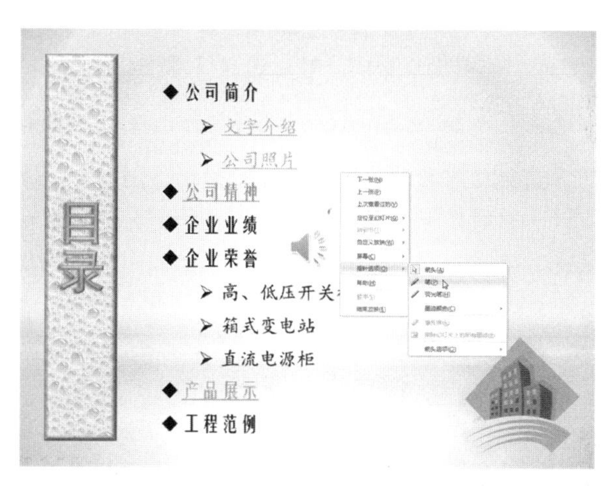

4 在窗口中右击，从弹出的快捷菜单中选择【指针选项】|【墨迹颜色】命令，接着从弹出的子菜单中选择墨迹颜色，如下图所示。

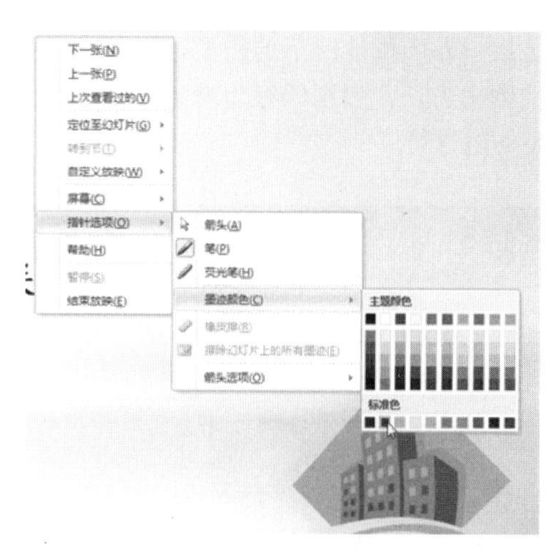

5 此时，拖动鼠标，在窗口中添加墨迹，结果如下图

学以致用系列丛书

快速调出与取消画笔：在演示文稿播放过程中，如果需要使用画笔在幻灯片上标示重点，按 Ctrl + P 组合键即可；不使用画笔时，按 Esc 键又可将鼠标指针恢复为原来的样子。

所示。

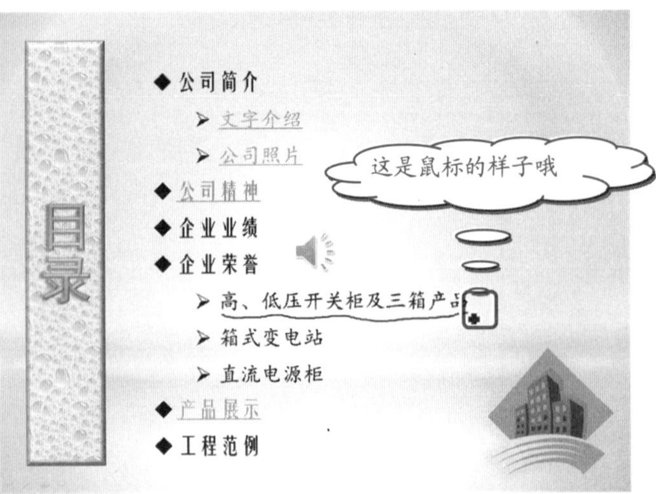

提示

也可以选择【荧光笔】命令，并且可以设置墨迹的颜色，如果出现错误，可以选择【橡皮擦】命令将错误的墨迹擦除。

❻ 当结束幻灯片放映时，则会弹出如下图所示的对话框，询问是否保留墨迹注释，根据情况选择即可。

17.3 输出幻灯片

看完了编辑好的幻灯片，是不是想和大家分享呢？为了满足用户在不同情况下的需要，下面将为大家介绍幻灯片的输出方法，包括保存为自动放映文件、视频文件或是发布幻灯片。

17.3.1 输出为自动放映文件

通过将幻灯片保存为自动放映文件，可以使其始终在幻灯片放映视图(而不是普通视图)中打开演示文稿。保存为自动放映文件的操作步骤如下。

操作步骤

❶ 打开“公司宣传片”文件，如右上图所示。

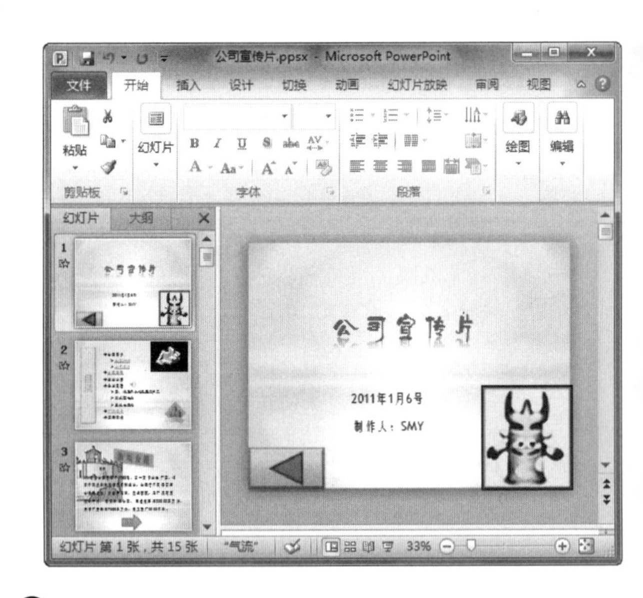

❷ 在窗口中选择【文件】|【保存并发送】|【更改文件类型】命令，如下图所示。

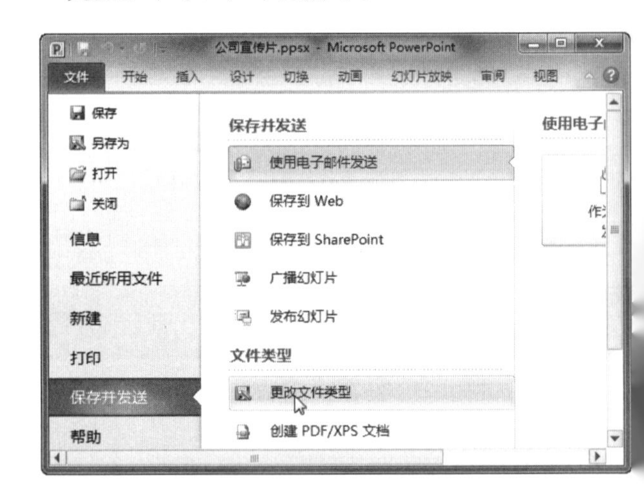

❸ 接着在右侧窗格中的【其他文件类型】组中，单击【另存为】按钮，如下图所示。

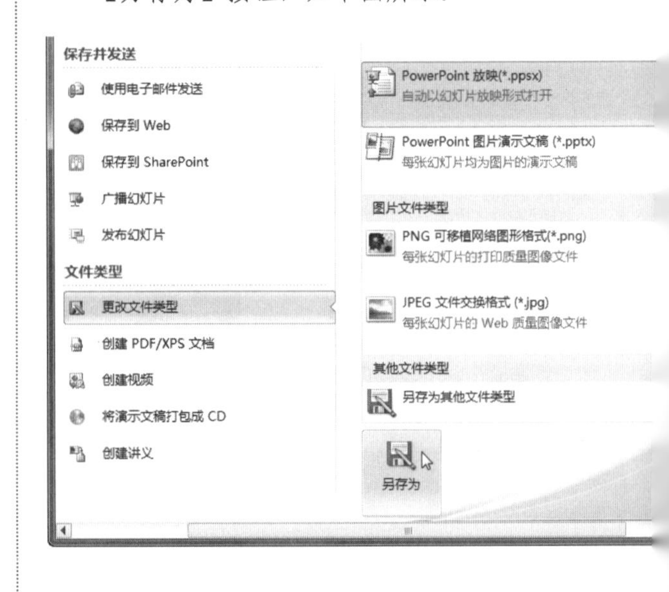

学以致用系列丛书

长见识 Microsoft PowerPoint 2010 可以将演示文稿链接到外部视频文件或电影文件。通过链接视频，可以减小演示文稿的文件大小。另外，您也可以将视频嵌入到演示文稿中，这样有助于消除缺失文件的问题。

4 弹出【另存为】对话框，在保存位置列表框中选择需要保存的文件位置，接着在【保存类型】下拉列表框中选择【PowerPoint 放映(*.ppsx)】选项，再单击【保存】按钮，开始保存文件，如下图所示。

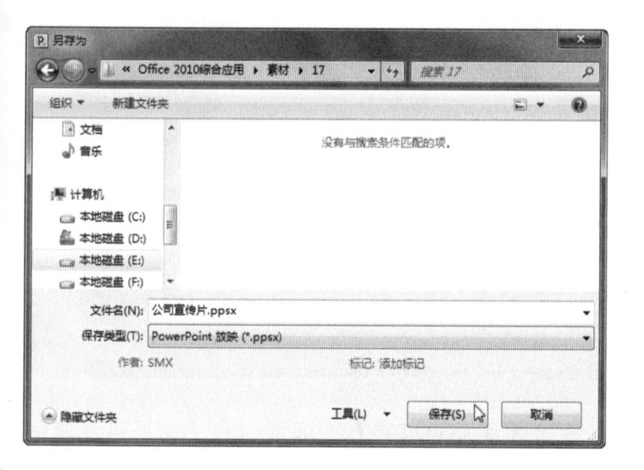

5 保存完成后，在保存位置文件夹中即可看到PowerPoint 的放映文件了，然后双击该文件，如下图所示。

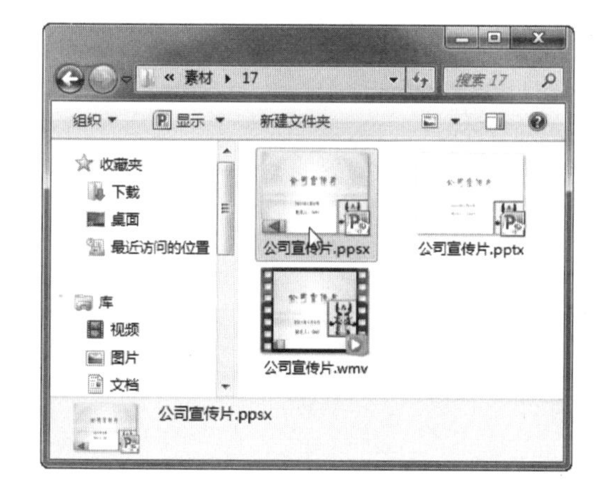

6 直接进入幻灯片放映窗口，如下图所示。

17.3.2 输出为视频文件

若用户想在播放器中欣赏幻灯片，可以将其保存为视频文件，具体操作步骤如下。

操作步骤

1 首先打开要欣赏的演示文稿，然后选择【文件】|【保存并发送】|【创建视频】命令，如下图所示。

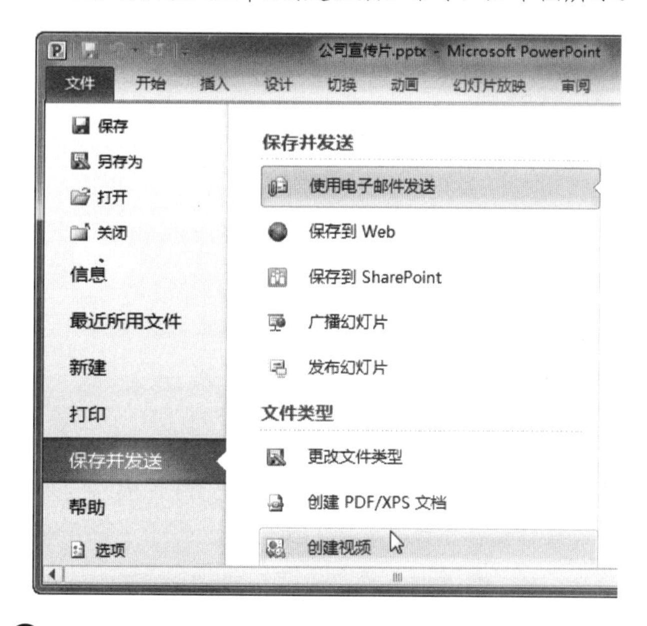

2 接着在右侧窗格中单击【创建视频】按钮，如下图所示。

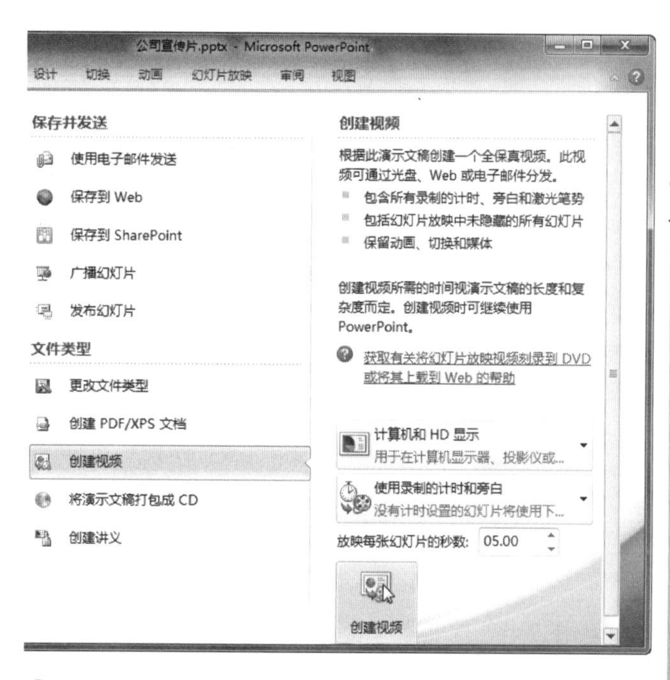

3 弹出【另存为】对话框，在保存位置列表框中选择需要保存的文件位置，接着在【文件名】下拉列表

学以致用系列丛书

在放映过程中，如果需要临时跳到某一张，并且用户记得那是第几张，例如是第6张，用户直接按键盘上的“6”键，按Enter键即可跳到第6张幻灯片。

框中输入文件名称，再在【保存类型】下拉列表框中选择【Windows Media 视频(*.wmv)】选项，最后单击【保存】按钮即可，如下图所示。

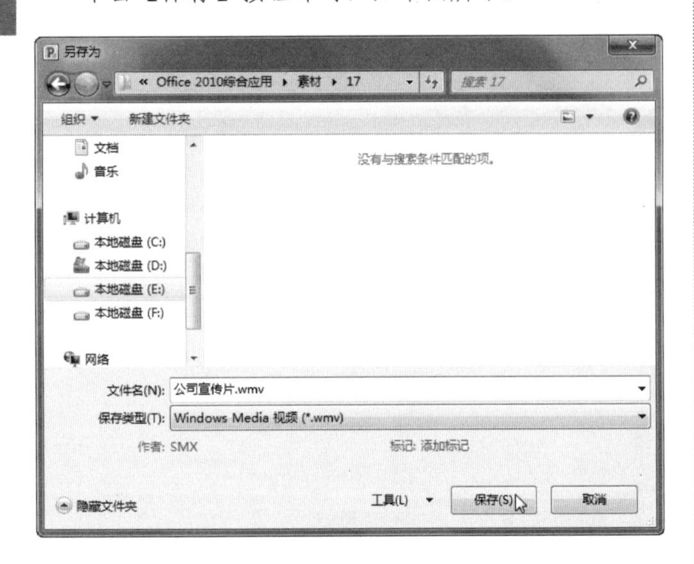

17.3.3 将幻灯片放入幻灯片库

下面介绍一下如何将自己制作的幻灯片放入幻灯片库中，具体操作步骤如下。

操作步骤

❶ 首先打开要发布幻灯片所在的文档，然后选择【文件】|【保存并发送】|【发布幻灯片】命令，如下图所示。

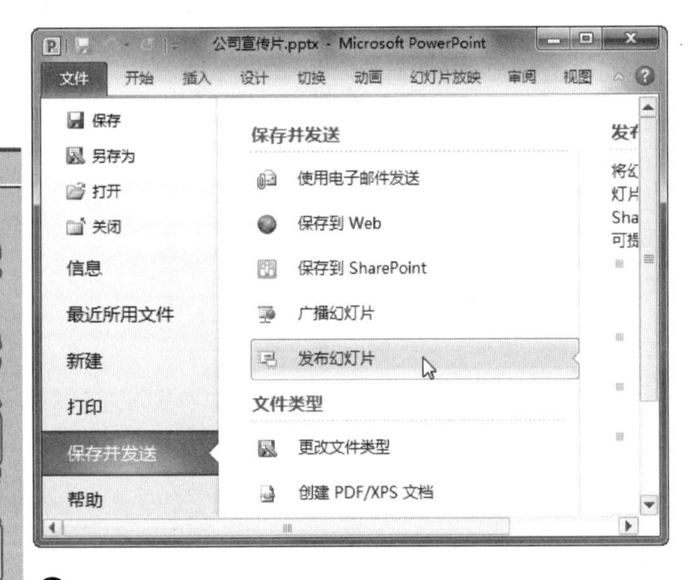

❷ 接着在右侧窗格中单击【发布幻灯片】按钮，如右上图所示。

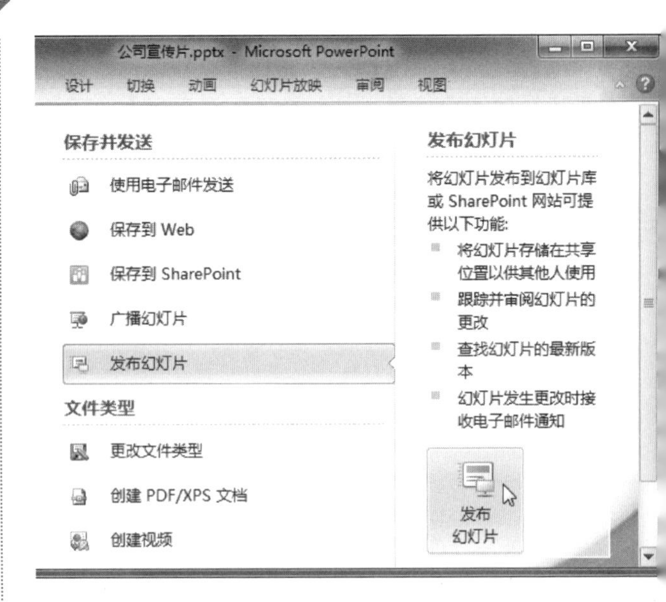

❸ 弹出【发布幻灯片】对话框，在【选择要发布的幻灯片】列表框中选择要发布的幻灯片，接着单击【浏览】按钮，如下图所示。

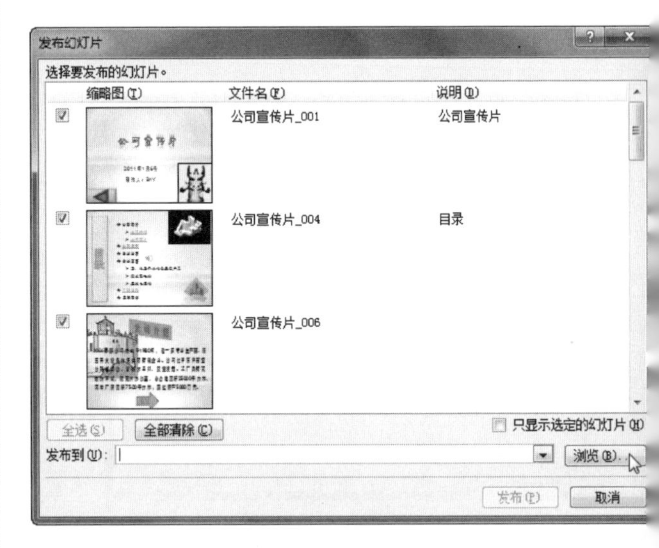

❹ 弹出【选择幻灯片库】对话框，选择保存位置，再单击【选择】按钮，如下图所示。

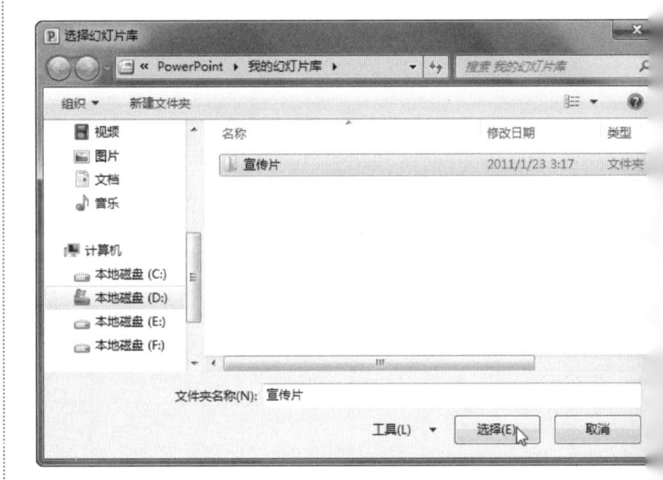

长见识

使用快捷键让幻灯片以窗口模式播放：在 PowerPoint 程序窗口中需要放映 PPTX 文档时，按 Alt+D+V 组合键即可在窗口模式进行播放。

5 返回【发布幻灯片】对话框，在【发布到】下拉列表框中会显示出选择的幻灯片库的保存位置，确认无误后单击【发布】按钮即可，如下图所示。

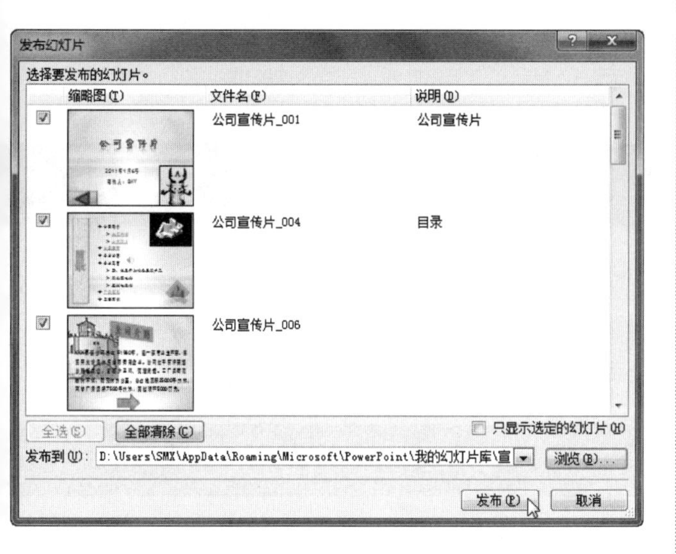

17.4 打包演示文稿

通过打包演示文稿，可以创建演示文稿的 CD 或是打包文件夹，然后在另一台计算机上进行幻灯片放映。具体操作步骤如下。

操作步骤

1 打开“公司宣传片”文件，如下图所示。

2 选择【文件】|【保存并发送】|【将演示文稿打包成 CD】命令，如右上图所示。

3 接着在右侧窗格中单击【打包成 CD】按钮，如下图所示。

4 弹出【打包成 CD】对话框，然后在【将 CD 命名为】文本框中输入文件名称，如下图所示。若要同时打包多个文件，可以单击【添加】按钮进行添加。

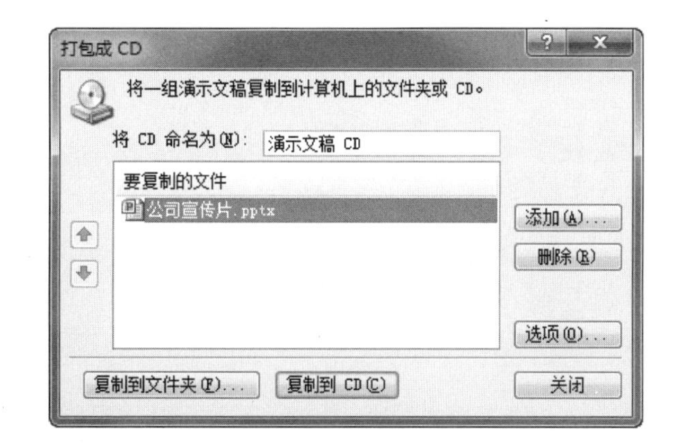

学以致用系列丛书

自动显示/隐藏指针和按钮：放映演示文稿时，按 Ctrl+U 组合键，之后如果过一段时间不使用鼠标，系统将自动隐藏屏幕上的指针和按钮，当再次移动鼠标时，指针和按钮又会自动显示出来。

长见识

❺ 在【打包成CD】对话框中单击【选项】按钮，打开如下图所示的【选项】对话框，在这里可以设置程序包类型，是否含有链接的文件、字体，以及设置密码等参数。

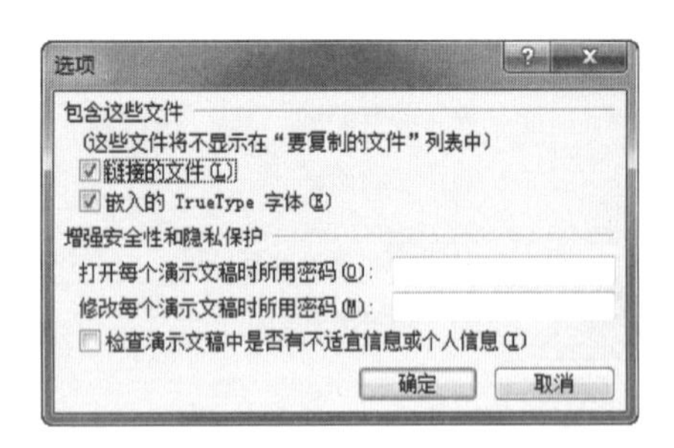

❻ 在【打包成CD】对话框中单击【复制到文件夹】按钮，打开如下图所示的【复制到文件夹】对话框，设置文件夹的存储位置，再单击【确定】按钮。

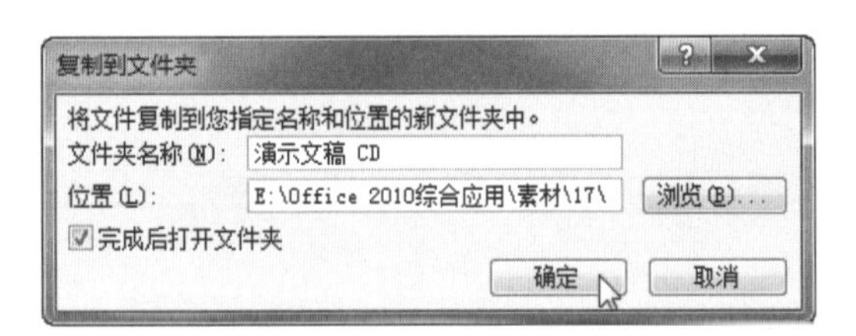

❼ 弹出如下图所示的对话框，单击【是】按钮。

❽ 接着就出现如下图所示的窗口，提示正在复制文件。

❾ 复制完成后，在存储位置就可以找到刚刚复制的文件夹，如下图所示的文件。

提示

如果您的电脑上存在刻录机，可以在【打包成CD】对话框中单击【复制到CD】按钮，将演示文稿刻录成光盘。

17.5 打印演示文稿

在前面的章节中我们学习了一些将幻灯片给他人浏览的方法。如果用户自己需要，也可以将其打印出来。下面就来学习如何设置和打印演示文稿。

17.5.1 设置幻灯片的大小

在打印之前，我们先要进行页面的设置，如果把打印比喻为作画，设置页面就是在作画之前选择纸张和确定在纸张的什么位置作画。

页面设置包括确定幻灯片的大小及方向。

操作步骤

❶ 打开“公司宣传片”文件，在【设计】选项卡的【页面设置】组中单击【页面设置】按钮，如下图所示。

❷ 弹出【页面设置】对话框，在相应的微调框内输入适当的数据，再单击【确定】按钮进行保存，如下图所示。

长见识：当幻灯片中有录制的旁白时，要使幻灯片的切换与旁白的播放速度保持同步，这时需要使用“排练计时”功能，方法是：在【幻灯片放映】选项卡的【设置】组中选中【使用排练计时】复选框。

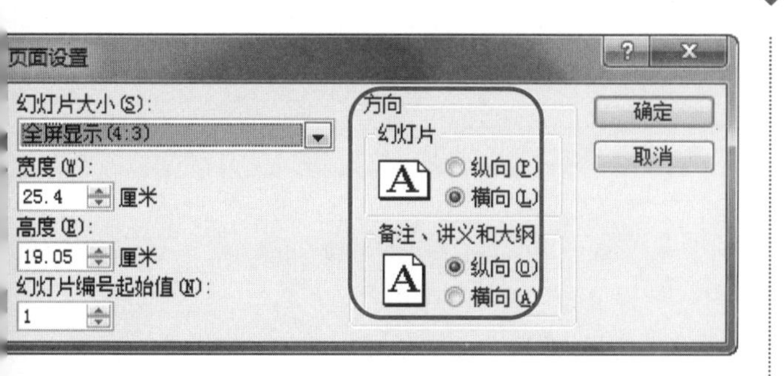

提示

如上图所示，读者还可以设置幻灯片的方向和备注、讲义、大纲的方向。

在【设计】选项卡的【页面设置】组中单击【幻灯片方向】按钮，也可以设置幻灯片的方向，但是不能设置备注、讲义、大纲的方向。

17.5.2　打印演示文稿

设置完毕后，下面就可以打印演示文稿了，方法是E窗口中选择【文件】|【打印】命令，接着在中间窗格中设置一些打印参数，并可以在右侧窗格中预览到设置的效果，满意后单击【打印】按钮即可打印幻灯片了，如下图所示。

17.6　思考与练习

选择题

1. 在幻灯片打印对话框中，______属于打印内容选项。

(1) 幻灯片　(2)讲义　(3)备注页　(4)大纲视图

A. (1)、(2)、(3)

B. (1)、(2)、(4)

C. (1)、(2)、(3)、(4)

D. (1)、(3)、(4)

2. 放映幻灯片有______种模式。

A. 2　　B. 3

C. 4　　D. 5

3. 下列______选项不可以添加幻灯片的切换效果。

(1) 超链接　(2)动作　(3)动作按钮

(4) 动画　(5) 自定义放映

A. (1)、(2)、(3)

B. (1)、(2)、(4)

C. (1)、(3)、(4)

D. (1)、(2)、(3)、(4)

4. 演示文稿打包时，不可以设置______参数。

A. 包含链接的文件

B. 包含链接嵌入的 TrueType 字体

C. 密码

D. 动画

5. 自动放映文件的扩展名是______。

A. .xps　　B. .ppsx

C. .pptx　　D. .pdf

操作题

1. 打开前面做练习时创建的“个人照”演示文稿，然后设置幻灯片的放映时间。

2. 将“个人照”演示文稿保存为自动放映文件。

3. 将“个人照”演示文稿保存为视频文件。

4. 打印“个人照”演示文稿。要求：每页打印两张幻灯片。

第18章 Office 2010 组件间的资源共享

学会使用 Office 各个组件间的协同作业不仅仅可以大大提高您的工作效率，还会让您有一种酣畅淋漓的快感。本章将为大家演示如何将 Office 家族的成员都发动起来，满足不同的办公要求。

学习要点

- ❖ Word 2010 与其他组件的资源共享。
- ❖ Excel 2010 与其他组件的资源共享。
- ❖ PowerPoint 2010 与其他组件的资源共享。

学习目标

在 Office 各个组件间各取所长，协同作业，充分利用其功能，将会使您的工作效率大大提高。通过本章的学习，您应该掌握如何在 Office 的各个组件间快速调用您所要的资源并对其进行修改。

18.1 Word 2010 与其他组件的资源共享

通过在 Office 组件之间相互调用资源，可以避免做重复的工作，也实现了 Office 组件间的资源共享，从而大大节省工作时间，提高工作效率。本节将介绍如何在 Word 文档中实现 Excel 和 PowerPoint 的资源共享。

18.1.1 在 Word 中调用 Excel 中的资源

Word 有自己的表格，但是如果涉及一些较为复杂的数据关系，最好还是使用在 Word 2010 中调用 Excel 的方法。各取所长，协同作业，这将使您的工作效率得到大大提高。下面以将 Excel 的工作表格复制并粘贴到 Word 文档中为例讲解其操作方法。

操作步骤

1. 打开要复制的 Excel 工作簿，选中要复制的表格，同时按 Ctrl+C 组合键进行复制，如下图所示。

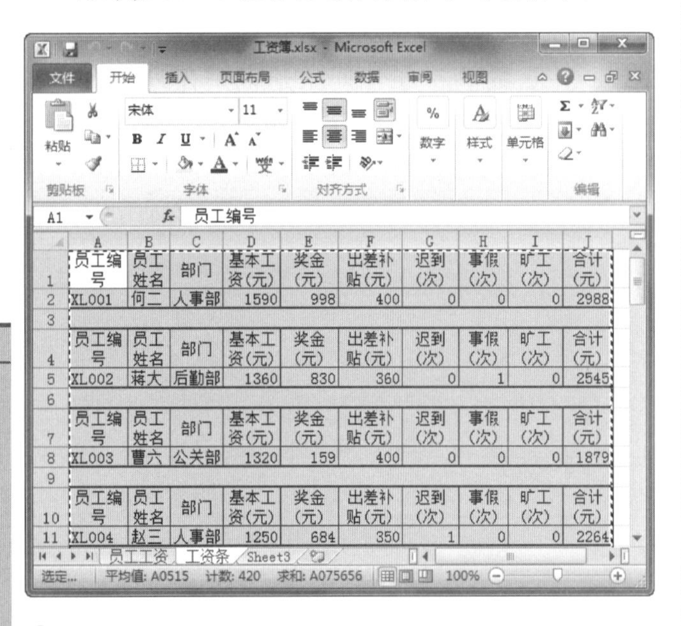

2. 打开 Word 文档，在编辑区要插入表格的位置处单击鼠标，再按 Ctrl+V 组合键进行粘贴。这样就把 Excel 的工作表粘贴到 Word 文档中了，如右上图所示。

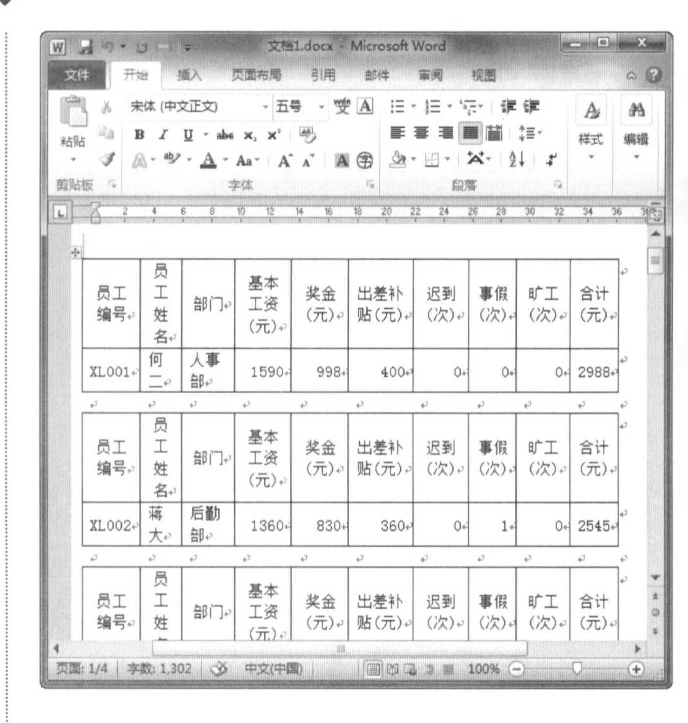

注意

在 Office 2010 的不同组件间复制与粘贴文本或表格等对象时，系统会尽量保持其原来的格式，但一些组件特有的格式会丢失，如为表格设置的底纹、单元格的内部边距和文字环绕方式等，因此在复制的格式简单或不需要保持原格式的内容时才使用此方法。

提示

如果您是使用这种方法在 Excel 工作表中调用 Word 文档中的对象。那么，在粘贴对象后需要手动调节行高和列宽(因为在默认情况下，Excel 单元格的行高和列宽是相等的)。除此之外，若 Word 表格中的单元格合并的情况过多，复制并粘贴后，外观改变的会更多，因此应避免复制合并后的单元格。

18.1.2 在 Word 中调用 PowerPoint 中的资源

链接和嵌入对象都是通过选择性粘贴来实现的。但是，他们对嵌入对象的影响却是不同的，其区别如下。

- 采用链接对象方式时，当源文件的数据被更改后，链接对象的数据也会更新。而如果采用嵌入对象的方式则不会影响嵌入对象的数据。
- 采用链接对象方式时，目标文件仅存储源文件的地址，占用的磁盘空间比较少。而嵌入对象

对于格式简单或者不需保持原格式的对象可以采用复制和粘贴的方法，但对于一些比较复杂的对象且需要保持原格式的对象最好使用嵌入与链接。

则将成为目标文件的一部分，不再是源文件的一部分，这样就会增大目标文件的体积。

下面我们采用链接方式介绍如何在 Word 文档中调用 PowerPoint 中的幻灯片资源。

操作步骤

❶ 打开要复制的 PowerPoint 文件，选中要复制的幻灯片，接着在【开始】选项卡的【剪切板】组中，单击【复制】按钮，如下图所示。

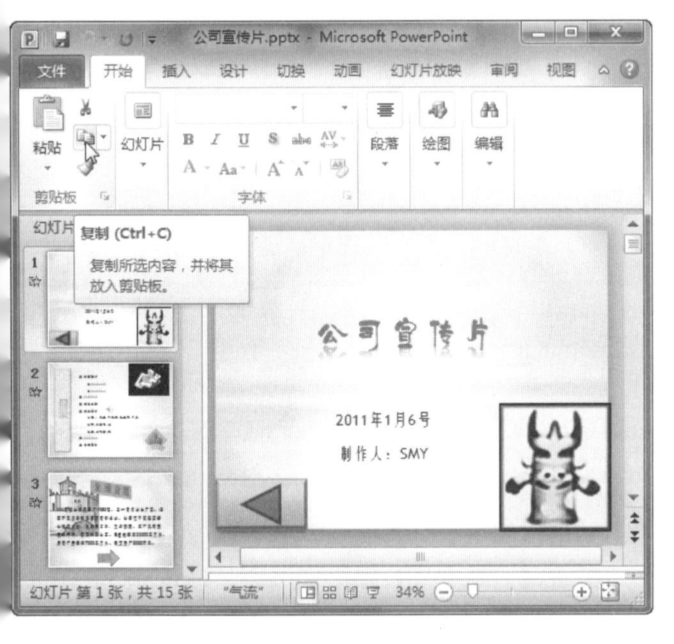

❷ 打开 Word 文档，把光标定位在编辑区要插入幻灯片的位置。单击【开始】选项卡的【剪贴板】组中的【粘贴】按钮，在其下拉列表中选择【选择性粘贴】选项，如下图所示。

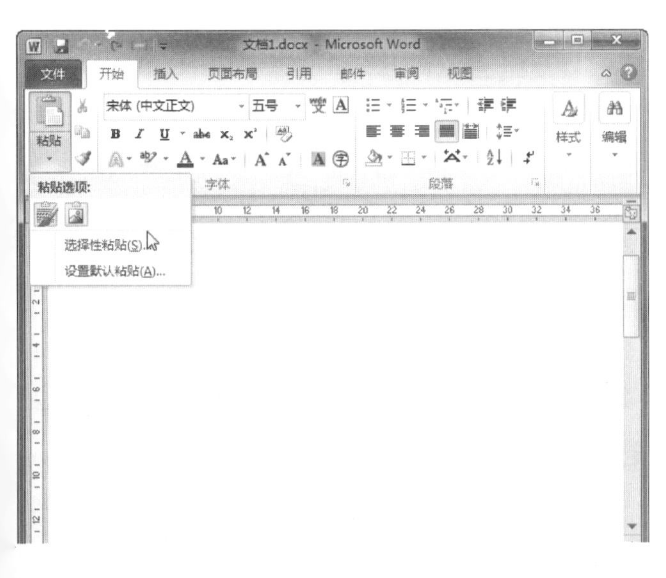

❸ 弹出【选择性粘贴】对话框，选中【粘贴链接】单选按钮，并在【形式】列表框中选择【Microsoft PowerPoint 幻灯片 对象】选项，如下图所示。

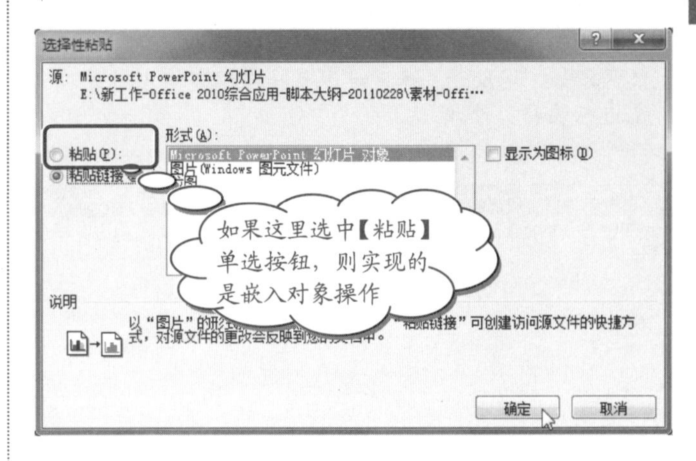

❹ 单击【确定】按钮，就可以将选中的幻灯片以对象的形式链接到 Word 文档中，如下图所示。

提示

退出插入对象的编辑状态后，右击插入后的对象，从弹出的快捷菜单中选择【“幻灯片”对象】级联菜单中的不同命令，可实现进入编辑状态、在 PowerPoint 中打开该对象，以及转换该对象类型等操作。

长见识：采用链接对象方式进行共享时，对象并不存于目标文件中而是还在源文件中，因此当源文件的内容发生更新时，目标文件也会更新。

技巧

双击链接或嵌入后的对象，现组件的菜单栏和工具栏都会发生变化，变成嵌入前该对象的原组件的功能区，如下图所示。读者可以直接在该窗口中对该对象进行编辑、修改。

18.2 Excel 2010与其他组件的资源共享

如果您在Excel中创建电子表格时需要用到Word中的文档，或者要用到PowerPoint中的幻灯片，这时该如何操作才能将文档或幻灯片放到您的电子表格里呢？在这一节中，我们将为您解决这一问题。

18.2.1 在Excel中调用Word中的资源

在Excel中可以通过插入的方式调用整个Word文档。插入对象时可以插入新建的对象，也可以插入已有的对象。下面我们将为您一一介绍。

1. 插入新建对象

插入新建的对象时，对象中没有任何内容，需要您对其进行编辑，通过下面的例子为您讲解如何插入新建对象。

操作步骤

1 在Excel工作表中将光标移至要插入的位置，然后在【插入】选项卡的【文本】组中，单击【对象】按钮，如下图所示。

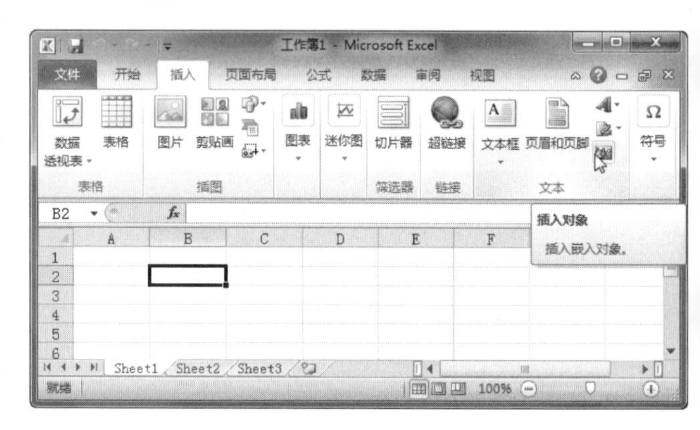

2 弹出【对象】对话框，切换到【新建】选项卡，接着在【对象类型】列表框中选择【Microsoft Office Word文档】选项；最后单击【确定】按钮。如下图所示。

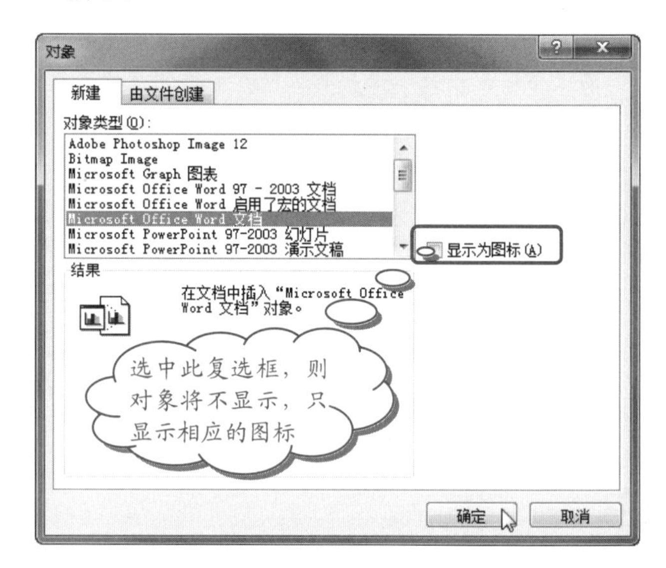

3 这时便在Excel工作表中以对象方式插入了一个空白的Word文档，同时窗口中的功能区变为Word的功能区，如下图所示。用户可以方便地在里面进行编辑了。

长见识 在默认情况下，超链接文本将显示为带下划线的蓝色文字，当通过该超链接访问过链接目标之后，超链接的文本将显示为带下划线的紫色文字。

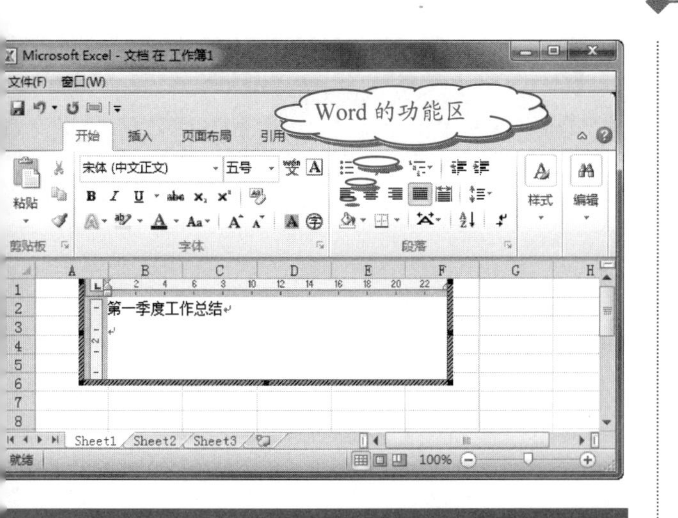

. 插入已有对象

插入已有对象的方式可以很好地利用现有资源，不必重复工作。

操作步骤

❶ 打开【对象】对话框，并切换到【由文件创建】选项卡；然后在【文件名】文本框中输入已有的Word文档的保存路径及文件名，最简单的方法是通过【浏览】按钮进行查找；单击【确定】按钮，如下图所示。

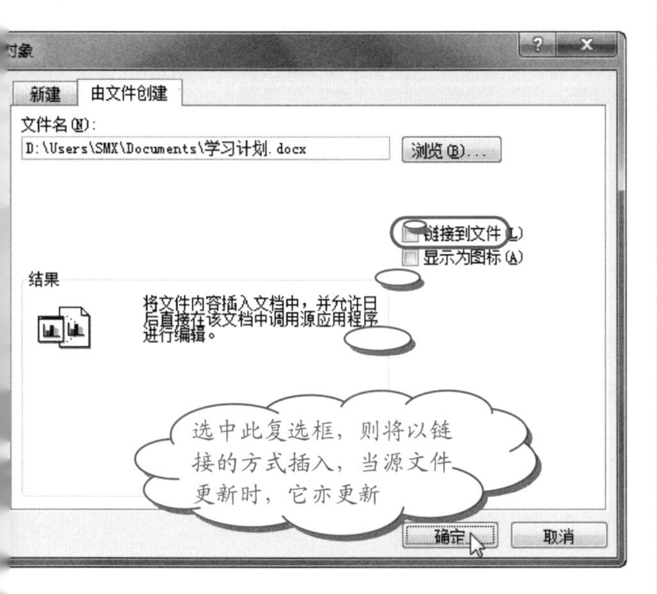

❷ 最后单击【确定】按钮。其效果如右上图所示。

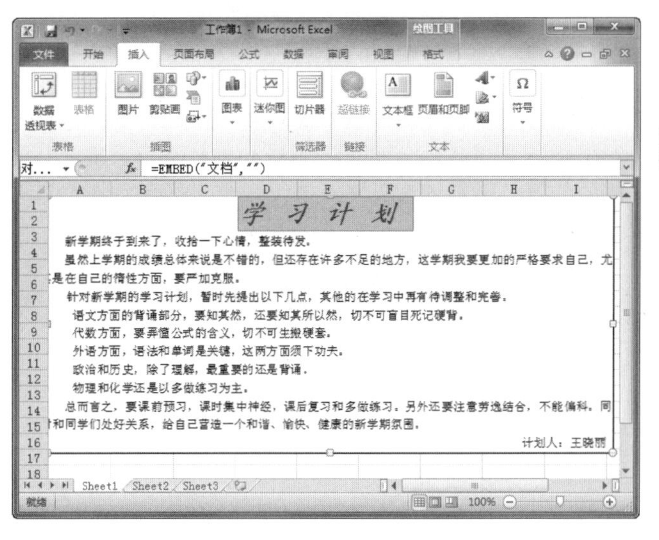

注意

插入已有的Word文档后，系统不会自动进入编辑状态，若要修改插入对象，需要在该对象上右击，在弹出的快捷菜单中选择【Worksheet 对象】|【编辑】命令，就可以进入编辑状态了。

18.2.2 在Excel中调用PowerPoint中的资源

在Excel中调用PowerPoint中的资源与在Excel中调用Word中的资源的操作方法相同，这里就不再赘述。插入后的效果如下图所示。

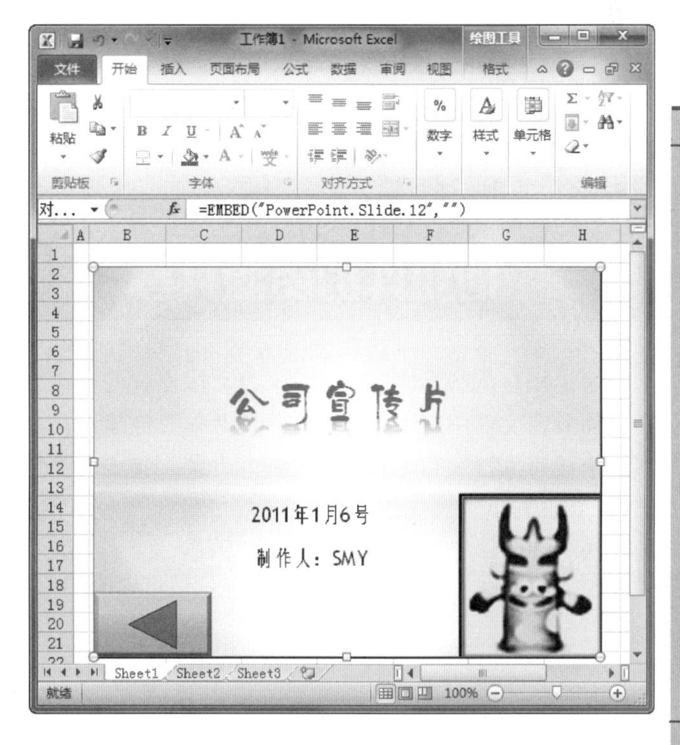

每个超链接都由链接源和链接目标两部分组成，链接源是超链接的载体。链接目标可以是文本也可以是图片或者其他对象。当我们单击链接源时，目标文件就会打开。

长见识

注意

插入的演示文稿对象如果包含多张幻灯片，退出编辑状态后将只显示其中的一张幻灯片。若要显示其他幻灯片，则需进入编辑状态，切换到要显示的幻灯片中，再单击幻灯片以外的区域退出编辑状态。

提示

退出编辑状态后，在幻灯片上右击，将弹出快捷菜单，把鼠标移至【演示文稿对象】命令上，则显示其他的三个命令，分别是【编辑】、【打开】和【转换】，如下图所示。

- 选择【编辑】命令，将进入编辑状态。
- 选择【打开】命令，将在 PowerPoint 中打开该幻灯片。
- 选择【转换】命令，将打开【转换】对话框。进行转换。

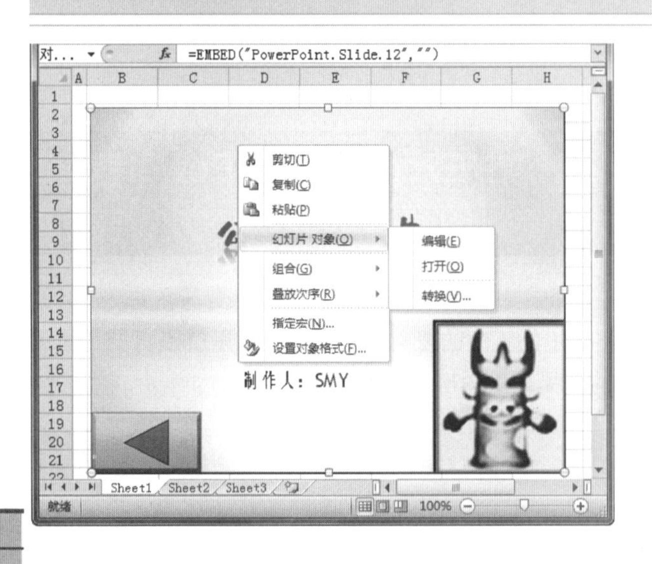

18.3 PowerPoint 2010 与其他组件的资源共享

超链接是从一个位置指向另一个目标位置的链接。它只需要在文件中用少量的文字或图片作为链接源，就可以快速转到链接指定的目标文件或一个文件中的具体位置，大大降低了文件的大小。下面将通过在 PowerPoint 中调用其他组件中的资源来介绍这种方法。

18.3.1 在 PowerPoint 中调用 Word 中的资源

现在就以在PowerPoint中超链接Word文档的例子来说明这种用法吧。

操作步骤

1. 打开 PowerPoint 文档，把光标定位在工作区要插入的位置，然后在【插入】选项卡的【链接】组中，单击【超链接】按钮，如下图所示。

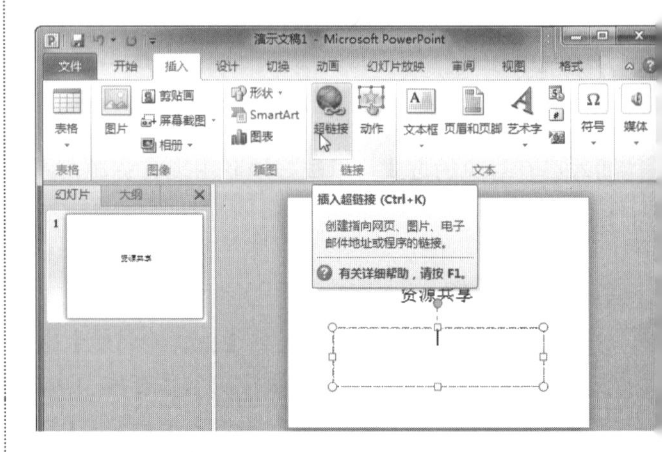

2. 在弹出的【插入超链接】对话框的【查找范围】下拉列表框中找到要插入的对象，如下图所示。

3. 单击【确定】按钮即可。其效果如下图所示。

18.3.2 在PowerPoint中调用Excel中的资源

在PowerPoint中超链接Excel中的资源与在PowerPoint中超链接Word中的资源的操作方法一样，在这里就不再重复说明了，插入后的效果如下图所示。

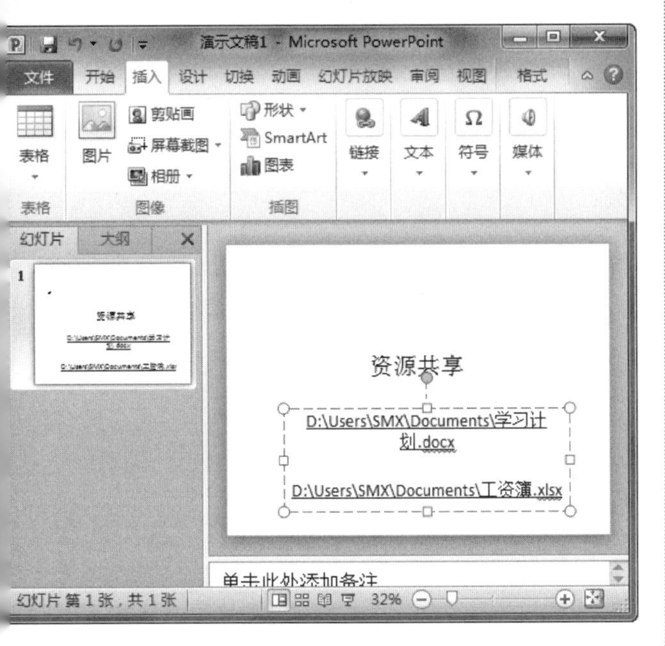

提示

以上我们总共介绍了4种方法，分别是：复制和粘贴对象、链接和嵌入对象、插入对象和创建超链接。这四种方法都可以实现在Word、Excel、PowerPoint之间的资源共享，您可以根据需要选择其中的一种或几种进行共享资源，相信它会给您的工作带来极大的方便。

18.4 思考与练习

选择题

1. 下面_______操作不能使目标文件随源文件变化而变化。

A. 嵌入对象　　B. 插入对象
C. 超链接　　D. 链接对象

2. 在下面几种方式中能够完好保持源文件格式但占用磁盘空间最大的是______。

A. 嵌入对象　　B. 链接对象
C. 插入对象　　D. 超链接

3. 都是通过选择性粘贴来实现各组件间资源共享的方法是_______。

A. 嵌入对象和链接对象
B. 插入对象和超链接
C. 嵌入对象和插入对象
D. 链接对象和超链接

操作题

1. 尝试在PowerPoint中插入一个已有Excel的工作表，并使得当源工作表中的数据发生变化时，在PowerPoint中插入的Excel的工作表的数据也更新。

2. 在Word文档中嵌入Excel工作表，并尝试当改变源表格中的数据时，Word文档中嵌入的Excel工作表中的数据是如何变化的？

3. 在PowerPoint中超链接一个Word文档，并对链接文本进行修改。

在PowerPoint窗口中选择【文件】|【打开】命令，然后在弹出的【打开】对话框中单击【文件类型】下拉列表框右边的下三角按钮，选择【所有文件】选项。双击想要在PowerPoint中打开的Word文档，它就会像打开新的演示文稿一样被打开。

长见识

第19章 Office 2010常见问题及解决办法

在使用Office的过程中，我们常常会遇到一些始料未及的困难并为此苦恼不已。在这一章中，我们将把一些日常中遇到的问题归纳起来，并给您提供一些有用的建议，相信您看完本章后会有不小的收获！

学习要点

- ❖ Word 2010常见问题及解决方法。
- ❖ Excel 2010常见问题及解决方法。
- ❖ PowerPoint 2010常见问题及解决方法。

学习目标

Microsoft Office是我们最熟悉的软件之一，但有时却让我们摸不着头脑。面对一些困难，我们常常无计可施。通过本章的学习，读者应该对一些常见的问题有所了解，并且可以从容地解决它。

19.1 Word 2010常见问题及解决方法

在使用Word的过程中，我们常常会遇到一些问题。在这一节中，我们将列举一些常见的问题，并针对这些问题给出解决的办法。

19.1.1 保存后的文档在Word中无法正常打开

出现这种情况，一般是Word程序遭到破坏，最好用杀毒软件查杀一下病毒，并对Word的应用程序进行修复。另外，您还可以采取如下方法。

操作步骤

1. 在任务栏中右击，在弹出的快捷菜单中选择【任务管理器】命令。打开【任务管理器】窗口，切换到【进程】选项卡。
2. 查看系统中正在运行的进程，如果发现有多个WINWORD.EXE程序，则将其全部中止后，就能正常打开Word文档了。

19.1.2 打开Word文档的速度变慢了

在打开文档时，“拼写语法检查”功能会自动从头到尾进行一次语法检查。如果文档较大，检查的时间就会很长，同时会占用大量的系统资源，从而造成程序“反应迟钝”。可以通过以下方法来关闭这项功能。

操作步骤

1. 选择【文件】|【选项】命令，弹出【Word选项】对话框。
2. 在左侧列表框中选择【校对】选项，接着在右侧窗格中的【在Word中更正拼写和语法时】选项组中，取消选中【键入时检查拼写】、【键入时标记语法错误】和【随拼写检查语法】复选框，如右上图所示，最后单击【确定】按钮即可。

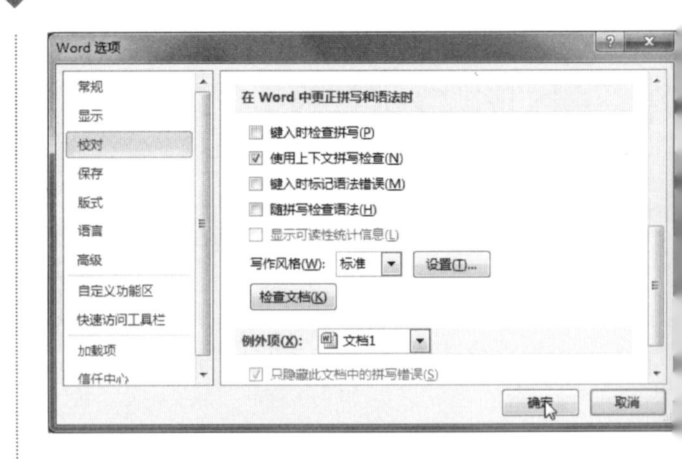

提示

如果以后需要使用这些功能时，则按同样的方法，打开【Word选项】对话框，将这些复选框选中。

19.1.3 打开Word文档时，图片和公式等无法正常显示

在打开Word文档时，发现图片、公式等无法正常显示，文档中应该显示图片和公式的地方都以一个大红“×”代替。遇到这种情况一般是系统内存不足导致的，除了增加内存外，在编辑文档时不要打开太多的应用程序和文档，因为这些程序和文档会占用一部分系统资源

19.1.4 如何打开损坏的Word文件

在使用Word时会有一些已经损坏的Word文件不能打开，但这个文档对您来说非常的重要。这时该怎么办呢？

操作步骤

1. 选择【文件】|【打开】命令，如下图所示。

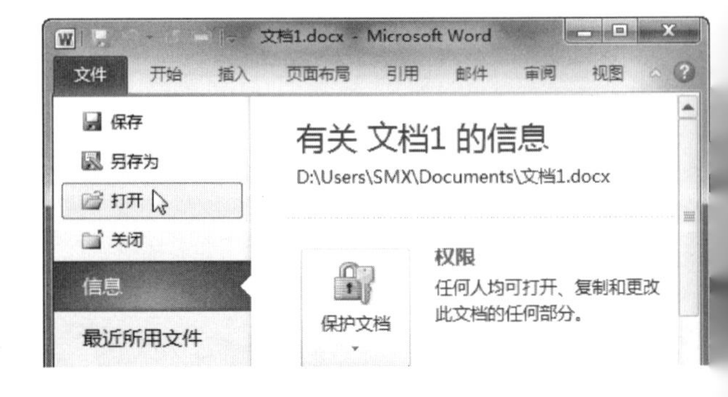

2. 弹出【打开】对话框，选中已经损坏的文件，从【

长见识：当用户需要在文档的某一行中间输入文字时，若发现新输入的文字总是覆盖掉原来的文字，这时您只要把Word的“改写”模式换成“插入”模式就可以了，做法是用鼠标双击Word状态栏中的【改写】图标。

件类型】列表框中选择【从任意文件还原文本(*.*)】选项，如下图所示。

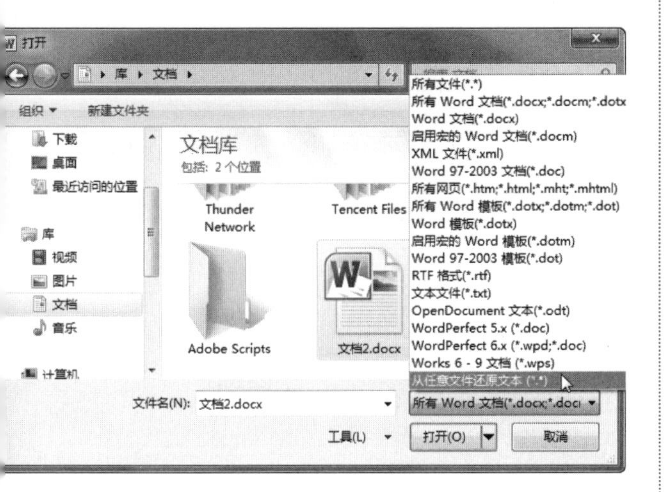

3 单击【打开】按钮。这样，就可以打开这个被损坏的文件了。

注意

要使用此恢复功能，需要安装相应的Office组件。

提示

在使用上述方法恢复的文档中，图片和公式等对象可能遭到破坏。所以，在第 3 步的操作中，我们通常不直接单击【打开】按钮，而是，单击【打开】按钮旁边的下三角按钮，选择【打开并修复】选项来修复损坏的 Word 文件。

19.1.5 在 Word 文档中复制内容时，总有多余的空格

在使用 Word 进行文档编辑的过程中，如果我们把剪贴板中的内容粘贴到 Word 文档时，程序总是自动添加多余的空格，这是 Word 提供的智能剪贴功能引起的。只要把这个功能改为“禁用”就可以解决这个问题了，具体操作步骤如下。

操作步骤

1 选择【文件】|【选项】命令，弹出【Word 选项】对话框。

2 在左侧列表框中选择【高级】选项，接着在右侧窗格中的【剪切、复制、粘贴】选项组中，取消选中【使用智能剪切和粘贴】复选框，如下图所示，最后单击【确定】按钮即可。

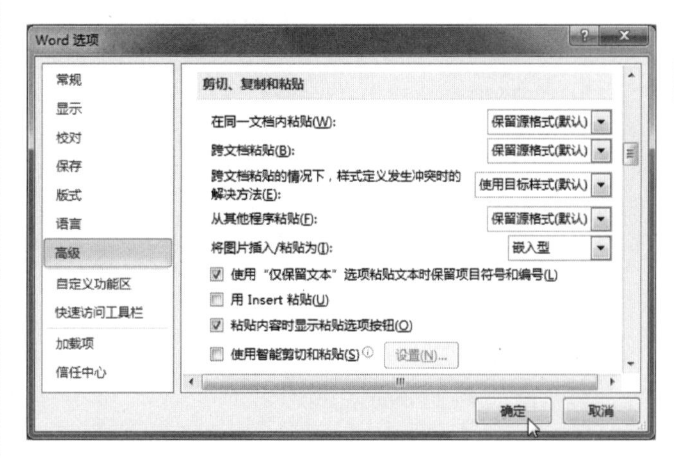

19.1.6 Word 中的直引号总是被错误地替换为弯引号

在 Word 中编辑时如果您想输入直引号，但总是被自动替换成弯引号。怎么才能在 Word 中输入直引号呢？具体做法如下。

操作步骤

1 选择【文件】|【选项】命令，弹出【Word 选项】对话框。

2 在左侧列表框中选择【校对】选项，接着在右侧窗格中的【自动更正选项】选组组中，单击【自动更正选项】按钮，如下图所示。

3 弹出【自动更正】对话框，切换到【键入时自动套用格式】选项卡，取消选中【直引号替换为弯引号】复选框，如下图所示，再单击【确定】按钮即可解决问题了。

学以致用系列丛书

当向文档中插入一张图片时，如果发现插入的图片只显示了一部分，这时只要选定图片，打开【段落】对话框，在【行距】下拉列表框中选择【单倍行距】选项，就可以显示整个图片了。

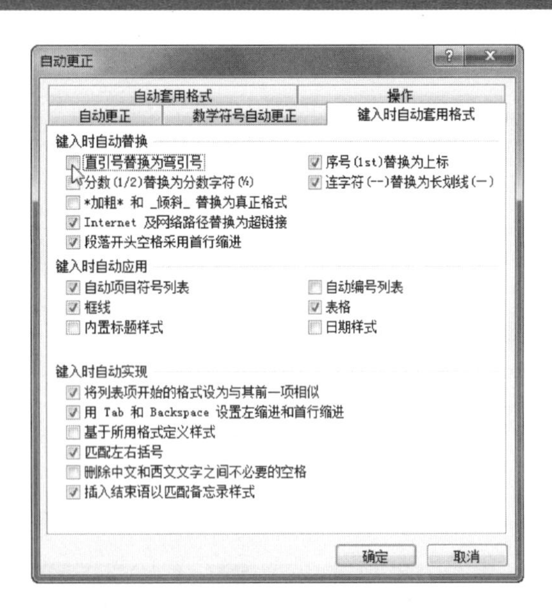

19.1.7 在打印Word文档时，图片有暗底纹

当打印编辑完的Word文档时，发现打印出来的图片总是有暗的底纹，无论如何修改Word的设置都不能解决问题。这是由于使用了文本框进行图片插入所引起的。文本框是用于插入文字的，如果插入图片，就会产生格式冲突，导致打印文档时图片有暗纹。所以，插入图片时最好用图文框插入。

19.1.8 在打印Word文档时，页边框线不能正常显示

如果用Word进行文档编辑时，使用了页面边框，但在打印预览中，页面边框的框线却无法正常显示或者显示不完整，那么打印出来的文档也将存在相同的问题。解决的办法如下。

操作步骤

❶ 在【页面布局】选项卡的【页面背景】组中，单击【页面边框】按钮，如下图所示。

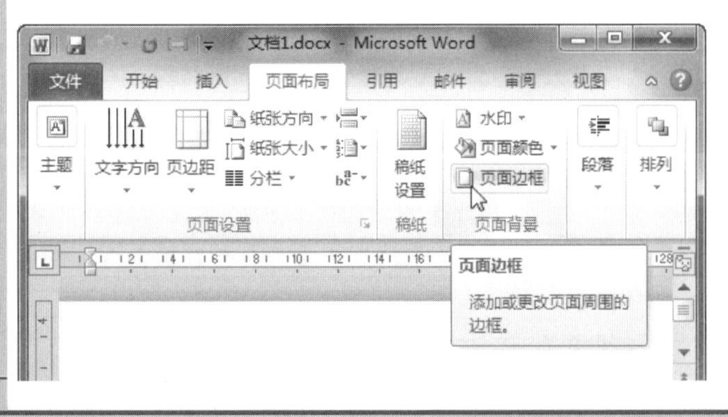

❷ 弹出【边框和底纹】对话框，切换到【页面边框】选项卡，然后单击【选项】按钮，如下图所示。

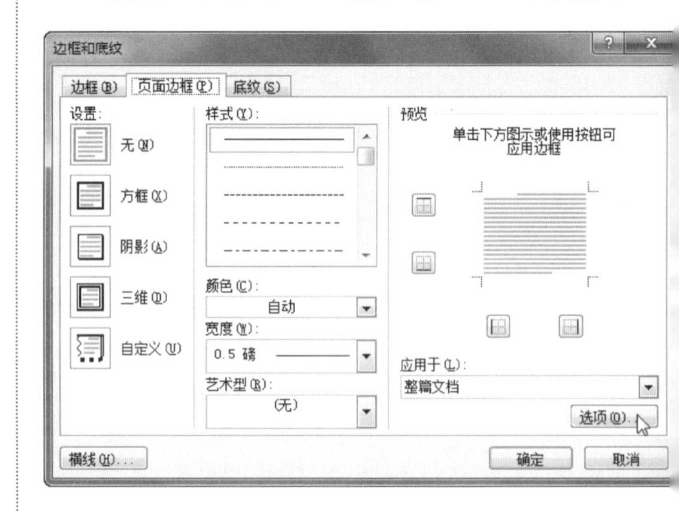

❸ 弹出【边框和底纹选项】对话框，在【测量基准】下拉列表框中选择【文字】选项，并在【选项】选项组中设置各参数，如下图所示，最后单击【确定】按钮即可。

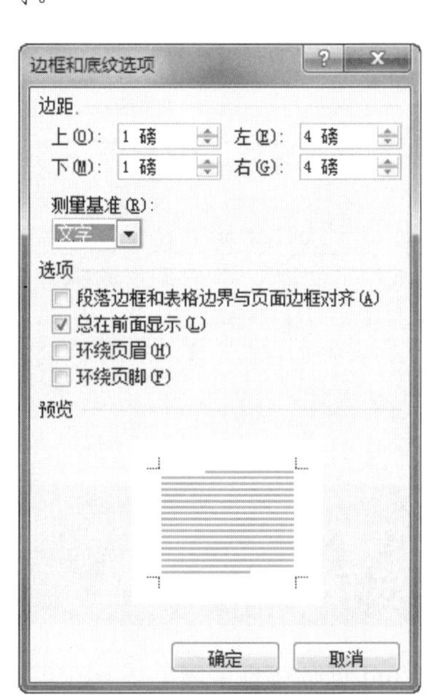

注意

如果在【测量基准】下拉列表框中选择【页边】选项，就有可能和打印机设置的页边距不符，出现页面框线打印不完整的情况。

19.1.9 在打印Word文档时，页眉和页脚不全

在打印Word文档时，页眉和页脚不全，很可能是

长见识 Word可以使用的最长的文件名为255个字符。但是实际上，如果文档的完整路径加上文件名的字符数超过233个字符，Word就不能打开该文档了，所以在命名文件名时不宜过长。

文本置于页面的非打印区域而导致只打印了部分页脚页眉。要解决这个问题只要把页边距的数值设置为小于打印机的最小页边距即可，具体做法如下。

操作步骤

1. 在【页面布局】选项卡的【页面设置】组中，单击【页边距】按钮，并在打开的列表中选择【自定义边距】选项，弹出【页面设置】对话框。
2. 切换到【页边距】选项卡，在【页边距】选项组中输入适当的值，最后单击【确定】按钮即可，如下图所示。

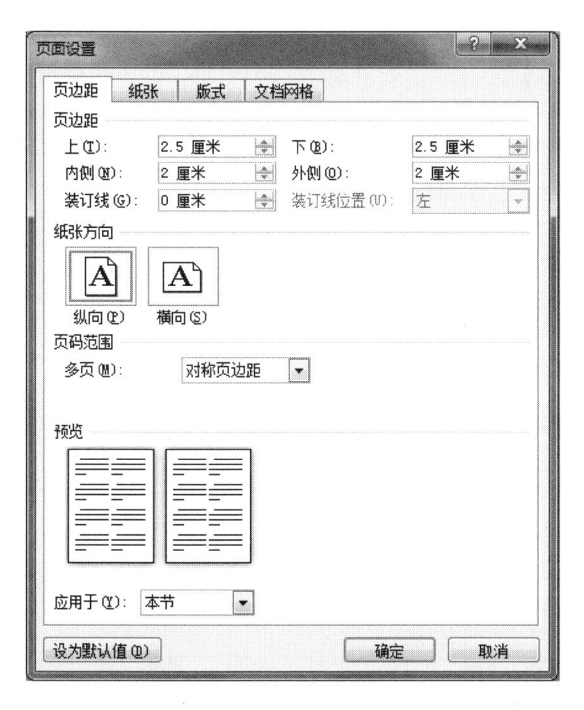

19.2 Excel 2010 常见问题及解决方法

本节将列举在使用 Excel 2010 过程中会遇到一些常见问题，并针对这些问题给出解决的办法。

19.2.1 如何修复受损的 Excel 文件

有时，当电脑不正常关机或者出现问题的时候，会出现文件受损而打不开的情况，您可以通过下面的方法来修复受损的 Excel 文件。

操作步骤

1. 启动 Excel 2010 程序，选择【文件】|【打开】命令，如下图所示。

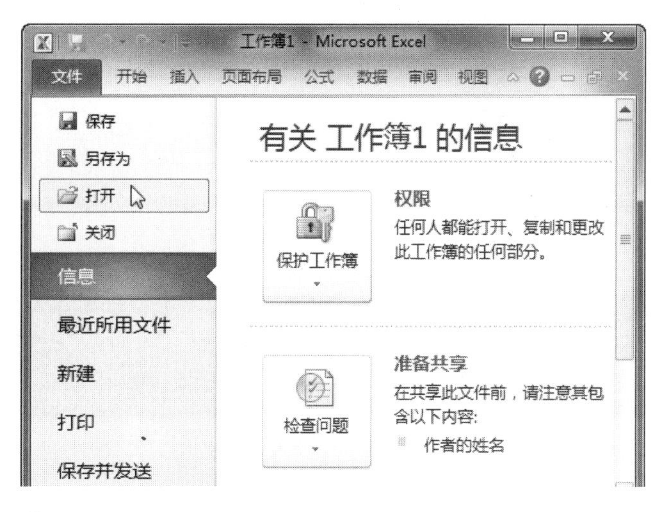

2. 弹出【打开】对话框，浏览目录，选择受损的 Excel 文件，然后单击【打开】按钮右侧的下三角按钮，从打开的列表中选择【打开并修复】选项，如下图所示。

3. 弹出如下图所示的对话框，单击【修复】按钮。

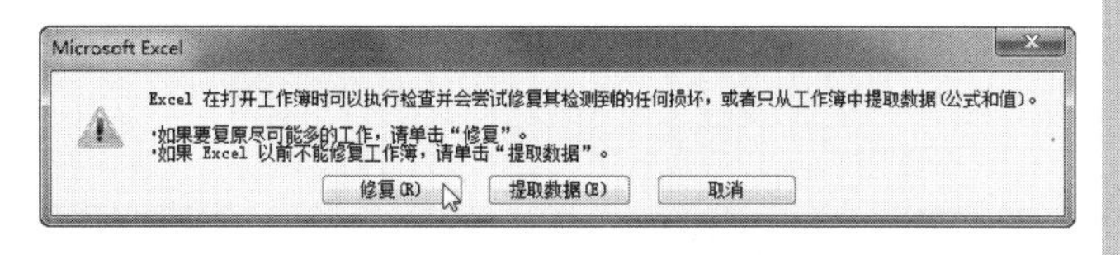

4. 当出现如下图所示的对话框时，说明文件修复完毕，单击【关闭】按钮后，即可打开 Excel 文件。

学以致用系列丛书

在默认情况下，无论在 Excel 2010 中输入的数字位数是多少，都只保留 15 位有效数字精度。如果数字长度超出了 15 位，Excel 将多余的数字位舍入为零。

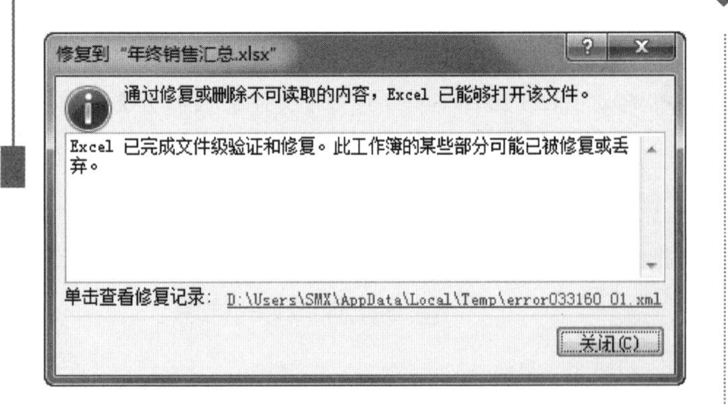

19.2.2 在 Excel 中输入的文字不能自动换行

当输入的数据比单元格的长度长且想换行时，如果此时按Enter键，活动单元格就会自动跳到下一个单元格，如何解决这个问题呢？方法很简单，选择要添加自动换行功能的单元格区域并右击，在弹出的快捷菜单中选择【设置单元格格式】命令，然后在弹出的【设置单元格格式】对话框中切换到【对齐】选项卡；接着在【文本控制】选项组中选中【自动换行】复选框，再单击【确定】按钮即可，如下图所示。

19.2.3 在 Excel 中如何禁止将数据转换为日期

当您在 Excel 中输入分数时，如“2/3”，Excel 会自动将其转换为“2 月 3 日”，如右上图所示。

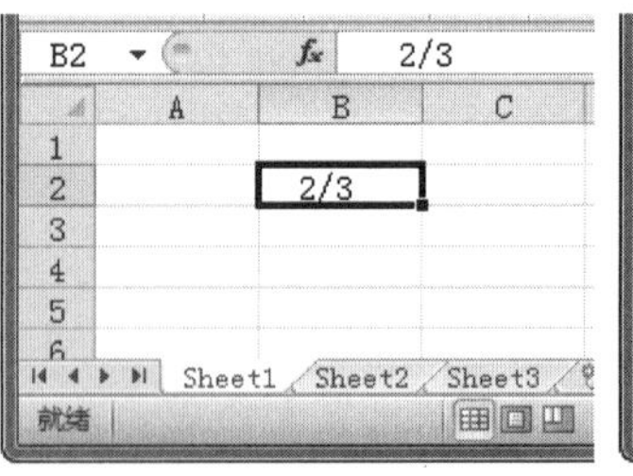

读者可以通过下面的方法来解决这个问题。

操作步骤

1. 选中用于存放分数的单元格或单元格区域，然后在【开始】选项卡的【数字】组中，单击【数字格式】文本框右侧的下拉按钮，从打开的列表中选择【分数】选项，如下图所示。

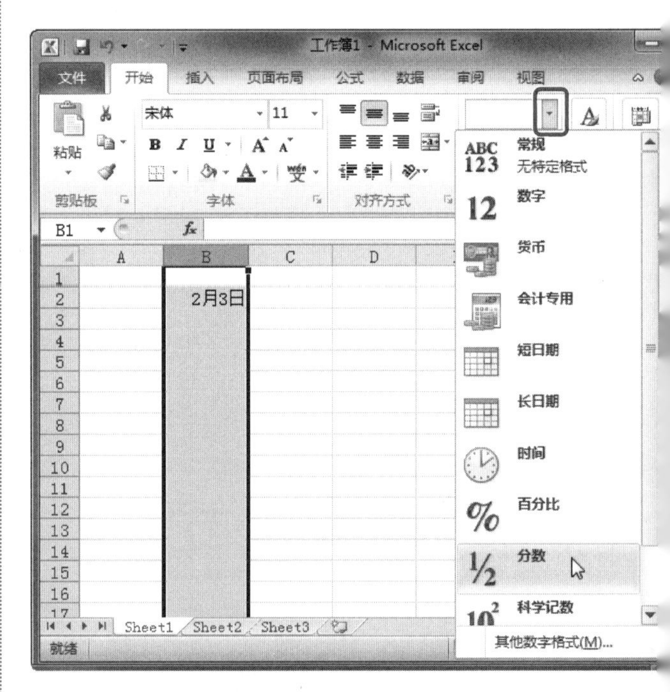

2. 再输入“2/3”即可保留分数形式了，如下图所示。

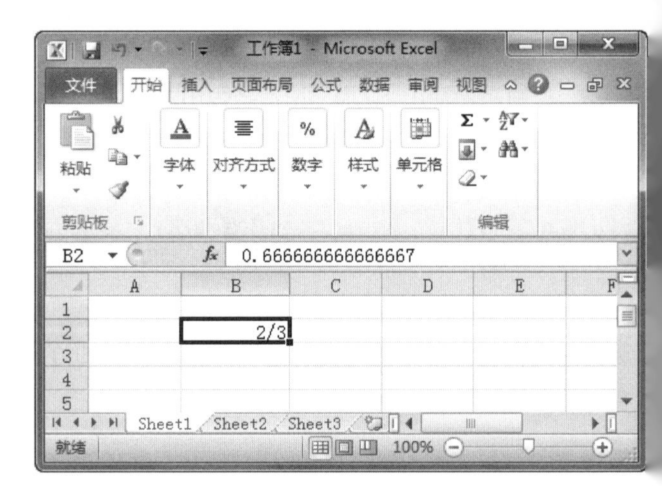

若要将 Access 中的数据装入 Excel，可以有多种方法：可以从 Access 数据表中复制数据并粘贴到 Excel 工作表中；可以从 Excel 工作表链接到 Access 数据库；还可以将 Access 数据导出到 Excel 工作表中。

19.2.4 Excel中的避免数据重复和自动输入功能

当您的工作表中有大量重复的数据时，如相同的产品编号，则可以使用Excel程序中的记忆功能快速输入，操作方法如下。

操作步骤

1. 在Excel 2010程序中选择【文件】|【选项】命令，如下图所示。

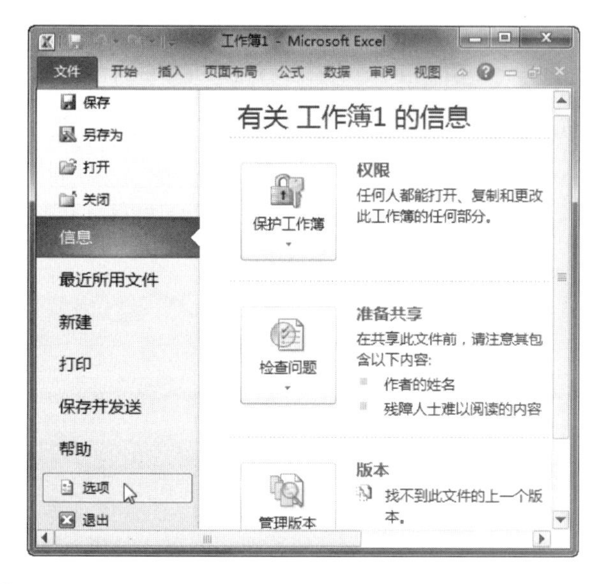

2. 打开【Excel选项】对话框，在左侧窗格中选择【高级】选项，然后在右侧窗格中的【编辑选项】选项组中，选中【为单元格值启用记忆式键入】复选框，再单击【确定】按钮，如下图所示。

以后在输入数据时，如果所输入数据的起始字符与该列其他单元格中的数据起始字符相同，Excel会自动将符合的数据作为建议显示出来，并将建议部分反白显示。

19.2.5 如何降低Excel计算的精确度

如果您的工作表中含有大量的公式，而您对数据的精确度要求不高，只是进行定性分析时，可以通过下面的方法进行设置，以提高计算的速度。

操作步骤

1. 在Excel 2010程序中选择【文件】|【选项】命令，打开【Excel选项】对话框。
2. 在左侧窗格中选择【公式】选项，然后在右侧窗格中的【计算选项】选项组中，将【最多迭代次数】数值变小，【最大误差】的数值变大，即可降低计算的精确度。设置完毕后，单击【确定】按钮，保存设置，如下图所示。

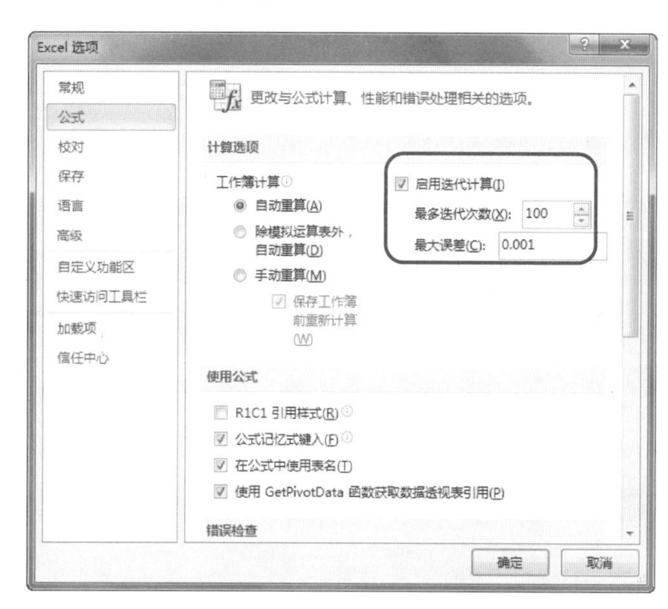

19.2.6 在Excel中如何打印工作表的一部分

如果需要的资料只是工作表中的一部分，可不可以只打印需要的那部分资料呢？当然可以，只要您先设置了打印区域，然后就可以只打印您需要的数据了。

学以致用系列丛书

在Excel中筛选文本数据时不区分大小写。但是，用户可以使用公式来执行区分大小写的搜索。

操作步骤

1 切换到需要打印的工作表，然后选择需要打印的单元格区域，如下图所示。

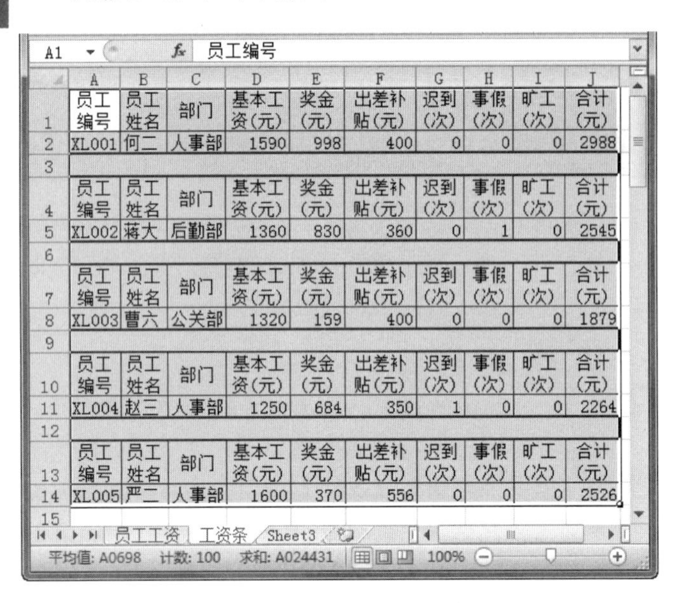

2 在【页面布局】选项卡的【页面设置】组中，单击【打印区域】按钮，并从打开的列表中选择【设置打印区域】选项，如下图所示。

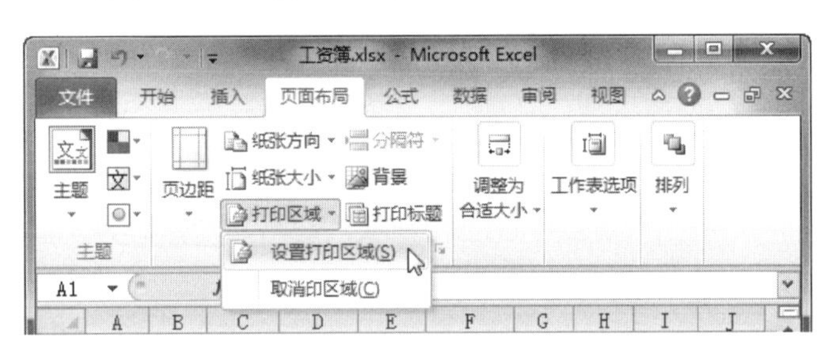

3 选择【文件】|【打印】命令，即可在右侧窗格中预览打印效果了，如下图所示。

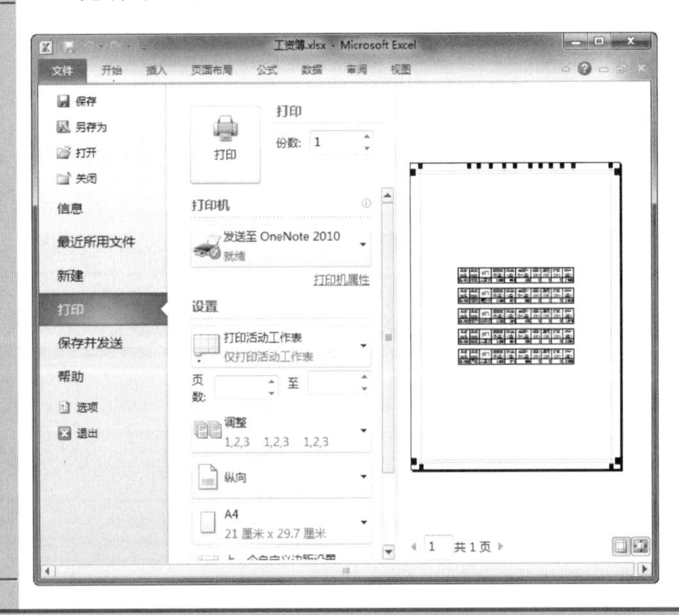

4 单击右下角的【显示边距】按钮，将会在窗格中出现边框控制点，通过拖动可以调整表格中的列宽和上下边距，如下图所示。

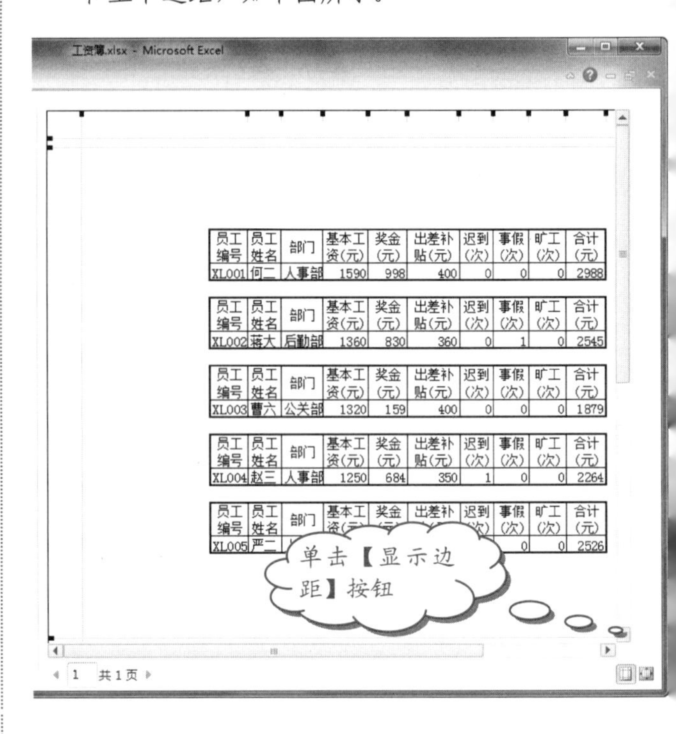

5 添加打印区域。若要打印的区域没有全部被选中，可以接着选中要打印的其余部分，然后在【页面布局】选项卡的【页面设置】组中，单击【打印区域】按钮，并从打开的列表中选择【添加到打印区域】选项，即可将选中的单元格区域添加到打印区域了，如下图所示。

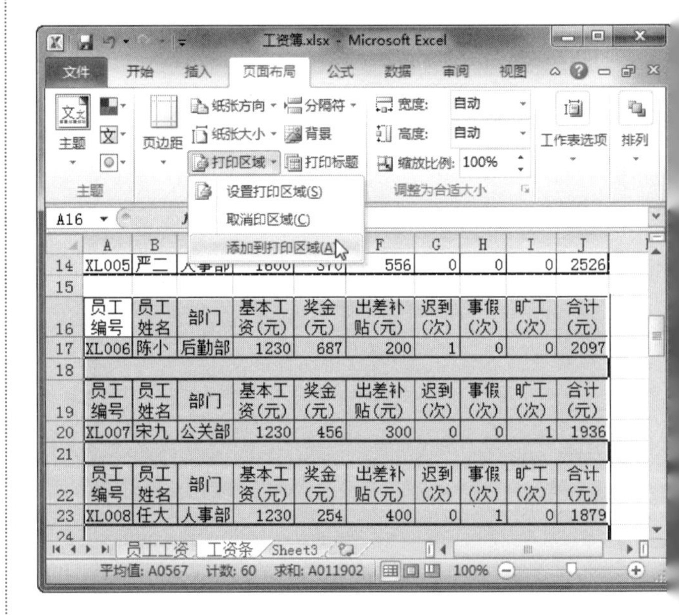

长见识 每个主题中都包含一个用于生成主题效果的效果矩阵。此效果矩阵包含三种样式级别的线条、填充和特殊效果，如阴影效果和三维(3-D)效果。专业设计人员经常将这些样式级别称为“笔划”、“色调”和“深度”。通过组合三种格式设置度量(线条、填充和效果)，可以生成与同一主题效果完全匹配的视觉效果。

19.3 PowerPoint 2010常见问题及解决方法

本节将列举在使用PowerPoint 2010的过程中会遇到的一些常见问题，并针对这些问题给出解决的办法。

19.3.1 使用PowerPoint绘制的线条有锯齿

如果在绘制线条时，发现线条有锯齿，可以通过下面的方法来解决。

操作步骤

❶ 选中绘制的线条，然后在线条上右击，并在弹出的快捷菜单中选择【设置形状格式】命令，如下图所示。

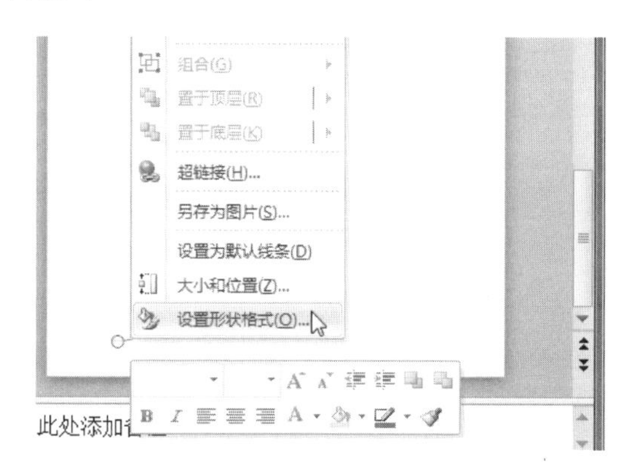

❷ 在弹出的【设置形状格式】对话框中，选择【线型】选项，将【联接类型】改为【棱台】或【斜接】即可，如下图所示。

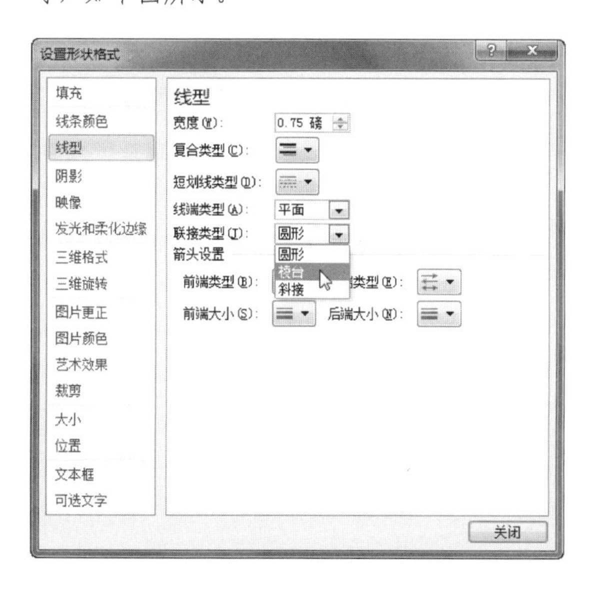

19.3.2 在PowerPoint中看不到对象的边框

在PowerPoint中绘制对象，如绘制一个圆角的矩形，有时图中只有填充色而没有边框，这时可以通过下面的方法来解决。

操作步骤

❶ 选中要设置的对象，这里选中绘制的矩形，然后在【绘图工具】下的【格式】选项卡中，单击【形状样式】组中的【形状轮廓】按钮，从打开的列表中选择一种与填充色不同的颜色，如下图所示。

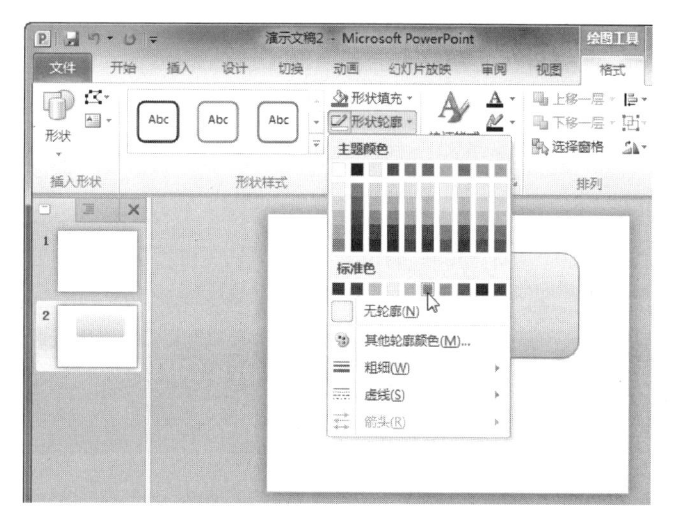

❷ 在【格式】选项卡的【形状样式】组中，单击【形状轮廓】按钮，从打开的列表中选择【粗细】选项，接着从子菜单中选择线条粗细值，例如选择【2.25磅】选项，加粗对象边框，如下图所示。

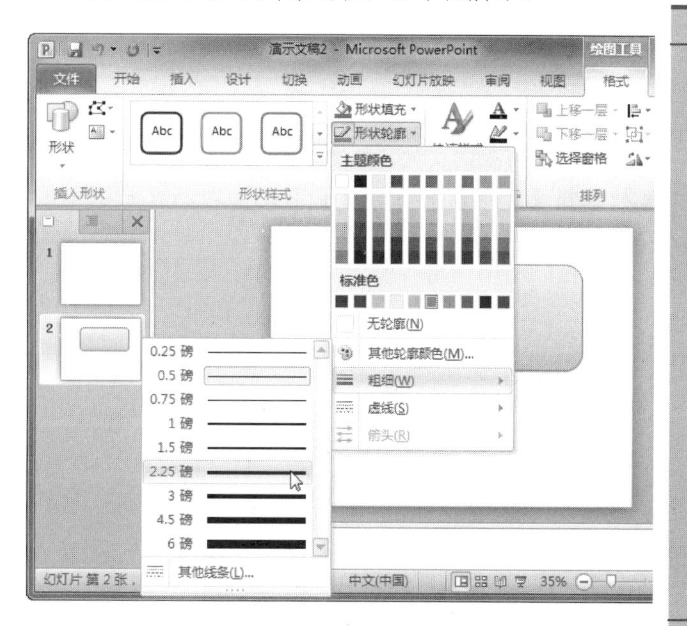

学以致用系列丛书

Excel中把文本数据称为标志，“标志”不能用于执行数学运算，该类型靠单元格左边对齐。文本数据的输入比较简单。

长见识

出现没有边框的原因是，选择了上图中的【无轮廓】选项。

19.3.3 在 PowerPoint 中不能完整地播放声音

在幻灯片中插入了声音，但是不能完整地播放，该怎么解决？方法很简单，只需要选中插入声音的小喇叭图标，然后在【音频工具】下的【播放】选项卡中，设置如下图所示的参数即可。

19.3.4 在打开的 PowerPoint 演示文稿中无法使用宏

如果您的 PowerPoint 中含有宏，那么文件的图标就如下图所示。

公司宣传片.pptm

当您打开这种文件时，如果无法使用宏，请您按照下面的操作进行处理。

操作步骤

❶ 打开含有宏的文件，先确定宏是否正确，是否可用。

❷ 选择【文件】|【选项】命令，如右上图所示。

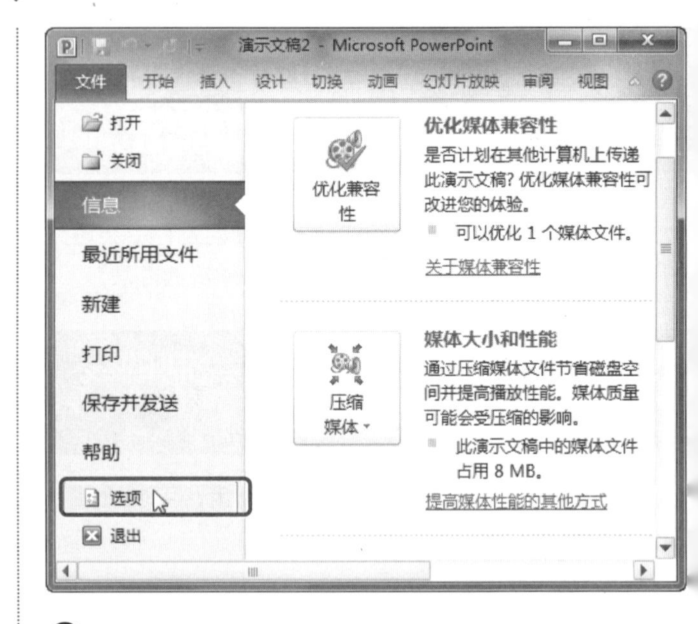

❸ 弹出【PowerPoint 选项】对话框，在左侧窗格中选择【信任中心】选项，然后在右侧窗格中单击【信任中心设置】按钮，如下图所示。

❹ 弹出【信任中心】对话框，在左侧窗格中选择【宏设置】选项，接着在右侧窗格中查看在【宏设置】选项组中是否选中了【禁用所有宏，并且不通知】单选按钮，如下图所示。

学以致用系列丛书

长见识　在文件打开状态启用一次宏，方法是选择【文件】|【信息】选项，然后在中间窗格中单击【启用内容】选项，并从打开的列表中选择【高级选项】选项，弹出【Microsoft Office 安全选项】对话框，针对每个宏选中【启用此会话的内容】单选按钮，再单击【确定】按钮即可。

信任中心

受信任的发布者
受信任位置
受信任的文档
加载项
ActiveX 设置
宏设置
受保护的视图
消息栏
文件阻止设置
个人信息选项

宏设置

禁用所有宏，并且不通知(L)
禁用所有宏，并发出通知(D)
禁用无数字签署的所有宏(G)
启用所有宏(不推荐；可能会运行有潜在危险的代码)(E)

开发人员宏设置

信任对 VBA 工程对象模型的访问(V)

确定 取消

❺ 选中【禁用所有宏，并发出通知】或【禁用无数字签署的所有宏】单选按钮或【启用所有宏】单选按钮，最后单击【确定】按钮即可，如下图所示。

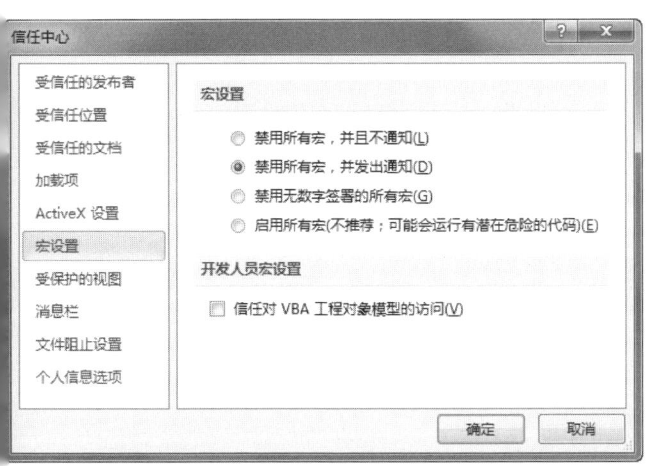

❻ 以后当用户打开含有宏的演示文稿时，则会出现黄色的【安全警告】工具栏(带有防护图标)，如下图所示。如果您确信该宏或这些宏的来源可靠，请单击【启用内容】按钮打开这个受信任的文档，若不确定，请单击工具栏右侧的【关闭】按钮，屏蔽文件中的宏。

主题字体是应用于文件中的主要字体和次要字体的集合。当更改主题字体后，将对演示文稿中的所有标题和项目符号文本进行更新。在以前的 PowerPoint 发行版本中，您必须在幻灯片母版上进行此类全局更改。

长见识

第20章 精通Office 2010技巧集锦

在使用Office的过程中我们往往会对Office的众多功能知之甚少，只是停留在简单的应用上，未能发挥它巨大的潜能，导致工作效率得不到提高。为此本章将带领大家熟悉使用Office 2010的快捷通道！

学习要点

- ❖ 熟悉Word 2010实用技巧。
- ❖ 熟悉Excel 2010的实用技巧。
- ❖ 熟悉PowerPoint 2010的实用技巧。

学习目标

Microsoft Office是人们日常办公最常用的软件之一，熟练的操作Office办公软件对我们来说是一项必不可少的技能。通过本章的学习，读者应该更进一步地了解Microsoft Office 2010的一些实用技巧，特别是Word 2010、Excel 2010、PowerPoint 2010的实用技巧。掌握这些技巧将会给您的工作带来极大的方便。

20.1 Word 2010 实用技巧集锦

Word 是一种应用性很广的文字处理软件，功能非常丰富。除了掌握它的常规基本功能之外，如果我们还能学会一些特殊的技巧，那么使用起来将会更加方便，大大提高我们的工作效率。

20.1.1 增加 Word 中最近使用文档的数目

单击【文件】菜单后出现的下拉菜单中，显示了最近打开的文档列表，用这种方式可以非常轻松地打开最近使用过的文档。可以通过以下设置来改变列表中显示的文件个数，具体操作如下。

操作步骤

1. 选择【文件】|【选项】命令，打开【Word 选项】对话框。
2. 在左侧列表中选择【高级】选项，然后在右侧【显示】选项组中，设置【显示此数目的“最近使用的文档”】微调框中的数据，选择您想要显示的数量就可以了，如下图所示，最后单击【确定】按钮。

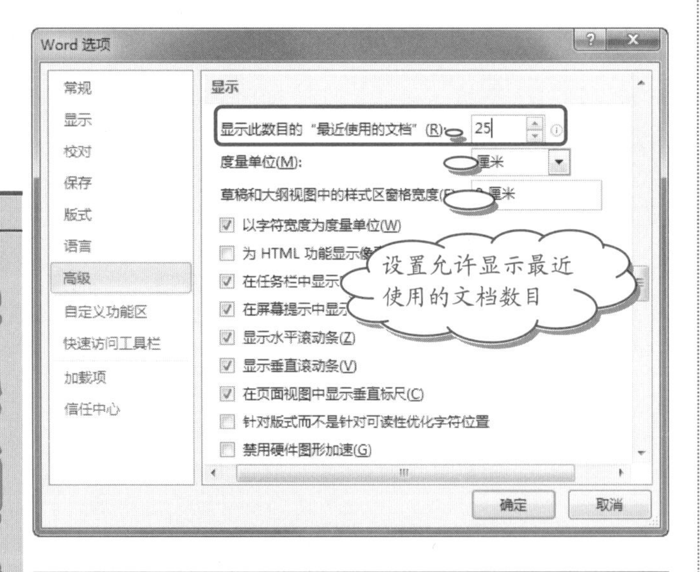

20.1.2 一次性打开多个 Word 文档

在使用 Word 时，为了便于集中编辑或浏览，可以同时打开多个文档，具体操作步骤如下。

操作步骤

1. 选择【文件】|【打开】命令，打开【打开】对话框
2. 若需要打开连续的文档，可以选中第一个文档后按住 Shift 键，再用鼠标单击最后一个文档；若文档的顺序不连续，则可以先按住 Ctrl 键，再用鼠标依次选择要打开的文档。
3. 选定后，单击【打开】按钮即可。

技巧

在资源管理器中，选中要打开的多个 Word 文档，按 Enter 键，系统会自动启动 Word，并将所选文档全部打开。在选择文档时，如果是要选中多个连续的文档，可以按住 Shift 键再用鼠标单击第一个和最后一个文档的文件名；如果要选中多个不连续的文档，则按住 Ctrl 键再用鼠标单击相应的文件名。

20.1.3 快速为重要文档生成一个副本

为了避免操作时将重要的文档数据丢失，可以在打开时为文档快速生成一个副本，具体操作如下。

操作步骤

1. 选择【文件】|【打开】命令，打开【打开】对话框
2. 在对话框中选择要打开的文档，然后单击【打开】按钮右边的下三角按钮，在下拉列表中选择【以副本方式打开】选项，再单击【打开】按钮，如下图所示。

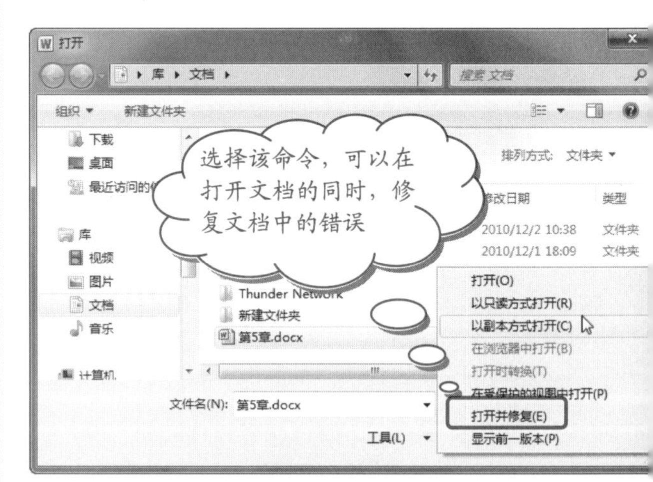

3. 这时，在该文件所在的文件夹中，自动生成了该文档的副本，如下图所示。

长见识 在 Word 中，复制或删除一个规则的矩形区域时，可先按住 Alt 键，然后同时按下鼠标左键不放，移动鼠标，直到相选住所需的矩形区域时，释放鼠放左键。

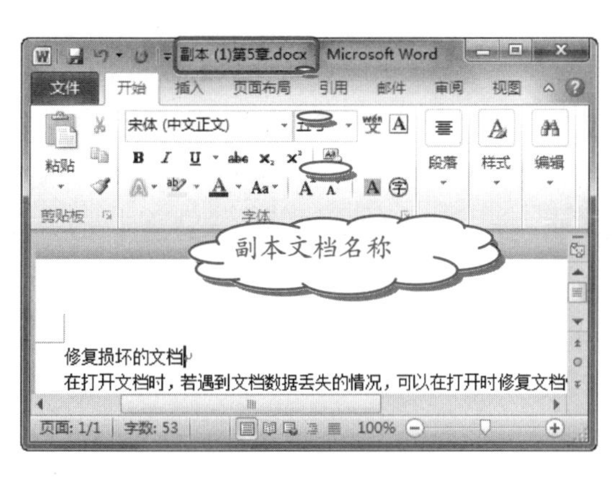

❹ 关闭副本文件后，在原目录位置会出现一个名为“副本(1)第 5 章.docx”的文件，如下图所示。

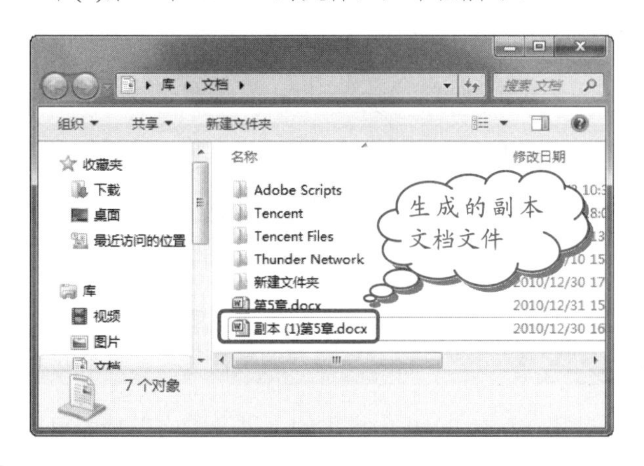

20.1.4　将网页中的文字以无格式方式复制到文档中

网页中的文字常包含一定的格式，可以通过以下操作将其以无格式方式复制到文档中。

操作步骤

❶ 在网页中选择需要复制的文字，并按 Ctrl+C 组合键复制文字。

❷ 启动 Word 2010 程序，然后在【开始】选项卡的【剪贴板】组中，单击【粘贴】按钮下方的下拉按钮，从打开的列表中选择【选择性粘贴】选项，如下图所示。

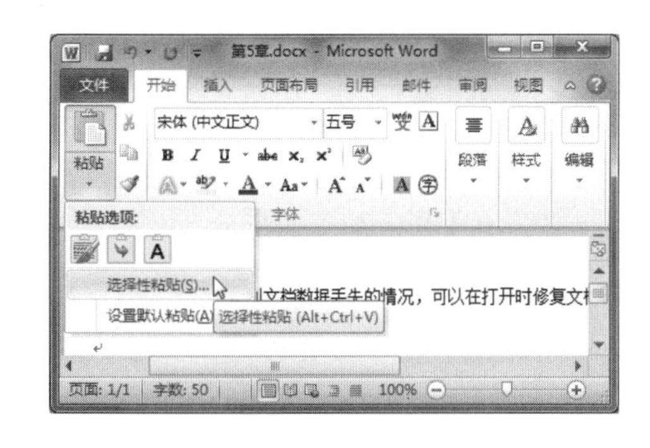

❸ 弹出【选择性粘贴】对话框，在【形式】列表框中选择【无格式文本】选项，再单击【确定】按钮，如下图所示。

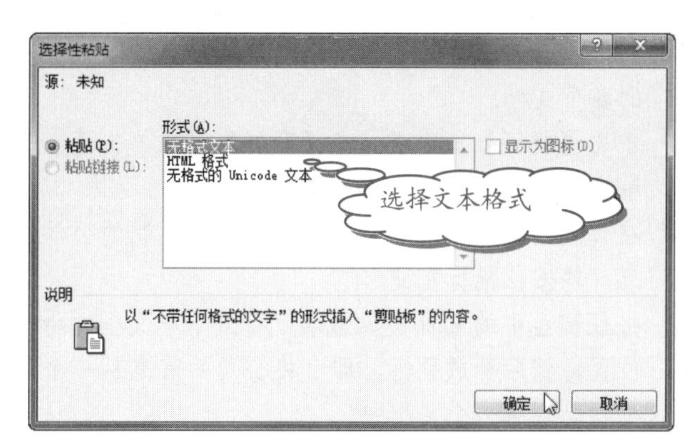

20.1.5　一次性消除文档中所有格式设置

如果您要打印一篇从网上复制下来的文章，但这篇文章已被设置了很多格式，这时您可以采取以下操作，一次性清除文档中所有的格式设置。

操作步骤

❶ 按 Ctrl+A 组合键，选中文档中的全部内容。然后在【开始】选项卡的【样式】组中，单击对话框启动按钮。

❷ 打开【样式】窗格，然后在【样式】列表框中选择【全部清除】选项，即可清除文档中的所有格式设置，如下图所示。

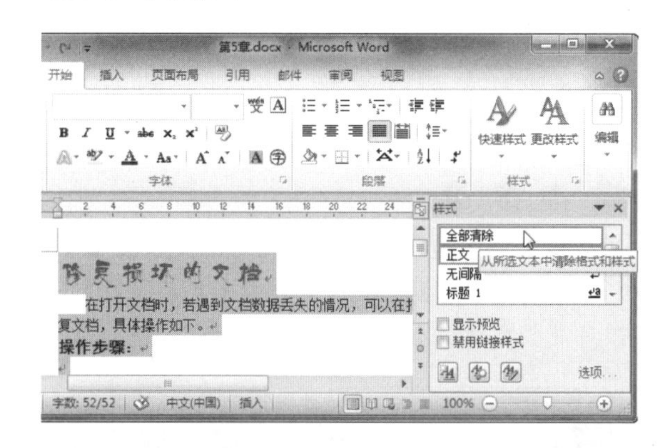

20.1.6　将公司信息快速复制到多个文档

当我们要复制并粘贴文档中的选择对象时，可使用【开始】选项卡中的【复制】、【粘贴】按钮。但如果

学以致用系列丛书

PowerPoint 2010 有三种幻灯片母版，分别是幻灯片母版、讲义母版和备注母版。用户可以在【视图】选项卡的【母版视图】组中任意切换。 长见识

要把选中的对象粘贴到多个不同的文档中时，就相当不方便了。这时可以采取如下操作。

操作步骤

1. 打开包含有复制信息的文档和其他需要复制该信息的多个文档。
2. 单击【视图】选项卡，在【窗口】组中单击【全部重排】按钮，使其分割为多个编辑窗口。
3. 在包含有复制信息的文档中，选择欲复制的公司信息，并按住鼠标左键。
4. 按住键盘中的 Ctrl 键，拖动鼠标到下一文档的指定位置，然后释放鼠标，即可将公司的信息从一个文档移动到另一个文档中。

20.1.7 利用快捷键快速输入商标符和商标注册符

在 Word 2010 中，有些特殊符号是可以利用快捷键来完成的。如利用快捷键输入商标符和商标注册符的具体作法如下。

操作步骤

1. 同时按 Ctrl+Alt+T 组合键，即可输入商标符号™。
2. 同时按 Ctrl+Alt+R 组合键，即可输入注册商标符号®。

20.1.8 对文字大小进行特定比例的增大或缩小

对文字大小的设置可以有很多种方法，下面将介绍如何通过快捷键对文字的大小进行特定比例的设置。

操作步骤

1. 在当前文档中输入要缩放的文本，然后在【开始】选项卡的【字体】组中，单击【增大字体】按钮，即可放大文本，如下图所示。

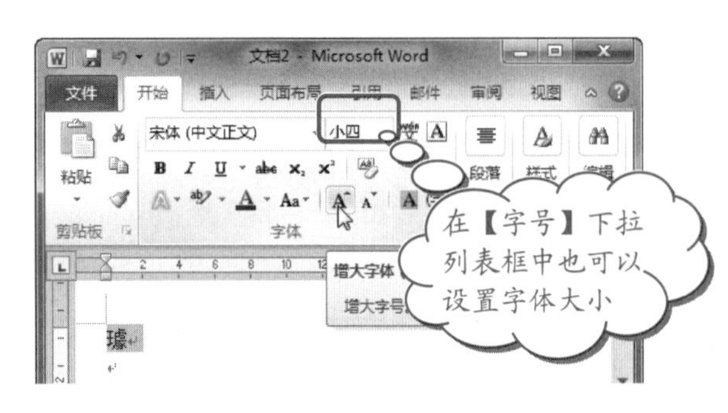

2. 若要缩放文本，可以在【开始】选项卡的【字体】组中，单击【缩小字体】按钮，如下图所示。

技巧

快速增大或缩小文字：按 Ctrl+Shift+>组合键，选中的文字将会快速增大 10 磅；按 Ctrl+Shift+<组合键，选中的文字就会快速缩小 10 磅。

20.1.9 快速知道生僻字的读音

使用 Word 2010 中提供的“拼音指南”功能可以得到生僻字的读音，具体做法如下。

操作步骤

1. 选中生僻字，如选中“璩”字，然后在【开始】选项卡的【字体】组中，单击【拼音指南】按钮，如下图所示。

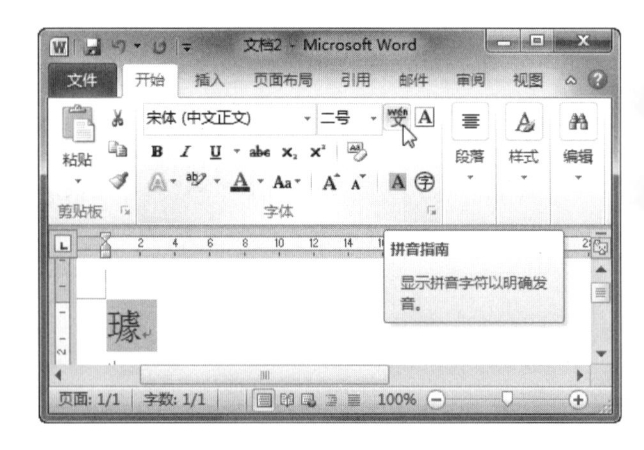

2. 弹出【拼音指南】对话框，并在【拼音文字】框中显示“璩”的读音，如下图所示。

长见识：利用 Ctrl+]组合键或 Ctrl+[组合键，可将选中的文字缓慢地增大或缩小。每一次按 Ctrl+]组合键或 Ctrl+[组合键，选中的文字就会增大或缩小一磅。

❸ 这时即可发现拼音已经被添加到选中的汉字上了，如下图所示。

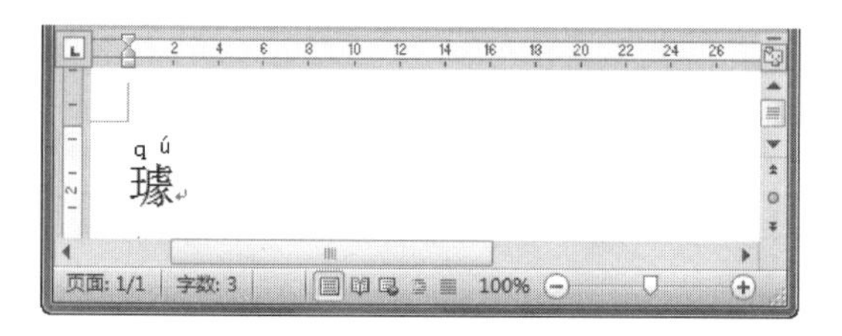

技巧

当然您还可以选中生僻字，这时 Word 2010 会自动出现浮动工具栏。在浮动工具栏中，您也可以找到【拼音指南】按钮，单击该按钮，也可以弹出【拼音指南】对话框。

0.1.10 将阿拉伯数字转换成汉字

在处理合同、订单等文档时，经常要将人民币数量大写的形式输入。利用 Word 2010 中的数字域插入功可以实现大写人民币的输入。如输入“贰拾捌万捌仟佰”的具体做法如下。

操作步骤

在当前文档中输入要转换的数字并选中，然后在【插入】选项卡的【符号】组中，单击【编号】按钮，如下图所示。

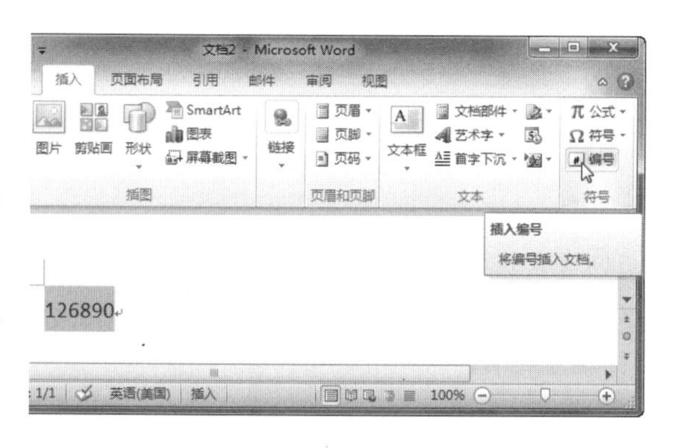

❷ 弹出【编号】对话框，在【编号类型】列表框中选择【壹，贰，叁…】选项，再单击【确定】按钮，如下图所示。

注意

在转换数字时，输入的数据一定要介于 0 和 999999 之间，否则会弹出如下图所示的对话框，提示数据超出范围。

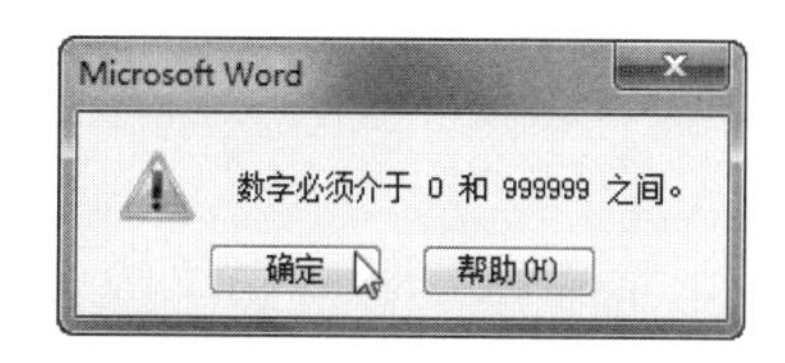

❸ 这时即可发现选中的数据被转换成汉字形式了，如下图所示。

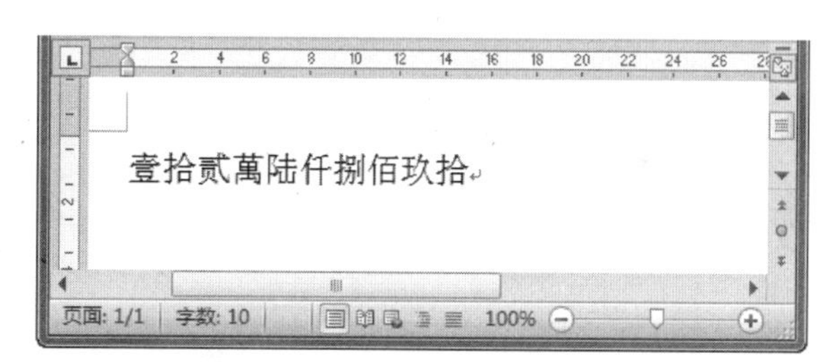

20.1.11 将文字、表格直接转换成图片

您还在为文本、表格、图片之间的格式转换而苦恼吗？下面将介绍一种简单且易操作的方法。

操作步骤

❶ 选中需要转换成图片的文字或表格。

❷ 单击【粘贴】按钮，在其下拉列表中选择【选择性粘贴】选项，弹出【选择性粘贴】对话框。

❸ 在【形式】列表框中选择【图片(增强型图元文件)】选项，再单击【确定】按钮即可，如下图所示。

学以致用系列丛书

无法使用 Word 2010 程序将文档保存为 JPEG (.jpg)或 GIF (.gif) 文件，但是可以将文件保存为 PDF (.pdf) 格式。

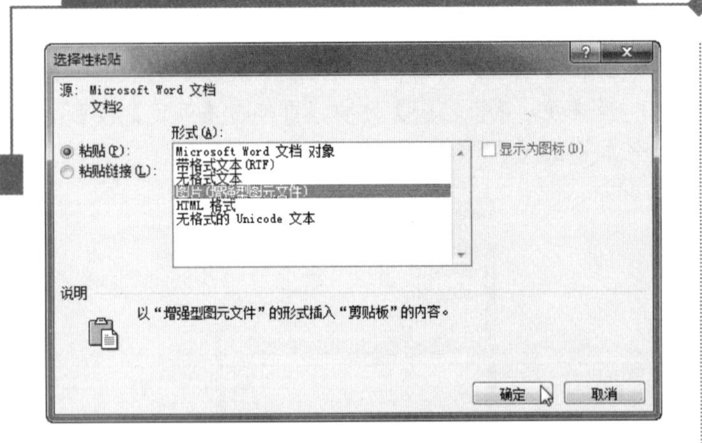

20.1.12 对图片进行压缩

通过前面的学习，我们可以按照指定比例压缩图片，下面是一种更方便的压缩图片方法，其操作如下。

操作步骤

1 选中图片，然后在【图片工具】下的【格式】选项卡中，单击【调整】组中的【压缩图片】按钮，如下图所示。

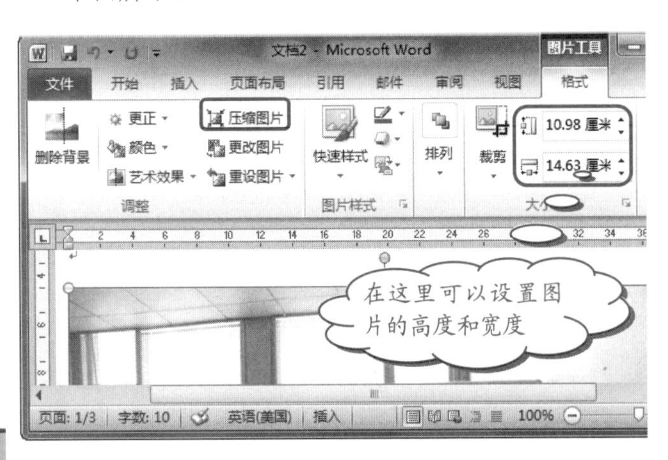

2 弹出【压缩图片】对话框，选中【仅应用于所选图片】复选框，接着对图片进行相应的压缩设置，最后单击【确定】按钮即可，如下图所示。

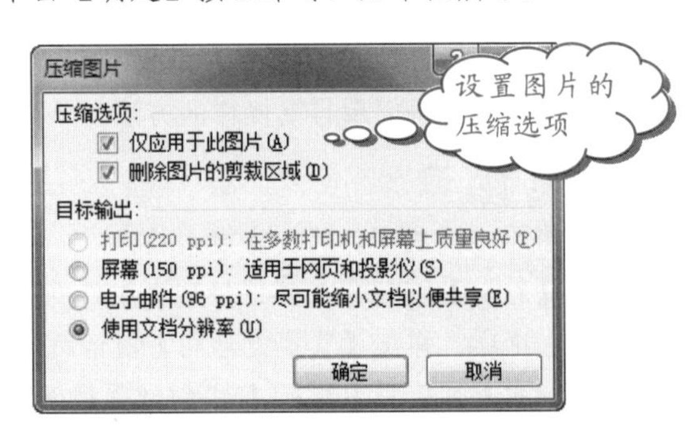

20.1.13 利用"题注"为图片自动编号

如果要对文档中的图片进行编号，既辛苦，又容易出错，这时您可以用 Word 的自动编号功能来完成。具体作法如下。

操作步骤

1 右击要添加题注的图片，从弹出的快捷菜单中选择【插入题注】命令，如下图所示。

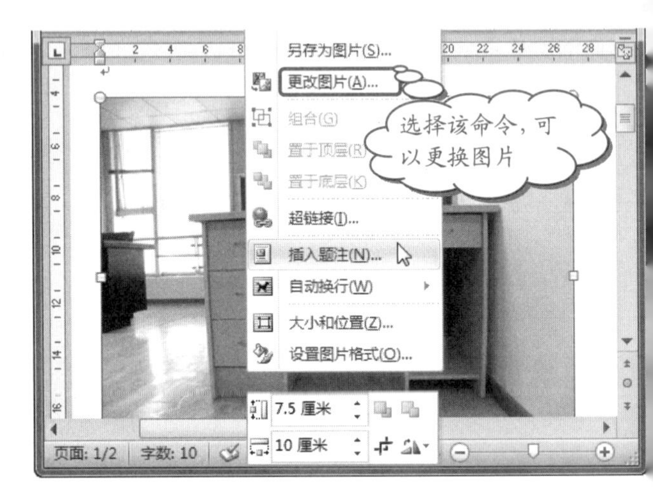

2 弹出【题注】对话框，单击【新建标签】按钮，如下图所示。

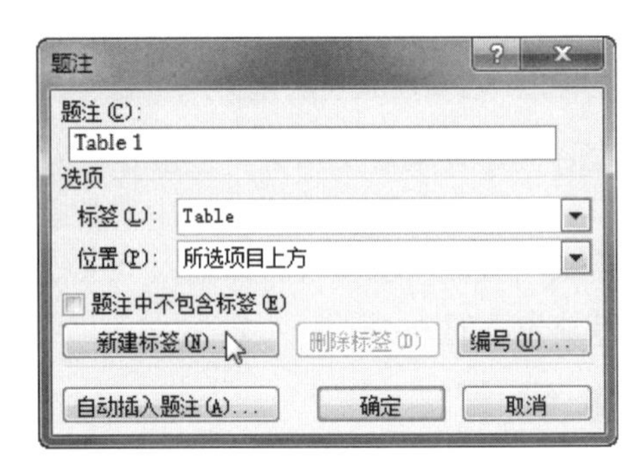

3 弹出【新建标签】对话框，然后在【标签】文本框中输入题注内容，再单击【确定】按钮如下图所示。

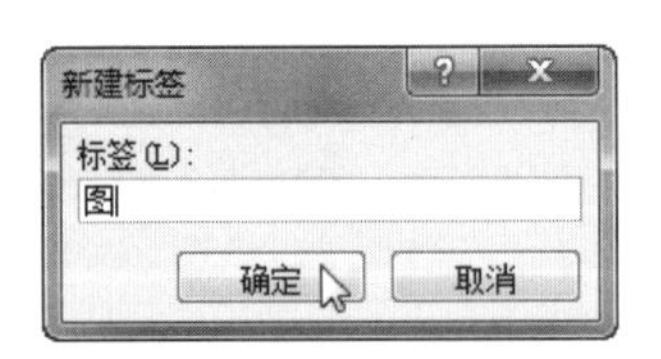

4 返回【题注】对话框，这时即可发现【题注】文本框中的内容变成"图 1"，单击【确定】按钮，"图 1"编号自动插入到所选图片的下方，如下图所示。

长见识

在【查找和替换】对话框中，单击【查找下一个】按钮是搜索下一处与【查找内容】文本框中指定的字符相匹配的内容。若要查找上一处匹配内容，请按住 Shift 键并单击【查找下一个】按钮。

提示

当在文档中插入第二幅图时，再次通过单击鼠标右键打开【题注】对话框，可以发现【题注】文本框的内容自动变成了“图 2”，直接单击【确定】按钮即可实现对第二幅图的编号。依此类推可实现多幅图片的自动编号。

20.1.14　一次性对多个图形、图片、艺术字进行排列

对每个图片一一进行排列是不是很辛苦？您想不想一次性就对多个对象进行排列？下面就介绍具体的方法。

操作步骤

1. 利用 Ctrl 键或 Shift 键将需要排列的图片选中，这时在标题栏将出现【图片工具】或【艺术字工具】，在其正下方同时出现【格式】选项卡，单击它，找到【图片】组或【艺术字】组。
2. 在【图片】组或【艺术字】组中单击【对齐】按钮，从打开的列表中选择一种对齐方式，如选择【水平居中】选项，可以将对象水平居中对齐。

20.1.15　将多个图形、图片、艺术字进行组合

将多个图形、图片、艺术字对象组合成一个对象，可以方便工作中的操作。

操作步骤

1. 利用 Ctrl 键或 Shift 键将需要排列的图片或艺术字选中。
2. 单击鼠标右键，从弹出的快捷菜单中选择【组合】命令即可。

20.1.16　排列图形、图片、艺术字的叠放层次

由于插入图片(图形或艺术字)的顺序各不相同，从而导致有些图片的有用信息被重叠、覆盖，这时就需要根据实际需求重新调整图片的叠放次序。

操作步骤

1. 选中需要重新调整叠放次序的图片，单击鼠标右键。
2. 从弹出的快捷菜单中选择【叠放次序】命令，按实际情况选择叠放的次序，如上移一层、置于底层等。

20.1.17　将公司 LOGO 作为文档页眉

在公司的一些对外文件中，常需要将公司 LOGO 制作成文档页眉，以代表公司形象。下面介绍具体做法。

操作步骤

1. 在【插入】选项卡的【页眉和页脚】组中，单击【页眉】按钮，Word 2010 就会激活页眉设置区。
2. 将光标定位到页眉设置区中，然后在【插入】选项卡的【插图】组中，单击【图片】按钮。
3. 弹出【插入图片】对话框，选中公司 LOGO 图片文件，并单击【插入】按钮，即可将公司 LOGO 图片插入到页眉中。
4. 在页眉设置区中选中公司 LOGO 图片并右击，在弹出的快捷菜单中选择【设置图片格式】命令对图片进行设置。

20.1.18　将公司文化标语作为文档页脚

宣传公司的文化标语有一个通用的做法，那就是在公司的所有文档的页脚印上公司的文化标语。具体做法如下。

操作步骤

1. 在【插入】选项卡的【页眉和页脚】组中，单击【页脚】按钮，并从弹出的列表中选择【编辑页脚】选项，激活页脚设置区。

如果要打印演示文稿，您可以使用 Ctrl＋P 组合键，然后在【打印】面板中设置各选项，再单击【打印】按钮即可。

❷ 将光标定位到页脚设置区中，输入公司的文化标语，如“为您服务”。

❸ 对输入的文化标语进行字体、字号、对齐方式等设置。

❹ 单击【关闭页眉页脚】按钮。

20.1.19 去除页眉中的默认直线

在设置页眉页脚时，默认状态下页眉中都有一条直线，可通过下面的方法去掉该直线。

操作步骤

❶ 双击页眉区域，并将光标定位到设置的页眉中，接着在【样式】窗格中单击【新建样式】按钮，如下图所示。

❷ 弹出【根据格式设置创建新样式】对话框，在此对话框中，单击【格式】按钮，在其下拉列表中选择【边框】选项，如下图所示。

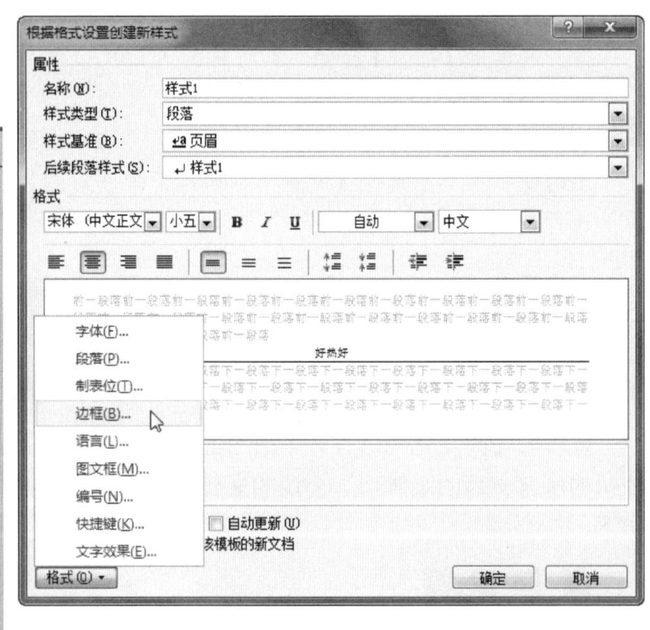

❸ 弹出【边框和底纹】对话框，切换到【边框】选项卡，然后在【设置】选项组中选择【无】选项，再单击【确定】按钮，如下图所示。

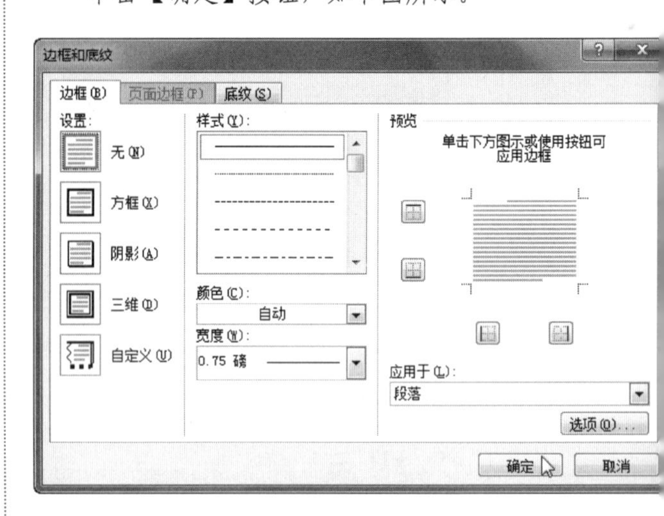

❹ 返回【根据格式设置创建新样式】对话框，单击【确定】按钮即可。

20.1.20 查找较长文档中的页码

在编辑长文档时，为了查找其中某一项内容，如“第50页”，用鼠标滚动的方法查找很浪费时间，大大降低了工作效率。这里将介绍一个快速、简便的方法，具体操作方法如下。

操作步骤

❶ 在【开始】选项卡的【编辑】组中，单击【查找】按钮旁边的下拉按钮，从打开的列表中选择【转到】选项，如下图所示。

❷ 弹出【查找和替换】对话框，切换到【定位】选项卡，然后在【定位目标】列表框中选择【页】选项，接着在【输入页号】文本框中输入要查找的页码，再单击【定位】按钮，如下图所示。

长见识 删除页眉中的默认直线：在页眉区域中按Ctrl+A组合键全部选中，然后在【开始】选项卡的【段落】组中，单击【边框和底纹】按钮右侧的下拉按钮，从弹出的下拉列表中选择【无框线】选项即可。

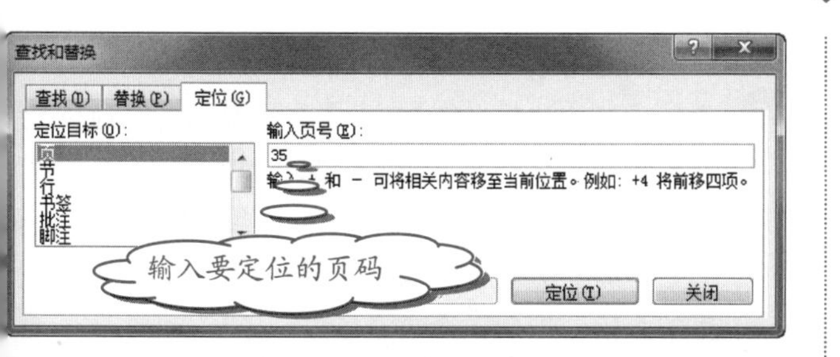

20.1.21　设置自己的文档签名

采用默认设置安装 Word 2010 后，在文档编辑过程中进行修订、批注等操作时，默认显示的不是自己的签名，而是 Word 2010 的默认签名。这给多人协作文档编辑操作带来不便，可以通过下面的设置改变默认的文档签名。

操作步骤

1. 选择【文件】|【选项】命令，打开【Word 选项】对话框。
2. 在左侧列表中选择【常规】选项，然后在【对 Microsoft Office 进行个性化设置】选项组中进行设置，最后单击【确定】按钮进行保存，如下图所示。

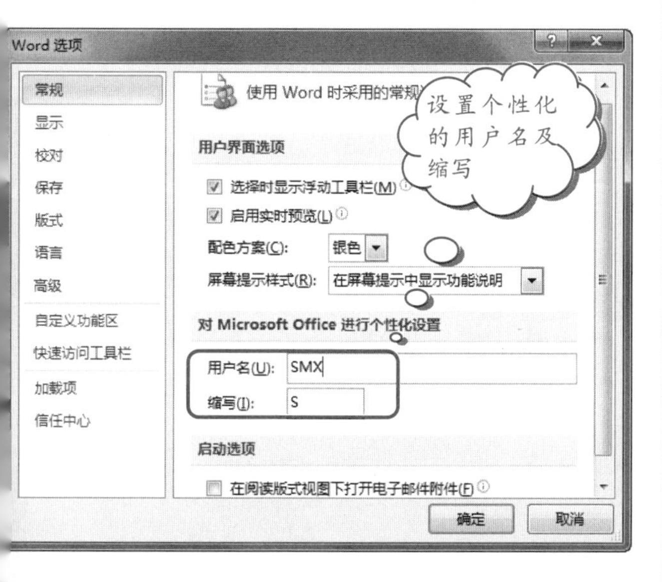

20.1.22　利用“大纲视图”创建文档结构目录

除了使用【样式和格式】对话框创建目录结构外，最为初学者最简单的方法是使用内置的“大纲视图”中的级别格式或标题样式来创建目录。具体操作如下。

操作步骤

1. 创建一个新文档，然后在【视图】选项卡的【文档视图】组中，单击【大纲视图】按钮，切换到大纲视图方式。
2. 直接输入一级目录标题，然后按 Enter 键转到下一行，在大纲工具栏的显示级别中选择“2 级”目录。
3. 再输入 2 级目录的标题。
4. 如果是同一级目录标题，按 Enter 键再次输入标题信息即可，而不需要在工具栏中再一次选择目录级别。
5. 依此类推，即可创建文档的全部目录结构。

20.1.23　在 Word 文档中使表格列标题在每一页中都可见

当表格超过一页时，后面页中的表格将看不到列标题，可通过以下设置让列标题在每一页中都可见。

操作步骤

1. 选择表格的第一行或多行，Word 2010 将自动激活【表格工具】，其下有【设计】和【布局】两个选项卡。
2. 单击【布局】选项卡下【数据】组中的【重复标题行】按钮即可。

提示

只有在自动分页时，Word 2010 才能自动重复表格标题，如果手工插入分页符，表格标题将不会重复。

20.1.24　让表格随内容自动调整大小

表格插入后，在内容未填入表格之前，无法精确每个单元的宽度和高度。此时可先将内容输入，然后让 Word 2010 按照所输入的内容自动调整单元格的大小，具体操作如下。

操作步骤

1. 在表格中输入内容后，选中整张表格并右击，从弹出的快捷菜单中选择【自动调整】命令。
2. 在打开的子菜单中选择【根据内容调整表格】命令。

20.1.25　在 Word 文档中实现表格行、列互换

实现表格的行、列互换，即把表格的第一行转换到

第一列，同时对应的表格内容也作相应的位置转换，就如同矩阵的转置一样。

操作步骤

1. 在 Word 中选中要被转置的表格，将表格复制到剪贴板中。
2. 运行 Excel，把剪贴板中的内容粘贴到 Excel 中。
3. 选定粘贴后的表格内容，并复制到剪贴板中。
4. 在 Excel 编辑区中任选一个除原表格之外的单元格，单击【粘贴】按钮，选择【选择性粘贴】选项，打开【选择性粘贴】对话框，选中【转置】复选框，单击【确定】按钮，即可生成经过转置的表格。
5. 选中并复制转置后的表格至剪贴板中。
6. 切换到 Word 编辑窗口中，在文档中将光标定位在经转置后的表格的插入位置。
7. 单击【粘贴】按钮，把剪贴板中经转置后的表格粘贴进来即可。

20.1.26 防止表格跨页断行

当表格大于一页时，默认状态下 Word 允许表格中文字跨页拆分，这就导致表格中同一行的内容会被拆分到上下两个页面，用以下方法可以避免这种情况的发生。

操作步骤

1. 选中表格并右击，从弹出的快捷菜单中选择【表格属性】命令，弹出【表格属性】对话框。
2. 切换到【行】选项卡，取消选中【允许跨页断行】复选框，再单击【确定】按钮即可。

20.1.27 让表格一次性添加内外不同的边框效果

默认插入的表格无论是内边框还是外边框都是黑色线条，可通过如下方法一次性设置表格的外边框与内边框。

操作步骤

1. 选中整张表格并右击，从弹出的快捷菜单中选择【边框与底纹】命令，打开【边框与底纹】对话框。
2. 设置表格外边框。在【颜色】下拉列表框中选择【红色】选项，在【宽度】下拉列表框中选择【2.5 磅】选项。
3. 在预览框中，将鼠标分别移到预览表格的上、下、左、右边框上各单击一次鼠标左键，即可将所设置的效果应用于表格的外边框上。
4. 设置表格内边框。在【颜色】下拉列表框中选择【红色】选项，线条宽度可采用默认的细线条。
5. 在预览框中，将鼠标分别移到预览表格的内部线条上各单击一次鼠标左键，可以将所有设置的效果应用于表格的内部线条上。

20.1.28 在一张纸中打印多页 Word 文档

在 Word 中，有时我们需要把已经做好的一份多页文档压缩到一页中打印，即在一页中显示多页内容，应该怎么办呢？下面我们以一份 6 页的文档为例来说明。

操作步骤

1. 首先打开需要打印的文档，然后选择【文件】|【打印】命令，接着在中间窗格中选择【每版打印 1 页】选项，并从打开的列表中选择【每版打印 6 页】选项，如下图所示。

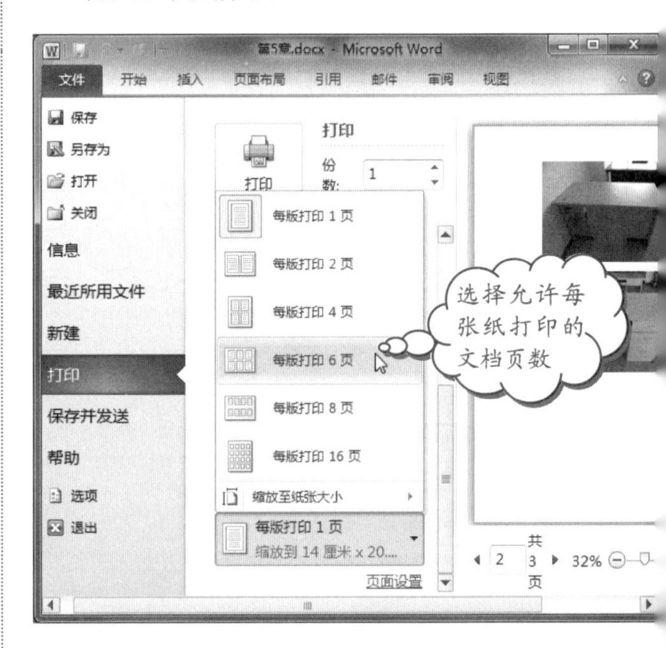

2. 设置完毕后单击【打印】按钮，即可将文稿中的页内容一次性打印在一张纸上了。

20.1.29 打印同一文件时使用不同的页面方向

在默认情况下，一篇文档会使用一种页面方向来打印，如横向或纵向。但应某些特殊要求，在一篇文档中可设置不同的页面方向。

长见识

在 Word 中可以通过【文字方向】命令来改变文字的方向。但也可以用以下简便的方法来实现：选中要设置的文字，只要把字体设置成“@字体”就行，比如“@宋体”或“@黑体”，就可使这些文字逆时针旋转 90 度了。

操作步骤

❶ 选中需要改变方向的部分文档，切找到【页面布局】选项卡，单击【页面设置】组中的【页边距】按钮，并在其下拉列表中选择【自定义边距】选项，打开【页面设置】对话框。

❷ 切换到【页边距】选项卡，在【方向】选项组中选择您所需要的页面方向，如横向。在【应用】下拉列表中选择【所选文字】选项。最后单击【确定】按钮。

20.1.30 实现双面打印

在默认方式下打印出的文档都是单面的，设置双面打印方式的操作方法如下。

操作步骤

❶ 在要打印的文档窗口中选择【文件】|【打印】命令，接着在中间窗格中单击【单面打印】选项，并从打开的列表中选择【手动双面打印】选项，如下图所示。

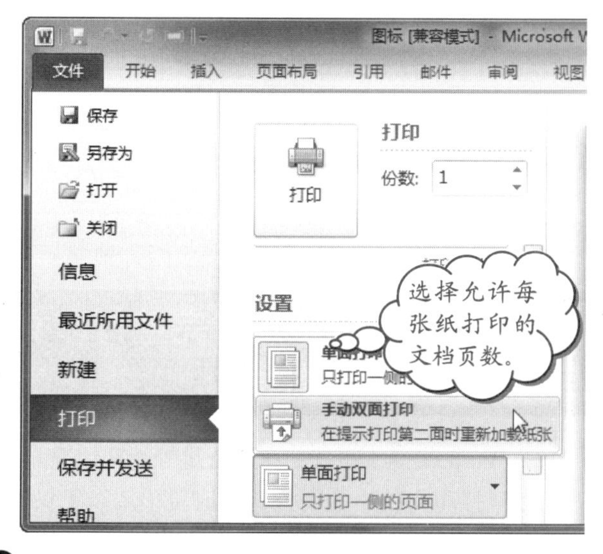

❷ 设置完毕后单击【打印】按钮即可。

20.1.31 打印特定章节的文档内容

除了可以将特定的整页内容打印出来外，Word 2010 还支持打印特定章节的内容，包括打印连续章节和不连续章节。具体操作如下。

操作步骤

❶ 在要打印的文档窗口中选择【文件】|【打印】命令，接着在中间窗格中的【设置】选项组中单击【打印所有页】选项，从打开的列表中选择【打印自定义范围】选项，再在【页数】文本框中输入要打印的页或节，如下图所示。

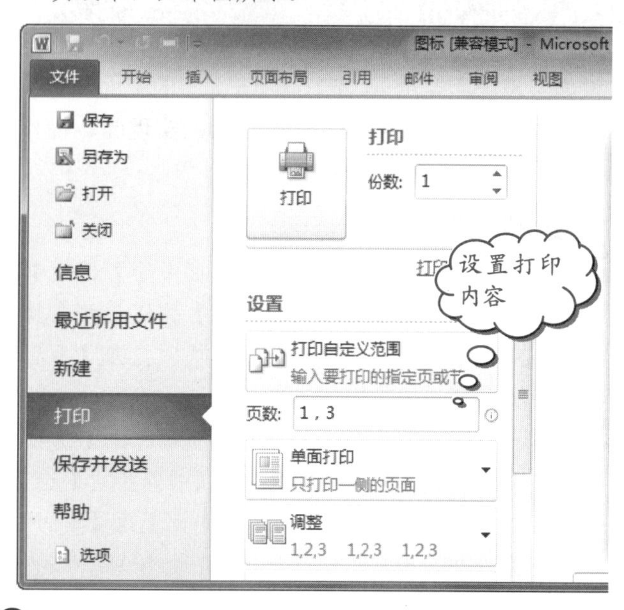

❷ 设置完毕后单击【打印】按钮即可。

20.1.32 避免打印不必要的附加信息

有时打印出一篇文档后，会发现文档中出现了一些多余的附加信息，如批注、隐藏文字、域代码等。可以通过以下方式解决此类问题。

操作步骤

❶ 选择【文件】|【选项】命令，打开【Word 选项】对话框。

❷ 在左侧列表中选择【显示】选项，然后在右侧的【打印选项】选项组中，按照实际需要清除相应的选项，最后单击【确定】按钮，如下图所示。

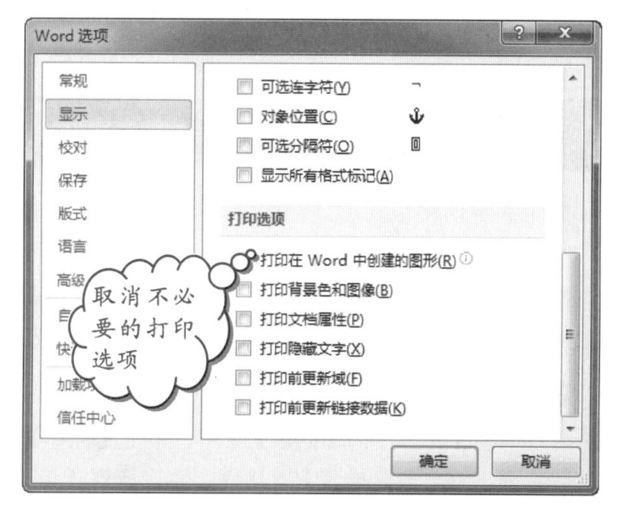

对插入的图片进行编辑后，如果效果不满意，需要对原图片重新换一种风格，您不需一直单击【撤销】按钮撤销多次操作，只需要在【图片工具】下的【格式】选项卡中，单击【调整】组中的【重设图片】按钮即可。

20.1.33 以小册子的方式打印文档内容

如果现在需要用A4纸打印A5大小的版面，并且对折后可以在中缝处装订的文档，该如何实现呢？操作方法如下。

操作步骤

1. 打开要打印的文档，切换到【页面布局】选项卡，单击【页面设置】中的【页边距】按钮，并在其下拉列表中选择【自定义边距】选项，打开【页面设置】对话框。
2. 切换到【页边距】选项卡，在【页码范围】选项组中的【多页】下拉列表框中选择【书籍折页】选项，这时Word会自动将文档打印方向设置为【横向】，如下图所示，最后单击【确定】按钮即可。

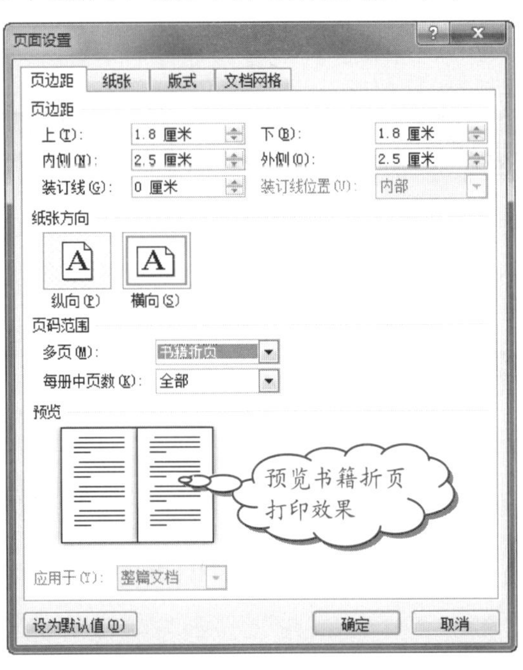

20.1.34 轻松打印标签

打印标签用得很广泛，例如打印门票等。这类标签的内容文字大多较小而且紧密，且其尺寸和形状各不相同，因此相关的大小设置就很麻烦。下面以在A4的打印纸上同时输出多张标签为例讲解快速打印标签的方法。

操作步骤

1. 在【邮件】选项卡的【创建】组中，单击【标签】按钮，弹出【信封与标签】对话框，并切换到【标签】选项卡，接着单击【选项】按钮，如右上图所示。

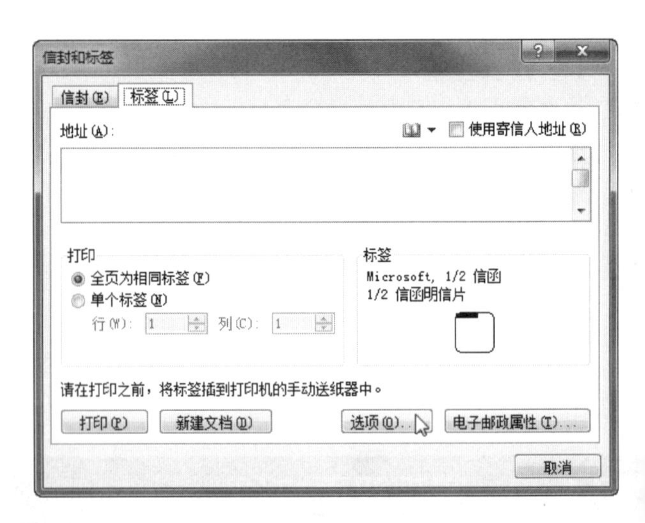

2. 弹出【标签选项】对话框，在【标签供应商】下拉列表框中选择Avery A4/A5选项。在【产品编号】列表框中选择L7413选项，再单击【确定】按钮，如下图所示。

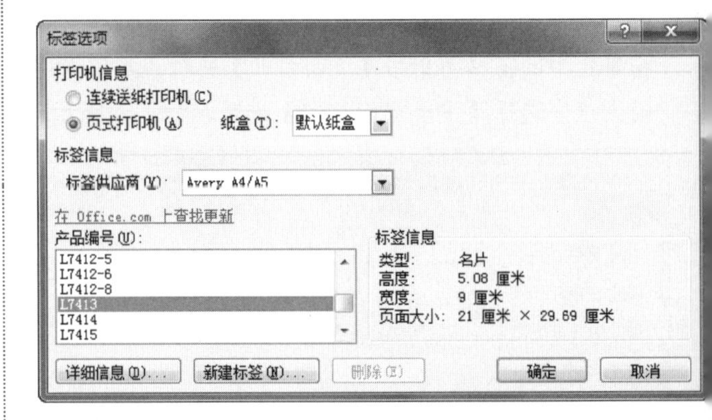

20.1.35 当内存不足时完整打印文档中的图片

由于Word或操作系统的内存不足等特殊情况，会导致不能完整打印文档中的图片。这时可采用以下操作释放更多的内存空间，保证图片的正常打印，具体方法如下。

操作步骤

1. 退出正在运行的任何其他程序，保存要打印的文档。
2. 切换到页面视图，选择【文件】|选择【选项】命令，打开【Word选项】对话框。
3. 在左侧窗格中选择【高级】选项，接着在【显示文档内容】选项组中取消选中【显示图片框】、【显示书签】、【显示正文边框】、【显示裁剪标记】等复选框，如下图所示。

Word 2010程序支持的文件格式有Word文档(.docx)、启用宏的Word文档(.docm)、Word 97-2003文档(.doc)、Word模板(.dotx)、启用宏的Word模板(.dotm)、Word 97-2003模板(.dot)、PDF(.pdf)、XPS文档(.xps)。

❹ 接着向下拖动滑块，在【显示】选项组中取消选中【显示水平滚动条】、【显示垂直滚动条】、【在页面视图中显示垂直标尺】等复选框，再设置【草稿和大纲视图中的样式区窗格宽度】选项为【0 厘米】，如下图所示，最后单击【确定】按钮。

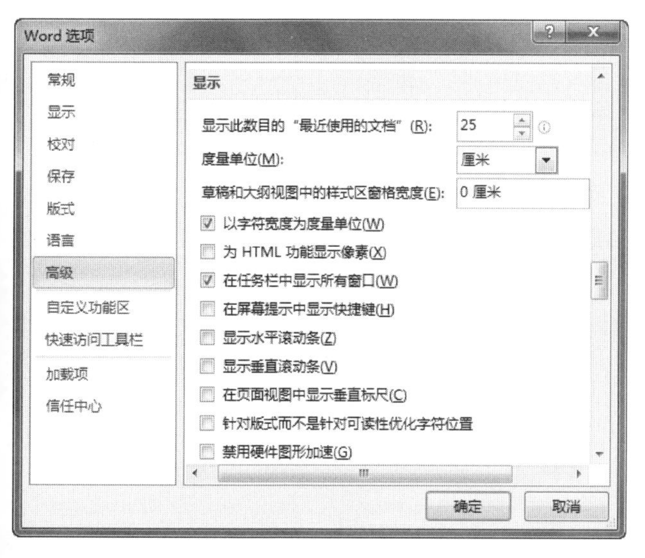

❺ 把鼠标移至功能区的任意位置并右击，从弹出的快捷菜单中选择【功能区最小化】命令，隐藏所在工具栏，如下图所示。

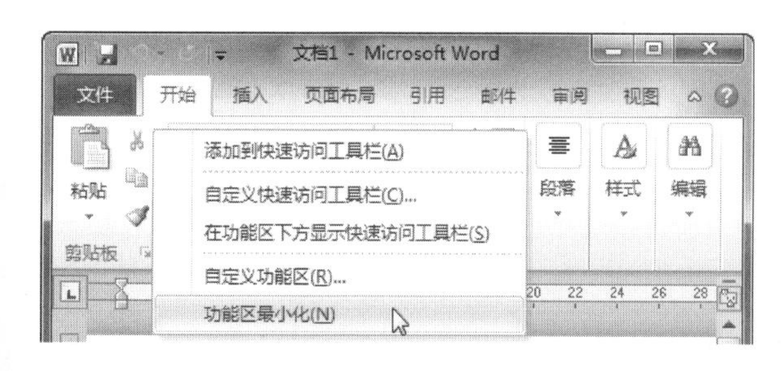

❻ 断开网络，退出驻留程序。这样就可以正常打印文档中的图片了。

提示

所谓驻留程序就是当结束某个常用服务时，它并没有从内存中删除，而是保存在内存中，随时等待调用。这些驻留程序占用一定的内存，导致其他工具栏内存使用不足。

20.2　Excel 2010 实用技巧集锦

本节将学习一些 Excel 2010 的实用技巧，旨在解决用户的疑问以及提高用户的操作水平。

20.2.1　增加工作簿中工作表的默认数量

当读者打开 Excel 2010 时，工作簿中默认的工作表有 3 个，若用户每次都需要多个工作表，可以通过下述步骤进行设置。

操作步骤

❶ 启动 Excel 2010 程序，选择【文件】|【选项】命令，打开【Excel 选项】对话框。

❷ 在左侧窗格中选择【常规】选项，接着在【新建工作簿时】选项组中，调整【包含的工作表数】微调框中的数据，如设为“10”，如下图所示。

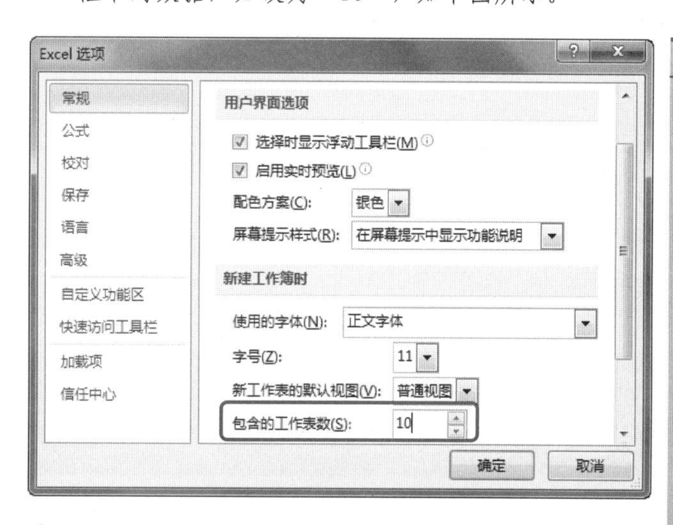

❸ 单击【确定】按钮，以后新建工作簿时，文件中将自动包含 10 个工作表。

(续)Word 2010 程序支持的文件格式有单个文件网页(.mht 或.mhtml)、网页(.htm 或.html)、筛选过的网页(.htm 或.html)、RTF 格式(.rtf)、纯文本(.txt)、Word XML 文档(.xml)、Word 2003 XML 文档(.xml)、OpenDocument 文本(.odt)、工作 6－9 文档(.wps)。

20.2.2 让 Excel 自动调整输入数据的类型

如果在【开始】选项卡的【数字】组中将单元格的数据格式类型设置为【常规】，如下图所示，则 Excel 会自动设置输入数据的类型。

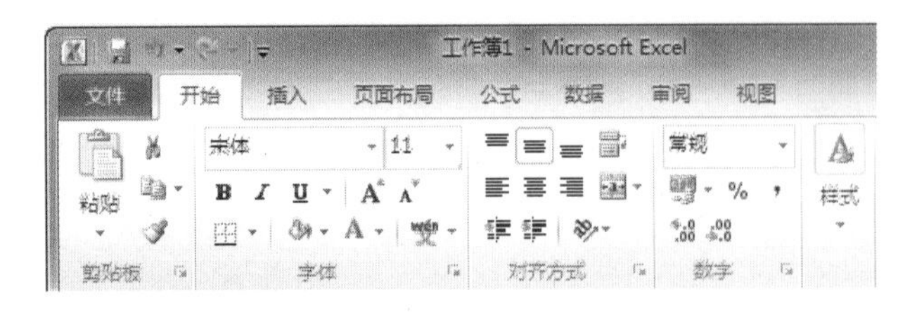

20.2.3 增加 Excel 最近打开的文件数量

当读者打开 Excel 2010 工作簿进行数据处理时，程序会自动记录最后使用过的文档信息，默认可以记录 25 个文档信息。

读者也可以根据自己的需要进行调整。在【Excel 选项】对话框中选择【高级】选项，接着在【显示】选项组中调整【显示此数目的“最近使用的文档”】微调框中的数据，再单击【确定】按钮进行保存即可，如下图所示。

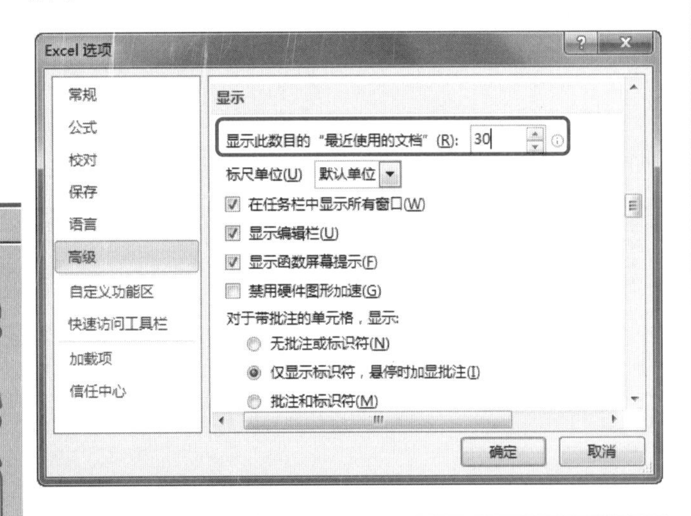

20.2.4 将网页中的数据无格式地输入到表格中

如果您在浏览网页的时候，发现网页中的某些数据如右上图中的股票历史数据很有用，想要把它们保存下来，该怎么办呢？

操作步骤

1. 打开要保存数据的页面如下图所示，我们将搜索结果的页面地址复制到剪贴板中以备后面使用。

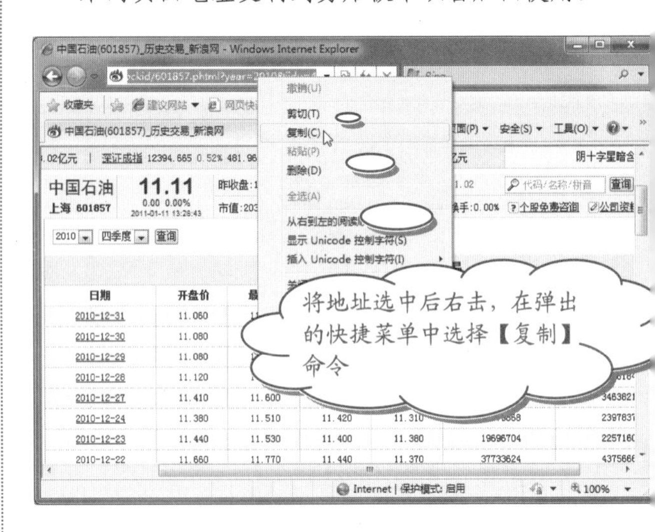

2. 打开要保存该数据的工作表，然后选择 B2 单元格；接着在【数据】选项卡的【获取外部数据】组中，单击【自网站】按钮，如下图所示。

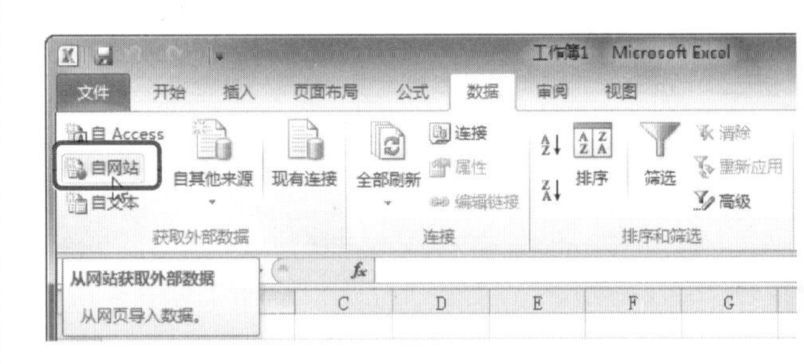

3. 弹出【新建 Web 查询】对话框，然后在【地址】栏中输入前面复制的地址，单击【转到】按钮后，结果如下图所示。

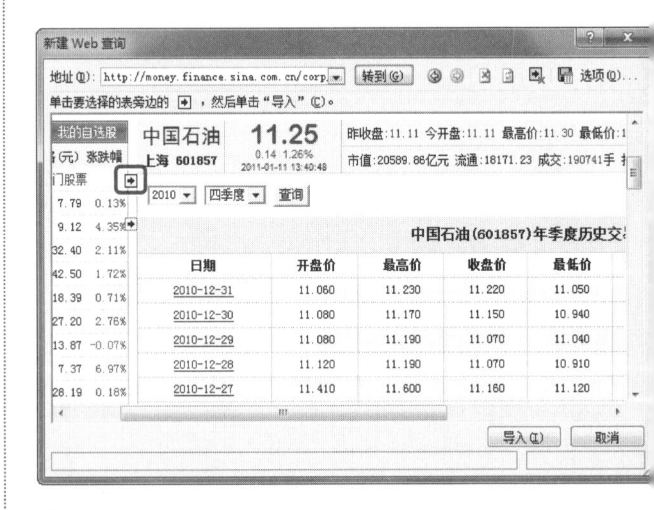

4. 选择上图中要导入数据前面的符号，当该符号变为时，单击【导入】按钮，如下图所示。

在单元格中还可以插入垂直文本框，方法是在【插入】选项卡的【插图】组中单击【形状】按钮，在弹开的列表中单击【垂直文本框】图标，然后在单元格中按下鼠标左键拖动，即可绘制垂直文本框了。在垂直文本框中输入的字符是纵向排列的。

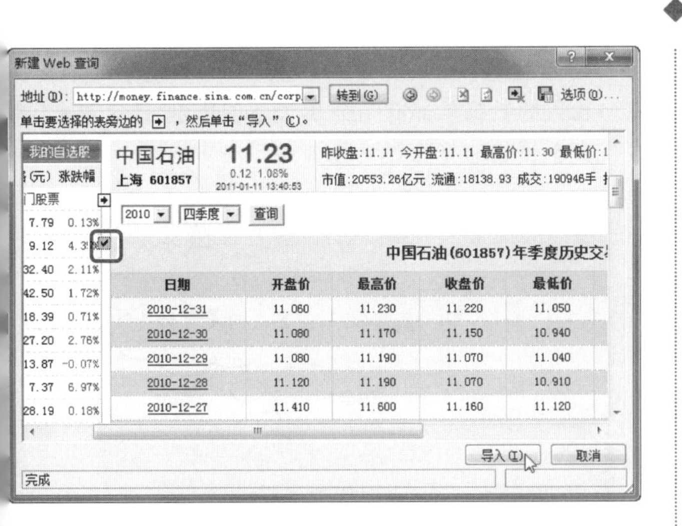

5 在弹出的【导入数据】对话框中，输入如下图所示的参数后，单击【确定】按钮。

6 结果如下图所示。

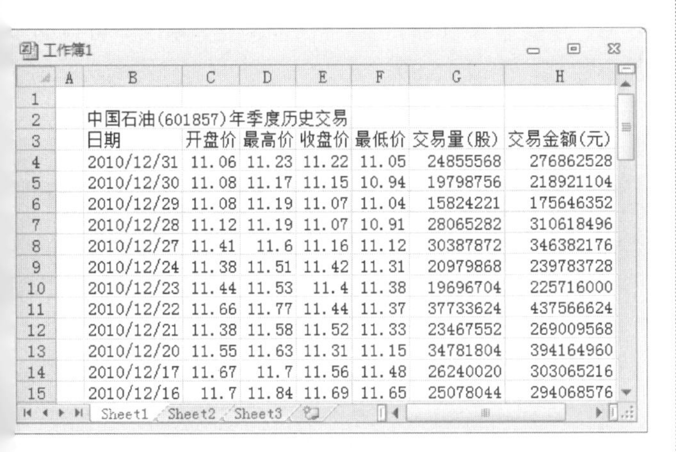

	A	B	C	D	E	F	G	H
1								
2		中国石油(601857)年季度历史交易						
3		日期	开盘价	最高价	收盘价	最低价	交易量(股)	交易金额(元)
4		2010/12/31	11.06	11.23	11.22	11.05	24855568	276862528
5		2010/12/30	11.08	11.17	11.15	10.94	19798756	218921104
6		2010/12/29	11.08	11.19	11.07	11.04	15824221	175646352
7		2010/12/28	11.12	11.19	11.07	10.91	28065282	310618496
8		2010/12/27	11.41	11.6	11.16	11.12	30387872	346382176
9		2010/12/24	11.38	11.51	11.42	11.31	20979868	239783728
10		2010/12/23	11.44	11.53	11.4	11.38	19696704	225716000
11		2010/12/22	11.66	11.77	11.44	11.37	37733624	437566624
12		2010/12/21	11.38	11.58	11.52	11.33	23467552	269009568
13		2010/12/20	11.55	11.63	11.31	11.15	34781804	394164960
14		2010/12/17	11.67	11.7	11.56	11.48	26240020	303065216
15		2010/12/16	11.7	11.84	11.69	11.65	25078044	294068576

20.2.5　快速输入有部分重复的数据

如果您要输入的数据中有部分数据是重复的，您可以通过单元格的自定义功能轻松解决这个问题。

操作步骤

1 选中需要设置格式的单元格。

2 在【开始】选项卡的【数字】组中，单击【数字对话框启动器】按钮 ，打开【设置单元格格式】对话框。

3 切换到【数字】选项卡，在【分类】列表框中选择【自定义】选项，再在右侧的【类型】列表框中输入“342036############”，实际输入时不需要加引号，如下图所示。

4 单击【确定】按钮，返回工作簿，在单元格中输入身份证号码时只要输 342036 之后的就可以了。

20.2.6　快速定位到需要的数据

如果您想快速查找出所有符合条件的数据，可以使用【转到】选项使单元格指针快速转移到指定的单元格。

操作步骤

1 在【开始】选项卡的【编辑】组中，单击【查找和选择】按钮下方的下三角按钮，在打开的列表中选择【转到】选项，如下图所示。

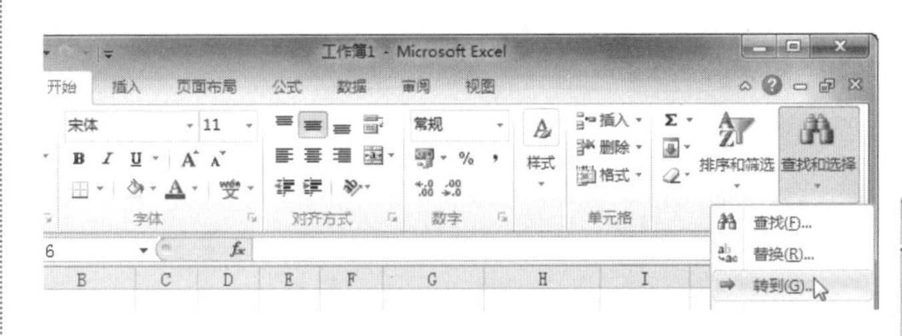

2 弹出【定位】对话框，在【引用位置】文本框中输入目的单元格的地址，然后单击【确定】按钮，如下图所示。

提示

如果已经有过多次定位操作，那么在如下图所示的【定位】列表框中则会有以前定位的地址记录，只要从中选择要定位到的地址即可。

20.2.7 改变输入数值的小数位数

Excel 有预定义的有效数字，基本上包罗了我们平时用到的数字和数字符号，我们只要正常输入就可以了。下面主要介绍一些平时不怎么用到的设置，使用这些 Excel 设置可以使输入某些数字时不那么繁琐。

(1) 输入的数字整数尾部具有相同个数的 0，或者整数尾部的 0 很多。

如果工作表中要经常输入比较大的数据，如 10 000 000、350 000 000 等，这种情况可以让 Excel 通过预先设置的方法自动添加尾 0，设置好后，再输入的时候只需要输入 1、35，然后按 Enter 键，系统即可自动添加 7 个 0。具体方法如下。

操作步骤

❶ 选择【文件】|【选项】命令，打开【Excel 选项】对话框，接着在左侧列表中选择【高级】选项，如下图所示。

❷ 在右侧窗格中选中【自动插入小数点】复选框，然后在位数中输入负数。如输入“-7”表示工作表中输入的数据尾部有 7 个 0，如下图所示，最后单击【确定】按钮即可。

(2) 输入的数字是小数，而小数有相同的小数位数。

这种情况也可以通过与上面相同的办法设置。区别只在于【自动插入小数点】复选框的位数输入为正数即可，如下图所示。，输入“2”表示工作表中输入小数的小数点后有两位数字。即，若想输入 16.89，在系统设置好后，只要输入 1689，然后按 Enter 键，系统即可自动添加小数点，生成 16.89。

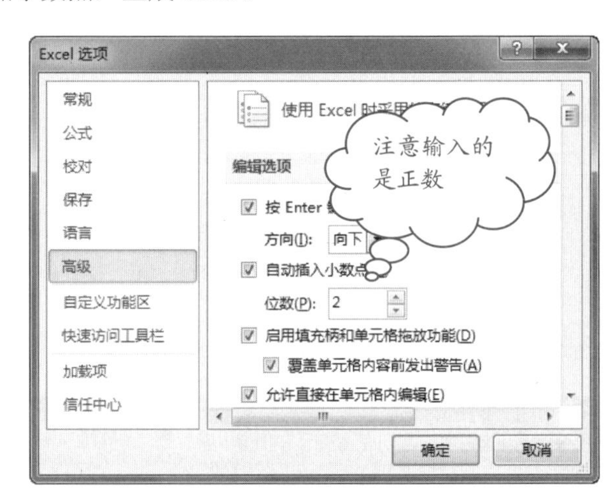

注意

在使用“自动插入小数点”这一功能时，要根据输入数据的主要类型来确定。比如输入的数据小数居多时可以将位数设为正数。但要注意，一定要将小数位数补齐，如果设置为 2 位小数，想要得到 2120.5 时，则要在单元格内输入 212050，系统自动取为 2120.5。

长见识：在 Excel 工作表中可以给数字添加拼音，但是在实际应用中没有作用。拼音可以是字母，也可以是汉字。

20.2.8　改变默认的行高与列宽

当数据输入完成后，如下图所示，您会发现 B 列和 G 列单元格中的数据显示不完整或者出现了“######”这样的符号，这时您就需要调整单元格的行高或列宽了。

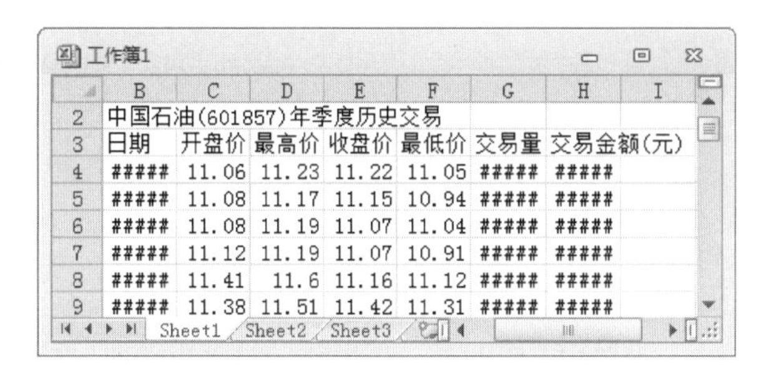

1. 调整列宽

当输入的数据的长度长于列宽的时候，就需要调整了。

(1) 通过【开始】选项卡中的工具调整，具体方法如下。

操作步骤

1. 选择要调整列宽的列。
2. 在【开始】选项卡的【单元格】组中，单击【格式】按钮旁的下三角按钮，从打开的列表中选择【列宽】选项，如下图所示。

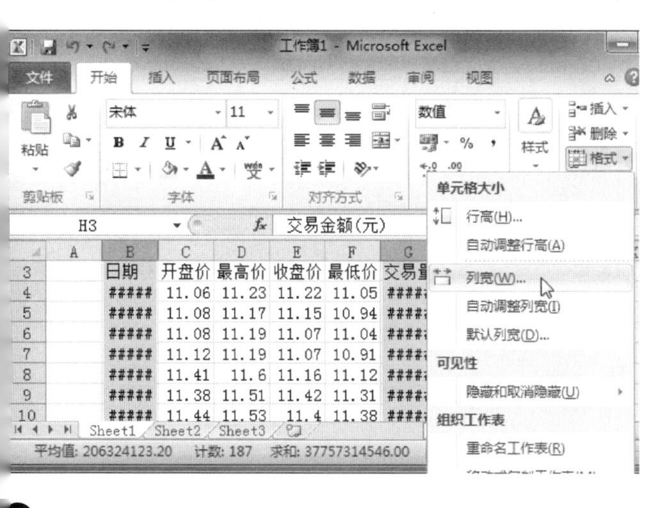

3. 弹出【列宽】对话框，输入“12”，如下图所示。

技巧

在您选中的列上右击，从弹出的快捷菜单中选择【列宽】命令，也可以打开【列宽】对话框。

4. 单击【确定】按钮，执行该命令后的结果如下图所示。

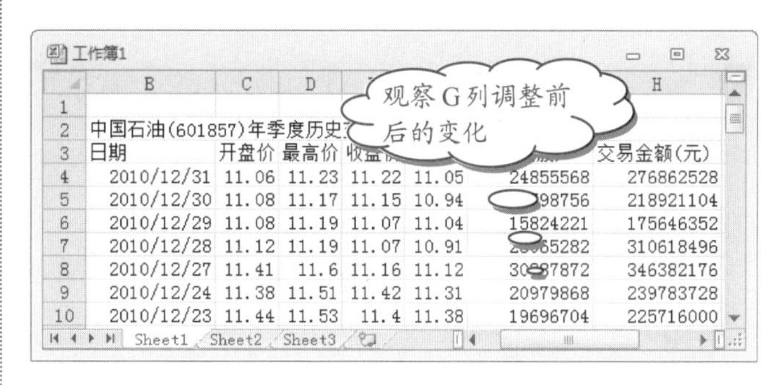

提示

当您在步骤 2 中选择【自动调整列宽】选项后，则不需要再进行步骤 3 中的操作，Excel 2010 将自动调整列的宽度。这样比起手动调节要简单和快捷得多。

(2) 通过鼠标拖动的方法也可以达到调整列宽的目的，具体方法如下。

操作步骤

1. 将鼠标移动到 B 列的右边框，直到出现如下图所示的光标。

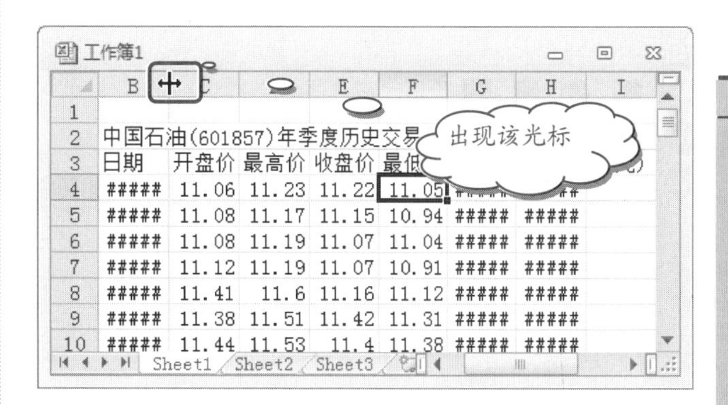

提示

当出现如上图所示的光标时，双击鼠标左键，Excel 2010 会默认选用自动调整列宽命令。

2. 按住鼠标左键不放，在 B 列的左右边框会出现一条黑色的虚线，如下图所示。

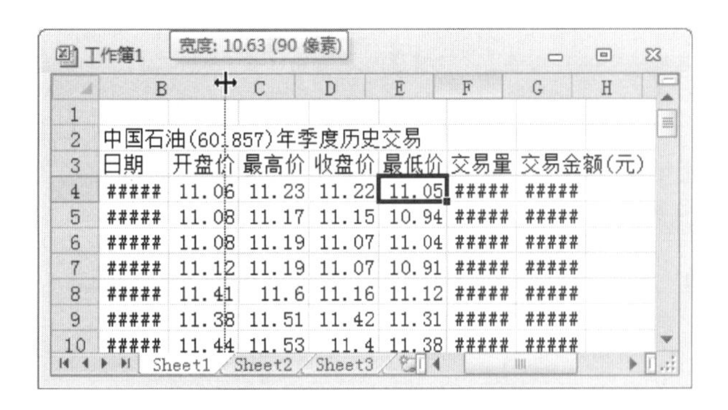

❸ 将虚线拖动到适当的位置释放鼠标左键，结果如下图所示。

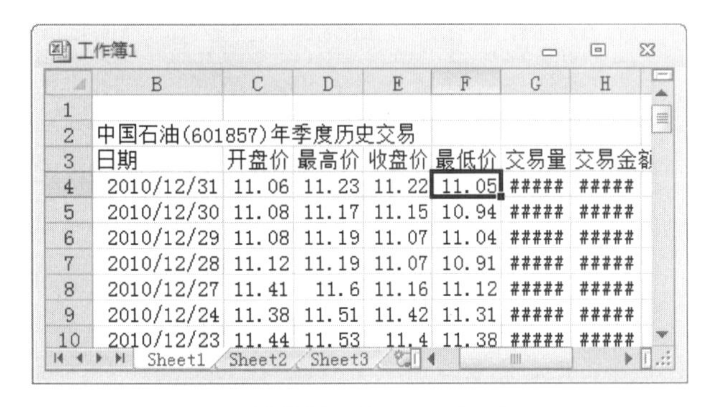

2. 调整行高

调整行高也有三种方法，步骤同调整列宽相似，这里就不再赘述。请读者参照前面所述方法进行尝试。

20.2.9 实现数据行列转置

若想改变数据的行列位置，可以通过下述步骤进行行列转置。

操作步骤

❶ 打开“需要设置的”工作簿。

❷ 选中 A2:C12 单元格区域并右击，在弹出的快捷菜单中选择【复制】命令，如下图所示。

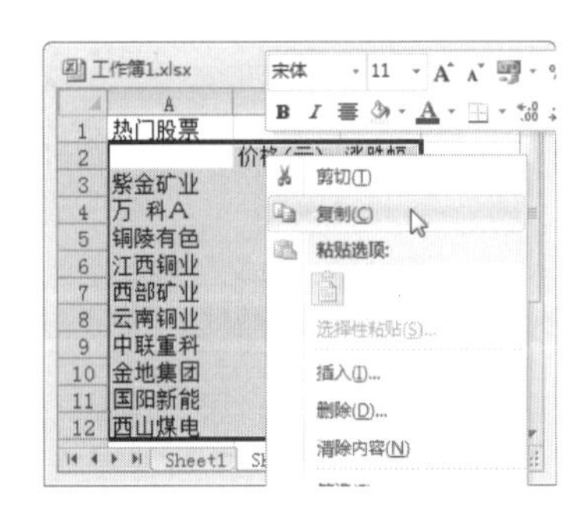

❸ 切换到 Sheet3 工作表，然后右击 A1 单元格，从弹出的快捷菜单中单击【转置】按钮，如右上图所示。

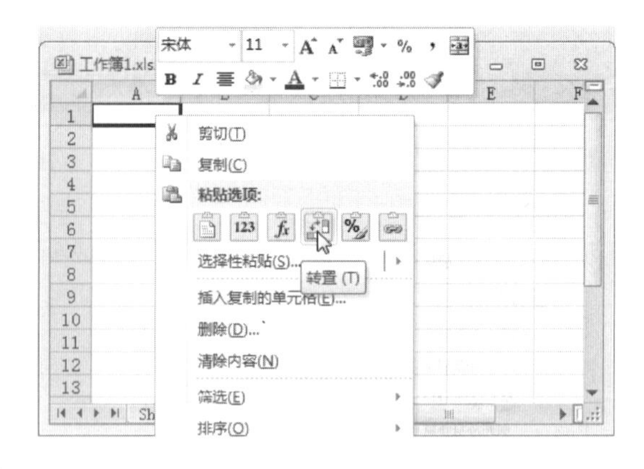

❹ 行列转置后的效果如下图所示。

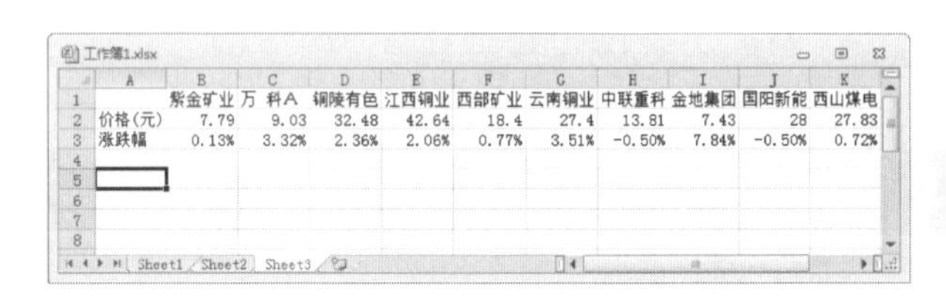

20.2.10 去除工作表中默认的网格线

如上图所示，工作表中有网格线，您可以通过下面的方法来隐藏网格线。

操作步骤

❶ 在【视图】选项卡的【显示】组，取消选中【网格线】复选框，如下图所示。

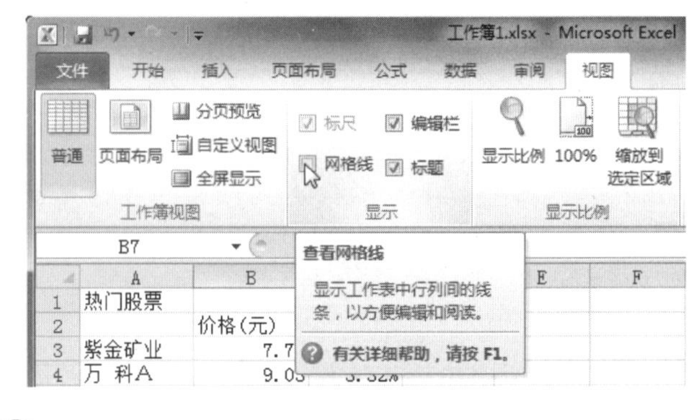

❷ 去掉网格线后的效果如下图所示。

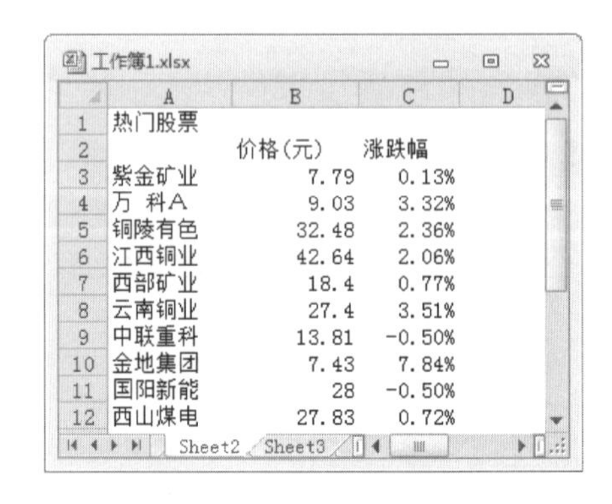

长见识 在【插入函数】对话框的【搜索函数】文本框中输入需要的计算目标，如输入【乘积】，然后单击其右侧的【转到】按钮，Excel 会自动推荐 PRODUCT 函数供用户使用。

20.2.11 为工作表添加背景图片

工作表中的背景是单纯的白色，是不是太单调了呢？在工作表中能不能像 Word 一样添加背景图片呢？

操作步骤

1. 打开要编辑的工作簿，然后在【页面布局】选项卡的【页面设置】组中，单击【背景】按钮，如下图所示。

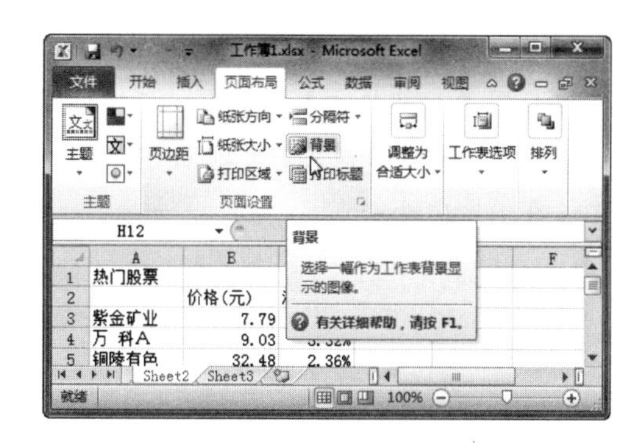

2. 弹出【工作表背景】对话框，选择要作为背景的图片，再单击【插入】按钮，如下图所示。

3. 结果如下图所示。

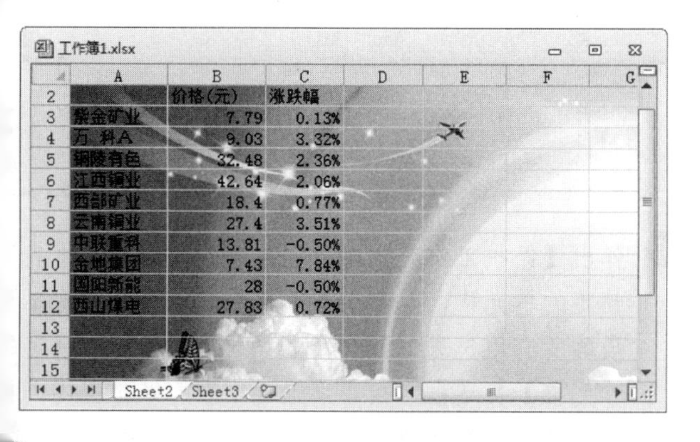

4. 此时【页面设置】组如右上图所示，如果要删除背景，单击该组中的【删除背景】按钮即可。

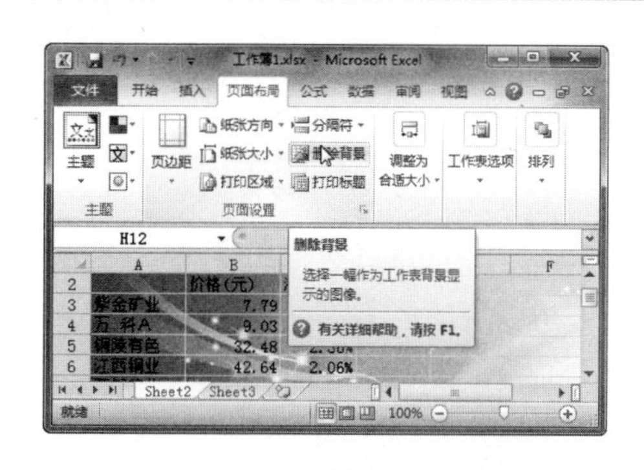

20.2.12 将表格快速转换为图片

如果您正在制作某种格式的文件，而该文件又不支持 Excel 格式，该怎么办呢？这时可以把表格转换成图片。

操作步骤

1. 在“工作簿”中，切换到 Sheet2 工作表，选择要转换为图片的区域，在选择的区域上右击，并在弹出的快捷菜单中选择【复制】命令，如下图所示。

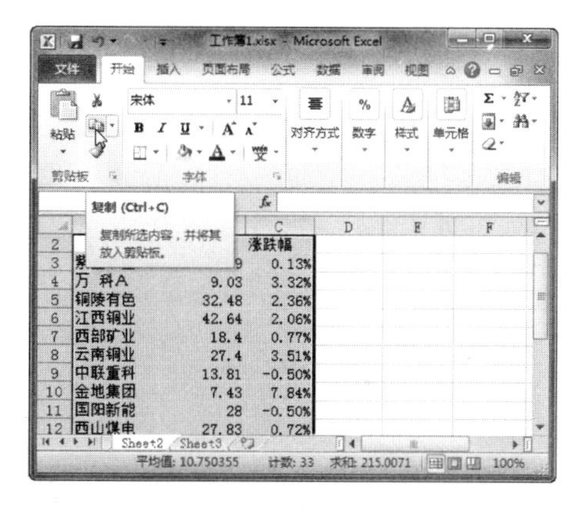

2. 在【开始】选项卡的【剪贴板】组中，单击【粘贴】按钮旁边的下三角按钮，从弹出的列表中选择【图片】选项，如下图所示。

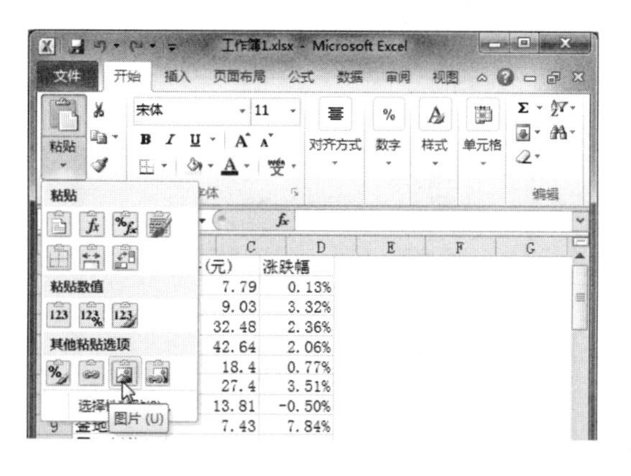

3. 转换完成后，粘贴后的图片移动，效果如下图所示。

在使用 If 等套用函数时，公式往往非常复杂。为便于操作，用户可以先在 Word 文档、文本文档等窗口中编写公式，并按 Ctrl+C 组合键复制公式，然后在 Excel 窗口中选择要使用该公式的单元格，将光标定位到编辑栏中，并按 Ctrl+V 组合键粘贴公式，再按 Enter 键确认即可。

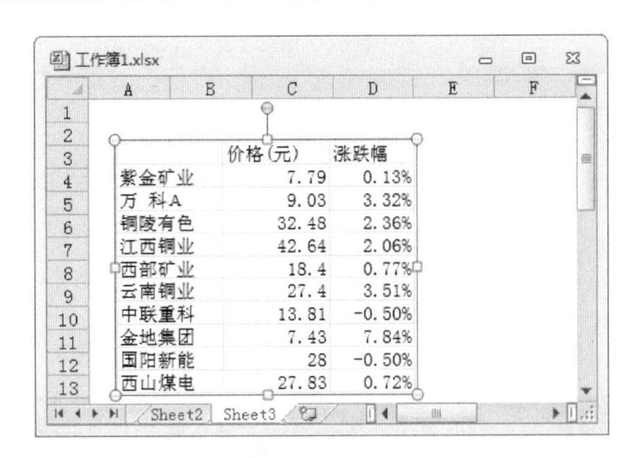

20.2.13 隐藏公式不被随意修改

一般许多数据的工作簿中都会有编写的计算公式，如何将公式隐藏起来呢？具体操作如下。

操作步骤

1. 首先打开要隐藏公式的工作簿，然后在【开始】选项卡的【编辑】组中，单击【查找和选择】按钮，并从打开的列表中选择【定位条件】选项，如下图所示。

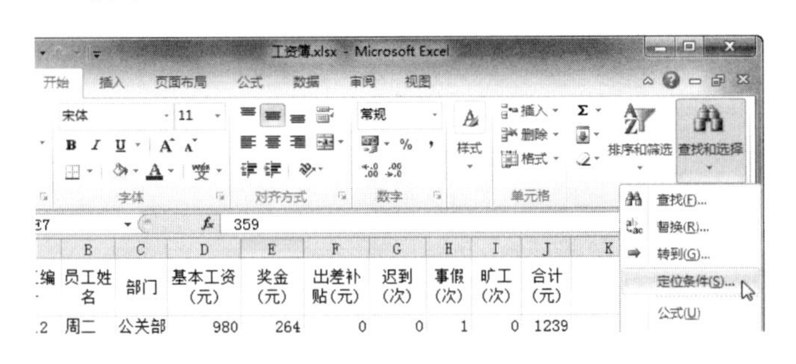

2. 弹出【定位条件】对话框，选中【公式】单选按钮及【数字】、【文本】和【逻辑值】复选框，再单击【确定】按钮，如下图所示。

3. 这时即可发现工作表中所有包含公式的单元格都被选中了，右击选中的单元格，从弹出的快捷菜单中选择【设置单元格格式】命令，如右上图所示。

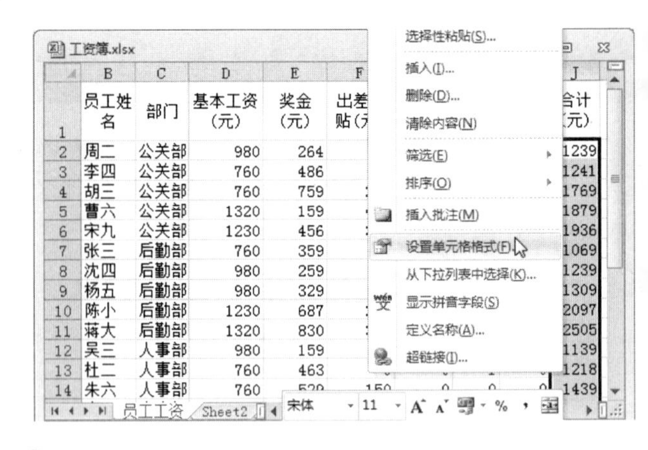

4. 弹出【设置单元格格式】对话框，切换到【保护】选项卡，然后选中【锁定】复选框，再单击【确定】按钮，如下图所示。

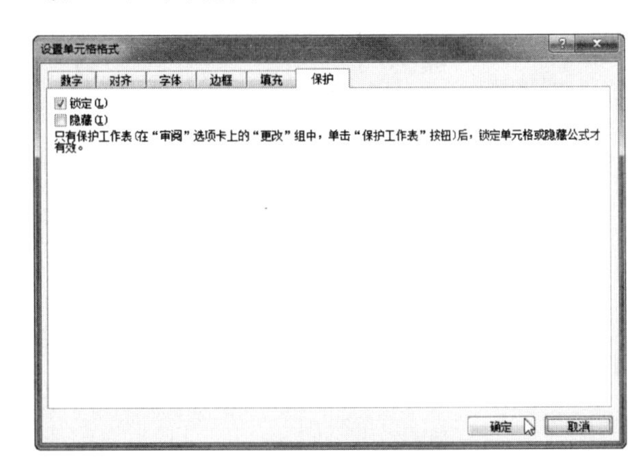

5. 在【审阅】选项卡的【更改】组中，单击【保护工作表】按钮，如下图所示。

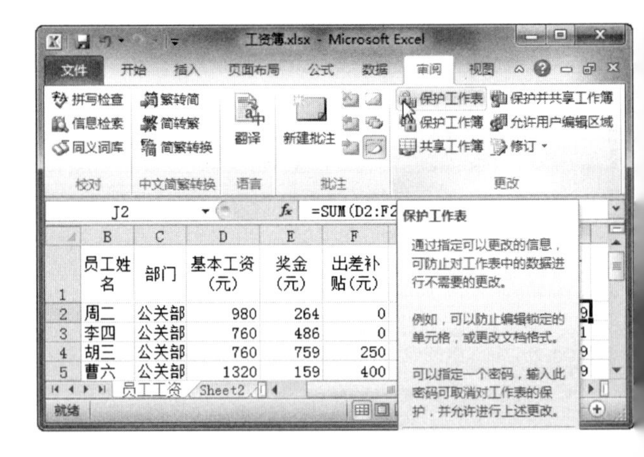

6. 弹出【保护工作表】对话框，选中【保护工作表及锁定的单元格内容】复选框，然后在【允许此工作表的所有用户进行】列表框中选中【选定未锁定的单元格】复选框，接着设置工作表的保护密码，再单击【确定】按钮。

长见识 在 Excel 中选中设置后的图片，然后在【图片工具】下的【格式】选项卡中，单击【调整】组中的【重设图片】按钮，可以恢复插入图片的默认状态。

7 弹出【确认密码】对话框，然后在【重新输入密码】文本框中输入密码，如下图所示，再单击【确定】按钮，即可将所有包含公式的单元格都保护起来，既不能被修改，也看不到单元格内的公式，但是它们的数据可以随着被引用单元格数据的变化而自动计算。

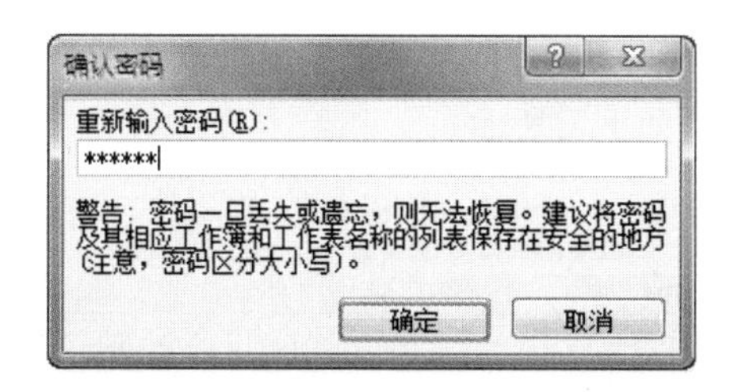

20.2.14　让标题信息在每一页中都显示

打印标题的设置主要是针对打印内容为多页的情况，当内容超出 1 页的时候，在第 1 页中的列标题在后面的页中就不会显示，如何让其在其他页中显示呢？具体操作如下。

操作步骤

1 首先打开要打印的工作表，然后在【页面布局】选项卡的【页面设置】组中，单击【打印标题】按钮，如下图所示。

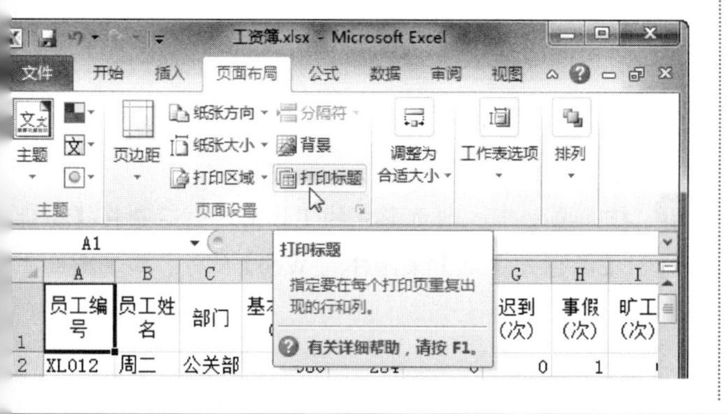

2 弹出【页面设置】对话框，然后在【工作表】选项卡中设置【打印标题】选项组中的参数，再单击【确定】按钮，如下图所示。

3 这时即可发现在每页都可以看到列标题了，如下图所示。

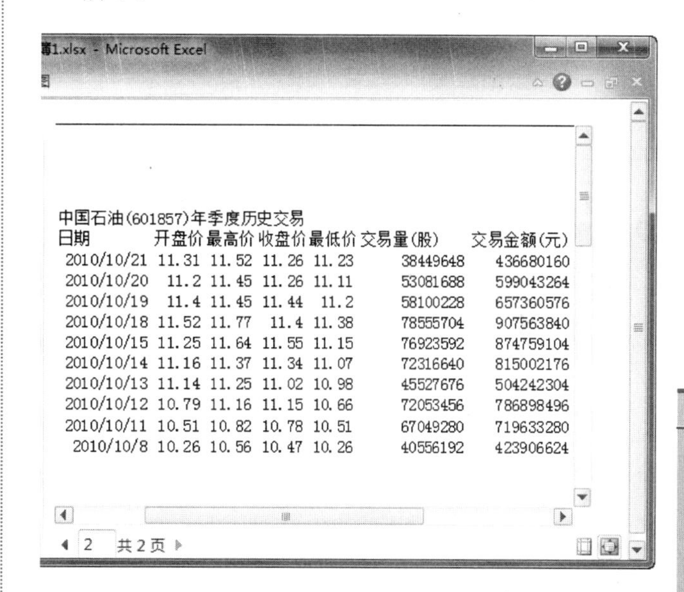

中国石油(601857)年季度历史交易

日期	开盘价	最高价	收盘价	最低价	交易量(股)	交易金额(元)
2010/10/21	11.31	11.52	11.26	11.23	38449648	436680160
2010/10/20	11.2	11.45	11.26	11.11	53081688	599043264
2010/10/19	11.4	11.45	11.44	11.2	58100228	657360576
2010/10/18	11.52	11.77	11.4	11.38	78555704	907563840
2010/10/15	11.25	11.64	11.55	11.15	76923592	874759104
2010/10/14	11.16	11.37	11.34	11.07	72316640	815002176
2010/10/13	11.14	11.25	11.02	10.98	45527676	504242304
2010/10/12	10.79	11.16	11.15	10.66	72053456	786898496
2010/10/11	10.51	10.82	10.78	10.51	67049280	719633280
2010/10/8	10.26	10.56	10.47	10.26	40556192	423906624

2　共 2 页

20.2.15　设置表格的页眉和页脚

在 Word 中，我们经常要插入页眉和页脚。在 Excel 中，您也可以插入页眉和页脚。

操作步骤

1 首先在工作簿中切换到要编辑的工作表，然后在【插入】选项卡的【文本】组中，单击【页眉和页脚】按钮，如下图所示。

每次将文件另存为其他文件格式时，都可能无法传输它的某些格式、数据和功能。

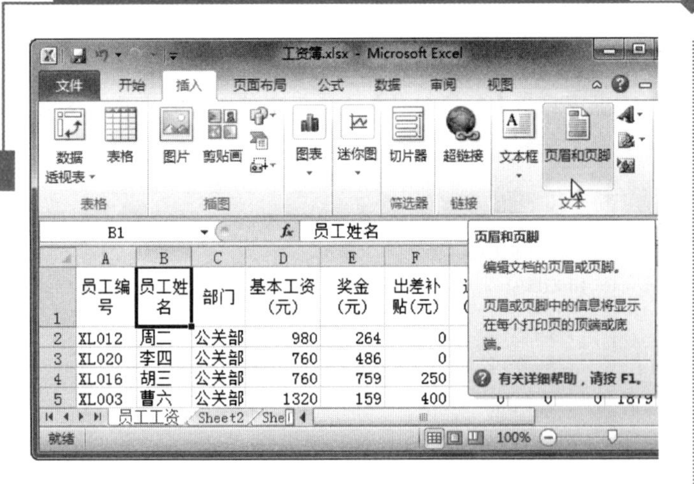

❷ 进入页眉或页脚编辑状态，然后在页眉区域的相应位置处输入适当的内容，完成后的效果如下图所示。

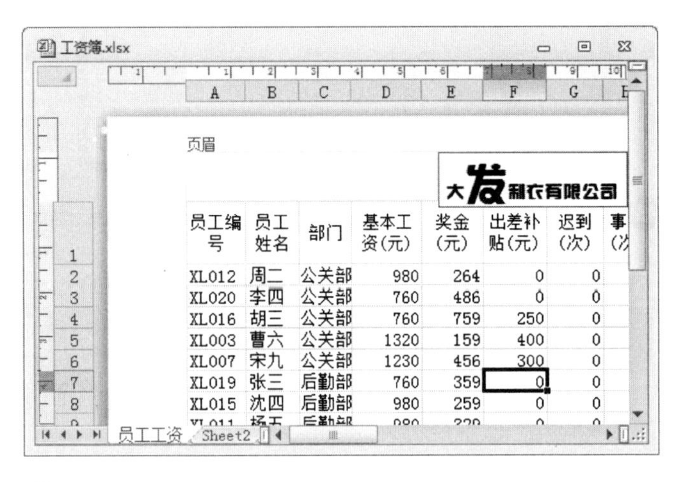

❸ 接着在页脚区域的相应位置处输入适当的内容，设置页脚内容，如下图所示。

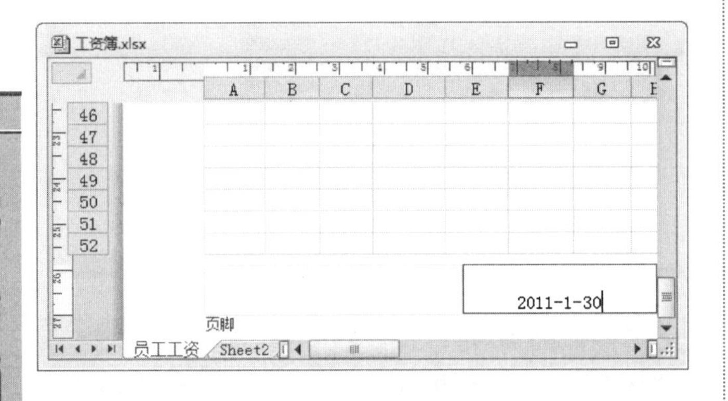

20.2.16 调整插入在页眉中的公司LOGO大小

如上一节中所述，在页眉中插入了公司的LOGO后，如果想调整它的大小，可以用下面的方法。

操作步骤

❶ 首先在工作表的页眉区域中单击插入的LOGO图片，然后在【页眉和页脚工具】下的【设计】选项卡中，单击【页眉和页脚元素】组中的【设置图片格式】按钮，如下图所示。

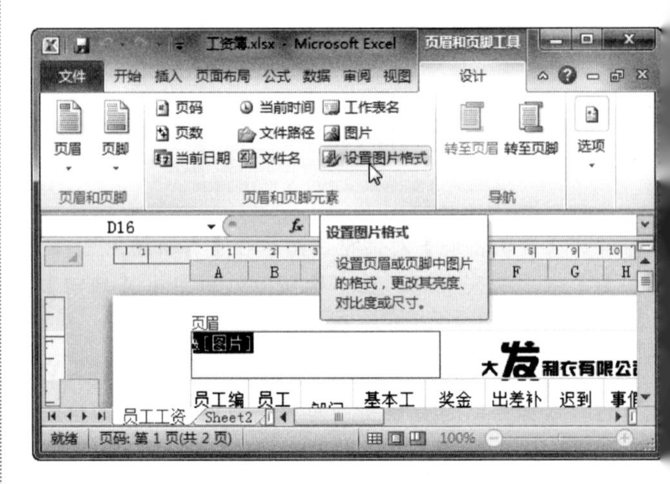

❷ 在打开的【设置图片格式】对话框中，设置图片的大小，如下图所示。

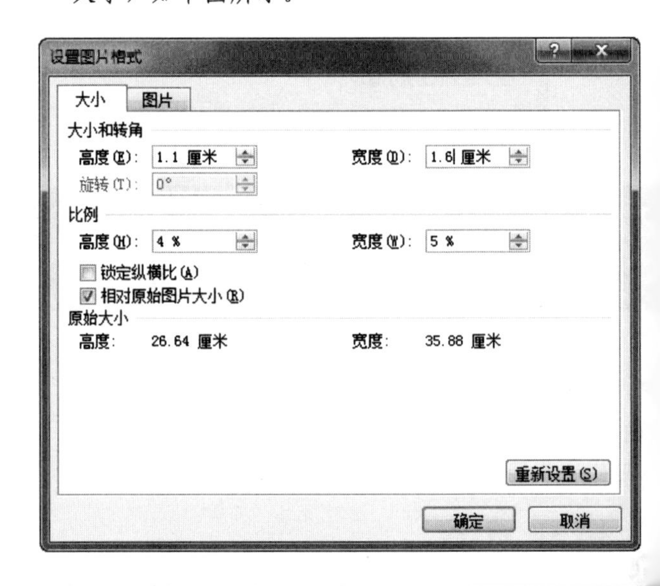

20.2.17 将表格发布成网页形式

如果您的数据要发布到互联网上，那就要把文件保存为网页的格式，这样也免除通过其他软件再转换到网页的步骤。

操作步骤

❶ 打开要发布成网页形式的工作簿，然后选择【文件】|【保存并发送】|【保存到Web】命令，如下图所示

长见识 在修改数据后，如果单元格的宽度容纳不下所有数据时，可以通过Alt+Enter组合键换行，继续输入修改内容。修改完毕后，按Enter键会发现该行自动调整行高了。

2 接着在右侧窗格中单击【登录】按钮，如下图所示。

3 弹出【连接到 docs.live.net】对话框，输入邮箱地址和密码，再单击【确定】按钮，如下图所示。

4 登录后即可发现右侧窗格中的【登录】按钮变成【另存为】按钮，单击该按钮，如右上图所示。

5 弹出【另存为】对话框，设置【保存类型】为【网页】，再单击【发布】按钮，如下图所示。

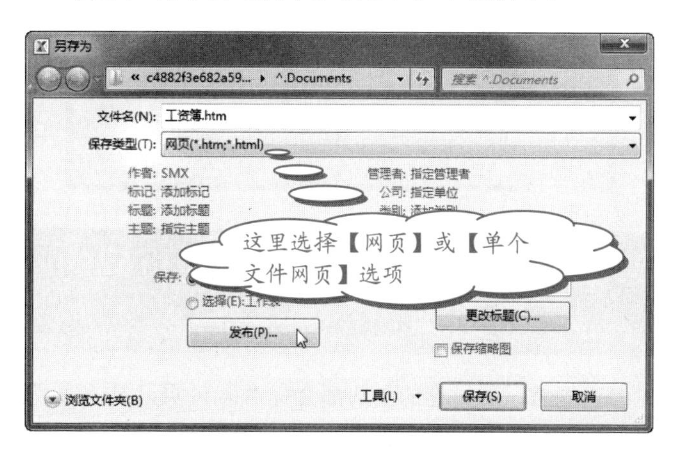

6 弹出【发布为网页】对话框，在【选择】下拉列表框中选择发布内容，接着选中【在浏览器中打开已发布网页】复选框，再单击【发布】按钮，如下图所示。

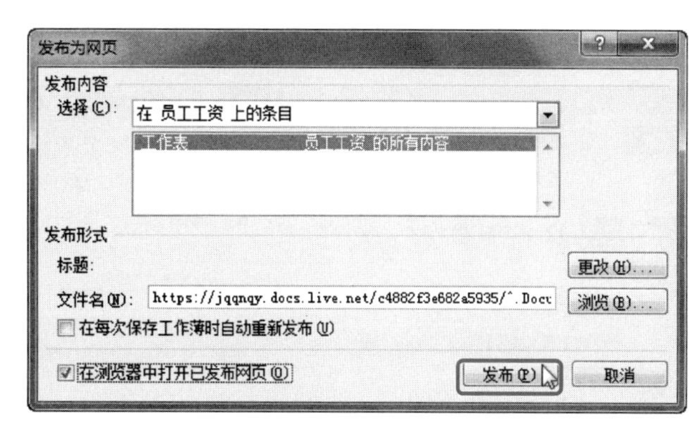

7 开始发布网页，并弹出【正在保存】对话框，如下图所示，稍等片刻。

学以致用系列丛书

在添加数据系列时，如果工作表中有要添加的数据系列的名称和数值，那么最好使用单元格引用，防止在数据修改之后图表不自动更新。

❽ 发布成功后则会在 IE 浏览器中打开发布的工作表内容，结果如下图所示。

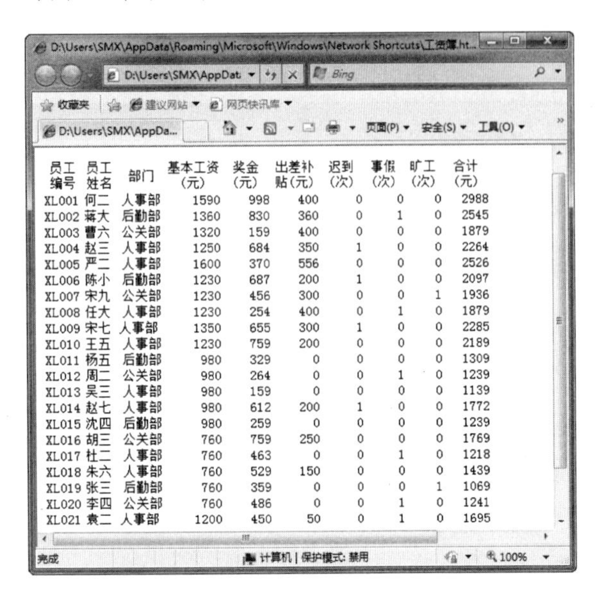

员工编号	员工姓名	部门	基本工资(元)	奖金(元)	出差补贴(元)	迟到(次)	事假(次)	旷工(次)	合计(元)
XL001	何二	人事部	1590	998	400	0	0	0	2988
XL002	蒋大	后勤部	1360	830	360	0	1	0	2545
XL003	曹六	公关部	1320	159	400	0	0	0	1879
XL004	赵三	人事部	1250	684	350	1	0	0	2264
XL005	严二	人事部	1600	370	556	0	0	0	2526
XL006	陈小	后勤部	1230	687	200	1	0	0	2097
XL007	宋九	公关部	1230	456	300	0	0	1	1936
XL008	任大	人事部	1230	254	400	0	1	0	1879
XL009	宋七	人事部	1350	655	300	1	0	0	2285
XL010	王五	人事部	1230	759	200	0	0	0	2189
XL011	杨五	后勤部	980	329	0	0	0	0	1309
XL012	周二	公关部	980	264	0	0	1	0	1239
XL013	吴三	人事部	980	159	0	0	0	0	1139
XL014	赵七	人事部	980	612	200	1	0	0	1772
XL015	沈四	后勤部	980	259	0	0	0	0	1239
XL016	胡三	公关部	760	759	250	0	0	0	1769
XL017	杜二	人事部	760	463	0	0	1	0	1218
XL018	朱六	人事部	760	529	150	0	0	0	1439
XL019	张三	后勤部	760	359	0	0	0	1	1069
XL020	李四	公关部	760	486	0	0	1	0	1241
XL021	袁二	人事部	1200	450	50	0	1	0	1695

20.2.18 插入总页数和当前页码的页脚

正规考试的试卷的下部都会有“第 X 页，共 X 页”字样，在 Excel 中也可以插入此格式的页码。

操作步骤

❶ 在要编辑的工作表中激活页眉或页脚区，接着在【页眉和页脚工具】下的【设计】选项卡中，单击【页眉和页脚】组中的【页脚】按钮，从打开的列表中选择【第 1 页，共？页】选项，如下图所示。

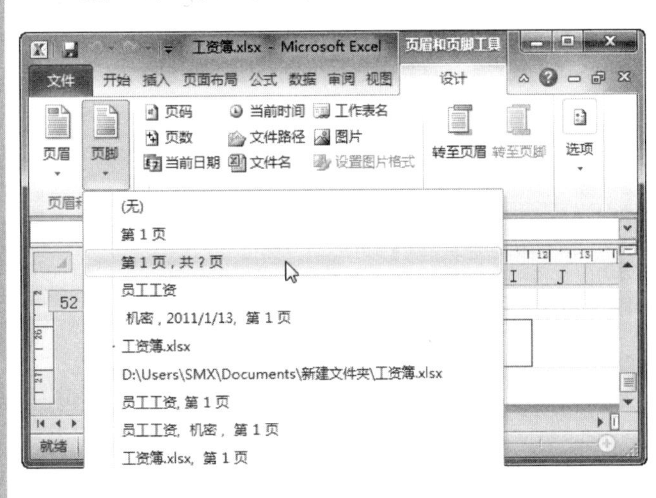

❷ 这时将会在工作表中插入总页数和当前页码，效果如下图所示。

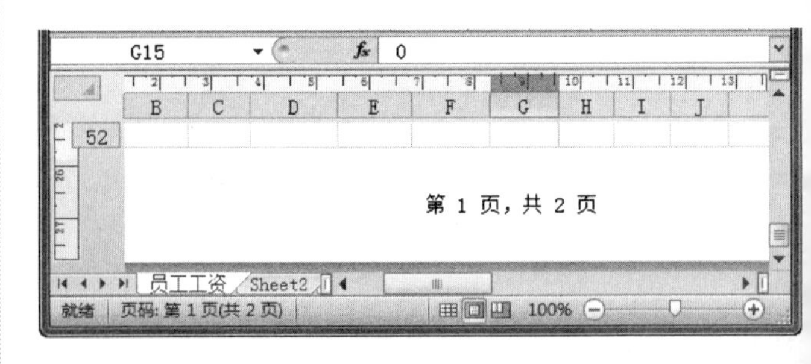

20.2.19 隐藏 Excel 中文档创建者的个人资料

Office 文档中可以保存几种类型的隐藏数据和个人信息。读者在 Office 程序中查看文档时，可能无法直接看到这些信息，但其他人可能会查看或检索到这些信息。

隐藏信息包括 Office 程序添加到文件以使您能够与其他人协作编写和编辑文档的数据，还包括特意指定为“隐藏”的信息。

Office 文档可以包含下列类型的隐藏数据和个人信息。

(1) 文档属性和个人信息。文档属性也称为元数据(元数据是用于说明其他数据的数据。例如，文档中的文字是数据，而字数便是元数据)，它包括有关文档的详细信息(如作者、主题和标题)，还包括由 Office 程序自动维护的信息(如最近保存文档的人员的姓名和文档的创建日期)。如果您使用了特定功能，文档可能还包含其他种类的个人身份信息(PII)，即可用于标识一个人身份的任何信息，如姓名、地址、电子邮件地址、身份证号码、IP 地址或另一个程序中与 PII 相关的任何唯一标识符，如电子邮件标题、请求审阅信息、传送名单、打印机路径和用于发布网页的文件路径信息。

(2) 页眉、页脚和水印。

(3) 隐藏文字。

(4) 隐藏行、列和工作表。

(5) 不可见内容。

(6) 文档服务器属性。如果您的文档被保存到文档管理服务器上的某个位置(如基于 Microsoft Windows SharePoint Services 的“文档工作区”网站或库)，文档可能包含与此服务器位置相关的其他文档属性或信息。

您可以通过下面的方法来隐藏或删除以上信息。

操作步骤

❶ 切换到要编辑的工作表，然后选择【文件】|【信息

首先选定要输入同一内容的单元格区域，然后输入内容，最后按 Ctrl + Enter 组合键，即可实现在选定单元格区域中一次性输入相同内容。

命令，如下图所示。

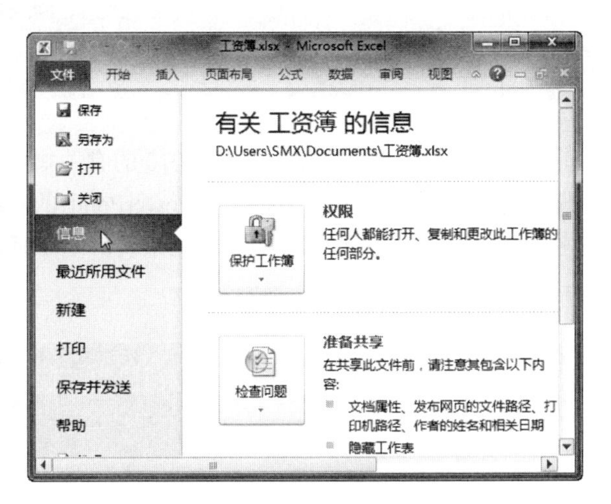

❷ 接着在中间窗格中单击【检查问题】选项，并从打开的列表中选择【检查文档】选项，如下图所示。

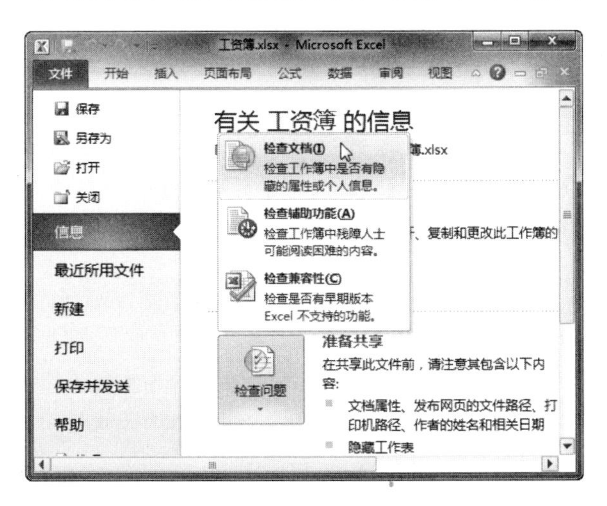

❸ 弹出【文档检查器】对话框，设置要检查的内容，再单击【检查】按钮，如下图所示。

❹ 检查完毕后，进入如下图所示的【审阅检查结果】页面，单击【全部删除】按钮即可。

20.2.20 在打印时将行、列号一同打印

在 Excel 中编辑时，在数据区域的左侧和上面有行号和列标，也可以把它们和数据一起打印出来。

操作步骤

❶ 切换到要打印的工作表，然后在【页面布局】选项卡的【工作表选项】组中，将【网格线】和【标题】下的【打印】复选框都选中，如下图所示。

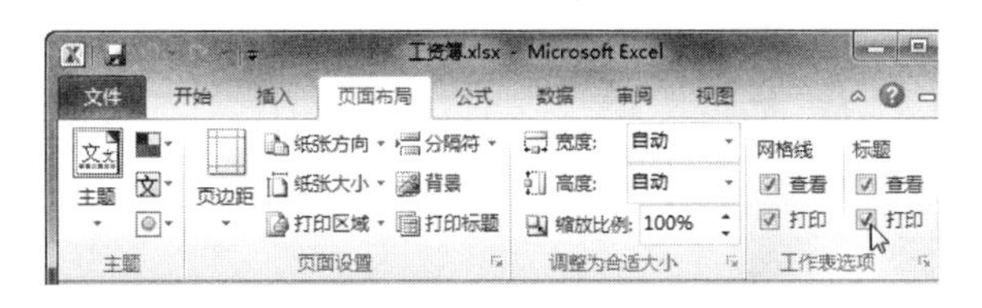

❷ 选择【文件】|【打印】命令，如下图所示。

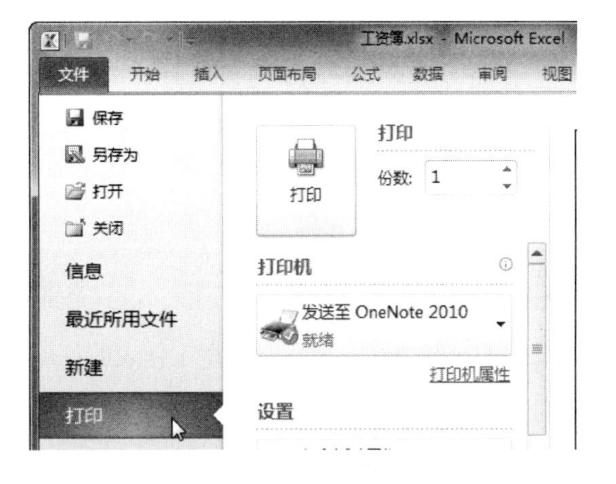

❸ 接着即可在右侧窗格中预览打印带有行号、列号以

由于保护单元格功能生效的前提条件是对所在的工作表进行了保护，因此撤销对单元格的保护只需撤销保护工作表的保护即可。

及网格线的效果了，如下图所示。

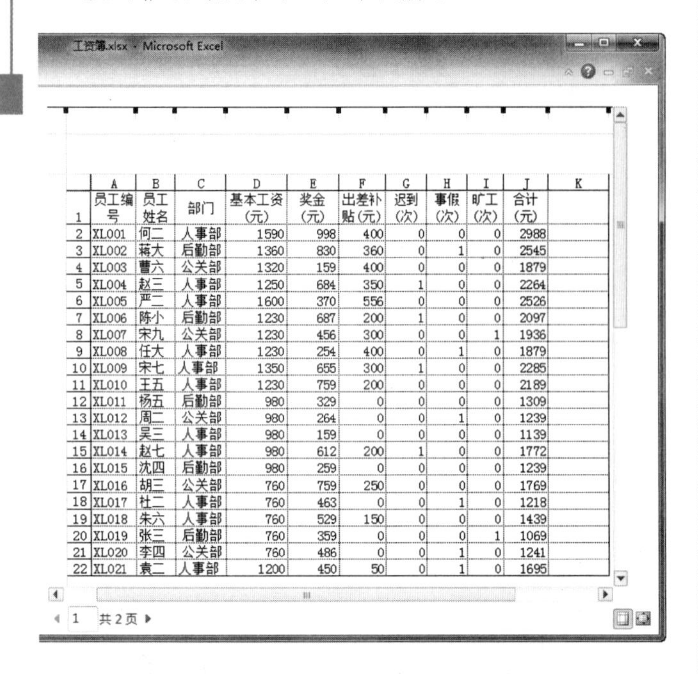

	A	B	C	D	E	F	G	H	I	J	K
1	员工编号	员工姓名	部门	基本工资(元)	奖金(元)	出差补贴(元)	迟到(次)	事假(次)	旷工(次)	合计(元)	
2	XL001	何二	人事部	1590	998	400	0	0	0	2988	
3	XL002	蒋大	后勤部	1360	830	360	0	1	0	2545	
4	XL003	曹六	公关部	1320	159	400	0	0	0	1879	
5	XL004	赵三	人事部	1250	684	350	1	0	0	2264	
6	XL005	严二	人事部	1600	370	556	0	0	0	2526	
7	XL006	陈小	后勤部	1230	687	200	1	0	0	2097	
8	XL007	宋九	公关部	1230	456	300	0	0	1	1936	
9	XL008	任大	人事部	1230	254	400	0	1	0	1879	
10	XL009	宋七	人事部	1350	655	300	1	0	0	2285	
11	XL010	王五	人事部	1230	759	200	0	0	0	2189	
12	XL011	杨五	后勤部	980	329	0	0	0	0	1309	
13	XL012	周二	公关部	980	264	0	0	1	0	1239	
14	XL013	吴三	人事部	980	159	0	0	0	0	1139	
15	XL014	赵七	人事部	980	612	200	1	0	0	1772	
16	XL015	沈四	后勤部	980	259	0	0	0	0	1239	
17	XL016	胡三	公关部	760	759	250	0	0	0	1769	
18	XL017	杜二	人事部	760	463	0	0	1	0	1218	
19	XL018	朱六	人事部	760	529	150	0	0	0	1439	
20	XL019	张三	后勤部	760	359	0	0	0	1	1069	
21	XL020	李四	公关部	760	486	0	0	1	0	1241	
22	XL021	袁二	人事部	1200	450	50	0	1	0	1695	

20.2.21 加快打印工作表的速度

如果需要快速看到打印出来的数据，在 Excel 2010 中可以使用下面的三种方法来加快打印速度。

1. 以草稿方式打印

可以通过临时更改打印质量来缩短打印工作表所需的时间。如果知道所需的打印机分辨率，就可以改变打印机的打印质量来缩短打印时间；如果不能确定所需的打印机分辨率(或质量)，则可以用草稿方式打印文档，此方式将忽略格式和大部分图形以提高打印速度。

2. 以黑白方式打印

在单色打印机上，Excel 以不同的灰度来打印彩色效果。如果将彩色以黑白方式打印，可以减少 Excel 在打印彩色工作表时所需的时间。在以黑白方式打印工作表时，Excel 将彩色字体和边框打印成黑色，而不使用灰度。Excel 还将单元格和自选图形背景打印为白色，而将其他图形和图表按不同灰度打印。

3. 不打印网格线

如果不打印网格线，可提高大型工作表的打印速度。

20.3 PowerPoint 2010 实用技巧集锦

前面我们讲解了关于 PowerPoint 2010 的有关知识，读者肯定有了很多的收获，其实对于 PowerPoint 的实现有很多技巧，在接下来的内容中我们就来讲解一下使用 PowerPoint 的一些技巧。

20.3.1 将演示文稿保存为旧版本的放映文件

演示文稿的保存格式有多种，可以保存为演示文稿格式，可以保存为模板格式，还可以保存为放映文件格式，保存为放映文件格式之后每次双击打开就直接进入到幻灯片放映状态，下面我们就一起来看看怎么操作吧。

操作步骤

1. 打开所需要保存为幻灯片放映文件格式的演示文稿，然后选择【文件】|【另存为】命令，如下图所示。

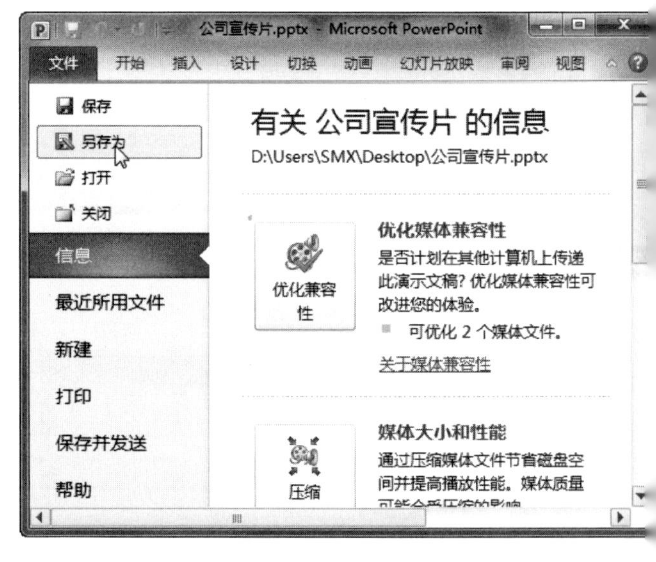

2. 弹出【另存为】对话框，在【保存位置】下拉列表框中选择需要保存的文件位置，接着在【保存类型】下拉列表框中选择【PowerPoint97-2003 放映】选项，再单击【保存】按钮，如下图所示。

在任意视图下快速插入新幻灯片：按 Ctrl+M 组合键，可以快速在当前幻灯片的后面插入一张新的幻灯片。

❸ 弹出【Microsoft PowerPoint 兼容性检查器】对话框，单击【继续】按钮，如下图所示。

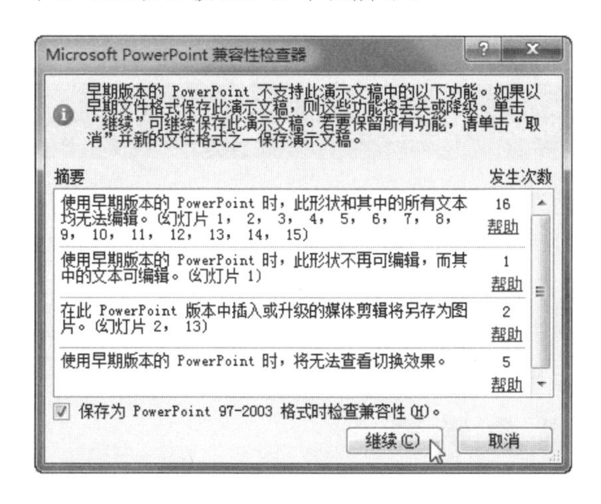

❹ 保存完成后，在保存位置文件夹中即可看到 PowerPoint 97-2003 版本的放映文件了，如下图所示。

❺ 双击放映文件，此时可直接进入幻灯片放映状态，如右上图所示。

20.3.2 将幻灯片保存为图片

如何将幻灯片保存为图片呢？让我们一起来看看吧！

操作步骤

❶ 打开所需要保存为图片的演示文稿，然后选择【文件】|【保存并发送】|【更改文件类型】命令，如下图所示。

❷ 接着在右侧窗格中的【更改文件类型】组中，双击【PowerPoint 图片演示文稿】选项，如下图所示。

学以致用系列丛书

通常在单元格中直接输入分数如 6/7，会显示为 6 月 7 日。如果想快速输入分数“6/7”，只要在它前面添加一个 0 和一个空格即可，但是用此法输入的分母不能超过 99(超过 99 就会变成另一个数)。

❸ 弹出【另存为】对话框，在【保存位置】下拉列表框中选择需要保存的文件位置，接着在【文件名】文本框中输入文件名称，再单击【保存】按钮，如下图所示。

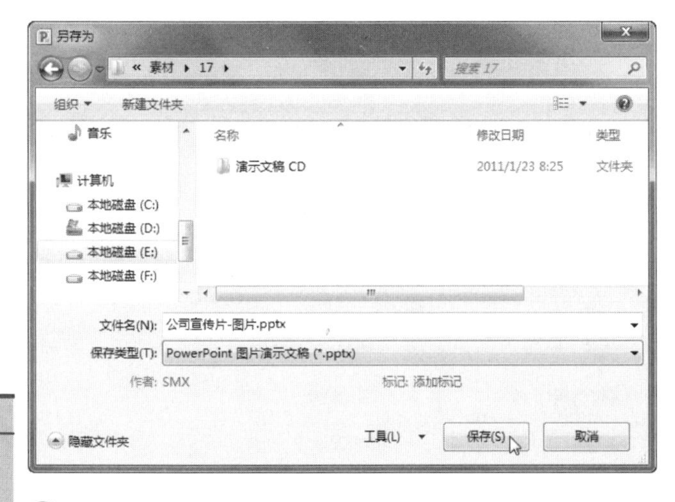

❹ 成功保存图片演示文稿后，会弹出如下图所示的对话框，单击【确定】按钮即可。

❺ 找到刚保存的文件的位置，然后双击保存的文件，则会打开该演示文稿，并且文件中的每一张幻灯片都变成图片了，如右上图所示。

20.3.3 设置可以带走的字体

您制作了一个非常精美的演示文稿，想带到某个场合放映。但是却出现了意外，幻灯片设置的精美字体没有了！这是因为放映的电脑中没有安装那种字体，那有没有可以带走的字体呢？下面我们一起来看看如何带走字体吧！

操作步骤

❶ 打开所需带走字体的演示文稿，然后选择【文件】【选项】命令，如下图所示。

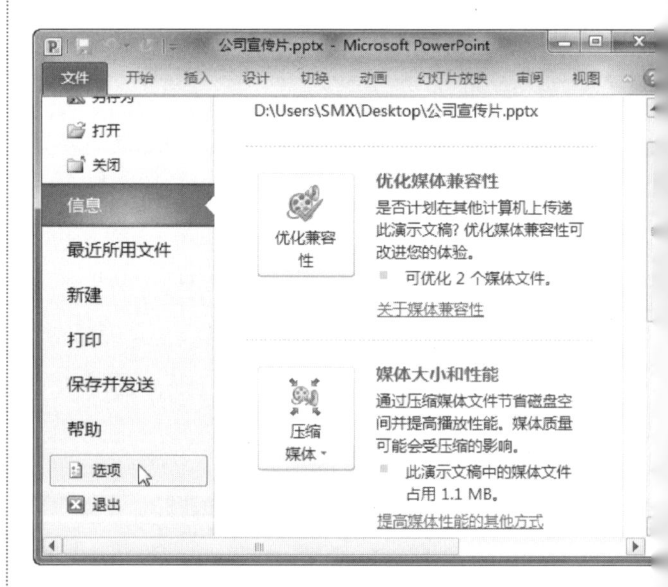

❷ 打开【PowerPoint 选项】对话框，并选择【保存】选项，再选中【将字体嵌入文件】复选框，并选中【仅嵌入演示文稿中使用的字符(适于减小文件

长见识 快速撤销格式设置：当对文本内容进行格式设置后又感到效果不满意时，按 Ctrl+Z 组合键，即可逐步撤销所做的格式设置。

小)】单选按钮，如下图所示。

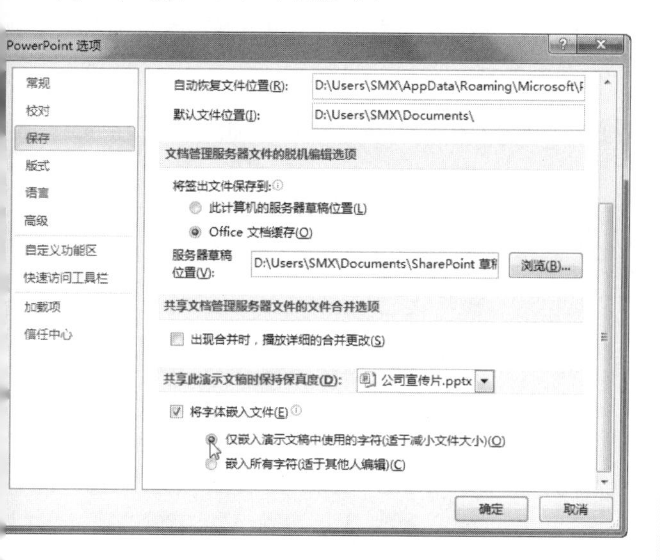

3 单击【确定】按钮，这样保存的演示文稿就会将字体一同带走了。

20.3.4 让文字随对象一起翻转、移动

当在某一对象上(包括自选图形、图片等)利用绘制文本框的方法添加文本时，此时所添加的文本不能随对象一起移动或翻转。要使文本与所在对象一起移动，需使添加文本成为对象的一部分。其实只要将对象与文本框一起选中，然后右击，并在弹出的快捷菜单中选择【组合】|【组合】命令，就可将这两者合成为一个对象，如下图所示。

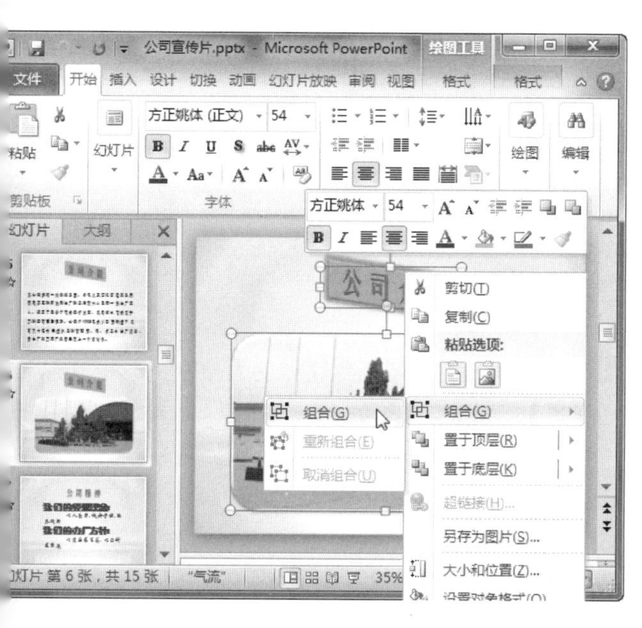

20.3.5 将文稿中的各个元素排列整齐

在制作演示文稿的过程中，当插入多个对象时，就需要按照一定的次序排列对象，当然您可以将对象选中使用光标排列，也可以通过下面的方法快速实现对象的排列，此处以排列几个自选图形为例。

操作步骤

1 下图是我们创建的含有自选图形图标的演示文稿，我们先按住 Ctrl 键选中前面两个矩形框。

2 在【绘图工具】下的【格式】选项卡的【排列】组中，单击【对齐】按钮旁边的下三角按钮，在弹出的列表中选择【左右居中】选项，如下图所示。

有时候同样两份三四十页的 PowerPoint 文件，都包括差不多数量的图片，但文件大小却相差很悬殊。为什么？这时仔细检查图片的格式和大小。如果原图片尺寸很大，最好用图形处理工具先缩小一些，而且尽量保存为 JPG 等占用磁空间较少的格式。

长见识

❸ 此时选中的两个矩形框的效果如下图所示。

20.3.6 更改单个备注页的版式

有时您需要特别注意某个幻灯片的备注页，那么这个备注页就需要单独更改一下，下面我们一起来看看吧！

操作步骤

❶ 打开需要设置的幻灯片，在【视图】选项卡的【演示文稿视图】组中单击【备注页】按钮。

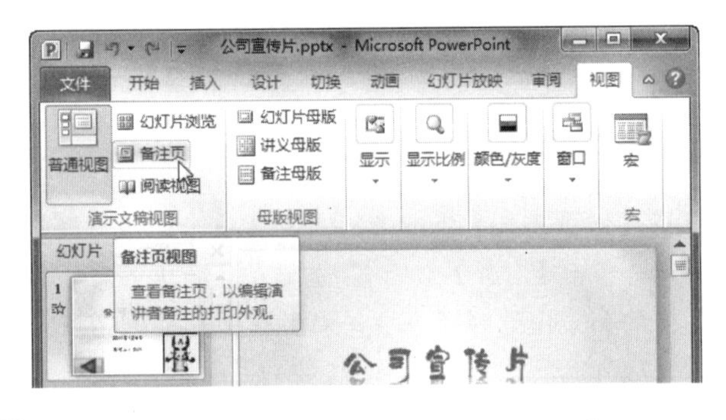

❷ 进入到备注页视图，可以在备注页中进行更改，如输入需要补充的文本，如下图所示。

❸ 在【开始】选项卡的【绘图】组中，单击【快速样式】按钮，从弹出的列表中选择一种填充样式，如下图所示。

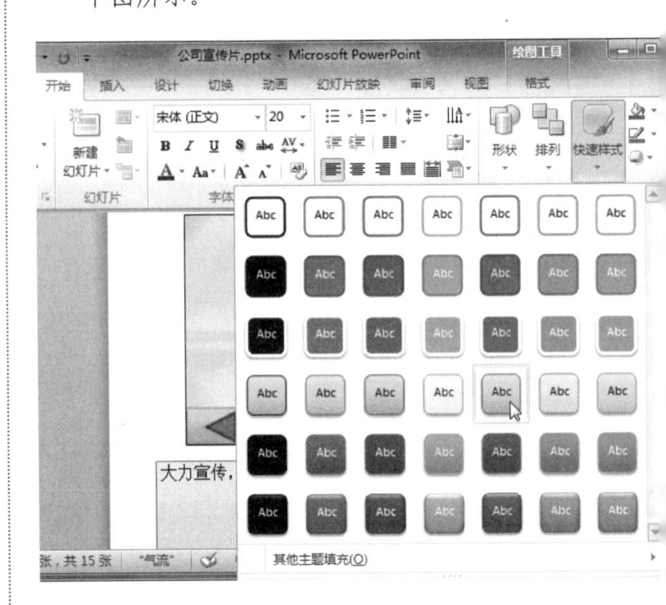

❹ 在【开始】选项卡的【绘图】组中，单击【形状填充】按钮旁边的下三角按钮，从弹出的列表中选择【渐变】子列表中的【中心辐射】选项，如下图所示。

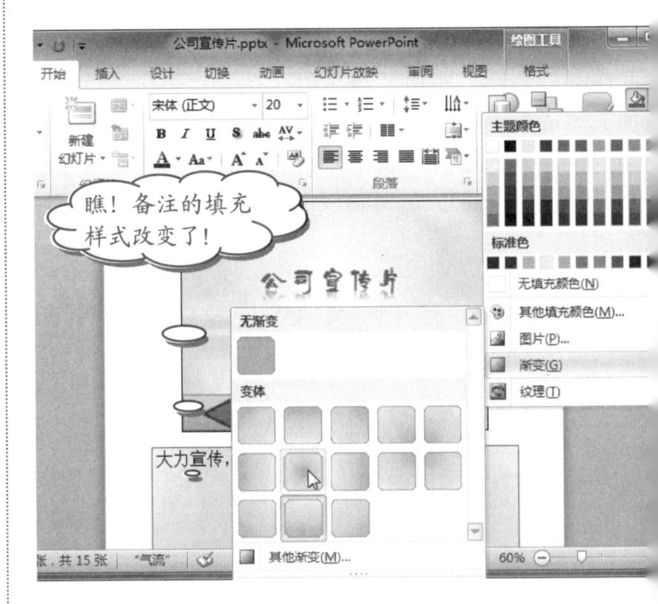

❺ 在【开始】选项卡的【绘图】组中，单击【形状轮廓】按钮旁边的下三角按钮，从弹出的列表中选择【红色】选项，如下图所示。

长见识 如果在一张幻灯片中出现了太多的文字，你可以用“自动调整”功能把文字分割成两张幻灯片。方法是：单击文区域就能够看到文字区域左侧的【自动调整】按钮(它的形状是上下带有箭头的两条水平线)，单击该按钮并从下拉菜单选择【拆分两个幻灯片间的文本】命令即可。

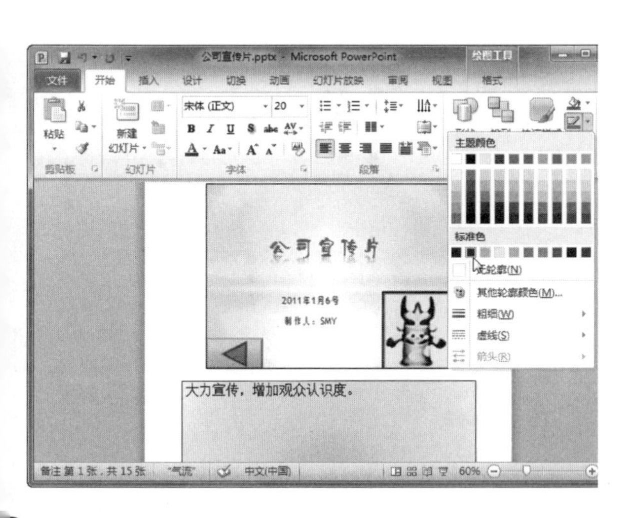

6 在【开始】选项卡的【绘图】组中，单击【形状效果】按钮旁边的下三角按钮，从弹出的列表中选择【阴影】子列表中的【内部居中】选项，如下图所示。

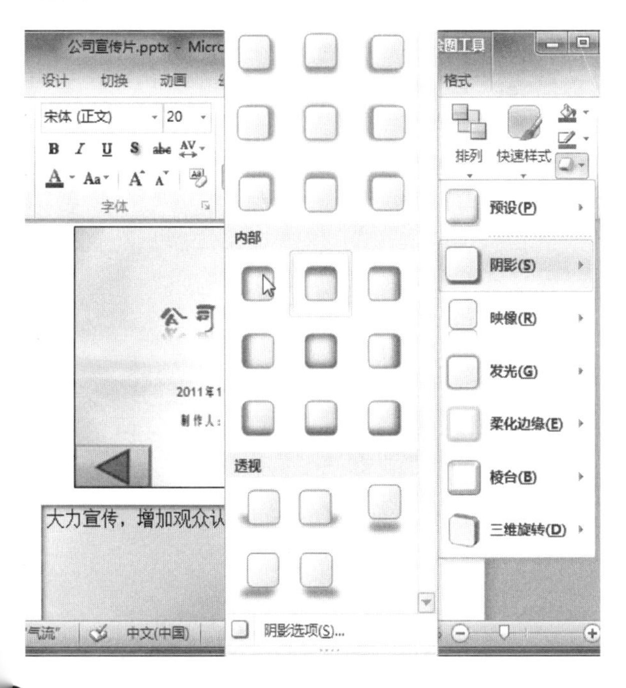

7 设置完毕后，备注窗格的最终效果如下图所示。

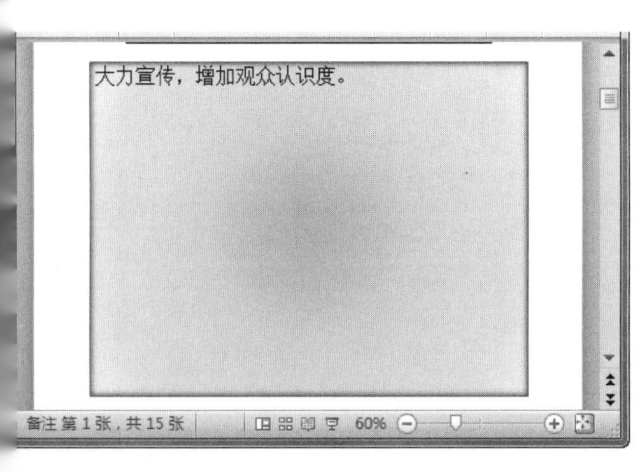

提示

备注页是将作者备注显示在幻灯片下方的可打印页面(只有打印出来才能看到效果，在编辑状态无法看到效果)。

20.3.7 禁止删除幻灯片母版

利用母版对演示文稿的整体风格进行规划以后，若是重新对该演示文稿套用其他模板，则之前所设置的母版将被默认删除。因此套用其他模板之前需要“保留”母版，下面我们一起来看看吧！

操作步骤

1 打开要编辑的演示文稿，然后在【视图】选项卡的【母版视图】组中，单击【幻灯片母版】按钮，如下图所示。

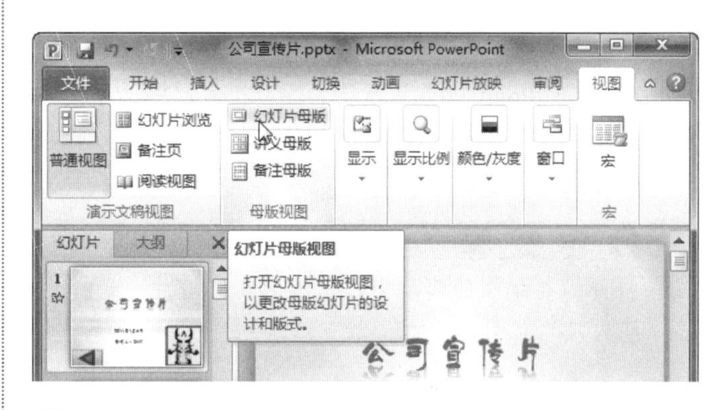

2 进入幻灯片母版编辑状态，此时在【幻灯片母版】选项卡的【编辑母版】组中，单击【保留】按钮，如下图所示。

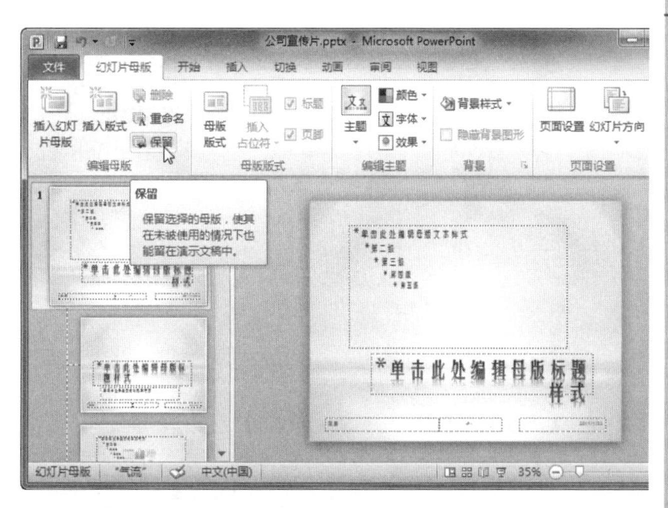

3 此时在幻灯片母版编号为“1”的幻灯片旁边出现一

巧定圆心：①在【插入】选项卡的【插图】组中单击【形状】按钮，并在下拉列表中选择【同心圆】选项；②在幻灯片中拖动鼠标绘制一个适当大小的同心圆；③用鼠标按住内圆的黄色控点不放，向圆内拖动鼠标，使其成为一个小圆，然后释放鼠标便可准确得到圆心了。

长见识

个图标。表示已经保留了该母版，如下图所示。

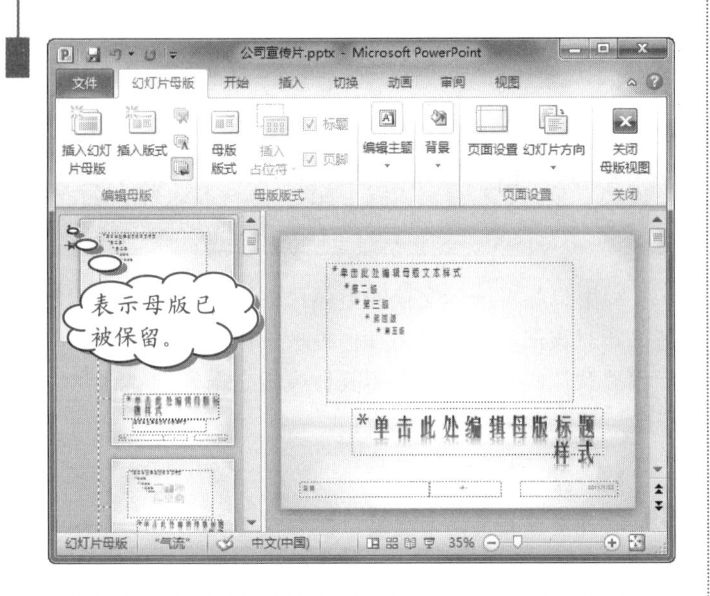

20.3.8 把图片文件用作项目符号

在 PowerPoint 中有其默认的项目符号，但为了使用更具特色的项目符号，还可以使用图片文件作为项目符号，具体操作如下。

操作步骤

❶ 打开需要编辑的演示文稿，然后在幻灯片中选择要插入项目符号的文本，如下图所示。

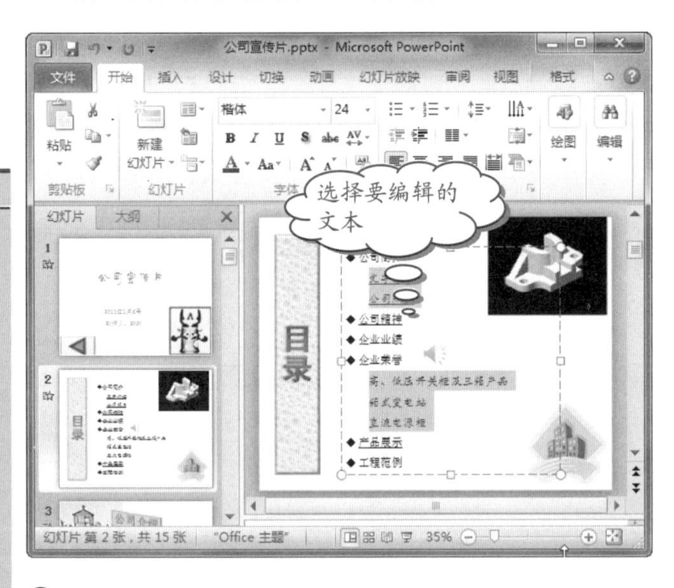

❷ 在【开始】选项卡下的【段落】组中，单击【项目符号】按钮旁边的下三角按钮，从下拉列表中选择【项目符号和编号】选项，如右上图所示。

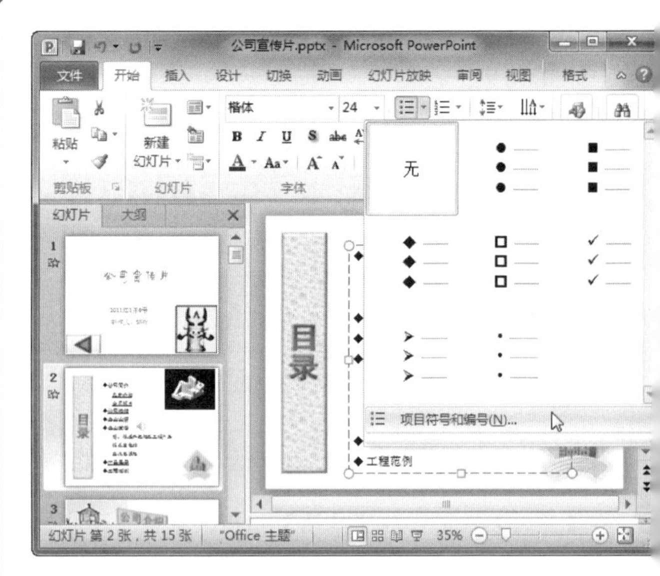

❸ 打开【项目符号和编号】对话框，然后单击【图片】按钮，如下图所示。

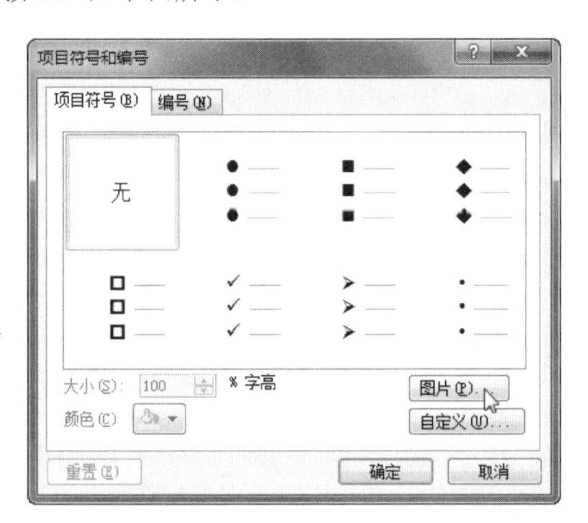

❹ 弹出【图片项目符号】对话框，然后单击【导入】按钮，如下图所示。

❺ 弹出【将剪辑添加到管理器】对话框，从中选择

长见识 在插入影片时，如果您选择的版式中没有【影片】图标，则可以在【插入】选项卡的【媒体】组中，单击【影片】按钮旁边的下三角按钮，从打开的列表中选择【文件中的影片】选项，接着在弹出的对话框中选择视频文件，再单击【插入】按钮即可。

要的图片，如下图所示。

6 单击【添加】按钮，又返回到【图片项目符号】对话框，然后单击【确定】按钮即可，如下图所示。

7 返回演示文稿窗口，即可发现选中的图片被作为项目符号应用到选择的文本中了，效果如下图所示。

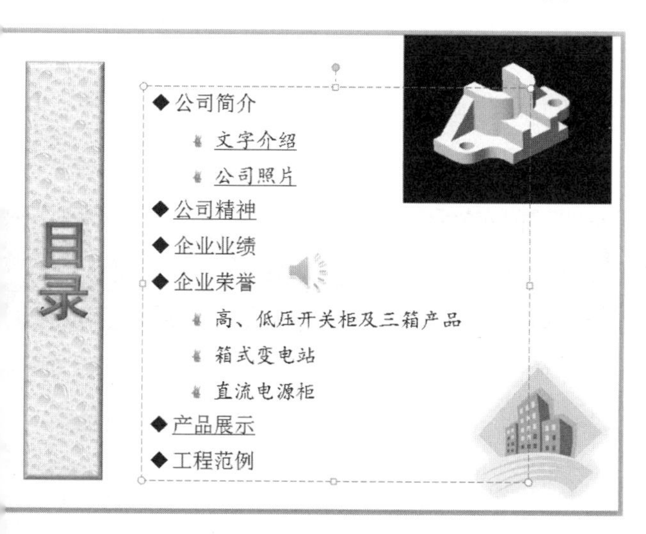

20.3.9　更改超链接颜色

设置过超链接的对象都会以另一种颜色显示，而且下面都会有下划线，这是网页的风格。若要更改对象和下划线的颜色，可这样设置！

操作步骤

1 打开已经设置超链接的演示文稿，然后在【设计】选项卡的【主题】组中，单击【颜色】按钮旁边的下三角按钮，在弹出的下拉列表中选择【新建主题颜色】选项，如下图所示。

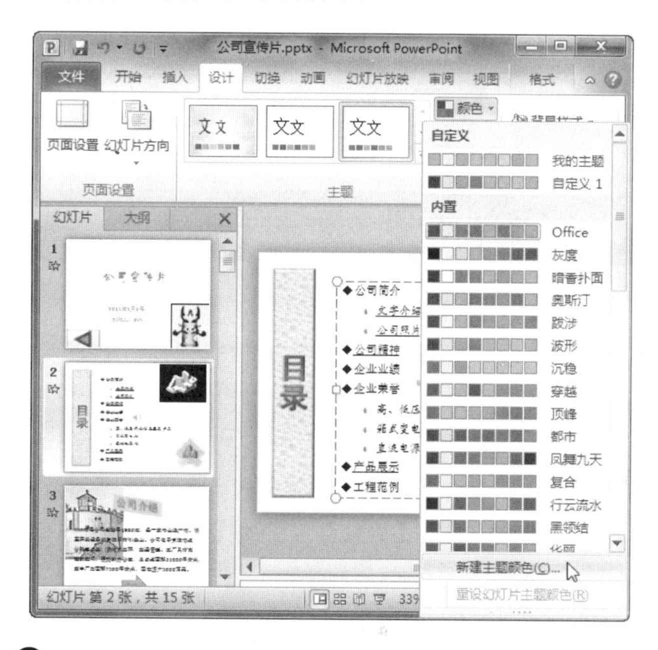

2 在【新建主题颜色】对话框中的【超链接】下拉列表框中选择一种主题颜色，如下图所示。

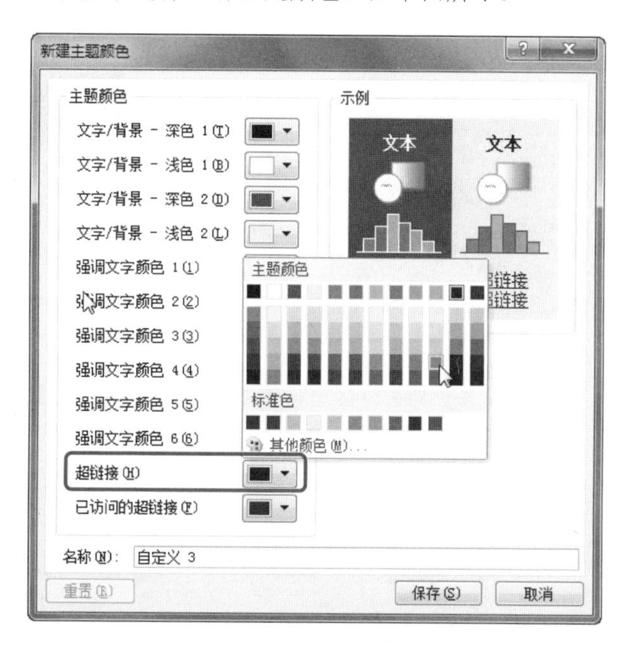

学以致用系列丛书

繁体的 BIG5 内码 CHM 在简体操作系统上乱码。用 CHMTools 进行反编译，就会编译成 HTML 文件，用转码工具将这些 HTML 文件转换为 GB 内码，然后再编辑这些 HTML，编辑好了之后再用 HHW 再次编译，简体 CHM 就可以正常显示了。

❸ 单击【保存】按钮，这时幻灯片中的超链接变成了设置的颜色，如下图所示。

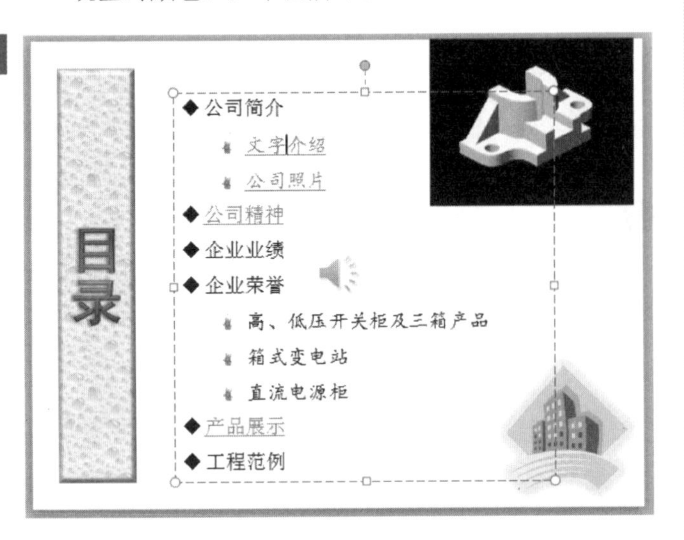

20.3.10 剪裁插入的音频文件

在 PowerPoint 中可以插入声音文件，但是声音文件的大小是受到限制的，如果太大的话插入的只是一个链接。用户可以通过剪裁控制其大小，具体操作如下。

操作步骤

❶ 单击音频图标，然后在【音频工具】下的【播放】选项卡中，单击【编辑】组中的【剪裁音频】按钮，如下图所示。

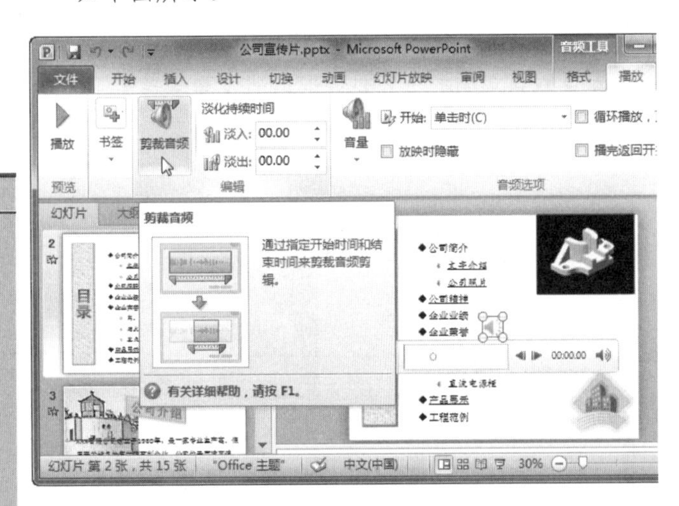

❷ 弹出【剪裁音频】对话框，戴上耳机，然后单击【播放】按钮，开始播放音频，选择要截取音频的开始位置，如右上图所示。

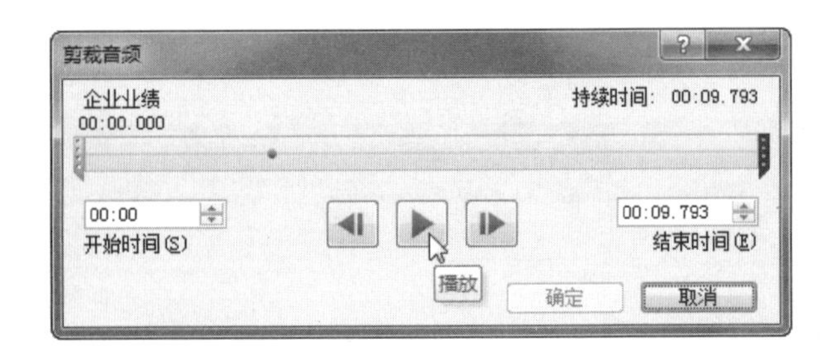

❸ 当播放到要裁剪位置时，将鼠标指针移动到左侧绿色的起点标记图标上，当鼠标变成左右箭头形式时按下鼠标左键，拖动到要剪裁的位置，如下图所示。

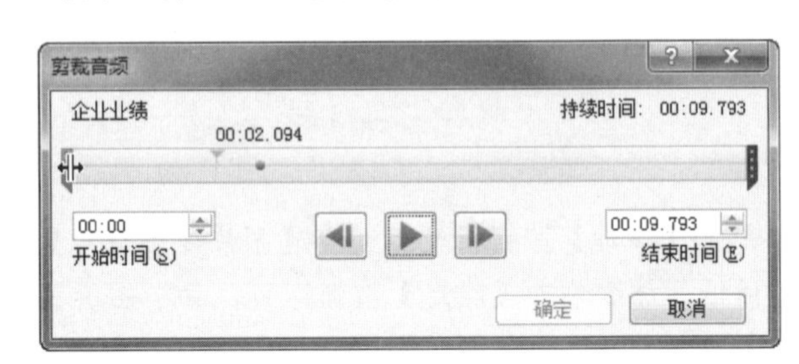

❹ 将鼠标指针移动到右侧红色的终点标记图标上，当鼠标变成左右箭头形式时按下鼠标左键，拖动到要剪裁的结束位置，如下图所示。

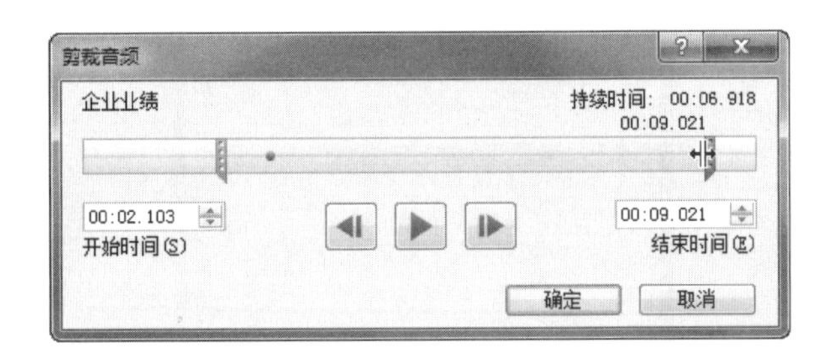

❺ 最后单击【确定】按钮，保存剪裁的音频，如下图所示。

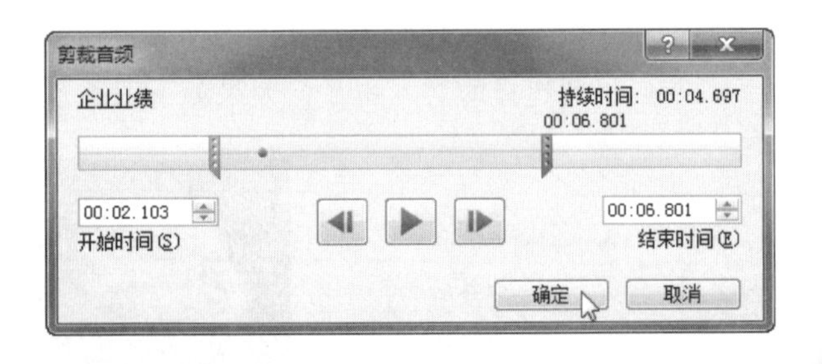

20.3.11 解决大容量声音文件的播放问题

在使用 PowerPoint 制作多媒体课件时，有时需要用到大容量的声音文件。但在制作过程中，当插入一个比较大的.wav 声音文件后进行幻灯片播放时，系统可能会出现“没有足够的可用内存播放此文件”的错误提示，

打开 OpenDocument 演示文稿(.odp) 格式的文档或将文档保存为这种格式时，某些格式可能会丢失，并且某些功能的行为可能会受到限制，甚至变为不可用。

使得课件不能正常播放。为此需要调整 Windows 的虚拟内存，具体操作如下。

操作步骤

❶ 在电脑桌面上右击【计算机】图标，从弹出的快捷菜单中选择【属性】命令，如下图所示。

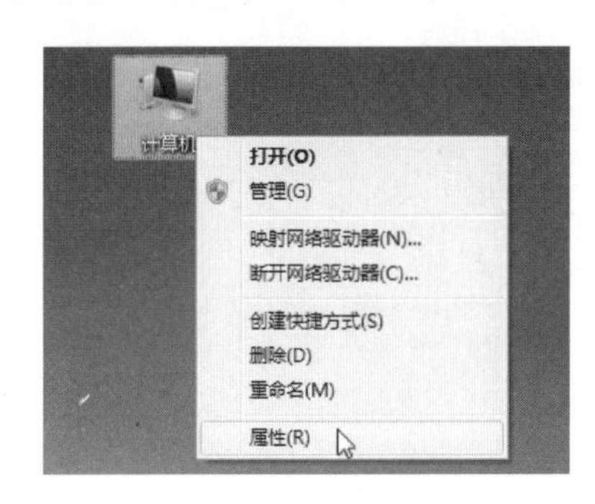

❷ 打开【系统】对话框，在左侧导航窗格中单击【系统保护】超链接，如下图所示。

❸ 弹出【系统属性】对话框，并切换到【高级】选项卡，然后在【性能】选项组中单击【设置】按钮，如下图所示。

❹ 弹出【性能选项】对话框，切换到【高级】选项卡，然后在【虚拟内存】选项组中单击【更改】按钮，如下图所示。

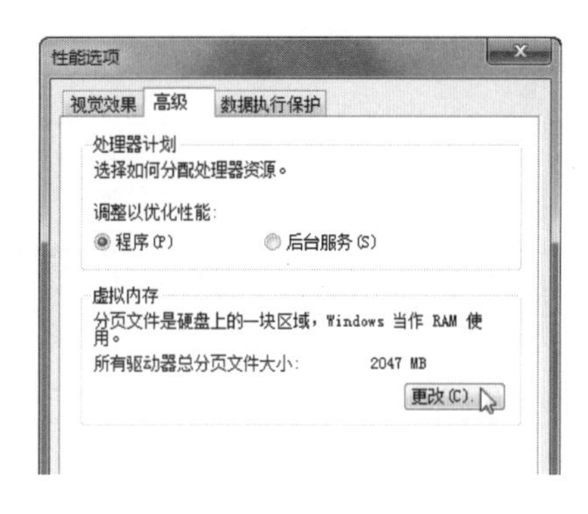

❺ 弹出【虚拟内存】对话框，会发现对话框中很多选项都不能使用，如下图所示，首先取消选中【自动管理所有驱动器的分页文件大小】复选框。

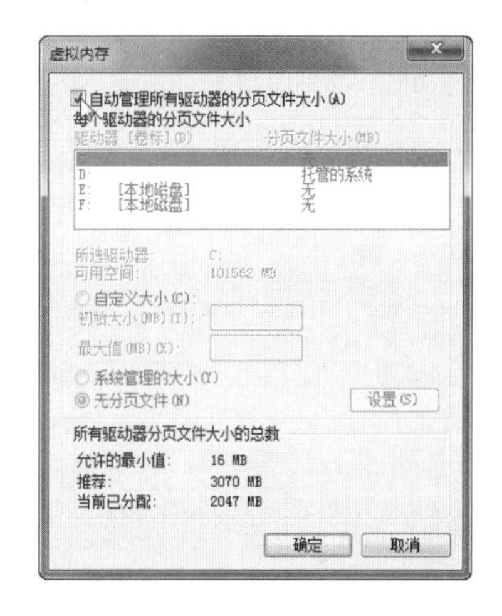

❻ 这时对话框中的命令都可以使用了，然后设置如下图所示的参数，再单击【确定】按钮。

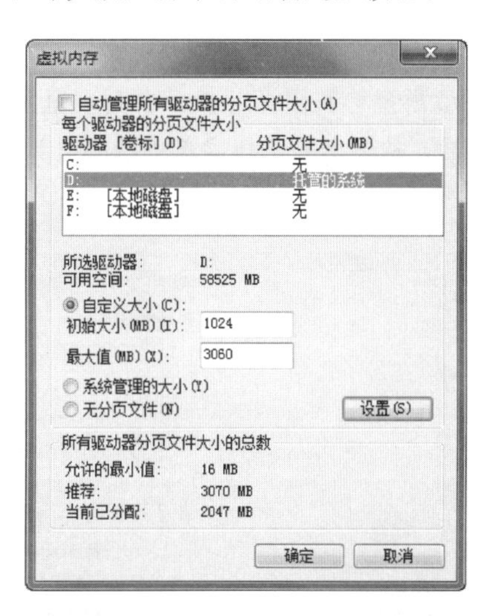

❼ 弹出【系统属性】对话框，单击【确定】按钮，重

学以致用系列丛书

如果从剪辑管理器中插入 Microsoft Windows 图元文件，可以将其转换为图形对象。如果此图片为位图、.jpg、.gif 或 .png 文件，则不能将其转换成图形对象。

新启动计算机，使改动生效，如下图所示。

20.3.12 PowerPoint 动画速度调整

当对幻灯片中某一对象应用了动画效果之后，在【动画】选项卡中可以根据需要调整动画的速度。除此之外，还可以通过下述操作来调整动画速度。

操作步骤

1. 在演示文稿中选择要调整动画速度的幻灯片，然后在【动画】选项卡的【高级动画】组中，单击【动画窗格】按钮，如下图所示。

2. 打开【动画窗格】面板，然后在列表框中右击要调整的动画，从弹出的快捷菜单中选择【计时】命令，如下图所示。

3. 弹出【飞入】对话框，然后在【计时】选项卡中设置【延迟】、【期间】、【重复】等参数项，并选中【播完后快退】复选框，再单击【确定】按钮即可，如下图所示。

20.3.13 快速插入页眉和页脚

在 PowerPoint 中也可以插入页眉和页脚呢！不知道吧？一起来看看吧！

操作步骤

1. 打开需要插入页眉和页脚的演示文稿，在【插入】选项卡的【文本】组中单击【页眉和页脚】按钮，如下图所示。

2. 打开【页眉和页脚】对话框，在【幻灯片】选项卡中选中【幻灯片编号】复选框和【页脚】复选框，并在【页脚】下面的文本框中输入页脚内容，如下图所示。

学以致用系列丛书

长见识：在 PowerPoint 中插入的 Flash 动漫必须在计算机中安装了 Flash 的播放器的情况下才能激活打开。若用户添加的是复杂的 Flash 动漫，用户也必须在计算机中安装较新版本的 Flash 播放器。

❸ 单击【应用】按钮即可在选中的幻灯片中插入幻灯片编号和页脚了。

❹ 单击【全部应用】按钮即可在全部幻灯片中插入编号和页脚。

20.3.14　设置幻灯片的页眉和页脚

在默认状态下设置的页眉和页脚有其固定的格式，如只能位于指定的占位符中。通过下面的方法可以巧设幻灯片页眉和页脚，具体操作如下。

操 作 步 骤

❶ 打开需要设置幻灯片页眉和页脚的演示文稿，按照前面讲过的方法单击【幻灯片母版】按钮，打开幻灯片母版编辑页面。

❷ 删除“日期区”、“页脚区”、“数字区”几个占位符。

❸ 单击【母版版式】组中的【插入占位符】按钮，在弹出的列表中选择【文本】选项，如下图所示。

❹ 当鼠标变成“十”字时，在母版底部绘制文本框，并在文本框中输入页脚信息，如下图所示。

❺ 选中文本框中的对象，可以设置对话框中的对象格式，经过这样的设置可以达到自定义页脚的目的。

20.3.15　使幻灯片显示即时日期和时间

在插入幻灯片的同时，将当前的日期和时间也在幻灯片上显示出来，相信会让您的幻灯片增色不少。

操 作 步 骤

❶ 打开需要插入日期和时间的演示文稿，在【插入】选项卡的【文本】组中单击【页眉和页脚】按钮。

❷ 打开【页眉和页脚】对话框，在【幻灯片】选项卡中选中【日期和时间】复选框和【自动更新】单选按钮，如下图所示。

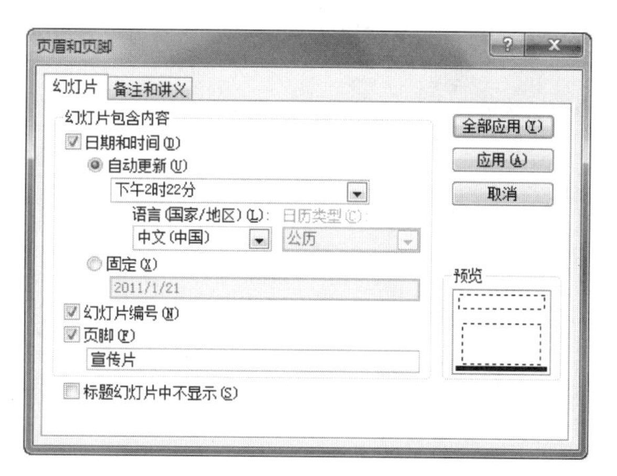

❸ 单击【应用】按钮，可以在选中的幻灯片中插入日期和时间。

❹ 单击【全部应用】按钮，可以在全部幻灯片中插入日期和时间。

将 Flash 动画和制作的演示文稿保存在同一文件夹中，同时在用“Shockwave Flash Object”控件插入 Flash 动画时，将路径设置为相对路径。经过这样的设置以后，无论如何移动 Flash 的保存位置，PowerPoint 均可正常播放插入的动画。

长见识

20.3.16 删除无用的主题颜色方案

在 PowerPoint 2010 中可以创建新的主题颜色方案，那么如何删除多余的主题颜色方案呢？下面我们来看看吧！

操作步骤

1 打开演示文稿，然后在【设计】选项卡的【主题】组中，单击【颜色】按钮，弹出主题列表，如下图所示。

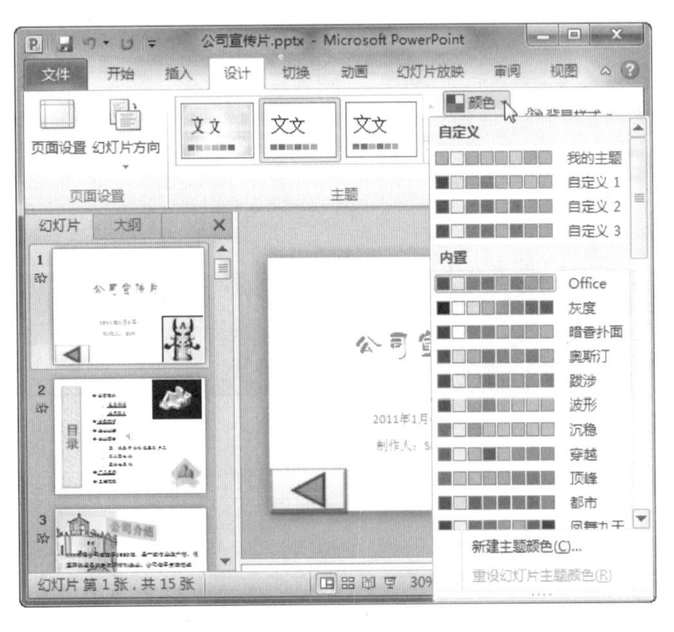

2 在【自定义】栏下右击要删除的主题，从弹出的快捷菜单中选择【删除】命令，如下图所示。

3 弹出如右上图所示的对话框，询问是否删除这些主题颜色，单击【是】按钮，确认删除主题颜色。

20.3.17 使播放窗口可以随意调节

如果您不想让幻灯片全屏幕放映，想在放映幻灯片的同时做一些其他工作，那就设置一下幻灯片的放映方式，让插入窗口可以随意调节吧。

参照前面章节的内容打开【设置放映方式】对话框，如下图所示，在【放映类型】选项组中选中【观众自行浏览】单选按钮，再单击【确定】按钮保存设置。

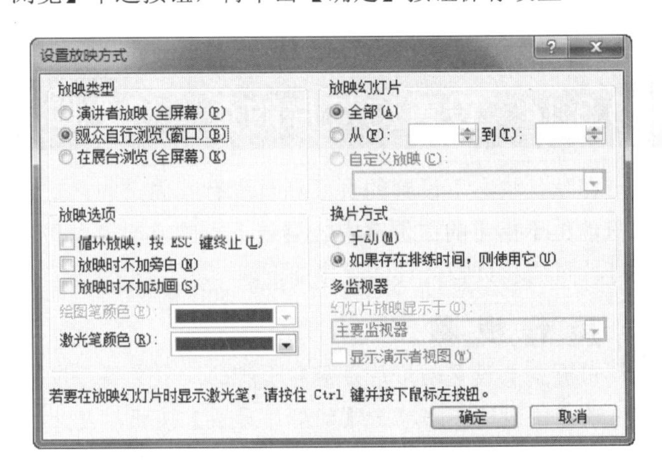

再放映幻灯片时，即可调节窗口的大小了，如下图所示。

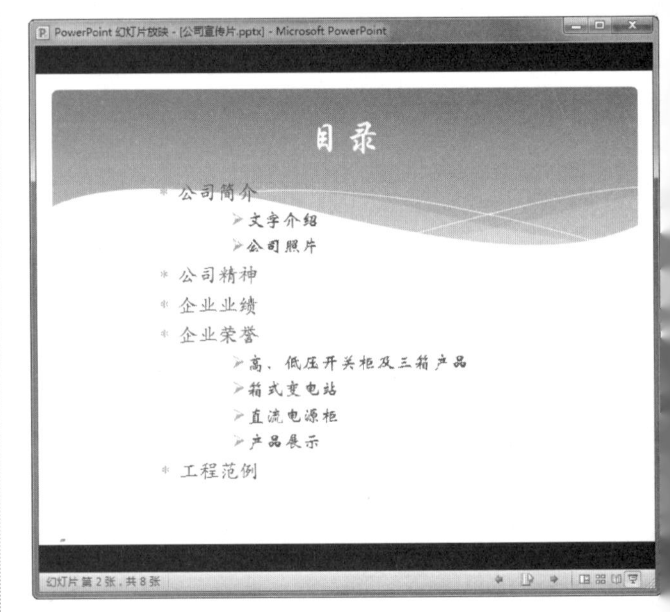

长见识 在 PowerPoint 窗口中选择【文件】|【保存并发送】|【创建讲义】命令，然后在右侧窗格中单击【创建讲义】按钮，接着在打开的【发送到 Microsoft Word】对话框中选择想要在 Word 中使用的版式，再单击【确定】按钮即可把演示文稿发送给 Word 了。

20.3.18　Web 演示文稿的发布

如果您想把制作的幻灯片发布到互联网上与大家共享，那就把文件保存为网页格式吧，这样就不必通过其他软件再转换成网页了。

操作步骤

1 打开要发布在网页的演示文稿，然后选择【文件】|【保存并发送】|【保存到 Web】命令，如下图所示。

2 接着在右侧窗格中单击【登录】按钮，如下图所示。

3 开始连接服务器，并会弹出【连接到 docs.live.net】对话框，输入邮箱地址和密码，再单击【确定】按钮，如右上图所示。

4 登录后即可发现右侧窗格中的【登录】按钮变成【另存为】按钮，单击该按钮，如下图所示。

5 弹出【另存为】对话框，选择文件保存位置，接着在【文件名】文本框中输入文件名称，再单击【保存】按钮，如下图所示。

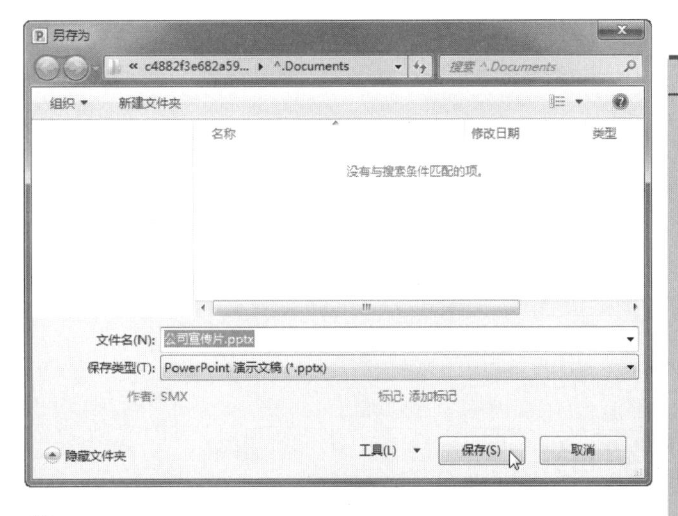

6 开始上载文件，并在状态栏中显示上载状态，稍等片刻，如下图所示。

学以致用系列丛书

快速暂停/播放幻灯片：放映演示文稿时，按+键(数字键盘上的)或 S 键即可暂停幻灯片的放映，再次按+键(数字键盘上的)或 S 键则可以继续播放。

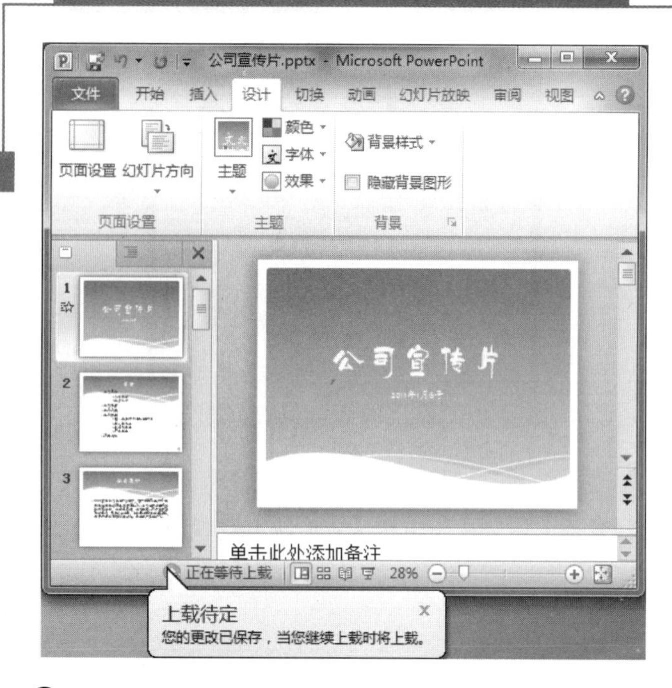

❼ 若上载时自动断开连接，可以在窗口中选择【文件】|【信息】命令，接着在中间窗格单击【解决】选项，并从打开的列表中选择【继续上载】选项即可，如下图所示。

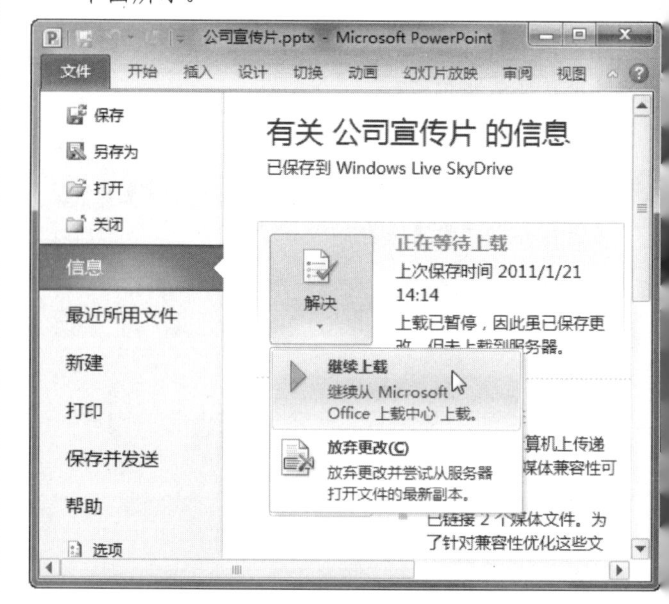

长见识 快速上移：在大纲视图或其他视图的【大纲】窗格中将光标置于要上移的某个段落中或选中部分段落，按Alt+Shift+↑组合键即可上移该段落或选中的段落。在幻灯片中进行本操作只能在同一文本框内上移某个段落或选中的段落。

读者回执卡

欢迎您立即填妥回函

您好！感谢您购买本书，请您抽出宝贵的时间填写这份回执卡，并将此页剪下寄回我公司读者服务部。我们会在以后的工作中充分考虑您的意见和建议，并将您的信息加入公司的客户档案中，以便向您提供全程的一体化服务。您享有的权益：

★ 免费获得我公司的新书资料；
★ 寻求解答阅读中遇到的问题；
★ 免费参加我公司组织的技术交流会及讲座；
★ 可参加不定期的促销活动，免费获取赠品；

读者基本资料

姓　名________ 性　别□男　□女 年　龄________

电　话________ 职　业________ 文化程度________

E-mail________ 邮　编________

通讯地址________

请在您认可处打✓（6至10题可多选）

1、您购买的图书名称是什么：________

2、您在何处购买的此书：________

3、您对电脑的掌握程度：□不懂 □基本掌握 □熟练应用 □精通某一领域

4、您学习此书的主要目的是：□工作需要 □个人爱好 □获得证书

5、您希望通过学习达到何种程度：□基本掌握 □熟练应用 □专业水平

6、您想学习的其他电脑知识有：□电脑入门 □操作系统 □办公软件 □多媒体设计 □编程知识 □图像设计 □网页设计 □互联网知识

7、影响您购买图书的因素：□书名 □作者 □出版机构 □印刷、装帧质量 □内容简介 □网络宣传 □图书定价 □书店宣传 □封面，插图及版式 □知名作家（学者）的推荐或书评 □其他

8、您比较喜欢哪些形式的学习方式：□看图书 □上网学习 □用教学光盘 □参加培训班

9、您可以接受的图书的价格是：□ 20 元以内 □ 30 元以内 □ 50 元以内 □ 100 元以内

10、您从何处获知本公司产品信息：□报纸、杂志 □广播、电视 □同事或朋友推荐 □网站

11、您对本书的满意度：□很满意 □较满意 □一般 □不满意

12、您对我们的建议：________

请剪下本页填写清楚，放入信封寄回，谢谢！

1 0 0 0 8 4

贴邮票处

北京100084—157信箱

读者服务部　收

邮政编码：□□□□□□

技术支持与资源下载：http://www.tup.com.cn　http://www.wenyuan.com.cn
读 者 服 务 邮 箱：service@wenyuan.com.cn
邮　购　电　话：(010)62791865　(010)62791863　(010)62792097-220
组　稿　编　辑：章忆文
投　稿　电　话：(010)62770604
投　稿　邮　箱：bjyiwen@263.net